Les termes pétroliers

Dictionnaire anglais-français

English-French Petroleum Dictionary

W0230354

Marketed and distributed
in all English speaking countries
by Graham & Trotman

dunod

Les termes pétroliers

dictionnaire anglais-français

Michel Arnould
Fabio Zubini

avec la participation de

J.-J. Chartrou
J. Bordan
G. Terrier

sous la direction de

André Combaz
Direction de l'Information
et des Relations Extérieures de la C.F.P.

préface de

François de Wissocq
Ingénieur Général des Mines
Directeur Général de l'Energie
et des Matières Premières

TOTAL
édition-presse

dunod

Remerciements.

La réalisation de cet ouvrage a bénéficié du précieux concours de :

Mary Ann PILAIN
et **Anthony FERNEY**
qui ont assuré le contrôle de la langue anglaise.

Jean GOUZE
expert des termes maritimes.

Jacques GILSON
documentaliste.

Jean LE CAIGNEC
expert des termes subsurface.

Olivier THIBAULT
et **Solange HUMBERT**
qui ont supervisé la fabrication de l'ouvrage.

© Bordas, Paris, 1981
ISBN 978-0-86010-374-5   ISBN 978-94-011-8080-1 (eBook)
DOI 10.1007/978-94-011-8080-1

Préface

La France, depuis 1973, a fait de grands efforts pour réduire sa dépendance énergétique ; elle en fera plus encore à l'avenir et il n'est pas hors de portée, dans le long terme, de couvrir la moitié de nos besoins par la production nationale d'énergie. Nous n'y parviendrons cependant que par de vastes programmes technologiques, des investissements accrus — et il nous faudra encore importer la moitié de notre énergie, la quasi totalité du pétrole nécessaire.

L'économie française, nos entreprises, l'ensemble de leurs personnels, devront donc plus que jamais « communiquer » avec ceux qui, partout dans le monde, ont les mêmes ambitions.

C'était devancer l'événement que de lancer en 1971 un dictionnaire anglais-français des termes pétroliers ; c'est à nouveau construire l'avenir que de publier cette seconde édition dont le vaste champ, technique, économique, financier, juridique, répond si bien aux besoins de lecteurs qui n'appartiennent pas à la seule profession pétrolière.

Qu'il me soit permis d'en féliciter les auteurs, en soulignant le soin extrême qu'ils ont mis à donner à chaque terme son exacte équivalence dans notre langue.

F. de Wissocq

Avant-Propos

A l'origine, au cours des années 50 et 60, Fabio Zubini avait rédigé un lexique des termes pétroliers anglais intéressant surtout le raffinage et la chimie du pétrole. Le bon accueil réservé à cet ouvrage, en italien d'abord (1969), puis à sa version française (1971), conduisit finalement à « remettre l'ouvrage sur le métier ».

En vue d'une nouvelle édition, Michel Arnould accepta alors la lourde tâche d'une révision complète permettant d'abondants compléments et de nombreuses retouches du document initial.

Le présent texte comporte désormais 8 700 mots ou expressions anglaises classés dans l'ordre alphabétique. Les équivalents français sont parfois divers et il arrive que le terme anglais, faute d'équivalent exact dans notre langue, soit repris tel quel en français. Le genre des substantifs français équivalents est systématiquement indiqué par les lettres *f.* (féminin) ou *m.* (masculin). Chaque fois que le sens du mot n'apparaît pas évident, celui-ci fait l'objet d'un commentaire aussi précis et aussi concis que possible. Pour reprendre ce qu'écrivait F. Zubini dans la présentation de la précédente édition française (novembre 1971), « ... *cet ouvrage pourrait être mieux défini comme glossaire ou manuel. En effet, pour chaque terme, on a cherché à présenter brièvement l'essai de laboratoire ou le procédé de raffinage ou l'utilisation du produit ou le phénomène, etc., auquel le terme se réfère* ». C'est dans cet esprit que référence a été faite systématiquement aux recueils classiques des normes et standards d'usage commun dans l'industrie du pétrole : *ASTM Standards on Petroleum Products and Lubricants, AFNOR (Association française de normalisation), Standard Method (IP Standards of Petroleum and Its Products)*. L'abréviation *cf.* renvoie à ces recueils. En outre une large place a été faite aux sigles et abréviations techniques, ainsi qu'aux unités de mesures les plus couramment utilisées, avec leurs équivalents dans le *Système International*.

Bien entendu l'ouvrage ne prétend pas être exhaustif. C'est de propos délibéré que certains termes en ont été rejetés, dans la mesure où ils s'écartaient à l'évidence du vocabulaire pétrolier relativement spécifique. Le monde du pétrole recouvre en effet les activités les plus variées dont les divers domaines (scientifique, technique, industriel, économique, financier, juridique, etc.) et les disciplines correspondantes (géologie, géophysique, chimie, mécanique, marine, économie, finance, droit, etc.)

s'interpénètrent. Il a donc fallu constamment arbitrer entre les termes les plus spécifiques et/ou les plus utilisés dans le langage pétrolier et ceux qui appartiennent d'abord au langage courant ou à d'autres langages relevant davantage des domaines connexes.

Et c'est ainsi que les termes repris dans l'ouvrage appartiennent au vocabulaire d'emploi courant aussi bien dans les branches classiques de l'industrie pétrolière proprement dite – exploration (géologie, géophysique, forage), production, transport, raffinage (carburants, lubrifiants, pétrochimie), distribution – que dans d'autres industries qui à un titre ou à un autre font une large application du pétrole et de ses dérivés (industries automobile et mécanique, moteurs, réfrigération, chauffage, voire sidérurgie et travail des métaux). Les formes d'énergie classiques (houille et combustibles solides), comme les formes d'énergie dites nouvelles (nucléaire, solaire) n'en sont pas non plus absentes, ni certains termes propres aux industries extractives (mines).

Outre celle de F. Zubini, la participation de J.-J. Chartrou , spécialiste du raffinage et de la chimie, J. Bordan, juriste, G. Terrier, ingénieur de forage, J. Gouze, expert en matière de transport maritime, et J. Gilson pour l'économie et la finance, au sein de l'équipe animée par M. Arnould, a été particulièrement utile au bon équilibre de l'ouvrage.

En fin de compte nous espérons être parvenus à réaliser un *usuel* essentiellement pratique et à l'usage principal de la communauté francophone. La plupart des documents techniques et des contrats internationaux étant rédigés en langue anglaise, nous souhaitons que l'emploi du présent dictionnaire apporte une aide de chaque instant.

Nous espérons aussi que conception et maniabilité donneront satisfaction au lecteur et que le dictionnaire pourra ainsi mériter une place honorable parmi des ouvrages similaires dont le rappel est fait dans la liste des ouvrages consultés.

André Combaz

Ouvrages consultés

1. DICTIONNAIRES, GLOSSAIRES, LEXIQUES

Barbier, Y., *Dictionnaire du pétrole*, SCM, Paris 1980 (272 p.).

Baulig, H., *Vocabulaire franco-anglo-allemand de géomorphologie*, Ophrys, Paris, 1970 (230 p.).

Belle-Isle, J.G., *Dictionnaire technique général anglais-français*, 2e éd., Dunod, Paris, 1977 (556 p.).

Cagnacci Schwicker, A., *International Dictionary of Metallurgy, Mineralogy, Geology, Mining and Oil Industries* (English-French-German-Italian), Technoprint International, Milan, 1968 (1096 p.).

Clason, W.E., *Dictionnaire de physique générale en six langues* anglais/américain, français, espagnol, italien, hollandais et allemand), Elsevier, Amsterdam, 1962 (860 p.).

Collins, F.H., *Authors and Printers Dictionary*, 11th ed. revised by S. Beale, Oxford University Press, Londres, 1973 (474 p.).

Crook, L., *Oil Termes. A Dictionary of Terms Used in Oil Exploration and Development*, Wilton House Publications, Londres, 1976 (160 p.).

Foucault, A. et Raoult, J.-F., *Dictionnaire de géologie*, Masson, Paris, 1980 (336 p.).

Gary, M., McAfee, Jr. R. et Wolf, C.L., *Glossary of Geology. American Geological Institute*, Washington D.C., 1973 (806 + 52 p.).

Gilpin, A., *Dictionary of Fuel Technology*, Philosophical Library Inc., New Yorl, 1969 (275 p.).

Ginguay, M., *Dictionnaire d'informatique anglais-français*, Masson, Paris, 1972 (171 p.).

Hornby, A.S., Gatenby, E.V. et Wakefield, H., *The Advanced Leatner's Dictionary of Current English*, Oxford University Press, Londres, 1965 (1 200 p.).

Lehmann, G.H., *Erdœl-Lexicon* (Shell), Verlaganstalt Hüthig und Dreyer G.m.b.H., Mayence et Heidelberg, 1957 (164 p.).

Mansion, J.E., *Harrap's Standard French and English Dictionary with Supplement*, George G. Harrap & Company Ltd., Londres, 1960 (1 488 + 52 p.).

Langenkamp, R.D., *Handbook of Oil Industry. Terms and Phrases* (Gulf Oil Corp.), The Petroleum Publishing Co., Tulsa, Oklahoma, 1977 (208 p.).

Madam, A.K., *Glossary of Terms Used in Petroleum Industry and Conversion Tables*, Petroleum Information Service, New Delhi, 1971 (294 p.).

Moureau, M. et Brace, G., *Dictionnaire technique du pétrole (I.F.P.)*, Technip, Paris, 1979 (992 p.).

Moureau, N. et Rouge, J., *Dictionnaire technique des termes utilisés dans l'industrie du pétrole (I.F.P.)*, Technip, Paris, 1963 (490 + 386 p.).

Phipps Boone, L., *The Petroleum Dictionary*, University of Oklahoma Press, Norman, Oklahoma, 1952 (338 p.).

Porter, H.P., *Petroleum Dictionary for Office, Field and Factory*, The Gulf Publishing Company, Houston, Texas, 1948 (326 p.).

Quere, M. et Benamou, M., *Vocabulaire technique anglais-français de la chimie du pétrole*, Dunod, Paris, 1957 (122 p.).

Robertson, J., *Oil Slanguage, An Explantation of Terms and Slang of the Oil Fields from Pennsylvania to California... Texas to Montana... and around the World*, Petroleum Publishers, Evansville, Indiana, 1954 (182 p.).

Schieferdecker, A.A.G., *Geological Nomenclature. Royal Geological and Mining Society of the Netherlands*, J. Noorduijn en Zoon N.V., Gorinchem, 1959 (524 p.).

Sheriff, R.E., « Glossary of Terms Used in Geophysical Exploration with 1969 Addendum », *Geophysics, 33*, 1, Febr. 1968, 183-288 ; *34*, 2, April 1969, 1-16.

Tomkeieff, S.I., *Coals and Bitumens and Related Fossil Carbonaceous Substances,* Pergamon Press Ltd., Londres, 1954 (122 p.).

Tver, P.F., *Dictionary of Business and Scientific Terms,* 2nd ed., Gulf Publishing Company, Houston, Texas, 1968 (528 p.).

Tver, D.F. et, Berry R.W., *The Petroleum Dictionary,* Van Nostrand Reinhold Co., New York, 1980 (374 p.).

Vögtle, G., *Lexikon der Schmierungstechnik (MAN),* Franck'sche Verlagshandlung, Stuttgart, 1964 (620 p.).

Whitehead, H., *Dictionnaire de l'offshore. Pétrole et Gaz.* Glossaire international illustré, guide de références pour les industries du pétrole et du gaz offshore et leur technologie (traduit de l'anglais par H. Bolo et Ph. Cavrois), SCM, Paris, 1977 (360 p.).

Whitten, D.G.A. et Brooks, J.R.V., *The Penguin Dictionary of Geology,* Penguin Books Ltd., Harmondsworth, Middlesex, 1972 (518 p.).

Williams, H.R. et Meyers, Ch. J., *Manual of Oil and Gas Terms.* Annotated Manual of Legal Engineering Tax Words and Phrases, 4th ed., M. Bender and Co., Albany, N.Y., 1979 (282 p.).

Zubini, F., *Dizionario tecnico inglese-italiano del petrolio,* TOTAL Soc. It. per Az., Milan, 1969 (174 p.).

Zubini, F., *Dictionnaire technique anglais-français du pétrole,* TOTAL, Paris, 1971 (215 p.).

Anonymes

Nomenclature des termes techniques de l'industrie du pétrole (allemand-anglais-français), 2e Congr. mond. du Pétrole, 1937, Sect. Economique, Paris (312 p.).

Dictionnaire technique des termes du pétrole (français, anglais, russe, allemand), Groupe français du Conseil de contrôle en Allemagne. Assoc. franç. des Techniciens du Pétrole, Paris, 1946 (488 p.).

Glossary of Terms Used in Petroleum Refining, American Petroleum Institute, Division of Refining, New York, 1953, (188 p.).

Glossario petrolifero, La Rivista Italiana del Petrolio, Garzanti, 1960 Rome (1127 p.).

Grand Larousse encyclopédique en dix volumes, Larousse, Paris, 1960-1964.

Dictionary of Geological Terms (prepared under the direction of the American Geological Institute), Dolphin Books, Doubleday and Company Inc., Garden City, N.Y., 1962 (546 p.).

Illustrated Petroleum Dictionary and Products Manual, Petroleum Educational Institute, Los Angeles, Californie, 1962 (754 p.).

Lexique technique anglais-français, 2e éd., Hy. Bergerat, Monnoyeur et Cie, Paris, 1963 (44 p.).

Le langage pétrolier. Recueil, des principaux termes et expressions usuels en France dans l'industrie du pétrole (ESSO), Gauthier-Villars, Paris, 1964 (290 p.).

Webster Third New International Dictionary of the English Language Unabridged, G. & G. Merriam Company, Springfield, Massachussetts, 1964 (2662 p.).

Dictionnaire des sciences et techniques nucléaires. Commissariat à l'Énergie atomique, Presses Universitaires de France, Paris, 1966 (421 p.).

A Glossary of Petroleum Terms, The Institute of Petroleum Londres, 1967 (48 p.).

Glossary of the Gas Industry, American Gas Association Inc., New York, 1967 (66 p.).

NGPA Tentative Glossary. Definition of Words and Terms Used in the Natural Gas Processing Industry, Natural Gas Processors Association, Tulsa, Oklahoma, 1967 (20 p.).

Glossary of Some Terms Used in the Manufacture of Gasoline and Its Testing in Engines and Vehicles, The Associated Octel Compagny Ltd., Londres, 1968 (29 p.).

Grand Larousse encyclopédique. Supplément, Larousse, Paris, 1968 (920 + 106 p.).

A Glossary of Seal Terms. ASLE Sp. Publ. 1, American Society of Lubrication Engineers, Park Ridge, Illinois, 1969 (24 p.).

Glossaire des termes et définitions dans le domaine du frottement, de l'usure et de la lubrification. Tribologie. Organisation de Coopération et de Développement Économiques, Publications O.C.D.E., Paris, 1969 (181 p.).

Glossary of Terms and Definitions in the Field of Friction, Weat and Lubrication. Tribology. Organization for Economic Cooperation and Development, O.C.D.E. Publications, 1969 (169 p.).

The Condensed Chemical Dictionary (revised by Gessner G. Hawley), Van Nostrand Reinhold Company, New York, 1971 (958 p.).

« Termes techniques français. Essai d'orientation de la terminologie établi par le Comité d'étude des termes techniques français » *Actualités scientifiques et industrielles, 1339,* Hermann, Paris 1972 (172 p.).

« D & D Standard Oil Abbreviator », Desk and Derrick Clubs of North America, *Oil and Gas Journal,*
2nd ed., The Petroleum Publishing Co., Tulsa, Oklahoma, 1973 (227 p.).
Glossary of ASTM Definitions, ASTM, Philadelphie Pennsylvanie, 1973 (540 p.).
« Enrichissement du vocabulaire pétrolier ». Ministère du développement industriel et scientifique, *Journal
officiel de la République française,* 18 janvier 1973, 741-743, Repris dans *Pétrole et Technique, 27,*
mai 1980, 57-65.
Glossaire des transmissions hydrauliques et pneumatiques, CETOP, Paris 1976 (148 p.).
Petit Larousse illustré, Larousse, Paris, 1976.
Handbook of Motor-Vehicle Safety and Environmental Terminology, SAE, Warrendale, PA, 1977 (179 p.).
The Oil ans Gas Industry. A Glossary of Terms, Bank of Scotland Information Service, Oil Division,
Edimbourg, 1978 (20 p.).
Lexique des pipelines à terre et en mer, Technip, Paris, 1979 (320 p.).
Onshore-Offshore Oil and Gas Multilingual Glossary. A Glossary of Terms Concerning The Exploration
and Exploitation of Oil and Gas Resources, in Danish, German, English, French, Italian and Dutch.
Commission of the European Communities, Terminology Bureau, Luxembourg, Graham and
Trotman Ltd., Londres, 1979 (490 p.).

2. DIVERS

Allison, J.P., *Criteria for Quality of Petroleum Products,* Applied Science Publishers Ltd., Barking, Essex,
1973.
Amico, M., *Petrolio e Gas naturale* (2 vol.), Ulrico Hoepli, Milan, 1953.
Bailey, C.A. et Aarons J.S., *The Lubrication Engineers Manual,* United States Steel, 1971.
Bastian, E.L.H., *Metalworking Lubricants,* McGraw-Hill Book Company, New York, 1951.
Bondi, A., *Physical Chemistry of Lubricating Oil,* Reinhold Publishing Corporation, New York, 1964.
Boner, C.J., *Gear and Transmission Lubricants,* Reinhold Publishing Corporation, New York, 1964.
Braithwaite, E.R., *Lubrication and Lubricants,* Elsevier Scientific Publishing Company, Amsterdam, 1967.
Brasseur, R., *Législation et fiscalité internationale des hydrocarbures (exploration et production),* Technip,
Paris, 1975, (412 p.).
Bruins, P.F., *Plasticizer Technology,* Reinhold Publishing Corporation, New York, 1965.
Chapman, R.E., *Petroleum Geology,* Elsevier Scientific Publishing Company, Amsterdam, 1973.
Clark, G.H., *Marine Diesel Lubrication,* Burmah Castrol Marine, Londres, 1970.
Clower, J.I., *Lubricants and Lubrication,* McGraw-Hill Book Compagny, New York, 1939.
Cusset, F., *Tables complètes de conversion des mesures américaines, britanniques et métriques,* Ed. Blondel
La Rougery, Paris, 1959.
Evans, E.A., *Lubricating and Allied Oils,* Chapman and Hall Ltd., Londres, 1948.
Forbes, W.G., *Lubrication of Industrial and Marine Machinery,* John Wiley and Sons Inc., New York,
1954.
Georgi, C.W., *Motor Oils and Engine Lubrication,* Reinhold Publishing Corporation, New York, 1951.
Gunther, R.C., *Lubrication,* Chilton Book Company, Philadelphie, Pennsylvanie, 1971.
Noel, H.M., *Petroleum Refinery Manual,* Reinhold Publishing Corporation, New York, 1959.
Norton, A.E., *Lubrication,* McGraw-Hill Book Company, New York, 1942.
O'Connor et Boyd, *Standard Handbook of Lubrication Engineering* (sponsored by ASLE), McGraw-Hill
Book Company, New York, 1968.
Salvi, O., *Manuale chimico e technologico del petrolio.* Stazione Sperimentale per i Combustibili di Milano,
Edit. Tamburini, Milan, 1951.
Smalheer, C.V. et Kennedy Smith, R., *Lubricant additives,* The Lezius-Hiles Co., Cleveland, Ohio, 1967.
Thomsen, T.C., *The Practice of Lubrication,* McGraw-Hill Book Company, New York, 1951.
Uren, L.C., *Petroleum Production Engineering* (3 vol.), Mc Graw-Hill Book Company, New York, 1956.
Zuidema, H.H., *Performance of Lubricating Oils,* Reinhold Publishing Corporation, New York, 1952.

Anonymes

Handbook Butane-Propane Gases, Jenkins Publications Inc., Los Angeles, Californie, 1951.
Earth-moving Machinery Lubrication, C.C. Wakefield and Company Ltd., Londres, 1954.
New Horizons. Petroleum, Petrochemical and Chemical, The Lummus Company, New York, 1954.
Diesel Engines Medium and High Speed, The British Petroleum Co. Ltd, Londres, 1964.

The Lubrication of Industrial Gears, Shell International Petroleum Co. Ltd., Londres, 1964.

Gas Making, The British Petroleum Co. Ltd., Londres, 1965.

The Application of Lubricants, Shell International Petroleum Co. Ltd, Londres, 1965.

Industrial Lubrication, The British Petroleum Co., Ltd., Londres, 1966.

The Petroleum Handbook, Shell International Petroleum Co. Ltd., Londres, 1966.

Modern Petroleum Technology. The Institute of Petroleum, Applied Sciences Publisher Ltd., Barking, Essex, 1975 (996 p.).

ATSM Standards on Petroleum Products and Lubricants, ASTM, Philadelphie, Pennsylvanie.

IP Standards of Petroleum and Its Products, The Institute of Petroleum, Londres.

A

a : symbole de *atto* et de *annum*. Voir ces termes.

ABA : abréviation de *antiblistering agent*. Voir ce terme.

abandon a borehole (to) or **junk a hole (to)** or **lose a hole (to)** : abandonner un puits.

abandoned or **abd** : abandonné (*en parlant d'un puits, d'une concession, etc.*).

abandoned claim : concession *f.* minière abandonnée.

abd : abréviation de *abandoned* (voir ce terme) utilisée dans les rapports de forage.

Abel closed tester : appareil *m.* d'Abel (*servant à déterminer le point d'éclair d'un produit dérivé du pétrole – jusqu'à 50 °C – ou d'un bitume fluidifié – jusqu'à 110 °C ; cf. Standard Method IP 170, AFNOR M 07 – 011 et Standard Method IP 113, AFNOR T 166 – 099*).

abelmoschus oil : voir *ambrette-seed oil*.

ability : 1/ pouvoir *m.*, aptitude *f.* ; 2/ capacité *f.* légale de faire, habilité *f.*

ablaze : en feu, en flammes.

above ground : 1/ à ciel ouvert, à la surface ; 2/ carreau *m.* d'une mine.

above sea level : au-dessus du niveau de la mer.

abradant : abrasif.

abrogate (to) : abroger, abolir, révoquer (*une loi, un acte, etc.*).

absolute viscosity or **dynamic viscosity** : viscosité *f.* absolue, viscosité *f.* dynamique (*dans le Système International, l'unité est le pascal-seconde, dont le symbole est* Pa.s ; *on utilise aussi le newton-seconde par mètre carré, dont le symbole est* N.s/m² ; *pratiquement on utilise le millipascal-seconde,* mPa.s, *ou le millinewton-seconde par mètre carré,* mN.s/m² ; *dans le système C.G.S., l'unité est le poise, dont le symbole est* P, *du nom du médecin et physicien français Jean Poiseuille (1799-1869)* ; 1 P = 1 dyne-seconde par centimètre carré (1 dyn.s/cm²) = 0,1 Pa.s = 0,1 N.s/m² ; *un sous-multiple du poise est encore utilisé, le centipoise, symbole* cP ; 1 cP = 1 mPa.s = 1 mN.s/m² ; *dans le système cohérent anglo-saxon l'unité est la livre-seconde par pied carré,* ou pound-second per square foot, *dont le symbole est* lb. sec/sq.ft, *qui vaut* 47,88 Pa.s).

absolute zero : zéro *m.* absolu, zéro *m.* Kelvin, 0 °K (= – 273,16 °C = 0 °R = – 459,70 °F).

absorbent oiler : voir *pad oiler*.

absorber or **absorption column** or **absorption tower** : absorbeur *m.*, colonne *f.* d'absorption, tour *f.* d'absorption (*appareil dans lequel l'absorption est réalisée en faisant circuler le gaz à traiter à contre-courant du solvant*).

absorber oil or **absorption oil** or **sponge oil** : huile *f.* d'absorption (*descendant à contre-courant des gaz dans une colonne d'absorption ; l'huile entre en dissolution avec le gaz et récupère les fractions volatiles*). Voir aussi *lean oil, fat oil*.

absorption : 1/ absorption *f.* (*séparation de certains constituants d'un gaz par dissolution dans un liquide*) ; 2/ absorption *f.*, atténuation *f.* (*de l'énergie d'un rayonnement acoustique ou électromagnétique traversant une substance ou un milieu donné*).

absorption column : voir *absorber*.

absorption gasoline : essence *f.* d'absorption, essence *f.* de dégazolinage (*par absorption*).

absorption oil : voir *absorber oil*.

absorption plant : unité *f.* d'absorption (*dans laquelle on sépare les fractions les moins volatiles d'un gaz naturel ou d'un gaz de raffinerie par absorption au moyen d'un produit pétrolier agissant comme solvant, suivie d'une distillation dégageant les fractions absorbées et régénérant le solvant*).

absorption process : procédé *m.* d'absorption (*extraction de l'essence contenue dans le gaz naturel par absorption ; on utilise souvent l'huile dite* mineral seal oil – *voir ce terme* – *comme huile d'absorption*).

absorption tower : voir *absorber*.

abstract : résumé *m.*, extrait *m.*, analyse *f.*, précis *m.*

acaricide : acaricide *m.* (*pesticide spécifique des acariens*).

acceptance : acceptation *f.*, admission *f.*, agrément *m.*, consentement *m.*, approbation *f.*

acceptance test : essai *m*. de réception.

accumulation : voir *pool* 1/.

accumulator : 1/ accumulateur *m*. (*réservoir destiné au stockage temporaire d'un gaz ou d'un liquide, ordinairement utilisé pour régulariser l'écoulement d'un fluide vers un appareil ou une installation*) ; 2/ batterie *f*., accumulateur *m*., accu *m*. (*appareil emmagasinant l'énergie électrique sous forme chimique et la restituant à volonté sous forme de courant*).

accuracy : précision *f*. (*d'un appareil de mesure ; elle s'exprime généralement en pourcentage de la totalité de l'échelle de lecture*).

acetonitrile : acétonitrile *m*. (*liquide d'odeur agréable, bouillant à 81 °C, obtenu par déshydratation de l'acétamide et dont la formule est* $CH_3 C = N$; *synonymes : cyanure de méthyle, éthanenitrile, nitrile acétique*).

acetonitrile extraction : extraction *f*. à l'acétonitrile (*procédé de distillation extractive du butadiène contenu dans un mélange de butane-butènes au moyen d'acétonitrile*). Voir *acetonitrile*.

acicular or **needle-shaped** : aciculaire, en forme d'aiguille (*se dit en particulier d'une substance cristallisant en fines aiguilles*).

acid blowcase : voir *egg*.

acid clay : 1/ minéraux *m*. argileux acides ; 2/ terre *f*. activée à l'acide.

acid egg : voir *egg*.

acid emulsion of bitumen : voir *cationic emulsion of bitumen*.

acid gases : gaz *m*. acides (*se dit du bioxyde de carbone et de l'hydrogène sulfuré contenus dans le gaz naturel ou dans le gaz de raffinerie*).

acidity : acidité *f*. (*en particulier, pourcentage d'acide libre dans une huile*).

acidization or **acidizing** : acidification *f*. Voir *acidize (to)*.

acidize (to) : acidifier (*procéder, dans un puits, à l'injection d'acide chlorhydrique dans une formation productrice carbonatée pour en augmenter la perméabilité et donc la production*).

acidizer : 1/ acidifiant *m*. ; 2/ spécialiste *m*. de l'acidification ; voir *acidize (to)*.

acidizing : voir *acidization*.

acid number : voir *neutralization number*.

acid-proof or **acid-resisting** : résistant aux acides.

acid recovery plant or **acid restoring plant** : installation *f*. de récupération et de concentration de l'acide contenu dans les boues issues du traitement à l'acide sulfurique des huiles.

acid refining or **acid treating** : raffinage *m*. ou traitement *m*. à l'acide sulfurique (*procédé qui consiste à agiter un produit pétrolier en présence d'acide sulfurique pour éliminer les substances pouvant notamment être la cause d'odeur ou de couleur indésirables*).

acid-resisting : voir *acid-proof*.

acid restoring plant : voir *acid recovery plant*.

acid sludge : boue *f*. acide (*résultant du traitement à l'acide sulfurique des huiles*).

acid tar : goudron *m*. acide.

acid treating : voir *acid refining*.

acid value : indice *m*. d'acidité, indice *m*. d'acide. Voir aussi *neutralization number*.

acid well treatment : acidification *f*. d'un puits. Voir *acidize (to)*.

ac/lb : symbole de *acre per pound*. Voir ce terme.

aclinic : aclinique (*se dit d'un lieu où l'inclinaison du champ magnétique terrestre est nulle*).

aclinic line or **magnetic equator** : équateur *m*. magnétique (*lieu des points de la surface du globe où l'inclinaison du champ magnétique terrestre est nulle*).

acorn nut : écrou *m*. à calotte, écrou *m*. borgne.

acorn oil : huile *f*. de gland.

acoustic re-entry : rentrée *f*. acoustique (*opération consistant, avec le contrôle de transducteurs acoustiques ultrasonores, à réintroduire le train de sonde dans la tête d'un puits sous-marin après que le forage ait été interrompu et les liaisons entre le fond et la surface supprimées*).

acoustic wave : onde *f*. acoustique, onde sonore.

acre : acre *f*. (*unité de surface anglo-américaine valant 4 046,87 m²*).

acreage : superficie *f*. exprimée en acres, domaine *m*. minier. Voir *acre*.

acre per pound or **ac/lb** : acre *f*. par livre (*mesure anglo-saxonne de la surface active d'un catalyseur ou d'un matériau adsorbant ; 1 ac/lb = 8,91 g/m²*).

acre-yield : production *f*. moyenne de brut ou de gaz par acre.

acronym : sigle *m*. (*ex. API, pour American Petroleum Institute*).

acting order : délégation *f*. de pouvoir.

activated : activé (se dit, en chimie, d'un atome, d'une molécule ou d'une substance rendue plus apte à réagir).

activated sludge process : procédé m. de traitement (d'eaux usées) par des boues activées. Voir aussi biological treatment.

activation : activation f. (processus accroissant l'activité d'un catalyseur ou rendant une molécule réactive).

activation analysis : voir neutron activation analysis.

activity : activité f. (action d'un catalyseur sur une charge).

actuate (to) : mettre en marche, mettre en action.

actuator : mécanisme m. de commande, mécanisme m. de mise en marche, servomoteur m.

adamantine shot-drilling or **shot-drilling** : forage m. à la grenaille (ancien procédé de forage, en carottage continu, à l'aide d'un tube carottier spécial et de grenaille d'acier, la couronne du carottier mettant en mouvement la grenaille pour user la roche).

adapter ou **adaptor** : 1/ raccord m., allonge f., adaptateur m. ; 2/ boisseau m. (d'un robinet, d'une vanne) ; 3/ bride f. de tête de puits servant de réduction d'un diamètre à un autre.

addendum : 1/ produit m. ajouté, addition f., supplément m. ; 2/ saillie f. (partie supérieure de la denture d'une roue d'engrenage à l'extérieur du cercle primitif).

additive : additif m., dope m. (substance ajoutée en faible proportion à un lubrifiant ou à un dérivé du pétrole pour en améliorer ou modifier certaines caractéristiques).

adduct : produit m. d'addition.

adjacent owner : propriétaire m. du permis voisin ou limitrophe.

adjustable choke : duse f. réglable. Voir bean.

adjustable wrench : clé f. à molette, clé f. anglaise.

adjuster : appareil m., dispositif m. de réglage ou de régulation.

adjusting screw : vis f. de réglage.

Admiralty flow point : voir flow point (Admiralty).

Admiralty metal : métal Amirauté (alliage non ferreux, comprenant 70 à 73 % de cuivre, 1 % d'étain et 26 à 29 % de zinc).

admixtion or **admixture** : addition f., mélange m.

adsorbate : adsorbat m. (substance adsorbée).

adsorption or **sorption** : adsorption f. (fixation sélective par des substances solides extrêmement poreuses, comme le gel de silice, le charbon actif, les tamis moléculaires, etc., de certains constituants d'un mélange gazeux ou liquide ; le volume adsorbé peut être considérable).

adsorption chromatography : chromatographie f. par adsorption. Voir chromatography.

aeration : aération f., ventilation f.

aerial or **antenna** : antenne f.

aerial magnetometer : voir airborne magnetometer, magnetometer.

aerification : aérification f., réduction f. à l'état de gaz.

aeromagnetic : aéromagnétique (qualifie les mesures magnétiques faites à partir d'un avion en vol).

aerosol lubricator : voir microfog lubricator.

aerosol propellant : fluide m. propulseur des bombes aérosols (gaz de pétrole pur liquéfié : butane normal, isobutane, propane).

AFA : abréviation de antifouling agent. Voir ce terme.

affidavit : affidavit m. (déclaration faite sous serment, enregistrée et avalisée par un magistrat).

affreight (to) : affréter.

affreighter : affréteur m.

affreightment : affrètement m.

AFRA : abréviation de Average Freight Rate Assessment. Voir ce terme.

afterburner : brûleur m. à postcombustion.

afterburning : postcombustion f. (désigne, dans le craquage catalytique, la combustion d'oxyde de carbone et de particules de coke dans la partie supérieure du régénérateur de catalyseur).

aftercooler : réfrigérant m. complémentaire.

afterdamp : gaz m. délétères (provenant de l'explosion du grisou).

afterglow : incandescence f. résiduelle, postluminescence f., phosphorescence f.

afterheat : chaleur f. résiduelle.

afterpeak : arrière-bec m. (d'un ponton).

afterrun : voir afterrunning 1/.

afterrunning : 1/ auto-allumage m., réallumage m. (phénomène par lequel un moteur continue de tourner pendant un temps variable et à faible *allure après coupure de l'allumage)* ; synonymes : *running on, run-on, afterrun* ; 2/ queue *f.* de distillation.

age hardening : durcissement *m.* avec l'âge *(d'une graisse au cours de son stockage)*.

ageing test or **aging test** : essai *m.* de vieillissement.

aggradational deposit : dépôt *m.* alluvionnaire.

aggregate : agrégat *m.*, ensemble *m.*, groupe *m.*, totalité *f.*

aging test : voir *ageing test.*

agitator : 1/ agitateur *m.* ; 2/ réservoir *m.* cylindrique vertical ; 3/ puits *m.* entrant en éruption après que la production en ait été amorcée par pompage ; 4/ agitateur *m.* électrique à hélice *(utilisé sur les chantiers de forage pour mélanger et tenir en mouvement les fluides de forage dans les bassins de circuit de boue, ou, dans une raffinerie, pour empêcher la ségrégation dans les réservoirs de pétrole brut)*.

AGMA : abréviation de *American Gear Manufacturers Association.* Voir ce terme.

AGMA lubricant number : grade *m.* AGMA d'une huile pour engrenages *(les différents grades correspondent à différents intervalles de viscosité ; les grades 1 à 13 concernent les huiles R & O – voir rust and oxidation-resistant oil –, les grades 7 comp., 8 comp. et 8A comp. les huiles compoundées, et les grades 14R et 15R les enduits fluidifiés par un solvant)*.

AGMA mild-type extreme pressure (EP) lubricant number : grade *m.* AGMA d'une huile pour engrenages avec effet extrême-pression modéré *(les différents grades, 2 EP à 13 EP, correspondent à différents intervalles de viscosité)*.

ahead running : marche *f.* avant.

aid : 1/ produit *m.* auxiliaire ; 2/ secours *m.*

aids : 1/ taxes *f.* foncières ; 2/ redevances *f.* au titre d'une concession minière.

air blanketing : couche *f.* d'air, accumulation *f.* d'air *(qui, dans un échangeur de chaleur ou dans une chaudière, empêche la transmission de la chaleur)*.

air blown asphalt : voir *blown asphalt.*

air booster : 1/ surpresseur *m.* d'air ; 2/ dispositif *m.* renforçant l'efficacité d'une commande pneumatique.

airborne magnetometer or **aerial magnetometer** : magnétomètre *m.* aéroporté. Voir *magnetometer.*

air brake : frein *m.* à air comprimé.

air choke or **air strangler** : volet *m.* d'air *(d'un carburateur)*.

air cleaner : épurateur *m.* d'air, filtre *m.* à air.

air-cooled condenser : aérocondenseur *m.* *(condenseur dont l'agent de refroidissement est l'air)*.

air cooler : refroidisseur *m.* à air.

aircraft fuel cell : voir *fuel cell 2/.*

air curtain : rideau *m.* d'air *(engendré au moyen de tubes percés de trous et destiné à retenir l'écoulement accidentel de produits pétroliers à la surface d'un plan d'eau)*.

air cushion vehicle : véhicule *m.* à coussin d'air.

air drilling : forage *m.* à l'air *(procédé de forage dans lequel l'air comprimé est utilisé comme fluide de circulation, en lieu et place de la boue)*.

air drive or **air flooding** or **air pumping** : injection *f.* d'air comprimé *(dans une formation productrice d'huile pour en augmenter le taux de récupération)*.

air fan : ventilateur *m.*.

air filter saturant : huile *f.* d'imprégnation pour éléments de filtre à air.

airflex clutch : embrayage *m.* progressif pneumatique *(d'un treuil de forage, d'une pompe à boue, etc.)*.

air flooding : voir *air drive.*

air gas : gaz *m.* à l'air, gaz *m.* pauvre *(obtenu dans un gazogène en soufflant de l'air à travers un lit de charbon ou de coke incandescent)*.

air gun : canon *m.* à air *(source sismique, utilisée en mer, dont le principe consiste à émettre dans l'eau une bulle d'air comprimé à haute pression ; les oscillations de la bulle qui, alternativement, se détend et se contracte engendrent une onde sismique dont la fréquence dépend de la quantité d'air dans la bulle, de la pression d'émission et de la profondeur d'eau)*.

air hammer : 1/ phénomène *m.* d'instabilité ou de résonance observé parfois sur les paliers lubrifiés à l'air ; 2/ marteau *m.* pneumatique, perforatrice *f.* à air comprimé.

air hardening : trempe *f.* à l'air.

air hole or **air inlet** or **air intake** : prise *f.* d'air, évent *m.*

air inleakage : infiltration *f.* d'air *(froid, dans une cheminée ou dans un four)*.

air inlet : voir *air hole.*

air intake : voir *air hole.*

air lift : 1/ allègement *m.* à l'air (*procédé d'ascension de l'huile dans les puits par injection d'air*) ; 2/ relevage *m.* pneumatique (*procédé de manipulation de produits à l'état de poudres ou de grains, notamment des catalyseurs dans certains craqueurs catalytiques*).

air line lubrication : voir *fog lubrication.*

air lock : sas *m.* pneumatique, sas *m.* à air, écluse *f.* à air (*compartiment accessible par deux portes donnant accès à deux enceintes où règnent des pressions différentes*).

air pocket : 1/ poche *f.* d'air (*dans une canalisation*) ; 2/ collecteur *m.* à air, poche à air.

air pollutant : polluant *m.* atmosphérique (*fumées et gaz résiduels de combustion, gaz d'échappement des moteurs à explosion, gaz du reniflard de carter des moteurs, etc.*).

air pollution : pollution *f.* de l'air, pollution *f.* atmosphérique. Voir *air pollutant, atmospheric pollution.*

air pumping : 1/ voir *air drive* ; 2/ nettoyage *m.* à l'air (*désablage d'un puits productif par insufflation d'air comprimé dans le tubing*).

air release property : aptitude *f.* à la désaération, aptitude *f.* à l'élimination de l'air (*propriété exigée des huiles hydrauliques et pour turbines*).

air release test : voir *deaeration test.*

air scoop : prise *f.* d'air dynamique.

air shaft : puits *m.* d'aération, puits *m.* de ventilation, manche *f.* à air.

air starter : démarreur *m.* à air comprimé.

air strangler : voir *air choke.*

air-supplied suit : combinaison *f.* de travail gonflable à l'air.

air sweetening : adoucissement *m.* à l'air (*procédé de raffinage des essences utilisant l'air pour transformer en disulfures les mercaptides résultant de l'action du plombite de sodium*).

airtight : étanche à l'air, hermétique.

air tool lubricant : huile *f.* pour outils pneumatiques.

air zero gas : gaz *m.* contenant moins de 2 ppm d'air.

AIT test : abréviation *f.* de *autoignition temperature test.* Voir ce terme.

alarm : avertisseur *m.*, alarme *f.* (*voyant lumineux, parfois doublé par un émetteur sonore, signalant sur un tableau de contrôle une défaillance ou un défaut dans le déroulement d'une opération, le fonctionnement d'une machine, etc.*).

albertite : albertite *f.* (*variété noire de bitume naturel, à l'éclat brillant et à la cassure conchoïdale, à peu près insoluble dans le sulfure de carbone et l'alcool, partiellement soluble dans l'essence de térébenthine, non fusible et se décomposant par chauffage*).

albino-bitumen : albino-bitume *m.* (*bitume pigmentable, à basse teneur en asphaltènes, obtenu à partir de bruts riches en résines*).

alcohol blend : mélange *m.* à l'alcool (*mélange d'essence et d'alcool éthylique absolu utilisé comme carburant*).

alembic : alambic *m.*. Voir aussi *still 2/.*

alidade : alidade *f.* (*régle graduée, portant un instrument de visée et permettant de mesurer les angles verticaux ; utilisée lors de levers à la planchette ; voir plane table*).

aligning bearing : palier *m.* à rotule.

aliphatic hydrocarbons or **aliphatics** : hydrocarbures *m.* aliphatiques (*hydrocarbures à chaîne ouverte comprenant les hydrocarbures paraffiniques ou saturés, de formule générale C_nH_{2n+2}, éthyléniques ou oléfiniques, de formule C_nH_{2n}, et acétyléniques, de formule C_nH_{2n-2}*).

alizarin oil : voir *Turkey red oil.*

alkali liquor : solution *f.* alcaline (*résidu du traitement alcalin de produits pétroliers*).

alkaline oil : huile *f.* alcaline (*dont l'indice de basicité totale est compris entre 30 et 50 ; employée pour la lubrification des cylindres de gros moteurs diesel stationnaires ou marins utilisant un combustible lourd à haute teneur en soufre. Voir aussi emulsion-type cylinder lubricant, dispersion-type cylinder lubricant, monophase oil*).

alkali neutralization number : voir *neutralization number.*

alkali wash : lavage *m.* à la soude (*du pétrole lampant*).

alkane : alcane *m.* (*nom générique des hydrocarbures saturés acycliques*).

Alkar process : procédé *m.* d'alkylation du benzène et de l'éthylène (*pour obtenir de l'éthylbenzène. – Universal Oil Products Co*).

Alkazid process : procédé *m.* d'élimination de l'hydrogène sulfuré et du gaz carbonique (*par absorption-désorption au moyen d'acides aminés, certains acides aminés absorbant préférentiellement l'hydrogène sulfuré. – Badische Anilin und Soda Fabrik A.G.*).

alkene : alcène *m.* (*nom générique des hydrocarbures acycliques à double liaison*).

alkylate : 1/ alcoylat *m.*, alkylat *m.*, produit *m.* obtenu par alkylation ; 2/ isooctane *m.* de synthèse obtenu par alkylation et utilisé dans les essences d'aviation.

alkylation : alcoylation *f.*, alkylation *f.* (*procédé permettant d'obtenir des constituants à indice d'octane élevé, ou des produits pour la pétrochimie, par combinaison, en présence d'un catalyseur, d'une oléfine à un hydrocarbure paraffinique ou aromatique ; exemples : isobutène,* C_4H_8, *+ isobutane,* C_4H_{10} = *isooctane,* C_8H_{18}, *dont l'indice d'octane est égal à 100 ; avec un aromatique : éthylène,* C_2H_4, *+ benzène,* C_6H_6, = *éthylbenzène,* C_8H_{10}).

alkylation plant or **alkyl plant** : unité *f.* d'alcoylation, unité *f.* d'alkylation.

alkyl radical : radical *m.* alcoyle ou alkyle (C_nH_{2n+1}).

alligator grab : gueule *f.* de crocodile (*outil à mâchoires articulées servant à repêcher les objets tombés au fond d'un puits*).

alligatoring : fendillement *m.* craquelure *f.*, faïençage *m.* (*formation d'un réseau de fissures plus ou moins profondes à la surface d'une peinture, d'un vernis, d'un enduit, etc.*).

alligator wrench : pince *f.* crocodile (*sorte de pince universelle*).

Allison fluid : voir *Type C-1 hydraulic fluid, Type C-2 hydraulic fluid.*

all-loss system of lubrication : graissage *m.* à huile perdue.

allocation : allocation *f.*, attribution *f.* (*quantité d'huile ou de produit pétrolier dont la consommation ou la production est autorisée*).

allowable production : production *f.* autorisée (*contingent fixé pour limiter la production pétrolière d'un puits ou d'un gisement*).

allowance : 1/ tolérance *f.*, correction *f.* ; 2/ allocation *f.*, indemnité *f.*

alloy : alliage *m.*

alloyed oil : huile *f.* très visqueuse.

all-purpose grease : voir *multipurpose grease.*

alluvial deposit : 1/ voir *alluvium* ; 2/ gisement *m.* alluvial.

alluvium or **alluvia** : alluvions *m.* (*dépôt sédimentaire – cailloux, graviers, sables et boues – laissé par un cours d'eau dont la charge excède la capacité*).

Almen EP lubricant testing machine : machine *f.* d'essai d'Almen pour les lubrifiants extrême-pression (*machine de la* General Motors Corporation *servant à déterminer les propriétés extrême-pression des huiles pour engrenages*

hypoïdes ; *une série de poids est appliquée toutes les 10 s jusqu'à un maximum de 35 livres ; à un poids de 2 livres correspond une pression de 1 000 livres par pouce carré sur la surface du coussinet d'essai graissé par bain d'huile ; dans le cas d'une huile minérale pure le poids appliqué peut varier de 4 à 11 livres et, dans celui d'une huile extrême-pression, de 15 à 35 livres*).

almond oil : huile *f.* d'amande (*huile végétale, non siccative, utilisée en médecine ainsi que pour la fabrication de cosmétiques et le graissage de mécanismes délicats*).

aloe rope : câble *m.* d'aloès (*fabriqué à partir des fibres de l'aloès, plante tropicale, et utilisé pour le forage au câble*).

alphamethylnaphthalene : alphaméthylnaphtalène *m.* (*composé organique qui, en mélange avec le cétane normal, sert à la préparation des carburants de référence utilisés dans la détermination de l'indice de cétane des combustibles pour moteurs diesel*). Voir *cetane number.*

alternating flux : résidu *m.* lourd et gommeux obtenu au cours de la distillation du brut dans une batterie de rebouilleurs.

alternating stills : série *f.* de chaudières ou de rebouilleurs à températures et pressions différentes servant à la distillation en continu du brut.

alternative proposal : contre-proposition *f.*

aluminium-base grease or **hard oil** : graisse *f.* à base de savon d'aluminium (*à texture filante et forte adhésivité, insoluble dans l'eau et à point de goutte compris entre 60 °C et 120 °C ; utilisée pour lubrifier des mécanismes contenus dans un boîtier non étanche*).

aluminium chloride : chlorure *m.* d'aluminium (*utilisé comme catalyseur d'isomérisation, d'alkylation et, anciennement, de craquage*).

aluminium stearate : stéarate *m.* d'aluminium (*utilisé pour élever la viscosité des huiles et des graisses ainsi que celle des boues de forage*).

alundum ball : sphère *f.* poreuse, en alumine cristalline, alundum *m.* (*utilisé en laboratoire comme diffuseur de gaz*).

amalgamate (to) : 1/ amalgamer ; 2/ fusionner (*deux ou plusieurs sociétés en une seule*).

ambar : voir *slushpit.*

amber cylinder oil : voir *filtered cylinder stock.*

ambergris : ambre *m.* gris (*concrétion intestinale du cachalot, utilisée comme fixateur en parfumerie*).

ambrette-seed oil or **amber-seed oil** or **musk-seed oil** or **muskmallow oil** or **abelmoschus oil** : huile *f.* d'ambrette (*huile végétale extraite des graines* *de la mauve musquée,* Hibiscus abelmoschus, *plante originaire de la Martinique, et utilisée en parfumerie).*

Amerada or **Amerada pressure-recording device** : manomètre *m.* enregistreur spécialement étalonné pour mesurer les pressions au fond d'un puits (*descendu à l'aide d'un câble, sans nécessairement arrêter la production*).

American Gear Manufacturers Association or **AGMA** : Association *f.* américaine des fabricants d'engrenages (1, Thomas Circle, Washington, D.C. 20005).

American melting point or **AMP** : point *m.* de fusion américain (*de la paraffine ; température supérieure de 3 °F au point de fusion de la paraffine ; cf. ASTM D 87, AFNOR T 60 – 114*).

American Petroleum Institute or **API** : Institut *m.* américain du pétrole (1271, Avenue of the Americas, New York, N.Y., 10020), fixant notamment les spécifications du matériel utilisé dans l'industrie pétrolière.

American pump : voir *bailer.*

American Society of Lubrication Engineers or **ASLE** : Association *f.* américaine des techniciens du graissage industriel (838, Busse Highway, Park Ridge, Illinois, 60068).

American Society for Testing Materials or **ASTM** : Association *f.* américaine étudiant les matériaux, leurs propriétés et leur normalisation (1916, Race Street, Philadelphia 3, Pennsylvania, 19103).

American Tanker Rate Schedule or **ATRS** : barème *m.* en dollars des affrètements pétroliers de port à port, établi en 1956 par l'*Association of Ship Brokers and Agents* de New York pour remplacer l'ancien barème *USMC rate.* Voir *United States Maritime Commission rate.*

amicable settlement : arrangement *m.* à l'amiable.

amines : amines *f.* (*composés organiques utilisés pour désulfurer et décarbonater les gaz*).

ammeter : ampèremètre *m.*

amortization or **compensation** : amortissement *m.*

AMP : abréviation de *American melting point.* Voir ce terme.

amphoteric : amphotère (*se dit d'un corps capable de se combiner tant aux acides qu'aux bases*).

analog : analogique (*se dit d'un appareil traitant des variables se présentant comme des valeurs continues*).

analog computer : calculateur *m.* analogique.

analog-digital converter : convertisseur *m.* analogique-numérique.

analyser : analyseur *m.*

anchor : ancre *f.*, ancrage *m..* Voir aussi *gas anchor, tubing anchor.*

anchorage : 1/ mouillage *m.*, ancrage *m.* ; 2/ taxes *f.* de mouillage, taxes *f.* portuaires.

anchorage block : massif *m.* d'ancrage.

anchor bolt : boulon *m.* de fondation, boulon *m.* d'ancrage.

anchor buoy : bouée *f.* d'orin.

anchor cable : chaîne *f.* d'ancre.

anchor fluke : bêche *f.* d'ancre.

anchor packer : packer *m.* à coins d'ancrage. Voir *packer.*

anchor post : poteau *m.* d'ancrage.

angledozer or **angling blade bulldozer** : boutoir *m.* à lame oblique, boutoir *m.* oblique (*tracteur équipé d'une lame inclinée sur l'axe d'avancement de façon à rejeter les déblais sur le côté*).

angle iron : voir *L-iron.*

angle of delay or **delayed angle of ignition** : angle *m.* de retard (*intervalle, exprimé en degrés d'angle du vilebrequin d'un moteur diesel, entre le début de l'injection et le début de la combustion*).

angling blade bulldozer : voir *angledozer.*

aniline point : point *m.* d'aniline (*température la plus basse à laquelle un produit pétrolier est complètement miscible avec un volume égal d'aniline fraîchement distillée ; plus le point d'aniline est élevé, plus la teneur en aromatiques du produit essayé est faible ; le point d'aniline permet de déterminer le pouvoir solvant d'un produit pétrolier ; il s'établit soit par la méthode directe, sans dilution, soit par la méthode dite du point d'aniline composé – mixed aniline point ; dans cette dernière le produit essayé est dilué dans un volume égal d'heptane normal de façon à élever la température du mélange au-dessus du point de congélation de l'aniline ; cf. ASTM D 611, AFNOR M 07 – 021*).

anionic : anionique (*se dit de certaines résines synthétiques fixatrices ou échangeuses d'anions*).

anionic emulsion of bitumen : émulsion *f.* anionique de bitume (*obtenue à l'aide d'agents émulsifiants anioniques*).

annealing : recuit *m.* (*en métallurgie*).

annular space or **annulus** : espace *m.* annulaire, annulaire *m.* (*espace compris entre la paroi intérieure d'un puits ou de son tubage et la paroi extérieure des tiges de forage ou de la colonne de production*).

annulus : 1/ voir *annular space* ; 2/ anneau *m.* torique ; 3/ couronne *f.* circulaire.

annum : an *m.* (*symbole* : a ; *unité de temps du Système International*).

antenna : voir *aerial.*

antiageing chemical or **antiaging chemical** : produit *m.* chimique antivieillissement.

antiblistering agent or **ABA** : additif *m.* prévenant le cloquage par l'hydrogène (*des métaux*).

anticatalyst : voir *negative catalyst.*

antichatter additive : voir *antisquawking agent.*

antichecking agent : agent *m.* antifissure (*paraffine, généralement en écailles, ajoutée aux composants d'un mélange d'élastomères pour prévenir la fissuration superficielle des vulcanisats exposés aux agents atmosphériques*).

anticlinal axis : axe *m.* anticlinal (*plan ou surface de symétrie d'un pli anticlinal*).

anticlinal line : ligne *f.* anticlinale (*trace ou ligne d'intersection d'un axe anticlinal avec la surface topographique ou toute autre surface de référence ; voir anticlinal axis*).

anticline : anticlinal *m.* (*se dit d'un pli simple où les couches sont convexes vers le haut*).

anticlockwise or **counterclockwise** or **CCW** : dans le sens contraire des aiguilles d'une montre, sinistrorsum, vers la gauche, lévogyre.

antidazzle light : éclairage *m.* antiéblouissant.

antidote : antidote *m.*, contrepoison *m.*

antidrop grease : voir *infusible grease.*

antidrumming compound or **deafening paste or antinoise mixture** : enduit *m.*, revêtement *m.* insonorisant.

antifire nozzle : bouche *f.* d'incendie.

antifire paint : peinture *f.* ignifuge.

antifire wall : voir *fire wall.*

antifoaming agent or **defoaming agent** or **defoamer** or **defoamant additive** or **foam suppressant** : agent *m.* antimousse (*à base d'huile additionnée de 0,000 1 à 0,001 % de silicone*).

antifogging : antibuée.

antifoulant additive : additif *m.* antiencrassement (*ajouté aux huiles pour moteurs deux temps et réduisant efficacement l'encrassement et le perlage des bougies*).

antifouling agent or **antifouler** or **AFA** : additif *m.* antidépôt (*empêchant la formation de dépôts pendant le stockage de produits pétroliers*).

antifouling marine paint : peinture *f.* marine antisalissure (*peinture spéciale appliquée sur la coque des navires et qui inhibe la fixation d'organismes marins dont l'accumulation réduit la vitesse*).

antifreeze additive or **antistalling additive** or **antiicing additive** : additif *m.* antigivre (*empêchant le givrage du carburateur ; voir antistalling gasoline*).

antifreeze mixture or **antifreeze solution** or **antifrost mixture** : mélange *m.* antigel (*pour radiateurs de véhicules automobiles ; solution aqueuse d'alcool dénaturé, de glycérine ou de glycol éthylénique*). Voir aussi *permanent-type antifreeze solution, nonpermanent-type antifreeze solution.*

antifretting grease : graisse *f.* anticorrosion (*fabriquée à partir d'huiles très fluides et employées pour réduire l'usure entre deux surfaces soumises à des glissements vibratoires de très faible amplitude*).

antifriction metal : voir *white metal.*

antifrost mixture : voir *antifreeze mixture.*

antiicing additive : voir *antifreeze additive.*

antiicing gasoline : voir *antistalling gasoline.*

antiknock agent or **antiknock dope** or **antiknock inhibitor** : agent *m.* antidétonant (*plomb tétraméthyle et tétraéthyle, fer pentacarbonyle, benzène, alcool éthylique, alcool méthylique, oléate de plomb, etc., ajoutés aux essences dont ils améliorent l'indice d'octane*).

antiknock value : valeur *f.* du pouvoir antidétonant, indice *m.* d'octane (*d'une essence ; déterminé sur le moteur ASTM-CFR*). Voir *octane number.*

antileak gear oil : huile *f.* antifuite pour engrenages (*contenant des dopes d'adhésivité ; pour emploi sous carter non étanche*).

antimist cutting oil : huile *f.* de coupe antibrouillard.

antimisting fluid or **windscreen demister** : liquide *m.* antibuée (*pour vitres, glaces et pare-brises*).

antimisting pad : tampon *m.* antibuée (*imprégné de liquide antibuée et dont l'application empêche la formation de buée sur un pare-brise, une vitre, etc.*).

antinoise mixture : voir *antidrumming compound*.

antioxidant : voir *oxidation inhibitor*.

antirust : antirouille.

antiscuffing oil : huile *f.* antiusure (*contenant généralement en suspension du bisulfure de molybdène ou du graphite*).

antiseize thread sealing compound : composé *m.* antigrippage (*constitué de graisses au bisulfure de molybdène et utilisé pour le graissage des filetages soumis à des températures très élevées et à des vibrations*). Voir aussi *thread lubricant*.

antiseptic : aseptisant *m.*, antiseptique *m.* (*pour huile de coupe soluble*).

antiskid brake system : système *m.* de freinage antidérapant.

antiskid material or **nonskid material** or **antislide material** or **antislip material** : matériau *m.* antidérapant (*pour revêtement de sol, par exemple*).

antislick agent : agent *m.* dispersant (*pour éliminer par dispersion une nappe d'huile à la surface de l'eau*).

antislide material : voir *antiskid material*.

antislip material : voir *antiskid material*.

antismear solvent or **windscreen smear remover** : solvant *m.* nettoyeur (*mélangé à l'eau des lave-glaces équipant les véhicules automobiles*).

antisoldering additive : additif *m.* antisoudure (*pour huile de démoulage*).

antisooting agent : voir *soot remover*.

antisplash tap nozzle : brise-jet *m.*

antisquawking agent or **antichatter additive** : additif *m.* propre aux huiles pour transmission automatique (*savons métalliques comme le stéarate de magnésium, ajoutés à l'huile à raison de 0,1 à 0,4 %*). Voir *Automatic Transmission Fluid*.

antistalling additive : voir *antifreeze additive*.

antistalling gasoline or **antiicing gasoline** : essence *f.* antigivre (*destinée à prévenir le givrage du carburateur et contenant 1 à 2 % d'alcools méthylique et isopropylique et 0,1 à 0,2 % d'éther du glycol diéthylénique*).

antistatic additive or **static dissipator additive** : additif *m.* antistatique (*élevant la conductivité électrique d'un carburant aviation pour éviter la formation de charges statiques*).

antistatic oil or **coiling oil** : huile *f.* antistatique, huile *f.* de bobinage (*utilisée lors du bobinage des fils en fibres synthétiques*).

antistrip additive or **antistripping agent** : additif *m.* améliorant l'adhésivité (*d'un liant bitumineux vis-à-vis des agrégats, surtout en présence d'eau ; on utilise les acides gras, les amines, les diamines, les acides naphténiques, etc., dans les proportions de 0,1 à 1 %*).

antithrust side of a piston : face *f.* d'un piston opposée à la poussée.

antiwear hydraulic oil : huile *f.* antiusure (*inhibée au dithiophosphate de zinc, pour emploi dans les circuits hydrauliques*).

antiwelding agent : additif *m.* antisoudure (*ajouté aux huiles employées pour le travail des métaux et empêchant la fusion des copeaux et leur soudure sur les outils de coupe*).

apex : 1/ apex *m.*, sommet *m.*, faîte *m.* ; 2/ orifice *m.* d'évacuation (*des poussières ou du liquide épaissi dans un cyclone ; situé à la base du cône*).

apex seal : segment *m.* d'arête (*du rotor d'un moteur rotatif du type Wankel*).

API : abréviation de *American Petroleum Institute*. Voir ce terme.

Apiezon oil : huile *f.* Apiezon (*dénomination commerciale d'un lubrifiant à très faible tension de vapeur utilisé dans la technique du vide*).

API gravity : densité *f.* API (*échelle arbitraire de densité, exprimée en degrés, établie par l'Institut américain du pétrole et adoptée depuis 1922 par l'industrie pétrolière américaine et dont la relation avec la densité à 15 °C est la suivante :*

$$\text{densité à } 15\,^{\circ}\text{C} = \frac{141,5}{131,5 + \text{degrés API}} \;;$$

cf. ASTM D 287).

API separator : séparateur *m.* API (*bassin de décantation d'eau huileuse construit suivant les normes fixées par l'Institut américain du pétrole pour un fonctionnement continu*).

API service designations for automotive manual transmissions and axles : classification *f.* des huiles pour boîtes de vitesses et différentiels établie par l'American Petroleum Institute (*elle comprend six classes* : service GL-1, *huiles minérales pures* –; service GL-2, – *huiles avec effet extrême-pression modéré, pour ponts à vis* –; service GL-3, – *caractéristiques comprises entre celles des huiles des classes GL-1 et GL-4* –; service GL-4 *et* service GL-5, *répondant respectivement aux exigences MIL-L-2105 et MIL-L-2105 B* ; service GL-6, – *huiles à glissement très élevé, pour engrenages hypoïdes*).

API service designations for motor oils : classification *f.* des huiles pour moteurs établie en 1952 par l'American Petroleum Institute (*elle* *comprend trois classes d'huiles pour moteurs à essence ou à allumage par étincelle* – ML, *service normal,* MM, *service sévère, et* MS, *service particulièrement sévère* –, *et trois classes d'huiles pour moteurs diesel* – DG, *service modéré,* DM, *service sévère, et* DS, *service particulièrement sévère, du type* stop a.ıd go service ; *voir ce terme ; en 1970 l'Institut américain du pétrole a créé une nouvelle classification comprenant six classes d'huiles pour moteurs à essence* – SA, *pour les huiles minérales pures,* SB, *pour les huiles inhibées antioxydation et anticorrosion,* SC *et* SD, *pour les huiles modernes avec additifs multifonctionnels,* SE, *pour les huiles répondant aux exigences formulées par les constructeurs en 1972,* SF, *apparue en mars 1980 pour répondre aux exigences formulées par les constructeurs en 1980* –, *ainsi que quatre classes d'huile pour moteurs diesel* – CA, *service normal avec combustible de qualité,* CB, *service modéré,* CC, *service modéré à très sévère sur moteurs diesel suralimentés et à essence,* CD, *service sévère sur moteurs diesel suralimentés).*

apothecary : voir *ounce.*

apparent viscosity : viscosité *f.* apparente (*des graisses ; cf. ASTM D 1092, AFNOR T 60-139).*

appearance : aspect *m.,* apparence *f.* (*d'un lubrifiant).*

apple knocker : outil *m.* de battage en forme de pomme utilisé pour remettre en forme un tubage aplati.

appraisal or **appraisement** : évaluation *f.,* estimation *f.,* appréciation *f.,* prisée *f.,* expertise *f.*

appraise (to) : estimer, évaluer, apprécier, priser, faire l'expertise.

appraisement : voir *appraisal.*

appraiser : estimateur *m.,* priseur *m.,* évaluateur *m.,* appréciateur *m.,* expert *m.*

approach : arraisonnement *m.* (*d'un navire).*

approach (to) : arraisonner (*un navire).*

approval : approbation *f.,* homologation *f.,* ratification *f.*

approve (to) : approuver, agréer (*un contrat),* homologuer.

apron : tablier *m.*

apron ring : cornière *f.* de pied d'un réservoir cylindrique.

Aquadag : dénomination *f.* commerciale d'un mélange constitué de 18 à 20 % de graphite colloïdal dispersé dans l'eau et employé comme fluide pour le travail des métaux.

Aquagel : dénomination *f.* commerciale d'une bentonite utilisée pour augmenter la viscosité des boues de forage.

aqualization : aqualisation *f.* (*craquage en présence de vapeur d'eau).*

aquaplaning : voir *hydroplaning.*

Aquapulse : dénomination *f.* commerciale d'une source employée en sismique marine (*une explosion de gaz, propane ou butane, est provoquée à l'intérieur d'une enceinte souple en caoutchouc épais ; les gaz résiduels sont évacués directement à l'air libre et non dans l'eau, artifice qui élimine tout effet de bulle ;* voir *bubble effect.* – *Humble Oil Co.).*

aqua regia : eau *f.* régale (*mélange d'acides nitrique et chlorhydrique dissolvant l'or et le platine).*

aquifer : aquifère *m.* (*se dit d'une couche géologique contenant de l'eau).*

arachis oil : voir *peanut oil.*

aralkyl : aryle-alkyle *m.* (*radical aryle dans lequel un atome d'hydrogène a été remplacé par un radical alkyle).*

arbitral decree : décision *f.* arbitrale.

arbitrament and award : clause *f.* compromissoire.

area : 1/ surface *f.,* aire *f.,* superficie *f.* ; 2/ zone *f.,* région *f.* Voir aussi *safety area.*

areometer : aréomètre *m.,* densimètre *m.* (*appareil servant à déterminer la densité des liquides).*

areo-picnometer : aréo-pycnomètre *m.* Voir *picnometer.*

arm : bras *m.,* levier *m.*

armored or **armoured** : armé, cuirassé, renforcé.

armored concrete or **armoured concrete** : voir *reinforced concrete.*

armored hose or **armoured hose** : tuyau *m.* flexible armé.

Aromatic absorption process or **Arosorb process** : procédé *m.* Arosorb (*dénomination d'un procédé de séparation des hydrocarbures aromatiques contenus dans un produit pétrolier, l'effluent d'un reformeur catalytique par exemple, par absorption suivie d'une désorption.* – *Universal Oil Products Co.).*

aromatic base crude : brut *m.* à base aromatique (*dont le rendement en essence est élevé).*

aromatic extract or **extract oil** or **furfural extract** or **solvent tar** or **lubex** : extrait *m.* aromatique (*produit obtenu en fond de tour lors du raffinage au solvant des huiles lubrifiantes et dont les usages sont multiples : plastifiant des mélanges d'élastomères, de la nitrocellulose et des résines polyvinyliques ; solvant des résines servant à fabriquer les vernis ; solvant des pigments pour encres d'imprimerie ; agent d'imperméabilisation des tissus ; liant pour les produits de démoulage ; fluide caloporteur, etc.*).

aromatic hydrocarbons or **aromatics** : hydrocarbures *m.* aromatiques (*comprenant principalement la série du benzène,* C_nH_{2n-6} ; *hydrocarbures cycliques, non saturés et facilement oxydables, doués de propriétés antidétonantes ; leur présence est souhaitable dans les carburants et indésirable dans les lubrifiants*).

aromatic tar : brai *m.* aromatique (*résidu d'un procédé de craquage*).

aromatization : aromatisation *f.* (*conversion d'hydrocarbures aliphatiques saturés en composés aromatiques par cyclisation et déshydrogénation*).

Arosorb process : voir *Aromatic absorption process.*

arrester : séparateur *m.* (*dispositif permettant d'éliminer les impuretés liquides ou solides présentes dans un flux de gaz ou de vapeur*).

articles of association : statuts *m.* d'une société.

artificial person : personne *f.* morale.

aryl radical : radical *m.* aryle (*radical aromatique dérivant d'un phénol par perte de l'hydroxyle ou d'un hydrocarbure par perte d'un atome d'hydrogène lié au noyau*).

asbestos twine : tresse *f.* d'amiante.

asbestos yarn : fil *m.* d'amiante.

ascensional speed : vitesse *f.* ascensionnelle (*de la boue dans un forage*).

ascertain damages (to) : constater les dégâts.

ash content : teneur *f.* en cendres (*des combustibles et des produits pétroliers ; exprimée en général selon la norme ASTM D 482, AFNOR M 07-045 ; en ce qui concerne la teneur en cendres des huiles dopées ou celle des huiles moteurs usagées, voir sulfated residue*).

ashless additive : additif *m.* sans cendres.

ashpit : cendrier *m.* (*partie d'une chaudière ou d'un four, située au-dessous de la chambre de combustion, où sont recueillies les cendres*).

askarels : liquides *m.* synthétiques ininflammables utilisés comme huile isolante dans les transformateurs électriques.

ASLE : abréviation de *American Society of Lubrication Engineers.* Voir ce terme.

asphalt or **bitumen** or **asphaltic bitumen** or **asphaltum** : asphalte *m.*, bitume *m.* (*naturel ou artificiel*).

asphalt base course : couche *f.* de fondation asphaltique (*d'une chaussée ; constituée par du gravier, du sable et des agrégats minéraux divers enrobés par du bitume*).

asphalt base crude : voir *naphthene base crude.*

asphalt blowing or **asphalt oxidizing** : soufflage *m.* d'asphalte. Voir *blown asphalt.*

asphalt cake : pain *m.* d'asphalte.

asphalt carpet coat : revêtement *m.* asphaltique mince d'une chaussée (*de 10 à 15 mm d'épaisseur, réalisé soit par un traitement de surface, soit par application d'une couche asphaltique d'enrobés*).

asphalt cement : ciment *m.* asphaltique (*utilisé en particulier pour jointoyer les dalles de ciment constituant la chaussée d'une autoroute*).

asphalt cutback or **cutback bitumen** or **cutback** or **fluxed asphalt** : bitume *m.* fluidifié (*rendu fluide par fluxage avec un distillat volatil du pétrole – essence, kérosène, gazole, etc. – et employé pour confectionner des enduits routiers superficiels, comme liant dans une sous-couche servant de base à une structure bitumineuse imperméable ou comme liant d'un revêtement de sable enrobé à chaud*). Voir aussi *rapid-curing cutback, medium-curing cutback, slow-curing cutback.*

asphalt emulsion or **emulsified asphalt** : émulsion *f.* bitumineuse (*dispersion de bitume routier dans l'eau, dont l'indice de pénétration est généralement égal à 180/220 ou 80/100, obtenue par forte agitation à chaud et en présence d'un agent émulsifiant, par exemple un savon alcalin d'acide gras (du type tall-oil additionné de soude caustique), dans le cas d'une émulsion anionique, ou un sel d'amine (amine additionnée d'acide chlorhydrique) dans le cas d'une émulsion cationique*). Voir aussi *anionic emulsion of bitumen, cationic emulsion of bitumen, nonionic emulsion of bitumen, quick-breaking emulsion, medium-setting emulsion, slow-setting emulsion.*

asphaltene : asphaltène *m.* (*hydrocarbure à poids moléculaire très élevé, contenu dans l'asphalte et présent dans les huiles minérales ; soluble dans le sulfure et le tétrachlorure de carbone, insoluble dans l'essence légère et l'éther ; cf. Standard Method IP 143, AFNOR T 60-115*).

asphalt flux : 1/ huile *f.* de fluxage, flux *m.* (*huile utilisée pour réduire la consistance des bitumes lorsqu'ils sont trop visqueux pour une utilisation directe*) ; 2/ fuel *m.* obtenu par distillation de brut à base asphaltique.

asphaltic armor coat : revêtement *m.* mince d'asphalte (*d'une chaussée à faible circulation*).

asphaltic bitumen : voir *asphalt*.

asphaltic cardboard : carton *m.* bitumé.

asphaltic concrete : béton *m.* asphaltique, béton *m.* bitumineux (*mélange d'agrégats minéraux et d'asphalte ou de mastic d'asphalte ; voir aussi asphalt putty*).

asphaltic limestone : calcaire *m.* asphaltique, calcaire *m.* bitumineux (*calcaire dont l'espace poreux, généralement formé par des fissures, est imprégné de bitume*).

asphaltic mixture : enrobé *m.* asphaltique (*mélange d'agrégats minéraux liés par du bitume*).

asphaltic nonskid treatment : traitement *m.* asphaltique antidérapant.

asphaltic road oil : huile *f.* bitumineuse pour revêtement routier (*bitume fluide contenant des huiles de faible viscosité mais peu volatiles, obtenu par distillation directe ou par fluxage*).

asphaltic sand : sable *m.* asphaltique, sable *m.* bitumineux (*couche de sable imprégné de bitume plus ou moins sec*).

asphaltite : asphaltite *f.* (*terme générique désignant les bitumes naturels solides de consistance plus ferme et moins fusibles que les asphaltes vrais*).

asphalt macadam : empierrement *m.* asphaltique, bitumacadam *m.* (*matériau pierreux, dur, concassé, enrobé de liant hydrocarboné à base de bitume et répandu à chaud*).

asphalt oxidizing : voir *asphalt blowing*.

asphalt primer : 1/ produit *m.* bitumineux liquide, de faible viscosité (*que l'on utilise pour imperméabiliser la couche de base d'une chaussée souple avant d'établir la couche superficielle*) ; 2/ peinture *f.* bitumineuse (*dont on recouvre les pipe-lines avant application du revêtement bitumineux proprement dit*). Voir aussi *primer* 1/.

asphalt putty : mastic *m.* d'asphalte (*ciment bitumineux de consistance plastique, facilement travaillable, utilisé pour la réparation des toitures, etc.*).

asphalt rock : roche *f.* asphaltique, roche *f.* bitumineuse.

asphalt surface course : voir *surface course*.

asphalt surface treatment : traitement *m.* superficiel au bitume (*application de produits bitumineux à la surface d'une chaussée, avec ou sans gravillonnage*).

asphaltum : voir *asphalt*.

assay : essai *m.*, détermination *f.* de la teneur, titre *m.* (*d'un minerai*).

assembling : montage *m.*, assemblage *m.*

assess (to) : estimer, évaluer.

assessment : 1/ évaluation *f.* ; 2/ répartition *f.* ; 3/ taxation *f.*

assignee : bénéficiaire *m.* (*d'une cession, d'un transfert, etc.*).

assignment : transfert *m.*, assignation *f.*, attribution *f.*, cession *f.*

assignor : 1/ cessionnaire *m.*, cédant *m.* ; 2/ liquidateur *m.*

associated gas : gaz *m.* associé (*gaz naturel produit en même temps que l'huile*).

ass wagon or **back wagon** or **dolly** : petit chariot *m.* servant au déplacement des tubes ou des outils sur une installation de forage.

ass work or **back work** : travail *m.* manuel pénible, difficile.

astatize (to) : astatiser (*améliorer la sensibilité d'un gravimètre par application d'une force contraire à la tension d'équilibre*).

astern : marche *f.* arrière (*d'un navire*).

ASTM : abréviation de *American Society for Testing Materials*. Voir ce terme.

ASTM color scale : échelle *f.* de couleurs de l'*American Society for Testing Materials* (*série étalon de seize verres colorés permettant de déterminer par comparaison la couleur d'une huile de graissage ou d'un pétrolatum ; cf. ASTM D 1500, AFNOR T 60-104*).

ASTM distillation or **Engler distillation** : distillation *f.* ASTM, distillation Engler (*essai normalisé de distillation des produits pétroliers ; cf. ASTM D 86, AFNOR M 07- 002*).

astral oil : qualité *f.* de kérosène *m.* raffiné (*appelé aussi 150° fire test*).

asymmetric anticline : anticlinal *m.* dissymétrique, anticlinal *m.* asymétrique.

atactic polymer or **nonstereospecific polymer** : polymère *m.* atactique (*dans lequel les radicaux caractéristiques du monomère et extérieurs à la chaîne principale se trouvent disposés au hasard de part et d'autre du plan de cette chaîne*).

ATF : abréviation de *Automatic Transmission Fluid*. Voir ce terme.

athwartships : en travers, par le travers (*d'un navire*), transversalement, dans le sens transversal.

at idle : au ralenti (*dans le cas d'un moteur*), sans charge, à vide (*dans le cas d'une machine*).

Atlantic ocean : océan *m.* Atlantique (*sobriquet donné par les foreurs américains à un puits produisant de l'eau salée et peu ou pas de pétrole*).

atmospheric distillation : distillation *f.* atmosphérique (*fractionnement du pétrole brut en gaz, essence, solvant, lampant, gazole, distillat et résidu*).

atmospheric pollution : pollution *f.* atmosphérique (*pollution de l'atmosphère par les gaz d'échappement des véhicules, les fumées, les poussières, les émanations, etc.*) Voir *air pollutant, air pollution*.

atoleine or **atolin** : 1/ pétrolatum *m.* liquide ; 2/ ancien nom donné à l'huile *f.* de paraffine.

atomic weight or **at. wt.** : poids *m.* atomique.

atomize (to) : atomiser, pulvériser (*graisser intérieurement les cylindres de machines à vapeur par pulvérisation, ou atomisation, d'huile dans la vapeur en amont des vannes d'admission*).

atomized lubrication : graissage *m.* par pulvérisation. Voir *atomize (to)*.

atomizer : atomiseur *m.*, pulvérisateur *m.*

atomizer quill : buse *f.* de pulvérisateur *m.*

ATRS : abréviation de *American Tanker Rate Schedule*. Voir ce terme.

attemperator : voir *desuperheater*.

attic : plate-forme *f.* d'accrochage d'une sonde.

attic hand : voir *derrickman*.

attic oil : huile *f.* d'amont-pendage, huile sommitale (*piégée par faille ou sur les flancs d'un dôme de sel et qui est à une cote supérieure à celle des puits les plus hauts du gisement*).

atto : atto (*symbole* : a ; *préfixe qui, placé devant le nom d'une unité, la multiplie par* 10^{-18}).

attrition : attrition *f.*, usure *f.* par frottement.

Atwood cracking process : procédé *m.* de craquage à pression atmosphérique donnant des essences légères et du pétrole lampant à partir d'huiles lourdes ou de paraffines.

at works : départ usine, pris à la fabrique.

at. wt. : abréviation de *atomic weight*. Voir ce terme.

audiometer : audiomètre *m.* (*appareil, gradué en décibels, servant à la mesure de l'intensité des bruits*).

audit (to) : apurer, vérifier (*les comptes d'une société*).

auditor : commissaire *m.* aux comptes.

auger : cuiller *f.*, tarière *f.* (*outil de forage à main que l'on utilise pour prélever des échantillons ou forer des trous dans les terrains tendres superficiels*).

auger master : sobriquet donné par les foreurs américains au chef sondeur *m.* d'une installation de forage rotary.

auger-sinker-bar guide : guide *m.* constitué par quatre barres d'acier et qui est destiné à empêcher, dans le forage au câble, la déviation de la masse tige.

auger stem : voir *drill stem*.

ausforming : procédé *m.* de laminage ou de tréfilage de l'acier à l'état austénitique.

autoclave : autoclave *m.* (*récipient chauffé dans lequel la pression est due à la tension de vapeur du liquide qu'il contient*).

autoclean strainer : voir *self-cleaning filter*.

Autofining : procédé *m.* de désulfuration de distillats par de l'hydrogène généré au cours même de l'opération. – *British Petroleum Co. Ltd.*

autoignition : autoallumage *m.*, allumage *m.* spontané. Synonymes : *afterrunning, running on*.

autoignition temperature test or **AIT test** : essai *m.* d'autoinflammabilité d'un fluide résistant au feu (*le point d'inflammabilité est la température à laquelle une petite quantité du fluide essayé, introduite à l'aide d'une seringue dans un erlenmeyer chauffé, s'enflamme spontanément ; cf. ASTM D 2155*).

autolock connector : connecteur *m.* automatique (*sur une tête de puits sous-marine, connecteur commandé de la surface qui permet la connexion ou la déconnexion des obturateurs*).

automatic control : contrôle *m.* automatique, régulation *f.* automatique (*la grandeur à régler est constamment comparée à la grandeur recherchée, ou point de consigne ; une correction, fonction de l'écart constaté, est appliquée sans intervention humaine*).

automatic fill-up float shoe or **automatic fill-up float collar** : sabot *m.* ou manchon *m.* de cimentation (*permettant un remplissage partiel du cuvelage en cours de descente, assurant ainsi une flottaison partielle de la colonne ; utilisé dans les forages profonds pour diminuer le poids au crochet*).

automatic rabbit : bouchon *m.* racleur (*introduit dans une conduite, et qui, propulsé par le fluide, décolle par grattage les paraffines ou impuretés déposées sur les parois intérieures des oléoducs ou des tubings de production*).

Automatic Transmission Fluid or **ATF** : fluide *m.* pour transmission automatique (*homologué par*

General Motors sous la spécification ATF, Type A, Suffix A ; ce fluide est utilisé dans les boîtes de vitesses automatiques ainsi que dans les convertisseurs de couple soumis à un service sévère).

automatically extended : prorogé par tacite reconduction.

automotive oil : lubrifiant m., huile f. pour automobile.

autothermic : autothermique (se dit d'un procédé produisant lui-même la chaleur nécessaire à l'opération ; exemple : le craquage catalytique).

auxiliaries : machines f. auxiliaires, installations f. auxiliaires (par exemple, pompes d'alimentation, condenseurs, bouilleurs, etc.).

available NPSH : voir net positive suction head.

availability : disponibilité f.

availability factor : facteur m. d'utilisation (d'une unité ; exprimé en pourcentage de la capacité maximale de production).

avcat : carburant m. pour moteurs d'avion à pistons (distillant entre 30 et 200 °C).

avcos : carburant m. spécial pour démarrage à froid des moteurs d'avions à pistons.

avdp : abréviation de avoirdupois. Voir ce terme.

average : 1/ valeur f. moyenne, moyenne f. ; 2/ avarie f.

Average Freight Rate Assessment or **AFRA** : barème m. des taux de fret moyens (moyenne pondérée de tous les frets de tankers payés à un moment donné, calculée par un comité groupant les principaux courtiers de la place de Londres, sur la base des taux en vigueur pendant la période de trente jours échue le 15 du mois précédent – période 15 janvier-15 février pour le taux au 1er mars, par exemple – ; cette moyenne exprime des variations par rapport au taux de base, ou flat, pris égal à 100, pour six catégories de navires et retient aussi bien les affrètements de plus longue durée, voyages consécutifs et time charters).

average output : production f. moyenne.

average statement : 1/ déclaration f. d'avarie ; 2/ réglement m. d'avarie.

avgas : abréviation de aviation gasoline. Voir ce terme.

aviation electronics or **avionics** : électronique f. aéronautique.

aviation gasoline : essence f. aviation.

Aviation method or **CRC method F-3** or **F-3 method CRC** or **octane F-3 method** : méthode f. Aviation, méthode F-3 (méthode établie par le Coordinating Research Council pour déterminer l'indice d'octane des essences aviation ; l'essai se fait sur moteur ASTM-CFR fonctionnant dans les conditions suivantes : régime du moteur, 1 200 ± 12 tours/min ; température à l'air aspiré, 51,5 °C ; température du mélange, 104 °C ; avance à l'allumage, 35° ; température du liquide de refroidissement, 190 °C ; taux de compression variable ; détection de la détonation par thermocouple ; refroidissement au glycol éthylénique ; cf. ASTM D 614).

avionics : contraction de aviation electronics. Voir ce terme.

avoid (to) : 1/ éviter ; 2/ annuler, résilier, résoudre.

avoirdupois or **avdp** : système de mesure avoir-du-poids (utilisé en Grande-Bretagne et aux États-Unis ; 1 livre avdp = 0,4535924 kg = 16 onces = 7000 grains).

avpin : fluide m. de démarrage pour turbines à gaz d'aviation.

avtag : combustible m. pour turbines à gaz d'aviation (distillant entre 30 et 200 °C).

avtur : combustible m. du type kérosène pour turbine à gaz d'aviation (distillant entre 150 et 250 °C).

axial load bearing : voir thrust bearing.

axle grease : graisse f. pour essieu (mélange d'huiles minérales noires, d'huile de résine et de chaux hydratée).

axle oil : huile f. pour essieu (de viscosité moyenne et à bas point de congélation, utilisée aussi pour lubrifier des mécanismes simples).

azeotropic : azéotrope, azéotropique (se dit d'un mélange de liquides qui bout à une température fixe en gardant une composition constante).

azeotropic distillation : distillation azéotropique (séparation de deux ou plusieurs composants d'un mélange par addition d'un autre liquide formant un système azéotropique avec le composant à séparer ou avec tous les composants sauf celui à séparer ; on peut par exemple obtenir du toluène ou des solvants aromatiques par distillation d'un mélange de fractions très étroites et de méthyl-éthylcétone ou d'acétone).

azoic : azoïque (se dit d'un milieu dépourvu d'organismes vivants, d'un terrain privé de fossiles).

Azoic : Azoïque (synonyme ancien d'Archéen, période géologique la plus ancienne de l'ère précambrienne où les fossiles sont rarissimes et qui s'étend de – 4,5 milliards d'années à environ – 1 milliard d'années).

B

Baader oxidation test : essai *m.* de Baader (*essai de vieillissement accéléré des huiles pour turbines à vapeur, en usage surtout en Autriche ; dans l'échantillon chauffé pendant 48 h à 95 °C on immerge une spirale de cuivre-plomb-fer vingt-cinq fois par minute ; on détermine ensuite l'indice de saponification de l'échantillon*).

Babbitt : voir *tin-base babbitt.*

babbitt burnout : fusion *f.* du métal antifriction.

babbitted bearing : coussinet *m.* revêtu de métal antifriction, de régule.

Bacharach scale : échelle *f.* de Bacharach (*servant à déterminer l'indice d'opacité des fumées et donc la teneur en suie de la fumée d'un combustible ; l'indice peut varier de 0 à 9 selon le noircissement observé sur le filtre de l'opacimètre fabriqué par Bacharach Industrial Instrument Co., Pittsburgh, U.S.A.*).

back band : frein *m.* à collier (*équipant le tambour principal du treuil d'une installation de forage*).

backbone chain : chaîne *f.* principale (*d'une formule développée en chimie organique*).

back brake : frein *m.* arrière (*équipant le tambour du treuil de curage d'une installation de forage*).

backdraft : voir *downdraft.*

back end volatility : rapport *m.* entre le point sec d'un solvant et la température correspondant à la distillation de 90 % du volume initial. Voir *dry point.*

backfill : terre *f.* de remblayage (*d'un fossé, d'une tranchée après la pose d'une canalisation*).

backfilling : 1/ remblayage *m.*, rebouchage *m.*, remplissage *m.*, comblement *m.* (*d'un fossé, d'une tranchée après la pose d'une canalisation*) ; 2/ le terme désigne aussi la nature du matériau utilisé lors du remblayage.

backfilling gang : équipe *f.* de remblayage (*chargée de remblayer un fossé ou une tranchée après la pose d'une canalisation*).

backfiring : retour *m.* de flamme, retour *m.* d'allumage, pétarade *f.*

backflow : voir *reflux.*

background noise or **noise** : bruit *m.* de fond (*perturbation de nature à celle d'un signal et interférant avec lui lors de sa réception*).

backhoe : pelle *f.* rétro, pelle excavatrice mécanique (*utilisée pour creuser les tranchées de pipe-line*).

backing : 1/ coquille *f.* de coussinet (*sur laquelle est coulé le métal antifriction*) ; 2/ renforcement *m.*, soutien *m.* ; 3/ marche *f.* en arrière (*d'un véhicule*).

backlash : 1/ jeu *m.* entre dents, jeu *m.* de denture (*d'un engrenage*) ; 2/ contre-coup *m.* (*d'une explosion dans une mine*).

backnut : contre-écrou *m.*

back off (to) : dégager les tiges de forage coincées en faisant tourner à l'envers la table de rotation.

back-off shot : dévissage *m.* d'une tige de forage à l'explosif (*l'opération consiste à faciliter le déblocage des joints des tiges coincées en cours de forage en faisant sauter une charge légère d'explosif, en général du cordeau détonant, au droit d'un joint et en ayant au préalable appliqué une torsion inverse à la garniture de forage*).

back-out : outil *m.* servant à retirer les rivets d'une structure métallique.

back pressure : contre-pression *f.*

back-pressure valve : soupape *f.*, clapet *m.* de retenue (*placé par exemple au sommet du tube de production d'un puits sous pression et permettant de changer les vannes de la tête de production sans tuer le puits*).

back surge : pression *f.* de retour.

backup facilites : moyens *m.* de secours, de soutien.

backup roll bearing : palier *m.* pour tourillons de cylindres de laminoir (*fabriqué par Morgoil*).

backup tongs or **back-ups** : clés *f.* servant à bloquer les tubes, clés de blocage et de déblocage des tiges de forage.

back wagon : voir *ass wagon.*

backwash : 1/ lavage *m.* en retour (*recirculation d'extrait dans un procédé de raffinage par extraction sélective, afin d'augmenter l'efficacité du traitement*) ; 2/ remous *m.* ; 3/ retrait *m.* ;

backweld : soudure *f.* sur l'envers.

back work : voir *ass work*.

bactericide : bactéricide *m.* Voir aussi *germicide*.

bad settlings or **BS** : voir *bottom sediments and water*.

baffle : déflecteur *m.*, chicane *f.*, cloison *f.*, écran *m.*

baffle collar or **cementing collar** : manchon *m.* d'arrêt des bouchons de cimentation (*placé à deux ou trois longueurs de tube au-dessus du sabot*).

baffle plate or **baffle pan** : plateau *m.* à chicanes, écran *m.*, cloison *f.*, diaphragme *m.* métallique (*permettant le barbotage des liquides dans une colonne de fractionnement*). Voir aussi *cementing collar, baffle collar*.

baffler : régulateur *m.* de débit (*d'une pompe*).

bagger : excavateur *m.*, drague *f.*

bagging : ensachage *m.*

bag house : dispositif *m.* éliminant les poussières de l'air par filtration au travers de sacs (*ordinairement en toile de verre, disposés dans une enceinte*).

bail : 1/ anse *f.* (*supportant une canalisation, une conduite*) ; 2/ écope *f.*, seau *m.* (*en bois*) ; 3/ étrier *m.* de suspension.

bail down (to) : nettoyer, curer (*un puits de production*).

bailer or **American pump** or **dart bailer** or **sand bucket** or **slush bucket** : cuiller *f.*, soupape *f.*, tube *m.* à clapet (*utilisé pour extraire d'un puits boue, eau, sédiment, détritus et débris divers*). Voir aussi *junk basket*.

bailer dart : clapet *m.* (*d'une cuiller, d'une soupape, d'un tube à clapet*).

bailing rope or **bailing line** or **sand line** : câble *m.* de curage (*en acier, servant au maniement de la cuiller, de la soupape ou du tube à clapet et, dans le forage rotary, au pistonnage*).

bailing tub : réservoir *m.*, cuve *f.* de curage (*dans laquelle est vidée la cuiller, la soupape ou le tube à clapet*).

bail out (to) : 1/ curer, puiser ; 2/ vider un sondage ou un puisard de son contenu – boue, débris de forage, sédiment, etc. – au moyen d'une cuiller, d'une soupape ou d'un tube à clapet.

baking : cuisson *f.*

balance : balance *f.* (*dans un appareil de régulation, équilibrage entre deux forces ou entre deux*

courants électriques de façon à annuler la différence entre celles ou ceux créés, d'une part, par la grandeur à régler et, d'autre part, par la grandeur recherchée, ou point de consigne*).

balanced gasoline : essence *f.* équilibrée (*dont la courbe de distillation est régulière*).

balance tank : réservoir *m.* de compensation.

bald-headed or **smooth** or **smooth-mouthed** : usé (*se dit d'un outil de forage, d'un trépan dont les molettes sont hors d'usage*).

bald-headed anticline : anticlinal *m.* chauve (*anticlinal au sommet duquel certains horizons, présents sur les flancs, ont été érodés*).

bald-headed derrick : tour *f.* de sondage ne comportant pas la plate-forme supérieure (*dite d'accrochage*).

ballast : lest *m.*, ballast *m.* (*eau de mer emplissant les citernes d'un pétrolier navigant sur lest*).

ballast water tank : réservoir *m.* de déballastage.

ball bearing oil : huile *f.* pour roulement à billes.

ball bearing race : chemin *m.* d'un roulement à billes.

ball cage or **ball retainer** : cage *f.* de retenue des billes d'un roulement.

ball complement : nombre *m.* de billes (*d'un roulement*).

ball-headed bolt or **ball stud** : boulon *m.* à tête ronde.

balling (of the bit) : bourrage *m.*, embourbage *m.* (*agglomération des déblais entre les molettes d'un outil de forage dont les performances sont alors réduites*).

ball joint : joint *m.* flexible et étanche (*du riser, placé sur une tête de puits sous-marine, au-dessus du connecteur hydraulique*).

balloon roof tank : réservoir *m.* à toit sphérique.

ball purging : rinçage *m.* à la balle (*méthode de rinçage d'une tuyauterie de transfert utilisant une sphère de caoutchouc mousse imbibée d'huile et dont le diamètre est légèrement supérieur à celui de la tuyauterie à nettoyer ; la sphère, propulsée par un fluide sous pression, circule dans le système de tuyauterie en le nettoyant*).

ball retainer : voir *ball cage*.

ball stud : voir *ball-headed bolt*.

ball valve : robinet *m.*, vanne *f.* à boisseau sphérique.

BAM oxidation test : abréviation de *British Air Ministry oxidation test*. Voir ce terme.

banana oil : acétate *m*. d'amyle (*ainsi appelé à cause de son odeur ; utilisé comme solvant, en particulier dans l'industrie des dérivés de la cellulose*).

band wheel : 1/ dans le forage au câble, grande poulie *f*. recevant la courroie principale et actionnant l'arbre de manivelle ; 2/ roue *f*. d'entraînement (*actionnant une installation de pompage sur un puits productif*).

banjo : carter *m*. du différentiel.

banjo oiler : graisseur *m*. centrifuge.

bank : 1/ talus *m*., terrasse *f*., banc *m*., remblai *m*., levée *f*. de terre, berge *f*. (*d'une rivière, d'un cours d'eau, etc.*) ; 2/ bord *m*., rive *f*. ; 3/ faisceau *m*., groupe *m*., batterie *f*. (*de chaudières, de cornues, etc.*).

banking : remblai *m*., remblayage *m*., surhaussement *m*., relèvement *m*..

banking up : mise *f*. en veilleuse (*de la flamme d'un four*).

bar : 1/ unité *f*. de mesure de pression du Système International (*symbole* : bar), utilisée également en météorologie (*1 bar = 10⁶ dyn/cm² = 0,986 92 atm = 1,019 72 kg(f)/cm² = 10⁵ Pa*) ; 2/ barre *f*., lingot *m*.

bareboat charter or **demise charter** : affrètement *m*. coque nue (*le navire est livré en état de marche, mais sans équipage, ni combustible, ni lubrifiants, ni provisions de route*).

barefooted : nu-pieds (*se dit d'un puits dont la partie inférieure, non garnie d'un tubage ou d'une crépine, est laissée à découvert*).

barge : péniche *f*., chaland *m*., ponton *m*.

bar hole : trou *m*. fait dans le sol le long d'une conduite de gaz en vue d'en détecter les fuites.

Barisol dewaxing process : procédé *m*. de déparaffinage des huiles au solvant (*mélange de 75 % de dichloréthylène et 25 % de benzène ; la paraffine est éliminée par centrifugation. – Sharpless Speciality Co. and Max B. Miller and Co*).

barite : voir *barytes*.

barium-base grease : graisse *f*. à base de savons de baryum (*à structure légèrement fibreuse, insoluble dans l'eau et dont le point de goutte est compris entre 160 et 180 ºC*).

barometric condenser : condenseur *m*. barométrique (*dans une unité de distillation sous vide, enceinte où vapeur d'eau et gaz incondensables se séparent ; l'eau de condensation est évacuée par une décharge à fermeture hydraulique*).

barratry : baraterie *f*. (*préjudice volontaire causé aux armateurs, aux chargeurs ou aux assureurs d'un navire par le patron ou un membre de l'équipage*).

barrel : 1/ baril *m*. américain, baril impérial (*symbole* : bbl ; *1 US bbl = 42 US gal = 0,159 m³ ; 1 imp. bbl = 36 imp. gal = 0,163 m³*) ; le volume des produits pétroliers est généralement exprimé en barils américains ; 2/ fût *m*., tonneau *m*. ; 3/ barillet *m*., corps *m*. cylindrique (*corps de pompe, tube de carottier, etc.*).

barreler : puits *m*. productif (*le terme est toujours précédé du nombre de barils par jour que produit le puits ; exemple : a 2 000-barreler, puits produisant 2 000 bbl par jour*).

barrel filler : machine *f*. automatique pour le remplissage des fûts, enfûteuse *f*.

barrel hoop : cerceau *m*. de renfort d'un fût, d'un tonneau.

barreling : mise *f* en fûts, enfûtage *m*., embidonnage *m*.

barrels daily or **BD** : voir *barrels per day*.

barrels of oil per calendar day or **BOPCD** : barils *m*. d'huile par jour de calendrier (*la conversion approximative en tonnes par an s'obtient en mutlipliant par 50*).

barrels of oil per day or **BOPD** : barils *m*. d'huile par jour.

barrels of oil per producing day or **BOPPD** : barils *m*. d'huile par jour de production.

barrels per calendar day or **BPCD** or **BCD** : barils *m*. par jour de calendrier.

barrels per day or **barrels daily** or **BD** or **bbl/d** : barils *m*. par jour.

barrels per stream day or **BPSD** or **B/ SD** : barils *m*. par jour à pleine capacité de production ou de traitement.

barrel stacker : chariot *m*. élévateur pour fûts.

barren well : puits *m*., sondage *m*. ou forage *m* stérile.

barring motor : vireur *m*. (*mécanisme permettant de modifier, à l'arrêt, la position de l'axe d'une machine tournante – turbine, alternateur, etc.*)

barytes or **barite** : barytine *f*., baryte *f*. (*sulfate naturel de baryum, BaSO₄, de densité 4,7, mélangé en poudre aux boues de forage pour en augmenter la densité*).

base circle : cercle *m.* de base (*d'une roue d'engrenage*).

basement complex : complexe *m.* de base (*terme géologique désignant généralement le socle cristallin*).

base stock or base oil : huile *f.* de base (*telle qu'elle est fournie par le raffineur, c'est-à-dire sans additif et non mélangée*).

BASF – IFP hydrocracking : procédé *m.* d'hydro-craquage de charges lourdes sulfurées. – *Badische Anilin und Soda Fabrik A.G. et Institut Français du Pétrole.*

basic commodity : voir *primary commodity*.

basic sediments or BS : voir *bottom sediments and water*.

basic sediments and water or BS and W or BS & W : voir *bottom sediments and water*.

basic sludge and water or BS and W or BS & W : voir *bottom sediments and water*.

basin : 1/ réservoir *m.*, cuve *f.*, bassin *m.*, cuvette *f.*, fosse *f.* ; 2/ bassin *m.* (*d'un fleuve*) ; 3/ bassin *m.* sédimentaire ; voir aussi *oil basin* ; 4/ port *m.* naturel, rade *f.* fermée, bassin portuaire.

basket : 1/ outil *m.* de repêchage de ferraille dans un forage (*constitué d'une couronne dentée avec clapets de retenue ou munie d'un aimant intérieur*) ; 2/ benne *f.*, godet *m.*, cuiller *f.*, panier *m.* ; 3/ écran *m.* de cimentation (*écran conique en toile employé dans la cimentation d'une colonne de tubage à travers les perforations, et empêchant le ciment de descendre au-dessous de son point de sortie*).

basket cooper : outil *m.* de repêchage (*pour recueillir des fragments métalliques au fond d'un puits*).

basket sub or junk sub : 1/ tube *m.* à sédiments (*raccord spécial placé entre la première masse-tige et l'outil de forage ; il comporte un élément tubulaire destiné à recueillir au fond du puits les débris indésirables véhiculés par la boue de forage*) ; 2/ dispositif *m.* tubulaire vissé sur la tête des anciens carottiers à tungstène, à diamant ou à grenaille, pour recueillir les débris au cours d'un carottage.

bass or bat or batt : schiste *m.* bitumineux compact.

batch : 1/ petite quantité *f.*, échantillon *m.*, lot *m.* de fabrication ; 2/ traitement *m.* discontinu, charge *f.* discontinue ; 3/ lot *m.* (*quantité d'un même produit pétrolier liquide expédiée dans une conduite transportant séparément plusieurs produits et, ou, desservant plusieurs terminaux ; voir batching 2/*).

batch acid treatment : procédé *m.* de raffinage des huiles de graissage par traitement à l'acide sulfurique.

batch blending : mélange *m.* en discontinu (*par agitation ou recirculation des composants contenus dans un réservoir*).

batched : dosé.

batching : 1/ graissage *m.* ; 2/ envoi *m.* dans un pipe-line de différents produits les uns derrière les autres.

batching bin : récipient *m.* de stockage pour huiles ou graisses.

batching oil or batch oil : huile *f.* d'ensimage (*lubrifiant les fibres textiles en cours d'étirage, de peignage ou de cardage*).

batching sphere : séparateur *m.* (*sphère de caoutchouc séparant dans un pipe-line les envois de produits de nature différente*).

batch oil : huile *f.* distillée de faible viscosité (*utilisée comme huile de démoulage ou huile d'ensimage*). Voir aussi *batching oil*.

batch process : procédé *m.* discontinu (*dans lequel les matières à traiter sont mises en œuvre par quantités limitées et les produits résultants enlevés avant l'opération suivante*).

batch still or still batch : appareil *m.* à distillation discontinue, alambic *m.* à marche discontinue (*opérant par charge limitée*).

batch system of distillation : distillation *f.* discontinue.

batch test : essai *m.* d'un lot de fabrication.

batchwise : par petites quantités, par charges.

bate : solution *f.* alcaline pour le chipage des peaux (*en tannerie, le chipage consiste à introduire du tan entre deux peaux cousues ensemble et à les immerger dans l'eau ou dans tout autre bain spécial préparé à cet effet*).

bath lubrication or oil bath lubrication : graissage *m.* à bain d'huile, graissage par barbotage.

bating : chipage *m.* des peaux dans une solution alcaline. Voir *bate*.

batt : voir *bass*.

battering ram : marteau-pilon *m.*, maillet *m.*, bélier *m.*

battery : 1/ batterie *f.* (*ensemble d'appareils constituant une installation, groupe d'appareils de même nature*) ; 2/ accumulateur *m.*, batterie *f.*, pile électrique *f.* ; voir aussi *accumulator 2/*.

battery limits : limites *f.* d'une installation *f.*

Baumé gravity : densité *f.* Baumé (*s'exprime en degrés Baumé, ou Be°, selon la formule suivante* :

$$\text{degré Baumé} = \frac{140}{\text{densité à 15 °C}} - 130$$

$$\text{densité à 15 °C} = \frac{\text{masse d'un volume de produit à 15 °C}}{\text{masse du même volume d'eau à 15 °C}}$$

bay : îlot *m.*, quai *m.* de chargement (*de camions, de wagons, etc.*).

BB fraction : abréviation de *butane-butene fraction.* Voir ce terme.

bbl : symbole de *barrel.* Voir ce terme.

bbl/d : abréviation de *barrels per day.* Voir ce terme.

BCD : abréviation de *barrels per calendar day.* Voir ce terme.

BCFM : abréviation de *bromochlorodifluoro-methane.* Voir ce terme.

BD : abréviation de *barrels per day.* Voir ce terme.

BDC : abréviation de *bottom dead center.* Voir ce terme.

Be° : symbole *m.* de degré Baumé. Voir *Baumé gravity.*

beacon : fanal *m.*, phare *m.*, balise *f.*, émetteur *m.* optique ou radioélectrique, radiophare *m.*

bead : 1/ perle *f.*, grain *m.*, granule *m.* (*de catalyseur, de coke, etc.*) ; 2/ cordon *m.* de soudure ; 3/ talon *m.* d'un pneumatique.

bead machine : machine *f.* à fabriquer les granulés.

bead-packed : bourré de perles (*de verre, etc.*).

beaker : bécher *m.* de laboratoire.

beaker corrosion test : essai *m.* de corrosion des huiles de graissage en bécher (*mis au point par Shell ; pendant 100 h une plaquette de cadmium-nickel est immergée dans l'échantillon porté à la température de 160 °C ; on relève périodiquement les pertes de poids qui sont portées en ordonnées d'un diagramme dont les abscisses sont les heures ; si l'on prolonge la ligne droite de la courbe ainsi obtenue jusqu'à l'ordonnée de corrosion nulle on obtient le* breakdown time, *ou période d'induction, de l'huile en heures*).

beam : 1/ faisceau *m.*, rayon *m.* ; 2/ poutre *f.* ; voir aussi *walking beam.*

beam balance or **beam scales** : balance *f.* à fléau.

beam pump : pompe *f.* à balancier.

beam scales : voir *beam balance.*

beam well : sondage *m.* ou puits *m.* à balancier.

bean or **choke** or **choker** or **flow nipple** or **flow bean** : orifice *m.* calibré, duse *f.*, duse réglable (*placée sur la tête d'une colonne de production*).

bean back (to) or **bean down (to)** or **pinch back (to)** or **pinch (to)** : réduire le débit d'un puits.

bean up (to) : augmenter le débit d'un puits.

bear cat : puits *m.* donnant une très forte production.

bearing : palier *m.*, roulement *m.*, coussinet *m.*

bearing area : surface *f.* de contact d'un palier.

bearing lining : revêtement *m.* d'un palier.

bearing misalignment : défaut *m.* d'alignement d'un palier.

bearing pinch : voir *crush* 2/.

bearing shell : coquille *f.*, coussinet *m.* d'un palier.

bed : 1/ couche *f.* (*géologique*), lit *m.*, strate *m.*, assise *f.*, banc *m.*, gîte *m.* ; 2/ lit *m.* (*d'un cours d'eau*) ; 3/ fondation *f.*, bâti *m.*, socle *m.*, lit *m.* de coulée ; 4/ dépôt *m.*, lit *m.* (*de catalyseur, de matériaux de remplissage dans un récipient, etc.*).

bedded : stratifié, lité, en couches.

bedding : 1/ stratification *f.*, litage *m.* ; 2/ rodage *m.* (*des balais d'une machine électrique, des plaquettes d'un frein à disque, etc.*).

bedding in : 1/ mise *f.* en chantier ; 2/ rodage *m.*

bed in (to) : 1/ mettre en chantier ; 2/ roder ; voir aussi *run in (to)* 1/.

beeswax : cire *f.* d'abeille (*utilisée pour la fabrication des cirages et encaustiques*).

belching : débordement *m.*, engorgement *m.* (*dans une tour de distillation ou d'absorption, engorgement tel que du liquide s'écoule par la ligne de vapeur*).

belching well : puits *m.* à éruption intermittente.

bell : voir *bubble cap.*

bell-hole weld : soudure *f.* à fond de niche, soudure faite tout autour d'un pipe-line déjà posé.

bell jar : cloche *f.* de verre, cloche à vide.

bellows : soufflet *m.*, soufflerie *f.*

belly : ventre *m.* (*d'un ballon, etc.*).

belt : courroie *f.* (*de transmission*), bande *f.*, ceinture *f.*

belt drive : entraînement *m.* par courroie.

bench : établi *m.*, banc *m.*, paillasse *f.* (*de laboratoire*).

bench bubbling test : essai *m.* de moussage au banc (*d'une huile circulant à travers un filtre ; on mesure la hauteur de la mousse rassemblée dans un récipient gradué*).

bench gas : voir *coal gas.*

bench-mark : point *m.* de repère topographique, repère *m.* de nivellement, borne *f.* repère, point géodésique.

bench test : essai *m.* de laboratoire, essai au banc, essai sur unité pilote.

bend : courbe *f.*, coude *m.*, cintre *m.*, inflexion *f.*

Bender process : procédé *m.* d'adoucissement des produits pétroliers (*par percolation au travers d'un lit de sulfure de plomb en présence de soufre, de soude et d'air. – Sinclair Refining Co.*).

bending machine : machine *f.* à cintrer, cintreuse *f.*

bending moment : moment *m.* fléchissant (*rupture*).

bend test : essai *m.* de pliage, essai de flexion.

bent : coudé, plié, faussé, voilé, gauchi, fléchi, infléchi.

bent hole : puits *m.* dévié de la verticale.

bentonite : bentonite *f.* (*argile formée principalement de beidellite et de montmorillonite, se dispersant finement sous forme de suspension colloïdale dans l'eau et utilisée dans la fabrication des boues de forage*).

bentonite grease : graisse *f.* à la bentonite (*au point de goutte non mesurable*).

benzene : benzène *m.* (*premier terme de la série des hydrocarbures aromatiques ; formule* : C_6H_6).

benzene insolubles : voir *extrinsic insolubles.*

benzene, toluene and xylenes or **BTX** : benzène *m.*, toluène *m.* et xylènes *m.*

benzex : fraction *f.* obtenue par distillation d'extraits aromatiques (*dont les limites d'ébullition sont celles de l'essence*).

benzine : benzine *f.* (*terme tombé en désuétude et remplacé, en anglais, par* gasoline).

benzol wash oil : huile *f.* de débenzolage (*servant à l'extraction des hydrocarbures aromatiques légers du gaz de houille*).

berth or **loading berth** : poste *m.*, emplacement *m.* de chargement (*permettant la liaison des installations fixes de chargement avec les citernes d'un pétrolier*).

Berthelot-Mahler calorimeter : calorimètre *m.*, ou bombe *f.*, de Berthelot-Mahler (*utilisé pour la mesure du pouvoir calorifique d'un combustible ; l'énergie calorifique dégagée par la combustion est absorbée par une certaine quantité d'eau constituant l'enceinte de la bombe ; cf. ASTM D 240, AFNOR M 07-030*).

berthing : mouillage *m.*, accostage *m.*, place *f.* à quai.

berthing dolphin : duc d'Albe *m.* (*groupe de pieux destinés à l'accostage des bateaux*).

bevel gear : engrenage *m.* à roues coniques, à roues d'angle, à pignons coniques, renvoi *m.* d'angle.

beveling : voir *bevelling.*

bevelled : biseauté, en biseau, chanfreiné, en chanfrein.

bevelling or **beveling** : angle *m.* d'équerrage, chanfreinage *m.*, débardage *m.* (*diminution de l'épaisseur d'une tôle ou d'un tube*).

BHP : abréviation de *brake horsepower.* Voir ce terme.

bias : 1/ polarisation *m.* ; 2/ erreur *m.* systématique, distorsion *m.* (voir aussi *biassed error*).

biassed error : distorsion *f.*

bibcock : robinet *m.* à bec courbe.

bid (to) or **make a tender (to)** : soumissionner, faire une offre (*suite à un appel d'offre*), faire une enchère.

bid : offre *f.*, soumission *f.*, enchère *f.*

bidder : soumissionneur *m.*, enchérisseur *m.*

big hole : forage *m.* de grand diamètre.

big inch : 1/ nom donné à tout pipe-line *m.* de grand diamètre (*c'est-à-dire supérieur ou égal à 24 pouces, soit 60 cm*) ; 2/ appellation donnée au pipe-line de brut construit pendant la Seconde Guerre mondiale entre le Texas et la Pennsylvanie.

bilge : sentine *f.*, fond *m.* de cale.

billion : 1/ billion *m.* (= 10^{12}, *en tous pays, sauf États-Unis*) ; 2/ milliard *m.* (= 10^9, *aux États-Unis*).

bin : 1/ récipient *m.*, soute *f.*, trémie *f.*, silo *m.*, bac *m.* ; 2/ accumulateur *m.* (*de charbon*), poche *f.* à minerai.

binder : liant *m.* (*matériau servant à enrober et à lier les éléments d'un agrégat*). Voir aussi *road binder.*

binding post : borne *f.* d'un appareil électrique.

Biochemical Oxygen Demand or **BOD** : demande *f.* biologique en oxygène, DBO *f.* (*exprimée en mg/l, elle représente la quantité d'oxygène nécessaire à la décomposition biologique des substances organiques présentes dans l'eau ; la DBO demande cinq jours pour sa mesure ; elle permet d'évaluer la biodégradabilité ; cf. AF-NOR T 90 – 103*).

biocide : voir *germicide.*

biodegradable detergent or **soft detergent** : agent *m.* tensio-actif biodégradable (*dégradable par action biologique, généralement bactérienne ; hydrocarbure à chaîne droite dont la transformation par action bactérienne donne des éléments simples, CO_2, N_2, H_2O, inoffensifs de la faune et de la flore aquatiques*).

biogas : biogaz *m.* (*gaz combustible, composé essentiellement de méthane, issu de la décomposition à l'abri de l'air du fumier de ferme*).

bioherm : bioherm *m.*, récif *m.* vrai (*construction biosédimentaire due à des organismes coloniaux marins, en particulier des coraux, formant des excroissances dans les couches calcaires ; s'oppose à biostrome ; voir ce dernier terme*).

biological corrosion : corrosion *f.* biologique (*due à une action généralement bactérienne ; s'observe en particulier sur les matériaux enfouis dans le sol*).

biological treatment : traitement *m.* biologique (*des eaux usées ; met en œuvre la faculté que possèdent certaines bactéries de digérer, en présence d'oxygène, certaines substances nocives, comme les phénols* ; voir aussi *activated sludge process*).

biomass : biomasse *f.* (*masse de matière organique d'origine animale ou végétale ; la transformation de la biomasse aquatique, sous certaines conditions d'enfouissement, de température et de durée, conduit à la formation d'hydrocarbures*).

biostrome : biostrome *m.* (*construction biosédimentaire due à des organismes coloniaux marins disposés en lentilles aplaties ne dépassant pas sensiblement l'épaisseur des sédiments avoisinants non récifaux ; s'oppose à bioherm* ; voir ce dernier terme).

biotechnology : voir *ergonomics.*

bipropellant : diergol *m.*, biergol *m* (*propergol composé de deux ergols*).

bird : oiseau *m.* (*nom familier donné au magnétomètre aéroporté*).

bistre : bistre *m.* (1/ *pigment brun noirâtre, employé pour le lavis, obtenu à partir de suie détrempée ; on lui préfère aujourd'hui l'encre de Chine ;* 2/ *désigne aussi la suie détrempée s'écoulant le long des parois d'une cheminée*).

bit or **drilling bit** : 1/ mèche *f.*, foret *m.* ; 2/ trépan *m.*, outil *m.* de forage.

bit breaker : plaque *f.* de dévissage des outils de forage tricônes.

bitulithic : revêtement *m.* de pierres cassées, cimentées avec du bitume.

bitumen : voir *asphalt.*

bitumen sprinkler or **bitumen sprayer** or **bitumen spraying car** : répandeuse *f.* de bitume à chaud.

bituminous binder : liant *m.* bitumineux.

bituminous sand : sable *m.* bitumineux.

bituminous shale : synonyme peu usité de *oil shale.* Voir ce dernier terme.

black acids : acides *m.* noirs (*sulfonates contenus dans les acides résiduaires de raffinage à l'acide sulfurique ; insolubles dans le benzène et le tétrachlorure de carbone, mais solubles dans l'eau*).

black halo : voir *detergency wall.*

black lead : graphite *m.*, plombagine *f.*.

black oil or **residual oil** : huile *f.* noire, (*huile résiduaire non raffinée ou mélange de celle-ci avec une huile distillée non raffinée*). Voir aussi *dark oil, short residue.*

blackout : arrêt *m.* complet d'alimentation en énergie électrique.

black products : produits *m.* noirs (*fuel oil, bitume, etc.*).

blade : 1/ aile *f.* (*d'hélice*), aube *f.*, aubage *m.*, pale *f.*, ailette *f.* (*de turbine*) ; 2/ raclette *f.* ; 3/ lame *f.*, palette *f.* (*d'agitateur*).

blade core bit : couronne *f.* de carottage à lames.

blade stabilizer : stabilisateur *m.* à lames (*placé sur les masses-tiges ; souvent à lames diamantées*).

blank : voir *dry hole.*

blank cover or **blank flange** : couvercle *m.* plein, bride *f.* pleine, bride aveugle.

blanket : 1/ couche *f.*, nappe *f.*, strate *f.*, filon-couche *m.* horizontal ; 2/ couverture *f.*

blanketing facilities or **inert-gas blanketing** : installation *f.* de pressurisation d'un réservoir (*à l'aide d'un gaz inerte protégeant le produit stocké de la contamination par l'air*).

blanketing gas or **cushion gas** : gaz *m.* tampon (*gaz inerte au-dessus de la surface d'un liquide contenu dans un réservoir, protégeant le produit stocké de la contamination par l'air*).

blanket sand : dépôt *m.* de sable alluvionnaire.

blank flange : voir *blank cover*.

blanking : cisaillage *m.*

blank off (to) : obturer.

blank pipe : tube *m.* à paroi pleine (*par opposition, dans un forage, à un tube perforé*).

blank test : essai *m.* à blanc.

blast : jet *m.* d'air, souffle *m.*, bouffée *f.*, déflagration *f.*

blaster oil : nitroglycérine *f.*

blast furnace : haut fourneau *m.*

blast furnace gas : gaz *m.* pauvre (*de haut fourneau*), gaz du gueulard.

blast hole : trou *m.* de mine.

blasting : sautage *m.*, coup de mine *m.*

bleach (to) : décolorer, blanchir.

bleached oil : huile *f.* décolorée.

bleaching clay or **bleaching earth** : argile *f.*, terre *f.* décolorante.

bleed down (to) : voir *bleed off* (*to*).

bleeder : purgeur *m.*, robinet *m.* de prise d'échantillon.

bleeder screw : vis *f.* de purge, purgeur *m.*

bleeding : 1/ prise *f.* (*de gaz, etc.*), vidange *f.*, purge *f.* ; 2/ ressuage *m.* (*exsudation des éléments fluides d'un mélange solide-liquide ou solide-gaz ; exsudation de l'huile d'une graisse*) ; 3/ suintement *m.* (*par exemple d'huile sur une carotte de sondage à son extraction*).

bleeding test : voir *cone bleeding test*.

bleed line : canalisation *f.* de purge.

bleed off (to) or **bleed down (to)** : réduire la pression en laissant échapper du gaz ou de l'huile (*d'un puits ou d'un réservoir sous pression*).

bleed ratio : voir *Distribution octane number*.

blend : mélange *m.* (*de plusieurs produits ou fractions*).

blended fuel oil : fuel oil *m.* mélangé (*mélange de plusieurs types de résidus et distillats*).

blended lubricating oil : huile *f.* lubrifiante mélangée (*huile obtenue en mélangeant deux ou plusieurs huiles de base différentes*).

blend header : collecteur *m.* de mélange.

blending : 1/ action *f.* de mélanger ; 2/ mélange *m.* (*de différents produits pétroliers en proportions convenables pour obtenir une qualité déterminée de carburant, d'huile de graissage de paraffine ou de fuel oil*).

blending plant : unité *f.* de mélange.

blending value : valeur *f.* de mélange (*capacité d'accroissement de l'indice d'octane d'un produit ajouté en plus ou moins grande quantité à un carburant*).

blind box : calibre *m.* (*manœuvré au câble et servant à contrôler les anomalies intérieures d'un tube de production*).

blind flange : bride *f.* pleine, bride aveugle (*non percée*). Voir aussi *blank cover*.

blind gasket : joint *m.* plein.

blind hole : voir *dead hole*.

blinding : isolement *m.* d'un appareil ou d'une section de tuyauterie ou de canalisation par bride ou joint plein (*notamment pour pouvoir exécuter des travaux dans de bonnes conditions de sécurité*).

blister : 1/ bulle *f.*, ampoule *f.*, pustule *f.*, cavité *f.*, poche *f.* ; 2/ soufflure *f.* (*de fonderie*).

blistering : voir *hydrogen blistering*.

BL method : abréviation de *borderline method*. Voir ce terme.

blob : larme *f.* (*de verre*), goutte *f.* (*d'eau*).

blobber : bulle *f.*

block : 1/ bloc *m.*, bloquage *m.* ; 2/ bloc *m.* (*de pierre*), massif *m.* ; 3/ moufle *f.*

blocked out operation : opération *f.* séparée d'une unité de raffinage (*sur des charges différentes*).

block and tackle : palan *m.* (*appareil de levage comprenant deux moufles, un câble et un crochet de levage*).

block grease or **brick grease** : graisse *f.* solide, en pains, en briquettes, en blocs (*graisse très consistante, à point de goutte élevé*).

blocking point of paraffin wax or **wax blocking point** : température *f.* de collage de la paraffine (*température minimum à laquelle deux feuilles de papier paraffiné soumises à une pression normalisée se collent l'une à l'autre, compromettant ainsi le stockage du papier en rouleaux ; cf. ASTM D 1465 et D 2618*). Voir aussi *picking point of paraffin wax.*

block-to-block : accident *m.* en cours de manœuvre du train de sonde (*défaut d'arrêt du palan qui vient alors buter contre les poulies du haut du mât*).

block valve : vanne *f.* de sectionnement.

Blogro engine test : essai *m.* sur le moteur Blogro (*présélection des lubrifiants sur le moteur expérimental Blogro, fabriqué par British Lubricating Oil and Grease Research Organisation Ltd.*).

bloom : 1/ bloom *m.* (*demi-produit métallurgique obtenu par le passage d'un lingot d'acier dans un laminoir dégrossisseur ; masse de fer cinglé*) ; 2/ voir *cast*.

bloomer : voir *blooming mill*.

bloom improver or **outer-tone modifier** or **cast modifier** : additif *m.* améliorant la fluorescence d'un lubrifiant (*colorants organiques ajoutés à raison de 0,2 à 0,6 % en volume*).

blooming mill or **bloomer** : blooming *m.*, laminoir *m.* à blooms, train *m.* dégrossisseur.

bloomless oil : huile *f.* sans reflet. Voir aussi *nitronaphthalene treatment*.

blossom : affleurement *m.* altéré par l'action des agents atmosphériques.

blotted test : voir *spot test* 1/.

blotter press : filtre-presse *m.* à papier filtrant.

blotter-spot test : voir *spot test* 1/.

blowback : 1/ retour *m.* des gaz de combustion (*de la chambre d'explosion d'un moteur au collecteur d'admission, par fuite ou par avance à l'ouverture des soupapes d'admission*) ; 2/ injection *f.* continue (*d'un fluide dans les liaisons d'un appareil de mesure afin d'éviter leur obstruction ou leur corrosion*).

blowby : passage *m.* des gaz de combustion de la chambre de combustion d'un moteur dans le carter (*par suite d'un manque d'étanchéité des segments ; ce phénomène connu sous le nom de ventilation de carter, entraîne la dilution de l'huile du carter et l'abaissement de sa viscosité*).

blowby gas : gaz *m.* de soufflage.

blowcase : voir *egg*.

blowdown : purge *f.*, chasse *f.*, vide-vite *m.* (*vidange instantanée d'une installation, pour raison de sécurité par exemple*).

blowdown stack : cheminée *f.* d'évacuation (*assurant la dispersion instantanée des gaz et des vapeurs lors de la vidange d'un réservoir, d'une installation, etc.*).

blowdown sump : bac *m.*, réservoir *m.* de vide-vite (*collectant les effluents lors d'une vidange rapide*).

blower : soufflante *f.*, soufflerie *f.*, ventilateur *m.*, compresseur *m.*, surpresseur *m.*

blow hole : 1/ soufflard *m.*, trou *m.* souffleur (*puits à forte pression pendant une courte durée*) ; 2/ cavité *f.*, soufflure *f.*

blowing : 1/ soufflage *m.* ; 2/ agitation *f.* d'un liquide par injection d'air comprimé ou de gaz inerte en fond de réservoir ou de récipient.

blowing well : voir *flowing well*.

blow lamp or **blow torch** : lampe *f.* à souder, chalumeau *m.*

blown asphalt or **air blown asphalt** or **mineral rubber** or **oxidized asphalt** : bitume *m.* oxydé (*obtenu par soufflage d'air à 200-290 °C ; on en augmente ainsi la teneur en asphaltènes et, corrélativement, l'élasticité*). Voir aussi *asphalt blowing*.

blown oil or **condensed oil** or **oxidized oil** : huile *f.*, en particulier de poisson, soufflée, épaissie par insufflation d'air (*viscosité, point d'éclair et poids spécifique en sont ainsi élevés*).

blown rapeseed oil : huile *f.* de colza soufflée (*aisément soluble dans l'eau et utilisée, en mélange avec d'autres huiles, pour lubrifier les machines à vapeur*).

blowoff pipe : tubulure *f.* de vidange, d'extraction, tuyau *m.* d'échappement, d'évent.

blowout : éruption *f.* (*jaillissement violent et soudain d'un puits en cours de forage*).

blowout preventer or **BOP** or **preventer** : obturateur *m.*, bloc *m.* d'obturation, BOP *m.* (*dispositif de sécurité installé en tête d'un sondage, permettant de l'obturer rapidement en cas de venue soudaine de gaz ou d'huile*). Voir aussi *Hydril*.

blowout preventer stack or **BOP stack** : voir *stack* 4/.

blow torch : voir *blow lamp*.

blow wild : éruption *f.* non contrôlée.

blubber : graisse *f.*, lard *m.* de baleine.

blubber oil : voir *whale oil*.

blue cast : fluorescence *f.* bleue (*des huiles naphténiques*).

blueing : bleuissage *m.* (*des métaux*).

blue oil : huile *f.* bleue (*huile lourde déparaffinée obtenue par distillation de l'ozokérite*).

blue water gas : gaz *m.* à l'eau, gaz bleu. Voir *water gas.*

blush : voir *cast.*

BMCI : abréviation de *Bureau of Mines correlation index.* Voir *correlation index.*

BMEP : abréviation de *brake mean effective pressure.* Voir ce terme.

board : 1/ planche *f.*, madrier *m.*, plateau *m.*, plate-forme *f.*, table *f.* (voir aussi *double board, thribble board, fourble board*) ; 2/ conseil (*d'administration par exemple*), commission *f.*, office *m.*, ministère *m.* ; 3/ bord *m.* (*d'un navire*).

board (to) : 1/ aborder, accoster, arraisonner (*un navire*) ; 2/ embarquer, monter à bord (*d'un navire*).

boarding : 1/ abordage *m.*, accostage *m.*, arraisonnement *m.* (*d'un navire*) ; 2/ embarquement *m.* (*à bord d'un navire*).

board of enquiry : commission *f.* d'enquête.

board of examiners : jury *m.*, commission *f.* d'examen.

board of trusts : conseil *m.* d'administration.

bob : 1/ plomb *m.* (*d'un fil à plomb*) ; 2/ balancier *m.* (*d'une machine à vapeur*).

BOD : abréviation de *Biochemical Oxygen Demand.* Voir ce terme.

body : 1/ corps *m.*, carrosserie *f.* ; 2/ corps *m.*, viscosité *f.*, consistance *f.* (*d'un lubrifiant*).

body oil : voir *whale oil.*

bodying agent : substance *f.* ajoutée à une huile pour lui donner du corps (*c'est-à-dire pour élever sa viscosité, sa consistance*).

bog : marécage *f.*, tourbière *f.*

bogey or **bogie** or **bogy** : bogie *m.*, boggie *m.* (*chariot à deux essieux sur lequel, dans les courbes, pivote le châssis d'un wagon*).

boggy : marécageux.

boghead : boghead *m.*, charbon *m.* d'algues (*Botryococcus*) (*variété brune de charbon gras, source très riche d'hydrocarbures liquides et gazeux*).

bogie or **bogy** : voir *bogey.*

boil away test : voir *weathering test* 2/.

boiled linseed oil : huile *f.* de lin cuite.

boiler or **pot** or **kettle** : 1/ chaudière *f.*, bouilleur *m.*, générateur *m.* de vapeur ; 2/ fondoir *m.* (*récipient où l'on chauffe les goudrons pour les liquéfier*).

boiler shell : corps *m.* de chaudière.

boiling off : extraction *f.* par ébullition.

boiling point or **b.p.** : point *m.* d'ébullition.

boiling range : limites *f.* d'ébullition, intervalle *m.* de distillation (*intervalle de température, mesuré dans des conditions normalisées, au cours duquel a lieu la distillation d'un produit pétrolier*).

boiling stones : perles *f.* ou billes *f.* de verre, de carbure de silicum ou de pierre ponce, introduites dans un ballon à distiller afin de régulariser l'ébullition du liquide qu'il contient.

boiling up : ébullition *f.* prolongée, concentration *f.* par ébullition.

boil over : débordement *m.* par bouillonnement (*résultant de la vaporisation instantanée de l'eau contenue dans un mélange porté à une température supérieure à 100 ºC*).

boll weevil lubricator : graisseur *m.* injectant de l'huile dans une tuyauterie de vapeur.

bolometer : bolomètre *m.* (*thermomètre à résistance électrique*).

bolt : boulon *m.*, écrou *m.*, goupille *f.*

bolter : tamis *m.*

bolting : boulonnerie *f.*

bolt oil : huile *f.* pour le graissage des boulons.

bomb : bombe *f.* (*enceinte hermétique utilisée en laboratoire pour certains essais sous haute pression*).

bond (to) : placer, déposer (*des marchandises*) dans un dépôt ou un entrepôt sous douane (*dans l'attente du paiement des droits de douane*).

bond : 1/ liaison *f.*, joint *m.*, lien *m.*, agglomérat *m.* (voir aussi *link*) ; 2/ contrat *m.*, caution *f.* douanière.

bonded : aggloméré, collé, uni, connecté.

bonded distributor : distributeur *m.* de produits pétroliers à partir d'un dépôt sous douane.

bonded oil : huile *f.*, produit *m.* pétrolier sous douane.

bonding : fusion *f.* du métal antifriction (*d'un coussinet*).

bonding additive : additif *m.* d'adhésivité, dope *m.* d'accrochage.

bonding strength : pouvoir *m.* agglutinant.

bond warranty : police *f.* d'assurance couvrant le risque de faillite de l'assuré lui-même.

bone black or **bone char** or **bone charcoal** : noir *m.* animal, noir d'os.

bone oil or **Dippel's oil** : huile *f.* d'os, huile de Dippel.

bonnet or **engine hood** or **hood** : capot *m.* (*protégeant le moteur d'un véhicule automobile*).

bonus : 1/ prime *f.*, superdividende *m.* ; 2/ bonus *m.*, droit *m.* d'entrée (*aux États-Unis et au Canada, entre autres, droit payé par le concessionnaire d'un permis de recherche au propriétaire du terrain et dont l'importance est généralement fonction de la surface*) ; 3/ prime *f.* au comptant différée (*versée par le titulaire d'un permis de recherche au bout d'un certain temps après l'octroi de la concession ou dès que la production atteint un certain niveau*).

boom : 1/ flèche *f.*, antenne *f.*, mât *m.* de charge, longeron *m.* ; 2/ panne *f.*, barrière *f.* flottante (*destinée à fermer l'accès d'un port ou à limiter l'extension d'une nappe d'huile en mer*) ; 3/ période *f.* d'activité croissante, de grande prospérité (*souvent factice*) ; voir aussi *oil boom* 2/.

boomer : 1/ rochet *m.* à cliquet (*dispositif de raidissement d'un câble assurant l'arrimage d'une cargaison pendant son transport*) ; 2/ boomer *m.* (*dénomination d'une source sismique marine sans explosif ; l'onde de choc est créée par la décharge d'un condensateur électrique*).

boost : pression *f.* d'admission, admission *f.*

booster : 1/ survolteur *m.*, surpresseur *m.* ; 2/ accélérateur *m.* (*moteur auxiliaire utilisé pour le décollage d'une fusée*) ; 3/ renforçateur *m.* (*détergents*) ; 4/ machine *f.* secondaire, machine auxiliaire ; 5/ servo-commande *f.* (*hydraulique ou pneumatique*).

booster pump : pompe *f.* de surcompression, pompe de gavage, surpresseur *m.*

booster station : station *f.* (*de pompage*) auxiliaire ou de relais (*pipe-line*).

boost fluid : mélange *m.* de méthanol et d'eau injecté dans un moteur d'avion à pistons afin d'augmenter la puissance au décollage.

boosting : survoltage *m.*, surpression *f.*

boot : robinet *m.* de fond (*d'un réservoir, d'une citerne, etc.*).

booting : manche *m.* de protection.

BOP : abréviation de *blowout preventer*. Voir ce terme.

BOPCD : abréviation de *barrels of oil per calendar day*. Voir ce terme.

BOPD : abréviation de *barrels of oil per day*. Voir ce terme.

BOPPD : abréviation de *barrels of oil per producing day*. Voir ce terme.

BOP stack : abréviation de *blowout preventer stack*. Voir *blowout preventer, stack* 4/.

borderline : 1/ limite *f.*, frontière *f.* ; 2/ à la limite.

borderline method or **BL method** : méthode *f.* des courbes frontières (*méthode de détermination de l'indice d'octane route d'une essence ; voir *road octane number*).

bore : 1/ sondage *m.*, trou *m.* de sonde, puits *m.*, forage *m.* ; 2/ alésage *m.*, calibre *m.*

bore glazing : voir *cylinder bore glazing*.

borehole : puits *m.*, trou *m.* de sonde, sondage *m.*

bore polishing : voir *cylinder bore polishing*.

borer : voir *driller*.

boring : 1/ forage *m.*, sondage *m.*, percement *m.* ; 2/ alésage *m.*

borings : voir *cuttings*.

boron : bore *m.* (*élement chimique*).

boron fuel : combustible *m.* pour fusées (*à base d'hydrure de bore et d'eau*).

bottle : flacon *m.*, bouteille *f.* (*de gaz*).

bottled gas : gaz *m.* en bouteille, gaz liquéfié.

bottleneck : goulot *m.* d'étranglement (*limitant la capacité d'une installation*).

bottle oiler : godet *m.* graisseur, graisseur *m.* semi-automatique.

bottom : 1/ fond *m.* (*d'une colonne, d'une tour, d'un réservoir, d'un puits, d'un sondage, etc.*) ; 2/ carène *f.* (*d'un navire*).

bottom cementing plug : bouchon *m.* inférieur de cimentation (*corps creux, fermé à la partie supérieure par une membrane, qui est envoyé dans le cuvelage d'un puits avant l'injection du laitier de ciment ; poussé par ce dernier, il chasse la boue contenue dans le cuvelage jusqu'à son arrivée sur l'anneau de retenue, – voir *cementing collar, – où il provoque une légère montée de pression suffisante pour faire éclater la membrane, ouvrant ainsi le passage au laitier ; après prise du ciment, ce bouchon est reforé*).

bottom dead center or **BDC** : point *m.* mort inférieur, point mort bas.

bottom-feed waste oiling : voir *waste-pack lubrication.*

bottomhole : fond *m.* d'un puits, d'un sondage.

bottoms : 1/ résidu *m.*, dépôts *m.* (*de fond de tour de distillation, de fond de réservoir, etc.*), fond *m.* ; 2/ queue *f.*, résidus *m.* de distillation (*de fond de tour* ; synonyme : *tower bottoms*).

bottom sediments and water or **basic sediments and water** or **basic sludge and water** or **BS and W** or **BS & W** or **basic sediments** or **bad settlings** or **bottom settlings** or **bottom sediments** or **BS** or **bushwash** or **sediments and water** : eau *f.* et dépôts *m.* accumulés par décantation au fond d'un réservoir (*l'expression désignait à l'origine les dépôts accumulés au fond des réservoirs de stockage de pétrole brut ; elle s'applique aujourd'hui à tout composé inconnu d'une huile s'il présente un inconvénient*).

bouncing pin : aiguille *f.* sauteuse (*indiquant l'instant de la détonation sur le moteur ASTM-CFR utilisé pour la détermination de l'indice d'octane des essences*).

boundary film or **epilamen** : couche *f.* limite, épilamen *m.* (*couche constituée par des molécules d'huile orientées en raison du champ d'attraction produit par deux surfaces métalliques séparées par un mince film de lubrifiant*).

boundary lubrication : graissage *m.* limite, graissage onctueux (*réalisé lorsque les conditions de graissage sont déterminées en fonction des propriétés respectives des surfaces et du lubrifiant*).

boundstone : boundstone *f.* (*terme désignant, dans la classification de R.L. Dunham, 1961, une roche carbonatée à texture sédimentaire reconnaissable et dont les composants organiques ont été liés entre eux pendant le dépôt ; s'applique aux calcaires construits*).

Bourdon gauge : tube *m.* de Bourdon (*dispositif de mesure des pressions par la déformation d'un tube elliptique sous l'effet de leur variation*).

bowl : cuvette *f.*, godet *m.*, benne *f.*, bol *m.*, bassin *m.*

bowser or **fuelling vehicle** : avitailleur *m.* (*véhicule citerne destiné au transport du carburant aviation ou des ergols liquides et servant à l'avitaillement des avions sur les aérodromes*).

box : 1/ boîte *f.*, carter *m.*, caisse *f.* ; 2/ stalle *f.*, compartiment *m.* cloisonné.

box and coil cooler or **box and coil condenser** : réfrigérant *m.*, condenseur *m.* (*constitué d'un serpentin noyé dans l'eau d'une bâche*).

box spanner or **box wrench** : clé *f.* à douille.

b.p. : abréviation de *boiling point.* Voir ce terme.

BPCD : abréviation de *barrels per calendar day.* Voir ce terme.

BP-mix : bupro *m.* (*mélange de butane et de propane liquéfiés*).

BPSD : abréviation de *barrels per stream day.* Voir ce terme.

BR : abréviation de *butadiene rubber.* Voir ce terme.

brace : contrefiche *f.*, ancre *f.*, amarre *f.*, tirant *m.*, entretoise *f.*, point *m.* fixe, jambe *f.* de force.

bracing : 1/ entretoisement *m.*, renforcement *m.*, consolidation *f.* ; 2/ ancrage *m.* (*d'une tuyauterie*).

bracket : support *m.*, console *f.*, équerre *f.* (*de fixation*).

brackish : saumâtre.

brackish water : eau *f.* saumâtre.

bradenhead : tête *f.* de tubage.

bradenhead gas : gaz *m.* de puits de pétrole (*gaz enfermé par la tête de tubage ou, plus généralement, gaz provenant de toute couche sus-jacente au pétrole*).

braize : poussier *m.* (*de charbon ou de coke*).

brake bleeding : purge *f.* du circuit de freinage (*opération de drainage consistant à éliminer les bulles d'air d'un circuit de freinage hydraulique*).

brake booster : servo-frein *m.*

brake cup : coupelle *f.* de frein (*coupelle d'étanchéité, en caoutchouc, équipant un système de freinage hydraulique*).

brake drum : tambour *m.* de frein.

brake fluid : liquide *m.* pour circuit de freins hydrauliques (*mélange constitué le plus souvent d'huile de ricin, d'alcools et de glycols – éthylène glycol, propylène glycol, etc. – ; les glycols réduisent le gonflement du caoutchouc des coupelles de frein sous l'action des alcools ; ils élèvent le point d'éclair du mélange et abaissent son point de congélation et sa viscosité à basse température*). Voir aussi *low-moisture avidity brake fluid.*

brake horsepower or **BHP** : 1/ puissance *f.* au frein ; 2/ cheval *m.* au frein (*unité britannique de puissance égale à 745,6 W ou 76,04 kgf.m/s*).

brake mean effective pressure or **BMEP** : pression *f.* moyenne effective au frein (*p.m.e.f.*).

brake pad : plaquette *f.* (*de frein à disque*).

braking : freinage *m.*

branched : ramifié.

branched-chain hydrocarbon : hydrocarbure *m*. à chaîne ramifiée.

branch pipe : tuyau *m*. de dérivation, tuyau d'embranchement.

brand : marque *f*. de fabrique.

branded oil : huile *f*. de marque.

bran oil : voir *furfural*.

brass : 1/ cuivre *m*. jaune, laiton *m*. (*alliage de cuivre et de zinc*) ; 2/ coussinet *m*. (*de bielle, de palier*) ; 3/ coquille *m*. (*de coussinet*).

brazing : brasage *m*.

break : 1/ rupture *f*., cassure *f*., lacune *f*., interruption *f*. (voir aussi *fault*) ; 2/ séparation *f*. (*de l'huile et des boues acides*) ; 3/ rupture *f*. de temps (*en sismique*).

breakage : rupture *f*., fragmentation *f*., broyage *m*.

breakaway pressure : voir *breakout pressure*.

breakaway test of a grease : mesure *f*. du couple de démarrage d'une graisse (*effectué à basse température sur un roulement garni de graisse afin d'évaluer la qualité de cette dernière*).

breakdown : 1/ panne *f*., avarie *f*., défaillance *f*. ; 2/ décomposition *f*. (voir aussi *breakup*) ; 3/ point *m*. de rupture d'une formation (*au cours d'une acidification sous l'effet de la pression d'injection du fluide*).

breakdown of an oil : épuisement *m*. d'une huile.

breakdown pressure : pression *f*. de rupture (*par exemple, pression à laquelle le film d'huile entre deux surfaces en mouvement se rompt*).

breakdown time : période *f*. d'induction d'une huile. Voir *beaker corrosion test*.

breakdown van : camionnette *f*. de dépannage.

break-in or **breaking in** or **run-in** or **running in** or **wearing in** : rodage *m*. (*d'un moteur*).

breaking down : 1/ décomposition *f*. ; 2/ altération *f*. ; 3/ voir *breakdown*.

breaking in : voir *break in*.

breaking-in oil or **running-in oil** : huile *f*. de rodage (*pour moteur*).

breaking out : dégerbage *m*., casse *f*. de la garniture de forage.

breaking up : rupture *f*. (*d'une émulsion*).

breakout block : 1/ bloc *m*. de dévissage (*cale d'acier supportant le trépan et le maintenant dans la table de rotation pendant son dévissage*) ; 2/ poulie *f*. de renvoi du câble de clé (*que l'on utilise pour le dévissage des tiges de forage*).

breakout pressure or **breakaway pressure** : pression *f*. de démarrage.

breakthrough : 1/ percée *f*. ; 2/ moment *m*. où les fluides d'injection, eau ou gaz, arrivent dans le puits producteur (*après avoir, en récupération secondaire, balayé effectivement la zone productrice*).

breakup : évaluation *f*. de la composition d'un brut (*par distillation fractionnée en laboratoire donnant les rendements en certaines fractions*). Voir aussi *breakdown 2/*.

breakwater : brise-lames *m*.

breather : 1/ reniflard *m*. (*du carter d'un moteur*) ; 2/ aérateur *m*., soupape *f*. de respiration.

breather roof : toit *m*. respirant (*d'un réservoir*).

breathing : 1/ respiration *f*. (*d'un réservoir*) ; 2/ exploitation *f*. par jaillissement intermittent (*on laisse l'eau ou l'huile s'accumuler jusqu'au moment où le gaz atteint une pression suffisante pour faire jaillir le liquide*).

breathing loss : perte *f*. par respiration (*due, dans un réservoir, aux variations thermiques journalières*).

breeching : culotte *f*. (*d'une cheminée*).

breeder : surrégénérateur *m*. (*réacteur nucléaire produisant plus de matière fissile qu'il n'en consomme*).

breeding-fire : feu *m*. qui couve (*dans une mine*).

brick clay : argile *f*. à briques.

brick grease : voir *block grease*.

brick oil : huile *f*. de démoulage (*utilisée en céramique*).

bridge plug : bridge plug *m*. (*bouchon amovible ou non, forable, utilisé pour obturer un puits, en principe à l'intérieur du tubage, dans un dessein d'étanchéité ou en vue d'isoler des fluides, au cours des opérations d'injection sous pression* ; voir *squeeze 1/.*).

bridging : perlage *m*. (*entre les électrodes d'une bougie d'allumage encrassée*).

bridging of the hole : pontage *m*. (*accumulation de débris de forage empêchant l'accès au fond*).

bridging oil : pétrole brut que les gouvernements producteurs s'engagent à revendre aux compagnies à un prix voisin du prix de marché pour assurer aux compagnies les quantités de brut leur permettant de « faire le pont » entre leurs disponibilités et leurs engagements à long terme. Voir aussi *buy-back crude*.

briefing : brif *m.*, briefing *m.* (*définition d'une manière brève et concise de ce qu'il faut faire*).

bright black : voir *carbon black.*

brightening : 1/ brillantage *m.* ; 2/ barbotage *m.*

brightness : éclat *m.*, brillant *m.*, brillance *f.*, luminosité *f.*, intensité *f.* (*d'éclairage*).

bright oil : huile *f.* claire (*exempte d'humidité*).

bright spot : point *m.* brillant (*désigne en sismique réflexion une anomalie d'amplitude forte, liée à des réflexions énergiques souvent engendrées par une couche de gaz*).

bright stock : bright stock *m.* (*huile lubrifiante de base, de viscosité élevée, provenant du traitement de résidus de distillation sous vide*).

brine : saumure *f.*

Brinell hardness : dureté *f.* Brinell.

brinelling : effet *m.* Brinell, billage *m.* (*provoqué par des chocs répétés ou par une surcharge statique sur la surface d'un solide métallique*).

bring a well under control (to) : maîtriser un puits en éruption.

bring in a well (to) : mettre un puits en production.

bring on stream (to) : mettre en régime, mettre en marche productive (*une unité de distillation, de craquage, etc.*).

briquet : briquette *f.* (*de poudre de charbon liée par du brai de goudron, utilisée comme combustible*).

British Air Ministry oxidation test or **BAM oxidation test** : essai *m.* d'oxydation des huiles pour moteurs à combustion interne établi par le ministère britannique de l'air (*appareillage : tube de verre ; température : 200 ºC ; agent oxydant : 15 l/h d'air ; durée : 2 × 6 h ; mesure de la variation de viscosité et de celle de la teneur en carbone*).

British Road Tar Association viscosity or **BRTA viscosity** : viscosité *f.* BRTA (*viscosité des brais et bitumes fluidifiés déterminée à l'aide du viscosimètre Redwood modifié, ou Standard Tar Viscometer, selon les normes de la British Road Tar Association ; cf. Standard Method IP 72, AFNOR T 66 – 005*). Voir *Standard Tar Viscometer.*

British Standard Specification or **BSS** : méthode *f.* d'analyse ou normalisation *f.* approuvée par le *British Standards Institute* (British Standards House, 2 Park street, London, SW 1).

British Thermal Unit or **BTU** : unité *f.* calorifique anglaise (*égale à la quantité de chaleur nécessaire pour élever de 1 ºF la température d'une livre d'eau à la température initiale de 39,2 ºF (4 ºC), soit 252 cal ou 1,055 J ou 0,293 Wh*).

brittle : fragile, cassant.

broaching : brochage *m.*, alésage *m.* (*d'un trou*), mandrinage *m.*

broken stone : cailloutis *m.*, pierraille *f.*

broker : courtier *m.*

brokerage : courtage *m.*

bromine number : indice *m.* de brome (*exprimé par le nombre de grammes de brome absorbé par les oléfines présentes dans 100 g d'un distillat*). *Cf. ASTM D 1158 (méthode calorimétrique) et ASTM D 1159, AFNOR M 07 – 017 (méthode électrométrique*).

bromochlorodifluoro-methane or **BCFM** : bromochlorodifluoro-méthane *m.* (*puissant agent extincteur utilisé pour la lutte contre l'incendie des réservoirs à toit flottant*).

Brookfield synchro-electric viscometer : viscosimètre *m.* de Brookfield (*viscosimètre à torsion servant à déterminer la viscosité des liquides newtoniens et non-newtoniens ; la température d'essai est généralement de 0 ºF, soit – 17,8 ºC*).

brow : plan *m.* incliné, galerie *f.* inclinée, descenderie *f.*

brown acids or **mahogany acids** : acides *m.* bruns (*acides polysulfoniques obtenus lors du raffinage des huiles à l'acide sulfurique*).

brown coal : lignite *m.*

brownout : réduction *f.* dans l'alimentation en énergie électrique.

BRTA viscosity : abréviation de *British Road Tar Association viscosity.* Voir ce terme.

bruising : bosselure *f.*

brush-oiled : graissé au pinceau, au balai.

BS : abréviation de *basic sediments, bottom sediments, bad settlings, bottom settlings.* Voir *bottom sediments and water.*

BS and W or **BS & W** : abréviation de *basic sediments and water, basic sludge and water, bottom sediments and water.* Voir ce dernier terme.

B/SD : abréviation de *barrels per stream day.* Voir ce terme.

BSS : abréviation de *British Standard Specification.* Voir ce terme.

BTU : abréviation de *British Thermal Unit.* Voir ce terme.

BTX : abréviation de *benzene, toluene and xylenes.* Voir ce terme.

bu : symbole de *bushel.* Voir ce terme.

bubble : bulle *f.* Voir aussi *bubble effect.*

bubble cap or bell : calotte *f.*, coupelle *f.* de barbotage, calotte de plateau de colonne (*en forme de cloche dont les bords sont taillés en dents, disposée sur les plateaux d'une tour de fractionnement ou d'absorption afin d'assurer un contact intime entre vapeurs ou gaz ascendants et liquides descendants*). Voir aussi *bubble deck, clapper valve.*

bubble deck or bubble plate or bubble tray : plateau *m.* à calottes, plateau de barbotage, plateau à coupelles (*plateau horizontal garni de calottes, de clapets ou de tout autre dispositif, et disposé à l'intérieur d'une tour de fractionnement*). Voir aussi *bubble cap, clapper valve.*

bubble effect or bubble pulse : effet *m.* bulle (*impulsion secondaire produite par l'oscillation d'une bulle de gaz engendrée par l'émission de l'onde de choc d'une source sismique marine*).

bubble point : point *m.* de bulle (*température à laquelle un mélange commence à se vaporiser*).

bubble pulse : voir *bubble effect.*

bubble tower or trayed column : colonne *f.* de distillation à plateaux de barbotage.

bubble tray : voir *bubble deck.*

bubbling : barbotage *m.*, bouillonnement *m.*, pétillement *m.*, bullage *m.*

bubbly oil : huile *f.* émulsionnée d'air.

bucket : 1/ godet *m.*, aube *m.*, coupelle *f.*, seau *m.*, baquet *m.*, bac *m.*, benne *f.*, cuffat *m.* ; 2/ pale *f.* (*d'une turbine hydraulique*).

bucket elevator : élévateur *m.* à godets, noria *f.*

buckling : déformation *f.*, flexion *f.*, inflexion *f.*, flambage *m.*, gondolement *m.*, gauchissement *m.*

buffer : 1/ meule *f.* à polir ; 2/ produit *m.* tampon (*pouvant être mélangé sans inconvénient aux produits le précédant ou le suivant dans un pipe-line transportant des produits finis*).

buffer solution : solution *f.* tampon (*pH*).

buffing : polissage *m.*, émeulage *m.*

buffing oil : huile *f.* à émeuler (*huile neutre et visqueuse pour polissage*).

buffing wheel : disque *m.* à polir, meule *f.* à polir. Voir aussi *buffer 1/.*

bug : voir *go-devil 1/.*

buggy : véhicule *m.* léger, wagonnet *m.*

building blocks : hydrocarbures *m.* simples (*éthylène propylène, butadiène, benzène, etc.*) utilisés comme matières premières en pétrochimie.

building up : synthèse *f.*, édification *f.* (*d'une molécule*).

build-up : 1/ montée *f.*, remontée *f.* de pression (*des fluides contenus dans un réservoir producteur ; la mesure se fait puits fermé pendant plusieurs heures et consiste en l'enregistrement sous forme de diagramme de la pression en fonction du temps*) ; 2/ voir *carbon build-up.*

built-in : incorporé, encastré.

built-up edge : soudure *f.* de métal due au frottement entre l'outil de coupe et la pièce à usiner (*l'arête rapportée de l'outil est soudée en partie à la surface travaillée et en partie au copeau*).

bulk : forte quantité *f.*, vrac *m.*, masse *f.*, cargaison *f.*, chargement *m.*

bulk appearance : aspect *m.* de surface.

bulk carrier : vraquier *m.* (*navire transportant des produits en vrac*).

bulk conversion : conversion *f.* totale (*dans un procédé ou plusieurs effets sont en cause*).

bulkhead : cloison *f.* (*d'un pétrolier, d'un navire citerne, etc.*).

bulk modulus : coefficient *m.* volumétrique, module *m.* de volume (*coefficient d'élasticité appliqué au volume d'un corps qui subit une contrainte*).

bulk plant or bulk storage plant : installation *f.*, dépôt *m.* de stockage en vrac de produits pétroliers.

bulk shipment : transport *m.* en vrac.

bulk storage plant : voir *bulk plant.*

bulldozer : boutoir *m.*, bulldozer *m.*, boutoir à lame (*engin de terrassement à chenilles équipé à l'avant d'une lame incurvée et fixe dans le plan horizontal, et servant au nivellement ou au déblaiement du terrain*). Voir aussi *tiltdozer, angledozer.*

bulling : bourrage *m.* (*d'un trou de mine*).

bull plug : bouchon *m.* forgé à tête hémisphérique ou semi-ovoïde (*servant à l'obturation d'une conduite*).

bull wheel : tambour *m.* de forage (*dans le forage au câble, tambour portant le câble de forage*).

bumped or dished : bombé (*se dit des fonds concaves ou convexes de chaudières ou de réservoirs*).

bumper : pare-choc *m.*, butoir *m.*, amortisseur *m.*, tampon *m.*

bumper sub : coulisse *f.* simple (*instrument utilisé par les foreurs pour dégager par battage vers le haut un outil coincé dans un puits*).

bumping : soubresaut *m.* (*heurt parfois violent se produisant contre les parois d'un récipient lors de l'ébullition d'un produit pétrolier contenant de l'eau*).

Buna S : voir *Government Rubber-Styrene.*

bund : digue *f.,* barrière *f.*

bunded enclosure : voir *bund wall.*

bundle or **tube bundle** : faisceau *m.* de tubes, faisceau tubulaire (*d'un échangeur, d'un four, d'une chaudière, etc.*).

bund wall or **bunded enclosure** : mur *m.* de protection, mur coupe-feu (*mur en terre ou en béton construit autour d'un réservoir de stockage*).

bung : bonde *f.,* obturateur *m.,* bouchon *m.*

bunker : soute *f.* (*de navire*).

bunker C : fuel *m.* lourd pour soutes (*ayant une viscosité maximum de 60 à 85° Engler à 50 °C*).

bunker fuels or **bunker oils** : soutes *f.,* fuels *m.* de soutes, fuels lourds, combustibles *m.* pour soutes (*de navire*).

bunkering : soutage *m.* (*d'un navire*).

bunker oils : voir *bunker fuels.*

bunkhouse : baraque *f.* de chantier (*pourvue de couchettes, à usage d'habitation*).

Bunsen burner : bec *m.* Bunsen.

buoy : bouée *f.,* balise *f.* flottante.

buoyancy : flottabilité *f.* (*poussée d'Archimède d'un liquide ou d'un gaz*).

Bureau of mines correlation index or **BMCI** : voir *correlation index.*

burette or **buret** : burette *f.* (*tube de verre gradué muni à sa base d'un robinet et servant en titrimétrie*).

buried hill or **buried ridge** : relief *m.* enterré, ride *f.* enterrée.

buried tank : cuve *f.* enterrée, réservoir *m.* enterré.

burner : brûleur *m.,* bec *m.*

burner chamber : chambre *f.* de combustion.

burning : 1/ brûlage *m.,* combustion *f.,* carbonisation *f.,* calcination *f.,* 2/ brunissage *m.,* brûlage *m.* (*usure d'un engrenage, semblable au scoring, – voir ce terme –, consécutive à un échauffement dû à un défaut de graissage ou de refroidissement ; cet échauffement provoque le bleuissement, voir le noircissement, des surfaces métalliques en contact*).

burning hot : brûlant.

burning oil : pétrole *m.* lampant, kérosène *m.*

burning point : voir *fire point.*

burnish : polissage *m.* (*changement de rugosité d'une surface de glissement suite au rodage ou à toute autre cause*).

burnishing : brunissage *m.,* polissage *m.* Voir aussi *burning 2/, burnish.*

burnout : caléfaction *f.* (*phénomène par lequel une goutte d'eau déposée sur une surface métallique fortement chauffée reste sous forme d'une sphère soutenue par la vapeur qu'elle émet*).

burn out (to) : brûler, griller (*un tube de chaudière ou de four tubulaire, un appareil électrique, une soupape de moteur, etc.*).

burn out the babbitt (to) : faire fondre l'alliage antifriction. Voir *tin-base babbitt.*

burnt gas : gaz *m.* brûlé.

burnt oil : huile *f.* brûlée (*huile improprement traitée à l'acide sulfurique et qui a acquis une couleur brune ou bleuâtre ; elle doit alors être retraitée*).

burnup : combustion *f.* nucléaire (*transformation nucléaire d'atomes provoquée par le fonctionnement d'un réacteur ; elle peut être exprimée comme énergie totale libérée par la combustion nucléaire*).

burr : 1/ roche *f.* dure, roche encaissante ; 2/ meulière *f.* ; 3/ ébarbure *f.,* éraflure *f.* ; 4/ ébarboir *m.*

burrs : bavures *f.,* copeaux *m.,* arêtes *f.* vives (*dues à l'usure excessive d'un segment de piston*).

burst : éclatement *m.,* explosion *f.,* bouffée *f.,* jet *m.* (*de flamme*).

bursting pressure : pression *f.* d'éclatement.

bush : 1/ bague *f.,* douille *f.,* coussinet *m.* ; 2/ brousse *f.* (*région non cultivée, broussailleuse*).

bushel or **bu** : boisseau *m.* (*mesure de volume égale à 8 gallons anglais, soit approximativement 36,4 litres ; les Américains ont un boisseau de 35,24 litres*).

bushing : 1/ borne *f.* ; 2/ bague *f.,* coussinet *m.,* douille *f.,* manchon *m.* mâle-femelle, garniture *f.* intermédiaire ; 3/ garniture intérieure d'étanchéité d'un tubage ; 4/ manchon permettant le raccordement de deux tubes de diamètres différents.

bushwash : voir *bottom sediments and water.*

butadiene rubber or **BR** : caoutchouc *m.* synthétique au polybutadiène.

Butamer : procédé *m.* d'isomérisation du butane en isobutane (*en présence d'hydrogène et d'un catalyseur à base de platine. – Universal Oil Products Co*).

butane-butene fraction or **BB fraction** : fraction *f.* butane-butènes (*fraction d'un mélange gazeux ayant les points d'ébullition du butane et des butènes*).

Butomerate : procédé *m.* catalytique d'isomérisation du butane normal en isobutane en présence d'hydrogène. – *Pure Oil Co.*

butterfly valve : robinet *m.* ou vanne *f.* papillon.

butter paper : papier *m.* beurre (*papier pour l'emballage du beurre, constitué par du papier paraffiné ou, mieux, par un contrecollage de papier et d'une feuille d'aluminium au moyen de paraffine*).

butterworthing : procédé *m.* de nettoyage par combinaison de vapeur et d'eau (*appliqué au nettoyage intérieur des citernes de pétroliers ou de camions-citernes*).

buttery grease : graisse *f.* butyreuse (*ayant la consistance du beurre*).

butt strap : couvre-joint *m.*

butt-welded : soudé par rapprochement, soudé bout à bout.

butyl rubber : caoutchouc *m.* butyl (*caoutchouc synthétique fabriqué par polymérisation à très basse température d'isobutylène contenant 1 à 2 % d'isoprène*).

buy-back : achat *m.* en retour (*accord de compensation ; le contracteur s'engage envers le contractant à acheter le produit de l'usine construite*).

buy-back crude or **participation crude** : brut *m.* de participation (*pétrole brut revenant, conformément aux accords de participation, au gouvernement, mais racheté par les compagnies à un prix déterminé* [buy-back price] *dans le cas où le gouvernement ne peut pas l'écouler lui-même sur le marché ; voir aussi bridging oil, phase-in oil*).

buy-back price : prix *m.* de rétrocession (*par un état aux compagnies, du brut, conformément à un accord de participation*). Voir *buy-back crude.*

buzzer : vibreur *m.*, trembleur *m.*, ronfleur *m.*, couineur *m.*

by heads : se dit d'un puits jaillissant par intermittence.

bypass or **byp** : 1/ bipasse *m.*, by-pass *m.*, déviation *f.*, dérivation *m.*, évitement *m.* (*conduite de dérivation d'un fluide en dehors de son circuit normal*) ; 2/ robinet *m.*, vanne *f.* permettant cette dérivation.

bypass-type filter or **shunt filter** : filtre *m.* à huile installé en dérivation (*de façon telle que seule une partie de l'huile en circulation le traverse*).

by-product : sous-produit *m.* (*de valeur commerciale faible ou nulle*).

C

ºC : symbole de degré *Celsius*. Voir *Celsius degree, Celsius scale*.

c : symbole de *centi*. Voir ce terme.

cable compound : 1/ vaseline *f.* consistante dont on imprègne les torons d'un câble pour en assurer le graissage ; 2/ composition *f.* isolante employée dans la fabrication des câbles électriques.

cable grease : voir *wire rope grease*.

cable oil : huile *f.* pour câbles électriques (*huile de remplissage des câbles électriques creux à haute tension*).

cable system of drilling or **cable tool drilling** or **Pennsylvania system of drilling** or **percussion system of drilling** or **rope drilling** or **jump drilling** : forage *m.* au câble, forage par percussion, forage par battage (*mode de forage consistant à désagréger la roche en faisant tomber de quelques centimètres de hauteur et à une cadence rapide, un outil ou trépan suspendu à un câble ; les déblais sont ensuite retirés du trou à l'aide d'une cuiller*).

cable tool well : puits *m.* foré par percussion, au câble, par battage. Voir *cable system of drilling*.

CAFE : abréviation de *Corporate Average Fuel Economy*. Voir ce terme.

cage : 1/ cage *f.* (*de roulement à billes, à aiguilles, etc.*) ; 2/ cage d'extraction (*dans une mine*).

cake : 1/ cake *m.* (*dépôt laissé sur les parois d'un sondage après absorption par le terrain de l'eau libre de la boue de forage et assurant leur stabilité*) ; 2/ gâteau *m.*, plaque *f.* (*de scories, de paraffine, etc.*), briquette *f.* (*de charbon*), pain *m.* (*d'asphalte*).

caking : agglutination *f.*, agglomération *f.*, coagulation *f.*, formation *f.* d'une croûte.

cal : symbole de *calorie f.* Voir ce terme.

calcareous sinter : travertin *m.*, tuf *m.* calcaire.

calcinated coke : coke *m.* de pétrole calciné (*contenant moins de 0,5 % de matières volatiles*).

calcium-base grease : voir *lime-base grease*.

calculated cetane index or **cetane index** : indice *m.* de cétane calculé (*exprimant l'aptitude à l'auto-inflammation d'un combustible diesel en fonction de sa densité API et de sa température moyenne d'ébullition ; cf. annexe à la norme ASTM D 975*).

calendar : calendrier *m.*

calendar day : jour *m.* de calendrier (*s'oppose à* stream day ; *voir ce terme*).

calender : calandre *f.*, laminoir *m.*

calf line : câble *m.* de manœuvre (*utilisé dans une installation de forage au câble pour monter ou descendre le tubage*).

calf wheel : tambour *m.* de levage ou de manœuvre (*servant, sur une installation de forage au câble, aux diverses manœuvres et en particulier à la pose du tubage*).

caliber : voir *caliper*.

calibrating fluid : fluide *m.* d'étalonnage (*servant à étalonner certains appareils ou instruments de mesure*).

calibration : étalonnage *m.*, calibrage *m.* (*établissement, par exemple, de courbes donnant le volume d'un réservoir en fonction de son niveau d'emplissage*), contrôle *m.* de la précision et réglage *m.* d'un instrument de mesure (*d'un volucompteur, etc.*).

calibration oil : huile *f.* pour calibrage (*des injecteurs et des pompes d'injection*).

caliper or **calliper** or **caliber** or **calibre** : compas *m.* à calibrer, calibre *m.*

caliper log : voir *section gauge*.

caliper logging : voir *section gauge survey*.

caliper mandrel : voir *drift mandrel*.

caliper square or **slide caliper** or **sliding caliper** or **vernier caliper** : pied *m.* à coulisse.

calliper : voir *caliper*.

calorie or **cal** : calorie *f.*, petite calorie (*symbole :* cal ; *unité de quantité de chaleur du système C. G.S. égale à la quantité de chaleur nécessaire pour élever de 14,5 à 15,5 ºC la température d'une masse de 1 g d'eau à la pression atmosphérique.* 1 cal = 4,186 J = 1,16 × 10⁻³ Wh = 3,97 × 10⁻³ BTU ; *on utilise normalement la kilocalorie et la mégacalorie dont les symboles sont respectivement* kcal *et* Mcal).

calorific power or **heating value** : pouvoir *m.* calorifique (*cf. ASTM D 240, AFNOR M 07 – 030*). Voir aussi *high heating value, low heating value*.

calorifier : réchauffeur *m.* d'eau.

camber : 1/ courbe *f.*, courbure *f.*, cambrure *f.*, tonture *f.* (*courbure longitudinale donnée aux ponts d'un navire en en relevant légèrement les extrémités*), bouge *f.* (*convexité transversale des ponts d'un navire*), bombement *m.* (*d'une chaussée*) ; 2/ carrossage *m.*, dévers *m.*, écuanteur *m.* (*d'une roue*).

Cambrian : Cambrien *m.* (*première période de l'ère primaire, ou ére paléozoïque, dont le début remonte à 600 millions d'années et qui en a duré environ 100*).

cam follower : voir *follower* 2/.

camphor oil : essence *f.* ou huile *f.* de camphre.

camshaft : arbre *m.* à cames, arbre de distribution.

camp stove : réchaud *m.* de camping.

can or **canister** : boîte *f.* en fer blanc, boîte métallique, boîte de conserve, bidon *m.* (*à essence, etc., d'une contenance de 20 à 25 litres*).

Canadian pole system of drilling or **Canadian rig** or **Canadian drilling** : forage *m.* canadien (*système de forage à percussion dans lequel les outils sont suspendus à des tiges pleines en bois ou en fer, actionnées par balancier*).

cancel (to) : voir *terminate (to)*.

cancellation clause or **canceling clause** or **cancelling clause** : voir *termination clause*.

canister : voir *can*.

canned : conditionné en bidons ou en boîtes métalliques. Voir aussi *tinned* 2/.

canned lamp oil : pétrole *m.* lampant conditionné en bidons métalliques.

canning : mise en bidons.

Cannon-Fenske viscometer : viscosimètre *m.* de Cannon-Fenske (*viscosimètre capillaire du type Ostwald modifié servant à la mesure de la viscosité cinématique des huiles ; cf. ASTM D 445, AFNOR T 60 – 100*).

canopy : auvent *m.*, capote *f.*, dôme *m.*

cantilever : suspension *f.* en porte à faux, suspension cantilever.

cantilever portable rig : mât *m.* de forage cantilever installé sur camion.

canvas or **canvass** : 1/ toile *f.* grossière, toile de tente, bâche *f.* ; 2/ toile pour filtration.

cap : 1/ chapeau *m.*, bouchon *m.* (*de réservoir, de tube, etc.*), couvercle *m.*, capsule *f.* ; 2/ calotte *f.*, cloche *f.* ; 3/ rallonge *f.*, flandre *f.* (*mine*) ; 4/ tête *f.* de tubage ; 5/ terrain *m.* de recouvrement (voir aussi *capping* 1/, *cap rock* 2/) ; 6/ amorce *f.*, détonateur *m.*

capacitor oil : huile *f.* isolante pour condensateurs électriques.

Capelushnikov drilling : voir *turbodrill*.

capital gains : gain *m.* en capital (*plus-values réalisées, par exemple, par la cession de droit miniers*).

capital goods : moyens *m.* de production.

capping : 1/ terrain *m.* de recouvrement, morts-terrains ; 2/ contrôle *m.* d'un puits en éruption ; 3/ amarrage *m.* d'un câble ; 4/ fermeture *f.* d'un puits (*pour prévenir une fuite de gaz*).

cap rock : 1/ coiffe *f.*, chapeau *m.*, recouvrement *m.* ; 2/ roche-couverture *f.* (*terrain relativement imperméable recouvrant un gisement d'hydrocarbures liquides ou gazeux ; voir aussi roof rock*) ; 3/ cap-rock *m.* (*amas d'anhydrite, de gypse, de calcaire et occasionnellement de soufre, de forme souvent discoïde, et surmontant un dôme de sel*).

capstan : cabestan *m.*, treuil *m.*

capstan lathe or **turret lathe** : tour *m.* à revolver, tour à tourelle revolver.

captain's report : rapport *m.* de mer, rapport d'avaries.

carbenes : carbènes *m.* (*constituants asphaltiques des huiles minérales, solubles dans le chloroforme et le sulfure de carbone, insolubles dans le tétrachlorure de carbone*).

carbonados : diamants *m.* noirs. Voir *carbons*.

carbon black or **bright black** : noir *m.* de carbone, noir de fumée, carbon black *m.* (*provenant de la combustion incomplète ou de la décomposition thermique du gaz naturel ou d'hydrocarbures liquides ; très utilisé dans l'industrie du caoutchouc et comme pigment*). Voir aussi *channel black, flame black, furnace black, thermal black*.

carbon build-up or **build-up** : accumulation *f.* de coke (*sur le catalyseur d'une unité de craquage catalytique*).

carbon burning rate : quantité *f.* de carbone brûlé par unité de temps (*au cours de la régénération d'un catalyseur de craquage*).

carbon dioxide recorder : appareil *m.* enregistreur du pourcentage d'anhydride carbonique présent dans les gaz de combustion. Voir *Orsat analyser*.

Carboniferous : Carbonifère *m.* ou Houiller *m.* (*période géologique de l'ère primaire, ou paléozoïque, comprise entre le Dévonien et le Permien, ayant duré environ 70 millions d'années et dont le début remonte approximativement à 350 millions d'années*).

carbon knock : cognement *m.*, cliquetis *m.* (*se produisant dans un moteur à essence par suite du dépôt incandescent de carbone, ou calamine, dans les cylindres*).

carbon residue test : voir *Conradson carbon residue test, Ramsbottom test.*

carbons : diamants *m.* à usage industriel (*sertis en particulier sur la surface d'attaque de certains outils de forage dits diamantés ou à diamants*).

carbonyl : carbonyle *m.* (*radical bivalent* = CO).

carbonylation : carbonylation *f.* (*addition d'un radical carbonyle à une molécule*).

carboxyl : carboxyle *m.* (*radical monovalent – COOH, caractéristique des acides organiques*).

carboxylation : carboxylation *f.* (*fixation d'un radical carboxyle – COOH à une molécule organique*).

carboxymethyl cellulose or **CMC** : carboxyméthylcellulose *f.*, C.M.C. *f.* (*colloïde organique, réducteur de filtrat, utilisé dans la fabrication et l'entretien des boues de forage à l'eau*).

carboy : dame-jeanne *f.*, tourie *f.*, bonbonne *f.* (*servant en particulier au transport ou au stockage de liquides corrosifs*).

carburetor icing : givrage *m.* du carburateur (*formation de particules de glace, par temps froid, dans la chambre de carburation d'un carburateur, dépendant de la température extérieure et du froid résultant de l'évaporation de l'essence*).

carburetted water gas : gaz *m.* à l'eau carburé (*enrichi d'autres gaz de pétrole qui en élèvent le pouvoir calorifique et utilisé comme gaz de ville*). Voir aussi *water gas.*

carburized steel : acier *m.* cémenté.

carburizing : cémentation *f.* (*d'un acier*).

carcinogen or **carcinogenic** : cancérigène.

care product : produit *m.* d'entretien.

cargo : 1/ cargaison *f.*, chargement *m.* (*d'un navire, etc.*) ; 2/ volume *m.* expédié par pipeline.

cargo hose : tuyau *m.* flexible servant au chargement (*des pétroliers, des wagons-citernes ou des camions-citernes*).

carnauba wax : cire *f.* de carnauba (*cire végétale très dure, fournie par un palmier brésilien,* Copernicia cerifera).

carpenter's rig : derrick *m.*, chevalement *m.*, tour *f.* de sondage en bois.

car polish : produit *m.* d'entretien pour carrosserie, pâte *f.* à polir, à lustrer.

carried interests : intérêts *m.* dans une association dont les coûts sont supportés par les autres membres de l'association et remboursés par cession provisoire des droits à la production.

carrier : 1/ transporteur *m.*, entrepreneur *m.* de transport ; 2/ moyen *m.* de transport ; 3/ porteur *m.*, support *m.* (*de réaction, de catalyseur, d'appareil, etc.*) ; 4/ entraîneur *m.*, traceur *m.*, véhicule *m.*

carrier oil : huile *f.* support (*de certains additifs*).

carryover : 1/ entraînement *m.* (*contamination relativement peu volatile entraînée par les vapeurs de tête d'une colonne de fractionnement*) ; 2/ catalyseur *m.* s'échappant d'un réacteur ou d'un régénérateur.

cart : wagonnet *m.*, charrette *f.*, berline *f.*, fourgon *m.*

cartage : 1/ camionnage *m.*, transport *m.* par camion ; 2/ prix *m.*, frais *m.* de camionnage.

carter : camionneur *m.*

carthamus oil : voir *safflower oil.*

cartridge : cartouche *f.* (*de filtration, de graisse, etc.*)

car undercoating : couche *f.* de protection antirouille (*généralement appliquée par pulvérisation sur le châssis et les surfaces inférieures d'un véhicule automobile*).

cascade : cascade *f.* (*disposition de deux ou de plusieurs appareils opérant l'un derrière l'autre*).

cascade sulfuric acid alkylation process or **Kellog sulfuric acid alkylation process** : procédé *m.* Kellog d'alcoylation (*combinant les oléfines à l'isobutane par emploi de l'acide sulfurique dans un réacteur comportant plusieurs zones de réaction disposées en cascade. – M. W. Kellog Co.*).

cascade trays : plateaux *m.* en cascade (*plateaux en forme d'auge, disposés comme les marches d'un escalier dans une tour de fractionnement ou d'absorption*).

case : boîte *f.*, caisse *f.*, châssis *m.*, trousse *f.*, boîtier *m.*, gaine *f.*, coffret *m.*, écrin *m.*

case crushing : fissure *f.* de cémentation.

cased hole : sondage *m.* tubé.

cased products : produits *m.* conditionnés, emballés.

case hardened : 1/ trempé à la surface, cémenté ; 2/ moulé en coquille.

CA service : voir *API service designations for motor oils.*

cash : 1/ argent *m.* liquide, espèces *f.*, numéraire *m.* ; 2/ fonds *m.*, encaisse *f.*

cash and carry : voir *cash payment.*

cash and currency notes : monnaie *f.* métallique et billets *m.* de banque.

cash before delivery : paiement *m.* avant livraison.

cash bonus : pas de porte *m.*, prime *f.* au comptant, bonus *m.* (*droit d'entrée payé d'avance au concédant par le titulaire d'un périmètre de recherche ; ce droit, proportionnel à la surface du périmètre, est souvent, en cas de découverte, déductible des impôts*). Voir aussi *bonus 2/.*

cash flow : marge *f.* brute d'autofinancement, M.B.A. *f.* (*excédent des recettes par rapport aux dépenses, avant investissements*).

cash offer : offre *f.* réelle (*en réponse à un appel d'offres*).

cash on delivery : paiement *m.* à la livraison.

cash on order : paiement *m.* à la commande.

cash payment or **cash and carry** : paiement *m.* comptant.

cash price : prix *m.* comptant.

casing : 1/ cuvelage *m.*, tubage *m.* (*tube, ou ensemble de tubes, d'acier que l'on descend dans un puits pour en consolider les parois ; voir aussi casing pipe*) ; 2/ chemise *f.*, enveloppe *f.*, paroi *f.* (*d'un four*), carter *m.*, boîtier *m.* ; 3/ carcasse *f.*, corps *m.* (*d'une machine tournante*) ; 4/ fourreau *m.*, gaine *f.* de protection.

casing adaptor : réduction *m.*, réducteur *m.* de tubage (*pièce permettant le raccordement de deux longueurs de tubage de diamètre différent*).

casing ball shoe : sabot *m.* de tubage à bille flottante.

casing centralizer : centreur *m.* de tubage. Voir *centralizer.*

casing collar locator or **CCL** : localisateur *m.* de manchons (*appareil destiné à identifier la position dans un puits des manchons du tubage ; utilisé spécialement au cours de la mise en production d'un puits pour déterminer avec précision l'emplacement des perforations à exécuter*).

casing hanger : coins *m.* de suspension et d'étanchéité d'un tubage placés dans le *casinghead housing* ou le *casing spool* (voir ces termes) (*sur une tête de puits sous-marine il n'est pas muni de coins d'ancrage intérieurs et est directement vissé sur le dernier tube*). Voir aussi *slip-and-seal assembly.*

casinghead : tête *f.* de tubage.

casinghead gas : voir *natural gas.*

casinghead gasoline : essence *f.* de gaz naturel, essence naturelle, condensat *m.* de tête de puits.

casinghead housing : première pièce *f.* de suspension d'un tubage (*vissée sur le tubage technique, supportant le tubage intermédiaire, sur laquelle viennent s'empiler les* casing spools ; *voir ce dernier terme*).

casing packer : packer *m.* de tubage, packer de cuvelage. Voir *packer 2/.*

casing pipe : tube *m.* de revêtement, tube de cuvelage, tubage *m.* (*cimenté aux parois d'un forage*).

casing protector : protecteur *m.* de tubage (1/ *bouchon vissé aux extrémités d'un tube de cuvelage dont il protège les filetages ; 2/ cylindre creux à paroi épaisse, en caoutchouc, et d'une longueur de 15 à 20 cm, placé sur les tiges pour protéger la surface interne des tubages contre l'usure due au frottement des tiges de forage ; souvent appelé improprement protecteur de tiges*).

casing ripper or **casing splitter** : incise-tube *m.*, fendeur *m.* de casing (*outil que l'on utilisait pour inciser un tubage de production ; technique aujourd'hui remplacée par celle des perforations*).

casing roller : outil *m.* utilisé pour restaurer en place un tubage écrasé ou déformé et lui rendre sa forme d'origine.

casing scraper : racleur *m.* de tubage (*outil utilisé pour rendre nette la surface interne d'un tubage et la débarrasser notamment de la rouille, des débris de ciment, des bourrelets et bavures dus aux perforations, etc.*).

casing shoe : sabot *m.* de tubage (*élément annulaire, en acier, vissé ou soudé à l'extrémité inférieure du tubage qu'il protège et dont il guide et facilite la descente ; il peut être muni d'un clapet antiretour ; voir aussi casing ball shoe*).

casing spear or **trip casing spear** or **trip spear** : arrache-tube *m.* à spirale (*outil spécial de forage servant à repêcher un tube cassé ou coupé*).

casing splitter : voir *casing ripper.*

casing spool : bride *f.* de pose et d'ancrage d'un tubage (*partie intégrale de la tête de puits d'un sondage*).

casing string : voir *string of casing.*

casing swage : olive *f.* (*outil servant à élargir un tubage écrasé par la pression du terrain*).

cask : 1/ baril *m.*, tonneau *m.*, fût *m.* ; 2/ récipient *m.*, enceinte *f.*, vase *m.* en plomb (*servant au transport de produits radioactifs*).

cast or **bloom** or **fluorescence** or **blush** : fluorescence *f.*, opalescence *f.*, reflet *m.* (*d'une huile, d'un pétrole, d'une laque, d'un vernis, etc.*).

castellated nut or **castle nut** : écrou *m.* crénelé, écrou à créneaux.

caster : 1/ fondeur *m.*, couleur *m.* ; 2/ déschisteur *m.* (*mine*) ; 3/ chasse *f.* (*inclinaison vers l'avant ou vers l'arrière de l'axe des pivots de direction d'un véhicule automobile*).

caster wheel or **castor wheel** or **castor** : roue *f.* pivotante.

casting : coulée *f.*, moulage *m.*, coulage *m.*.

cast iron : fonte *f.*

castle nut : voir *castellated nut*.

cast modifier : voir *bloom improver*.

castor : voir *caster wheel*.

Castordag : dénomination *f.* commerciale d'une huile de ricin (*contenant 10 % de graphite en dispersion colloïdale et utilisée comme lubrifiant à haute température*). Voir aussi *Oildag*.

castor oil or **ricinus oil** : huile *f.* de ricin (*non siccative ; seule huile grasse à viscosité élevée – 18° Engler à 50 °C –, très peu soluble dans les huiles minérales – 4 % maximum –, autrefois utilisée pour la lubrification des moteurs d'avions et des voitures de courses*).

castor wheel : voir *caster wheel*.

cat : abréviation de *catalytic* entrant dans la composition de certains mots (*cat cracker, catergol, etc.*).

catalysis : catalyse *f.* (*procédé mettant en œuvre un catalyseur*).

catalyst : catalyseur *m.* (*substance qui par sa seule présence favorise les réactions entre d'autres substances sans subir elle-même de modification chimique*).

catalyst activation : activation *f.* d'un catalyseur. Voir *activation*.

catalyst carrier : support *m.* de catalyseur.

catalyst hold-up : quantité *f.* de catalyseur (*contenue dans une unité catalytique*).

catalyst poisoning or **poisoning** : empoisonnement *m.* du catalyseur (*réduction d'activité du catalyseur, due à la présence de soufre, d'oxygène, d'azote, etc.*).

catalyst reactivation : réactivation *f.* d'un catalyseur.

catalyst regeneration : régénération *f.* d'un catalyseur.

catalyst stripping : épuisement *m.* à la vapeur du catalyseur (*sortant du réacteur d'un craqueur catalytique*).

catalytic afterburner or **catalytic converter** : voir *catalytic muffler*.

catalytic cracker or **cat cracker** : unité *f.* de craquage catalytique, craqueur *m.* catalytique.

catalytic cracking or **cat cracking** : craquage *m.* catalytique (*opération de craquage au cours de laquelle la réaction s'accomplit en présence d'un catalyseur*).

Catalytic Desulfurizing : procédé *m.* de désulfuration catalytique sur alumine activée (*éliminant de l'essence les mercaptans, les sulfures et disulfures alcoylés ; les composés cycliques du type thiophène sont peu affectés. – Perco Division*).

catalytic ergol : voir *catergol*.

catalytic hydrodesulfurization : voir *hydrorefining*.

catalytic muffler or **catalytic afterburner** or **catalytic converter** : pot *m.* d'échappement catalytique (*équipant les moteurs à combustion interne et pouvant réduire de 40 % la teneur en hydrocarbures polluants et en oxyde de carbone des gaz brûlés*). Voir aussi *direct flame muffler*.

catalytic plant or **cat plant** : unité *f.* catalytique.

catalytic polymerization or **catpoly** : polymérisation *f.* catalytique. Voir *polymerization*.

catalytic reformer : unité *f.* de reformage catalytique, reformeur *m.* catalytique.

catalytic reforming : reformage *m.* catalytique.

Catarole process : procédé *m.* de craquage des essences lourdes (*fondé sur l'utilisation de catalyseurs pendant un temps de contact prolongé, – 30 à 60 s ; on obtient à des températures de 650 à 700 °C environ des oléfines et des aromatiques*).

catch : dispositif *m.* d'arrêt ou d'accrochage, cliquet *m.*, cran *m.*, taquet *m.*.

catch basin : collecteur *m.*, puisard *m.*

catcher : 1/ attrapeur *m.*, preneur *m.* ; 2/ collecteur *m.* de poussière.

catching grooves : gorges *f.*, rainures *f.* (*d'un outil de forage, destinées à en faciliter la prise lors d'un éventuel repêchage*).

catchpot : séparateur *m.*

catch wrench : clé *f.* de retenue.

cat cracker : contraction de *catalytic cracker*. Voir ce terme.

cat cracking : contraction de *catalytic cracking*. Voir ce terme.

catergol : catergol *m.* (*contraction de* catalytic ergol ; *monergol dont la réaction exothermique exige la présence d'un catalyseur*).

catering : approvisionnement *m.* (*d'un navire*).

Caterpillar Series 2 lubricant : voir *superior lubricants (Series 2)*.

Caterpillar Series 3 lubricant : voir *superior lubricants (Series 3)*.

Caterpillar 1-A engine test : voir *engine test L-1*.

Caterpillar 1-D supercharged engine test : essai *m.* engine test L-1 modifié (*sur moteur mono-cylindrique 146,1 × 203,2 mm, pendant 480 h ; régime du moteur : 1 200 tours/min ; charge : 42 CV ; température de l'huile aux coussinets : 79 °C ; vidange d'huile toutes les 120 h ; teneur en soufre du gazole : 1 ± 0,05 % en poids ; pression de l'air d'alimentation : 380 mm Hg*). Voir aussi *Supplement 2 grade treatment*.

Caterpillar 1-G high-speed supercharged engine test : essai *m.* engine test L-1 modifié (*sur moteur monocylindrique 130,2 × 165,1 mm, pendant 480 h ; régime du moteur : 1800 ± 10 tours/min ; charge 42-45 CV ; température de l'huile aux coussinets : 96 °C ; vidange d'huile toutes les 120 h ; teneur en soufre du gazole : 0,35 % en poids ; pression de l'air d'alimentation : 1339-1354 mm Hg abs. Cet essai répond à la norme MIL-L-2104 C*). Voir aussi *superior lubricants (Series 3)*, *Military Specification MIL-L-2104 C oil*.

Caterpillar 1-H supercharged engine test : essai *m.* sur moteur Caterpillar 1-G modifié (*charge : 33-34 CV ; température de l'huile aux coussinets : 82 °C ; pression de l'air d'alimentation : 101,6 mm Hg abs. Cet essai répondait à la norme MIL-L-2104 B et répond aujourd'hui à la norme MIL-L-46152*). Voir *Military Specification MIL-L-2104 B oil*, *Military Specification MIL-L-46152 oil*.

Catforming : procédé *m.* de reformage catalytique à catalyseur fixe au platine. – *Atlantic Oil Refining Co.*

cathead : cabestan *m.* automatique (*couplé au treuil de forage et utilisé pour entraîner les clés de vissage ou de dévissage des tiges de forage*).

cathodic protection : protection *f.* cathodique (*des conduites et des ouvrages métalliques enterrés, sujets à la corrosion due au courants électriques naturels ou vagabonds*).

cationic emulsion of bitumen or **acid emulsion of bitumen** : émulsion *f.* acide ou cationique de bitume (*obtenue à l'aide d'émulsifiants cationiques ; on l'utilise pour lier des agrégats acides ou humides*).

catline : câble *m.* léger (*utilisé sur le plancher d'une installation de forage pour la manutention de certains outils*).

cat plant : contraction de *catalytic plant*. Voir ce terme.

catpoly : contraction de *catalytic polymerization*. Voir ce terme.

catshaft : arbre *m.* des cabestans. Voir *draw works*.

catsup : voir *red lead*.

catwalk : passavant *m.*, coursive *f.*, passerelle *f.* (*chemin étroit au sommet des réservoirs ; passerelle métallique reliant au-dessus du pont les châteaux d'un pétrolier*).

caulk : agent *m.* d'imperméabilisation (*pour calfatage*).

caulking : 1/ calfatage *m.* (*d'un navire en bois*) ; 2/ matage *m.* (*d'une tôle, d'un rivet, etc.*) ; 3/ calfeutrage *m.*, calfeutrement *m.* (*d'une fenêtre, etc.*).

caustic wash : lavage *m.* à la soude caustique (*pour purifier un produit*).

caving : cave *f.* (*éboulement des parois d'un forage, occasionnant un élargissement du trou*).

cavitation : cavitation *f.* (*formation intempestive de cavités au sein des liquides sous l'effet de vibrations à fréquence élevée*).

CB service : voir *API service designations for motor oils*.

CCL : abréviation de *casing collar locator*. Voir ce terme.

CCS : abréviation de *cold cranking simulator*. Voir ce terme.

CCW : abréviation de *counterclockwise*. Voir *anticlockwise*.

CC service : voir *API service designations for motor oils*.

CD service : voir *API service designations for motor oils*.

cell : cellule *f.*, élément *m.* (*de pile, d'accumulateur, etc.*).

cellar : cave *f.*, avant-puits *m.* (*excavation de section généralement carrée et centrée sur l'axe d'un puits ; le plus souvent bétonnée, elle est destinée à recevoir l'équipement de sécurité de la tête du puits*).

cell texture : texture *f.* alvéolaire, texture poreuse.

Celsius degree : degré *m.* Celsius (*symbole : °C ; unité de température du Système International, remplaçant les anciennes appellations degré centésimal ou degré centigrade*).

Celsius scale : échelle *f.* de température Celsius. Voir *Celsius degree*.

cement basket or **metal petal basket** : ombrelle *f.* inversée de cimentation (*que l'on peut disposer au-dessus d'une zone à perte ou à protéger au cours de la mise en place dans un sondage d'un bouchon de ciment*). Voir *cement plug.*

cement float collar : manchon *m* de cimentation à clapet ou à bille antiretour (*son emploi nécessite le remplissage par le haut des tubes de cuvelage au fur et à mesure de leur descente dans le sondage*).

cement float shoe : sabot *m.* de tubage à bille antiretour. Voir *cement float collar.*

cementing : cimentation *f.* (*opération qui consiste, après ou pendant le forage d'un puits, à fixer le tubage au terrain encaissant en injectant dans l'annulaire une certaine quantité de laitier de ciment*).

cementing collar or **baffle plate** : anneau *m.* de retenue (*manchon spécial faisant partie de l'équipement de tubage en vue de sa cimentation, placé généralement à une vingtaine de mètres au-dessus du sabot et servant à arrêter les bouchons de cimentation ;* voir *cementing plug*).

cementing plug : bouchon *m.* de cimentation (*pièce d'étanchéité mobile que l'on utilise au cours d'une cimentation pour isoler le lait de ciment de la boue de forage*). Voir aussi *bottom cementing plug, top cementing plug.*

cementing unit : unité *f.* de cimentation (*ensemble autonome comportant les systèmes de fabrication du laitier de ciment et les pompes nécessaires à son refoulement dans le cuvelage d'un sondage lors de sa cimentation*).

cement plug : bouchon *m.* de ciment (*dose de lait de ciment que l'on injecte dans un puits à un niveau déterminé en vue de créer soit une obturation, soit un point d'appui pour certains outils*).

cement rendering : gobetis *m.*, gobetage *m.*, enduit *m.* de ciment.

cement retainer : packer *m.* d'esquiche, packer de squeeze (*dispositif utilisé soit pour parfaire la cimentation incomplète d'un tubage, soit pour rendre étanches certaines couches de terrain traversées par un sondage ; il réalise, au niveau voulu, l'étanchéité entre le train de tiges ou le train de tubage et la paroi intérieure du tubage ou la paroi du trou, et le ciment que l'on injecte remonte derrière le tubage à travers les perforations que l'on y a faites*).

cement slurry : laitier *m.* de ciment, lait *m.* de ciment.

Cenco-duNouy interfacial tensiometer : tensiomètre *m.* Cenco-duNouy. Voir *surface tension test.*

cental or **cwt** : mesure *f.* de masse anglo-saxonne égale à la vingtième partie de la tonne courte (*short ton*), soit 100 livres (*45,36 kg*). Voir aussi *hundredweight.*

centerless grinder : rectifieuse *f.* sans centre.

centerline average : voir *centreline average.*

centi : centi (*symbole :* c ; *préfixe qui, placé devant le nom d'une unité, la divise par 100*).

centipoise or **cP** : centipoise *m.* (*symbole :* cP ; *centième partie du poise ou millipascal/seconde*). Voir *absolute viscosity.*

centistokes or **cSt** : centistokes *m.* (*symbole :* cSt ; *centième partie du stokes ou millimètre carré/seconde*). Voir *kinematic viscosity.*

centralized lubrication : graissage *m.* centralisé.

centralizer : centreur *m.* (*dispositif à lames de ressort arquées ou à patins extensibles que l'on utilise pour centrer un appareil de mesure à l'intérieur d'un tubage, d'un tubing ou des tiges de forage, ou pour centrer le tubage dans le trou ;* voir *casing centralizer*).

centreline average or **CLA** : valeur *f.* moyenne de la rugosité d'une surface (*différence entre la valeur moyenne des sommets et celle des creux*).

centrifugal compressor : compresseur *m.* centrifuge.

centrifugal pump : pompe *f.* centrifuge.

centrifuge purifier or **centrifugal separator** : séparateur *m.* centrifuge.

centweight or **cwt** : voir *hundredweight.*

ceresin : cérésine *f.* (*cire de paraffine fossile, dure et cassante, obtenue par raffinage de l'ozokérite*).

ceresin wax or **petroleum ceresin** : paraffine *f.* à cristallisation réticulaire (*obtenue par séparation des résidus paraffineux et ayant des propriétés similaires à celles de la cérésine*).

cermet : contraction de *ceramic + metal* (*produit constitué d'une matière réfractaire et d'un liant métallique*).

certificate of origin : certificat d'origine (*d'une marchandise transportée*).

cesspool : collecteur *m.*, égoût *m.*, puits *m.* absorbant, puits perdu.

cetaceum : blanc *m.* de baleine. Voir *spermaceti.*

cetane index : voir *calculated cetane index.*

Cetane method or **CRC method F-5** or **F-5 method CRC** : méthode *f.* du *Coordinating Research Council* pour mesurer l'aptitude, exprimée en indice de cétane, à l'auto-inflammation d'un combustible diesel (*la mesure se fait sur le moteur ASTM-CFR fonctionnant dans les conditions suivantes : régime : 900 + 9 tours/min ; alimentation par injection ; taux de compression variable ; température de l'air aspiré : 67,5 °C ; avance à l'injection : 13° ; température à l'échappement : 100 °C ; détection avec indicateur d'injection ; refroidissement à l'eau). Cf. ASTM D 613, AFNOR M 07 – 035.*

cetane number or **cetene number** : indice *m.* de cétane (*pourcentage en volume de cétane normal, $C_{16}H_{34}$, dans un mélange de cétane et d'alphaméthylnaphtalène, $C_{10}H_7 – CH_3$, qui a le même délai d'allumage que le gazole essayé sur le moteur CFR ; par définition, au cétane correspond l'indice 100 et à l'alphaméthylnaphtalène l'indice 0*).

CFA : abréviation de *cold fine asphalt.* Voir ce terme.

CFGPD : abréviation de *cubic feet of gas per day.* Voir ce terme.

CFM : abréviation de *cubic feet per minute.* Voir ce terme.

CFPP : abréviation de *cold filter plugging point.* Voir ce terme.

CFR coker rig : abréviation de *Co-operative Fuel Research coker rig.* Voir ce terme.

CFR engine : abréviation de *Co-operative Fuel Research engine.* Voir ce terme.

C.F.R. isobutylene extraction process : procédé *m.* de séparation de l'isobutylène (*à partir d'un mélange d'hydrocarbures en C_4, au moyen d'acide sulfurique dilué. – Compagnie Française de Raffinage*).

CFS : abréviation de *cubic feet per second.* Voir ce terme.

chafing : frottement *m.*, usure *f.*

chain lubrication : graissage *m.* par chaîne (*système de graissage des roulements à axe horizontal à l'aide d'une chaînette remontant l'huile du réservoir aux points à lubrifier*).

chain saw oil : huile *f.* pour tronçonneuses à chaîne.

chain tensioner : pignon *m.* tendeur de chaîne.

chain tongs : serre-tubes *m.* à chaîne, pince *f.* à chaîne, clé *f.* à chaîne (*pince se fixant sur un tube au moyen d'une chaîne Galle tendue*).

chalk : 1/ craie *f.* ; 2/ chaux *f.* (*utilisée comme charge des graisses courantes*).

chamfer : chanfrein *m.* (*entre autres celui taillé sur l'arête d'un demi-coussinet pour favoriser la formation du film lubrifiant*).

change order : modification *f.* des obligations d'un contrat (*en principe d'un commun accord, donnant lieu en tous les cas à un changement de prix*).

changeover : inverseur *m.*, commutateur *m.*

changeover switch or **double-throw switch** : inverseur *m.*, commutateur *m.*, permutateur *m.* (*électrique*).

channel black : noir *m.* au tunnel (*noir de fumée obtenu par combustion de gaz au moyen de petits brûleurs à flamme et dépôt en continu sur une bande mobile d'acier*). Voir aussi *carbon black.*

channeling : 1/ création *f.* de cheminements préférentiels qu'un liquide ou un gaz s'ouvre dans une matière divisée ou fluide en profitant des points de moindre résistance (*se dit du phénomène par lequel, en raffinage, des courts-circuits perturbent le fonctionnement d'une tour garnie de matériaux de remplissage ou d'un réacteur catalytique à lit fixe, ou bien, en forage, lors des opérations de cimentation d'un tubage, lorsque le laitier de ciment chemine à travers la boue sans la chasser complètement*) ; 2/ renardage *m.* (*fissure dans une canalisation, siège d'une fuite*) ; 3/ voir *guttering* ; 4/ tendance à la cavitation *f.* (*c'est-à-dire à la formation de poches gazeuses qui s'interposent entre la pellicule d'huile, ou de graisse, et la surface à lubrifier, par fluage insuffisant du lubrifiant ; synonyme : clearing*).

channel test or **channel point** : essai *m.* ayant pour but d'évaluer la tendance à la cavitation, à basse température, des huiles épaisses pour engrenages (*l'huile est maintenue pendant un certain temps à la température d'essai ; on creuse un sillon dans le lubrifiant à l'aide d'une lame d'acier et l'on observe si le produit recouvre le fond du récipient en moins de 10 s*).

char : produit *m.* de carbonisation, noir *m.* de fumée (*obtenu par combustion de pétrole lampant*).

characterization factor : facteur *m.* de caractérisation *des produits pétroliers ; établi par Watson, Nelson et Murphy – Universal Oil Products – il est défini par la formule suivante : $K = \sqrt[3]{T}/S$ dans laquelle T est le point d'ébullition moyen en degrés absolus Rankine [°F + 460] et S le poids spécifique à 60 °F/60 °F du produit*).

charcoal : 1/ charbon *m.* de bois ; 2/ charbon actif (*utilisé comme agent adsorbant*).

charcoal test : essai *m.* au charbon de bois (*essai, normalisé par l'American Gas Association, permettant de déterminer la teneur en fractions condensables du gaz naturel*).

charge : 1/ frais *m.*, commission *f.*, charge *f.* ; 2/ charge (*d'une unité, d'une colonne, d'un réservoir, etc.* ; *quantité du stock d'alimentation introduite périodiquement*) ; 3/ charge (*d'un accumulateur, d'explosif, etc.*).

charging stock : voir *charge* 2/.

charring : carbonisation *f.*, cokéfaction *f.*

charter : affrètement *m.*. Voir *time charter, voyage charter, bareboat charter, lump-sum charter.*

char value : voir *wick char test.*

chase (to) : fileter, tarauder, raviver un filet usé.

chassis grease : graisse *f.* pour châssis de véhicules (*appliquée le plus souvent à l'aide d'un pistolet graisseur*).

chatter : vibration *f.*, broutage *m.*, broutement *m.*, cliquetis *m.*

chattering : voir *squawking.*

cheap oil : essence *f.* d'étêtage (*fraction débarrassée des hydrocarbures les plus légers*).

cheater : allonge *f.* (*morceau de tube utilisé pour augmenter la puissance de levier d'une clé*).

check (to) : contrôler, collationner, vérifier, pointer, réceptionner (*une marchandise*).

checker : quadrillage *m.*, carroyage *m.* (*grille suivant laquelle les permis de recherche d'hydrocarbures sont attribués*).

checkered plate : tôle *f.* striée.

checking : 1/ vérification *f.*, contrôle *m.* ; 2/ oxydation *f.* (*à la surface d'un vulcanisat par exposition aux agents atmosphériques*).

check list : liste *f.* de contrôle, liste de vérification.

check nut : contre-écrou *m.*

check oil level (to) : contrôler, vérifier le niveau d'huile (*d'un moteur, etc.*).

check sample : échantillon *m.* témoin, échantillon de contrôle.

check test : essai *m.* de contrôle, contre-épreuve *f.*

check valve : clapet *m.* de retenue.

cheesebox or **cheesebox still** or **cylinder still** : appellation des premières chaudières *f.* cylindriques et verticales employées pour la distillation du kérosène (*qui affectaient la forme d'une boîte à fromage*).

chelating agent or **complexing agent** or **sequestering agent** : agent *m.* chélatant, agent complexant, agent séquestrant (*agent possédant la propriété de se combiner avec des ions métalliques, tels que le calcium, le magnésium, le fer, etc., en formant des complexes particulièrement stables, et que l'on utilise pour éliminer la dureté résiduelle des eaux adoucies ainsi que pour le raffinage des essences*).

chemical compound : mélange *m.* chimique, composé *m.* chimique.

Chemical Oxygen Demand or **COD** : demande *f.* chimique en oxygène, D.C.O. (*quantité d'oxygène nécessaire à l'oxydation complète des substances organiques présentes dans l'eau ; elle est généralement exprimée en milligrammes d'oxygène par litre d'eau ; sa connaissance permet d'évaluer la biodégradabilité d'une substance ; cf. AFNOR T 90 – 101*).

chemiluminescence : chimioluminescence *f.*, chimiluminescence *f.* (*phénomène de luminescence ou d'émission de lumière froide lié à certaines réactions chimiques qui sont généralement des oxydoréductions*).

chemisorption : adsorption *f.* chimique, chimisorption *f.*

chicksan : chicksan *m.* (*nom déposé d'un système de canalisations articulées, dont les articulations ont été spécialement étudiées pour supporter des pressions élevées*).

chiller or **cooler** : refroidisseur *m.*, réfrigérant *m.* à raclage, cristallisoir *m.* (*tubes munis de racleurs favorisant la cristallisation de la paraffine et sa séparation de l'huile*).

chimney : cheminée *f.* (*d'un foyer, d'un plateau de fractionnement destinée à recevoir une coupelle de barbotage ;* voir *bubble cap*).

China wood oil or **Chinese wood oil** : voir *tung oil.*

chip : fragment *m.*, copeau *m.* (*dans le travail des métaux ou du bois*), éclat *m.*

chippings : 1/ éclats *m.*, copeaux *m.*, écaillements *m.* ; 2/ gros graviers *m.*, pierres *f.* concassées.

chisel : ciseau *m.*, burin *m.*, matoir *m.*, dent *f.* (*de scarificateur ;* voir *ripper*).

chlorex : chlorex *m.* (*dénomination de l'éther diéthylique dichloré*).

Chlorex process : procédé *m.* d'extraction liquide-liquide utilisant l'éther diéthylique dichloré, $ClC_2H_4OC_2H_4Cl$, comme solvant, et employé dans la fabrication des lubrifiants. – *Standard Oil Co. of Indiana.*

chlorine lubricant or **chlorinated oil** : huile *f.* chlorée (*lubrifiant extrême-pression utilisé comme huile de coupe*).

chloroprene rubber or **CR** : caoutchouc *m.* néoprène, buprène *m.* (*caoutchouc synthétique fabriqué par polymérisation du chloroprène, dérivé chloré du butadiène*).

chock : 1/ coin *m.*, cale *f.* ; 2/ pile *f* de bois.

chocolate mousse : mousse *f.* de chocolat (*expression désignant une émulsion constituée d'environ 70 % d'eau et 30 % de pétrole brut, qui peut enrober du sable, du gravier, des algues, des coquillages, etc., et que l'on récupère en mer à la suite d'une pollution accidentelle*).

choke or **choker** : voir *bean.*

choke line : ligne *f.* de contrôle d'un puits en mer (*issue d'une sortie latérale, sans obturateur, elle permet de canaliser le retour de la boue vers le manifold de duses situé en surface*).

choker : voir *bean.*

choking : obstruction *f.*, bouchage *m.*, engorgement *m.*, colmatage *m.*, étranglement *m.*.

chopped : réduit en morceaux, broyé, haché, déchiqueté.

chopper : 1/ déchiqueteur *m.*, déchiqueteuse *f.* ; 2/ interrupteur *m.* rotatif ; 3/ hélicoptère *m.*

Christmas tree or **Xmas tree** : arbre *m.* de Noël, tête *f.* d'un puits de production (*ensemble de vannes, duses, appareils de contrôle et de mesure, en forme de croix, qui constitue la tête d'un puits éruptif en production et sert à contrôler son débit*).

chromatography : chromatographie *f.*, analyse *f.* chromatographique. (*méthode de séparation et d'analyse immédiate des constituants d'un mélange, fondée sur leur adsorption sélective par des solides pulvérulents, qui fut imaginée en 1906 par le botaniste russe Tswett pour séparer les pigments des végétaux. Dans le cas de la méthode par adsorption* [adsorption chromatography] *on utilise la différence d'adsorption des composants dilués dans un solvant approprié à travers une colonne verticale garnie d'une substance solide active* [gel de silice, charbon activé, alumine]. *Dans le cas de la méthode par séparation* [partition chromatography] *on utilise la différence de solubilité des composants à travers une colonne ayant comme phase fixe un liquide absorbé sur un support solide inerte. Dans les deux cas on peut opérer selon deux techniques différentes : par élution* [elution analysis]*, quand les composants les moins adsorbés se déplacent de haut en bas plus rapidement que les composés les plus adsorbés, jusqu'à obtenir une séparation complète ; les composants sont alors recueillis dans des éprouvettes graduées après élimination du solvant à travers un évaporateur. La technique par déplacement* [displacement development] *est plus rapide ; on utilise un solvant qui est adsorbé plus fortement que les composés du mélange. Il n'est pas possible d'arriver ainsi à une séparation complète, mais les bandes formées par les*

différents composants sont visibles aux rayons ultraviolets. La chromatographie est utilisée en particulier pour examiner les constituants des essences, des gazoles et des lubrifiants ; elle peut être employée aussi pour le contrôle de fabrication dans les unités de raffinage au solvant des lubrifiants par examen des chromatogrammes des extraits et des raffinats. La chromatographie en phase gazeuse permet l'analyse précise des mélanges de gaz et de produits volatils ; elle est couramment employée pour la détection et l'analyse des indices d'hydrocarbures gazeux observés en cours de forage).

chromium plated : chromé.

chromometer : voir *colorimeter.*

chuck : mandrin *m.*, plateau *m.* (*d'un tour*).

chuffing : voir *chugging.*

chug : 1/ souffle *m.* (*d'une machine à vapeur*) ; 2/ explosions *f.* rythmées (*d'un moteur*).

chugging or **chuffing** : ronflement *m.*, halètement *m.* (*d'un moteur de fusée ; phénomène résultant d'une combustion instable se faisant suivant des impulsions à basse fréquence*).

churn : malaxeur *m.*, agitateur *m.*, baratte *f.*

churn drill : outil *m.*, trépan *m.* (*pour sondage au câble*), sonde *f.* percutante.

churning : barattage *m.*, pétrissage *m.*, brassage *m.*, bouillonnement *m.*.

CI : abréviation de *correlation index.* Voir ce terme.

CIF or **c.i.f.** : abréviation de *cost, insurance and freight.* Voir ce terme.

cinder : 1/ résidu *m.* de combustion, cendre *f.* ; 2/ escarbilles *f.*, fraisil *m.* ; 3/ scories *f.*, laitier *m.*, crasse *f.* ; 4/ lave *f.* scoriacée (*roche volcanique*).

circuitry : câblage *m.* (*électrique*).

circulating reflux : reflux *m.* circulant (*liquide soutiré d'une tour de fractionnement et qui, après refroidissement, est renvoyé dans la tour à un niveau supérieur à celui du soutirage*). Voir aussi *reflux, pump around.*

circulating system of lubrication : graissage *m.* par circulation d'huile.

cistern : 1/ réservoir *m.* (*à eau, sous les combles*), citerne *f.* (*enterrée*), bâche *f.*, caisse *f.*, cuve *f.* ; 2/ cuvette *f.* (*d'un baromètre*).

city gas : voir *town gas.*

CLA : abréviation de *centreline average.* Voir ce terme.

cladding : revêtement *m.* métallique, gainage *m.*

clad steel : acier *m.* plaqué (*obtenu par laminage d'une feuille d'acier spécial sur une tôle d'acier de façon à obtenir une surface résistant à la corrosion*).

claim : 1/ concession *f.* minière ; 2/ droit *m.*, titre *m.*, prétention *f.* ; 3/ revendication *f.* (*relative à un brevet d'invention*) ; 4/ créance *f.*

clammy : collant, gluant, visqueux.

clamp : collier *m.*, collier de serrage, bride *f.*, positionneur *m.*, fixation *f.*

clapper valve or **float valve** or **valve clap** : clapet *m.*, soupape *f.* à clapet (*coupelle plate munie d'arrêtoirs disposée en nombre au-dessus d'ouvertures circulaires percées dans un plateau de fractionnement*). Voir aussi *bubble deck, bubble cap, flapper valve.*

clarified oil : huile *f.* clarifiée (*huile lourde, prise à la partie inférieure d'une tour de craquage catalytique à catalyseur fluide et dont on a éliminé les particules de catalyseur par centrifugation*).

clarifier : clarificateur.

class of a ship : cote *f.* d'un navire (*au registre des Lloyd's*).

clathrate compound : voir *inclusion compound.*

clause : clause *f.*, article *m.* (*d'un contrat, d'un accord, etc.*).

Claus process : procédé *m.* d'extraction du soufre par combustion ménagée d'hydrogène sulfuré.

claw : griffe *f.*, crochet *m.*, crabot *m.*, clabot *m.*

clay : argile *f.*, glaise *f.*, terre-glaise *f.* (*roche sédimentaire essentiellement constituée de silicates d'alumine hydratés en fines particules*).

clay contact : voir *clay treatment.*

clayey or **clayish** : argileux, glaiseux.

clay refining : raffinage *m.* à la terre (*percolation des essences et autres fractions légères à l'état de vapeur à travers un lit d'argile adsorbante ; ce procédé neutralise les produits légers et améliore leur couleur*).

clay treatment or **clay contact** : traitement *m.* à la terre par contact (*améliorant la couleur des lubrifiants*).

clay wash : essence *f.* lourde ou solvant *m.* utilisé pour laver une argile adsorbante avant sa régénération dans un four.

clean cargo or **white cargo** : cargaison *f.* de produits blancs (*expression désignant, dans les transports pétroliers, un chargement de produits considérés comme propres : essence, pétrole lampant, gazole et, en général, tous les distillats ou condensats*).

cleaner : 1/ dégraisseur *m.*, produit *m.* de nettoyage, nettoyant *m.*, dégraissant *m.* ; 2/ filtre *m.*, épurateur *m.*, appareil *m.* de nettoyage, laveur *m.*.

cleaner's solvent : solvant *m.* pour nettoyage à sec.

cleaning oil or **rinsing oil** or **flushing oil** : huile *f.* de rinçage (*par exemple, fluide contenant des dopes solvants et détergents utilisé pour le rinçage des moteurs*).

clean oil vessel : navire *m.* pétrolier propre (*ne transportant que des produits blancs*). Voir *clean cargo.*

cleanout : vidange *f.*, débouchement *m.*, débouchage *m.*, curage *m.*, débourbage *m.*, dévasement *m.*

cleanser : produit *m.* assainissant, purifiant, dégraissant.

cleansing : assainissement *m.*, dépuration *f.*, épuration *f.*, curage *m.*, purification *f.*

cleanup : nettoyage *m.*

clear (to) : 1/ éclaircir, clarifier, purifier, dépurer ; 2/ justifier, innocenter, disculper, désinculper ; 3/ dégager, désencombrer, défricher, essarter, déblayer, évacuer, vider, ramoner, déboucher, dégorger, désobstruer, décolmater ; 4/ acquitter (*une dette*), solder, liquider (*un compte*) ; 5/ dédouaner, passer la douane ; 6/ prendre la mer.

clearance : 1/ jeu *m.* (*espace libre, intervalle entre deux parties d'un ensemble ; en particulier espace libre entre l'outil de forage et le tubage, ou entre deux tubages concentriques*) ; 2/ voie *f.* (*d'un outil, d'une scie, etc.*) ; 3/ débattement *m.* ; 4/ hauteur *f.* d'eau libre (*sous la coque d'un navire*), garde *f.* ; 5/ dédouanement *m.*, congé *m.*, libération *f.*, compensation *f.*

clear gasoline or **unleaded gasoline** or **lead-free gasoline** or **leadless gasoline** or **white gasoline** or **net gasoline** : essence *f.* sans plomb.

clearance light : feu *m.* de position.

clearing : voir *channeling 4/.*

cleavage : clivage *m.*, scission *f.*, fission *f.*, fendage *m.*, rupture *f.* (*d'une molécule, d'une liaison, d'un noyau, etc.*).

cleavage structure : schistosité *f.*, texture *f.* schisteuse.

Cleveland flash tester or **Cleveland open-cup tester** or **COC tester** or **flash open-cup tester** : appareil *m.* de Cleveland à vase ouvert (*servant à déterminer le point d'éclair et le point de feu des produits pétroliers ; le point de feu est la température à laquelle il faut porter l'échantillon pour qu'il brûle pendant au moins 5 s ; cf. ASTM D 92, AFNOR T 60 – 118*). Voir aussi *fire point.*

clevis : chape *f.*, étrier *m.*, manille *f.* d'assemblage, crochet *m.* à ressort, crochet de sûreté.

clinch : rivet *m.*, crampon *m.*

clink : 1/ scorie *f.* ; 2/ tintement *m.*, cliquetis *m.*, choc *m.*

clinker : 1/ scorie *f.*, clinker *m.*, laitier *m.*, mâchefer *m.*, laitier vitrifié, scorie vitreuse ; 2/ ciment *m.* non broyé (*résultant de la cuisson d'un mélange d'argile et de calcaire*).

clinometer or **clinograph** or **inclinometer** : clinomètre *m.*, éclimètre *m.*, clinographe *m.* (*instrument servant à mesurer les pentes, les écarts par rapport à la verticale ; souvent utilisé pour vérifier la verticalité de l'axe d'un sondage*).

clip : attache *f.*, pince *f.*, agrafe *f.*, étrier *m.* de serrage.

clipper : camion-citerne *m.* (*d'une capacité minimale de 6 000 US gallons, soit environ 23m³*).

clocking : synchronisation *f.*, chronométrage *m.*

clockwise or **CW** : dans le sens des aiguilles d'une montre, dextrogyre.

clogging : colmatage *m.*, obstruction *f.*, encrassement *m.*, bouchage *m.*

close-cut solvents : fractions *f.* étroites (*comprenant des solvants comme l'hexane, l'heptane, etc., dont l'intervalle des températures d'ébullition est compris entre 2 et 8 °C*).

closed aquifer or **limited aquifer** : zone *f.* aquifère d'un gisement (*dont l'eau est fossile*).

closed cup tester or **closed flash tester** : appareil *m.* servant à déterminer le point d'éclair en vase clos d'un produit pétrolier. Voir *Abel closed tester, Pensky-Martens tester.*

closed loop : 1/ boucle *f.*, circuit *m.* fermé ; 2/ en régulation, retour *m.* de l'action correctrice (*en amont du système de façon à optimiser la commande*).

closed steam : vapeur *f.* indirecte.

close sand : sable *m.* à grain fin, (*de faibles porosité et perméabilité ; s'oppose à open sand*).

close in a well (to) : fermer un puits. Voir aussi *kill a well (to), shut in a well (to).*

clot : 1/ flocon *m.*, grumeau *m.*, caillot *m.* ; 2/ bombe *f.* volcanique.

clotting or **clottering** : floculation *f.*, coagulation *f.*, caillement *m.*, figement *m.*

cloudiness : turbidité *f.*, état *m.* trouble.

cloud point test or **CP test** or **cloud test** : essai *m.* de point trouble (*détermination de la température à laquelle la paraffine d'un échantillon donné commence à cristalliser ; cf. ASTM D 97, AFNOR T 60 – 105*).

cloudy : nuageux, trouble, voilé, néphéloïde.

cloudy liquid : liquide *m.* trouble, liquide néphéloïde.

clunk : bruit *m.* caractéristique dans une boîte de vitesses automatique (*que l'on peut percevoir lors du passage en marche arrière*).

cluster : groupe *m.*, amas *m.*, grappe *f.*, faisceau *m.* (*s'emploie en particulier pour désigner un groupe de puits de développement forés à partir d'une seule et unique plate-forme*).

cluster gear : train *m.* d'engrenages.

clustering : groupage *m.*, agglomération *f.*.

clutch : embrayage *m.*, manchon *m.* d'accouplement. Voir aussi *airflex clutch.*

CMC : abréviation de *carboxymethyl cellulose*. Voir ce terme.

coacervate : coacervat *m.* (*en biologie, système liquide à plusieurs phases, constitué par des couches superposées de solutions colloïdales de concentrations différentes ; on admet, par exemple, que le protoplasme de la cellule vivante est un coacervat de substances à grosses molécules ; en chimie, substance gonflée d'un solvant en équilibre avec une solution diluée de cette substance dans le solvant ; le caoutchouc, par exemple, donne un coacervat avec le mélange benzène-alcool ; ce terme s'applique surtout aux hauts polymères*).

coacervation : coacervation *f.*, formation *f.* d'un coacervat (*réalisée soit en mettant la substance au contact d'un solvant imparfait, soit en ajoutant un mauvais solvant à une solution vraie de la substance ; le caoutchouc donne un coacervat en présence du mélange benzène-alcool ou quand on ajoute de l'alcool à une solution de caoutchouc dans le benzène ; la coacervation s'observe surtout dans le cas des composés macromoléculaires*).

coalescence : 1/ coalescence *f.*, fusion *f.*, combinaison *f.* ; 2/ amorce *f.* de rupture (*d'une émulsion de bitume par exemple*).

coalescer : séparateur *m.*, décanteur *m.* (*servant, par exemple, à parfaire la limpidité d'une essence originellement opalescente par suite de traces de soude caustique issues d'un précédent lavage*).

coal gas or **bench gas** : gaz *m.* de houille, gaz d'éclairage.

coal oil : 1/ pétrole *m.* lampant, kérosène *m.* (*terme obsolète*) ; 2/ huile *f.* lourde de houille (*issue de la distillation du goudron de houille*).

coal pipeline or **coal slurry pipeline** : pipe-line *m.* servant au transport de charbon pulvérulent.

coal tar : goudron *m.* de houille, coaltar *m.*.

coal-tar pitch : brai *m.* de goudron, brai de houille.

coaming : surbau *m.*, hiloire *f.* (*bordure verticale d'un panneau de charge ou d'un trou d'homme, empêchant l'eau de pénétrer à l'intérieur d'un navire*).

coarse : grossier, brut, gros, à gros grains.

coarse sand : sable *m.* grossier (*donc a priori perméable*).

coastal oil : huile *f.* naphténique obtenue à partir des bruts américains provenant des gisements côtiers du Pacifique.

coasting : cabotage *m.*.

coated pipe : 1/ tube *m.* revêtu d'un enduit (*intérieur ou extérieur*) ; 2/ tube calorifugé.

coating : 1/ revêtement *m.*, enduit *m.*, enrobage *m.*, couche *f.*, croûte *f.* ; 2/ étendage *m.*, application *f.*.

COC tester : abréviation de *Cleveland open-cup tester.* Voir *Cleveland flash tester.*

cock : robinet *m.*, vanne *f.*.

cock brass or **cock metal** : bronze *m.* pour robinetterie.

cockpit : 1/ dépression *f.* circulaire, doline *f.* karstique ; 2/ poste *m.* de pilotage, habitacle *m.*, cockpit *m.*.

coconut oil or **coconut palm oil** : huile *f.* de coco, huile de coprah (*huile non siccative employée pour la fabrication des graisses alimentaires et des savons*).

cocoon : cocon *m.*, enrobage *m.* plastique anti-rouille (*protégeant, pendant leur stockage, les pièces mécaniques de rechange*).

COD : abréviation de *Chemical Oxygen Demand.* Voir ce terme.

coder : codeur *m.*, codifieur *m.*, programmeur *m.*.

codimer : codimère *m.* (*produit résultant de la combinaison de deux molécules d'oléfines différentes, d'isobutylène et de butylène par exemple*).

cod-liver oil or **morrhua oil** : huile *f.* de foie de morue.

cod oil : voir *rosin oil.*

coefficient of friction : coefficient *m.* de frottement.

cofferdam : 1/ cuvelage *m.* (*d'un puits de mine*) ; caisson *m.* hydraulique, bâtardeau *m.* ; 3/ cofferdam *m.* (*compartiment formé par deux cloisons étanches transversales séparées par un intervalle et qui, à bord d'un pétrolier, isole les citernes de chargement des autres parties du navire*).

cogwheel : roue *f.* dentée, roue d'engrenage, roue encliquetée.

coiled pipe : voir *coil of pipe.*

coiling oil : voir *antistatic oil.*

coil of pipe or **coiled pipe** : serpentin *m.*, tube *m.* spiralé.

coil spring : ressort *m.* en spirale, ressort hélicoïdal, ressort à boudin.

coke : voir *petroleum coke.*

coke laydown : dépôt *m.* de coke.

coker : unité *f.* de cokéfaction.

coking : 1/ carbonisation *f.*, réduction *f.* sur coke ; 2/ cokéfaction *f.* (*craquage thermique rompant les molécules de la charge pour donner des fractions légères et du coke*) ; 3/ cokage *m.* (*formation indésirable de coke ou de dépôts de carbone sur les parois d'un appareil*).

coky : semblable au coke.

cold cranking simulator or **CCS** : simulateur *m.* de démarrage à froid (*appareil de laboratoire servant à déterminer la viscosité des huiles SAE 5W, 10W et 20W, à 0 °F [– 17,8 °C] ; cf. ASTM D 2602*).

cold cream : cold-cream *m.* (*pommade faite de blanc de baleine, de cire, d'huile d'amandes douces, utilisée pour les soins de beauté et comme excipient en dermatologie*).

cold Doctor treatment : voir *Doctor treatment.*

cold-drawn : 1/ huile *f.* végétale obtenue par pression à froid ; 2/ écroui, étiré à froid.

cold filter plugging point or **CFPP** : température *f.* limite de filtrabilité des gazoles, T.L.F. (*température en dessous de laquelle les cristaux de paraffine colmatent un filtre et s'opposent à l'écoulement normal du gazole ; cf. Standard Method IP 309, AFNOR M 07 – 042*).

cold fine asphalt or **CFA** : enrobé *m.* asphaltique constitué de bitume fluxé et d'agrégat fin (*utilisable à froid*).

cold flow improver : dope *m.* améliorant l'écoulement et la filtration à froid des fuel-oils.

coldhammering : écrouissage *m.*, martelage *m.* ou battage *m.* à froid.

cold-laid : posé à froid (*s'applique en particulier à certains types de revêtements routiers*).

cold plug : bougie *f.* froide.

cold pressed : exprimé à froid, filtré à froid.

cold pressing : filtration *f.* à froid, pressage *m.* à froid (*séparation par filtration d'un produit pétrolier solide sur un filtre-presse ; par exemple séparation de la paraffine à partir d'un distillat de pétrole*).

cold-rolled : laminé à froid.

cold-roll-neck grease : graisse *f.* noire, calcique (*fabriquée à partir d'huiles de viscosité élevée et employée pour le graissage des tourillons de laminoirs à froid*).

cold rubber or **low-temperature polymer** or **LTP** : élastomère *m.*, ou caoutchouc *m.* synthétique, fabriqué par polymérisation à froid.

cold-set grease or **set grease** : graisse *f.* fabriquée à froid (*d'un emploi très ordinaire, par exemple pour le graissage sommaire d'essieux*).

cold-settled cylinder oil : huile *f.* à cylindre fabriquée à froid.

cold settling : sédimentation *f.*, décantation *f.* par le froid (*procédé de séparation de la paraffine d'une huile très visqueuse par dilution dans de l'essence, refroidissement de la solution, décantation à froid des cristaux de paraffine et séparation de l'essence par distillation*).

cold starting : démarrage *m.* à froid.

cold-stuck ring : voir *pinched ring.*

cold test : essai *m.* au froid. Voir *pour test, setting point test.*

collapse : écrasement *m.* (*en particulier d'un tubage dans un puits*), écroulement *m.*, effondrement *m.*, éboulement *m.*, déformation *f.*, affaissement *m.*, flexion *f.*, rupture *f.* (*d'un film d'huile*).

collapse time : voir *foam collapse time.*

collapsible rubber tank : réservoir *m.* souple en caoutchouc (*utilisé pour le transport de carburants, chargé sur des camions à plateau ; ceux-ci effectuent le voyage de retour avec un fret d'une autre nature ; système adopté pour ravitailler des zones très éloignées des grands centres, en Afrique et en Australie par exemple*).

collar : bague *f.*, collerette *f.*, manchon *m.*, collier *m.*, emmanchement *m.* femelle d'un tube.

collar oiler : graisseur *m.* à bague.

collection : échantillonnage *m.*, rassemblement *m.*, réunion *f.*, récupération *f.*, collection *f.*, collecte *f.*

collision regulations : réglement *m.* d'accostage, réglement d'abordage (*pour le transbordement d'une cargaison de pétrole entre deux navires ou pour un soutage*).

colloid mill : moulin *m.* colloïdal (*pour la préparation d'une émulsion*).

colophony : voir *rosin.*

colorimeter or **chromometer** or **tintometer** : colorimètre *m.*.

color reversion : altération *f.* de la couleur (*d'un réactif chimique en particulier*).

color scale : voir *ASTM color scale.*

color stability : inaltérabilité *f.*, stabilité *f.* de la couleur (*traduisant la résistance d'un produit pétrolier au vieillissement*).

column or **tower** : colonne *f.*, tour *f.* (*de distillation ou d'absorption*).

colza oil : voir *rape oil.*

combination rig : installation *f.* de forage combinée (*comprenant une machine rotary et une machine au câble*).

combination unit : unité *f.* de fabrication capable d'effectuer différentes opérations.

combine : 1/ entente *f.* industrielle, cartel *m.* : 2/ moissonneuse-batteuse *f.*

comburent : comburant *m.* (*se dit d'un corps qui, comme l'oxygène, en se combinant avec un autre donne lieu à la combustion de ce dernier*).

combustion improver : dope *m.* améliorant la combustion du fuel de chauffage.

combustor : chambre *f.* de combustion (*d'une turbine à gaz*).

come-in : mise *f.* en route, mise en marche, mise en production.

commercial grade hydrocarbon : hydrocarbure *m.* commercial (*aux caractéristiques bien définies*).

commercial viscosity : voir *conventional viscosity.*

commingling : mélange *m.* (*se dit du mélange de la production de plusieurs gisements par un transport commun jusqu'aux unités de stockage*).

commodity : marchandise *f.*, produit *m.*, denrée *f.*

common carrier : transporteur *m.* public (*transporteur par pipe-line acceptant les chargements de n'importe quelle société à destination de n'importe qui*).

compacting pressure : pression *f.* de tassement, pression de compaction (*d'un gisement ; pression égale à la différence entre la pression de confinement ou de terrain et la pression hydrostatique ; voir confining pressure, hydrostatic pressure*).

compaction : 1/ compacité *f.*, état *m.* compact ; 2/ compaction *f.*, tassement *m.* (*des sédiments ; création d'un état compact par l'action naturelle de tassement des sédiments au cours du temps*) ; 3/ compactage *m.* (*toutes autres actions mécaniques tendant à rendre un sédiment compact*).

company : compagnie *f.*, société *f.* (*industrielle ou commerciale*).

comparator : voir *octane comparator.*

compass : boussole *f.*

compasses : compas *m.*

compensation : voir *amortization.*

competition oil : voir *racing oil.*

competitive product : produit *m.* concurrent, produit compétitif, produit rival, produit confrère.

completion : complétion *f.* (*ensemble des opérations faites au cours d'un forage sur une couche productrice déterminée, qui commencent au forage de cette couche et se terminent par sa mise en production définitive*).

complexing agent : voir *chelating agent.*

complex soap grease : graisse *f.* fibreuse (*à base de savon classique et d'un sel d'acide gras à bas poids moléculaire*).

compositing : composition *f.*, mixage *m.* (*en sismique réflexion, addition a posteriori de plusieurs traces enregistrées à l'origine séparément*).

composting : compostage *m.* (*préparation industrielle du compost, mélange de débris organiques provenant de déchets divers, de matières calcaires, de terre, etc., dont la dégradation fournit un engrais utilisé en agriculture*).

compound : 1/ composé *m.*, mélange *m.*, compound *m.* (*corps gras étranger au pétrole, souvent d'origine animale ou végétale, que l'on ajoute à un lubrifiant d'origine pétrolière pour lui donner certaines propriétés spéciales*) ; 2/ mélange *m.* (*comprenant tous les ingrédients nécessaires qui, malaxés, permettent d'obtenir des résines synthétiques ou des élastomères naturels ou synthétiques*) ; 3/ couplage *m.* (*entre moteurs, treuil et pompe de forage ; voir compound drive*).

compound drive : couplages *m.* (*ensemble de transmissions qui permet, sur une installation de forage rotary, de répartir la puissance des moteurs entre le treuil et les pompes*).

compounded oil : huile *f.* composée, huile compoundée (*huile minérale additionnée d'un composé ; voir compound 1/*).

compound engine : machine *f.* à cylindres accouplés, machine compound.

compounding : compoundage *m.*, dopage *m.*, composition *f.*, combinaison *f.*

compound matter : charge *f.* (*substance que l'on ajoute à une autre pour lui communiquer une qualité déterminée, telle que souplesse, résistance physique, pigmentation, ou pour en augmenter la masse, la consistance, etc.*).

compression gasoline : essence *f.* condensée (*obtenue lors de la compression du gaz naturel*).

compression grease cup : voir *grease cup.*

compression ratio or **CR** : taux *m.* de compression (*d'un moteur, d'un compresseur*).

compulsory unitization : exploitation *f.* en commun imposée par voie légale. Voir *unitization.*

computer : 1/ ordinateur *m.*, calculateur *m.* ; 2/ voir *computing head* ; 3/ technicien effectuant les calculs dans les méthodes de prospection géophysique.

computing head or **computer** : tête *f.* calculatrice (*d'un volucompteur pour distribution de carburants*).

CONCAWE : sigle résultant de la contraction et de l'abréviation de *Oil Companies International Study Group for Conservation of Clean Air and Water in Western Europe* (*association de raffineurs d'Europe occidentale, dont le siège est à La Haye, Pays-Bas, et ayant pour but la prévention de la pollution de l'air et de l'eau*).

concession : concession *f.* (*permis d'exploration minière ou pétrolière*).

concrete : béton *m.* (*de ciment*).

concrete form oil or **concrete mould oil** or **concrete release agent** or **release agent** : huile *f.* de démoulage, huile de décoffrage, démoulant *m.* (*huile utilisée en maçonnerie pour faciliter le décoffrage du béton*).

condensate : produit *m.* de condensation, condensat *m.* (*ce dernier terme désigne en particulier les hydrocarbures liquides légers de densité comprise entre 0,70 et 0,76 à 15 °C, ou 70 à 54 ° API, accompagnant les hydrocarbures gazeux naturels*).

condensate field or **distillate field** : gisement *m.* ou champ *m.* de gaz à condensat.

condensation : condensation *f.* Voir aussi *retrograde condensation.*

condensed oil : voir *blown oil.*

condenser : 1/ condenseur *m.* (*de vapeur*) ; voir aussi *air-cooled condenser ;* 2/ condensateur *m.* (*électrique*).

condenser oil : huile *f.* isolante pour condensateurs électriques, huile diélectrique.

conductor pipe or **conductor string** : tube *m.* guide, tube conducteur (*colonne initiale d'un sondage*).

condulet : boîte *f.* de connexion.

cone : cône *m.*, molette *f.* conique (*élément d'un outil ou trépan de forage rotary, ordinairement au nombre de trois*).

cone bit : trépan *m.* à cônes, à molettes.

cone bleeding test or **bleeding test** : essai *m.* de ressuage d'une graisse au tamis conique (*essai permettant d'évaluer la synérèse d'une graisse, c'est-à-dire sa stabilité en cours de stockage ; l'échantillon, déposé sur un tamis en cuivre conique, supporté lui-même par un cylindre métallique, est portée en étuve à la température de 100 °C pendant 50 h au bout desquelles la quantité d'huile qui s'est séparée, inversement proportionnelle à la stabilité de l'échantillon, est mesurée ; cf. ASTM D 1742*).

cone roof : toit *m.* conique (*de réservoir*).

cone-shaped : en forme de cône, conique.

confining pressure : pression *f.* de confinement, pression de terrain, pression de ségrégation d'un gisement (*pression exercée par le poids des terrains sus-jacents*). Voir *compacting pressure.*

confirmation well : puits *m.* de confirmation (*deuxième puits producteur d'un gisement nouveau, le premier étant appelé puits de découverte, ou* discovery well ; voir ce dernier terme).

congealing point for petroleum wax or **Pohl congealing point** : point *m.* de congélation, point de figeage d'une cire de pétrole (*température à laquelle les cires de pétroles et les paraffines, refroidies dans des conditions normalisées, cessent d'être fluides ; on fait tourner en atmosphère progressivement refroidie un thermomètre sur l'ampoule duquel une goutte de l'échantillon soumis à l'essai a été déposée, et l'on note la température à laquelle elle se solidifie ; cf. Standard Method IP 76, ASTM D 938, AFNOR T 60 – 128*).

coning : voir *gas-coning, water-coning.*

connate water or **water of adhesion** : eau *f.* fossile, eau connée (*eau associée, dans des proportions variables, à l'huile d'un gisement*).

connected : couplé, connecté, associé.

connecter or **connector** : raccord *m.*, articulation *f.*, connecteur *m.*, joint *m.* de connexion (*en particulier entre la tête de puits et le riser dans un forage sous-marin*).

connecting rod : bielle *f.*, tige *f.*, tringle *f.*, barre *f.* de connexion.

connection diagram or **connexion diagram** : voir *wiring diagram.*

connector : voir *connecter.*

connexion diagram : voir *wiring diagram.*

conophor oil : huile *f.* végétale siccative, extraite des graines d'une Euphorbiacée d'Afrique, *Tetracarpidium conophorum* (*utilisée dans la fabrication des vernis*).

Conradson carbon residue test or **Conradson test** : essai *m.* Conradson (*essai consistant à déterminer le résidu en carbone d'une thermolyse dans des conditions normalisées, appliqué à l'analyse des gazoles, fuels et huiles minérales de graissage ; cf. ASTM D 189, AFNOR T 60 – 116*).

consistency : 1/ uniformité *f.*, cohérence *f.* ; 2/ consistance *f.* (*d'une graisse ; cf. ASTM D 217, AFNOR T 60 – 132*).

consistometer : consistomètre *m.* (*appareil servant à mesurer la consistance des huiles, des peintures et des vernis*).

console or **control desk** or **control panel** : pupitre *m.* de commande, pupitre de contrôle. Voir aussi *panel* 1/.

consolute : miscible, mélangeable.

constant bearing spring support : support *m.* à portance constante (*pour tuyauteries soumises à des dilatations*).

constant-mesh gear : engrenage *m.* à prise constante.

consulting engineer : ingénieur-conseil *m.*, expert conseil *m.*.

contacting : agissant par contact, agissant catalytiquement.

Contact log : voir *Microlog.*

contactor : 1/ contacteur *m.*, interrupteur *m.* automatique ; 2/ chaudière *f.* de contact.

contact plant : installation *f.*, unité *f.* de traitement par contact. Voir *clay treatment.*

contact time : temps *m.* de contact (*dans un procédé utilisant un catalyseur fixe, le temps de contact est égal au rapport de la charge traitée par unité de temps à la masse catalytique*).

container : 1/ récipient *m.*, réservoir *m.*, bac *m.*, vase *m.* ; 2/ conteneur *m.*, cadre *m.*, container *m. (caisse ou récipient, le plus souvent métallique, de dimensions normalisées, servant au transport de marchandises, de meubles, etc.).*

containing dike or **containing dyke** : petite digue *f.*, muret *m.* de rétention *(construit autour d'un réservoir d'hydrocarbures liquides pour en retenir le contenu en cas d'écoulement accidentel).*

contaminant : contaminant *m.*, polluant *m.*, impureté *f.*

contaminate : contaminat *m. (mélange non désiré ou accidentel de deux ou plusieurs produits dans un récipient ou une conduite, en particulier dans un pipe-line).*

content : contenu *m.*, teneur *f.*, capacité *f.*, proportion *f.*

continental shelf or **shelf** : plateau *m.* continental *(zone immergée d'un continent comprise entre le littoral et la bordure du talus continental, à une profondeur variant en général de 0 à 200 m).*

continuous analyser : voir *stream analyser.*

continuous caster : machine *f.* à couler en continu.

continuous in-line blending : mélange *m.* en ligne *(par pompage simultané des constituants).*

continuous Platforming : Platforming continu. Voir *Platforming.*

contract : contrat *m.*, convention *f.*

contractor : entrepreneur *m.* sous contrat, contracteur *m. (entrepreneur spécialisé dans une activité déterminée).*

contraflow steam engine or **counterflow steam engine** : machine *f.* à vapeur à double effet, à circulation de vapeur à contre-courant *(avec soupapes d'admission et d'échappement aux deux extrémités des pistons).*

contrail : traînée *f.* cristalline de glace *(restant en suspension dans la stratosphère après le passage d'un engin à vitesse supersonique).*

control : contrôle *m.*, régulation *f.*, commande *f.*, réglage *m.*

control desk : voir *console.*

controlled slip differential : voir *limited slip differential.*

controlled variable : variable *f.* réglée *(quantité ou condition qui doit être maintenue à la valeur de consigne).*

controller : régulateur *m.*, appareil *m.* de contrôle automatique.

control panel : voir *console.*

control point or **set point** : point *m.* ou valeur *f.* de consigne *(d'un appareil de régulation).*

control room : salle *f.* de contrôle, salle de commande, centre *m.* directeur *(d'une installation ou d'un groupe d'installations).*

control valve : soupape *f.* de commande, robinet *m.* ou vanne *f.* de régulation, *(élément final de la régulation).*

convection section : section *f.* de convection *(partie d'un four chauffée par convection de la chaleur dégagée par les gaz de combustion).*

conventional oil : 1/ pétrole *m.* brut naturel *(par opposition au pétrole artificiel, c'est-à-dire celui obtenu à partir du charbon, ou à l'huile de schiste)* ; 2/ huile *f.* raffinée courante, conventionnelle *(traitée à l'acide sulfurique, neutralisée et filtrée à la terre).*

conventional refined oil or **CR oil** : voir *conventional oil 2/.*

conventional viscosity or **commercial viscosity** : viscosité *f.* empirique *(des produits pétroliers liquides et des lubrifiants)* ; elle est mesurée en secondes Saybolt Universal [SUS] aux États-Unis, à l'aide du viscosimètre Saybolt et en secondes Redwood Standard [RSS] ou en secondes Redwood Admiralty [RAS], à l'aide du viscosimètre Redwood en Grande-Bretagne). Voir *Saybolt Universal viscosity, Redwood viscometer.*

conversion or **percentage conversion** : conversion *f.*, taux *m.* de conversion *(pourcentage de la charge transformée en gaz, en essences et en coke dans un craqueur catalytique).*

converter or **convertor** : 1/ convertisseur *m.*, cornue *f. (en métallurgie)* ; 2/ groupe *m.* convertisseur *(électrique).*

conveyance : 1/ transport *m.*, transmission *f.* ; 2/ moyens *m.* de transport, de transmission.

conveyance of a patent : cession *f.* totale de la propriété d'un brevet d'invention.

conveyor : transporteur *m.* mécanique, convoyeur *m.*, courroie *f.* ou bande *f.* de transport.

cooker : cuiseur *m. (bac en plomb pour la récupération de l'acide des boues résultant du traitement acide des huiles lubrifiantes).*

coolant : fluide *m.* réfrigérant, fluide de refroidissement, huile *f.* de coupe.

cooler : réfrigérant, voir *chiller.*

cooling coil : serpentin *m.* réfrigérant, refroidisseur *m.*

cooling fin or **cooling rib** : ailette *f.* de refroidissement.

cooling jacket : chemise *f.* de refroidissement, double enveloppe *f.* de refroidissement.

cooling rib : voir *cooling fin.*

cooling tower : tour *f.* de réfrigération, refroidisseur *m.*, réfrigérant *m.* à cheminée.

Co-operative Fuel Research coker rig or **CFR coker rig** : appareil *m.* CFR pour mesurer la stabilité thermique des combustibles pour avions à réaction.

Co-operative Fuel Research engine or **CFR engine** : moteur *m.* CFR *(fabriqué par Waukesha Motor Co., Waukesha, Wisconsin, U.S.A., et utilisé pour déterminer l'indice d'octane ou de cétane des carburants).* Voir aussi *Motor method, Research method, Aviation method, Supercharge method, Cetane method).*

Coordinating Research Council or **CRC** : organisme *m.* américain regroupant API *(American Petroleum Institute),* SAE *(Society of Automotive Engineers)* et CFR *(Co-operative Fuel Research Committee)* dont le but est le développement de la recherche appliquée en matière de produits pétroliers dans les industries automobiles et aéronautiques (CRC, 30 Rockefeller Plaza, New York, 10020, N.Y.).

copolymer : copolymère *m.* *(corps obtenu par polymérisation de deux ou de plusieurs composés non saturés différents).*

copolymerization : copolymérisation. Voir *polymerization*

copper dish gum test : détermination *f.* de la teneur en gommes d'une essence ou d'une huile *(par évaporation du produit essayé sur une plaque de cuivre poli).*

coppering : cuivrage *m.*, doublage *m.*

copper strip corrosion test : essai *m.* de corrosion à la lame de cuivre *(essai qualitatif permettant d'estimer l'action corrosive d'un produit par ses effets sur une lame de cuivre ; la lame, mesurant 12,5 mm × 75 mm, est immergée pendant 2 ou 3 h dans le produit à la température de 122 °F [50 °C] ou 212 °F [100 °C], dans le cas de produits liquides – cf. ASTM D 130, AFNOR M 07 – 015 – ou pendant 1 h à 100 °F [37,8 °C], dans le cas de gaz liquéfiés – cf. ASTM D 1838, AFNOR M 41 – 07).*

copper sweetening process : procédé *m.* de désulfuration ou d'adoucissement au chlorure de cuivre *(par oxydation des mercaptans en disulfures).*

copra oil or **copperah oil** : huile *f.* de copra ou de coprah *(extraite de l'amande, ou copra, de la noix de coco).*

coproduct : coproduit *m.* *(produit de valeur obtenu en même temps que le produit recherché ; s'oppose à* by-product ; voir *ce terme).*

coquina : calcaire *m.* coquillier, lumachelle *f.*

core : 1/ carotte *f.* *(échantillon cylindrique de roche, prélevé à l'aide d'un outil spécial, le carottier, au cours d'un forage ; on dit aussi* drill core) ; 2/ cœur *m.*, noyau *m.* ; 3/ âme *f.* *(d'un câble)* ; 4/ cœur *m.* *(d'un réacteur nucléaire)* ; 5/ faisceau *m.* *(d'un radiateur).*

core barrel : carottier *m.* *(instrument spécial utilisé dans un forage pour prélever une carotte ; il est muni à sa base d'un outil de coupe annulaire, la couronne de carottage, destiné à découper la carotte en pénétrant dans la roche).*

core binder : voir *core oil.*

core bit : couronne *f.* de carottage. Voir *core barrel.*

core catcher : arrache-carotte *m.* et anneau *m.* de retenue *(élément mécanique du carottier arrachant la carotte et la maintenant à l'intérieur de celui-ci au cours de la remontée).*

core drill : core drill *m.*, sondage *m.* géologique peu profond *(effectué généralement par carottage).*

core oil or **core binder** : huile *f.* à mouler *(huile compoundée qui, mélangée avec du sable et agissant comme liant, est utilisée en fonderie pour la confection des moules).*

corf : benne *f.*, berline *f.*, wagonnet *m.*

corf grease : voir *tub grease.*

coring : carottage *m.* *(opération consistant, en forage, à prélever une carotte).*

coring time : temps *m.* consacré, en forage, au carottage.

cork : liège *m.*, bouchon *m.* *(de liège).*

cork borer : perce-bouchon *m.*.

corner joint : raccord *m.* tubulaire à angle droit.

corner post : voir *derrick leg.*

cornish stone : variété d'argile *f.* kaolinique, comprenant du feldspath, du mica et du quartz, utilisée comme liant dans la fabrication des céramiques et poteries.

corn oil : huile *f.* de maïs.

cornstone : 1/ concrétion *f.* calcaire dans une formation marneuse *(dont la présence est l'indication d'un sol fertile, propice en particulier à la culture des céréales)* ; 2/ conglomérat *m.* calcaire *(formé de fragments de marne et de calcaire dans une matrice gréseuse ou calcaire).*

Corporate Average Fuel Economy or **CAFE** : norme *f.* économique réglementant la consommation d'essence des voitures automobiles construites à partir de 1978 aux États-Unis, établie en application d'un décret du Ministre américain des transports (*Energy Policy and Conservation Act*) ; (*cette norme fixe, pour les nouveaux modèles de voitures, la consommation maximum imposée aux constructeurs, d'après le tableau ci-dessous :*

1978	18	m. p. US gal.	(13,0	l/100 km)
1979	19	—	—	(12,4 | — |)
1980	20	—	—	(11,7 | — |)
1981	22	—	—	(10,7 | — |)
1982	24	—	—	(9,8 | — |)
1983	26	—	—	(9,1 | — |)
1984	27	—	—	(8,8 | — |)
1985	27,5	—	—	(8,5 | — |)

En cas de dépassement les constructeurs seront frappés d'une amende de 5 US$ par véhicule pour chaque 0,1 mile per US gallon inférieur à la réglementation).

correlation index or **CI** or **BMCI** : indice *m.* de corrélation de l'U.S. Bureau of Mines (*servant à déterminer la nature paraffinique ou aromatique d'une fraction pétrolière, par application de la formule suivante* :

$$CI = \frac{48640}{K} + 473,7\,d - 456,8$$

dans laquelle K est la température moyenne d'ébullition de la fraction, exprimée en degrés Kelvin, et d sa densité à 15,6 °C [60 °F] ; plus le CI est élevé, plus la fraction est de nature aromatique).

corrosion allowance : surépaisseur *f.* de métal (*qu'il faut ajouter à l'épaisseur calculée des parois d'un réservoir sous pression afin de se prémunir contre l'usure par corrosion*).

corrosion inhibitor : inhibiteur *m.* de corrosion (1/ *additif pour lubrifiants, consistant généralement en des sels sodiques d'acides sulfoniques et d'esters d'acides naphténiques ; 2/ substances injectées dans un équipement en fonctionnement pour réduire la corrosion due aux produits traités*).

corrugated iron : tôle *f.* ondulée.

corrugated-plates interceptor or **tilted-plates separator** : déshuileur *m.* à plaques ondulées (*dispositif de décantation en continu des eaux huileuses, formé d'un empilage de plaques ondulées, inclinées dans le sens du courant ascendant et favorisant ainsi la séparation de l'huile entraînée*).

corrugation : cannelure *f.*, strie *f.*, ondulation *f.*

cost and fee plant or **cost plus fee plant** : usine *f.*, installation *f.* ou construction *f.* réalisée au prix de revient plus honoraires (*sans garantie du fournisseur ; s'oppose à* turnkey plant ; voir ce terme).

cost crude oil : voir *cost oil*.

cost depletion : déduction *f.* de la valeur des investissements du bénéfice imposable (*prévue par la législation américaine en faveur des producteurs de pétrole*). Voir aussi *depletion allowance, percentage depletion*.

cost, insurance and freight or **CIF** or **c.i.f.** : coût *m.*, assurance *f.* et frêt *m.*, C.A.F. (*prix comprenant le coût de la marchandise, celui de l'assurance et du fret maritime jusqu'au port de destination*).

cost oil or **cost crude oil** : huile *f.* au prix de revient (*dans le cadre d'un contrat de partage de production, part de l'huile produite qui revient à l'opérateur et à ses associés pour rembourser le montant des dépenses engagées pour la découverte, le développement et la production du gisement ; le reste de l'huile produite est partagée entre le gouvernement et l'association ; voir aussi profit oil*).

cost plus fee plant : voir *cost and fee plant*.

cotton pad or **cotton wool pad** or **cotton wool wad** : tampon *m.* d'ouate (*de coton*).

cotton picker oil : huile *f.* pour machines à récolter le coton.

cottonseed oil : huile *f.* de graines de coton (*semi-siccative, utilisée comme huile de coupe*).

cotton wool pad or **cotton wool wad** : voir *cotton pad*.

coulometer : voltamètre *m.* (*appareil permettant de mesurer une quantité d'électricité d'après la quantité de corps libérée à une électrode*).

counter : compteur *m.*

counterclockwise or **CCW** : voir *anticlockwise*.

countercurrent flow : écoulement *m.* à contre-courant (*notamment dans un appareil d'échange de chaleur*).

counterflow steam engine : voir *contraflow steam engine*.

countershaft : arbre *m.* intermédiaire, arbre de renvoi.

countersunk bolt : boulon *m.* à tête fraisée.

counterweight : contrepoids *m.*

coupler : 1/ coupleur *m.*, connecteur *m.* ; 2/ crochet *m.* d'attelage.

coupling : accouplement *m.*, joint *m.*, emmanchage *m.*, manchon *m.*, couplage *m.*, assemblage *m.*, raccord *m.*, embrayage *m.*

coupon or **test coupon** : éprouvette *f.*, spécimen *m.*

course or strake : virole *f.* (*d'un réservoir*).

cove oil : mélange *m.* d'huile minérale et d'huile végétale.

cover : 1/ couvercle *m.*, couverture *f.* ; 2/ morts-terrains *m.*, couverture (*d'un gisement ; formation imperméable recouvrant un gisement de pétrole, le limitant et le protégeant*) ; 3/ bâche *f.*, étui *m.*.

COW : abréviation de *crude oil washing.* voir ce terme.

cP : symbole de centipoise. Voir *absolute viscosity.*

CP test : abréviation de *cloud point test.* Voir ce terme.

CR : abréviation de *chloroprene rubber* et de *compression ratio.* Voir ces termes.

crab : grue *f.*, chèvre *f.* (*appareil de levage*).

crack : 1/ fente *f.*, fissure *f.*, fêlure *f.*, lézarde *f.*, craquelure *f.*, crique *f.*, crevasse *f.*, cassure *f.* ; 2/ tapure *f.* (*défaut d'une pièce métallique constitué par une fissure débouchant à la surface de la pièce ou restant au sein de celle-ci*).

cracked gasoline : essence *f.* de craquage.

cracker : 1/ unité *f.* de craquage ; 2/ train *m.* d'outils comportant une partie flexible (*servant à accentuer la déviation d'un forage dirigé*).

cracking : craquage *m.* (*procédé de raffinage qui modifie la composition d'une fraction pétrolière par l'effet combiné de la température, de la pression et, dans certains cas, d'un catalyseur ; le craquage augmente la proportion de produits légers ou volatils aux dépens des fractions les plus lourdes, et permet d'obtenir des coupes d'essence à partir de gazole ou de fuel ; de plus cette essence est de qualité supérieure en indice d'octane à celle tirée directement du pétrole brut ; le craquage produit également des hydrocarbures gazeux non saturés, ou oléfines, n'existant pas à l'état naturel, tels que l'éthylène, le propylène, le butylène qui constituent les matières premières de la pétrochimie*).

cracking plant : craqueur *m.*, unité *f.* ou installation *f.* de craquage.

cracking stock : charge *f.*, matière *f.* première à craquer.

crackle test : essai *m.* de crépitement (*essai empirique permettant de détecter la présence d'eau dans une huile ; quelques gouttes d'huile étalées sur une coupelle faite avec une feuille d'aluminium sont chauffées avec une allumette : un crépitement perceptible indique une proportion de 0,01 % minimum d'eau libre dans l'échantillon*).

crackling : crépitement *m.*, grésillement *m.*

cradle : bâti *m.*, berceau *m.*

cradling : mise *f.* en fouille (*d'une canalisation*).

crank : manivelle *f.*, vilebrequin *m.*, bras *m.*

crane : grue *f.*

crankcase : carter *m.* (*d'un moteur*).

crankcase breather : reniflard *m.* de carter.

crankcase oil : huile *f.* moteur.

cranking : démarrage *m.* d'un moteur à la manivelle.

cranking motor : démarreur *m.*, moteur *m.* de lancement.

crankpin : maneton *m.* du vilebrequin, pied *m.* de bielle.

crankshaft : vilebrequin *m.*

crater : cratère m. (*excavation de surface produite autour d'un sondage par suite d'une éruption incontrôlée*).

cratering : formation *f.* d'un cratère. Voir *crater.*

crawler or crawler tractor : tracteur *m.* à chenilles, chenillard *m.*

CRC : abréviation de *Coordinating Research Council.* Voir ce terme.

CRC L-38 engine test : voir *Labeco engine test, engine test L-4.*

CRC method F-1 : voir *Research method.*

CRC method F-2 : voir *Motor method.*

CRC method F-3 : voir *Aviation method.*

CRC method F-4 : voir *Supercharge method.*

CRC method F-5 : voir *Cetane method.*

creasing : plissement *m.*, pli *m.*

creek : 1/ ruisseau *m.*, ru *m.* ; 2/ chenal *m.* de marais côtier ; 3/ petit cours *m.* d'eau intermittent, étroit et allongé, oued *m.*

creekology : terme ironique désignant une méthode de prospection du pétrole et, en particulier, d'implantation de forage, fondée sur des critères tenant plus à la superstition et au pressentiment qu'au raisonnement géologique.

creep or creepage or creeping : 1/ fluage *m.* (*allongement permanent, sous l'effet de la chaleur, d'un métal sous tension*) ; 2/ boursouflement *m.* (*du sol*), gonflement *m.*, éboulement *m.*, glissement *m.* (*de couches superficielles*).

creeper gear : première vitesse *f.* lente (*d'un véhicule utilitaire*).

creeping : 1/ synonyme de *creep;* voir ce terme ; 2/ ascension *f.* capillaire (*des sels d'une solution*), montée *f.* capillaire des sels.

crêpe or **crepe** : crêpe *m.* (*caoutchouc naturel brut, blanc jaunâtre, obtenu par séchage à l'air chaud d'un coagulat de latex*).

crest : crête *f.*, arête *f.*, sommet *m.*, maximum *m.* (*d'une courbe*).

cresylic acid : acide *m.* crésylique (*composé chimique de la famille des phénols utilisé comme inhibiteur d'oxydation des essences ainsi que pour le traitement des lubrifiants*).

Cretaceous : Crétacé *m.* (*troisième et dernière période de l'ère secondaire, ou mésozoïque, d'une durée de 75 millions d'années et ayant débuté il y a environ 140 millions d'années*).

crevice oil : huile *f.* brute produite par les fissures d'une roche compacte.

crew : équipage *m.*, équipe *f.* (*de sondage, d'usine, etc.*).

crew boat : bateau *m.*, navire *m.* de relève (*assurant la relève des équipes travaillant sur les chantiers en mer*).

critical speed : vitesse *f.* critique (*d'une machine tournante*).

CR oil : abréviation de *conventional refined oil.* Voir *conventional oil* 2/.

crooked hole : trou *m.* déjeté (*forage dont il est difficile d'éviter la déviation intempestive*).

crop of a field : production *f.* d'un champ.

cropping : affleurement *m.*

cross : 1/ croix *f.* (*raccord de tuyauterie en forme de croix*) ; 2/ croisillon *m.* (*de cardan*).

crossbedded sand : sable *m.* à stratification entrecroisée.

crossflow scavenging : balayage *m.* à courants contraires (*dans un moteur diesel à deux temps*).

crosshead : crosse *f.* (*de la tige de piston d'un moteur ou d'une machine à vapeur*).

crosshead pin oiler : graisseur *m.* pour crosse de machine à vapeur.

crosslinking : réticulation *f.*, liaison *f.* transversale.

crossover : pont *m.* (*connection entre des serpentins ou des éléments de tuyauterie*).

crossover sub : raccord *m.* double femelle, manchon *m.* réducteur, réduction *f.* (*raccord fileté utilisé pour relier des éléments tubulaires ou des outils de forage ayant des types de connection différents*).

crossover valve : vanne *f.* à trois ou quatre voies.

Cross process : procédé *m.* de craquage thermique en phase liquide.

crosswise : en croix, en travers, en sautoir.

crowbar : pince *f.* à levier, barre *f.* à mine.

crown : 1/ sommet *m.* (*d'une tour de forage par exemple*), crête *f.* ; 2/ couronne *f.* (*outil de forage*).

crown block : moufle *f.* fixe (*ensemble des poulies de renvoi placées au sommet d'une tour de forage*).

crown cutting or **piston top land cutting** : rayures *f.* de la couronne d'un piston (*au-dessus de la gorge de segment coup de feu et dues à l'accumulation excessive de dépôts indurés de carbone*).

crown of a diamond drill : couronne *f.* d'un outil de forage ou de carottage diamanté.

crown-o-matic : dispositif *m.* de sécurité placé sur le tambour du treuil de forage et destiné à éviter les accidents dits *block-to-block*. Voir ce terme.

crown safety platform or **crow's nest** : nid *m.* de pie (*plate-forme de sécurité située au niveau de la moufle fixe d'une tour de forage*).

crown scuffing : éraillure *f.* de la couronne d'un piston (*évaluée après un essai sur moteur*).

crow's nest : voir *crown safety platform*.

crucible : creuset *m.*, coupelle *f.* à combustion.

crude or **crude oil** or **crude petroleum** : brut *m.*, huile *f.* brute, pétrole *m.* brut.

crude oil washing or **COW** : lavage *m.* au brut (*des citernes d'un pétrolier par des jets de pétrole brut pour enlever les souillures avant ballastage ; pratiqué en atmosphère de gaz inerte*).

crude petroleum : voir *crude*.

crude scalewax : paraffine *f.* brute, en écailles, non déshuilée.

cruising speed : vitesse *f.* de croisière.

crumbling : désagrégation *f.*, éboulement *m.*, écroulement *m.*, écaillement *m.*, effritement *m.*

crumbly : friable, ébouleux.

crush or **pinch** : 1/ écrasement *m.*, tassement *m.* ; 2/ dépassement *m.* de la circonférence extérieure des demi-coussinets par rapport à la circonférence intérieure du corps d'un palier (*terme employé aux États-Unis*) ; synonymes : *bearing pinch, free spread, nip* 3/.

crushed stone : pierre *f.* concassée, gravier *m.*, pierraille *f.*, cailloutis *m.*

crusher : concasseur *m.*, broyeur *m.*, écraseur *m.*

crushing : concassage *m.*, broyage *m.*, écrasage *m.*

crushing strength : résistance *f.* à la compression, à l'écrasement.

cryoforming : procédé *m.* d'emboutissage ou d'étirage des métaux à des températures inférieures à 0 ºC.

cryogen : cryogène *m.* (*mélange réfrigérant constitué d'eau et d'un sel soluble*).

cryogenic liquids : liquides *m.* cryogéniques (*gaz liquéfiables à des températures extrêmement basses, tels l'oxygène, l'azote, l'hydrogène et l'hélium*).

cryogenic propellants : cryopropergols *m.* (*gaz liquéfiés à très basse température, tels l'oxygène et l'hydrogène liquides, utilisés comme agents propulseurs dans les moteurs à réaction*).

cryogenics : cryogénie *f.* (*technique de la production des très basses températures*).

cryology : 1/ étude *f.* de la réfrigération ; 2/ étude de la neige et de la glace.

cryoscopy : cryoscopie *f.* (*étude des lois de congélation des solutions*).

cSt : symbole de *centistokes ;* voir ce terme et aussi *kinematic viscosity.*

cubbybox or **cubbyhole** : boîte *f.* à gants (*sur le tableau de bord d'une automobile*).

cubic feet of gas per day or **CFGPD** : pieds *m.* cubes de gaz par jour.

cubic feet per minute or **CFM** : pieds *m.* cubes par minute.

cubic feet per second or **CFS** : pieds *m.* cubes par seconde.

cubic foot : pied cube *m.* (*unité de volume anglo-saxonne égale à 0,028 317 m³*).

cultivator : voir *walking tractor.*

culvert : canal *m.* couvert, rigole *f.*, caniveau *m.*

cup grease : graisse *f.* pour graisseur de type Stauffer (voir *grease cup*), graisse pour pistolet graisseur (*graisse consistante généralement à base sodique*).

cup tester : outil *m.* en forme de coupelle (*utilisé pour essayer en pression les obturateurs d'une tête de puits en position fermée*).

curative : agent *m.* de vulcanisation (*du caoutchouc*), agent de prise.

curdled : coagulé, figé, caillé, floculé, grumeleux.

cure : 1/ vulcanisation *f.* (*du caoutchouc*) ; 2/ traitement *m.* (*en vue d'une conservation*).

cured : vulcanisé.

curing : 1/ conservation *f.*, protection *f.* ; 2/ vulcanisation *f.*, prise *f.*

curing range : intervalle *m.* des températures de vulcanisation ou de prise.

curl : tourbillon *m.*, spirale *f.* (*de fumée*).

curve grease : graisse *f.* utilisée pour lubrifier les parties courbes des voies de chemin de fer (*pour prévenir l'usure et le crissement des roues du matériel roulant*).

cushion : coussin *m.*, amortisseur *m.*

cushion gas : voir *blanketing gas.*

cusp : 1/ point *m.* de rebroussement, sommet *m.* (*d'une courbe*) ; 2/ banc *m.* de sable.

customized test : essai *m.* fait sur demande (*non normalisé*).

customs broker : 1/ agent *m.* en douane ; 2/ transitaire *m.* ; voir aussi *forwarding agent.*

customs clearance : dédouanement *m.*

customs duties : droits *m.* de douane.

cut or **fraction** : coupe *f.*, fraction *f.* (*d'un pétrole brut, d'un distillat*).

cutaway view or **sectional view** : vue *f.* en coupe.

cutback or **cutback bitumen** : voir *asphalt cutback.*

cut oil : voir *wet oil.*

cutout : disjoncteur *m.*

cut point : point *m.* de fractionnement, point de coupe (*température de séparation de deux fractions voisines au cours d'une distillation*).

cutter : 1/ lame *f.*, couteau *m.*, coupoir *m.*, couperet *m.* ; 2/ haveuse *f.*, piqueur *m.*, haveur *m.*, outil *m.* de coupe, fraise *f.* ; 3/ diaclase *f.* transversale ; 4/ voir *pipe cutter.*

cutter stock : produit *m.* pour coupage ou mélange, diluant *m.*

cutting edge : tranchant *m.*, arête *f.* tranchante (*d'un outil*).

cutting fluid : voir *cutting oil.*

cutting nippers : voir *cutting pincers, nippers.*

cutting oil or cutting fluid : huile *f.* de coupe (*pour l'usinage des métaux*).

cutting oil base : concentré *m.* dilué dans des huiles minérales et servant à la fabrication des huiles de coupe.

cutting pincers or cutting nippers : pinces *f.* coupantes.

cuttings or borings or drillings : déblais *m.* de forage (*débris de roches brisées par l'outil de forage et évacués à la surface par la boue de forage*).

CW : abréviation de *clockwise.* Voir ce terme.

cwt : abréviation de *hundredweight* et de *cental.* Voir ces termes.

cyaniding : cyanuration *f.* (*traitement thermochimique de la surface d'un alliage ferreux*).

cycle stock or recycle stock : stock *m.* ou charge *f.* de recyclage (*fraction lourde recyclée dans une unité de craquage en mélange avec la charge fraîche*).

cyclic hydrocarbons : hydrocarbures *m.* cycliques. Voir *aromatic hydrocarbons, naphthenic hydrocarbons.*

Cyclic thermal cracking : dénomination d'un procédé *m.* de craquage de résidus (*comportant deux réacteurs contenant des matériaux réfractaires et opérant sans pression suivant un cycle de chauffage à 1 200 ºC et de réaction ; l'effluent est riche en oléfines et en aromatiques.* – *Petroleum & Chemical Corp., Australie*).

cycling plant : installation *f.* de recyclage. Voir *gas cycling.*

cyclization : cyclisation *f.* (*se dit, en chimie organique, de la transformation, dans un composé d'une chaîne ouverte en chaîne fermée ; des cyclisations se produisent au cours d'opérations de raffinage*).

cyclone : cyclone *m.*, séparateur *m.* cyclone, dépoussiéreur *m.* cyclone.

Cycloversion : cycloversion *f.* (1/ *procédé de désulfuration catalytique à lit fixe, utilisant la bauxite naturelle comme catalyseur à régénération périodique.* – *Phillips Petroleum Co. ;* 2/ *procédé ancien de craquage et de reformage*).

cylinder block : bloc-cylindres *m.*

cylinder bore glazing or bore glazing : lustrage *m.* de la chemise d'un cylindre (*dû à un film d'oxyde de fer, de graphite et de différents produits issus de la décomposition du combustible et du lubrifiant*).

cylinder bore polishing or bore polishing : polissage *m.*, glaçage *m.* de la chemise d'un cylindre.

cylinder head : culasse *f.*, tête *f.* de cylindre, calotte *f.*

cylinder head bolt or cylinder head stud : boulon *m.* de culasse.

cylinder head gasket : joint *m.* de culasse.

cylinder head stud : voir *cylinder head bolt.*

cylinder liner : chemise *f.* amovible d'un cylindre.

cylinder oil : huile *f.* à cylindres (*huile de haute viscosité, parfois compoundée à l'huile de lard ou à la suintine, et servant à lubrifier les cylindres et clapets d'une machine à vapeur*).

cylinder still : voir *cheesebox.*

cylinder stock : cylinder stock *m.* (*huile lubrifiante de couleur foncée et de viscosité élevée, utilisée comme constituant de base des huiles à cylindre et des* bright stocks *; voir ce dernier terme*).

cylindrical worm gear or nonthroated worm gear : vis *f.* sans fin à engrenage cylindrique.

cymogene : cymogène *m.* (*mélange d'hydrocarbures très volatils que l'on utilise dans la production du froid*).

D

d : symbole de *day* et de *deci*. Voir ces termes.

da : symbole de *deca*. Voir ce terme.

Dag : voir *Oildag*.

daily production or **day ouput** : production *f.* journalière.

dam : 1/ barrage *m.*, digue *f.* ; 2/ estouffée *f.* (*contre l'incendie, dans une mine*).

damage : dommage *m.*, dégâts *m.*.

damage in transit : dommages *m.* en cours de transport, avarie *f.*

damage survey : expertise *f.* d'avarie.

damp : humide.

damp (to) : 1/ mouiller, humidifier ; 2/ étouffer, amortir.

damp air blower : humidificateur *m.*

dampener : amortisseur *m.* de pulsations (*d'une pompe à pistons alternatifs ; voir aussi pulsation dampener*).

damper : 1/ régulateur *m.* (*de tirage dans la cheminée d'un four*) ; 2/ amortisseur *m.*, modérateur *m.* ; 3/ dispositif *m.* antivibratoire.

damping : 1/ humidification *f.*, mouillage *m.* ; 2/ amortissement *m.*, étouffement *m.*, arrêt *m.* momentané, bouchage *m.*, freinage *m.*

dampness or **moisture** : humidité *f.*

D & A : abréviation, utilisée dans les rapports de forage, de *dry and abandoned*. Voir ce terme.

darcy : voir *permeability*.

dark cylinder oil or **unfiltered stock** or **unfiltered cylinder oil** : huile *f.* de couleur foncée, résidu de distillation sous vide, non raffinée et non traitée (*utilisée principalement pour le graissage des cylindres de machines à vapeur*).

dark oil : huile *f.* foncée, distillée et non raffinée. Voir aussi *black oil*.

dart bailer : voir *bailer*.

dash or **dashboard** or **facia panel** or **fascia panel** : planche *f.* de bord, tableau *m.* de bord.

dash line : ligne *f.* tiretée, ligne en traits interrompus.

dashpot : amortisseur *m.*

data logger : enregistreur *m.* numérique automatique.

data processing : traitement *m.* des données, de l'information.

data sheet : feuille *f.* d'information (*relative à un appareillage*), registre *m.*, tableau *m.* de données.

day : jour *m.* (*symbole* : d).

davit : 1/ grue *f.* pour navires, bossoir *m.* ; 2/ potence *f.*

day output : voir *daily production*.

dB : symbole de *decibel*. Voir ce terme.

deactivated catalyst : catalyseur *m.* déactivé. Voir *deactivation*.

deactivation : déactivation *f.* (*diminution de l'activité d'un catalyseur sous l'effet d'une contamination ou d'une modification de sa structure*).

deactivator : voir *metal deactivator*.

dead acid : acide *m.* mort (*désigne, lors d'une acidification, l'acide ayant déjà développé son action chimique sur une formation carbonatée productive et qui est évacuée hors du puits soit par la poussée du fluide de formation, soit par pistonnage*).

dead center : point *m.* mort. Voir *bottom dead center, top dead center*.

dead end : 1/bout *m.* fermé, bout aveugle (*d'une conduite, d'un tube, etc.*) ; 2/ bout mort, spires *f.* mortes (*d'un enroulement électrique*). Voir aussi *dead line* 2/ et 3/.

deadener or **sound-deadener** : matériau *m.* anti-acoustique, insonorisant.

dead freight : 1/ faux fret *m.*, lest *m.* ; 2/ dédit *m.* (*pour défaut de chargement*).

dead ground : mort-terrain *m.*

dead hole or **blind hole** : trou *m.* borgne, trou en cul-de-sac.

dead lime : voir *hydrated lime*.

dead line : 1/ câble *m.* épissé bout à bout et formant boucle ; 2/ brin *m.* mort (*d'un câble de mouflage*) ; 3/ pipe-line *m.*, canalisation *f.* ou conduite *f.* inutilisée ; 4/ ligne *f.* de contact entre l'eau salée et l'huile ou le gaz (*d'un gisement vue en coupe*) ; 5/ sur une coupe de terrains, ligne au-dessous de laquelle disparaissent, par action géothermique (*craquage naturel*), les hydrocarbures liquides.

dead line anchor : réa *f.* de fixation du brin mort du câble de mouflage (*permettant de filer le câble de forage au fur et à mesure de son usure*).

dead line diaphragm : capteur *m.* de la valeur du poids au crochet de la moufle mobile de forage (*disposé sur le brin mort du câble de mouflage*).

deadman : point *m.* fixe d'amarrage, corps *m.* mort (*bloc de bois ou de maçonnerie enterré et servant d'attache à un hauban*).

dead oil : 1/ huile *f.* morte (*huile privée de son gaz et qui ne se déplace plus dans un gisement que sous l'effet de la pesanteur ; s'oppose à live oil ; voir ce terme*) ; 2/ huile lourde de houille (*dont le poids spécifique est supérieur à celui de l'eau ; utilisée comme combustible dans certains moteurs diesel*).

dead rock : roche *f.* stérile.

dead time or **transportation delay** : temps *m.* mort (*s'écoulant entre les phases d'une régulation*).

deadweight or **dw** : 1/ port *m.* en lourd, tonnage *m.* en lourd (*poids maximal qu'un navire peut normalement embarquer*) ; 2/ poids *m.* mort.

deadweigth tons or **dwt** : tonnes de port en lourd. Voir *deadweight* 1/.

dead well : puits *m.* mort, puits improductif (*dont la production a cessé*).

deadwood : membrures *f.* intérieures (*d'un réservoir et dont le volume est déduit lors du calcul de sa capacité réelle*).

dead zone or **neutral zone** : zone *f.* morte (*plage de valeurs de la variable réglée à l'intérieur de laquelle un régulateur ne répond pas*).

deaeration test or **air release test** : essai *m.* de désaération (*des huiles pour turbines à vapeur et pour systèmes hydrauliques*).

deaerator : désaérateur *m.*

deafening paste : voir *antidrumming compound*.

dealer : 1/ gérant *m.* (*d'une station service*) ; 2/ revendeur *m.*, concessionnaire *m.*

dealkylation : désalcoylation *f.*, désalkylation *f.* (*remplacement d'un radical alcoyle, ou alkyle, d'un composé aromatique par un atome d'hydrogène, permettant, par exemple, l'obtention de benzène à partir de toluène*).

deasphalting : désasphaltage *m.* (*traitement de résidus pour en séparer l'asphalte et obtenir une huile utilisée pour la fabrication de lubrifiants*).

deblooming agent : agent *m.* antifluorescent, agent de blanchiment (*mononitronaphtalène ajouté parfois aux huiles minérales*).

debottlenecking : déblocage *m.*, dégoulottage *m.* (*ensemble de mesures permettant à une unité de raffinerie de dépasser sa capacité de production théorique*).

debugging : 1/ mise *f.* au point d'un programme sur ordinateur ; 2/ dépannage *m.*

debutanizer : débutaniseur *m.* (*tour de stabilisation d'une unité de raffinage séparant le butane et les hydrocarbures plus légers*).

deca : déca (*symbole* : da ; *préfixe qui, placé devant le nom d'une unité, la multiplie par 10*).

decanter : décanteur *m.*

decarbonizing : décarbonisation *f.* (*procédé de conversion analogue à une cokéfaction mais conduit de façon à obtenir un maximum de fractions moyennes ; voir aussi Delayed Coking*).

decay : dégradation *f.*, désintégration *f.*, dégénérescence *f.*, décomposition *f.*, putréfaction *f.*

deci : déci (*symbole* : d ; *préfixe qui, placé devant le nom d'une unité, la divise par 10*).

decibel or **dB** : décibel *m.* (*symbole* : dB ; *unité pratique de niveau sonore ; le bel est une mesure relative exprimant le logarithme de deux valeurs d'un phénomène physique dont l'une est prise comme valeur de référence ; l'acoustique utilise le décibel (0,1 B) pour exprimer intensité et pression sonores, la valeur de référence étant celle du seuil d'audibilité pour une oreille normale*).

deck : pont *m.* (*d'un navire*), plancher *m.*, tablier *m.*, plate-forme *f.*

deck cargo line : circuit *m.* de pont (*ensemble des tuyauteries, sur un pétrolier, depuis la chambre des pompes jusqu'au poste de chargement*).

decoder : décodeur *m.*, déchiffreur *m.*

decoding board : armoire *f.* de décodage.

decoking : décokage *m.* (*enlèvement du coke déposé dans un appareillage, soit mécaniquement, soit par combustion contrôlée*).

dedendum : pied *m.*, creux *m.* d'une dent d'engrenage (*partie inférieure de la dent au-dessous du cercle primitif*).

dedicated system of transportation or **segregated system of transportation** : système *m.* de transport d'un seul produit en exclusivité.

de-energized : hors tension, désexcité.

deep water : eau *f.* profonde (*par opposition à* shallow water ; voir ce terme).

deep water well : forage *m.*, sondage *m.*, puits *m.* en eau profonde.

deep well : puits *m.* profond, forage *m.* profond (*d'une profondeur généralement supérieure à 6 000 m ; record actuel : 10 636 m, presqu'île de Kola, U.R.S.S.*).

de-ethanizer : déséthaniseur *m.* (*unité de fractionnement séparant l'éthane et les produits plus légers des hydrocarbures plus lourds*).

defatted : dégraissé.

deflection : déflexion *f.* (*d'un faisceau électronique, etc.*), déviation *f.* (*d'un forage*).

deflegmator : voir *dephlegmator*.

De Florez process : procédé *m.* de craquage thermique en phase vapeur. – *Texas and Gulf Oil Companies.*

defoamant additive or **defoamer** or **defoaming agent** : voir *antifoaming agent*.

defogging : agent *m.* antibuée.

defreezing fluid for locks : dégivreur *m.* de serrures.

defroster : dégivrant *m.*, dégivreur *m.*

defrosting : dégivrage *m.*

degasser : dégazeur *m.* (*utilisé en forage pour dégazer la boue en circulation et en raffinerie pour séparer la phase gazeuse d'un effluent*).

degassing : dégazage *m.*

degaussing : démagnétisation *f.*

degasolinage : dégasolinage *m.*, dégazolinage *m.* (*récupération des hydrocarbures liquides contenus dans un gaz*).

deglazing of the cylinder liner : déglaçage *m.* de la chemise d'un cylindre. Voir *cylinder bore glazing.*

degras or **suint oil** : dégras *m.* (*produit constitué par de la suintine, de l'huile de poisson, de l'oléine ou du suif, servant à l'assouplissement des cuirs ou, mélangé à des huiles minérales, au graissage des cylindres de machines à vapeur*). Voir aussi *sod oil.*

degreasing : dégraissage *m.*

degree day : degré-jour *m.* (*terme utilisé dans la technique du chauffage et du conditionnement de l'air et servant au calcul des prévisions de consommation de fuel ; on admet que la consommation quotidienne de fuel est directement proportionnelle à la différence entre une température arbitraire, fixée à 18 °C, et la température moyenne extérieure*).

dehydrated oil : huile *f.* déshydratée.

dehydrator : déshydrateur *m.*

dehydroalkylation : hydrodésalcoylation *f.*, hydrodésalkylation *f.* (*désalcoylation en présence d'hydrogène ; ex. :* $C_6H_5-CH_3 + H_2 \rightarrow C_6H_6 + CH_4$, *toluène + hydrogène → benzène + méthane*).

dehydrocyclization : déshydrocyclisation *f.* (*traitement chimique mettant en jeu des phénomènes de déshydrogénation et de cyclisation ; ex. :* $C_7H_{16} \rightarrow C_6H_5-CH_3 + 4\,H_2$, *heptane → toluène + hydrogène*).

dehydrogenation : déshydrogénation *f.*

de-icer : dégivrant *m.*, dégivreur *m.*

de-icing fluid : fluide *m.* de dégivrage (*à base d'alcool isopropylique ; utilisé, mélangé à l'eau, pour éliminer ou prévenir la formation de givre sur les surfaces des ailes d'avion, à terre comme en vol*).

delayed angle of ignition : voir *angle of delay.*

Delayed Coking : cokéfaction *f.* différée (*procédé consistant au craquage thermique d'un brut étêté et par lequel on obtient du gazole, – 71 % –, et du coke, – 13 % –, d'une qualité recherchée par les industries chimiques et électriques. – M. W. Kellogg Co.*).

delayed ignition : allumage *m.* retardé, inflammation *f.* retardée.

delayed period of ignition : intervalle *m.* de temps entre l'injection et l'inflammation complète du mélange combustible (*dans un moteur diesel*).

deliquescence : déliquescence *f.* (*propriété qu'ont certaines substances d'absorber l'humidité de l'air au point de devenir liquides*).

Delta Research Octane Number method or **Δ R method** : méthode *f.* établie par *Esso Research and Engineering Company* (*donnant la différence entre le pouvoir antidétonant – Research method selon ASTM D 908, AFNOR M 07 – 026 –, d'une essence pour moteur telle quelle et le pouvoir antidétonant des différentes fractions plus légères obtenues par distillation de cette même essence ; on prolonge la distillation jusqu'à recueillir un pourcentage déterminé de distillat ; on aura ainsi, par exemple* $\Delta R_{(75\,\%)}$) *; le plus souvent on arrête la distillation à une température déterminée, d'habitude 100 °C*).

Demet : procédé *m.* de traitement des catalyseurs usés (*soutirés des craqueurs catalytiques en vue de leur réutilisation. – Sinclair Refining Co*).

demethanizer : déméthaniseur *m.* (*tour de séparation isolant le méthane des constituants plus lourds*).

demijohn : dame-jeanne *f.*, bonbonne *f.*, tourie *f.*, jacqueline *f.*, bouteille *f.* clissée.

demineralized water : eau *f.* déminéralisée.

demise charter : voir *bareboat charter.*

demister : 1/ désembueur *m.* (*dispositif antibuée ou antibrouillard ; voir aussi antimisting fluid*) ; 2/ coalesceur *m.* (*appareil équipé d'un remplissage, – chicanes multiples, tricot métallique, fibres diverses –, de façon à ce que des particules liquides puissent se rassembler en gouttelettes et se séparer de gaz ou de vapeurs ainsi que de liquides non miscibles*).

demister screen : écran *m.* antibuée.

demisting : désembuage *m.* (*élimination de la buée ou du brouillard*).

demulsibility test : voir *emulsion test, foam test, emulsion test for steam turbine oil.*

demulsifier or **demulsifying agent** : agent *m.* désémulsionnant, désémulsifiant.

demultiplex or **demultiplexing** : démultiplexage *m.* (*obtention de traces individuelles à partir d'enregistrements sismiques multiplexés ; voir multiplex*).

demultiplexer : démultiplexeur *m.* (*organe de la chaîne de traitement de l'information sismique assurant l'opération inverse du multiplexage ; voir multiplex*).

demultiplexing : voir *demultiplex.*

demurrage : surestaries *f.* (*sommes payées à l'armateur en cas de retard dans le chargement ou le déchargement d'un navire*).

denaturant : dénaturant *m.* (*substance ajoutée à certains produits, notamment l'alcool, rendant ces derniers impropres à tout autre usage qu'industriel ou agricole*).

dense phase : phase *f.* dense (*d'un catalyseur fluidisé*).

densimeter : appareil *m.* servant à la mesure directe de la densité d'un liquide.

density : 1/ masse *f.* volumique, densité *f.* par rapport à l'eau (*masse de l'unité de volume d'une substance qui s'exprime en kg par m³ dans le Système international et en livres par pied cubique dans le système cohérent anglosaxon ; 1 lb/cu.ft. = 16,018 kg/m³*) ; 2/ épaisseur *f.*, opacité *f.* ; 3/ compacité *f.* ; 4/ intensité *f.*

dent : bosselement *m.*, bosselure *f.*, creux *m.*, enfoncement *m.* (*défaut de surface d'un matériel tubulaire ou d'une tôle causé par un impact*).

de-oiling : déshuilage *m.*, déshuilement *m.*

Department of Transportation hydraulic brake fluid or **DOT hydraulic brake fluid** : liquide *m.* pour freins hydrauliques répondant aux spécifications américaines du *Department of Transportation* de la *National Highway Traffic Safety Administration* (*ces dernières correspondent à cinq catégories de fluides : DOT 1, pour températures extrêmement basses, DOT 2, liquide dont le point d'ébullition est inférieur à celui de la catégorie DOT 3 ; DOT 3, liquide dont les caractéristiques sont analogues à celles de la norme SAE J 1703 améliorée, DOT 4, liquide dont le point d'ébullition est supérieur à celui de la catégorie DOT 3 et DOT 5, liquide à faible tolérance vis-à-vis de l'eau*).

departure : 1/ écart *m.*, déviation *f.* ; 2/ départ *m.* ; 3/ déroutement *m.* hors contrat (*d'un navire, etc.*).

depentanizer : dépentaniseur *m.* (*tour de fractionnement séparant le pentane et les hydrocarbures plus volatils dans les fractions légères*).

dephlegmator or **deflegmator** : déphlegmateur *m.*, déflegmateur *m.* (*condenseur séparant par condensation partielle une partie des vapeurs d'une colonne de distillation pour les faire rentrer dans la tour comme reflux*).

depleted : épuisé (*en parlant d'un champ, d'un gisement ou d'un puits de pétrole, d'un additif, etc.*).

depletion : épuisement *m.*. Voir *depleted.*

depletion allowance : provision *f.* pour reconstitution de gisement, P.R.G. *f.* (*déduction sur le revenu imposable des sociétés productrices de pétrole ou de produits minéraux naturels divers pour amortir les dépenses de recherches nécessaires à la découverte de nouveaux gisements). Voir aussi cost depletion, percentage depletion.*

deposit modifier : additif *m.* pour carburants (*à base de phosphore et de bore, utilisé pour éliminer l'encrassement des bougies et l'auto-allumage par points chauds*).

depreciation : 1/ dépréciation *f.* (*différence entre l'indice d'octane Research, déterminé avec des carburants primaires, et l'indice d'octane route déterminé avec des carburants secondaires, dans la méthode Uniontown modifiée à basse vitesse*) ; 2/ amortissement *m.*

depressant : voir *pour-point depressant.*

depression meter : voir *draft gage.*

depressor : voir *negative catalyst.*

depress the pedal (to) : appuyer sur la pédale (*d'accélération*), accélérer.

depropanizer : dépropaniseur *m.* (*tour de séparation du propane*).

depth : profondeur *f.*

depth indicator or **depthometer** : indicateur *m.* de profondeur (*d'un forage ; peut être mécanique ou électronique*).

derelict : épave *f.*, navire *m.* abandonné en mer.

derivative : dérivé *m.*, produit *m.* dérivé.

derivative action or **rate action** : action *f.* dérivée (*action d'un régulateur dans lequel il existe une relation prédéterminée entre le taux instantané de variation de la variable et la position de l'élément de régulation*).

dermatitis : voir *industrial dermatitis*.

derrick : 1/ tour *f.* de forage, mât *m.*, tour *f.*, derrick *m.* (*charpente, le plus souvent métallique, que l'on dresse à l'endroit où l'on veut effectuer un forage, pour l'exécution des manœuvres de levage et de descente des outils*) ; 2/ charpente *f.* métallique (*supportant le réacteur et le régénérateur de certains craqueurs catalytiques*) ; 3/ chevalement *m.* (*d'une grue de grande puissance utilisée sur les chantiers de montage*).

derrick apples : petits objets *m.* tombant par accident sur le plancher d'une tour de forage (*boulons, vis, outils divers, etc.*).

derrick brace : croisillon *m.* d'une tour de forage.

derrick floor or **rig floor** : plancher *m.* (*de manœuvre*) d'une tour de forage.

derrick girt or **derrick girth** : entretoise *f.* horizontale de la charpente d'une tour de forage.

derrick leg or **leg** or **corner post** : montant *m.* d'une tour de forage.

derrickman or **attic hand** or **monkey** or **monkey boy** : accrocheur *m.* (*ouvrier sondeur spécialisé dans l'accrochage des tiges, qui se tient à la plate-forme d'accrochage, ou* monkey board ; *il est également chargé de la surveillance des pompes ainsi que des mesures élémentaires cycliques des propriétés de la boue, densité, viscosité, etc., et éventuellement de sa préparation et de son entretien*).

derrick sill : longeron *m.* supportant le plancher d'une tour de forage.

DERV fuel : abréviation de *diesel engine road vehicle fuel.* Voir ce terme.

desalination : voir *desalting*.

desalter : dessaleur *m.*, unité *f.* de dessalage (*éliminant les sels du pétrole brut par lavage à l'eau suivi d'une séparation ; voir aussi electrical desalting*).

desalting or **desalination** : dessalage *m.*, dessalement *m.*, dessalaison *f.*

desander or **desilter** : dessableur *m.*, désilteur *m.* (*appareil servant à éliminer le sable et les silts de la boue de forage par centrifugation*).

descaling : détartrage *m.*, décapage *m.*, décalaminage *m.*

descaling tool : outil *m.* servant au détartrage des tuyauteries et des chaudières.

desiccant : voir *drying agent*.

desiccator : dessicateur *m.*

design : projet *m.*, étude *f.*, plan *m.*, conception *f.*, dessin *m.*

desilter : voir *desander*.

desludging : élimination *f.* des boues (*du carter d'un moteur*).

desorption : désorption *f.* (*phénomène inverse de l'adsorption ou de l'absorption au cours duquel les produits sont libérés et l'adsorbant ou l'absorbant régénéré*).

destinker : désodoriseur *m.* (*déshydrateur éliminant l'eau et l'odeur de la paraffine*).

destinking : désodorisation *f.* (*notamment de la paraffine*).

Desulfining : procédé *m.* de désulfuration des essences pour automobile. – *Husky Oil Co.*

desulfuration or **desulfurization** : désulfuration *f.* (*élimination plus ou moins poussée du soufre contenu dans les produits pétroliers, généralement par traitement catalytique à l'hydrogène*).

desuperheater or **attemperator** : désurchauffeur *m.* (*dispositif injectant du liquide dans une vapeur surchauffée pour en réduire le degré de surchauffe*).

detector : indicateur *m.*, détecteur *m.* (*terme désignant, entre autres, un appareil de laboratoire permettant de détecter la présence d'hydrocarbures gazeux dans les pores des échantillons de forage, carottes ou déblais ; un type particulier d'appareil est aussi employé pour la détection de l'hydrogène sulfuré dans un mélange de gaz, dans l'air par exemple*).

detent : dispositif *m.* de verrouillage ou d'arrêt.

detergency wall or **black halo** : halo *m.* noir (*dans l'essai à la tache d'une huile détergente, désigne l'anneau noir qui se forme autour de la partie centrale opaque et qui correspond à l'extension maximale de la goutte d'huile ; voir spot test*).

detergent or **dispersant** : détergent *m.*, détersif *m.*, agent *m.* tensio-actif, dispersant.

detergent-dispersant additive : additif *m.* détergent-dispersant (*incorporé aux huiles pour mo-*

teurs du type heavy duty, à raison de 3 à 20 % ; il s'agit généralement de savons d'aluminium ou de métaux alcalino-terreux, – naphténates d'aluminium et de baryum –, de sulfures, d'alcoylphénolates métalliques, de phénylstéarates, de dichlorostéarates, etc.).

detergent oil : huile *f.* détergente (*lubrifiant pour moteur possédant, grâce à l'incorporation d'additifs détergents, la propriété de disperser les dépôts solides et les résidus de combustion acides*).

detonation : détonation *f.* Voir *knocking.*

detuner : amortisseur *m.* de vibrations.

detuning tank : réservoir *m.* antiroulis d'un navire de forage (*situé en haut de la coque, son niveau de remplissage permet d'abaisser ou d'élever à volonté le centre de gravité du navire*).

development : 1/ mise *f.* au point, mise en valeur, aménagement *m.* ; 2/ développement *m.* (*phase de mise en production d'un gisement, comportant, après la découverte, le forage des puits, leur équipement et la mise en œuvre des moyens d'exploitation*).

deviated drilling : voir *directional drilling.*

device : dispositif *m.*, appareil *m.*, mécanisme *m.*, appareillage *m.*, moyen *m.*, organe *m.*

devil's pitchfork : fourche *f.* du diable (*instrument spécial servant au repêchage d'un outil de forage laissé au fond d'un puits*).

Devonian : Dévonien *m.* (*se dit de la troisième période de l'ère paléozoïque, ou primaire, comprise entre le Silurien et le Carbonifère et qui va de –395 à –345 millions d'années*).

Dewar flask : voir *Dewar vessel.*

Dewar vessel or **Dewar flask** : vase *m.* de Dewar (*vase isolant à double paroi sous vide, servant à la conservation des gaz liquéfiés*).

dewater (to) : désamorcer (*une pompe*).

dewatering : 1/ déshydratation *f.* (*rassemblement d'eau répartie en fines particules*) ; 2/ assèchement *m.*, épuisement *m.* (*de l'eau*), dénoyage *m.* (*d'une galerie de mine*) ; 3/ désamorçage *m.* (*d'une pompe*).

dewatering fluid : fluide *m.* déshydratant, fluide hydrofugeant (*ayant la propriété d'éliminer toute trace d'humidité des surfaces métalliques et assurant de la sorte une protection contre la rouille*).

dewatering tower : tour *f.* de déshydratation, tour de séchage.

dewaxed oil : huile *f.* déparaffinée, déparaffinat *m.*

dewaxed steam refined stock : huile *f.* ou résidu *m.* de distillation sous vide déparaffiné.

dewaxing : déparaffinage *m.*

dewaxing aid : additif *m.* modifiant la structure cristalline des paraffines (*favorisant leur séparation au cours du déparaffinage*).

dew drop : goutte *f.* de rosée, goutte de condensation.

dew-drop lubricator : voir *drop lubricator.*

deweeding oil : voir *herbicidal oil.*

dew point : point *m.* de rosée, point de condensation (*température à laquelle, sous une pression constante, un gaz commence à se condenser*).

dewy : couvert de rosée, humide.

Dexron automatic transmission fluid : fluide *m.* pour transmissions automatiques (*répondant à la spécification General Motors ; le fluide amélioré Dexron II peut être utilisé également pour le graissage des moteurs rotatifs GM de type Wankel*).

dextrorotary : dextrogyre, tournant à droite.

DG service : voir *API service designations for motor oils.*

DI : abréviation de *diesel index.* Voir ce terme.

diaclase : diaclase *f.* (*fissure ou cassure d'une roche sans déplacement relatif*).

diagenesis : diagenèse *f.* (*ensemble des processus qui affectent un dépôt sédimentaire et le transforment progressivement en roche sédimentaire solide*).

diagram : diagramme *m.*, graphique *m.*, dessin *m.*, plan *m.*, schéma *m.* (*représentant soit ' le déroulement d'un phénomène, soit la disposition d'un processus physique ou chimique*). Voir aussi *flow diagram, mechanical diagram, process diagram.*

diagraphy : diagraphie *f.* (*enregistrement continu, dans un forage, en fonction de la profondeur, de grandeurs physiques, telles la résistivité, la densité, la porosité, etc., des terrains traversés*). Voir *electric logging, Gamma-ray log, Laterolog, log* 1/, *logging, Microlog, Neutron log, Sonic log.*

dial : cadran *m.*, limbe *m.* (*d'un appareil de mesure*).

dialing or **dialling** : 1/ composition *f.* d'un numéro sur un cadran ; 2/ lever *m.* de plan à la boussole.

dialysis : dialyse *f.* (*purification ou analyse chimique fondée sur la propriété que possèdent certains corps de traverser plus facilement que d'autres les membranes poreuses*).

dialysate : dialysat *m.* (*produit d'une dialyse*).

diamond bit : voir *diamond drill* 1/.

diamond core drill : carottier *m.* à fraise diamantée.

diamond drill or **diamond-pointed drill** : 1/ outil *m.* à diamants, outil diamanté ; 2/ perforatrice *f.* à diamant.

diaphragm-actuated valve : vanne *f.*, robinet *m.*, actionné par un diaphragme (*vanne de réglage en particulier*).

diapir : diapir *m.* (*montée de roches profondes et plastiques, comme le sel ou les argiles, à travers des roches sus-jacentes, plus récentes et généralement plus lourdes*).

diastem : lacune *f.* de sédimentation.

diastrophism : diastrophisme *m.* (*ensemble des déformations et des dislocations subies sous l'action de forces internes par les couches géologiques postérieurement à leur dépôt et à leur consolidation*).

diatom : diatomée *f.* (*algue unicellulaire microscopique d'eau douce, saumâtre ou salée, dont les débris accumulés au fond de l'eau en masses considérables forment la terre ou boue à diatomées, dite aussi diatomite ;* voir aussi *diatomaceous earth*).

diatomaceous earth or **guhr** or **kieselguhr** or **infusorial earth** : terre *f.* à diatomées, kieselguhr *m.*, terre d'infusoires, diatomite *f.*, tripoli *m.* (*roche sédimentaire siliceuse, essentiellement constituée par les frustules de diatomées fossiles ; de grain extrêmement fin, de faible densité, souvent sans cohésion et de couleur blanche, elle est aussi appelée farine fossile ; son très haut pouvoir absorbant en justifie l'emploi dans la fabrication de la dynamite ou comme adjuvant de filtration en raffinage ; sa nature siliceuse et son grain en font aussi un abrasif ultra-fin*).

diatom ooze : boue *f.* à diatomées. Voir aussi *diatomaceous earth*.

dibromoethane : dibromure *m.* d'éthyle. Voir *lead scavenger*.

dichloroethane : dichlorure *m.* d'éthyle. Voir *lead scavenger*.

die : 1/ matrice *f.*, poinçon *m.*, filière *f.*, étampe *f.* ; 2/ dé *m.*

die cast : coulé sous pression, en coquille.

dielectric oil : huile *f.* diélectrique, huile isolante.

dielectric strength or **electric strength** : rigidité *f.* diélectrique (*d'une huile isolante ; tension alternative, en kilovolts, entraînant une décharge disruptive ; elle se mesure à l'aide d'un spintéromètre ;* voir *spark meter*).

dielectric test : essai *m.* de rigidité diélectrique (*d'une huile isolante ; cf. ASTM D 877, AF-*

NOR C 27 – 221 ; les deux spécifications ne sont pas rigoureusement identiques).

die lube : huile *f.* de démoulage (*utilisée en fonderie*).

die nipple : taraud *m.* de repêchage (*manchon fileté utilisé pour repêcher dans un puits un élément tubulaire à l'intérieur duquel il peut se visser*).

diesel engine road vehicule fuel or **DERV fuel** : gazole *m.* routier (*terme en usage en Grande-Bretagne*).

diesel fuel : voir *diesel oil*.

diesel fuel conditioner : voir *fuel conditioner*.

diesel index or **DI** : indice *m.* diesel (*indice permettant une classification des combustibles pour moteur diesel qui se calcule selon la formule suivante :*

$$DI = \frac{\text{point d'aniline (en °F)} \times \text{densité API}}{100}$$

cf. Standard Method IP 21).

dieseling : auto-allumage *m.* ou réallumage *m.* (*d'un moteur à allumage commandé lorsque le contact est coupé*).

diesel oil or **diesel fuel** : huile *f.* diesel, gazole *m.* (*combustible pour moteur diesel*).

diester oil or **ester oil** : huile *f.* synthétique à base d'esters.

Diesulforming : procédé *m.* de traitement de désulfuration des huiles diesel par hydrogénation en présence d'un catalyseur régénérable au molybdène. – *Husky Oil Co.*

differential fill float collar or **differential fill float shoe** : manchon *m.* ou sabot *m.* permettant le remplissage partiel des tubes de cuvelage en cours de descente.

diffuser : voir *diffusor*.

diffusion ring : anneau *m.* de diffusion (*dans l'essai à la tache d'une huile détergente, zone de diffusion, ou halo, qui entoure la partie centrale opaque et qui caractérise la présence d'additifs actifs ;* voir *spot test*).

diffusor or **diffuser** : diffuseur *m.*

dig (to) : creuser.

digest : 1/ abrégé *m.*, résumé *m*, aperçu *m.* ; 2/ codification *f.*, digeste *m.*

digest (to) : 1/ mettre en ordre (*des faits*), résumer ; 2/ élaborer (*un projet*).

digester : 1/ digesteur *m.* (*appareil servant à extraire d'une substance les parties solubles dans un solvant approprié*) ; 2/ digesteur *m.* (*réservoir* *de décantation des boues au cours du traitement biologique des eaux usées*) ; 3/ voir *soaking chamber.*

digger : 1/ excavateur *m.* ; 2/ terrassier *m.*, mineur *m.* ; 3/ tige *f.* de commande (*des soupapes d'un moteur à explosion*) ; 4/ terme ancien désignant un foreur *m.*

digital : numérique, digital (*s'oppose à* analog ; voir ce terme). Voir *digital computer.*

digital computer : calculateur *m.* numérique, calculateur digital (*calculateur fonctionnant sur des nombres discontinus, par opposition au calculateur analogique dans lequel les données sont transformées en valeurs physiques continues avant d'être traitées*). Voir *analog computer.*

dike : voir *dyke.*

dike rock : roche *f.* filonienne. Voir *dyke 1/.*

dil : abréviation de *dilute.* Voir ce terme.

dilute or **dil** : dilué.

dilution of motor oil : dilution *f.* de l'huile moteur (*par passage du carburant non brûlé de la chambre de combustion dans le carter*).

dim : trouble, atténué, faible, terne.

dimer : dimère *m.* (*polymère issu de l'union de deux molécules identiques d'oléfines*).

Dimersol process : procédé *m.* de polymérisation du propène, ou d'un mélange de propène et de butènes, en présence d'un catalyseur soluble, et donnant, entre autres, un constituant pour carburants, le dimate. – *Institut français du pétrole.*

dimming : atténuation *f.* (*de la lumière*), mise *f.* en veilleuse (*d'une lampe*).

dimorphic or **dimorphous** : dimorphe (*se dit d'un composé chimique pouvant se présenter sous deux états cristallins différents*).

Dinoseis : dénomination commerciale d'une source d'énergie utilisée en prospection sismique (*un piston lourd, mû par une explosion dans le cylindre du corps de l'appareil, heurte violemment le sol, engendrant ainsi une onde sismique.* – *Sinclair Research*).

diolefine : dioléfine *f.* (*terme synonyme de diène ou de carbure diéthylénique et désignant un hydrocarbure aliphatique à deux liaisons éthyléniques*).

dip : 1/ pendage *m.*, inclinaison *f.* d'une couche, pente *f.* ; 2/ mouillage *m.*, trempe *f.*, bain *m.* d'immersion.

dip fault : faille *f.* transversale, faille oblique.

dip-feed lubrication : voir *dip oiler.*

diphasic flow : écoulement *m.* diphasique (*écoulement simultané d'un gaz et d'un liquide*).

dip leg : pied *m.* plongeant (*de chacun des cyclones d'un craqueur catalytique*).

dipmeter : pendagemètre *m.* (*appareil permettant la mesure en continu, sous forme de diagraphie, du pendage des couches géologiques traversées par un sondage*).

dip oiler or **oil dipper** or **dip-feed lubrication** : 1/ cuiller *f.* de projection d'huile (*dans les moteurs dont les pieds de bielles sont graissés par projection*) ; 2/ mentonnet *m.* lubrificateur.

dip oils : voir *tar acids.*

Dippel's oil : voir *bone oil.*

dipper : godet *m.* (*de pelle excavatrice*).

dipping : 1/ incliné, plongeant vers ; 2/ inclinaison *f.*, plongement *m.* ; 3/ immersion *f.*, décapage *m.*, trempe *f.* (*par immersion*) ; 4/ jaugeage *m.* (*de la hauteur d'un liquide dans un réservoir à l'aide d'un ruban d'acier ou d'une réglette de jaugeage*).

dip rod or **dipping rod** : voir *dip stick.*

dip shooting : tir *m.* au pendage (*tir sismique spécialement disposé pour déterminer le pendage des couches géologiques*).

dip stick or **dipping rod** or **dip rod** : réglette *f.*, jauge *f.*, pige *f.* de niveau, jauge *f.* graduée.

direct fire boiler : chaudière *f.* à flamme directe.

direct flame muffler or **direct flame afterburner** : pot *m.* d'échappement antipollution à flamme directe (*les gaz de combustion, enrichis d'air, y sont brûlés, éliminant ainsi 40 % des hydrocarbures polluants et de l'oxyde de carbone*). Voir aussi *catalytic muffler.*

directional drilling or **directional hole** or **deviated drilling** : forage *m.* dirigé, forage dévié (*forage d'un puits dans une direction donnée, différente de la verticale, pour atteindre un objectif autrement inaccessible*).

directional drilling tools : ensemble des outils utilisés pour forer un puits intentionnellement dévié. Voir *directional drilling.*

directional hole : voir *directional drilling.*

dirt : 1/ crasse *f.*, saleté *f.*, impureté *f.* ; 2/ déblai *m.*, remblai *m.* ; 3/ boue *f.* stérile ; 4/ terre *f.* d'alluvions, gravier *m.* ; 5/ boue *f.* de polissage.

dirty : sale, souillé, encrassé, terne, noir (*terme désignant, dans le transport des produits pétroliers, ceux laissant un résidu ou un dépôt noir, tels le pétrole brut, les fuels ou les bitumes ; s'oppose à* clean *et à* white).

dirty oil : huile *f.* usagée.

dirty-oil vessel : 1/ navire *m.* pétrolier transportant généralement des produits noirs ; 2/ réservoir *m.* à produits noirs.

disassemble (to) : démonter, désassembler.

disc brake fluid : voir *disk brake fluid.*

discharge : 1/décharge *f.*, dépotage *m.*, déchargement *m.*, évacuation *f.*, écoulement *m.*, refoulement *m.*, débit *m.*, rejet *m.*, déversement *m.* ; 2/ renvoi *m.*, congédiement *m.* ; 3/ quittance *f.*, acquit *m.*

discharge port : lumière *f.* de refoulement, de décharge.

discoloration : 1/ décoloration *f.*, changement *m.* de teinte ; 2/ ternissement *m.*, ternissure *f.*

disconnected riser : riser *m.* déconnecté. Voir *connecter, riser* 1/.

discovery well : puits *m.* de découverte (*premier puits productif foré sur un gisement*). Voir aussi *confirmation well.*

disengaging drum or **disentrainment drum** : récipient *m.* utilisé pour la séparation rapide gaz-liquide (*se distingue du séparateur par la durée de l'opération*).

disengaging fork : fourchette *f.* de désaccouplement, de déclenchement, de débrayage.

disentrainment drum : voir *disengaging drum.*

dish : récipient *m.*, cuvette *f.*, coupelle *f.*, creuset *m.*, batée *f.*

dish-bottom tank : réservoir *m.* à fond concave (*favorisant le rassemblement des produits décantés*).

dished : voir *bumped.*

dished head : fond *m.* (*de récipient*) embouti, convexe ou concave.

dishing : emboutissage *m.* (*d'un fond de récipient*).

disk and doughnut : disque *m.* et anneau *m.* (*dispositif de chicanes, dans une colonne de fractionnement ou dans un échangeur, constitué par des disques et des anneaux alternés*).

disk bit : trépan *m.* à disque.

disk brake fluid or **disc brake fluid** : liquide *m.* pour freins hydrauliques à disques.

disk valve : soupape *f.* à clapet, soupape de Cornouailles, clapet *m.* à disque.

dismantling : démontage *m.*, désarmement *m.*, démolition *f.*

dismutation : 1/ dismutation *f.* (*réaction d'oxydoréduction dans laquelle une partie des molécules est oxydée, tandis que d'autres, initialement identiques, subissent une réduction équivalente*) ; 2/ voir *disproportionation.*

dispatcher : répartiteur *m.* (*agent responsable du mouvement des produits expédiés par oléoduc, par chemin de fer ou par route ; s'applique aussi dans le cas de la distribution de l'énergie électrique*).

dispatching : répartition *f.*, distribution *f.*

dispatch notice : avis *m.* d'expédition.

dispenser : voir *dispensing pump.*

dispensing hose : tuyau *m.* flexible (*d'un volucompteur, d'un distributeur automatique de carburant*).

dispensing pump or **dispensing pedestal** or **dispenser** : distributeur *m.* automatique, volucompteur *m.* (*pour carburants ou gaz de pétrole liquéfiés*).

dispersant : voir *detergent.*

disperse phase : phase *f.* dispersée (*notamment d'un catalyseur fluidisé*).

dispersion : dispersion *f.* (*nom donné à tout corps liquide ou gazeux contenant uniformément réparti dans sa masse un autre corps en suspension*).

dispersion-type cylinder lubricant : huile *f.* alcaline pour cylindres (*de gros moteurs diesel utilisant un combustible lourd à haute teneur en soufre ; les additifs alcalins ne sont pas en solution dans l'huile mais en dispersion ; ils se déposent parfois par décantation*). Voir aussi *alkaline oil, emulsion-type cylinder lubricant, monophase oil.*

displacement : 1/ déplacement *m.* (*d'une couche géologique par rapport à une autre*), rejet *m.* (*d'une faille*), dislocation *f.*, décalage *m.*, glissement *m.* ; 2/ volume *m.* d'encombrement ; 3/ cylindrée *f.* ; 4/ déplacement (*d'un navire*).

displacement compressor : compresseur *m.* volumétrique.

displacement development : analyse *f.* chromatographique par déplacement. Voir *chromatography.*

displacement flush : rinçage *m* (*effectué pour éliminer toute trace de produit antirouille dans le circuit de graissage d'une machine neuve*).

displacing oil : huile *f.* utilisée pour éliminer toute trace de fluide de rinçage (*ou de produit antirouille des points inaccessibles d'une machine ou d'un circuit de graissage*).

display panel : panneau *m.* de visualisation.

display terminal : voir *visual display unit.*

disponent shipowner : armateur *m.* disposant (*affréteur en time charter ou au voyage qui sous-affrète son navire à un tiers*).

disposal : 1/ élimination *f.*, destruction *f.* ; 2/ fosse *f.* ou bac *m.* à déchets, décharge *f.*

disproportionation or **dismutation** : disproportionnation *f.* (*transformation de deux molécules identiques en une mélocule plus petite et en une seconde plus grande ; ex. : 2 C_6H_5-CH_3 → C_6H_6 + C_6H_5 (CH_3)$_2$, toluène → benzène + xylène*).

disrupted bed : couche *f.* géologique interrompue.

dissolved gas or **solution gas** : gaz *m.* dissous (*hydrocarbures en phase liquide dans les conditions de pression et de température d'un gisement et normalement en phase gazeuse dans les conditions de surface*).

dissolved gas drive or **solution gas drive** : méthode *f.* de production de l'huile d'un gisement, en absence d'eau et de gaz libres, par expansion des gaz dissous (*le taux de récupération est de l'ordre de 20 à 30 %*).

distex : voir *extractive distillation*.

distillate : produit *m.* de distillation, distillat *m.*, condensat *m.*, eau *f.* libre (*de la boue de forage*).

distillate field : voir *condensate field*.

distillation : distillation *f.*

distillation curve : courbe *f.* de distillation (*elle permet, pour une fraction donnée, de déterminer la quantité de distillat en fonction de la température*).

distillation range : intervalle *m.* de distillation.

distribution main : conduite *f.* de distribution.

Distribution octane number or **DON** : méthode *f.* proposée en 1964 par l'ASTM pour déterminer le pouvoir antidétonant sur route d'une essence (Research method *selon ASTM D 908 ou D 1656, AFNOR M 07 – 026*) avec l'installation d'un collecteur refroidi par eau entre le carburateur et l'aspiration du moteur CFR (*on obtient ainsi l'indice d'octane des fractions les plus légères ; en même temps on calcule le rapport* [bleed ratio] *entre le volume de carburant récupéré au collecteur et celui aspiré par le moteur*).

disturbance or **load change** or **upset** : perturbation *f.* (*des conditions opératoires d'un processus en continu nécessitant une modification de la régulation*).

disulfide : bisulfure *m.*, disulfure *m.*

disulfide oils : huiles *f.* obtenues lors de l'oxydation des mercaptans en disulfures.

ditch : caniveau *m.*, fossé *m.*, tranchée *f.*, canal *m.*, rigole *f.*

ditcher : excavatrice *f.*, trancheuse *f.* (*engin mécanique servant à creuser des tranchées*).

diver : plongeur *m.*, scaphandrier *m.*

diver's helmet : casque *m.* de scaphandre, casque de plongée.

diverter valve or **diversion valve** : prise *f.* auxiliaire de force (*dans un circuit hydraulique*).

diverting agent : agent *m.* de déviation (*en fracturation*).

dividers : compas *m.* à pointes sèches.

diving bell : cloche *f.* à plongeur, tourelle *f.* de plongée.

diving compressor : compresseur *m.* flottant (*pour travaux sous-marins*).

diving dress or **diving suit** : scaphandre *m.* de plongeur, vêtement *m.* ou tenue *f.* de plongée.

divining rod or **divining stick** or **dowsing rod** : baguette *f.* de sourcier. Voir aussi *doodlebug* 1/.

DM service : voir *API service designations for motor oils*.

dockage or **dock dues** : droits *m.* de bassin.

docket : récépissé *m.* de douane.

Doctor solution : solution *f.* au plombite de sodium (*utilisée dans le traitement de certains produits pétroliers*).

Doctor sweetening : voir *Doctor treatment*.

Doctor test : essai *m.* au plombite de sodium (*pour la recherche de l'hydrogène sulfuré et des mercaptans dans les essences ou le pétrole lampant ; cf. Standard Method IP 30, AFNOR M 07 – 029*).

Doctor treatment or **Doctor sweetening** : procédé *m.* d'adoucissement des essences (*à l'aide du plombite de sodium ; l'oxydation des mercaptans en disulfures est obtenue en même temps que la précipitation de sulfure de plomb par addition d'une petite quantité de soufre ; la solution de plombite est régénérée par soufflage à l'air ; ce traitement peut se faire à froid, – cold Doctor treatment –, ou à chaud, – hot Doctor treatment –, sur les essences obtenues par craquage ou par reformage*).

documents of title : 1/ titres *m.* de propriété ; 2/ connaissement *m.* négociable.

dog : vieux poste *m.* d'essence, à faible débit.

dog-house : 1/ abri-bureau *m.*, vestiaire *m.*, (*sur un chantier*) ; 2/ dog-house *m.* (*cabine au* niveau du plancher d'une tour de forage à l'abri de laquelle, entre autres, le chef de poste rédige les rapports de forage).

dogleg : 1/ déviation *f.* en patte de chien (*variation accidentelle de la déviation d'un forage, dans un sens, puis dans l'autre*) ; 2/ double cambrure *f.* (*d'un tube, d'une conduite, etc.*).

dolly : voir *ass wagon.*

dolphin : 1/poteau *m.* d'amarrage, duc d'Albe *m.* ; 2/ bouée *f.* (*de corps mort*).

dome : coupole *f.*, dôme *m.*, calotte *f.*, champignon *m.*

domed : bombé, en forme de dôme.

domestic fuel oil : voir *domestic oil.*

domestic kerosene : pétrole *m.* lampant (*de qualité supérieure, pour usage domestique*).

domestic lubricant : voir *household oil.*

domestic oil or **domestic fuel oil** : huile *f.* combustible pour chauffage domestique, fuel *m.* domestique, F.O.D. *m.*

DON : abréviation de *Distribution octane number.* Voir ce terme.

donkey : 1/ chariot *m.* ; 2/ treuil *m.* roulant ; 3/ petit-cheval *m.* (*petite pompe auxiliaire à vapeur*).

doodlebug : 1/ baguette *f.*, pendule *m.* (*de sourcier*) ; 2/ sismographe *m.*

Doolittle viscometer : viscosimètre *m.* de Doolittle (*à torsion ; servant à la mesure de la viscosité absolue*).

door-to-door delivery service : voir *stop-and-go service.*

dope : 1/ produit *m.* d'addition, additif *m.*, dope *m.* (*substance dont l'addition en faible quantité améliore les qualités d'un produit*) ; 2/ émaillite *f.*, enduit *m.* d'enrobage, enduit ou laque *f.* (*pour carosserie automobile*).

doped oil : huile *f.* dopée.

dormant oil : huile *f.* d'hiver (*huile fongicide appliquée sur les arbres pendant la saison d'hiver*).

DOT hydraulic brake fluid : abréviation de *Department of Transportation hydraulic brake fluid.* Voir ce terme.

dotted line : ligne *f.* en pointillé, pointillé *m.*

double : double *m.* (*rame de deux tiges de forage ou ensemble de deux éléments de tubage vissés bout à bout et manœuvré dans cet état*). Voir *string 1/.*

double-acting steam engine : machine *f.* à vapeur à double effet.

double-bladed switch : interrupteur *m.* à deux couteaux, à deux lames.

double board : plate-forme *f.*, d'accrochage (*située à la hauteur d'un double* ; voir *double.*

double bond or **double linking** : double liaison *f.* (*chimique*).

double-deck floating roof : toit *m.* flottant (*d'un réservoir, formant un compartiment fermé*).

double-enveloping worm gear or **double-throated worm gear** : vis *f.* sans fin globique (*utilisée surtout dans les appareils de levage ou de manutention*).

double helical gear or **herringbone gear** : engrenage *m.* hélicoïdal double, à chevrons.

double inhibited oil : huile *f.* doublement inhibée (*contenant deux dopes*).

double linking : voir *double bond.*

double pipe heat exchanger : échangeur *m.* de chaleur à double tube (*les deux tubes sont concentriques ; l'un des fluides circule dans l'espace annulaire, l'autre dans le tube central*).

double-row ball bearing : roulement *m.* à double rangée de billes.

double-row roller bearing : roulement *m.* à double rangée de rouleaux.

double-solvent extraction : extraction *f.* par double solvant (*permettant, par exemple, l'obtention de lubrifiants par désasphaltage et extraction simultanée des composés aromatiques au moyen de deux solvants différents*).

double-throated worm gear : voir *double-enveloping worm gear.*

double-throw switch : voir *changeover switch.*

doughnut : tore *m.*, anneau *m.* Voir aussi *disk and doughnut.*

doughy : pâteux.

Dow ductility : ductilité *f.* Dow (*d'un bitume ; elle est proportionnelle à la longueur à laquelle un échantillon normalisé peut être étiré avant de se rompre ; cf. ASTM D 113, AFNOR T 66 – 006*).

dowel : téton *m.*, ergot *m.* (*facilitant un assemblage*) cheville *f.*, pièce *f.* de fixation, goujon *m.*

downcomer : voir *tray downspout.*

downdraft or **backdraft** : tirage *m.* inversé (*d'une cheminée*).

downdraft carburettor or **downdraught carburettor** : carburateur *m.* inversé (*on écrit aussi* carburetor).

downflow : courant *m.* descendant, écoulement *m.*

downhole conditions : conditions *f.* au fond du puits, conditions de fond (*température, pression*).

downshift (to) : rétrograder (*une vitesse*).

downstream : en aval.

downstroke : course *f.* descendante (*d'un piston*).

downtime : temps *m.* mort (*pour réparation ou entretien, pour cause de mauvais temps, etc.*).

Dow penetration : consistance *f.* Dow (*d'un bitume, dans des conditions normalisées de température, de charge et de durée ; à 25 °C, sous une charge de 100 g et pendant 5 s, ou à 0 °C, sous 200 g de charge et pendant 60 s, elle correspond à la profondeur de pénétration, mesurée en dixièmes de millimètre, d'une aiguille calibrée dans l'échantillon ; cf. ASTM D 5, AFNOR T 66 – 004*).

dowsing rod : voir *divining rod.*

dozer : voir *angledozer, bulldozer, tiltdozer.*

dr : abréviation de *dram.* Voir ce terme.

drachm : voir *dram.*

draft : 1/ tirant d'eau *m.* (s'écrit aussi *draught*) ; 2/ tirage *m.*, dépression *f.*, courant d'air *m.*, traction *f.* (s'écrit aussi *draught*) ; 3/ plan *m.*, projet *m.*, dessin *m.*, esquisse *f.*, projet *m.*, brouillon *m.*

draft gage or **draught gage** or **depression meter** : indicateur *m.* de tirage, déprimomètre *m.*

draft tube : tube *m.* d'aspiration.

drag : 1/ rebroussement *m.*, retroussement *m.* (*des lèvres d'une faille*) ; 2/ drague *f.* ; 3/ tirage *m.*, traînée *f.*, résistance *f.* à l'avancement.

drag bit : trépan *m.* à lame en forme de cuiller.

drag chain : chaîne *f.* d'attelage.

drag-in : solution *f.* adhérente.

dragline : dragline *f.* (*engin de travaux publics utilisé pour le ramassage et le chargement de terres, de rochers, etc., et constitué par un godet unique manœuvré par des câbles soutenus par une flèche*).

drag marks : rayures *f.* verticales (*sur la surface des segments d'étanchéité d'un piston, ayant une*

largeur de 1/64 à 1/8 de pouce, soit 0,397 à 3,175 mm).

drag-out : solution *f.* entraînée.

drag start test : essai *m.* d'accélération départ arrêté.

dragster : véhicule *m.* utilisé pour épreuves d'accélération.

drain or **sewer** : décharge *f.*, purge *f.*, vidange *f.*, égout *m.*, drainage *m.*, rigole *f.*, canal *m.* d'écoulement, puisard *m.*, puits *m.* perdu.

drainage ditch : fossé *m.* de drainage.

drain cock or **petcock** : robinet *m.* de fond ou de purge, robinet purgeur, robinet de vidange.

drainer : égouttoir *m.*, tour *f.* d'égouttage.

drain hole : 1/ puits *m.* de drainage (*forage dirigé que l'on exécute à partir d'un forage initial, à travers une couche productive, en vue d'augmenter la capacité de production d'un puits*) ; 2/ puisard *m.*, puits *m.* perdu.

draining shaft : puits *m.* de drainage.

drain interval : intervalle *m.* de vidange (*temps, en heures, ou nombre de kilomètres, séparant deux vidanges d'huile consécutives*).

drain plug : bouchon *m.* de vidange.

drain trap : siphon *m.* (*d'égout*).

dram or **drachm** or **dr** (avoirdupois) : drachme *f.* (*mesure de poids anglo-saxonne égale à 1,772 g*).

dram (fluid) or **drachm (fluid)** or **fl. dr.** : drachme *f.* fluide (*mesure de capacité anglo-saxonne égale à 3,552 cm³ en Grande-Bretagne et à 3,697 cm³ aux États-Unis*).

dram or **drachm** or **dr** (troy) : drachme *f.* (*mesure de poids anglo-saxonne égale à 3,888 g*).

draught : voir *draft* 1/ et 2/.

draught gage or **draught gauge** : voir *draft gage.*

draught tube : voir *draft tube.*

drawback : remboursement *m.* (*à la réexportation, des droits de douane perçus à l'entrée*).

drawdown : rabattement *m.*, soutirage *m.* (*pour un débit fixé, différence entre le niveau du fluide en état d'équilibre puits fermé et son niveau quand le puits produit*).

drawing : 1/ dessin *m.*, croquis *m.*, 2/ extraction *f.* ; 3/ étirage *m.*, emboutissage *m.*

drawing compound : pâte *f.* d'étirage, pâte de tréfilerie.

drawing oil : huile *f.* d'étirage (*huile minérale pure, compoundée ou soluble*).

draw-off pan or **draw-off tray** : plateau *m.* de soutirage (*dans une colonne de fractionnement*).

draw-off pipe : conduite *f.* de soutirage.

draw-off tray : voir *draw-off pan*.

draw out (to) : 1/ étirer, allonger, marteler, forger ; 2/ tirer, extraire (*en particulier le train de tiges hors du trou de sonde*).

draw works or **drawworks** : treuil *m.* principal d'une installation de forage rotary (*placé sur le plancher et entraîné par un ou plusieurs moteurs, il assure la manœuvre des tiges de forage et des tubages dans le puits ainsi que, par l'intermédiaire de la table de rotation, le mouvement rotatif du train de tiges ; ses parties essentielles sont : l'arbre principal couplé par chaîne au groupe moteur* [main drive shaft], *l'arbre intermédiaire à trois rapports de transmission* [jack shaft], *l'arbre du tambour de curage* [sand reel] *ou arbre des cabestans* [catshaft], *l'arbre du tambour de manœuvre* [drum shaft] *et enfin l'arbre de renvoi* [rotary countershaft] *couplé directement à la table de rotation*).

dredge or **dredger** : drague *f.*

dressing : apprêtage *m.*, nettoyage *m.*, ajustage *m.*, préparation *f.*, dessablage *m.* (*d'une pièce coulée*).

dribble : écoulement *m.* goutte à goutte, égouttage *m.*

driblet or **droplet** : gouttelette *f.*

dried gas : voir *dry gas*.

drift : 1/ dérive *f.* (*d'un navire, d'un instrument de mesure, des continents, etc.*) ; 2/ déplacement *m.*, parfois lent, superficiel (*d'eau, de sable de neige*) ; accumulation *f.* résultant de ce déplacement, en particupier quand il est dû au vent (*loess, neige, sable*) ; 3/ dépôts *m.* glaciaires ou fluvio-glaciaires (*laissés lors du retrait d'un glacier ou lors de la fonte d'une couverture glaciaire*) ; 4/ type de carte *f.* géologique figurant tous les dépôts superficiels (*glaciaires, fluvio-glaciaires, alluvions, etc.*) par opposition à un autre type de carte, dénommée *solid map*, dressée en supposant ces dépôts enlevés ; 5/ pertes *f.* (*occasionnées dans une tour de réfrigération par l'entraînement de gouttelettes d'eau* ; 6/ diamètre *m.* intérieur, diamètre d'alésage.

driftage : terrains *m.* charriés, charriage *m.*

drifter drill : perforatrice *f.* d'avancement.

drift ice : glace *f.* flottante, glace dérivante.

drifting : percement *m.* d'une galerie (*dans la direction du filon*).

drift mandrel or **caliper mandrel** : calibre *m.* d'alésage, mandrin *m.* de calibrage.

driftmeter : clinomètre *m.* (*appareil servant à mesurer les écarts de verticalité d'un sondage ; il est constitué d'un pendule suspendu à un joint universel au-dessus d'un disque de papier gradué ; à intervalles réguliers un petit électro-aimant ferme un circuit et le pendule perfore le papier*).

drill : 1/ perceuse *f.*, perforatrice *f.* ; 2/ foret *m.*, mèche *f.*

drill (to) : forer (*un puits*).

drill collar : masse-tige *f.* (*tige lourde, de diamètre supérieur aux tiges de forage, placée au-dessus de l'outil de forage pour encaisser les efforts de compression et servant à appliquer un certain poids sur l'outil en conservant l'effet pendulaire du train de tiges*).

drill collar lift nipples : tête *f.* de manœuvre des masses-tiges.

drill core : voir *core 1/*.

driller or **borer** : sondeur *m.*, chef *m.* de sonde, chef foreur, foreur *m.*

drill hole : forage *m.*, sondage *m.*, trou *m.* de sonde, puits *m.*

drilling : percement *m.*, perçage *m.*, perforation *f.*, forage *m.*

drilling barge : barge *f.* de forage, ponton *m.* ou plate-forme *f.* flottante de forage (*supportant le matériel de forage dans les opérations à la mer*).

drilling bit : voir *drill 2/, bit*.

drilling contract : contrat *m.* de forage.

drilling crew : équipe *f.* de forage.

drilling fluid or **drilling mud** or **drill mud** : fluide *m.* de forage, boue *f.* de forage (*fluide aqueux utilisé dans le forage à circulation continue, plus particulièrement dans le procédé rotary, et formé essentiellement d'une suspension colloïdale d'argile bentonitique spécialement traitée ; il sert à refroidir et lubrifier l'outil de forage, à évacuer les déblais, à maintenir les parois du trou et à équilibrer par son propre poids la pression des fluides contenus dans les formations traversées par le forage ; ses caractéristiques physiques et chimiques, objet d'une surveillance constante, sont adaptées aux conditions changeantes du forage*).

drilling line or **wireline** : câble *m.* de forage.

drilling log : log *m.* de forage (*relevé, sous forme de diagramme en fonction de la profondeur, de la vitesse d'avancement, de la densité de la boue à l'injection et à la sortie du puits, de la vitesse de rotation, du poids sur l'outil, etc. et d'une manière générale de l'ensemble des paramètres de forage*).

drilling mud : voir *drilling fluid.*

drilling pipe : voir *drill pipe.*

drilling platform : plate-forme *f.* de forage (*pour recherches en mer*).

drilling rig or **rig** : installation *f.*, appareil *m.* de forage complet (*ensemble des installations de forage*).

drilling rope : câble *m.* de forage.

drillings : voir *cuttings.*

drilling string : voir *drill string.*

drilling survey : campagne *f.* de forages.

drilling tool : outil *m.* de forage.

drilling truck : camion *m.* équipé d'une sondeuse légère (*employé en particulier en exploration sismique pour forer les trous où sont déposées les charges explosives*).

drillman : ouvrier *m.* sondeur, foreur *m.*

drill mill : cloche *f.* à fraiser.

drill mud : voir *drilling fluid.*

drillometer : voir *weight indicator.*

drill pipe or **drilling pipe** : tige *f.* de forage.

drill pipe float valve : soupape *f.* placée dans le train de sonde (*pour éviter le retour de la boue en cas d'éruption en cours de forage au moment où l'on retire la tige d'entraînement et que les obturateurs sont fermés*).

drill pipe spinner : voir *spinner.*

drillship : navire *m.* de forage.

drill stem or **auger stem** : masse-tige *f.* (*utilisée dans le système de forage au câble ou à percussion ; elle est vissée au-dessus du trépan auquel elle sert de lest et de guide ; elle a souvent la forme d'une spirale, ce qui imprime au trépan un mouvement de rotation facilitant l'extraction de la boue et des déblais de forage*).

drill-stem test or **DST** : essai *m.* de couche au cours du forage d'un puits (*essai d'une couche géologique destiné à en extraire les fluides par les tiges de forage et à mesurer les pressions statiques et dynamiques*).

drill string or **drilling string** : train *m.* de tiges, garniture *f.* de forage (*ensemble des éléments tubulaires composant le train de sonde*).

drip : 1/ goutte *f.* ; 2/ larmier *m.* ; 3/ tuyau *m.* de purge (*appareil de séparation des condensats du gaz à la sortie du puits*).

drip-feed oiler : voir *drop lubricator.*

dripless oil : voir *nondrip oil.*

dripping : dégouttement *m.*, égouttement *m.*, stillation *f.*

drip pot or **drip tank** or **drip trap** : siphon *m.*, pot *m.* de purge. Voir aussi *drip 3/.*

drive : entraînement *m.*, conduite *f.*, transmission *f.*, commande *f.*

drive (to) : entraîner, conduire, commander.

driveline lubricant : huile *f.* pour boîtes de vitesses, manuelles ou automatiques, et pour différentiels de véhicules automobiles.

driven : entraîné, commandé.

driven well : 1/ puits *m.* à production forcée, (voir *air drive, gas drive, water drive*) ; 2/ abyssinienne *f.*, puits instantané, puits américain (*puits d'eau dont le tubage est constitué par les tubes mêmes qui ont servi au forage ; ces derniers sont battus dans le sol à l'aide d'un mouton jusqu'à la profondeur requise*).

droop or **load error** or **offset** : différence *f.* permanente entre le point de consigne d'un régulateur et la valeur de la variable correspondante.

droop well : puits *m.* incliné.

drop : 1/ goutte *f.* ; 2/ chute *f.*, pente *f.*

drop (to) : 1/ tomber goutte à goutte, dégoutter ; 2/ laisser tomber ; 3/ faiblir, baisser.

drop-feed oiter : voir *drop lubricator.*

droplet : voir *driblet.*

drop lubricator or **dew-drop lubricator** or **drop-feed oiler** or **drip-feed oiler** : graisseur *m.* à compte-gouttes.

drop-out : voir *precipitation.*

dropper : flacon *m.* compte-gouttes.

dropping of tools : chute *f.* accidentelle d'outils (*dans un forage*).

drop point or **dropping point** : 1/ point *m.* de goutte (*température à laquelle une huile ou une graisse passe de l'état semi-solide à l'état liquide ; cf. ASTM D 566, AFNOR T 60 – 102*) ; 2/ point *m.* de fusion conventionnel (*température à laquelle un petrolatum, une vaseline ou une cire passe à l'état liquide ; cf. ASTM D 127, AFNOR T 60 – 121*).

drop sight-feed oiler : voir *sight-feed oiler.*

dropwise : goutte à goutte *m.*

drowned well : puits *m.* noyé (*dans lequel la proportion excessive d'eau interdit une mise en production économique*).

drum : 1/ fût *m.*, tonneau *m.*, réservoir *m.* cylindrique, ballon *m.* ; 2/ tambour *m.*, touret *m.* (*d'un treuil*).

drummed : enfûté, conditionné en fût.

drumming : enfûtage *m.*

drum shaft : arbre *m.* du tambour de manœuvre d'un treuil de forage ; voir *draw works.*

druse or **geode** or **voog** or **vug** or **vough** : druse *f.*, géode *f.* (*masse minérale creuse dont la surface intérieure est tapissée de cristaux*).

dry and abandoned or **D & A** : sec et abandonné (*sondage*).

dry bearing or **rubbing bearing** : palier *m.* sec, roulement *m.* sec, coussinet *m.* sec.

dry-cleaning fluid : hydrocarbure *m.* léger utilisé pour le nettoyage, dit à sec, des vêtements.

dry-cleaning naphtha : voir *Stoddard solvent.*

dry dock : cale *f.* sèche.

dryer : sécheur *m.*, séchoir *m.*, essoreuse *f.*

dry filter : filtre *m.* (*à air*) sec.

dry gas or **dried gas** : gaz *m.* sec, gaz pauvre (*gaz naturel ne contenant pas de fractions lourdes facilement condensables dans les conditions atmosphériques normales*).

dry hole or **duster** or **dry well** or **blank** : puits *m.* sec, puits improductif, puits tari.

drying : séchage *m.*, déshydratation *f.* (*en particulier au moyen de glycols liquides ou de produits chimiques solides absorbant plus ou moins énergiquement l'humidité, comme le chlorure de sodium ou de calcium*).

drying agent or **desiccant** : agent *m.* déshydratant, dessicateur *m.*

drying oile : huile *f.* siccative (*apte à se polymériser par oxydation en formant rapidement des gommes et utilisée dans la fabrication des peintures et des vernis*).

drying oven : étuve *f.*

dry lubricant : lubrifiant *m.* solide (*graphite, bisulfure de molybdène, mica, etc.*).

dry lubrication : lubrification *f.* à sec (*à l'aide de lubrifiants solides*).

dry natural gas : gaz *m.* naturel sec. Voir *dry gas.*

dry point : point *m.* sec (*d'un essai de distillation ; température à laquelle le fond du ballon de distillation apparaît sec, toute la charge du ballon s'étant évaporée ; souvent confondu avec le point final de distillation ; voir end point*).

dry sand : sable *m.* sec, sable improductif.

dry sliding : frottement *m.* sec, usure *f.* à sec.

dry sump : carter *m.* sec. Voir *dry sump lubrication.*

dry sump lubrication : graissage *m.* à carter sec (*type de graissage ou de lubrification réalisé à l'aide de deux pompes, l'une assurant la vidange constante du carter et le refoulement de l'huile dans un réservoir, l'autre reprenant cette huile et la refoulant dans le moteur*).

dry well : voir *dry hole.*

DS service : voir *API service designations for motor oils.*

DST : abréviation de *drill-stem test.* Voir ce terme.

Dualayer distillating process or **Dualayer gasoline process** or **Dualayer process** : procédé *m.* de désulfuration de l'essence à l'aide d'un solvant (*solution sodique ou potassique de crésol. – Mobil Oil Corp.*).

dual casing packer : packer *m.* de production double. Voir *dual completion.*

dual completion or **dual-zone production** : complétion *f.* double (*mise en production simultanée dans un même puits de deux couches productrices situées à des profondeurs différentes, à l'aide de deux colonnes de production distinctes et de packers judicieusement placés*).

dual firing : double chauffe *f.* (*se dit d'une chaudière ou d'un four fonctionnant indifféremment à l'aide de combustible soit liquide, soit solide*).

dual-fuel engine or **oil-cum-gas engine** : moteur *m.* polycarburant (*moteur de type diesel fonctionnant avec deux carburants, gaz et gazole, une très petite injection du second, appelé pilot fuel, servant à l'allumage du premier*).

dual-grade oil or **dual-range oil** : huile *f.* dont la viscosité couvre deux grades SAE.

dual producer : puits *m.* producteur à partir de deux horizons différents. Voir *dual completion.*

dual-purpose oil : huile *f.* à double usage (*par exemple pour glissières et commandes hydrauliques de machines-outils*).

dual-range oil : voir *dual-grade oil.*

dual-zone production : voir *dual completion.*

dubbing or **dubbin** : dégras *m.* (*composition grasse utilisée dans le corroyage des cuirs et constituée par un mélange de suintine, d'huiles de poisson et de suif*).

Dubbs process : procédé *m.* de craquage thermique en phase liquide.

duct : conduit *m.*, canal *m.*, conduite *f.*, canalisation *f.*, carneau *m.* (*d'un four*).

ductility : ductilité *f.* Voir *Dow ductility*.

dump : 1/ dépôt *m.*, entrepôt *m.* ; 2/ tas *m.*, amas *m.* ; 3/ portions *f.* d'acides ajoutées séparément (*lors du traitement à l'acide des huiles*). 4/ voir *dump bailer*.

dump bailer or **dump** : cuiller *f.* de cimentation (*servant à déposer à l'aide d'un câble un bouchon de ciment au fond d'un puits*).

dumped : déchargé, déversé, chaviré, basculé.

dumper : tombereau *m.*, camion *m.* ou wagon *m.* à benne basculante.

dumping : 1/ déversement *m.*, culbutage *m.*, déchargement *m.* en vrac ; 2/ dumping *m.* (*pratique du commerce international consistant à vendre une marchandise sur un marché étranger, soit systématiquement à un prix inférieur à celui du marché intérieur, soit, par suite de circonstances d'ordre monétaire ou social, à un prix inférieur au prix de revient atteint par les concurrents étrangers*).

dump oil : huile *f.* transportée en fûts (*et non par pipe-line*).

dump-out : moment *m.* où les insolubles ne sont plus dispersés dans une huile détergente et commencent à se déposer à l'intérieur du moteur ou sur le filtre à huile.

dune buggy : véhicule *m.* tout-terrain (*équipé de pneumatiques de grande surface permettant de circuler en terrain sablonneux meuble*).

Duosol treatment or **Duosol extraction** or **Duosol process** : procédé *m.* d'extraction des huiles lubrifiantes (*à l'aide d'un mélange de deux solvants, phénol et crésol, appelé sélecto, et du propane*). Voir *sélecto*.

duplex alloy : alliage *m.* binaire antifriction.

duplex pump : pompe *f.* duplex (*pompe alternative à deux cylindres*).

durometer : voir *sclerometer*.

dust : poussière *f.*, poudre *f.*, poussier *m.*

duster : voir *dry hole*.

dust-laying oil or **dust-shedding oil** : huile *f.* antipoussière (*huile lourde résiduaire utilisée pour retenir la poussière*).

dustproof : étanche à la poussière.

dust removal : dépoussiérage *m.*

dust-shedding oil : voir *dust-laying oil*.

dusty : pulvérulent, poussiéreux.

dutchman : 1/ morceau *m.* rapporté, flipot *m.*, rousture *f.* ou rosture *f.* (*pièce servant à boucher une ouverture, cacher ou renforcer une partie faible ou un défaut, à rallonger un tube ou une tige*) ; 2/ partie d'une vis *f.* restant en place lorsque par accident la tête en a été cassée ; 3/ ouvrier *m.* foreur originaire de Pennsylvanie.

duty free : exempt de droits fiscaux ou douaniers.

dw : abréviation de *deadweight*. Voir ce terme.

dwell angle : angle *m.* de came, angle de fermeture du rupteur (*déterminant l'avance ou le retard de l'allumage d'un moteur*).

dwell meter : appareil *m.* servant à mesurer l'angle de came d'un moteur.

dwt : abréviation de *deadweight tons*. Voir ce terme.

dye or **dyestuff** : colorant *m.*, teinture *f.*, matière *f.* colorante (*substance organique ajoutée aux huiles pour leur donner une fluorescence verte améliorant leur aspect ; colorant pour essence*).

dyke or **dike** : 1/ dyke *m.* (*filon de roche éruptive résistante mis en relief par l'érosion*) ; 2/ digue *f.*, fossé *m.* ; 3/ cuve *f.* de rétention (*autour d'un réservoir de produits pétroliers*).

dyn : symbole de *dyne*. Voir ce terme.

dynamic positioning or **dypo** or **dynamic stationing** : ancrage *m.* ou positionnement *m.* dynamique (*maintien d'un engin flottant en station, en particulier à la verticale d'un puits en mer, en opposant à la force de dérive la réaction conjuguée de propulseurs contrôlés par calculateurs*).

dynamic pressure or **impact pressure** : pression *f.* dynamique (*créée par l'écoulement d'un fluide*).

dynamic stationing : voir *dynamic positioning*.

dyne : dyne *f.* (*symbole* : dyn ; *unité de force du système C.G.S. ; masse d'un gramme soumise à une accélération de 981 cm/s*).

dynamic viscosity : voir *absolute viscosity*.

dypo : abréviation de *dynamic positioning*. Voir ce terme.

dysmigration : dysmigration *f.* (*migration, ou déplacement, des hydrocarbures amenant l'huile et le gaz jusqu'à la surface du sol où ils donnent naissance à des indices superficiels, voire à d'énormes accumulation de bitume, comme le gisement de sables bitumineux de l'Athabasca, au Canada, par exemple*).

E

early-setting cement : ciment *m.* à prise rapide.

earthing : mise *f.* à la terre (*d'un appareil électrique*).

earthmoving or **earthworks** : terrassement *m.*

earthnut oil : voir *peanut oil.*

earth plate : voir *electrical ground.*

earth refining : raffinage *m.* à la terre (*neutralisant l'essence et améliorant sa couleur*).

earth wax : voir *ozocerite.*

earthworks : voir *earthmoving.*

ECM : abréviation de *electrochemical machining.* Voir ce terme.

eddy flow : écoulement *m.* turbulent.

Edeleanu process or **sulfur dioxide refining process** or **sulfur dioxide solvent extraction** : procédé *m.* d'extraction au solvant (*utilisant l'anhydride sulfureux pour éliminer les aromatiques des lubrifiants, des lampants et des solvants*).

edge : bord *m.*, bordure *f.*, tranchant *m.*, arête *f.*, taillant *m.*, fil *m.*

edge-type filter : filtre *m.* à lamelles, filtre lamellaire.

edge water : eau *f.* de bordure (*eau de gisement entourant un réservoir d'huile et qui, dans certaines conditions, permet une production par son déplacement* ; voir aussi *water drive*).

edible oil : huile *f.* alimentaire, huile comestible.

EDM : abréviation de *electric discharge machining.* Voir ce terme.

eduction : extraction *f.*, échappement *m.*, émission *f.*, décharge *f.*, sortie *f.*, vidange *f.*, éjection.

eductor : éjecteur *m.*

efficiency : capacité *f.*, rendement *m.* (*d'un moteur*).

eductor mixer : mélangeur *m.* par éjection.

effluent : effluent *m.* (1/ *liquide qui s'écoule d'une source, par opposition à l'affluent qui s'accumule dans un centre ; 2/ produit liquide, solide ou gazeux émis lors d'un procédé de raffinage*).

efflux : écoulement *m.*, dégagement *m.*, flux *m.*, émanation *f.*, dépense *f.*

egg or **acid blowcase** or **acid egg** or **blowcase** : réservoir *m.* en fonte utilisé pour stocker les acides forts.

egg oil or **egg packer's oil** : huile *f.* de paraffine (*utilisée pour revêtir les œufs en vue d'en assurer la conservation*).

EGR : abréviation de *exhaust gas recirculation.* Voir ce terme.

elastomer swelling : gonflement *m.* d'un élastomère (*en présence d'hydrocarbures*).

elbow : coude *m.* (*d'un raccord de tuyauterie, etc.*).

elbow joint : joint *m.* articulé, genou *m.* Voir aussi *knuckle joint.*

electrical desalting or **electrostatic desalting** : dessalage *m.* électrique, dessalage électrostatique (*un champ électrique provoque la précipitation de l'eau, des sels et des impuretés contenus dans le brut préalablement lavé*).

electrical ground or **earth plate** or **ground plate** : prise *f.* de terre (*d'une installation électrique*).

electrical interlock : asservissement *m.* ou couplage *m.* électrique.

electrical oil : voir *insulating oil.*

electrical precipitation or **electrostatic precipitation** : précipitation *f.* électrique, précipitation électrostatique (*application d'un champ électrique permettant d'améliorer la séparation des produits*).

electrical resistor : voir *resistor.*

electrical tracer : traceur *m.* chauffé par courant électrique. Voir *tracer 1/.*

electric discharge machining or **EDM** : usinage *m.* par électro-érosion (*l'enlèvement de matière est produit par des décharges électriques entre une électrode-pièce et une électrode-outil immergées dans un liquide diélectrique*).

electric generator or **electric generating set** : voir *electric set.*

electric logging : diagraphie *f.* électrique, carottage *m.* électrique (*ensemble des mesures électriques exécutées dans un sondage, donnant lieu à l'enregistrement en continu de courbes traduisant les propriétés diélectriques des terrains traversés par le sondage*).

electric set or **electric generating set** or **electric generator** : groupe *m.* électrogène, générateur *m.* d'électricité.

electric strength : voir *dielectric strength.*

electrochemical machining or **ECM** : usinage *m.* électrochimique.

Electrofining : procédé *m.* de raffinage chimique utilisant un champ électrique pour séparer les produits raffinés des réactifs et des déchets. – *Petreco.*

electrolysis : électrolyse *f.*

Electrolytic mercaptan treating : procédé *m.* d'extraction des mercaptans contenus dans les essences par lavage alcalin (*la solution alcaline est régénérée par électrolyse, avec formation de disulfures. – American Dev. Co.*).

electron-beam welding : soudage *m.* par faisceau d'électrons.

electronic controller : régulateur *m.* électronique.

electronic spin resonancy or **ESR** : résonance *f.* paramagnétique électronique, R.P.E. (*permet la mesure de la quantité de radicaux libres présents dans une substance paramagnétique*).

electroplating : électroplacage *m.*, galvanisation *f.*, galvanoplastie *f.*

electrostatic desalting : voir *electrical desalting.*

electrostatic precipitation : voir *electrical precipitation.*

electrostatic precipitator : précipitateur *m.* électrostatique (*éliminant les poussières et les particules liquides contenues dans un courant gazeux*).

electrowinning : extraction *f.* électrolytique (*des métaux*).

Elektrionization or **Elektrion process** or **Voltolization** : traitement *m.* des lubrifiants en présence d'effluves électriques (*bombardement corpusculaire provoquant une ionisation, dans un réservoir, entre deux électrodes portées à un potentiel de 10 à 20 kV, la fréquence du courant étant de 200 à 2 000 Hz; cette technique modifie la structure chimique des hydrocarbures; elle augmente, entre autres, leur viscosité par suite de la polymérisation et de la condensation de molécules non saturées. – Procédé breveté en 1905 par le professeur Alexandre de Hemptinne*).

Elektrion oil or **Voltol oil** : huile *f.* voltolisée (*lubrifiant soumis à « Elektrionization » et pouvant être utilisé comme dope d'onctuosité ou améliorant d'indice de viscosité des huiles minérales, à raison de 5 à 20 %; les huiles voltolisées ont un point de congélation amélioré; elles constituent aussi des agents dispersifs des boues dont elles préviennent la formation*).

Elektrion process : voir *Elektrionization.*

elevator : élévateur *m.* (*dispositif, solidaire du crochet, destiné à suspendre les tiges, les tubages ou les tubings pendant les manœuvres de descente et de remontée; constitué d'un collier à charnières et à loquets de sécurité*).

ell : raccord *m.* coudé en forme de L.

elution : élution *f.* (*séparation de corps adsorbés par lavage progressif*).

elution analysis : analyse *f.* par élution. Voir *chromatography.*

elutriation : 1/ décantation *f.*; 2/ classement *m.* (*d'un sable ou de particules solides de granulométrie variée par entraînement dans un courant d'air ou d'eau*).

elutriator : 1/ décanteur *m.*, séparateur *m.*, purificateur *m.*; 2/ système *m.* d'élimination (*des billes siliceuses pulvérisées ou brisées dans le procédé Thermofor catalytic cracking; voir ce terme*).

emanation : émanation *f.*, effluve *m.*

embankment : digue *f.*, barrage *m.*, talus *m.*, banquette *f.*, remblai *m.*, encaissement *m.*

embeddability : pouvoir *m.* d'inclusion d'un métal antifriction pour coussinets (*aptitude à incorporer poussière, rouille et impuretés et à réduire leur tendance à provoquer des abrasions*).

embedded or **imbedded** : scellé, enfoncé, incorporé, inséré, noyé, incrusté, intercalé, posé, encastré, ensouillé.

embrittlement : fragilité *f.*

Emcor test : voir *SKF Emcor test.*

emergency door : porte *f.*, sortie *f.* ou issue *f.* de secours.

emergency shower : voir *safety shower.*

emergency shutdown : voir *scram.*

emergency toboggan : toboggan *m.* d'évacuation rapide (*pour plates-formes de forage en mer; permet de mettre en sécurité sur un radeau pneumatique à gonflage automatique vingt à trente hommes en moins d'une minute*).

emery : émeri *m.* (*mélange d'oxyde de fer et de corindon en poudre très fine, employé comme abrasif*).

emery machine : polisseuse *f.* à l'émeri.

emery paper : papier *m.* émerisé, papier d'émeri.

empty : vide.

emptying : vidange *f.*, décharge *f.*, dépotage *m.*

empyreuma : empyreume *m.* (*odeur et saveur âcre, forte, désagréable que contracte une matière organique soumise à l'action du feu*).

emulsibility : émulsibilité *f.* (*aptitude plus ou moins marquée à former des émulsions*).

emulsifiable oil : voir *soluble oil.*

emulsified asphalt : voir *asphalt emulsion.*

emulsifier or **emulsifying agent** : émulsifiant *m.*, émulsif *m.*, émulsionnant *m.*, émulsificateur *m.* (*agent dont la présence favorise la formation d'une émulsion ou sa conservation*).

emulsion : émulsion *f.* (*milieu hétérogène constitué par la dispersion sous forme de fins globules d'un liquide dans un autre liquide en phase continue*).

emulsion inversion : inversion *f.* d'émulsion (*par exemple huile-eau passant à eau-huile*).

emulsion test or **demulsibility test** : essai *m.* d'émulsion, essai de désémulsion (*essai de laboratoire permettant de déterminer la stabilité d'une émulsion* ; voir aussi *foam test, steam emulsion number test, emulsion test for steam turbine oil*).

emulsion test for steam turbine oil : essai *m.* de désémulsion des huiles pour turbine, dit « désémulsion palette » (*essai déterminant le pouvoir de séparation entre l'huile et l'eau ; l'essai s'effectue en agitant avec une palette tournant à 1 500 tours/min., pendant 5 min, à 55 °C, un échantillon de 40 cm³ d'huile et de 40 cm³ d'eau distillée ; on enregistre le temps nécessaire à la séparation complète de l'émulsion ou celui nécessaire pour réduire le volume de l'émulsion à 3 cm³ ; si au bout d'une heure le volume de l'émulsion est supérieur à 3 cm³, l'essai est interrompu et l'on enregistre les volumes d'huile, d'eau et d'émulsion restante ; cf. ASTM D 1401, AFNOR T 60 – 125*).

emulsion-type cylinder lubricant : lubrifiant *m.* alcalin pour cylindres de gros moteurs diesel fonctionnant avec un combustible lourd à haute teneur en soufre (*ce lubrifiant est constitué par une émulsion d'eau, – 21 % du poids de l'émulsion environ –, dans une huile dopée avec un additif alcalin du type acétate de calcium ; ce sel alcalin neutralise l'acide sulfurique en donnant du sulfate amorphe de calcium et de l'acide acétique gazeux éliminé avec les gaz d'échappement*). Voir aussi *alkaline oil, dispersion-type cylinder lubricant, monophase oil.*

enamel : émail *m.*

enclosed gears : engrenages *m.* sous carter.

end point or **EP** or **end boiling point** or **final boiling point** or **FBP** : point *m.* final de l'essai de distillation (*correspondant à la température maximale atteinte au cours de l'essai ; souvent confondu avec le point sec ; cf. ASTM D 86, AFNOR M 07 – 002*). Voir aussi *dry point.*

end product or **tail product** or **tail** : queue *f.* de distillation, produit *m.* de queue, produit final.

energize (to) : amorcer, activer, exciter, entraîner le fonctionnement.

energized : sous tension, activé, excité.

engage (to) : enclencher, engager, mettre en prise, embrayer, accrocher, actionner.

engineering : art *m.* de l'ingénieur, ingénierie *f.* (*ensemble des études qui permettent de déterminer pour la réalisation d'un ouvrage ou d'un programme d'investissement les tendances les plus souhaitables, les modalités de conception les meilleures, les conditions de rentabilité optimales, les matériels et les procédés les mieux adaptés*).

engine hood : voir *bonnet.*

engine oil : huile *f.* pour moteurs, huile moteur.

engine test : voir *Labeco engine test, Lauson engine test, Petter engine test, MIRA engine test, Blogro engine test, engine test L-1, engine test L-3, engine test L-4, engine test L-5, Caterpillar 1-D supercharged engine test, Caterpillar 1-G high-speed supercharged engine test, Caterpillar 1-H supercharged engine test, test sequences for API service MS, radioactive ring wear test, Co-operative Fuel Research engine, Ricardo engine test.*

engine test L-1 or **Caterpillar 1-A engine test** : essai *m.* d'huile selon les normes américaines du *Coordinating Research Council*, réalisé sur moteur diesel Caterpillar 1-A, monocylindre, 146,1 × 203,2 mm, à quatre temps (*l'essai dure 480 h ; il vérifie les caractéristiques détergentes et dispersives de l'huile essayée, l'encrassement de la zone de segmentation, l'usure et la formation de dépôts ; régime du moteur : 1 000 ± 10 tours/min ; charge : 20 CV ; température de l'huile aux coussinets : 62,5 à 65,5 °C ; vidange de l'huile toutes les 120 h ; pression de l'air : atmosphérique*).

engine test L-3 : essai *m.* d'huile selon les normes du *Coordinating Research Council*, réalisé sur moteur diesel Caterpillar à quatre cylindres (*l'essai dure 120 h ; il vérifie la stabilité, l'usure, la détergence et la corrosion des coussinets en cuivre-plomb ; régime du moteur : 1 400 ± 14 tours/min ; charge : 37 CV ; température de l'huile aux coussinets : 100 °C ; pas de vidange*).

engine test L-4 : essai *m.* d'huile, institué en 1942, selon les normes du *Coordinating Research Council,* et réalisé sur moteur à essence Chevrolet à six cylindres (*l'essai dure 36 h, après un rodage de 8 h ; il vérifie la stabilité de l'huile à l'oxydation et la corrosion des coussinets en cuivre-plomb ; régime du moteur : 3 150 ± tours/min ; charge : 30 CV ; température de l'huile dans le carter : 130 °C ; pas de vidange ; cet essai a été ultérieurement remplacé par l'essai CRC L-38 ; voir Labeco engine test*).

engine test L-5 : essai *m.* d'huile selon les normes du *Coordinating Research Council,* réalisé sur moteur diesel General Motors à deux temps, à trois ou quatre cylindres (*l'essai dure 500 h, après un rodage de 11 h ; il vérifie la stabilité, le gommage des segments, la détergence et la corrosion des coussinets en argent ; régime du moteur : 2 000 ± 20 tours/min ; charge : 78 ± 2 CV pour le moteur à trois cylindres, 103 ± 2 CV pour le moteur à quatre cylindres ; température de l'huile dans le carter : 110 °C ; pas de vidange*).

engine test L-38 or **CRC L-38 engine test** : voir *Labeco engine test.*

engine test sequences for API service MS : série *f.* de cinq essais d'huile réalisés sur moteurs à huit cylindres en V (*GM Olsdmobile, Chrysler De Soto, Ford Lincoln Mercury*), établie en 1959 par l'ASTM pour vérifier les huiles devant répondre au service API MS (*la séquence I, maintenant périmée, évalue l'usure de type scuffing, – voir ce terme –, à basse température ; la séquence II, la formation de rouille et de dépôts à basse température ; la séquence III, l'oxydation, l'usure et les dépôts à température élevée ; la séquence IV, également l'usure à température élevée, sur moteur De Soto, et la séquence V, la dispersion de l'huile sur moteur Lincoln Mercury ; en 1968, les séquences II, III et V ont été remplacées par les séquences IIb, IIIb et Vb et, en 1970, ont été créées les séquences IIIc et Vc*).

engine test stand : banc *m.* d'essai pour moteurs.

engine tune-up station : station *f.* service effectuant la mise au point, le réglage des moteurs.

Engler degree : degré *m.* Engler (*symbole : °E ; unité empirique de viscosité correspondant au rapport entre le temps nécessaire à l'écoulement de 200 cm³ du liquide essayé dans le viscosimètre Engler et celui nécessaire à l'écoulement du même volume d'eau distillée, à 20 °C ; l'échelle Engler est utilisée pour mesurer la viscosité des fuel-oils et des lubrifiants*).

Engler distillation : voir *ASTM distillation.*

Engler viscosity : viscosité *f.* Engler (*déterminée au moyen du viscosimètre Engler, en degrés Engler, par comparaison empirique avec la viscosité de l'eau ; voir Engler degree*).

enhancer : promoteur *m.* (*additif améliorant la qualité d'un produit, l'activité d'un catalyseur, etc.*).

entrainment : entraînement *m.* (*de gouttelettes de liquide par les vapeurs de tête dans une colonne de fractionnement ou d'absorption*).

entrapment : piégeage *m.* (*d'huile ou de gaz dans une roche réservoir*).

environmental impact statement : étude *f.*, rapport *m.*, compte-rendu *m.*, dossier *m.* d'impact sur l'environnement (*établissant les effets nocifs et les nuisances qu'une exploitation industrielle est susceptible d'apporter à l'environnement*).

Environmental Protection Agency or **EPA** : Agence *f.* américaine pour la protection de l'environnement (401, M Street SW, Washington, D.C. 20460, USA).

Eocene : Éocène *m.* (*seconde période de l'ère tertiaire, comprise entre le Paléocène et l'Oligocène, allant de –65 à –37 millions d'années*).

Eötvös balance : balance *f.* d'Eötvös (*appareil utilisé en prospection géophysique pour mesurer les faibles variations d'intensité de la pesanteur ; c'est une balance de torsion dont le fil supporte une tige terminée par deux sphères suspendues à un fléau horizontal ; si l'intensité de la pesanteur n'est pas la même à l'emplacement de chacune des sphères, il en résulte des variations dans la durée des oscillations du système ; cet appareil permettait l'étude des anomalies localisées, dues à une distribution particulière des densités dans le sous-sol*).

Eozoic : Eozoïque *m.* (*terme désuet synonyme de Précambrien*). Voir *Precambrian.*

EP : abréviation de *end point.* Voir ce terme.

EPA : abréviation de *Environmental Protection Agency.* Voir ce terme.

EP additive : abréviation de *extreme pressure additive.* Voir ce terme.

epilamen : voir *boundary film.*

EP mix : mélange *m.* de gaz éthane et propane.

EP oil : abréviation de *extreme pressure oil.* Voir ce terme.

EPR : abréviation de *Ethylene Propylene Rubber.* Voir ce terme.

EPT : abréviation de *Ethylene Propylene Terpolymer.* Voir ce terme.

ergonomics or **biotechnology** : ergonomie *f.* (*ensemble des études et des recherches qui ont pour but l'organisation méthodique du travail et l'aménagement de l'équipement en fonction des possibilités de l'homme*).

Erlenmeyer flask : fiole *f.* d'Erlenmeyer, erlenmeyer *m.* (*vase en verre, conique, à col étroit et fond plat, utilisé couramment pour les essais chimiques de laboratoire*).

erratic firing : allumage *m.* irrégulier (*des bougies d'un moteur à explosion*).

error : 1/ erreur *f.* ; 2/ différence *f.*, en régulation, entre la valeur mesurée et la valeur désirée de la variable réglée.

eruptive rock : voir *igneous rock*.

escape : échappement *m.*, dégagement *m.*, évasion *f.*, fuite *f.* (*s'emploie généralement à propos de gaz*).

esker : esker *m.*, ôs *m.* (*crête tortueuse de sables et de graviers généralement déposés par des courants sous-glaciaires issus des eaux de fonte d'un glacier*).

ESR : abréviation de *electronic spin resonancy*. Voir ce terme.

essential oil : huile *f.* essentielle (*huile renfermant les principes odorant d'un végétal*).

ester oil : voir *diester oil*.

etching : 1/ décapage *m.*, attaque *f.* chimique, gravure *f.*, corrosion *f.* ; 2/ déglaçage *m.* chimique (*de la chemise d'un cylindre*).

Ethylene Propylene Rubber or **EPR** : caoutchouc *m.* du type éthylène-propylène.

Ethylene Propylene Terpolymer or **EPT** : polymère *m.* éthylène-propylène avec une faible proportion d'une dioléfine.

ethyl fluid : plomb tétraéthyle *m.* (*solution de plomb tétraéthyle dans du dichlorure et du dibromure d'éthyle, utilisée comme antidétonant dans les carburants ; pour automobiles :* Pb $(C_2H_5)_4$ *61,5 %,* $(CH_2Cl)_2$ *18,8 %,* $(CH_2Br)_2$ *17,9 %, plus un diluant et un colorant ; pour aviation :* Pb $(C_2H_5)_4$ *61,4 %,* $(CH_2Cl)_2$ *35,7 %, plus un diluant et un colorant*).

ethyl gasoline or **leaded gasoline** : essence *f.* éthylée (*contenant du plomb tétraéthyle*).

eudiometer : eudiomètre (*instrument servant à l'analyse volumétrique de certains mélanges gazeux, ou à la synthèse de certains composés dont les constituants sont gazeux, en faisant passer une étincelle électrique au sein du mélange*).

evaporation loss : perte *f.* par évaporation.

evaporator : évaporateur *m.* (*appareil séparant une charge en une fraction légère vaporisée et une fraction lourde résiduaire sous l'effet de la chaleur et/ou d'une diminution de pression ; il est généralement constitué d'une colonne comprenant un espace de vaporisation surmonté de plateaux*).

ex barge : sur barge *f.* (*se dit d'une marchandise livrée par chaland le long d'un navire*).

excavator : excavateur *m.* (*à chenilles*).

exchanger : voir *heat exchanger*.

exclusive prospective license : permis *m.* de recherche exclusif.

exhaust : échappement *m.*, évacuation *f.*

exhausted : épuisé.

exhaust gas : gaz *m.* d'échappement (*d'un moteur à combustion interne*).

exhaust gas analyser : analyseur *m.* de gaz d'échappement (*instrument de mesure donnant le pourcentage d'air et d'essence ainsi que la teneur en oxyde de carbone des gaz d'échappement d'un moteur à explosion*).

exhaust gas recirculation or **EGR** : recirculation *f.*, recyclage *m.* des gaz d'échappement (*méthode de réduction des émissions d'oxyde d'azote par retour d'une partie des gaz d'échappement dans la chambre de combustion d'un moteur à explosion par l'intermédiaire de l'admission d'air au carburateur*).

exhaustion or **exhausting** : 1/ épuisement *m.* ; 2/ aspiration *f.* (*d'une pompe*).

exhaust manifold : collecteur *m.* d'échappement.

exhaust pipe : tuyau *m.* d'échappement, pot *m.* d'échappement.

exhaust port : lumière *f.* ou orifice *m.* d'échappement, orifice d'évacuation.

existent gum test : détermination *f.* des gommes présentes dans une essence (*par la méthode d'évaporation en courant d'air ; après évaporation totale on détermine le volume du résidu non volatil en mg par* 100 cm³ *d'échantillon, selon les normes ASTM D 381, AFNOR M 07 – 004*).

exotic fuel : voir *propellant*.

expansion : détente *f.*, dilatation *f.*, expansion *f.*, croissance *f.*

expansion bend : voir *expansion loop*.

expansion joint : voir *expansion ring*.

expansion loop or **expansion bend** : courbe *f.* ou lyre *f.* de dilatation (*sur une conduite*).

expansion ring or **expansion joint** : joint *m.* ou anneau *m.* de dilatation (*sur une conduite*).

experimental laboratory or **X-lab** : laboratoire *m.* expérimental.

experimental works : travaux *m.* de recherche expérimentale.

exploded view : vue *f.* en écartelé, vue éclatée.

exploitation : exploitation *f.*, mise *f.* en valeur (*d'un gisement*).

explosion limits : limites *f.* d'explosion (*concentrations minimale et maximale d'un gaz combustible dans l'air, formant un mélange détonant sous l'effet d'une étincelle ou d'une flamme*).

explosionproof or **flameproof** : antidéflagrant, à l'épreuve des explosions.

explosion seam : joint *m.* de sûreté, joint antiexplosion (*ligne de moindre résistance entre les tôles soudées formant le toit d'un réservoir de stockage, destinée à orienter une éventuelle explosion*).

express (to) : exprimer (*extraire par pression un liquide d'une matière le contenant*).

expressed oil : huile *f.* exprimée (*huile, le plus souvent végétale, obtenue par pression*).

expressible oil : huile *f.* exprimable. Voir aussi *expressed oil.*

expression : expression *f.* (*action d'exprimer ;* voir *express (to).*

ex quay : à quai *m.* (*se dit d'une marchandise livrée franco sur quai, au port de destination*).

ex ship : à bord *m.* (*se dit d'une marchandise livrée franco à bord du navire, au port de destination*).

extended rubber : mélange *m.* d'élastomères dilué ou étendu avec de l'huile.

extender : 1/ charge *f.* (*pour mélange d'élastomères*) ; 2/ diluant *m.* (*utilisé dans la fabrication des résines synthétiques et constitué généralement d'extraits aromatiques*).

extension cable : câble *m.*, cordon *m.* ou fil *m.* prolongateur.

extension of a patent : prolongation *f.* de la durée d'un brevet d'invention.

extension well : voir *outpost extension well, step-out well.*

external upset : à refoulement *m.* externe.

extinguisher : extincteur *m.* (*d'incendie*).

extraction tower : tour *f.* d'extraction (*dans une unité de traitement d'huiles au solvant ou dans tout autre procédé de séparation par solvant*).

extractive crystallization : cristallisation *f.*, extraction *f.* par cristallisation (*procédé de séparation des composants d'un mélange par dissolution dans un solvant approprié suivi d'un refroidissement entraînant la cristallisation de certains de ces composants*).

extractive distillation or **distex** : distillation *f.* extractive (*séparation des constituants d'un mélange d'hydrocarbures de volatilité très voisine par ajout d'un liquide à point d'ébullition élevé, comme l'aniline, le furfurol, le phénol, etc., dans la colonne de distillation ; les composés volatils sont éliminés dans le raffinat de tête ; en fond de tour on recueille l'extrait avec le constituant à séparer ; le liquide ajouté est récupéré par distillation*).

extract oil : voir *aromatic extract.*

extreme-pressure additive or **EP additive** : additif *m.* extrême-pression (*additif à base de soufre, chlore, phosphore, plomb ou leurs combinaisons, conférant à un lubrifiant une résistance aux fortes pressions*).

extreme-pressure oil or **EP oil** : huile *f.* extrême-pression (*dopée avec des additifs antiusure capables de provoquer une déformation plastique au contact des surfaces de glissement*).

extrinsic insolubles or **benzene insolubles** : résidus *m.* insolubles dans le benzène (*résidus de la centrifugation d'une huile moteur usagée, constitués de produits de contamination, comme des sels de plomb, de la poussière, des particules métalliques, des dopes, des dépôts charbonneux, des produits asphaltiques, etc., issus de la dégradation du combustible ou de l'huile ; cf. ASTM D 893*).

extrinsic plus intrinsic insolubles : voir *total insolubles.*

ex wharf : à quai *m.* (*se dit d'une marchandise livrée franco sur le quai du port de destination*). Synonyme : *ex quay.*

ex works : en usine *f.* (*se dit d'une marchandise livrée franco en usine*).

eyedropper : compte-goutte *m.*

eye-irritant : lacrymogène.

eyelet : 1/ œillet *m.*, petit trou *m.* ; 2/ garniture *f.* métallique (*protégeant l'œillet proprement dit*).

F

f : symbole de *femto*. Voir ce terme.

F-1 method CRC : voir *Research method.*

F-2 method CRC : voir *Motor method.*

F-3 method CRC : voir *Aviation method.*

F-4 method CRC : voir *Supercharge method.*

F-5 method CRC : voir *Cetane method.*

FA : abréviation de *free of average*. Voir ce terme.

fabric : 1/ bâtiment *m.*, édifice *m.*, construction *f.* ; 2/ structure *f.*, texture *f.* ; 3/ toile *f.*, étoffe *f.*, tissu *m.*

facia panel : voir *dashboard.*

facies : faciès *m.* (*ensemble des caractères sédimentologiques, lithologiques et paléontologiques d'un sédiment, considérés du point de vue de leur genèse, mais non de leur âge*).

facilities : 1/ moyens *m.*, aménagements *m.* ; 2/ unités *m.* de fabrication, installations *f.* industrielles.

facing : 1/ revêtement *m.*, joint *m.*, garniture *f.* ; 2/ surface *f.* de portée ; 3/ sable *m.* de moulage.

factorage : 1/ courtage *m.* (*en marchandises*) ; 2/ droits *m.* de commission (*du courtier en marchandises*).

factor of security : voir *safety factor.*

factory fill or **initial fill-up** : premier plein *m.*, premier remplissage *m.* d'huile (*généralement fait à l'usine*).

fade : voir *fading.*

faded : décoloré, fané, flétri.

fadeometer : appareil *m.* servant à contrôler la stabilité de coloration d'une huile.

fading or **fade** : 1/ chute *f.* d'intensité, fading *m.* (*d'une transmission radio électrique*) ; 2/ évanouissement *m.* (*du son*) ; 3/ absence *f.* momentanée de freinage hydraulique sur un véhicule (*suite à la présence d'air dans le circuit*) ; 4/ décoloration *f.*

faecal pellet : pelote *f.* fécale (*boulette de calcaire cryptocristallin, dont le diamètre est compris entre 0,04 et 0,1 mm, riche en matière organique,* rejetée par certains invertébrés marins à l'issue de la digestion et dont l'accumulation peut constituer l'essentiel de certains calcaires*).

Fahrenheit scale : échelle *f.* de température Fahrenheit.

fail (to) : échouer, subir un échec, faillir, ne pas se produire, tomber en panne, se rompre.

failsafe or **fail to safety** : sécurité *f.* automatique, sécurité après coup, sécurité après défaillance (*se dit d'un équipement conçu de façon telle qu'une défaillance quelconque de l'un de ses éléments ne puisse entraîner des désordres graves dans le processus contrôlé ou des pertes de matériel*).

failsafe valve : vanne *f.* à sécurité intrinsèque (*comportant un dispositif tel que, normalement fermée par l'action d'un ressort, elle ne peut s'ouvrir que sous l'effet d'une pression hydraulique ou pneumatique ou d'un courant électrique*).

fail to safety : voir *failsafe.*

failure : échec *m.*, insuccès *m.*, manque *m.*, panne *f.*, détérioration *f.*, défaillance *f.*

Falex lubricant tester : appareil *m.* d'essai Falex (*machine servant à évaluer les propriétés antiusure d'une huile extrême-pression pour engrenages ; cf. ASTM D 2670*).

falling down : chute *f.*, éboulement *m.* (*en particulier dans un sondage*).

falling sphere viscometer : viscosimètre *m.* à chute de bille.

false brinelling : faux billage *m.*, faux effet *m.* Brinell (*déformation plastique du chemin de roulement d'un roulement à billes ou à rouleaux, consécutive à une charge appliquée par saccades, dues à des vibrations ou à un défaut de montage*).

fan : 1/ van *m.*, cribleur *m.* ; 2/ éventail *m.* ; 3/ ventilateur *m.*, soufflet *m.*, turbine *f.* ; 4/ aile *f.* ou pale *f.* (*d'hélice*) ; 5/ cône *m.* d'éboulis, éventail *m.* sédimentaire.

fanner : voir *fan* 1/ et 3/.

FAP or **fap** : abréviation de *free at pier*. Voir ce terme.

FAQ or **faq** : abréviation de *free alongside quay*. Voir ce terme.

farm-in : prise *f.* d'intérêt d'un tiers sur un titre minier.

farmout agreement : accord *m.* d'affermage ou d'amodiation, farmout *m.* (*accord aux termes duquel un individu ou une compagnie obtient du détenteur des droits miniers l'autorisation de forer et acquiert en conséquence un droit à la production sur une portion définie du terrain*).

farm tractor fuel : carburant *m.* lourd pour tracteur agricole (*cf. ASTM D 1215*).

far traffic : grand cabotage *m.* Voir aussi *near traffic, ocean traffic.*

FAS or **fas** : abréviation de *free alongside.* Voir ce terme.

fascia panel or **facia panel** : voir *dashboard.*

fas ship or **fas steamer** : voir *free alongside.*

fastened belt : ceinture *f.* de sécurité (*sur la plate-forme d'accrochage d'une tour de sondage*).

fastener : agrafe *f.*, attache *f.*, dispositif *m.* de fixation, fermeture *f.*

fast shut-off valve or **quick-closing valve** : vanne *f.*, soupape *f.* à fermeture rapide.

fas vessel : voir *free alongside.*

fat or **fatty matter** : corps *m.* gras (*substances neutres d'origine animale ou végétale, comprenant les huiles, beurres, graisses, suifs et cires*).

fat gas : voir *wet gas.*

fat oil or **rich oil** : huile *f.* riche (*huile en circulation à la sortie d'une colonne d'absorption et contenant les fractions les plus lourdes récupérées sur la phase vapeur*).

fatty acids : acides *m.* gras (*acides organiques acycliques saturés présents en particulier dans les beurres, huiles ou graisses à l'état de glycérides, ou dans les cires naturelles à l'état d'esters*).

fatty matter : voir *fat.*

fatty oil or **fixed oil** : huile *f.* grasse, huile fixe (*d'origine animale ou végétale, constituée de glycérides ou d'esters; non distillable sans décomposition; teneur en oxygène comprise entre 9,4 et 12,5 %.*

faucet : 1/ robinet *m.*, cannette *f.* ; 2/ douille *f.* (*d'un tuyau*).

faucet joint : assemblage *m.* à emboîtement, joint *m.* à douille.

fault : 1/ faille *f.*, dislocation *f.* (*solution de continuité dans une couche géologique*) ; voir aussi *break* ; 2/ défaut *m.*, travers *m.*, imperfection *f.*, faille *f.*

fault detector or **fault localizer** or **fault finder** : détecteur *m.* de fuite (*d'électricité*), indicateur *m.* de perte d'électricité à la terre.

fault embayment : voir *graben.*

fault finder or **fault localizer** : voir *fault detector.*

fault outcrop : affleurement *m.* de faille.

fault trough : voir *graben.*

faulty design : erreur *f.* de dessin ou de conception.

faulty ignition : allumage *m.* défectueux (*d'un moteur*).

faulty material : matériel *m.* défectueux.

Faville-LeVally tester : machine *f.* Faville-LeVally (*appareil du type de celui d'Almen utilisé pour les essais d'huile extrême-pression. – Faville-LeVally Corp., Bellewood, Illinois*). Voir *Almen EP lubricant testing machine.*

FAW or **faw** : abréviation de *free at works.* Voir ce terme.

FBP : abréviation de *final boiling point.* Voir *end point.*

FCC : abréviation de *fluid catalytic cracking.* Voir ce terme.

FD or **fd** : abréviation de *free docks.* Voir ce terme.

FDA : abréviation de *Food and Drug Administration.* Voir ce terme.

feasibility : caractère *m.* réalisable, possibilité *f.* de réalisation, faisabilité *f.* (*qualité grâce à laquelle un aménagement, un procédé, une étude peuvent être réalisés*).

feathered ring : segment *m.* comportant des bavures ou une arête non uniformes.

Federal Test Method Standard or **FTMS** : méthode *f.* d'analyse ou d'essai approuvée par les autorités fédérales américaines (General Services Administration, Washington, D.C., 20005).

fee : 1/ taxe *f.*, droit *m.* ; 2/ honoraires *m.*, émoluments *m.* ; 3/ propriété *f.* (*terrain appartenant en propre à l'entrepreneur pétrolier, par opposition au terrain concédé*). Voir aussi *leased land.*

feed or **feedstock** : 1/ charge *f.* d'alimentation, charge de départ ; 2/ produit *m.* de base, matière *f.* première.

feedability or **pumpability** : pompabilité *f.* (*d'un lubrifiant*).

feedback : 1/ rétroaction *f.*, rétroalimentation *f.* ; 2/ réinjection *f.*, renvoi *m.* (*d'un signal électrique*) ; 3/ mécanisme *m.* d'auto-entretien.

feedback control : système *m.* de régulation (*dans lequel l'action correctrice est renvoyée en amont du système de façon à réduire la déviation de la quantité réglée*).

feeder : 1/ dispositif *m.* alimentateur ; 2/ conduite *f.*, canalisation *f.* (*d'amenée ou de transport de gaz, d'électricité, de vapeur*), gazoduc *m.* ; voir aussi *feeding line* ; 3/ filon *m.* nourricier ; 4/ affluent *m.* (*d'une rivière*) ; 5/ distributeur *m.*

feeding line or **feeder** : conduite *f.* d'alimentation.

feedstock : voir *feed.*

feed tank : réservoir *m.* d'alimentation, réservoir nourrice, bâche *f.* (*réservoir contenant l'eau d'alimentation d'une chaudière*).

feel test : essai *m.* au toucher (*d'un lubrifiant*).

felt oil seal : joint *m.* d'huile en feutre.

felt roll oiler : voir *pad oiler.*

female connection : connexion *f.* femelle.

femto : femto (*symbole* : f ; *préfixe qui, placé devant le nom d'une unité, la multiplie par 10⁻¹⁵*).

fender : 1/ pare-chocs *m.*, amortisseur *m.* ; 2/ défense *f.*

Ferrocyanide process : traitement *m.* au ferrocyanure (*procédé de raffinage permettant d'éliminer les mercaptans contenus dans les fractions légères et utilisant la soude et le ferrocyanure de sodium ; le ferricyanure résultant est régénéré en ferrocyanure par électrolyse*).

Ferrofining process : procédé *m.* catalytique d'hydrofinissage des lubrifiants (*le catalyseur, à base de cobalt-molybdène, est activé par la présence de fer. – British Petroleum*).

ferrule : virole *f.*, embout *m.* ferré, bague *f.*

fertilizer : engrais *m.*

FGA : abréviation de *free of general average.* Voir ce terme.

FIA method : abréviation de *fluorescent indicator adsorption method.* Voir ce terme.

fiberglass or **fibreglass** : fibre *f.* de verre.

fiber grease or **fibre grease** : graisse *f.* fibreuse (*généralement à base sodique*).

fibreglass : voir *fiberglass.*

fibre grease : voir *fiber grease.*

fidelity : fidélité *f.* (*qualité d'un instrument de mesure, d'un appareil de contrôle, d'un essai qui donne toujours la même indication lorsqu'il est placé ou utilisé dans les mêmes conditions*).

field : 1/ champ *m.*, chantier *m.*, gisement *m.* (*pétrolier*) ; 2/ terrain *m.*, étendue *f.* ; 3/ champ *m.* (*magnétique, électrique, optique, etc.*).

field geologist : géologue *m.* de terrain.

field test : 1/ essai *m.* sur le chantier, essai sur le champ, essai sur le terrain ; 2/ essai d'utilisation sur route.

FIFO : abréviation de *first in-first out.* Voir ce terme.

fifty-fifty : 50-50, moitié-moitié (*règle du partage des bénéfices nets de la production pétrolière par moitié entre le propriétaire du sol et la compagnie exploitante*).

fighting grade oil or **thrift grade oil** : huile *f.* à bas prix (*dite de « bataille » ; expression commerciale*).

file : 1/ lime *f.* ; 2/ dossier *m.*, fichier m., classeur *m.*, collection *f.*, liasse *f.* (*de papier*).

filing or **file dust** : limaille *f.*

filled-type column or **filled-type tower** : voir *packed tower.*

filler or **fines** : charge *f.* (1/ *substance pulvérulente inerte, graphite par exemple, ajoutée à une graisse, à une huile, à une matière plastique ; 2/ matériel pulvérulent, non retenu sur le tamis de 0,075 mm, que l'on ajoute aux liants ou aux enrobés de bitume pour donner aux mélanges ainsi obtenus des caractéristiques déterminées*).

filler cap or **fill plug** or **filler plug** : bouchon *m.* de remplissage.

filler neck : goulot *m.* de remplissage.

filler plug : voir *filler cap.*

fill-for-life or **lifetime fill** : remplissage *m.* à vie (*se dit du remplissage d'un carter d'huile fait une fois pour toutes, sans obligation de vidange périodique*).

filling density : densité *f.* de remplissage (*rapport entre le poids de gaz liquéfié et le poids du même volume d'eau qu'une bouteille de gaz liquéfié peut contenir à la température de 15,6 °C*).

filling station or **gas station** : station *f.* distributrice de carburants, poste *m.* d'essence, station-service *f.*

fill plug : voir *filler cap.*

fill-up : 1/ remblayage *m.*, remplissage *m.* (*en particulier remplissage partiel du fond d'un puits par des déblais*), hauteur *f.* de remblayage ou de remplissage ; 2/ maintien *m.* du niveau convenable de la boue dans un puits (*au cours de la remontée ou de la descente du train de tiges*) ; 3/ remplissage *m.* partiel, (*avec de la boue, des tubages en cours de descente*).

fill up (to) : emplir à ras bord, faire le plein (*d'essence*).

film : pellicule *f.*, film *m.*, couche *f.* superficielle, feuil *m.* (*assemblage caractéristique des molécules d'agents de surfaces adsorbées aux interfaces*).

film strength : solidité *f.* du film (*propriété d'une huile capable de maintenir un film continu sur une surface*).

film strength improver or **load-carrying capacity improver** : additif *m.* améliorant la solidité d'un film d'huile (*composés organiques du chlore, du soufre et du phosphore, tels les tricrésylphosphate, tributylphosphate, dithiophosphate de zinc, etc.*).

filterability : filtrabilité *f.*

filter aid : adjuvant *m.* pour filtrage, adjuvant de filtration (*matières finement divisées utilisées pour faciliter la filtration*).

filter cake : cake *m.* de filtration, gâteau *m.* de sédiments, gâteau de filtration (*ce terme désigne* : 1/ *l'ensemble des particules solides retenues par un support filtrant après une filtration* ; 2/ *les particules de boues déposées sur les parois d'un sondage par le fluide de forage ; dans ce dernier cas on dit aussi* mud cake *ou* wall cake).

filter clogging : voir *filter plugging*.

filtered cylinder stock or **amber cylinder oil** or **filtered stock** : huile *f.* à cylindre raffinée et filtrée sur terre absorbante.

filter plugging or **filter slicking** or **filter clogging** : obstruction *f.*, colmatage *m.* d'un filtre.

filter press : filtre-presse *m.*

filter slicking : voir *filter plugging*.

filtrate : produit *m.* de filtration, filtrat *m.*, eau *f.* libre (*d'une boue de forage*).

filtrols : terres *f.* actives (*utilisées pour décolorer et stabiliser les huiles ou comme catalyseurs dans un procédé de craquage catalytique fluide*).

fin : 1/ ailette *f.* (*de refroidissement*) ; 2/ bavure *f.* de fonte ; 3/ plan *m.* fixe vertical.

final boiling point or **FBP** : voir *end point*.

final control element : élément *m.* final de régulation (*recevant un ordre émis par un régulateur et agissant directement sur une des variables du procédé*).

fineness : 1/ finesse *f.* ; 2/ titre *m.*, degré *m.* de pureté ; 3/ qualité *f.* supérieure.

fines : 1/ billes *f.* siliceuses catalytiques brisées ou pulvérisées éliminées dans une unité TCC (*Thermofor catalytic cracking*) ; 2/ voir *filler*.

fines bin : trémie *f.* recueillant les billes siliceuses brisées ou pulvérisées dans une unité TCC (*Thermofor catalytic cracking*).

fin-fan cooler : aéroréfrigérant *m.* (*appareil de refroidissement comportant un ventilateur et des tubes à ailettes*).

fin-fan tube : voir *finned tube*.

fingering : digitation *f.* (*infiltration incomplète, en doigt de gant, d'eau ou de gaz dans une formation pétrolifère, ou de ciment mal réparti dans l'espace annulaire d'un sondage entre le terrain et le tubage ; voir aussi* channeling 1/).

fingerprint remover or **fingerprint suppressor** or **fingerprint neutralizer** : produit *m.* de protection antirouille (*neutralisant l'action acide des empreintes digitales sur les surfaces métalliques polies*).

finish : finesse *f.* d'exécution, finissage *m.*, poli *m.*

finished product : produit *m.* fini.

finishing : achèvement *m.*, finissage *m.*, finition *f.*, apprêt *m.*

finned tube or **fin tube** or **fin-fan tube** : tube *m.* à ailettes.

fin-tube exchanger : échangeur *m.* à ailettes.

fire bank : levée *f.* pare-feu (*enceinte construite autour d'un réservoir de surface, destinée à en retenir le contenu en cas de fuites, d'explosion ou d'incendie*).

firebox or **furnace box** : chambre *f.* de combustion (*d'un four*), foyer *m.* (*d'une chaudière*), boîte *f.* à feu.

firebrick : brique *f.* réfractaire.

fireclay : argile *f.* réfractaire.

firedamp : grisou *m.*, gaz *m.* de mine, gaz des marais, mofette *f.* inflammable, méthane *m.*

fired coil : four *m.* tubulaire, four à tube, alambic *m.* tubulaire.

fire fighter or **fireman** : pompier *m.*

fire fighting : lutte *f.* contre l'incendie.

fire-fighting equipment : équipement *m.* de lutte contre l'incendie.

fire flood : voir *in situ combustion*.

fireman : 1/ pompier *m.* ; 2/ chauffeur *m.* (*de chaudière, d'alambic*) ; 3/ porion *m.* d'aérage ; 4/ boutefeu *m.*

fireplug : bouche *f.* d'incendie, prise *f.* d'eau.

fire point or **ignition point** or **burning point** : point *m*. de feu, d'inflammation, de combustion (*température, généralement supérieure de 15 à 40 °C au point d'éclair, à laquelle un produit pétrolier s'enflamme à l'approche d'une flamme nue et continue à brûler au moins pendant 5 s ; cf. ASTM D 92, AFNOR T 60 – 118*). Voir aussi *Cleveland flash tester, flash point*.

fireproof : incombustible, ignifuge.

fireproofing : revêtement *m*. ignifuge, ignifugation *f*.

fire-resistant fluid or **FR fluid** or **fire-resistant oil** or **FR oil** : fluide *m*. résistant au feu, fluide difficilement inflammable (*à base d'esters phosphorique, d'hydrocarbures chlorés ou de mélanges eau-polyglycols*).

fire spinkler : extincteur *m*. automatique d'incendie (*par arrosage*).

fire still : chaudière *f*. de distillation (*à contact direct avec la flamme*).

fire wall or **antifire wall** : cloison *f*. pare-feu, mur *m*. coupe-feu, merlon *m*.

firing : 1/ tir *m*., tir de mine, mise *f*. à feu ; 2/ inflammation *f*., chauffe *f*., allumage *m*.

firing sequence or **firing order** : ordre *m*. d'allumage (*des bougies d'un moteur thermique*).

first aid : premier secours *m*.

first cut : fraction *f*. légère, première coupe *f*.

first in-first out or **FIFO** : premier entré-premier sorti (*méthode de comptabilisation des stocks, appliquée par les sociétés françaises conformément à la réglementation comptable, dont le résultat est d'évaluer les stocks au prix des dernières marchandises entrées, c'est-à-dire aux prix de revient les plus récents ; en période inflationniste, le FIFO revient à valoriser les stocks anciens à une valeur supérieure à leur valeur d'achat et à majorer ainsi le résultat, d'où l'effet dit de « stock »*).

first running : tête *f*. de distillation.

fish : 1/ poisson *m*. (*se dit, en forage, de toute partie d'outil ou de tout objet qui, tombé ou laissé par accident dans un sondage, nécessite un repêchage, une instrumentation*) ; 2/ poisson *m*. (*appareil de mesure contenu dans un carter profilé et remorqué entre deux eaux par un navire*).

fisherman : ouvrier *m*. ou ingénieur-foreur *m*. responsable d'une instrumentation. Voir *fish 1/, fishing*.

Fisher-Tropsch synthesis : synthèse Fischer-Tropsch (*procédé allemand de fabrication d'hydrocarbures par hydrogénation catalytique de l'oxyde de carbone*).

fishing : repêchage *m*., instrumentation *f*. (*toute opération ayant pour but de retirer d'un sondage les parties d'outils ou tout objet étranger dont la présence interdit la poursuite du forage*).

fishing jar : coulisse *f*. de battage pour instrumentation. Voir *fishing, jar*.

fishing magnet : aimant *m*. de repêchage (*utilisé pour recueillir la ferraille présente dans un forage*).

fishing time : temps *m*. d'instrumentation (*temps passé à repêcher un poisson ;* voir *fish, fishing*).

fishing tools : outils *m*. de repêchage. Voir *fish, fishing, fishing jar, fishing magnet*.

fishing up tools : repêchage *m*. des outils (*au cours d'une instrumentation*).

fish oil : huile *f*. de poisson (ou de mammifère marin). Voir *pilchard oil, herring oil, porpoise oil, sardine oil, seal oil, sperm oil, train oil, whale oil*.

fishtail bit : trépan *m*. en queue de poisson.

fit (to) : accorder, adapter, ajuster, monter, poser (*un accessoire par exemple*).

fitness : aptitude *f*., compétence *f*.

fitted : ajusté, monté.

fitting : 1/ ajustage *m*., pose *f*., montage *m*. (voir *pipe fitting*), adaptation *f*. ; 2/ raccord *m*. (voir *grease fitting*).

fittings : 1/ accessoires *m*. ; 2/ garnitures *f*. ; 3/ raccords *m*. de tuyauterie, raccorderie *f*. ; 4/ agencements *m*., installations *f*.

Fitz viscometer : viscosimètre *m*. de Fitz (*viscosimètre capillaire servant à la mesure de la viscosité cinématique ; cf. ASTM D 445*).

fixed-bed catalytic cracking or **static catalytic cracking** : craquage *m*. catalytique à lit fixe.

Fixed-bed Hydroforming : voir *Hydroforming*.

fixed-bed operation : opération *f*. sur lit fixe (*de matière réactive périodiquement régénérée en place*).

fixed oil : voir *fatty oil*.

fixed roof tank : réservoir *m*. à toit fixe.

fixture : 1/ appareil *m*. fixe ; 2/ montage *m*., fixation *f*.

fizz : 1/ pétillement *m*., effervescence *f*. ; 2/ action *f*. de fuser (*se décomposer en éclatant et en crépitant*) ; 3/ crachement *m*., sifflement *m*.

(*d'un gaz sous pression*) ; 4/ huile *f.* ou gaz *m.* jaillissant spontanément d'un puits.

flag : 1/ drapeau *m.*, pavillon *m.*, signal *m.* ; 2/ repère *m.* (*fixé à intervalles réguliers et servant à mesurer la longueur d'un câble*) ; 3/ dalle *f.*, plaque *f.*, plaquette *f.* (voir *flaggy, flagstone*).

flaggy : en dalles, en plaques.

flagstone : roche *f.* en dalles, en plaques.

flake : écaille *f.*, flocon *m.*, paillette *f.*, lamelle *f.*

flaked wax : paraffine *f.* en écailles.

flaking : voir *spalling*.

flambeau light : torche *f.* de puits.

flame arrestor or **flame arrester** : coupe-flamme *m.*, pare-feu *m.*, arrête-flamme *m.*

flame black : noir *m.* de fumée. Voir *carbon black*.

flameproof : voir *explosionproof.*

flange : flasque *m.*, collet *m.*, collerette *f.*, bord *m.* rabattu, boudin *m.*, bride *f.*, contre-bride *f.*, bourrelet *m.*

flange joint : assemblage *m.* à brides boulonnées.

flank well : puits *m.* latéral (*en bordure d'un gisement connu*).

flapper valve or **flap valve** : soupape *f.* à clapet, soupape antiretour.

flapper valve float collar : manchon *m.* de cimentation à clapet (*placé à environ 20 m au-dessus du sabot du tubage, il empêche le remplissage de la colonne qui de ce fait flotte et doit être remplie par le haut avec de la boue*). Voir aussi *insert float valve, cement float collar, cement float shoe.*

flare : 1/ torche *f.*, torchère *f.*, fusée *f.* lumineuse ; 2/ évasement *m.*

flare gas : gaz *m.* brûlé à la torche.

flare stack tip or **torch** : torche *f.*, torchère *f.* (*à allumage automatique, servant à brûler les gaz inutilisables d'une raffinerie ou d'un gisement de pétrole*).

flaring or **popping** : brûlage *m.* à la torche, torchage *m.* (*opération consistant à brûler à la sortie du puits le gaz naturel pour lequel il n'existe ni débouché, ni utilisation possible sur place*).

flash : 1/ détente *f.*, éclair *m.*, flash *m.* ; 2/ vaporisation *f.* (*sous l'effet d'une détente*).

flashback : 1/ retour *m.* de flamme ; 2/ retour en arrière.

flash chamber or **flash zone** : chambre *f.* d'expansion, zone *f.* de détente (*chambre comprise entre les plateaux d'une tour de fractionnement dans laquelle s'abaisse subitement la pression d'un produit vaporisé, ce qui facilite la séparation des liquides et de la vapeur*).

flash closed-cup tester : voir *Pensky-Martens tester.*

flash curve : courbe *f.* de vaporisation, courbe de flash (*pour un mélange quelconque, graphique des pourcentages vaporisés à pression constante en fonction de la température*).

flasher or **flash drum** or **flash tower** : ballon *m.* ou tour *m.* de détente. Voir aussi *flash chamber.*

flashing : 1/ opération *f.* comportant une détente ; 2/ clignotement *m.*, étincellement *m.*

flashing light : feu *m.* clignotant.

flashing point : voir *flash point.*

flash open-cup tester : voir *Cleveland flash tester.*

flash point or **flashing point** : point *m.* d'éclair (*température à laquelle les vapeurs d'un produit pétrolier s'enflamment à l'approche d'une flamme nue ; voir Cleveland flash tester, Abel closed tester, Haas tester, Pensky-Martens tester*). Voir aussi *fire point.*

flash temperature : température *f.* éclair (*température maximale instantanée entre des points rapprochés de surfaces en contact de glissement ; le terme s'applique également à la température moyenne d'une surface limitée de contact, entre des dents d'engrenage par exemple*).

flash tower : voir *flasher.*

flash zone : voir *flash chamber.*

flask : ballon *m.*, matras *m.*, flacon *m.*, fiole *f.*, flasque *m.*, ampoule *f.* (*verrerie de laboratoire*).

flat : 1/ bas-fond *m.*, replat *m.* ; 2/ plat, plan.

flat-bottomed : à fond plat.

flat bottom tappet : poussoir *m.* à plateau.

flat-out : accélération *f.* pied au plancher.

flat price : 1/ prix *m.* de base d'un brut (*non lié à sa densité*) ; 2/ prix uniforme, prix unique.

flat rate : 1/ tarif *m.* de base (*d'un affrètement pétrolier*) ; 2/ tarif forfaitaire.

flatting : 1/ applatissement *m.*, applatissage *m.*, laminage *m.* ; 2/ vernis *m.* mat ; 3/ usure *f.* en facettes (*des pneumatiques montés sur des roues mal équilibrées*).

flatting agent : délustreur *m.*, mateur *m.* (*agent de délustrage qui, ajouté à une peinture ou un vernis, lui fait perdre son brillant*).

flat-twin engine or **flat-twin motor** : moteur *m.* à deux cylindres opposés horizontaux, moteur bicylindrique à plat, moteur flat-twin.

flavoring or **flavouring** : arôme *m.*, essence *f.*, extrait *m.*, parfum *m.*

flaw : défaut *m.*, imperfection *f.*, soufflure *f.*, paille *f.*, fissure *f.*

flax : asphalte *m.* soufré (*obtenu à partir de pétrole brut à teneur en soufre particulièrement élevée*).

flaxseed oil : voir *linseed oil.*

fl. dr. : abréviation de *fluid dram.* Voir *dram* (*fluid*).

flexibility : flexibilité *f.*, souplesse *f.*, élasticité *f.* (*d'un moteur, d'un procédé, d'une installation, etc.*).

flexible connection piping : raccord *m.*, connexion *f.* flexible (*tuyauterie*), durit *f.*

Flexicoking : procédé *m.* de conversion de résidu sous vide (*dans lequel un gazéificateur est intégré à une unité de cokéfaction fluide* ; voir *Fluid Coking* ; *le coke résiduel – 1 à 2 % – concentre le vanadium et le nickel du pétrole brut. – Exxon Research & Engineering Co*).

Flexicracking : procédé *m.* de crackage catalytique (*dans lequel le réacteur surmonte le régénérateur. – Exxon Research & Engineering Co*).

Flexitray : dénomination d'un type de plateau de distillation à clapet. Voir aussi *float valve tray.*

flexjoint connector or **multiball flexjoint connector** : connecteur *m.* flexible (*reliant le riser et le stack sur une tête de puits sous-marine et autorisant un débattement angulaire de 10° de part et d'autre de la verticale*).

flicker : tremblottement *m.*, papillottement *m.*, clignotement *m.*, scintillation *f.* (*d'une flamme, d'une source lumineuse, etc.*).

flinger : voir *slinger.*

flint : 1/ silex *m.* ; 2/ pierre *f.* à feu, pierre à briquet.

flint clay : 1/ argile *f.* à silex ; 2/ argile réfractaire, argile apyre.

flip-flap or **flip-flop** or **flipped-or-flopp** : bascule *f.* (*circuit électronique bistable utilisé en particulier dans les calculateurs*).

float : 1/ flotteur *m.* ; 2/ éboulis *m.* ; 3/ position *f.* libre (*d'un circuit hydraulique non soumis à pression*).

floatation oil : voir *flotation oil.*

float ball : bille *f.* flottante (*placée dans les sabots ou anneaux de cimentation de tubage et faisant office de clapet antiretour*).

floater : voir *floating roof.*

floating action : action *f.* flottante (*action d'un régulateur par laquelle la vitesse de déplacement de l'élément final de régulation varie en fonction de la déviation de la variable réglée*).

floating cargo : cargaison *f.* sur mer, cargaison flottante.

floating dock : dock *m.* flottant.

floating feed : alimentation *f.* à flotteur, alimentation par cuve à niveau constant.

floating head : tête *f.* mobile (*d'un échangeur de chaleur sur laquelle tous les tubes sont fixés* ; *elle permet la dilatation en évitant des tensions dans l'enveloppe extérieure*).

floating insurance policy : police *f.* d'assurance flottante (*couvrant les biens transportés, mais non le navire ni l'équipage assurés par ailleurs*).

floating roof or **floater** : toit *m.* flottant (*d'un réservoir de stockage*).

floating roof tank : réservoir *m.* à toit flottant.

float module : voir *float 1/.*

float test : essai *m.* au flotteur (*permettant d'estimer la consistance du résidu de distillation d'un bitume fluidifié par la mesure du temps nécessaire à la fusion de l'échantillon* ; *ce dernier est introduit dans un collet creux s'ouvrant à la partie inférieure d'une coupelle flottant sur un bain d'eau à une température donnée* ; *la fusion du bitume est marquée par l'accès de l'eau dans la coupelle, ce qui la fait couler* ; *cf. ASTM D 139*).

float valve : voir *clapper valve.*

float valve tray : plateau *m.* de distillation à clapet.

floc or **flock** : flocon *m.*

flocculant or **flocculating agent** : agent *m.* floculant.

flocculation : floculation *f.* (1/ *séparation d'une émulsion en deux phases superposées* ; 2/ *transformation que subissent les solutions colloïdales sous l'influence de certains agents* ; *elle précède la coagulation et consiste dans le groupement assez lâche des particules solides, ou micelles, de la solution sans qu'il y ait coalescence de ces particules entre elles* ; *les micelles gardent leur individualité, mais ne peuvent plus se déplacer les unes par rapport aux autres* ; *le principe de la floculation trouve son application, entre autres, dans le traitement des eaux usées*).

flocculation point : voir *floc point.*

flocculation test : voir *floc test.*

flocculus : flocons *m.*, précipité *m.*

flock : voir *floc.*

flock point : voir *floc point.*

flock test : voir *floc test.*

floc point or **flock point** or **flocculation point** : point *m.* de floculation (*température à laquelle la paraffine commence à se séparer de l'huile dans un mélange constitué de 10 % d'huile et 90 % du fluide frigorifique Fréon 12 ; le point de flocculation peut être inférieur, égal ou supérieur au point d'écoulement*). Voir *pour point.*

floc test or **flock test** or **flocculation test** : essai *m.* de floculation (*auquel sont soumises les huiles incongelables à basse température ; voir floc point*).

flooded column : colonne *f.* engorgée. Voir *flooding* 1/.

flooding : 1/ engorgement *m.* (*se dit en particulier d'une colonne de distillation dans laquelle l'accumulation excessive de vapeurs montantes freine l'écoulement vers le bas de la fraction liquide*) ; 2/ noyage *m*, inondation *f.* (*d'un puits envahi par l'eau salée sous-jacente à l'huile*) ; 3/ injection *f.* (*d'un fluide dans le réservoir d'un gisement de pétrole pour en accroître la production ; voir air drive, gas flooding, water flooding*).

flood lubrication : graissage *m.* par jet.

floor : 1/ plancher *m.*, plate-forme *f.* (*d'une installation de forage*) ; 2/ palier *m.*, étage *m.* (*d'un immeuble*) ; 3/ mur *m.* (*base d'une couche géologique, partie inférieure ou plancher d'une excavation*).

floorman : ouvrier *m.* de plancher (*forage*).

floor oil : huile *f.* de faible viscosité appliquée sur les sols (*comme agent antipoussière*).

flotation oil or **floatation oil** : huile *f.* de flottation (*utilisée dans certains procédés de concentration des minerais métalliques pulvérulents*).

flow : écoulement *m.*, courant *m.*, débit *m.*, flux *m.*, acheminement *m.*, fluage *m.*

flowability : fluidité *f.* (*faculté d'un fluide de s'écouler dans une canalisation*).

flow bean : voir *bean.*

flow by heads : voir *head flow.*

flowchart : 1/ diagramme *m.* de débit ; 2/ schéma *m.* de fabrication, schéma complet d'une unité (*de recherche ou industrielle*) ; synonyme : *layout.*

flow diagram : 1/ schéma *m.* ou plan *m.* de circulation des fluides, P.C.F. *m.* ; 2/ schéma de fonctionnement (voir aussi *flowsheet, flowchart*).

flow-improved fuel : combustible *m.* liquide contenant des additifs améliorant son écoulement à froid.

flowing well or **flow well** or **blowing well** or **gusher** or **spouter** or **fountain** : puits *m.* éruptif, à écoulement naturel.

flowline : 1/ ligne *f.* de production ; 2/ conduite *f.* de collecte, conduite d'évacuation, conduite d'écoulement (*amenant le brut d'un puits aux réservoirs de stockage*).

flowmeter : débitmètre *m.*, indicateur *m.* de débit.

flow nipple : voir *bean.*

flow nozzle : ajutage *m.* (*disposé dans une tuyauterie pour mesurer le débit qui s'y écoule*).

flow point (Admiralty) : valeur *f.* la plus élevée du point d'écoulement d'un fuel résiduel (*avant et après avoir été soumis à un cycle thermique particulier entre 21 et 71 °C, selon l'essai normalisé par l'Amirauté anglaise*).

flow rate or **rate of flow** : débit *m.*

flowsheet : 1/ rhéogramme *m.*, 2/ schéma *m.* de principe, schéma de fonctionnement (*d'une raffinerie, d'une installation, etc.*). Voir aussi *flowchart, flow diagram.*

flowstring : voir *tubing* 2/.

flow tank : réservoir *m.* de stockage (*du brut à la sortie du puits*).

flow well : voir *flowing well.*

Floyd tester : appareil *m.* de Floyd (*appareil portatif servant aux essais des huiles pour engrenages*).

fl. oz. : abréviation de *fluid ounce.* Voir *ounce* (*fluid*).

fl. qt. : abréviation de *fluid quart.* Voir *quart* (*fluid*).

flue : 1/ carneau *m.* (*conduit menant d'un foyer à la cheminée*), tube-foyer *m.* ; 2/ canal *m.*, conduit *m.*, gaine *f.* d'évacuation, aspirail *m.*

flue brush : voir *tube brush.*

flue gas : gaz *m.* de combustion, gaz de carneau, gaz de fumée.

flue gas opacity : opacité *f.* des fumées. Voir *Bacharach scale.*

fluid bed operation : opération *f.* sur lit fluidisé (*fondée sur la tendance des matières finement divisées à être mises en suspension dans un courant ascendant de gaz ou de vapeurs*).

fluid catalytic cracking or **FCC** : craquage *m.* catalytique fluide (*procédé de craquage mettant en œuvre des catalyseurs en poudre circulant entre un réacteur et un régénérateur ; le catalyseur est à base de silice-alumine, alumine-magnésie, argiles calcinées, etc.*).

Fluid Coking : cokéfaction *f.* fluide (*dénomination d'un procédé de cokéfaction dans lequel le coke se forme dans le réacteur sur des noyaux de carbone fluidisé éliminés en continu vers un régénérateur. – Esso Res. Eng. Co.*).

fluid drachm or **fluid dram** or **fl. dr.** : voir *dram (fluid)*.

fluid hammer : voir *water hammer*.

Fluid Hydroforming : procédé *m.* de reformage catalytique fluide (*utilisant un catalyseur en poudre de molybdène-alumine à régénération en continu. – Standard Oil Development Co*).

fluidics : fluidique *f.* (*technique d'automatisation des processus par interaction de jets fluides, gazeux ou liquides*).

fluid lubrication : voir *hydrodynamic lubrication*.

fluid ounce or **fl. oz.** : voir *ounce (fluid)*.

fluorescence : voir *cast*.

fluorescent indicator adsorption method or **FIA method** : méthode *f.* chromatographique (*permettant de déterminer la teneur en hydrocarbures saturés, en oléfines et en aromatiques des fractions distillant au-dessous de 600 °F (316 °C) ; cf. ASTM D 1319*).

fluorinated lubricants : lubrifiants *m.* fluorés (*généralement à base de fluoro-esters et utilisés pour lubrifier les turbines à gaz ou comme fluides diélectriques*).

fluorocarbon grease : graisse *f.* synthétique fluorée (*utilisée pour graissage en atmosphère acide*).

fluorocarbon rubber : caoutchouc *m.* synthétique fluoré.

flush : 1/ affleurant, encastré ; 2/ débordant ; 3/ chasse *f.*, balayage *m.* (*d'eau, de boue, etc.*).

flush (to) : noyer, rincer (*laver par passage de liquide*), procéder au remplissage (*d'un circuit hydraulique*) ; 2/ débourber, curer.

flush-head : à tête plate, encastrée (*vis, boulon*).

flushing : 1/ balayage *m.* (*mouvement naturel de l'eau de gisement chassant le pétrole et se substituant à lui*) ; 2/ rinçage *m.* (*en particulier, injection de produits propres dans une conduite ou un appareillage pour en réduire le cokage ; rinçage d'un circuit de graissage, etc.*).

flushing oil : voir *cleaning oil*.

flush-joint pipe : tube *m.* à joint lisse.

flush mounting : montage *m.* encastré, affleurant.

flush production : production *f.* éruptive non réglée.

flute : cannelure *f.*

fluted : plissé, cannelé, strié, à rainures, rainuré.

fluting : cannelure *f.*, rainure *f.*, strie *f.*

flutter : vibration *f.* rapide, oscillation *f.*, pulsation *f.*, fluctuation *f.*, flottement *m*, turbulence *f.*, scintillement *m.*

flux or **flux oil** : huile *f.* de fluxage (*mélangée à un bitume pour le fluidifier*).

fluxed asphalt : voir *asphalt cutback*.

flux oil : voir *flux*.

fly ash : cendre *f.* volante (*entraînée par les gaz de combustion*), escarbilles *f.*

flyaway oil : huile *f.* de protection antirouille (*pour la protection des pièces détachées pendant leur stockage*).

flying tanker : avion *m.* citerne (*pour ravitaillement d'aéroplanes en vol*).

fly nut : écrou *m.* à oreilles, écrou papillon.

flywheel : volant *m.* (*roue très pesante dont l'inertie régularise la vitesse de rotation de l'arbre sur lequel elle est calée*).

foam : écume *f.*, mousse *f.* (*obtenue au moyen d'un agent émulsifiant et utilisée pour combattre les feux d'hydrocarbures*).

foam collapse time or **collapse time** : temps *m.* de disparition de la mousse (*au cours d'un essai de moussage*).

foam extinguisher : extincteur *m.* à mousse.

foaming or **frothing** : formation *f.* de mousse (*dans une huile*), moussage *m.*

foam rubber : caoutchouc *m.* mousse.

foam suppressant : voir *antifoaming agent*.

foam test : essai *m.* de moussage (*évaluation de la tendance d'une huile à former de la mousse, par barbotage d'air au moyen d'une petite sphère diffusante, et de la stabilité de cette dernière ; cf. ASTM D 892, AFNOR T 60 – 129*).

foamy : mousseux.

FOB or **fob** : abréviation de *free on board*. Voir ce terme.

focusing or **focussing** or **focalization** : focalisation *f.*, mise au point *f.* (*d'un système optique*).

Focus log : voir *Laterolog*.

focussing : voir *focusing*.

fog : brume *f.*, brouillard *m.*, voile *f.*, halo *m.*

fog lubrication or **oil fog lubrication** or **mist lubrication** or **oil mist lubrication** or **air line lubrication** : graissage *m.* par brouillard d'huile (*appliqué en particulier au graissage des outils pneumatiques ou des broches tournant à vitesse élevée, 90 000 à 100 000 tours/min*).

fogging : ternissement *m.*, halo *m.*, embrumage *m.* (*création d'un brouillard par fine pulvérisation d'un liquide*).

foil : feuille *f.*, lame *f.*, clinquant *m.* (*feuille mince de métal*).

fold : pli *m.* (*d'une couche géologique*).

folding : 1/ pliant, pliable ; 2/ plissement *m.* (*géologique*).

foldout : dépliant *m.*

follower : 1/ bague *f.* (*de presse-étoupe*) ; 2/ poussoir *m.*, came *f.*

follower disc or **follower plate** : plateau *m.* racleur (*placé à la surface de la graisse dans le réservoir d'un système centralisé de graissage sous pression pour faciliter l'écoulement par gravité de la graisse vers la pompe*).

follow-up bit : trépan *m.* suiveur (*outil élargisseur placé au-dessus de l'outil pilote pour amorcer une déviation dans un sondage*).

Food and Drug Administration or **FDA** : administration *f.* américaine contrôlant, entre autres, le degré de pureté des huiles blanches, des paraffines et des pétrolatums utilisés dans les industries pharmaceutique et alimentaire ainsi que dans la fabrication des emballages dits alimentaires.

food grade white oil : huile *f.* blanche alimentaire.

footage : avancement *m.* d'un forage (*mesuré en pieds*), nombre *m.* de pieds forés.

footpiece : dispositif *m.* utilisé dans le gas-lift pour injecter du gaz dans un puits qui a cessé de produire naturellement (*le mélange intime de gaz et de brut ainsi formé remonte en surface par suite de la pression du gaz et de la densité du mélange inférieure à celle du brut*).

foots oil : huile *f.* de ressuage (*huile paraffineuse extraite au cours du ressuage de la paraffine*).

foot valve : clapet *m.* à pied.

FOR or **for** : abréviation de *franco on railway* ou *free on rail*. Voir ce dernier terme.

foraminifera or **forams** : foraminifères *m.* (*protozoaires marins dont la cellule est entourée d'une capsule calcaire, appelée test, nombreux à l'état fossile dans certains sédiments marins*).

forble : voir *fourble*.

forble board : voir *fourble board*.

forced draft : tirage *m.* forcé, tirage artificiel (*d'une cheminée, d'un réfrigérant à air, etc.*).

forced draft cooling tower : tour *f.* de refroidissement (*d'eau*) à tirage forcé (*à l'aide d'un ou de plusieurs ventilateurs soufflants*).

forced feed lubricator : graisseur *m.* alimenté sous pression.

forced feed lubrication or **pressure lubrication** : graissage *m.* sous pression, graissage forcé.

force pipe or **full pipe** : conduite *f.* forcée.

foreign matter : corps *m.* étranger.

foreman driller : maître sondeur *m.*

forepeak : avant-bec *m.* (*d'un vaisseau*).

forging : 1/ forgeage *m.* ; 2/ pièce *f.* de forge, pièce forgée.

forklift truck : chariot *m.* élévateur à fourche.

for life lubrication : graissage *m.* permanent, graissage à vie.

formation : formation *f.*, couche *f.*, terrain *m.* (*géologique*).

formation tester or **tester** : tester *m.* de formation, tester (*appareil permettant d'effectuer un court essai de production en cours de forage, lorsque des indices d'huile ou de gaz importants ont été observés*).

formation volume factor : facteur *m.* volumétrique de fond (*volume de fluide du réservoir ayant donné naissance au volume-unité d'huile recueillie au stockage*).

form oil or **mould oil** or **mold oil** : huile *f.* de démoulage, huile de décoffrage.

forward avails : tonnages *m.* supplémentaires de brut (*qu'un état aussi bien qu'une compagnie peut acquérir au-delà de ses droits, grâce à la mise en place de nouvelles capacités de production*).

forwarding agent or **transport agent** : transitaire *m.* (*mandataire, généralement agréé par la douane, qui se charge de toutes les opérations du départ à l'arrivée ou au transbordement, en dehors du transport maritime proprement dit :*

établissement des connaissements, couverture des risques, paiement du fret et des frais, prise de livraison, réception ; il agit sur instructions du chargeur et du destinataire et n'est tenu que d'une obligation de moyens).

fossil wax : cire *f.* fossile, cire minérale, ozokérite *f.*

FOT : abréviation de *free on truck.* Voir ce terme.

foul air : air *m.* vicié.

foul gas : gaz *m.* vicié, gaz non purifié.

fouling : 1/ encrassement *m. (par suite de l'accumulation de dépôts notamment dans les échangeurs de température)* ; 2/ salissure *f. (en particulier celle due aux dépôts et aux incrustations, surtout calcaires, d'origine animale ou végétale, se formant sur les surfaces immergées de façon permanente dans l'eau de mer, sur les coques de navire par exemple)* ; 3/ engorgement *m. (d'une pompe)* ; 4/ engagement *m. (d'une ancre).*

fouling factor : facteur *m.* ou coefficient *m.* de salissure *(introduit dans les calculs d'échange de chaleur pour tenir compte de l'encrassement des surfaces d'échange au cours du service).*

foundation : 1/ fondation *f.,* soubassement *m. (d'une construction)* ; 2/ fondation *f.,* établissement *m.,* création *f. (d'une société, d'un groupement, etc.)* ; 3/ institution *f.*

foundry sand or **moulding sand** or **molding sand** : sable *m.* de fonderie.

fountain : voir *flowing well.*

four ball test : essai *m.* sur la machine à quatre billes *(essai mécanique d'usure établi par Shell Development Company pour déterminer le coefficient de frottement d'une huile ; la machine est équipée de quatre billes en acier au chrome, à résistance à la compression élevée, disposée selon les sommets d'un tétraèdre régulier ; trois billes serrées dans un bain d'huile supportent la charge verticale exercée sur la quatrième ; cf. ASTM D 2596).* Voir *mean Hertz load, seizure load, weld load, Hertz diameter, pressure-wear index.*

fourble or **forble** or **quad** : rame *f.* constituée de quatre tiges de forage assemblées et manœuvrées dans cet état. Voir *string 1/.*

fourble board or **forble board** : plate-forme *f.* de quadruple passe *(plate-forme d'accrochage pouvant recevoir les rames de forage formées de quatre tiges simples assemblées).*

foursquare gear rig : machine *f.* d'essai des huiles pour engrenages à recirculation de puissance *(machine du type* Ryder gear test *ou* FZG).

four-way valve : vanne *f.,* robinet *m.* à quatre voies.

four-wheel drive : traction *f.* à quatre roues motrices.

FPA : abréviation de *free of particular average.* Voir ce terme.

Fraass breaking point : température *f.* d'écaillage Fraass *(d'un bitume, par fragilité, à basse température ; une plaque métallique, sur laquelle une fine couche de bitume adhère, est pliée jusqu'à obtenir l'écaillage ; cf. Standard Method IP 80).*

frac fluid or **fracturing fluid** : liquide *m.* de fracturation *(huile, eau, solution de divers acides, etc.).* Voir *hydraulic fracturing.*

fraction : voir *cut.*

fractional condensation : condensation *f.* fractionnée *(séparation des composants d'un mélange à l'état de vapeur par condensation dans des condenseurs disposés en cascade ; l'ordre de condensation des composants est en raison inverse de leur tension de vapeur).*

fractionation or **rectification** or **rectifying** : fractionnement *m.,* rectification *f. (séparation par distillation fractionnée des différents composants d'un mélange liquide, d'hydrocarbures en particulier).*

fractionating column or **fractionator** : colonne *f.* ou tour *f.* de fractionnement.

fracturation or **fracturing** : formation *f.* de fissures, fissuration *f.,* fracturation *f. (d'une couche productrice d'huile).* Voir *hydraulic fracturing.*

fracturing fluid : voir *frac fluid.*

fragrant oil : huile *f.* essentielle, essence *f. (employée en parfumerie).*

frame : bâti *m.,* cadre *m.,* châssis *m.,* structure *f.,* charpente *f.,* monture *f.,* chevalet *m.,* membre *m.,* membrure *f.*

framework : charpente *f.,* coffrage *m. (du béton),* bâti *m.,* squelette *m.,* canevas *m.*

franco on railway or **FOR** : voir *free on rail.*

frayed : éraillé, usé *(se dit d'un câble, d'une corde, etc.).*

free : 1/ libre, franc de, exempt de ; 2/ qui a du jeu *(assemblage mécanique par exemple).*

free alongside or **FAS** or **fas** or **fas steamer** or **fas ship** or **fas vessel** : franco quai *(se dit d'une marchandise livrée franco à quai le long du navire au port d'embarquement ; ne s'applique pas au port d'Anvers).*

free alongside quay or **FAQ** or **faq** : franco quai *(se dit d'une marchandise livrée franco à quai).*

free at pier or **FAP** or **fap** : franco quai d'embarquement (*se dit d'une marchandise livrée franco au quai d'embarquement*).

free at works or **FAW** or **faw** : franco usine (*se dit d'une marchandise livrée franco en usine*).

free carbon : carbone *m*. libre, carboïdes *m*. (*substance asphaltique des huiles minérales, complètement insoluble dans le benzène et dans le sulfure de carbone*).

free docks or **FD** or **fd** : franco dépôt (*se dit d'une marchandise livrée franco en dépôt*).

free gas cap : voir *gas cap*.

free of average or **FA** : franc d'avarie *f*.

free of general average or **FGA** : franc d'avarie *f*. commune.

free of particular average or **FPA** : franc d'avarie *f*. particulière.

free of tax : exempt d'impôt *m*.

free on board or **FOB** or **fob** : franco à bord (*se dit d'une marchandise livrée franco à bord du navire*).

free on rail or **franco on railway** or **FOR** or **for** : franco gare (*se dit d'une marchandise livrée franco en gare de chemin de fer*).

free on truck or **FOT** : franco sur camion (*se dit d'une marchandise livrée franco sur camion*).

free-piston engine : moteur *m*. à pistons libres.

free run : marche *f*. à vide, marche sans charge (*d'un moteur, d'une machine, etc.*).

free scouring oil : huile *f*. peu maculante, dont les taches sont faciles à enlever (*servant au graissage des machines textiles*).

free spread : voir *nip* 3/, *crush* 2/.

freezing : 1/ congélation *f*. ; 2/ solidification *f*. ; 3/ calage *m*., grippage *m*. (*de deux surfaces métalliques en contact, sous l'effet de températures élevées, d'une vis grippée dans son siège, etc.*).

freezing point : point *m*. de congélation.

freezing test or **mercury freezing test** : essai *m*. de congélation, essai par fusion de mercure (*pour le dosage des hydrocarbures supérieurs dans le propane commercial ; l'essai est réalisé selon les normes LPG Specifications and Test Methods de la Natural Gasoline Association of America ;* voir aussi *weathering test* 2/).

freighter : affréteur *m*. (*se dit de celui qui a passé un contrat d'affrètement pour se réserver l'utilisation d'un navire*), transporteur *m*.

freighter boat : navire *m*. marchand.

freighter train : train *m*. de marchandises.

freighter wagon : wagon *m*. de marchandises.

fresh bin : trémie *f*. (*pour l'introduction du catalyseur frais dans une unité de Thermofor catalytic cracking*).

freshening : dessalement *m*. (*de l'eau de mer*).

fresh oil : 1/ huile *f*. fraîche (*pétrole récemment produit, par opposition à old oil*) ; 2/ huile de graissage neuve, huile non usagée.

fresh water : eau *f*. douce (*non salée*).

fresh water formation : formation *f*. géologique contenant de l'eau douce.

fretting or **fretting corrosion** : corrosion *f*. par trépidation, oxydation *f*. par frottement (*appelée également faux billage quand elle concerne les roulements en raison de la forme des empreintes des billes ; corrosion rapide se produisant à l'interface de deux métaux fortement chargés et soumis à un glissement relatif de nature vibratoire à faible amplitude et fréquence élevée*).

FR fluid : voir *fire-resistant fluid*.

frictional modifier or **friction modifying agent** : modificateur *m*. de friction, modificateur de frottement (*additif modifiant le coefficient de frottement d'une huile pour transmission automatique ou pour différentiel à glissement limité*).

friction factor : facteur *m*. ou coefficient *m*. de frottement, de friction.

friction modifying agent : voir *frictional modifier*.

fringe well : puits *m*. de bordure (*puits situé en bordure d'un gisement et qui n'est en général alimenté que par une faible section de l'horizon productif*).

frit or **fritt** : fritte *f*. (1/ *mélange de sable et de soude dont on fait le verre ;* 2/ *scorie*).

fritted : voir *sintered*.

fritting : voir *sintering*.

FR oil : abréviation de *fire-resistant oil*. Voir *fire-resistant fluid*.

front end volatility : rapport *m*. entre la température d'ébullition initiale d'un solvant et celle correspondant à 50 % de distillat.

frost : gelée *f*., givre *m*., givrage *m*.

frosted : givré, dépoli (*verre*).

frostproof : incongelable, résistant au gel.

froth or **foam** : mousse *f.*, écume *f.*

frothing : voir *foaming.*

frothy or **foamy** : écumeux, mousseux.

frozen natural gas : gaz *m.* naturel liquéfié à la température de −160 °C environ (*pour être transporté par mer*).

fruit packer's oil : huile *f.* de paraffine (*pour la conservation des fruits lors de leur emballage*).

FTMS : abréviation de *Federal Test Method Standard.* Voir ce terme.

fuel : fuel *m.*, combustible *m.*, carburant *m.*, essence *f.* (*le terme anglais* fuel *désigne toute substance pouvant servir de combustible, le bois par exemple*).

fuel and road oils viscosity : voir *Furol viscosity.*

fuel cell : 1/ pile *f.* à combustible (*dont l'énergie provient de la conversion directe d'énergie chimique en énergie électrique à partir de certains agents de réaction, comme l'hydrogène, l'oxygène ou les hydrocarbures*) ; 2/ réservoir *m.* cellulaire d'essence ou de carburéacteur (*d'un aéronef*).

fuel coker : appareillage *m.* ASTM-CFR servant à évaluer la tendance d'un combustible pour turbines à gaz d'aviation à former des dépôts à des températures élevées (*le combustible traverse d'abord un préchauffeur dont la température est comprise entre 149 et 204 °C, puis un filtre porté à 204-206 °C ; cf. ASTM D 1660*).

fuel conditioner or **diesel fuel conditioner** : produit *m.* améliorant la combustion dans un moteur diesel.

fuel gas : gaz *m.* combustible, gaz de chauffage (*gaz de raffinerie, constitué d'éthane et de méthane, utilisé pour le chauffage*).

fueling or **fuelling** : alimentation *f.*, approvisionnement *m.* (*en combustible*).

fuelling vehicle : voir *bowser.*

fuel oil : fuel-oil *m.*, fuel *m.*, mazout *m.*, huile *f.* combustible, huile lourde (*distillat lourd, résidu, ou leur mélange, utilisé comme combustible*).

fuel sensitivity : sensibilité *f.* d'un carburant (*différence entre l'indice d'octane Research et l'indice d'octane Motor*).

fuel system : dispositif *m.* d'alimentation en combustible (*d'un moteur*).

fuel trimming : voir *trimming* 3/.

fuller's earth : terre *f.* à foulon (*silicate hydraté d'alumine, avec traces de fer et de calcium, utilisé pour la filtration des huiles*).

full-flow-type filter : filtre *m.* à passage intégral, filtre à plein débit (*filtre installé de façon telle que la totalité du débit d'huile le traverse avant d'atteindre les organes à lubrifier*).

full-flow valve or **full opening valve** : vanne *f.* ou robinet *m.* à passage intégral, à plein débit.

full fluid film lubrication : voir *hydrodynamic lubrication.*

fulling : foulage *m.* (*des tissus, du cuir, etc.*).

fulling agent : agent *m.* de foulage.

full opening valve : voir *full-flow valve.*

full pipe : voir *force pipe.*

full-scale or **full-size** : en vraie grandeur, en grandeur réelle, à la dimension exacte, en grandeur naturelle.

full-scale range : totalité *f.* de l'échelle de lecture (*d'un appareil de mesure*).

full-size : voir *full-scale.*

fume : fumée *f.*, vapeur *f.*, vapeur délétère , exhalaison *f.*

fume cupboard or **fume hood** : hotte *f.* (*de laboratoire*).

fume duct : conduit *m.* de fumée.

fume hood : voir *fume cupboard.*

fumigant : voir *soil fumigant.*

fuming sulfuric acid or **oleum** : acide *m.* sulfurique fumant, oleum *m.*

fungicidal agent or **fungicide** : fongicide *m.*, produit *m.* fongicide.

funnel : 1/ entonnoir *m.* ; 2/ cheminée *f.*, tuyau *m.* d'aération.

funnel bonnet : chapeau *m.* de cheminée.

funnel-shaped : en forme d'entonnoir, infundibuliforme.

fur : incrustation *f.*, tartre *m.*, entartrage *m.*, calcin *m.* (*dépôt calcaire insoluble se formant dans les bouilloires, les chaudières, etc.*).

fur deposit : voir *furring.*

furfural or **bran oil** : furfural *m.*, C_4H_3O – CHO (*aldéhyde de la série du furanne obtenu à partir de déchets végétaux, solvant sélectif employé pour l'élimination des hydrocarbures aromatiques dans la fabrication des huiles de graissage ; synonymes : furylméthanol, aldéhyde pyromucique, aldéhyde furfurannique furfurol*).

furfural extraction : extraction *f.* au furfural (*Texaco Development Corporation*). Voir *furfural*.

furfural extract : extrait *m.* aromatique, résidu *m.* du traitement au furfural des huiles. Voir *aromatic extract.*

furnace : four *m.*, fourneau *m.*, foyer *m.*

furnace black : noir *m.* au four (*noir de carbone obtenu dans des fours par combustion ménagée dans un réacteur, suivie d'une trempe par pulvérisation d'eau*). Voir *carbon black.*

furnace box : voir *firebox.*

furnace oil or **furnace fuel oil** : huile *f.* combustible de chauffe.

Furol viscosity or **fuel and road oils viscosity** or **Saybolt Furol viscosity** : viscosité *f.* Furol (*expression empirique de la viscosité au moyen du viscosimètre Saybolt Furol, modèle modifié du viscosimètre Saybolt Universal, dont l'orifice permet un écoulement dix fois supérieur ; les mesures se font généralement à quatre températures différentes : 77 °F (25 °C), 100 °F (37,8 °C), 122 °F (50 °C) et 210 °F (98,9 °C) ; cf. ASTM D 88*).

furring or **fur deposit** : entartrage *m.*, encrassage *m.*, incrustation *f.* (*d'une chaudière, d'une bouilloire, etc.*).

fuse : 1/ fusible *m.*, coupe-circuit *m.* ; 2/ mèche *f.* ; 3/ détonateur *m.*, amorce *f.* sèche.

fusel oil : huiles *f.* de fusel (*ensemble de corps à haut point d'ébullition obtenus en fin de distillation de liquides alcooliques ; ils se composent d'alcools propylique, butylique et amylique*).

fusing point : voir *melting point.*

FZG : sigle de *Forschungstelle für Zahnräder und Getriebebau*, organisme allemand spécialisé dans l'étude des engrenages. Voir *foursquare gear rig.*

G

G : symbole de *giga*. Voir ce terme.

gadgetry : ensemble *m.* d'accessoires.

gage : voir *gauge*.

gage cutter : voir *gauge cutter*.

gage glass or **gage glass column** : voir *gauge glass*.

gager : voir *gauger*.

gage table or **gauge table** : voir *tank table*.

gage tank : voir *gauge tank*.

gaging : voir *gauging*.

gaging hatch or **gaging lock** or **gaging nipple** : voir *gauging hatch*.

gaging tape : voir *gauging tape*.

gain : gain *m.*, amplification *f.* (*augmentation de la puissance d'un signal*).

gal : 1/ abréviation de gallon *m.* ; voir ce terme ; 2/ gal *m.* (*unité de mesure de l'accélération due à la pesanteur, et correspondant à une accélération de 1 cm/s² ; symbole : Gal ; on utilise très fréquemment le milligal, symbole : mGal, qui est la millième partie du gal, et qui est une unité commode, compte tenu de la précision atteinte dans les mesures courantes*).

galling : usure *f.* profonde, éraillure *f.* (*genre d'usure étalée due à un défaut de graissage*).

gallon or **gal** : gallon *m.* (*unité anglo-saxonne de capacité : 1/ gallon impérial ou gallon britannique, imperial gallon, égal à 4,54596 l ; 2/ gallon américain, US gallon, égal à 3,78533 l*).

gallons per hour or **gph** : gallons *m.* par heure.

gallons per minute or **gpm** : gallons *m.* par minute.

galloping : galop *m.* (*fonctionnement irrégulier d'un moteur à explosion, généralement dû à un réglage trop riche*).

galt : voir *gault*.

gamma ray level gage : mesure *f.* de niveau par rayons gamma (*mesure indirecte, à travers la paroi d'un réservoir, les hydrocarbures ayant la propriété d'absorber le rayonnement gamma*).

Gamma-ray log : diagraphie *f.* de rayons gamma, log *m.* gamma-ray (*mesure enregistrée en continu de la radioactivité naturelle des formations traversées par un forage à l'aide d'un compteur à scintillation*).

gangway : voir *walkway*.

ganister or **gannister** : 1/ argile *f.* naturelle hautement réfractaire (*servant au revêtement interne des fours*) ; 2/ mélange *m.* de quartz finement broyé et d'argile réfractaire (*employé dans le revêtement interne des convertisseurs Bessemer*) ; 3/ nom local donné en Grande-Bretagne à une couche d'argile siliceuse située au mur de certains lits de charbon.

gantry : portique *m.*, chevalet *m.* de levage.

gap : 1/ intervalle *m.*, trou *m.* ; 2/ intervalle de distillation (*différence entre le point final de la courbe de distillation de la fraction la plus légère et le point initial de la courbe de la fraction la plus lourde ; si cette différence est négative elle est appelée* gap *; si elle est positive on la nomme* overlap *; voir ce terme*) ; 3/ espace *m.*, encoche *f.*, gorge *f.*, ouverture *f.*, fente *f.*, jeu *m.*, écartement *m.* ; 4/ lacune *f.*, hiatus *m.*

garbage : déchets *m.*, ordures *f.*

gas : 1/ gaz *m.* ; 2/ abréviation de *gasoline* ; voir ce terme.

gas-air drive : injection *f.* d'un mélange de gaz naturel et d'air dans un gisement de pétrole (*pour en accroître le taux de production*).

gas anchor : filtre *m.* à gaz (*dans un puits produisant par pompage, dispositif fixé à la partie inférieure de la pompe de fond pour régulariser la quantité de gaz produit en même temps que le pétrole*).

gas bag : ballon *m.* à gaz.

gas black : noir *m.* de fumée (*obtenue par combustion ménagée de gaz*).

gas blowlamp : chalumeau *m.* à gaz (*pour soudure*).

gas blowout : éruption *f.* de gaz (*au cours d'un forage*).

gas bottle : bouteille *f.* à gaz.

gas cap or **free gas cap** : chapeau *m.* de gaz, gas-cap *m.* (*dans un gisement, gaz libre, séparé du pétrole et le plus souvent rassemblé au voisinage du sommet de la structure*).

gas cap drive or **piston-type gas cap drive** : drainage *m.* par expansion du gaz libre (*le chapeau de gaz, ou gas-cap, en se détendant chasse l'huile vers les puits de production*).

gas chromatography : chromatographie *f.* en phase gazeuse. Voir *chromatography.*

gas-coning : gas-coning *m.*, formation *f.* d'un cône de gaz (*la couche de gaz se déforme au voisinage du puits, prend la forme d'un cône ayant pour axe le sondage et dont le sommet pénètre progressivement dans la zone productrice d'huile*).

gas-cut mud or **GCM** or **gas mud** : boue *f.* émulsionnée de gaz (*boue de forage contenant du gaz dissous provenant de la formation*).

gas cutting : 1/ rétention *f.* par la boue de forage de gaz entraîné durant le sondage ; 2/ découpage *m.* au chalumeau.

gas cycling : recyclage *m.* de gaz (*dans un gisement d'huile ou de gaz à condensat pour en maintenir la pression*).

gas detector : détecteur *m.* de gaz.

gas drive : entraînement *m.* par le gaz, déplacement *m.* par poussée de gaz, gas-drive *m.* (*mode de production de l'huile par injection de gaz dans le réservoir*). Voir aussi *gas flooding.*

gas escape : fuite *f.* de gaz.

gasex : fraction *f.* obtenue par distillation d'extraits aromatiques et dont les limites d'ébullition sont celles du gazole.

gas field : gisement *m.* ou champ *m.* de gaz naturel.

gas-fired : chauffé au gaz.

gas flooding : injection *f.* de gaz (*dans un réservoir d'huile pour en accroître la production*).

gas flow : courant *m.* de gaz, débit *m.* de gaz.

gas freeing : dégazage *m.* (1/ *extraction des gaz dissous dans un liquide, absorbés par un solide ou adsorbés par une surface ; 2/ opération ayant pour but de débarrasser les citernes d'un pétrolier, après déchargement de sa cargaison, de tous les gaz et dépôts qui y subsistent ; 3/ stabilisation, extraction des hydrocarbures gazeux ou volatils contenus dans le pétrole brut, l'essence, etc., afin d'en abaisser la tension de vapeur*).

gas generator : gazogène *m.*

gas holder : réservoir *m.* à gaz, gazomètre *m.*, cloche *f.* à gaz.

gasification : gazéification *f.*

gasket : joint *m.*, garniture *f.*

gas lift : ascension *f.* au gaz, allègement *m.* (*de la colonne d'huile*) au gaz, extraction *f.* au gaz, gas-lift *m.* (*naturel ou artificiel ; le gas-lift naturel est un procédé de production d'huile brute, par lequel les hydrocarbures gazeux, normalement en solution dans le brut dans les conditions de fond, c'est-à-dire de gisement, sont amenés, par abaissement de la pression de fond, à la phase gazeuse réelle, allégeant ainsi la colonne d'huile qui jaillit alors spontanément ; le gas-lift artificiel consiste à entraîner l'huile jusqu'à la surface, dans les puits non éruptifs ou qui ont cessé de l'être par gas-lift naturel, grâce à l'injection de gaz sous pression dans le puits*).

gas line : gazoduc *m.*, conduite *f.* de gaz.

gas liquor : eau *f.* ammoniacale.

gas lock : voir *vapor lock.*

gas mud : voir *gas-cut mud.*

gas odorant : voir *odorant.*

gasohol : mélange *m.* carburant (*composé de 90 % d'essence et de 10 % d'éthanol*).

gas oil or **solar oil** : gazole *m.*, gasoil *m.* (*distillat ayant un intervalle de distillation compris entre ceux du pétrole lampant et des huiles lubrifiantes, utilisé pour la production de chaleur ou d'énergie*).

gas-oil ratio or **GOR** : rapport *m.* gaz-huile, GOR (*rapport des quantités d'huile et de gaz produites par un puits*).

gasoline or **gas** : essence *f.* (*carburant*).

gasoline antioxidant or **gasoline inhibitor** : inhibiteur *m.* d'oxydation d'essence (*réduisant la tendance à la formation de gommes pendant le stockage ; on utilise l'alphanaphtol, le catéchol, l'hydroquinone, à raison de 10 à 15 kg par 150 t d'essence*).

gasoline plant : installation *f.* de dégazolinage.

gasoline pool : pool-essence *m.* (*masse commune des essences ; conception d'exploitation d'une raffinerie par laquelle on considère que les diverses qualités d'essence produites ne constituent qu'une seule masse permettant d'obtenir par mélange des produits conformes aux spécifications*).

gasolineproof grease : graisse *f.* insoluble dans l'essence (*comprenant 60 % d'huile de ricin et du stéarate d'aluminium*).

gasoline sensitivity or **jump** or **sensitivity** : sensibilité *f.* d'une essence (*différence entre les indices d'octane Research et Motor*).

gas pipeline : gazoduc *m.*

gas plant : unité *f.* de gaz, gas plant *f.* (*où sont séparés par absorption et fractionnement les hydrocarbures à 1, 2, 3 et 4 atomes de carbone obtenus au cours d'opérations de raffinage*).

gas pocket : poche *f.* de gaz.

gas pumper : pompiste *m.* (*d'un poste d'essence, d'une station-service*).

gas sand : sable *m.* gazéifère.

gas saver : économiseur *m.* de gaz.

gasser or **gas well** : puits *m.* à gaz, puits produisant du gaz.

gas show : venue *f.*, indice *m.*, trace *f.* de gaz (*en cours de forage*).

gassing : gazage *m.*, dégagement *m.* gazeux, tendance *f.* de l'huile à dégager du gaz.

gas station : voir *filling station.*

gassy : gazeux, grisouteux.

gas trap : 1/ piège *m.* géologique renfermant du gaz ; 2/ séparateur *m.* de gaz, dégazeur *m.* (*dispositif séparant le gaz de la boue de forage à la sortie du puits*).

gas treating : traitement *m.* des gaz liquéfiés (*par lavage à la soude suivi d'un lavage à l'eau, ou, mieux, par tamis moléculaire ; voir* molecular sieve).

gas well : voir *gasser.*

gas zero air : air *m.* contenant moins de 2 ppm d'hydrocarbures.

gatch : voir *gatsch.*

gate valve : vanne *f.* porte, vanne à passage direct, robinet-vanne *m.*

gat gun : pompe *f.* à graisse à main (*pour graissage sous pression élevée*).

gathering line : ligne *f.* de collecte.

gathering lines : réseau *m.* de collecte (*ensemble des canalisations de faible diamètre amenant le pétrole du gisement au pipe-line principal ou au centre de stockage*).

gathering tank : réservoir *m.* de stockage (*du brut à la sortie d'un puits après séparation du gaz naturel*).

gatsch or **gatch** or **slack wax** : gatsch *m.*, gatch *m.* (*paraffine huileuse provenant du déparaffinage des huiles de pétrole et dont la paraffine commerciale est extraite par ressuage ou recristallisation*).

gauge or **gage** : 1/ calibre *m.*, jauge *f.*, capteur *m.* de mesure ; 2/ manomètre *m.*, indicateur *m.* de pression.

gauge cutter or **gage cutter** : outil *m.* d'entretien des tubes de production (*manœuvré au câble,*

et servant à détacher la paraffine déposée sur les parois internes*).

gauge glass or **gage glass** or **gauge glass column** or **gage glass column** : tube *m.* de niveau en verre, niveau *m.* à glace.

gauger or **gager** : jaugeur *m.* (*agent chargé du jaugeage des réservoirs*).

gauge table or **gage table** : voir *tank table.*

gauge tank or **gage tank** : bac *m.* jaugeur, réservoir *m.* de jaugeage.

gauging or **gaging** : calibrage *m.*, jaugeage *m.* (*mesure du niveau dans un réservoir*).

gauging hatch or **gaging hatch** or **gauging lock** or **gaging lock** or **gauging nipple** or **gaging nipple** : orifice *m.* de jaugeage et d'échantillonnage (*d'un réservoir*).

gauging tape or **gaging tape** : ruban *m.* de jaugeage, jauge *f.*

Gault : Gault (*synonyme d'Albien, étage du Crétacé inférieur*).

gault or **galt** : argile *f.* téguline (*d'âge albien*).

gauze : 1/ toile *f.* métallique, treillis *m.* ; 2/ gaze *f.*

gbo : abréviation de *gumbo.* Voir ce terme.

GCM : abréviation de *gas-cut mud.* Voir ce terme.

gear : 1/ engrenage *m.* ; 2/ appareil *m.*, mécanisme *m.*, dispositif *m.*

gear box : boîte *f.* de vitesses.

gear box lever or **transmission lever** : levier *m.* de changement de vitesse.

gear case : carter *m.* d'engrenages.

geared-down speed : vitesse *f.* démultipliée.

gear failure : détérioration *f.* d'un engrenage en service. Voir *burning* 2/, *pitting, ridging, rippling, scoring, scratching* 2/, *scuffing* 2/, *spalling.*

gear lubricant test : essai *m.* d'un lubrifiant pour engrenages. Voir *Almen EP lubricant testing machine, Falex lubricant tester, Faville-LeVally tester, IAE gear lubricant testing machine, Navy work factor machine, Ryder gear test, SAE EP lubricant testing machine, Timken EP wear tester.*

gear oil : lubrifiant *m.* pour engrenages, huile *f.* pour engrenages.

gear pump : pompe *f.* à engrenages.

gear ratio : rapport *m*. de démultiplication, rapport d'engrenages.

gear whine : voir *humming of gears*.

gel : gel *m*. (1/ *mélange d'une matière colloïdale et d'un liquide se formant spontanément par la floculation et la coagulation d'une solution colloïdale* ; 2/ *caractéristique de la boue de forage lui permettant de retenir les déblais de terrain en suspension lorsque la circulation de boue est momentanément arrêtée dans le puits*).

gelation : 1/ formation *f*. d'un gel, gélification *f*. ; 2/ gélatinisation *f*.

gellant or **gelling agent** : gélifiant *m*. (*favorisant la formation d'un gel*).

gelling : formation *f*. d'un gel, gélification *f*.

gelling agent : voir *gellant*.

gel rate : vitesse *f*. de gélification (*d'une boue thixotropique par exemple*).

gel strength : résistance *f*. de gel, force *f*. de gel (*faculté, ou mesure de cette faculté, des colloïdes à former des gels*). Voir *shearometer*).

generating set or **generating unit** : groupe *m*. électrogène.

geode : voir *druse*.

Geolograph : Geolograph *m*. (*dénomination commerciale d'un appareil mesurant la vitesse de pénétration, ou avancement, d'un outil de forage*).

geophone : géophone *m*., sismographe *m*.

germicide or **biocide** : antiseptique *m*., microbicide *m*. (*désigne en particulier les substances mélangées aux huiles solubles ou aux fluides servant au travail des métaux en vue de prévenir les dermatites*). Voir aussi *industrial dermatitis*).

get on the line (to) : mettre en service (*un pipeline*).

getter : getter *m*., sorbeur *m*. (*substance utilisée dans un tube à vide ou dans une installation de pompage ionique pour obtenir un vide poussé, par combinaison de cette substance, – à base de métaux alcalino-ferreux ou de magnésium ¬, avec les traces de gaz résiduels*).

geyser : geyser *m*. (*se dit d'un puits qui ne produit que de l'eau*).

GHV : abréviation de *gross heating value*. Voir ce terme.

Giammarco-Vetrocoke process : procédé *m*. de désulfuration et de décarbonisation du gaz naturel et du gaz de raffinerie (*par absorption dans une solution alcaline contenant un arsenite ; par injection d'air la solution riche libère du soufre élémentaire et est régénérée*). – Fluor Corp.

Gibbs thrust bearing : palier *m*. de butée du type Gibbs (*à axe vertical ; formé d'un plateau tournant sur un second plateau fixe dont la surface, creusée de rainures radiales, comporte de faibles rampes assurant ainsi un graissage efficace*).

giga : giga (*symbole* : G ; *préfixe qui, placé devant le nom d'une unité, la multiplie par un milliard, soit 10⁹*).

gill : gill *m*. (*mesure de volume anglo-saxonne égale à 1/32 de gallon* ; 1 gill britannique = 0,142 *l* ; 1 US gill = 0,118 *l*).

gilled pipe : tube *m*. à ailettes.

gilsonite or **mineral rubber** : gilsonite *f*. (*autre nom de l'uintahite, ou uintaite, variété d'asphalte naturel provenant de l'Utah, USA, de couleur noir brillant, à cassure conchoïdale, ressemblant de ce fait au manjack ; différente de l'albertite par sa solubilité totale dans l'essence de térébenthine et partielle dans l'alcool ; son point de fusion est compris entre 248 °F [120 °C] et 356 °F [180 °C] ; fréquemment employée dans la fabrication des vernis et des émaux*). Voir aussi *albertite, manjack*.

gimbals : 1/ balancier *m*. ; 2/ suspension *f*. à la cardan.

gin : chèvre *f*., engin *m*. de levage, treuil *m*.

gin pole : 1/ chèvre *f*. (*placée à l'arrière d'un camion*), flèche *f*. de levage ; 2/ chevalement *m*. (*chevalement supérieur de la tour de forage servant à la mise en place de la moufle fixe lors du montage*).

gin pole truck or **gin truck** : camion-grue *m*. (*camion équipé d'un treuil et de deux mâts de charge articulés*).

gin pulley : poulie *f*. de chèvre, poulie de cabestan.

gin truck : voir *gin pole truck*.

Girbotol treatment : procédé *m*. d'absorption par les éthanolamines (*utilisé pour éliminer l'hydrogène sulfuré des gaz naturels ou de raffinerie ainsi que pour la séparation du gaz carbonique de l'hydrogène dans les gaz de synthèse*). – Girdler Corp.

girder : poutre *f*., poutrelle *f*., longeron *m*., soliveau *m*.

girt or **girth** : 1/ circonférence *f*., contour *m*. ; 2/ entretoise *f*. (*traverse horizontale de la charpente d'une tour de forage*).

girth sheets : tôle *f*. d'acier formant les côtés d'une chaudière.

gland : gland *m*., presse-étoupe *m*., garniture *f*.

gland oil : liquide *m.* d'étanchéité d'un presse-étoupe. Voir *gland seal*.

gland packing : garniture *f.* d'étanchéité.

gland ring : bague *f.* d'étanchéité.

gland seal : système *m.* assurant l'étanchéité du presse-étoupe (*par injection d'un liquide dans la lanterne du presse-étoupe d'une pompe centrifuge*).

glarosion : érosion *f.* destructive des glaciers.

glass flask : fiole *f.*, ballon *m.* en verre.

glass liner : chemise *f.*, doublure *f.*, revêtement *m.*, garniture *f.* en verre.

glass mold oil or **glass mould oil** : huile *f.* pour le démoulage du verre.

glassware : verrerie *f.* (*ouvrages de verre*).

glass wool : laine *f.* de verre.

glazier's putty : mastic *m.* de vitrier.

glazing of the cylinder liner : glaçage *m.*, lustrage *m.*, polissage *m.* de la chemise d'un cylindre.

globe joint : joint *m.* à rotule sphérique.

globe valve : 1/ robinet *m.* ou vanne *f.* d'arrêt sphérique ; 2/ soupape *f.*, clapet *m.* à bille.

gloss lamp : lampe *f.* à éclairage luminescent (*tube fluorescent*).

gloss oil : vernis *m.* de basse qualité (*solution de résine dans un solvant, servant à la confection de peintures économiques*).

glossy : brillant, lustré (*se dit en particulier d'une peinture ou d'un vernis*).

glove box : boîte *f.* à gants (*étanche et stérilisée, pour gants de manipulation*).

glow : lueur *f.* rouge, combustion *f.* lente, incandescence *f.*

glow lamp : lampe *f.* à incandescence.

glow plug : bougie *f.* à incandescence, bougie de réchauffage.

GL service : voir *API service designations for automotive manual transmissions and axles*.

glue : colle *f.*

glut : pléthore *f.*, surabondance *f.*, surproduction *f.*, saturation *f.*

glycerin or **glycerol** : glycérine *f.*, glycérol *m.* (*trialcool de formule* $CH_2OH\text{-}CHOH\text{-}CH_2OH$, *utilisé en particulier comme antigel, ainsi que*

dans l'industrie pharmaceutique ou encore comme lubrifiant pour certains usages).

glycol : glycol *m.* (*dialcool de formule* $CH_2OH - CH_2OH$; synonyme : *éthanediol, éthylèneglycol*).

glycol-amine gas treating : traitement *m.* du gaz aux glycolamines (*procédé d'adoucissement et de déshydratation du gaz naturel. – Fluor Corp*).

glycols : glycols *m.* (*nom générique des corps possédant deux fois la fonction alcool ; synonymes : dialcools, diols ; ces corps sont en particulier employés comme antigels ainsi que dans certains procédés de déshydratation des gaz*).

Glydag : dénomination commerciale d'une huile de glycérine (*contenant 10 % environ de graphite en suspension colloïdale*).

gob : remblai *m.*

gobbing machine or **gob stower** : voir *stowing machine*.

go-devil : 1/ racleur *m.*, ramoneur *m.* (*sorte de piston racleur circulant à l'intérieur des pipelines pour les nettoyer ; synonymes : pipeline cleaner, pipeline scraper, pig, bug*) ; 2/ masselotte *f.*, messager *m.* (*petite barre cylindrique lancée dans les tiges de forage pour déclencher l'ouverture d'un tester, la mise à feu d'un explosif, etc.*).

goggles : lunettes *f.* protectrices, lunettes de travail.

golden amber petrolatum or **light amber petrolatum** : vaseline *f.* jaune.

goo : voir *red lead*.

Gooch crucible : creuset *m.* de Gooch (*à fond poreux*).

good oil : raffinat *m.* (*obtenu lors d'un traitement par extraction*).

goofproof motor oil : huile *f.* à l'épreuve des « imbéciles » (*huile de qualité telle qu'elle prévient toute utilisation erronée dans les moteurs à essence et diesel d'une flotte mixte de véhicules*).

gooseneck : 1/ col *m.* de cygne ; 2/ coude *m.* de la tête d'injection (*voir gooseneck pipe*).

gooseneck bend : vilebrequin *m.*

gooseneck pipe or **mud hose** : flexible *m.* d'injection (*long raccord flexible reliant la colonne montante de boue au col de cygne de la tête d'injection et par lequel la boue de forage est injectée dans les tiges*).

gophering : exploitation *f.* sans méthode (*d'un gisement, d'une mine ou d'un filon*).

GOR : abréviation de *gas-oil ratio.* Voir ce terme.

Government Rubber-Acrylonitrile or **GR-A** : dénomination d'un caoutchouc synthétique fabriqué par polymérisation de l'acrylonitrile.

Government Rubber-Isobutylene or **GR-I** : caoutchouc *m.* synthétique obtenu par polymérisation de l'isobutylène.

Governement Rubber-Styrene or **GR-S** or **Styrene-Butadiene Rubber** or **SBR** or **Buna S** : caoutchouc *m.* synthétique obtenu par polymérisation d'un mélange de 75 % de butadiène et 25 % de styrène.

governor : régulateur *m.*

gph : abréviation de *gallons per hour.* Voir ce terme.

gpm : abréviation de *gallons per minute.* Voir ce terme.

gr : abréviation de *grain.* Voir ce terme.

GR-A : abréviation de *Government Rubber-Acrylonitrile.* Voir ce terme.

grab : 1/ benne *f.* preneuse, grappin *m.*, pelle *f.* automatique ; 2/ harpon *m.* à mâchoires (*outil de repêchage des éléments de câbles rompus et gisant au fond d'un puits*).

grab bucket : benne *f.* preneuse.

graben or **fault trough** or **fault embayment** : graben *m.*, fosse *f.* tectonique, fosse d'effondrement.

grade : 1/ grade *m.*, degré *m.*, nuance *f.* ; 2/ teneur *f.*, grade *m.* (*par exemple d'une huile, d'un acier*) ; 3/ rampe *f.*, pente *f.* ; voir aussi *gradient.*

grader : 1/ classeur *m.*, trieur *m.* ; 2/ voir *road grader.*

gradient : gradient *m.*, rampe *f.*, pente *f.*, plan *m.* incliné.

grading screen : tamis *m.*, crible *m.*, classeur *m.*

grafting : greffe *f.*, greffage *m.*

grahamite or **mineral rubber** : grahamite *f.* (*variété d'asphalte ou d'asphaltite dont la composition moyenne est* C : 81,5 %. H : 8 %, O + S : 10 % ; *poids spécifique* : 1,15 ; *soluble dans le sulfure de carbone*).

grain or **gr.** : grain *m.* (*mesure de masse anglo-saxonne valant 0,648 g ; elle est utilisée pour exprimer les faibles teneurs ;* 1 grain par pied cube = 2,288 g/m³).

grainstone : grainstone *m.* (*terme désignant dans la classification de R.L. Dunham, 1961, une roche carbonatée à texture sédimentaire re-connaissable, sans particules fines et dont les composants organiques n'ont pas été liés entre eux durant le dépôt*).

GR & DC octane analyser : voir *octane analyser.*

granny rag : chiffon *m.*, morceau *m.* de tissu ou sangle *f.* (*employée pour appliquer à la main les produits de revêtement bitumineux sur les tubes et conduites lorsque les machines enrobeuses ne peuvent être utilisées*).

granting : concession *f.*, octroi *m.* (*d'un titre minier*).

grapeseed oil or **grape oil** or **winestone oil** : huile *f.* de pépins de raisin (*dont l'indice d'iode est compris entre 94 et 100 ; utilisée dans la confection des vernis et émaux et aussi comme huile alimentaire*).

graph : graphique *m.*, diagramme *m.*, courbe *f.* (*d'un appareil enregistreur*).

graphited lubricating grease : graisse *f.* graphitée (*graisse contenant 5 à 20 % de graphite en écailles ou amorphe*).

graphitic oil : huile *f.* graphitée (*utilisée pour réduire les bruits et grincements des ressorts de suspension*).

graphitization : graphitisation *f.* (*transformation du carbone amorphe en graphite sous l'action prolongée de la température, modifiant les propriétés mécaniques d'un acier*).

grassroots : 1/ région *f.* agricole (*par opposition à région industrielle*) ; 2/ surface *f.*, couches *f.* superficielles ; 3/ réalisation *f.* entièrement nouvelle, construite de toutes pièces sur un terrain vierge (*installation industrielle, raffinerie, etc.*).

grate : tamis *m.*, grille *f.* (*d'un four, etc.*).

grating : grille *f.*, caillebotis *m.*

gravel : gravier *m.*, gravillon *m.*, aggloméré *m.*

gravimeter : gravimètre *m.* (*instrument de prospection géophysique servant à mesurer avec une très grande précision la composante verticale du champ de la pesanteur*).

gravity : 1/ gravité *f.*, pesanteur *f.* ; 2/ densité *f.*, masse *f.* spécifique ; 3/ viscosité *f.*, consistance *f.* (*d'une huile, d'une graisse*).

gravity system lubrication : système *m.* de graissage par gravité.

Gray catalytic desulfurization process : procédé *m.* de désulfurisation des fractions légères (*sur un catalyseur absorbant, genre terre à foulon. – Pure Oil Co*).

gray paint or **grey paint** : voir *lead paint.*

Gray process or **Gray treating** : procédé *m.* de traitement à la terre en phase vapeur (*éliminant les produits générateurs de gommes dans les essences. – Pure Oil Co*).

Gray's tester : appareil *m.* de Gray (*servant à déterminer le point d'éclair des huiles lourdes en vase clos*).

Gray treating : voir *Gray process.*

grease : graisse *f.*

grease additive : additif *m.* pour graisse (*antioxydant, anticorrosion, améliorant la résistance au cisaillement, etc.*).

grease cartridge : cartouche *f.* de graisse (*pour graissage sous pression*).

grease box : 1/ boîte *f.* à graisse ; 2/ graisseur *m.* ; voir *grease cup.*

grease cup or **grease box** or **compression grease cup** or **screw down-type grease cup** or **Stauffer** : graisseur *m.* du type stauffer (*constitué par un godet métallique avec couvercle fileté que l'on serre à la main*).

grease fitting or **grease nipple** : graisseur *m.* (*raccord, fileté ou non, pour graissage*).

grease gun or **gun** : graisseur *m.* à pression, pistolet *m.* de graissage, pompe *f.* à graisse manuelle.

grease kettle : chaudière *f.* pour la fabrication des graisses.

grease nipple : voir *grease fitting.*

grease oil : voir *lard oil.*

grease worker : voir *worker* 2/.

greasiness : état *m.* graisseux, état gras, onctuosité *f.*

green acids : acides *m.* verts (*acides polysulfoniques, insolubles dans l'huile, obtenus lors du traitement des huiles par l'acide sulfurique concentré et utilisés, notamment, comme agents émulsifiants*).

green bloom : fluorescence *f.* verte (*des huiles Pennsylvania et des huiles à base paraffinique en général*).

green coke : coke *m.* de pétrole (*obtenu par cokéfaction différée et pouvant contenir jusqu'à 25 % de matières volatiles*). Voir *Delayed Coking.*

greensand : sable *m.* vert, sable glauconieux.

grey paint or **gray paint** : voir *lead paint.*

GR-I : abréviation de *Government Rubber-Isobutylene.* Voir ce terme.

grid : 1/ tamis *m.*, grille *f.* (*dans un craqueur catalytique, tôle circulaire percée de trous sur laquelle repose le catalyseur*) ; 2/ quadrillage *m.*, maille *f.*, maillage *m.*, réseau *m.*

grief stem or **grooved rod** or **kelly** or **kelley** or **kelly rod** or **kelly bar** or **kelly joint** or **kelly square drive** : tige *f.* d'entraînement rainurée, tige carrée (*tige à section extérieure carrée ou polygonale, vissée à la partie supérieure du train de tiges et à laquelle la table de rotation transmet un mouvement rotatif tout en lui permettant un libre mouvement vertical*).

grime : poussière *f.* de suie, poussier *m.*, poussière de charbon.

grindability : tendance *f.* à l'écrasement (*d'un catalyseur, du coke de pétrole, etc.*).

grinder : 1/ meuleuse *f.* ; 2/ broyeur *m.* ; 3/ pierre *f.* à aiguiser ; 4/ rectifieuse *f.* ; 5/ affûteuse *f.*

grinding : 1/ rodage *m.*, meulage *m.* ; 2/ polissage *m.*, ponçage *m.* ; 3/ broyage *m.*, écrasement *m.*, pulvérisation *f.* ; 4/ rectification *f.* ; 5/ affûtage *m.* (*d'une lame, etc.*).

grinding fluid : liquide *m.* de meulage, de rectification.

grinding wheel : roue *f.* à meuler, meule *f.* (*de rectification*).

grindstone : meule *f.* à aiguiser, pierre *f.* à polir, pierre à aiguiser.

grip : prise *f.*, serrage *m.*, pince *f.* d'accrochage, griffe *f.*, poignée *f.*

grip nut : contre-écrou *m.*

gripping device : mâchoire *f.*, pince *f.* d'accrochage, griffe *f.*

grips : mâchoires *f.*, mordaches *f.* (*d'un étau*).

grit : 1/ particules *f.* abrasives, grain *m.* (*d'une meule*) ; 2/ gravillon *m.*, sable *m.* grossier, arène *f.*, grès *m.* grossier.

gritblasted : sablé (*décapé au jet de sable*).

gritstone : grès *m.* grossier.

grittiness : état *m.*, aspect *m.*, toucher *m.* graveleux ou gréseux.

gritty : graveleux, gréseux.

grog : argile *f.* réfractaire brûlée, calcinée.

grommet or **grummet** : rondelle *f.*, virole *f.*, anneau *m.*, œillet *m.* (*en caoutchouc*).

groove or **oil groove** : gorge *f.* (*sur les segments d'étanchéité d'un piston par exemple*), rainure *f.* (*en pattes d'araignée, sur un coussinet de palier pour en faciliter la lubrification*), cannelure *f.*, creux *m.*, tranchée *f.*, sillon *m.*

grooved pulley : voir *sheave.*

grooved rod : voir *grief stem.*

grooving : cannelure *f.*, rainurage *m.*

gross heating value or **GHV** or **gross calorific value** : voir *high heating value.*

gross negligence : faute *f.* lourde (*couverte en principe par les assurances*).

gross ton : voir *long ton.*

gross tonnage : jauge *f.* brute (*capacité d'un navire après avoir retiré de sa capacité totale certains espaces appelés exemptions*).

gross weight : poids *m.* brut.

ground cable : câble *m.* de mise à la terre.

groundnut oil : voir *peanut oil.*

ground plate : voir *electrical ground.*

ground roll : onde *f.* parasite de surface, ground-roll *m.* (*provoqué lors d'un tir sismique et perturbant l'enregistrement*).

ground water : eau *f.* souterraine, eau phréatique, eau de fond.

groupman : groupiste *m.* (*agent responsable de la bonne marche d'un groupe électrogène*).

grouting : injection *f.* de ciment, jointoiement *m.* (*au mortier liquide*).

GR-S : abréviation de *Government Rubber-Styrene.* Voir ce terme.

grub screw : vis *f.* sans tête.

grummet : voir *grommet.*

Guard log : voir *Laterolog.*

gudgeon : tourillon *m.*, pivot *m.*, axe *m.* de pivotement, broche *f.*, goujon *m.*

gudgeon oil : huile *f.* mouvement, huile pour pivots.

gudgeon pin : axe *m.* du piston, axe de pied de bielle.

guhr or **kieselguhr** : Voir *diatomaceous earth.*

guide pit : avant-puits *m.* (*d'un forage*).

guide shoe : sabot *m.* de guidage (*du tubage d'un puits*).

Gulf HDS process : procédé *m.* d'hydrocraquage et de désulfurisation catalytiques de résidus

fortement sulfureux (*le catalyseur, régénérable, est constitué par des métaux sur support alumineux.* – *Gulf Research and Development Co.*).

Gulfining : procédé *m.* catalytique d'hydrodésulfuration et d'amélioration des distillats lourds. – *Gulf Research and Development Co.*

gum : gomme *f.* (*dépôt solide dû à l'oxydation des huiles et des essences*).

gumbo or **gbo** : gumbo *m.* (*argile collante*). Voir *swelling shale.*

gum inhibitor : inhibiteur *m.* de gommage, inhibiteur de formation de gomme (*au cours du stockage des essences*).

gum lac : voir *shellac.*

gum test : essai *m.* de gomme (*détermination de la quantité de gomme présente dans une essence*). Voir *existent gum test, induction period method, potential gum method.*

gun : voir *grease gun.*

gun barrel : réservoir *m.* de décantation (*de faible diamètre et de grande hauteur, servant à la séparation de l'huile, du gaz et de l'eau à leur sortie du puits*).

gun grease : graisse *f.* spéciale pour armes à feu.

gunite : gunite *f.* (*mélange de ciment, d'eau et de sable, projeté pneumatiquement à travers une buse contre la paroi que l'on désire revêtir*).

guniting : gunitage *m.* (*application au pistolet d'un revêtement de gunite ou d'un enduit calorifuge*).

gunk : huile *f.* cambouisée, cambouis *m.*, déchets *m.* graisseux ou pâteux.

gunmetal : bronze *m.* à canon, bronze industriel (*alliage contenant environ 90 % de cuivre et 10 % d'étain*).

gun oil : huile *f.* spéciale pour l'entretien des armes à feu.

gun perforating : perforation *f.* par balles (*le puits ayant été consolidé par injection de ciment entre le tubage et la paroi du sondage, cet ensemble est ensuite perforé à la hauteur de la formation productrice pour permettre l'écoulement de l'huile ou du gaz ; les perforations sont réalisées à l'aide de charges explosives mises à feu électriquement et descendues dans le puits à l'aide d'un câble*).

gun perforator : perforateur *m.* à balles. Voir *gun perforating.*

gurgling well : puits *m.* à jaillissement intermittent.

gusher : voir *flowing well.*

gutter : gouttière *f.*, cuvette *f.*

guttering or **wiredrawing** or **channeling** : coup *m.* de chalumeau (*sur la portée d'une soupape d'échappement d'un moteur diesel fonctionnant au fuel lourd ; forme d'usure due à la présence de vanadium dans le carburant*).

gutterway : rainure *f.* principale assurant le graissage d'un palier.

guy : hauban *m.*, tirant *m.*

guyed mast : mât *m.* de sondage haubanné.

guyline : hauban *m.* (*d'un mât ou d'une tour de sondage*).

gyp : abréviation de *gypsum*. Voir ce terme.

gypsum or **gyp** : gypse *m.*, pierre *f.* à plâtre (*sulfate hydraté naturel de calcium,* $CaSO_4$, $2 H_2O$; *finement pulvérisé il sert de charge pour certaines graisses*).

gyrocompass : compas *m.* gyrostatique, gyrocompas *m.*

Gyro process : procédé *m.* de craquage thermique en phase vapeur. – *Pure Oil Co.*

H

h : symbole de *hecto*. Voir ce terme.

Haas tester : appareil *m*. de Haas (*servant à déterminer le point d'éclair*). Voir *flash point*.

hade : voir *underlay*.

hair grease : graisse *f*. contenant du crin.

hair-like : capillaire *m*.

half bearing or **half journal bearing** : demi-palier *m*. lisse.

half-life period : voir *radioactive half-life*.

half-pipe fitting : siphon *m*. à entrée verticale et sortie horizontale.

halite : halite. Voir *rock salt*.

hammer drill : outil *m*. de forage rotatif à percussion.

hammer grab : trépan-benne *m*. (*benne preneuse spéciale, utilisée dans les forages de travaux publics pour les fondations sur pieux où elle joue à la fois le rôle de trépan et celui de cuiller ; elle attaque le sol et extrait les déblais*).

handle (to) : manipuler, manier.

handling charge : frais *m*. de manutention.

handling gantry : portique *m*. de manutention.

handling loss : perte *f*. en cours de traitement, perte par manipulation ou manutention.

handling tong : pince *f*. de manutention.

hand lubrication : graissage *m*. à la main.

hand pump lubricator : graisseur *m*. à coup de poing.

hand wheel : volant *m*. à main, volant de manœuvre (*d'une vanne par exemple*).

handy oil : voir *household oil*.

hanger : tige *f*. de suspension, étrier *m*., crochet *m*. de suspension, bride *f*. de support, olive *f*. de suspension, collier *m*. de suspension.

hard detergent : détergent *m*. non biodégradable.

hardenability : aptitude *f*. à la trempe, trempabilité *f*. (*en particulier de l'acier*), aptitude au durcissement.

hardened : durci, trempé, traité.

hardened oil : huile *f*. hydrogénée.

hardened steel : acier *m*. trempé.

hardening : trempe *f*., durcissement *m*. Voir aussi *age hardening*.

hardening oil : huile *f*. de trempe.

hardness : dureté *f*. (*de l'eau par exemple*).

hard oil : voir *aluminium-base grease*.

hardware : 1/ quincaillerie *f*., ferronnerie *f*., boulonnerie *f*., 2/ hardware *m*., matériel *m*. (*ensemble de l'équipement matériel et des appareils constituant une calculatrice électronique s'oppose à* software ; voir ce terme).

hard water : eau *f*. dure (*chargée de sels calcaires, impropre à cuire les aliments et à dissoudre le savon*).

harness oil : huile *f*. pour harnais, huile à cylindre (*contenant 5 % d'huile de pied de bœuf, utilisée en particulier en sellerie comme produit d'entretien des cuirs*).

Hartridge smokemeter : fumomètre *m*. ou opacimètre *m*. de Hartridge (*appareil mis au point par British Petroleum et servant à déterminer par lecture directe sur une échelle graduée de 0 à 100 la densité de la fumée dans les gaz d'échappement des moteurs à combustion interne*).

harvester oil : huile *f*. de graissage pour machines agricoles.

hatch : panneau *m*., trappe *f*., écoutille *f*., trou *m*. d'homme (*d'un réservoir*). Voir aussi *gauging hatch*.

haulage : 1/ traction *f*., halage *m*. ; 2/ traînage *m*., transport *m*., roulage *m*., camionnage *m*. ; 3/ frais *m*. de transport.

hauler or **haulier** : voir *tugboat*.

hawser : amarre *f*., aussière *f*., câble *m*.

hay filter or **hay tank** : filtre *m*. à foin (*filtre utilisant un matelas de foin pour arrêter les traces d'huile dans une évacuation d'eau*).

hazardous area : zone *f*. dangereuse (*où, par exemple, le risque d'incendie est élevé*).

hazard warning light : alarme *f*. lumineuse, signal *m*. d'alarme lumineux.

haze : brume *f.*, trouble *m.* léger, voile *m.*

hazelnut oil : huile *f.* de noisette, huile d'aveline (*employée en lutherie*).

hazy : brumeux.

HD motor oil : abréviation de *heavy-duty motor oil*. Voir ce terme.

HD polyethylene : abréviation de *high-density polyethylene*. Voir ce terme.

head : 1/ tête *f.*, calotte *f.*, sommet *m.* (*d'une colonne de distillation*) ; 2/ fond *m.* (*de réservoir*) ; 3/ palier *m.*, plateau *m.* ; 4/ culasse *f.* (*d'un moteur à explosion*) ; 5/ corps *m.* ; 6/ hauteur *f.* d'élévation, hauteur de refoulement, hauteur de chute, hauteur manométrique, charge *f.* hydraulique ; 7/ promontoire *m.*, tête *f.* récifale, éboulis *m.*, coulée *f.* boueuse, matériel *m.* superficiel (*d'origine périglaciaire*) ; 8/ chef *m.*, contremaître *m.*, chef d'équipe ; 9/ proue *f.*, avant *m.*

headache : « mal à la tête » (*cri d'alarme lancé en cas de chute d'objets du haut d'une tour de forage*).

headache post : « poteau de mal de tête » (*pilier de sécurité qui, dans le forage au câble, limite la course du balancier*).

header : 1/ collecteur *m.*, manifold *m.*, distributeur *m.* ; 2/ étiquette *f.* (*d'un enregistrement magnétique*).

head flow or **heading** or **flow by heads** or **surging** : production *f.* naturelle intermittente de brut d'un puits (*signe certain du déclin de sa productivité*).

heading up : voir *head-up.*

headlight oil : huile *f.* à lanternes.

head loss : perte *f.* de charge.

headphones : casque *m.* (*téléphonique*), écouteurs *m.*

heads : produits *m.* de tête (*d'une distillation*).

head-up or **heading up** : hauteur *f.* de refoulement (*d'une pompe*).

heaped : chargé à refus, amassé, mis en tas, entassé.

heart cut : fraction *f.* de cœur (*coupe de distillation étroite*).

heat balance : bilan *m.* thermique, bilan calorifique.

heat-carrying fluid or **heat transfer fluid** : fluide *m.* caloporteur, fluide calovecteur (*utilisé pour un transfert de chaleur*). Voir *thermofor.*

heater : réchauffeur *m.*, élément *m.* chauffant, radiateur *m.*, four *m.* (*d'une unité de raffinage*).

heater kerosene or **heater kerosine** : pétrole *m.* lampant, kérosène *m.* (*utilisé dans un appareil de chauffage*).

heater plug or **heat plug** : bougie *f.* de réchauffage.

heater treater : unité *f.* de traitement thermique.

heat exchanger or **exchanger** : échangeur *m.* de chaleur.

heating coil : serpentin *m.* de chauffage, serpentin de dégourdissage.

heating flue : gaine *f.* de chauffage.

heating jacket : gaine *f.* chauffante.

heating oil : huile *f.* de chauffage, fuel-oil *m.* domestique.

heating value : voir *calorific power.*

heat plug : voir *heater plug.*

heat sink : 1/ puits *m.* de chaleur ; 2/ utilisation *f.* du carburéacteur pour le refroidissement des structures d'un avion en vol supersonique.

heat transfer fluid : voir *heat-carrying fluid.*

heave : 1/ gonflement *m.*, boursouflement *m.* ; 2/ rejet *m.* horizontal (*d'une faille normale*), recouvrement *m.* horizontal (*d'une faille inverse*) ; 3/ levée *f.* de la lame, pilonnement *m.* (*en mer*).

heaving shale : marne *f.* ou argile *f.* gonflante (*cause d'incidents en cours de forage*). Voir aussi *gumbo, swelling shale.*

heavy-duty motor oil or **HD motor oil** : huile *f.* pour service sévère (*huile contenant des additifs détergents et dispersants, répondant aux spécifications du SAE Fuels and Lubricants Technical Committee, et employée pour lubrifier les moteurs diesel rapides*).

heavy earth : terre *f.* lourde, baryte *f.* (*pour boue de forage*). Voir *barytes.*

heavy ends : fractions *f.* lourdes (*d'un distillat*), résidu *m.*, queue *f.* de distillation.

heavy ends column : colonne *f.* d'équeutage.

heavy fuel oil or **HFO** : fuel *m.* lourd (*pour chauffage*).

heavy mineral spirits or **heavy petroleum spirits** : solvants *m.* constitués par des coupes distillant entre 170 et 250 ºC (*cf. ASTM D 965*).

heavy oil : pétrole *m.* brut lourd (*de densité comprise entre 0,88 et 1,00, soit 29 à 10 º API*).

heavy petroleum spirits : voir *heavy mineral spirits.*

hecto : hecto (*symbole* : h ; *préfixe qui, placé devant le nom d'une unité, la multiplie par 100*).

heel : 1/ pied *m.*, talon *m.*, fond *m.* (*de réservoir*) ; 2/ boue *f.* (*restant au fond d'un réservoir après sa vidange*).

height equivalent to theoretical plate or **HETP** : hauteur *f.* équivalente à un plateau théorique (*dans une colonne de distillation comportant des matériaux de garnissage*). Voir *theoretical perfect plate.*

helical gear : engrenage *m.* hélicoïdal.

helirig : installation *f.* de forage transportable par hélicoptère (*démontable en éléments pouvant être transportés séparément par un hélicoptère, utilisé en même temps comme grue aérienne lors du montage et de l'assemblage de l'installation*).

helix : hélice *f.*, spirale *f.*, spire *f.* (*d'une bobine*).

hemp oil or **hempseed oil** : huile *f.* de chènevis, huile de chanvre (*non siccative, employée dans la fabrication des vernis*).

Herbert test : essai *m.* d'Herbert (*essai d'évaluation des qualités anticorrosion et antirouille de solutions aqueuses ou d'émulsions utilisées pour le travail des métaux ; les copeaux d'acier arrosés par le liquide essayé sont placés pendant 24 h sur une plaque de fonte pour y déceler d'éventuelles traces de corrosion et de rouille ; cf. Standard Method IP 125*).

herbicidal oil or **deweeding oil** or **weedkiller** : huile *f.* désherbante, huile herbicide, huile débroussaillante.

herringbone gear : voir *double helical gear.*

herring oil : huile *f.* de hareng.

Herschel's oiliness machine : machine *f.* de Herschel (*machine d'essai mise au point par le National Bureau of Standards, aux États-Unis, pour évaluer l'onctuosité des lubrifiants et leur coefficient de frottement à l'aide de coussinets d'alliages divers*).

Hertz diameter : diamètre *m.* de Hertz (*diamètre de la surface de contact entre deux surfaces sphériques, dont la dimension est fonction de la déformation statique sous une charge verticale ; dans les essais d'usure à la machine à quatre billes, on calcule ce diamètre par la formule suivante :*

$$D_h = 8,73 \times 10^{-2} \sqrt[3]{P}$$

dans laquelle D_h est le diamètre en millimètres et P la charge en kilogrammes). Voir *four ball test.*

HETP : abréviation de *height equivalent to theoretical plate.* Voir ce terme.

heuristics : euristique *f.* ou heuristique *f.* (*discipline se proposant de dégager et de formuler les règles de la recherche et de la découverte*).

HF alkylation : alcoylation *f.*, ou alkylation *f.*, par l'acide fluorhydrique (*combinaison de l'isobutane à des oléfines à trois, quatre ou cinq atomes de carbone en présence d'acide fluorhydrique comme catalyseur. – Phillips Petroleum Co., Universal Oil Products Co.*).

HFO : abréviation de *heavy fuel oil* et de *hole full of oil.* Voir ces termes.

HHV : abréviation de *high heating value.* Voir ce terme.

hiatus : hiatus *m.*, lacune *f.* de sédimentation, discontinuité *f.*, interruption *f.*

high-density polyethylene or **HD polyethylene** : polyéthylène *m.* à haute densité (*supérieure à 0,940 g/cm³ à 25 °C ; souple*).

highest useful compression ratio or **HUCR** : taux *m.* de compression maximum utile (*permettant d'obtenir une détonation audible dans le moteur à taux de compression variable Ricardo E 35 ; voir Ricardo engine test*).

high heating value or **HHV** or **gross heating value** or **GHV** or **gross calorific value** : pouvoir *m.* calorifique supérieur (*cf. ASTM D 240, AFNOR M 07 – 030*).

high line or **hi-line** : 1/ ligne *f.* de gaz à haute pression ; 2/ ligne électrique à haute tension.

high-low flame burner : brûleur *m.* automatique à réglage progressif (*le débit du brûleur correspond à toutes les allures de chauffe comprises entre un maximum et un minimum*).

high molecular weight hydrocarbon or **HMW hydrocarbon** : hydrocarbure *m.* à poids moléculaire élevé.

high-performance diesel oil or **HPD oil** : huile *f.* détergente pour moteurs diesel suralimentés (*niveau de détergence compris entre la spécification MIL-L-2104 B et la Caterpillar Series 3*).

high-viscosity index oil or **HVI oil** : huile *f.* à indice de viscosité élevé.

hi-line : voir *high line.*

Hillman test : essai *m.* Hillman (*détermination de la stabilité de la couleur du pétrole lampant pendant son stockage*).

hinder (to) : empêcher, arrêter, entraver, gêner.

hindered : non libre, entravé.

hinge : charnière *f.*, articulation *f.*, gond *m.*

histogram : graphique *m.* de fréquences, histogramme *m.* (*graphique constitué par des rectan-*

gles de même base, placés les uns après les autres, et dont la hauteur est proportionnelle à la quantité à représenter).

hit : 1/ coup *m.* ; 2/ sondage *m.* ayant découvert une formation productrice d'huile ou de gaz, découverte *f.* (*d'huile ou de gaz*).

hitch : 1/ saccade *f.*, secousse *f.* ; 2/ nœud *m.*, amarrage *m.* ; 3/ anicroche *m.* ; 4/ faille *f.* ; 5/ attelage *m.*, accrochage *m.*

HMW hydrocarbon : abréviation de *high molecular weight hydrocarbon.* Voir ce terme.

hobbing : fraisage *m.*, taille *f.* (*d'engrenages*).

hobbing machine : machine *f.* à tailler les engrenages.

hodometer or **odometer** : hodomètre *m.*, odomètre *m.* (*instrument en forme de montre indiquant le nombre de pas et la distance parcourue par un piéton ; synonymes : odographe, dromographe, podomètre*).

H-oil process : procédé *m.* d'hydrocraquage du pétrole brut et des résidus lourds (*en présence d'un catalyseur contenu dans un réacteur et mis en suspension par un courant d'hydrogène mélangé au produit à craquer ; le catalyseur est introduit et soutiré en marche ; il est régénérable. – Hydrocarbon Research Inc*).

hoist : 1/ cabestan *m.*, palan *m.*, treuil *m.* ; 2/ appareil *m.* de levage, monte-charge *m.*, élevateur *m.*, pont *m.* élévateur.

hoisting : extraction *f.*, manœuvres *f.* d'extraction (*dans un sondage*), levage *m.*, hissage *m.*

hoisting pit head pulley : poulie *f.* de cabestan (*fixée en haut du mât de forage et servant à la manœuvre des éléments de tubes et des tiges de forage*).

hoisting shaft : puits *m.* d'extraction (*d'une mine*).

hoisting tackle or **lifting tackle** : palan *m.* de levage.

hoist load : capacité *f.* ou charge *f.* de levage (*d'un treuil*).

hold-down : système *m.* d'ancrage hydraulique dans un tubage (*séparé ou incorporé à un packer de squeeze ou de production, résistant à la poussée vers le haut exercée sur la base du packer*).

hold-down grating : grille *f.* métallique (*qui supporte et recouvre les éléments d'une colonne de garnissage*).

holder : 1/ support *m.*, pièce *f.* de fixation ou de maintien, étau *m.* ; 2/ récipient *m.* ; 3/ titulaire *m.*, concessionnaire *m.*, tenancier *m.*

holding time : durée *f.* de séjour (*d'un produit, d'une charge, etc.*) dans un appareil, temps *m.* de rétention.

holdup : 1/ quantité *f.* de matières (*produit, catalyseur, etc.*) contenue dans un appareillage (*colonne, réacteur, etc.*) ou dans une de ses parties ; 2/ retenue *f.* liquide ; 3/ rétention *f.*

hole : voir *well.*

hole full of oil or **HFO** : sondage *m.* plein d'huile.

hole opener : élargisseur *m.* (*outil généralement à molettes et parfois à lames, fixes ou articulées, destiné à augmenter le diamètre d'un trou déjà foré ou en cours de forage*).

holiday : défaut *m.* d'enrobage (*dans le revêtement d'une conduite*).

holiday detector or **tattletale** : sonde *f.* électrique (*servant à détecter les défauts dans le revêtement d'une conduite avant de l'enterrer*).

hollow rod : tige *f.* creuse.

hollow shaft : arbre *m.* de transmission creux.

hollow space : espace *m.* vide (*entre deux murs*).

Holmes-Manley process : procédé *m.* de craquage thermique en phase liquide. – *Texas Co.*

Holocene or **Recent** : Holocène (*période la plus récente de l'ère quaternaire, appelée aussi Quaternaire récent, dont le début remonte à environ 100 000 ans*).

hologram : hologramme *m.* (*cliché photographique obtenu par holographie ; voir holography*).

holography : holographie *f.* (*méthode de photographie en relief utilisant les interférences produites par la superposition de deux faisceaux laser, l'un provenant directement de l'appareil producteur, l'autre réfléchi par l'objet à photographier*).

home lubricant : voir *household oil.*

homogenizer : homogéniseur *m.*, moulin *m.* colloïdal (*entraîné par un moteur électrique et tournant à grande vitesse*).

honeycomb-type radiator : radiateur *m.* à nids d'abeilles, radiateur alvéolaire.

honing : polissage *m.*, ajustage *m.* à la pierre, pierrage *m.* (*technique de finition d'une surface métallique consistant à frotter des bâtons abrasifs contre la surface à polir ; cette dernière est toujours un cylindre*).

hood : 1/ hotte *f.* (*d'aspiration*), cloche *f.* ; 2/ capuchon *m.* protecteur, chapeau *m.*, calotte *f.*, casque *m.* (*de soudeur*) ; 3/ voir *bonnet.*

hoof oil : voir *neat's foot oil*.

hook : 1/ crochet *m.* (*en particulier celui soutenant le train de tiges de forage*), croc *m.*, grappin *m.* ; 2/ tenon *m.*

hooks : pinces *f.* (*pour tubes, conduites, etc.*).

hook-up : montage *m.*, installation *f.* (*d'une tête de puits, d'un appareil, etc.*), connexion *f.*, branchement *m.*, raccordement *m.* (*désigne les opérations de raccordement dans l'installation d'une plate-forme marine*).

hopper : 1/ trémie *f.*, réservoir *m.*, accumulateur *m.* ; 2/ wagonnet *m.* basculant.

hops oil : essence *f.* de houblon.

horizon : horizon *m.*, assise *f.*, zone *f.* (*en particulier productrice d'hydrocarbures*).

horn : corne *f.*, avertisseur *m.*, klaxon *m.*, trompe *f.* (*d'automobile*).

horsehead or **mulehead** : tête *f.* de cheval ou tête de mule (*contrepoids des pompes de production à balancier*).

horsepower or **HP** : cheval *m.*, horsepower *m.* (*unité de puissance anglo-saxonne valant 745,6 W*).

horst : horst *m.* (*compartiment soulevé entre des failles ; s'oppose à fossé ou* graben), môle *m.*, bloc *m.* soulevé.

hortonsphere or **hortonspheroid tank** : hortonsphère *f.* (*du nom de l'ingénieur américain G.T. Horton ; réservoir de forme sphérique, destiné au stockage de gaz liquéfiés*).

hose : tuyau *m.* flexible, flexible *m.*, manche *m.* (*d'une pompe*).

hose clip or **hose clamp** : collier *m.* de retenue (*d'un flexible*).

hot : 1/ chaud ; 2/ fortement radioactif.

hot bin : trémie *f.* du catalyseur chaud dans une unité *Thermofor catalytic cracking*.

hot-bulb engine or **hothead engine** : moteur *m.* à tête chaude, moteur semi-diesel.

hot dip : trempe *f.* à chaud.

hot Doctor treatment : voir *Doctor treatment*.

hot flue : chambre *f.* chaude.

hothead engine : voir *hot-bulb engine*.

hot-laid mixture : mélange *m.* de bitume et d'agrégats posé à chaud (*revêtement routier*).

hot manifold test : essai *m.* au cylindre chaud (*des fluides résistants au feu à l'aide d'un appareil formé d'un cylindre métallique contenant un élément chauffant ; on verse sur la surface du métal porté au rouge un échantillon du fluide à essayer et l'on note les résultats*).

hot melt : hot melt *m.* (*mélange de paraffine, de cire de pétrole, de polymères, etc., utilisé pour revêtir à chaud des emballages en carton ou pour assurer des collages*).

hot neck grease : graisse *f.* pour tourillons chauds de laminoirs d'aciérie (*fabriquée à partir d'huiles lourdes asphaltiques, de résines et de talc ou de poudre de graphite*).

hot oil : 1/ pétrole *m.* brut produit illégalement ; 2/ huile *f.* de chauffage.

hot plug : bougie *f.* chaude.

hot rod : voiture *f.* de course sur piste.

hot-rolled : laminé à chaud.

hot rubber : élastomère *m.* polymérisé à chaud.

hot spot : 1/ point *m.* chaud, zone *f.* de surchauffe (*à la surface d'un équipement et due généralement à la détérioration de sa protection thermique interne*) ; 2/ point *m.* chaud (*sur les points réels de contact entre des surfaces en mouvement relatif*).

hot starting noise : bruit *m.* de détonation (*dans un moteur à combustion interne lors des premiers instants du démarrage*).

hot-stuck ring : voir *stuck ring*.

hot wax : cire *f.* vaporisée à chaud (*sur la carosserie d'une automobile après son lavage*).

hot well : séparateur *m.* (*recueillant le distillat de tête d'une colonne sous vide en éliminant l'air et le gaz au travers d'un condenseur baromé-trique*).

hot work : travail *m.* à feu nu (*nécessitant un permis de feu*). Voir *hot-work permit*.

hot-work permit : permis *m.* de feu (*délivré par un service de sécurité et autorisant un travail à feu nu*).

Houdry fixed-bed catalytic cracking : procédé *m.* Houdry de craquage catalytique (*découvert vers 1930 par le français E. Houdry ; procédé mettant en œuvre plusieurs réacteurs alternativement en opération ou en régénération*).

Houdryflow catalytic cracking : procédé *m.* de craquage catalytique à lit mobile (*le réacteur est disposé sur le régénérateur, appelé* kiln ; *le catalyseur est relevé par des moyens pneumatiques. – Houdry Process Corp.*).

Houdryforming : procédé *m.* de reformage continu pour la fabrication d'aromatiques (*il s'agit d'un* reformage catalytique à lit fixe, utilisant le platine comme catalyseur à régénération occasionnelle. – Houdry Process Corp.).

hourmeter : compteur *m.* horaire.

household oil or **home lubricant** or **domestic lubricant** or **handy oil** : huile *f.* de vaseline (*huile fluide pour usages domestiques et lubrification de petits mécanismes*).

housekeeping : maintien *m.* en bon ordre, entretien *m.* (*d'une installation, d'un matériel, etc.*).

housing : carter *m.*, boîte *f.*, boîtier *m.*, corps *m.*, logement *m.*, abri *m.*, cage *f.*, enveloppe *f.* Voir aussi *casinghead housing*.

Howe-Baker process : procédé *m.* éliminant les impuretés solubles du pétrole brut (*par lavage et séparation de l'eau grâce à un champ électrique. – House-Baker Engineers Inc*).

HP : abréviation de *horsepower.* Voir ce terme.

HPD oil : abréviation de *high-performance diesel oil.* Voir ce terme.

HRS : abréviation de *hydrant refuelling system.* Voir ce terme.

hub : 1/ moyeu *m.* (*d'une roue*) ; 2/ mire *f.* de nivellement ; 3/ piquet *m.*, repère *m.* (*petit jalon matérialisant sur le terrain le tracé d'un pipe-line*).

HUCR : abréviation de *highest useful compression ratio.* Voir ce terme.

huff-and-puff injection method : méthode *f.* de stimulation d'un gisement de pétrole lourd et visqueux (*par alternance d'injection de vapeur à plus de 200 °C et de production d'huile dans un même puits*).

hull : coque *f.* (*d'un navire, d'une plate-forme pour exploration pétrolière en mer, etc.*).

humidity cabinet test : essai *m.* à la chambre humide (*pour évaluer les propriétés d'un produit antirouille ; cf. ASTM D 1748*).

humming of gears or **gear whine** : ronflement *m.*, bourdonnement *m.* des engrenages (*dans une boîte de vitesses*).

hundredweight or **centweight** or **cwt** : mesure *f.* de masse anglo-saxonne égale à la vingtième partie de la *long ton* (*2 240 livres*), soit 112 livres (*50,80 kg*). Voir aussi *cental.*

hunting : marche *f.* oscillante, flottement *m.*, oscillation *f.* (*de vitesse*), pompage *m.* (*électrique*).

husk oil : huile *f.* de grignon d'olives.

HVI oil : abréviation de *high-viscosity index oil.* Voir ce terme.

hybrid propellant or **lithergol** : propergol *m.* hybride, lithergol *m.* (*ensemble d'un liquide et d'un solide dont on utilise la réaction pour la propulsion de certaines fusées*).

Hy-C cracking : procédé *m.* d'hydrocraquage de distillats (*en présence d'un catalyseur mis en suspension par le courant d'hydrogène mélangé au produit à craquer ; le catalyseur est introduit et soutiré en marche et il est régénérable. – Hydrocarbon Research Inc.*).

Hy cracking : procédé *m.* d'hydrocraquage catalytique, à lit fixe, de distillats. – Exxon Res. & Eng. Co.

Hydeal process : procédé *m.* de désalcoylation catalytique (*employé pour transformer le toluène en benzène ou pour la fabrication de phénol et de naphtalène. – Universal Oil Products Co. et Ashland Oil and Refining Co.*).

Hydrafac : procédé *m.* de fracturation hydraulique (*utilisant comme fluide d'injection du kérosène ou du gazole épaissi au moyen d'un savon acide gras*).

hydrant : prise *f.* d'eau, bouche *f.* d'eau, bouche d'incendie.

hydrant refuelling system or **HRS** : oléoréseau *m.*, avitaillement *m.* par poste fixe.

Hydrar : procédé *m.* d'hydrogénation catalytique du benzène (*permettant d'obtenir du cyclohexane. – Universal Oil Products Co.*).

hydratation : voir *hydration.*

hydrated lime or **slack lime** or **slacked lime** or **dead lime** : chaux *f.* éteinte, chaux hydratée (*utilisée dans la fabrication des graisses calciques*).

hydration or **hydratation** : hydratation *f.*

hydraulic column revolving car lifter : pont *m.* élévateur à colonne hydraulique tournante (*pour garages et stations-services*).

hydraulic fluid : fluide *m.* hydraulique, liquide *m.* pour transmissions hydrauliques (*ou pour systèmes oléodynamiques*).

hydraulic fracturing : fracturation *f.* hydraulique (*procédé de stimulation qui consiste à créer artificiellement, par pression hydraulique, des fractures dans la couche productrice d'huile afin d'en augmenter la perméabilité au voisinage immédiat du puits*). Voir *Hydrafrac.*

hydraulic jack : vérin *m.* hydraulique, cric *m.* hydraulique.

hydraulic lifter or **hydraulic valve lifter** or **valve lifter** or **zero-lash hydraulic lifter** : commande *f.* oléohydraulique des soupapes d'un moteur (*fonctionnant avec l'huile moteur et permettant le réglage automatique des soupapes*).

hydraulic lime : chaux *f.* hydraulique.

hydraulic ram : voir *water hammer.*

hydraulics : hydraulique *f.*, hydromécanique *f.*

hydraulic slideway oil : huile *f.* pour systèmes hydrauliques et glissières de machines-outils. Voir aussi *dual-purpose oil.*

hydraulic valve lifter : voir *hydraulic lifter.*

Hydril : hydril *m. (obturateur supérieur, partie intégrante d'une tête de puits, assurant l'obturation sur des sections ou formes différentes de tiges, tubes et autres éléments introduits dans le puits).*

hydrocarbon : hydrocarbure *m.*

hydrocracker : hydrocraqueur *m. (installation où se réalise l'hydrocraquage ;* voir *hydrocracking).*

hydrocracking : hydrocraquage *m. (craquage en présence d'hydrogène).*

hydrodesulfurization : hydrodésulfuration *f. (désulfuration catalytique en présence d'hydrogène).*

hydrodynamic lubrication or **fluid lubrication** or **full fluid film lubrication** : graissage *m.* hydrodynamique *(assurant la permanence d'un film d'huile entre deux surfaces en mouvement).*

hydroextractor : essoreuse *f.* centrifuge, hydroextracteur *m.*

Hydrofining : procédé *m.* d'hydrodésulfuration catalytique des distillats moyens. – *Exxon Research and Engineering Co.*

hydrofinishing or **hydrogen finishing** : hydrofinissage *m. (traitement hydrogénant des huiles raffinées au solvant en présence de catalyseur pour éliminer les petites quantités d'aromatiques et d'hydrocarbures instables qui n'ont pas été extraites lors du traitement au solvant).*

hydrofluoric acid : voir *hydrogen fluoride.*

hydroformate : hydroformat *m. (produit obtenu par un procédé d'hydroformage).* Voir *Hydroforming.*

Hydroforming or **Fixed-bed Hydroforming** : hydroformage *m. (procédé de reformage catalytique des essences lourdes permettant d'obtenir de l'essence à haut indice d'octane. –* M. W. Kellog Co.*).*

hydroformylation : hydroformylation *f. (production d'alcools et d'aldéhydes par réaction d'oxyde de carbone et d'hydrogène sur une oléfine ;* voir *Oxo process).*

hydrogenated oil : huile *f.* hydrogénée.

hydrogen attack : attaque *f.* à l'hydrogène *(décarburation superficielle d'un acier sous l'action de l'hydrogène).*

hydrogen blistering or **blistering** : cloquage *m.*, corrosion *f.* provoquée par l'hydrogène *(avec formation de soufflures dans la structure du métal).*

hydrogen finishing : voir *hydrofinishing.*

hydrogen fluoride or **hydrofluoric acid** : acide *m.* fluorhydrique, HF, ou fluorure *m.* d'hydrogène *(employé dans certains procédés d'alcoylation).*

hydrogen ion concentration or **potential hydrogen** or **pH** : concentration *f.* en ions hydrogène, pH *m. (exprimé par le logarithme de l'inverse de la concentration en ions hydrogène d'une solution ; l'échelle s'étend de 0, acide fort, à 14 base forte, le pH d'une solution neutre étant égal à 7).*

hydrogen sulfide or **sulfuretted hydrogen** : acide *m.* sulfhydrique, hydrogène *m.* sulfuré, sulfure *m.* d'hydrogène, H_2S.

hydrolysis : hydrolyse *f.*

hydrolube or **snuffer fluid** : fluide *m.* hydraulique ininflammable *(à base d'eau et de polyglycol ou d'émulsions d'huile minérale dans l'eau).*

hydrometer : densimètre *m.*, aréomètre *m. (appareil simple servant à mesurer la densité d'un liquide).*

hydronic heating : chauffage *m.* par circulation d'eau.

hydronics : technique *f.* du refroidissement ou du chauffage par circulation d'eau.

hydrophilic : hydrophile.

hydrophobic : hydrophobe.

hydroplaning or **aquaplaning** : aquaplaning *m. (défaut momentané d'adhérence des roues d'un véhicule circulant à vitesse élevée sur une route mouillée).*

hydropyrolysis : hydropyrolyse *f. (hydrogénation non catalytique de l'essence et du gazole à une température supérieure à 800 °C, sous une pression d'environ 30 bar, avec un temps de réaction très bref ; l'effluent est riche en oléfines et en aromatiques).*

hydrorefining or **hydrotreating** or **catalytic hydrodesulfurization** : hydroraffinage *m.*, raffinage *m.* hydrogénant, hydrotraitement *m.* par l'hydrogène, hydrodésulfuration *f.* catalytique *(terme général désignant un procédé de désulfuration catalytique en présence d'hydrogène utilisé pour traiter différents produits [solvants, essences, lampants, gazoles, distillats catalytiques, lubrifiants et paraffines] ; en utilisant comme catalyseur des oxydes métalliques sur alumine, on élimine le soufre et les composés azotés en même temps que l'on obtient la saturation des oléfines et, si nécessaire, celle des aromatiques).*

hydroskimming : distillation *f.* et reformage *m.* (*se dit d'une raffinerie comprenant seulement distillation, reformage et désulfuration*).

hydrostatic head : hauteur *f.* hydrostatique. Voir *head 6/.*

hydrostatic lubrication : graissage *m.* hydrostatique (*l'huile est envoyée sous pression élevée aux coussinets à l'aide d'une pompe ; on obtient ainsi un coefficient de frottement minimum au démarrage et aux faibles vitesses ; un exemple spectaculaire du graissage hydrostatique est donné par le télescope du Mont Palomar où ce principe est appliqué au mouvement d'un miroir parabolique d'un poids de 500 t*).

hydrostatic oiler : graisseur *m.* sous pression hydrostatique, graisseur à condensation (*utilisé pour le graissage des cylindres de machines à vapeur ; l'huile est amenée dans le collecteur de vapeur par la pression hydrostatique de l'eau contenue dans un siphon*).

hydrostatic pressure : pression *f.* hydrostatique (*s'exerçant dans toutes les directions, elle correspond en un point donné au poids de la colonne de liquide situé au-dessus de ce point*). Voir aussi *compacting pressure.*

hydrostatics : hydrostatique *f.* (*partie de la mécanique, consacrée à l'étude des conditions d'équilibre des liquides*).

hydrotimetry : hydrotimétrie *f.* (*détermination, à l'aide d'un savon, de la dureté d'une eau, c'est-à-dire de la quantité de sels calciques et magnésiens qu'elle contient*).

hydrotreating : voir *hydrorefining.*

hydrous : aqueux, hydraté.

hydroxyl : hydroxyle *m.* (*radical*-OH).

hygroscopic : hygroscopique.

hyperbaric welding : soudure *f.* hyperbare (*effectuée à l'intérieur d'une enceinte, descendue au fond de la mer et emplie d'un mélange respiratoire à la même pression que celle du milieu environnant*).

Hyperforming : procédé *m.* de reformage catalytique à lit mobile (*avec recyclage d'hydrogène et utilisant comme catalyseur du molybdate de cobalt qui est régénéré en continu. – Union Oil Co. of California*).

hypergol or **hypergolic propellant** : hypergol *m.*, mélange *m.* hypergolique (*diergols dont le simple mélange provoque l'allumage*).

Hypersorption : Hypersorption *f.* (*procédé d'absorption des composants les moins volatils d'un mélange gazeux par du charbon activé. – Union Oil Co. of California*).

hypochlorite treatment : traitement *m.* à l'hypochlorite de sodium, Cl O Na (*appliqué aux essences pour en éliminer les mercaptans*).

hypoid gear lubricant : huile *f.* pour engrenages hypoïdes.

Hypro process : procédé *m.* catalytique de conversion du gaz naturel ou du gaz de raffinerie en hydrogène (*le catalyseur circule entre un réacteur et un régénérateur. – Universal Oil Products Co.*).

hypsogram ; isohypse *f.*, courbe *f.* de niveau (*courbe joignant tous les points d'égale altitude*).

I

IAE : abréviation de *Institution of Automobile Engineers.*

IAE gear lubricant testing machine : machine *f.* mise au point par l'*Institution of Automobile Engineers (IAE)* pour évaluer les qualités antiusure des huiles pour engrenages. (*Cf. Standard Method IP 166*).

IBP : abréviation de *initial boiling point.* Voir ce terme.

ice machine oil : voir *refrigeration oil.*

icing : congélation *f.*, glaçage *m.*, givrage *m.* (*du carburateur ;* voir *carburetor icing*).

ID : abréviation de *inside diameter.* Voir ce terme.

idle : voir *at idle.*

idleness : arrêt *m.*, inactivité *f.*

idler : roue *f.* folle, pignon *m.* libre, poulie *f.* de tension.

idler nozzle : gicleur *m.* de ralenti.

idling test of a motor oil : essai *m.* d'une huile sur un moteur tournant au ralenti et à vide (*pour évaluer son aptitude à former des boues ou des dépôts résiduels*).

IFT : abréviation de *interfacial tension.* Voir ce terme.

igneous rock or **eruptive rock** : roche *f.* ignée, roche éruptive.

igniter : 1/ bougie *f.* d'allumage, allumeur *m.* inflammateur *m.* ; 2/ cartouche *f.*, amorce *f.*

ignition : inflammation *f.*, allumage *m.*

ignition delay or **ignition lag** : délai *m.* d'allumage (*intervalle de temps s'écoulant entre le début de l'injection et le début de la combustion dans un moteur diesel*).

ignition point : voir *fire point.*

ignition quality improver : additif *m.* (*nitrates, nitrocarbonates, peroxydes*) améliorant l'indice de cétane d'un combustible pour moteur diesel (*c'est-à-dire son aptitude à l'inflammation*).

ignition warning light : voyant *m.*, témoin *m.* lumineux d'allumage.

ill-smelling : sentant mauvais, puant.

illuminating gas or **illuminated gas** : gaz *m.* d'éclairage.

illuminating oil : voir *kerosene.*

imbedded : voir *embedded.*

impact pressure : voir *dynamic pressure.*

impact test : essai *m.* de résilience, essai au choc.

impedance : impédance *f.* (*rapport complexe, dans un système, entre une grandeur ayant la nature d'une force et une autre grandeur ayant la nature d'une vitesse*).

impeller : 1/ roue *f.* à aubes ; 2/ rotor *m.* (*d'une pompe, d'un compresseur centrifuge*) ; 3/ roue *f.* motrice ; 4/ couronne *f.* mobile ; 5/ impulseur *m.*

imperial gallon : voir *gallon.*

imperial pint : voir *pint.*

impervious : imperméable, étanche.

impervious rock : roche *f.* imperméable.

impingement : 1/ collision *f.*, heurt *m.*, empiètement *m.* ; 2/ contact *m.* de la flamme avec les tubes d'un four.

impinger : flacon *m.* de lavage, barboteur *m.* (*flacon ou ballon partiellement empli d'eau et dans lequel on fait barboter un gaz pour en éliminer les impuretés solides*).

implement : outil *m.*, instrument *m.*, ustensile *m.*

impression block : bloc *m.* d'empreinte (*servant à relever l'empreinte de la partie supérieure d'un objet, ou poisson, tombé ou laissé dans un sondage, en vue d'appliquer ensuite l'instrumentation adéquate*).

inch : pouce *m.* (*mesure de longueur anglo-saxonne égale à 25,4 mm*).

incinerator : incinérateur *m.*

incipient pitting or **initial pitting** : piquage *m.* naissant (*piqûres se produisant sur la surface des dents d'engrenages pendant le rodage*).

inclinometer : voir *clinometer.*

inclusion compound or **inclusion complex** or **clathrate compound** : composé *m.* d'insertion, clathrate *m.*, composé en cage (*composé chimique formé non par l'action des liens de valence mais par emprisonnement moléculaire ; édifice cristallin dans lequel des ions étrangers sont venus s'insérer*).

income tax : impôt *m.* sur le revenu.

incoming : 1/ qui entre, qui pénètre, qui arrive, qui se produit ; 2/ venue *f.*

Incoterms : abréviation de *International Commercial Terms.* Voir ce terme.

indentation : 1/ indentation *f.*, dentelure *f.*, entaille *f.* ; 2/ empreinte *f.* creuse, bosselure *f.* (*marque laissée par un coup*).

indenture : contrat *m.* synallagmatique, contrat bilatéral.

indicating pyrometer or **IP** : pyromètre *m.* indicateur (*appareil de mesure des hautes températures*).

indraft : entrée *f.* d'air, appel *m.* d'air.

induced draft cooling tower : tour *f.* de réfrigération d'eau à tirage induit (*par un ou plusieurs ventilateurs soufflants*).

inducer : 1/ amorceur *m.* (*dispositif hélicoïdal rotatif installé sur l'aspiration axiale d'une pompe centrifuge ; entraîné par l'arbre moteur, il améliore les conditions d'aspiration ;* voir *net positive suction head*) ; 2/ voir *inductor.*

induction period method : méthode *f.* de la période d'induction (*d'une essence ; essai de stabilité dans des conditions d'oxydation accélérée permettant d'évaluer la tendance d'une essence à la formation de gomme en cours de stockage ; l'échantillon est oxydé dans une bombe calorimétrique emplie à 15-25 °C avec de l'oxygène à la pression de 7 bar, puis chauffée à 98-102 °C ; la période d'induction est donnée par le temps nécessaire pour atteindre le point de rebroussement de la courbe pression-temps ; à 60 min correspond un mois de stabilité au stockage ; cf. ASTM D 525, AFNOR M 07 – 012*).

inductor or **inducer** : inducteur *m.* (*partie d'une machine électrique destinée à produire le flux magnétique dont la variation à travers un circuit détermine des forces électro-motrices d'induction*).

industrial dermatitis : dermatite *f.* ou dermatose *f.* industrielle (*cliniquement, hyperkératose folliculaire ou mélanodermie du type Hoffman-Haberman ; maladie de la peau qui frappe les ouvriers sur machines-outils sur le dos des mains, sur les bras ou sur le dos à la suite de l'altération de l'huile de coupe en présence de bactéries*).

inedible oil : huile *f.* non comestible.

inertance : élément *m.* apportant de l'inertie (*à un dispositif ou à un système*).

inert-gas blanketing : voir *blanketing facilities.*

inertia : inertie *f.* (*propriété de la matière qui fait que les corps ne peuvent d'eux-mêmes modifier leur état de repos ou de mouvement*).

inflow or **influx** : entrée *f.*, arrivée *f.*, venue *f.*

inflowing : entrée *f.*, affluence *f.*, afflux *m.*, invasion *f.*

influent : affluent *m.*

influx : voir *inflow.*

infrared analyser : analyseur *m.* infrarouge (*spectrophotomètre infrarouge permettant de connaître la structure des molécules et d'analyser les hydrocarbures*).

infusible grease or **antidrop grease** : graisse *f.* infusible (*à base de substances solides, gel de silice, noir de carbone, dispersées dans une phase huileuse à l'aide d'un moulin colloïdal ; on utilise souvent dans la fabrication des graisses infusibles des argiles riches en sels alcalins hydratés comme la bentonite ou la montmorillonite*).

infusorial earth or **kieselguhr** : voir *diatomaceous earth.*

ingot : lingot *m.*

inhibitor : inhibiteur *m.*

initial boiling point or **IBP** or **over point** : point *m.* initial d'ébullition, point ou température *f.* initiale de distillation (*température à laquelle est recueillie la première goutte lors d'un essai de distillation ; cf. ASTM D 86, AFNOR N 07 – 002*).

initial fill-up : voir *factory fill.*

initial outlay : frais *m.* de premier établissement.

initial pitting : voir *incipient pitting.*

injection gas drive : entraînement *m.* par injection de gaz (*drainage du brut dans un gisement par injection de gaz dans le réservoir*).

ink oil : voir *printing ink oil.*

inlet : 1/ orifice *m.* d'admission, entrée *f.*, arrivée *f.* ; 2/ petit bras *m.* de mer, crique *f.*, anse *f.*

inlet port : orifice *m.*, canal *m.*, lumière *f.* d'admission.

inlier : fenêtre *f.* (*désigne en géologie une ouverture ménagée par l'érosion dans une nappe de recouvrement et qui laisse apparaître les terrains sous-jacents*).

in-line aircraft engine : moteur *m.* d'avion à cylindres en ligne.

in-line blending or **in-line mixing** : mélange *m.* en ligne, en continu (*les composants du mélange sont pompés simultanément en quantités strictement contrôlées, dans une même canalisation*).

in mesh : en prise.

innage : voir *shell innage, overage*.

inner : intérieur, interne.

inorganic filler : charge *f.* inorganique (*pour graisse, comme le mica, l'asbeste, le talc, l'oxyde de zinc, le plomb, le graphite, etc.*).

input : entrée *f.*, admission *f.*, apport *m.*, puissance *f.* fournie, charge *f.*, alimentation *f.*

input well or **intake well** : sondage *m.* d'injection (*d'air ou de gaz pour maintenir la pression d'un gisement ou pour passer à la récupération secondaire à partir du moment où la pression naturelle est devenue insuffisante*).

insecticide carrier oil : huile *f.* utilisée comme support d'insecticide.

inserted valve seat : voir *seat insert*.

insert float valve : valve *f.* à clapet antiretour (*qui peut être placée dans un manchon en remplacement du* cementing float collar ; voir ce terme).

inside broker : courtier *m.* intégré dans une compagnie pétrolière.

inside diameter or **ID** : diamètre intérieur (*d'un élément tubulaire*).

in situ combustion or **fire flood** : combustion *f.* in situ (*méthode de production d'huile visqueuse dans laquelle cette dernière est poussée vers les puits de production, à partir d'un puits d'injection, par un flux d'air alimentant un front de combustion qui fluidifie l'huile située en aval du front*).

insolubles in used lubrication oil : résidus *m.* insolubles d'une huile usagée ; voir *extrinsic insolubles, intrinsic insolubles*.

inspissation : épaississement *m.*, asphaltisation *f.*

Institute of Petroleum or **IP** : Institut anglais du Pétrole (*The Institute of Petroleum*, 61 New Cavendish Street, London W 1).

instrument : appareil *m.* de mesure ou de réglage, instrument *m.*

instrumentation : appareillage *m.* (*ensemble des appareils de mesure et de régulation équipant une installation*).

instrument board or **instrument panel** : tableau *m.* de bord, tableau de contrôle.

instrument grade hydrocarbon : hydrocarbure *m.* dont le degré de pureté est tel qu'il peut être utilisé dans un appareil de mesure (*des précautions spéciales doivent être prises pour éviter toute trace d'huile ou d'eau*).

instrument grease : voir *kilopoise lubricant*.

instrument panel : voir *instrument board*.

instrument pup-joint : raccord *m.* de mesure.

insulated pipe : tube *m.* calorifugé, tube isolé.

insulated tank truck : camion-citerne *m.* isotherme.

insulating brick : brique *f.* isolante.

insulating oil or **electrical oil** : huile *f.* isolante (*pour transformateurs, condensateurs, rhéostats et disjoncteurs électriques*).

insulation : isolement *m.* (*électrique*), isolation *f.* (*thermique*), calorifugeage *m.*

insulation blanket : paroi *f.* isolante.

intake : admission *f.*, aspiration *f.*, arrivée *f.*, alimentation *f.*, incorporation *f.*, apport *m.*, prise *f.*

intake line : conduite *f.* ou manche *f.* d'aspiration.

intake manifold : collecteur *m.* d'admission (*d'un moteur*).

intake port : lumière *f.* d'admission (*d'un moteur*).

intake stroke : temps *m.* d'admission, course *f.* d'admission (*d'un cylindre de moteur*).

intake tube : tube *m.* d'aspiration, tube d'admission.

intake well : voir *input well*.

intangible costs : frais *m.* irrécupérables non amortissables (*consommables, salaires, transports, etc.*).

in-tank mixer : agitateur *m.* de réservoir (*dispositif à hélice installé à la base d'un réservoir pour en mélanger le contenu*).

Intascale : abréviation de *International Tanker Nominal Freight Scale*. Voir ce terme.

integral action or **reset action** : action *f.* intégrale (*action d'un régulateur par laquelle il donne un signal qui varie dans le temps en fonction de la déviation de la grandeur à régler*).

integrator : intégrateur *m.* (*dispositif qui, ajouté à un débitmètre, enregistre le volume total du fluide débité*).

intercooler : réfrigérant *m*. intermédiaire (*entre deux étages d'un compresseur*), radiateur *m*. de refroidissement.

interface : interface *m*. (1/ *surface séparant deux phases non miscibles ; 2/ surface séparant deux produits circulant l'un derrière l'autre dans un pipe-line*).

interfacial tension or **IFT** : tension *f*. interfaciale, tension superficielle (*énergie par surface unitaire présente à l'interface de deux liquides non miscibles ; elle s'exprime en dyn/cm² ; sa connaissance permet d'estimer l'état de détérioration d'une huile pour turbines ou pour transformateurs ; cf. ASTM D 971*). Voir *surface tension test*.

interlayer : couche *f*. intermédiaire, intercalation *f*.

interliner : revêtement *m*. interne (*d'une conduite servant au transport de liquides corrosifs ; généralement en matière plastique*).

interlocking : voir *locking 2/*.

interlude : séquence *f*. d'élaboration.

intermediate-base crude oil : voir *mixed-base crude oil*.

intermediate product : produit *m*. intermédiaire, demi-produit *m*.

intermediates : intermédiaires *m*. (*ce terme s'applique aux produits de base de la pétrochimie obtenus à partir de coupes pétrolières : éthylène, butadiène, benzène, styrène, etc.*).

intermittent flame burner : voir *on/off burner*.

internal gear : engrenage *m*. à denture intérieure, engrenage intérieur.

internal upset : refoulement *m*. intérieur.

International Commercial Terms or **Incoterms** : recueil *m*. de termes commerciaux internationaux agréés par 93 pays (*FAS, FOB, CIF, etc., sont de tels termes*).

International Standards Organization viscosity classification or **ISO viscosity classification** : classification *f*. de la viscosité des huiles industrielles établie par l'Organisation Internationale de Normalisation (ISO), d'après les normes *ISO 3448*, et qui comprend les dix-huit classes désignées dans le tableau ci-contre : ▶

International Tanker Nominal Freight Scale or **Intascale** : barème *m*. mondial des taux des affrètements pétroliers de port à port (*établi depuis le 15 mai 1962 par le London Tankers Brokers Panel pour remplacer le barème Scale no. 3*). Voir *Scale rate*.

interplay : interaction *f*., effet *m*. combiné.

intrinsic insolubles or **resins** or **normal pentane minus benzene insolubles** : résidus *m*. insolubles dans le pentane mais solubles dans le benzène (*contenus dans une huile usagée pour moteur ; ils proviennent de l'oxydation ou de la décomposition thermique de l'huile et/ou du combustible ; on les sépare par centrifugation. Cf. ASTM D 893*).

intrinsic safety : sécurité *f*. intrinsèque (*se dit de tout dispositif électrique incapable d'allumer un mélange inflammable*).

intrusion : intrusion *f*. (*mise en place de roches éruptives, dans leur phase fluide, à l'intérieur de roches préexistantes, sans venue au jour*).

inventories : stocks *m*. (*au bilan d'une société*).

inventory : inventaire *m*., bilan *m*. de stocks (*de produits, du catalyseur contenu dans une installation ou dans l'un de ses éléments, etc.*).

inversion : inversion *f*. de température (*condition atmosphérique dans laquelle une couche d'air froid est surmontée d'une couche d'air chaud, d'où dispersion horizontale des fumées et risque de pollution*).

invert emulsion : voir *water-in-oil emulsion*.

iodine value or **IV** or **iodine number** : indice *m*. d'iode (*teneur en constituants non saturés d'une huile qui s'exprime en grammes d'iode réagissant sur 100 g de l'échantillon ; cf. Standard Method IP 84*).

IP : abréviation de *indicating pyrometer* et sigle de l'*Institute of Petroleum*. Voir ces termes.

IR : abréviation de *isoprene rubber*. Voir ce terme.

ISO viscosity classification		
ISO Visco-sity grade (ISO VG)	Viscosité moyenne à 40 °C (en cSt)	Viscosité à 40 °C (en cSt)
		mini. maxi.
ISO VG 2	2,2	1,98 2,42
ISO VG 3	3,2	1,88 3,52
ISO VG 5	4,6	4,14 5,06
ISO VG 7	6,8	6,12 7,48
ISO VG 10	10,0	9,00 11,00
ISO VG 15	15,0	13,50 16,50
ISO VG 22	22,0	19,80 24,20
ISO VG 32	32,0	28,80 35,20
ISO VG 46	46,0	41,40 50,60
ISO VG 68	68,0	61,20 74,80
ISO VG 100	100,0	90,00 110,00
ISO VG 150	150,0	135,00 165,00
ISO VG 220	220,0	148,00 ,242,00
ISO VG 320	320,0	288,00 352,00
ISO VG 460	460,0	414,00 506,00
ISO VG 680	680,0	612,00 748,00
ISO VG 1000	1000,0	900,00 1100,00
ISO VG 1500	1500,0	1350,00 1650,00

(*cf. également AFNOR T 60 – 141*).

iron-making fuel oil : fuel-oil *m.* pour haut fourneau.

iron oxide treating : traitement *m.* à l'oxyde de fer (*ancien procédé de désulfuration des gaz*).

isanomal or **isanomalic line** : isanomale *f.* (*désigne en géophysique la courbe joignant tous les points d'égale anomalie magnétique*).

isobase : isobase *f.* (*courbe joignant tous les points où une couche géologique déterminée se trouve aujourd'hui à la même altitude*).

isobath : isobathe *f.* (*1/ courbe d'égale profondeur d'une surface caractérisant la structure du sous-sol, généralement le toit ou la base d'une couche-repère préalablement choisie ; 2/ courbe joignant tous les points des mers, océans, lacs, etc., situés à une même profondeur*).

isochor : isochore *f.* (*1/ courbe joignant tous les points d'égal volume spécifique ; 2/ courbe joignant tous les points d'égale épaisseur entre deux surfaces repères préalablement choisies ; synonyme : isopache, isopaque*).

isoclinal : isoclinal (*se dit d'un pli dont les deux flancs ont la même inclinaison ; le plan axial d'un tel pli a aussi cette même inclinaison ; l'un des deux flancs est inverse et la couche la plus ancienne y est la plus haute ; se dit aussi de la structure géologique d'une région formée de plis isoclinaux parallèles accolés ; la série stratigraphique étant répétée plusieurs fois est moins épaisse qu'il n'y paraît au premier abord*).

Isocracking : procédé *m.* d'hydrocraquage catalytique à lit fixe (*de distillats et de résidu désasphalté. – Chevron Res. Co.*).

Isoflow furnace : four *m.* cylindrique vertical (*comportant des tubes placés sur les parois selon l'axe du four et des brûleurs placés sur le fond. – Petro-Chem Development Co.*).

isoformate : isoformat *m.* (*produit obtenu à partir d'une unité d'Isoforming ; voir ce terme*).

Isoforming : procédé *m.* de reformage catalytique (*utilisant de l'alumine comme catalyseur à régénération périodique. – Standard Oil Co. of Indiana*).

isogal : isogal *f.* (*courbe joignant tous les points d'égale accélération de la pesanteur*).

isogam : isogamme *f.* (*courbe joignant tous les points d'égale valeur du champ magnétique terrestre*).

isohaline : isohaline *f.* (*courbe joignant tous les points d'égale salinité des eaux, soit dans un plan vertical, soit dans un plan horizontal*).

Iso-Kel process : procédé *m.* d'isomérisation catalytique (*en phase vapeur et en présence d'hydrogène, d'hydrocarbures légers, – hexane, pentane –, pour obtenir des constituants à indice d'octane élevé. – M. W. Kellogg Co.*).

isolate (to) : séparer, isoler (*un produit contenu dans un ensemble*).

isomate : produit *m.* obtenu par isomérisation.

Isomax process : procédé *m.* d'hydrocraquage à deux étages (*pour convertir des charges lourdes en produits les plus divers. – Chevron Research Co., Universal Oil Products*).

isomers : isomères *m.* (*corps constitués des mêmes éléments, ayant la même formule brute et le même poids moléculaire, mais une formule développée et des propriétés dissemblables*).

isomerization : isomérisation *f.* (*1/ passage d'un corps à un autre corps isomère, spontanément ou par une action chimique ; 2/ opération de raffinage ou de pétrochimie qui consiste à modifier la molécule d'un hydrocarbure à chaîne droite pour obtenir une chaîne ramifiée, à meilleur indice d'octane ou plus réactive*).

isooctane : isooctane *m.* (*isomère de l'octane normal ; le plus important est le 2-2-4 triméthylpentane qui a été choisi comme étalon de la résistance à la détonation des carburants dans les moteurs et dont l'indice d'octane est par définition égal à 100*).

isopach : isopache *f.* isopaque *f.* (*courbe d'égale épaisseur d'une couche déterminée*). Voir aussi *isochor 2/*.

isopleth : isoplète *f.* (*courbe joignant les points correspondant à une dimension ou à une abondance égale, utilisée pour mettre en évidence les variations de dimension moyenne ou de sphéricité des grains d'un sédiment, par exemple*).

Isoplus process : procédé *m.* Isoplus (*combinaison d'un Houdryforming – voir ce terme –, et d'une unité d'extraction d'aromatiques, éventuellement avec un reformeur thermique et une polymérisation catalytique. – Houdry Process Corp.*).

isoprene rubber or **IR** : caoutchouc *m.* isoprène (*caoutchouc synthétique obtenu par polymérisation de l'isoprène*).

isotactic polymer : polymère *m.* isotactique (*polymère linéaire dont la structure est spatialement ordonnée, – stéréo-régulière –, les groupes substitués sur la chaîne apparaissant tous sur le même côté de celle-ci*). Voir aussi *stereospecific polymer*.

isotherm : isotherme *f.* (*courbe d'égale température*).

isothermal : isotherme, isothermique (*à température constante*).

isotopic tracer : voir *radioactive tracer*.

ISO viscosity classification : voir *International Standards Organization viscosity classification*.

IV : abréviation de *iodine value*. Voir ce terme.

J

J : symbole de *joule*. Voir ce terme.

jack : 1/ cric *m.*, vérin *m.* ; 2/ terme désignant de nombreux types de leviers (*voir par exemple pump jack.*)

jacket : 1/ double enveloppe *f.*, chambre *f.*, chemise *f.*, jaquette *f.*, manchon *m.*, jupe *f.* ; 2/ treillis *m.* (*structure métallique d'une plateforme fixe, posée sur le fond de la mer et fixée au moyen de piles*).

jacketed : chemisé.

jacket steam : chemise *f.* de vapeur, manchon *m.* de vapeur.

jacket water : eau *f.* de refroidissement de la chemise d'un cylindre.

jackhammer : marteau *m.* perforateur, marteau pneumatique, marteau compresseur.

jacknife derrick or **jacknife drilling mast** or **jacknife mast** : derrick *m.* repliable, mât *m.* de forage repliable (*mât constitué de deux parties se téléscopant dans la partie inférieure et dont l'ensemble se replie comme un couteau de poche que l'on referme*).

jack post : chevalet *m.* de manivelle (*supportant, dans le forage au câble la grande poulie recevant la courroie principale et actionnant l'arbre de manivelle, ou, dans le forage rotary, le treuil de forage*).

jack screw : cric *m.* à vis, vérin *m.* à vis.

jack shaft : arbre *m.* intermédiaire arrière ou de renvoi (*du treuil de forage ; voir draw works*).

jackup drilling platform : plate-forme *f.* de forage auto-élévatrice (*pour exploration pétrolière en mer*).

jamming : blocage *m.*, gommage *m.* (*d'une soupape*), collage *m.*, coinçage *m.*, calage *m.*, enrayage *m.*

jar : 1/ bac *m.*, bocal *m.*, pot *m.*, vase *m.* ; 2/ choc *m.*, vibration *f.*, heurt *m.*, battement *m.* ; 3/ coulisse *f.* de battage (*instrument de forage intercalé dans le bas de la garniture de forage et permettant de dégager par battage l'outil coincé*).

jarring : 1/ broutage *m.* (*d'un outil*) ; 2/ secouage *m.*, battage *m.* (*dégagement d'un outil de forage, de repêchage, de test, etc., coincé*

dans un puits, à l'aide d'une coulisse de battage ; voir jar 3/).

jaw : mâchoire *f.*, chape *f.*, crabot *m.*

jeeping : balayage *m.* électronique (*utilisé pour détecter les défauts de revêtement d'un oléoduc*).

jellification : transformation *f.* en gelée, gélification *f.*

jelly : voir *petroleum jelly*.

jelly-like : gélatineux.

Jenkins cracking process : très ancien procédé *m.* de craquage thermique en phase liquide (*dans lequel la charge circulait sous pression entre une chaudière et un four*).

jerk : saccade *f.*, secousse *f.*, coup *m.* de fouet.

jerker : petite pompe *f.* monocylindrique à vapeur.

jerk line : 1/ câble *m.* de vissage (*dans le forage rotary, câble d'acier ou de chanvre qui actionne la chaîne de vissage des tiges à l'aide d'une poupée de cabestan du treuil ; 2/ câble m. à secousses (dans le forage au câble, câble actionnant le sabot de battage à partir de l'excentrique*).

jerky motion : mouvement *m.* saccadé.

jerribag : bidon *m.* souple.

jerrycan or **jerrican** : jerrican *m.* ou jerricane *m.* (*récipient métallique portatif d'une contenance d'environ 20 l, utilisé pour la manutention des produits pétroliers et qui fut très employé par les armées alliées de 1942 à 1945*).

jet : jet *m.*, injection *f.*, gicleur *m.*

jet bit : trépan *m.* à jet hydraulique, outil *m.* à jet (*dans lequel la vitesse élevée des jets de boue permet un nettoyage parfait des débris de forage et un avancement rapide*).

jet dredging : excavation *f.* au jet, affouillement *m.* au jet.

jet fuel or **jet propeller** or **jet propellant** or **JP** : carburéacteur *m.* (*combustible pour moteur à réaction, constitué de fractions de kérosène ; classé en plusieurs grades : JP-1, JP-3, JP-4, JP-5, JP-6, JP-7 et JP-8*).

jet mixer : mélangeur *m.* à jet (*utilisé pour la fabrication du laitier de ciment ou de la boue de forage*).

jet piercing : forage *m.* thermique, thermoforage *m.* (*forage par fusion ; employé pour traverser les roches dures en les fondant sous le dard d'un chalumeau alimenté par de l'oxygène et du pétrole lampant*).

jet propellant or **jet propeller** or **JP** : voir *jet fuel.*

jet pump : éjecteur *m.*, pompe *f.* à éjecteur, pompe à jet.

jetting : 1/ déviation *f.* d'un forage par jet de boue (*dirigé dans la direction voulue*) ; 2/ lançage *m.* (*de jets d'eau sous pression pour réaliser l'ensouillage d'une conduite sous-marine, l'enfoncement vertical du tube-guide d'un forage, etc.*) ; 3/ perforation *f.* par jet d'air ou d'eau (*chargé ou non d'un produit abrasif*).

jettison : 1/ délestage *m.* d'une partie de la cargaison d'un navire à la mer ; 2/ délestage rapide d'un réservoir (*pour raison de sécurité*).

jet tool : outil *m.* de forage à jet, trépan *m.* à jet.

jetty : voir *pier.*

jet way : passerelle *f.* mobile.

jib : bras *m.*, potence *f.*, flèche *f.* (*d'une grue*).

jig : calibre *m.*, gabarit *m.* (*de perçage, de soudage, d'usinage*), appareil *m.* de montage.

jigging : lavage *m.* sur crible à secousses, criblage *m.* (*méthode de séparation par tamisage effectué dans l'eau à l'aide d'impulsions créées par des courants alternativement ascendants et descendants*).

jitter : instabilité *f.* (*d'un signal, d'une phase*), vacillement *m.*, sautillement *m.* (*d'image*), impulsion *f.*

jobber : 1/ ouvrier *m.* à la tâche, tâcheron *m.* ; 2/ revendeur *m.*, sous-traitant *m.* (*de produits pétroliers en gros*).

joining machine : machine *f.* à abouter.

joint : 1/ joint *m.*, assemblage *m.*, accouplement *m.*, articulation *f.*, raccord *m.* (*de tige de forage, etc.*) ; 2/ diaclase *f.* (*dans une roche*) ; 3/ longueur *f.*, section *f.* de tube (*généralement de 20 à 30 pieds de long*).

jointing compound : voir *sealing compound.*

joint venture : co-entreprise *f.*, opération *f.* conjointe, association *f.* à risques communs.

joist : solive *f.*, entretoise *f.*, madrier *m.*, chevron *m.*

joule or **J** : joule *m.* (*symbole : J ; unité de travail et de quantité de chaleur ; 1 J = 2,78 × 10⁻⁴Wh = 0,239 cal = 9,43 × 10⁻⁴BTU ; on utilise pratiquement le kilojoule, kJ, et le mégajoule, MJ*).

journal : portée *f.*, support *m.*, tourillon *m.*, fusée *f.* (*d'essieu*).

journal bearing : coussinet *m.* de palier.

journal oil : huile *f.* pour paliers lisses, huile de tourillon.

JP : abréviation de *jet propeller.* Voir *jet fuel.*

judder or **spragging** : trépidation *f.*, broutage *m.*, broutement *m.* (*mouvement saccadé intermittent d'un outil, d'un frein, etc.*).

jug : 1/ cruche *f.*, broc *m.* (voir aussi *pitcher*) ; 2/ sismo *m.* (*argot de géophysiciens pour géophone*).

juice : 1/ jus *m.* ; 2/ essence *f.* (*argotique*).

jumboization or **jumboizing** : allongement *m.*, jumboïsation *f.* (*technique d'agrandissement d'un navire pétrolier consistant à le couper en deux et à lui rajouter une section centrale*).

jump : 1/ accident *m.*, saute *f.*, discontinuité *f.* ; 2/ rejet *m.*, anomalie *f.* ; 3/ sensibilité *f.* (*d'une essence ;* voir *gasoline sensitivity*).

jump drilling : voir *cable system of drilling.*

jumpover : 1/ manchette *f.* tubulaire (*reliant plusieurs tuyaux ou deux parties d'un four*) ; 2/ contournement *m.* (*de l'étincelle*).

jump spark system : dispositif *m.* pare-étincelles (*en particulier écran en toile métallique placé à la sortie du tube d'échappement de véhicules automobiles autorisés à circuler à l'intérieur de certaines installations pétrolières*).

junction box : 1/ boîte *f.* de jonction ; 2/ boîtier *m.* (*contenant les raccords d'obturation automatique des liaisons hydrauliques de sécurité fond-surface des BOP*).

junk : détritus *m.*, ferraille *f.*, rebut *m.*, déchets *m.*

junk a hole (to) : voir *abandon a borehole (to).*

junk basket : souricière *f.* (*outil de repêchage destiné à ramasser des fragments métalliques au fond d'un trou de forage*). Voir aussi *bailer.*

junk catcher : carottier *m.* de repêchage, collier *m.* de repêchage à lames.

junk feeler : 1/ tâte-ferraille *m.* (*sorte de palpeur servant à identifier un objet métallique tombé ou laissé par accident dans un trou de forage en vue de son repêchage*) ; 2/ sorte de calibre *m.* (*situé sous l'organe d'obturation appelé bridge plug – voir ce terme – et destiné à reconnaître l'état des parois du trou ; il permet éventuellement de repousser vers le fond les dépôts et impuretés qui risqueraient de gêner la descente du bridge plug*).

junk rack : 1/ caisse *f.* ou enceinte *f.* (*placée à proximité de l'atelier de sonde et dans laquelle on jette les outils cassés ou usés*) ; 2/ ratelier *m.*, support *m.*, cadre *m.* ou châssis *m.* (*servant au colissage et au transport des outils et accessoires de forage et de complétion non transportables d'autre manière*).

junk sub : voir *basket sub.*

Jurassic : Jurassique *m.* (*période géologique de l'ère secondaire ou mésozoïque, comprise entre le Trias et le Crétacé et qui s'est étendue de − 195 à − 135 millions d'années*).

K

K : symbole de *kelvin*. Voir ce terme.

k : symbole de *kilo*. Voir ce terme.

karst formation : terrain *m.* ou formation *f.* karstique.

katharometer : catharomètre *m.* *(appareil servant à mesurer la conduction thermique des gaz et permettant l'analyse des mélanges gazeux).*

kauri-butanol test : essai *m.* kauri-butanol *(mesure de la teneur en aromatiques et des propriétés solvantes des hydrocarbures liquides ; cf. ASTM D 1133).* Voir aussi *kauri-butanol value.*

kauri-butanol value : indice *m.* kauri-butanol *(définissant la teneur en aromatiques et les propriétés solvantes d'un hydrocarbure liquide).* Voir *kauri-butanol test.*

KB : abréviation de *kelly bushing.* Voir ce terme.

kcal : abréviation de *kilocalorie.* Voir ce terme.

keeping property or **keeping quality** : qualité *f.* de conservation.

keg : barillet *m.*, tonnelet *m.*, petit fût *m.* en bois.

kelley : voir *grief stem.*

Kellog sulfuric acid alkylation process : voir *cascade sulfuric acid alkylation process.*

kelly or **kelley** or **kelly bar** : voir *grief stem.*

kelly board : plate-forme *f.* d'une tour de forage *(au niveau de la tige carrée).*

kelly bushing or **KB** : carré *m.* d'entraînement *(pièce servant, dans le système de forage rotary, à rendre la tige carrée, ou tige d'entraînement, solidaire de la table de rotation).*

kelly joint : voir *grief stem.*

kelly packer : garniture *f.* d'étanchéité tournante sur la tête de puits permettant la rotation et la manœuvre de la tige carrée *(utilisée en cas de forage à l'air ou sur un puits en perte de circulation dans une couche de gaz, d'huile ou d'eau de formation sous pression).*

kelly rod or **kelly square drive** : voir *grief stem.*

kelly valve : vanne *f.* de sécurité placée entre la tête d'injection et la tige d'entraînement, se fermant manuellement en cas d'éruption à l'aide d'une clé actionnée par le câble de manœuvre du cabestan.

kelvin or **K** : degré kelvin *(symbole : K ; degré de température de l'échelle Kelvin ou échelle thermodynamique qui a pour origine le zéro absolu, soit $- 273,16$ °C).*

kerex : fraction *f.* obtenue par distillation d'extraits aromatiques *(dont les limites d'ébullition sont celles du kérosène ou pétrole lampant).*

kerogen : kérogène *m.* *(originellement matière organique des schistes bitumineux, ce terme désigne maintenant la fraction de la matière organique d'une roche sédimentaire insoluble dans les solvants organiques usuels ; dans une roche-mère de pétrole, notamment, le kérogène s'oppose aux hydrocarbures et résines extractibles par lesdits solvants).*

kerosene or **kerosine** or **illuminating oil** or **lamp oil** : kérosène *m.*, pétrole *m.* lampant. Voir aussi *vaporizing oil.*

kerosene engine or **paraffin engine** : moteur *m.* à pétrole, moteur à kérosène.

kerosine : voir *kerosene.*

kettle : voir *boiler.*

kettle grease : graisse *f.* pour organes de chaudière.

key : clé *f.*, clavette *f.*, touche *f.*, tenon *m.*

keyboard : clavier *m.*

key groove : rainure *f.* de clavette.

key seat : trou *m.* de serrure *(excentration du trou de sonde en forme de trou de serrure, causé par le frottement des tiges sur les parois du trou lors d'une déviation en patte de chien ; voir dogleg).*

key-to-disc : appareil *m.* d'enregistrement sur disque.

key well system : méthode *f.* de production *(selon laquelle un puits est foré uniquement pour pomper l'eau à la base du gisement, ce qui accroît la production des autres puits en huile).*

K factor : facteur *m.* K *(facteur utilisé dans les calculs d'équilibre liquide-vapeur pour obtenir le rapport de la fraction moléculaire dans la phase vapeur à la fraction moléculaire dans la phase liquide).*

kick : 1/ bouchon *m.*, venue *f.* (*de gaz en cours de forage*) ; 2/ saut *m.* (*dans l'inclinaison d'une couche*) ; 3/ vibration *f.* (*du câble de forage*) ; 4/ voir *kickback.*

kickback or **kick** : contre-coup *m.*, réaction *f.*, retour *m.* en arrière, retour de manivelle.

kick backout : dispositif *m.* d'arrêt automatique, dispositif de désenclenchement.

kickdown : passage *m.* rapide à la vitesse inférieure (*effectué, sur une voiture équipée d'une boîte de vitesses automatique, en appuyant à fond sur l'accélérateur de manière à dépasser le point de plein gaz*).

kickoff : arrêt *m.* d'urgence.

kickover resin : voir *thermosetting resin.*

kick starter : lanceur *m.* (*organe permettant la mise en route d'un moteur de motocyclette par une poussée du pied sur une pédale*).

kickup : augmentation *f.* du pouvoir antidétonant d'une essence.

kier : récipient *m.* métallique (*pour le chauffage des liquides*).

kieselguhr or **guhr** : voir *diatomaceous earth.*

kill a well (to) : tuer un puits (*arrêter une éruption par injection de boue alourdie*). Voir aussi *close in a well* (*to*), *shut in a well* (*to*).

kill line : conduite *f.* d'injection, ligne *f.* de sécurité (*conduite fixée sous les obturateurs de sécurité et servant au pompage de boue lourde dans un puits pour en réduire la pression ou le tuer*).

kiln : four *m.* de régénération (*du catalyseur de certaines unités de craquage catalytique ou des terres décolorantes usagées*).

kilo : kilo (*symbole* : k ; *préfixe qui placé devant le nom d'une unité la multiplie par 1 000*).

kilocalorie or **kcal** : kilocalorie *f.* (kcal), grande calorie (= 1 000 cal = 4 186 J = 1 163 Wh = 3,968 BTU).

kilopoise lubricant or **instrument grease** : lubrifiant *m.* à très forte viscosité (*0,35 kP à 3,3 kP, soit 35 000 à 330 000 cP ; utilisé pour freiner ou amortir le mouvement de deux surfaces métalliques ; employé dans les organes de précision optiques, électroniques, radioélectriques, etc.*).

kindle : embraser, allumer, enflammer.

kinematic viscosity or **KV** : viscosité *f.* cinématique (*rapport de la viscosité absolue ou dynamique à la masse volumique du fluide considéré ; dans le Système International, l'unité est le mètre carré par seconde ou* m²/s ; *pratiquement on utilise le millimètre carré par seconde ou* mm²/s ;

dans le système C.G.S., l'unité est le stokes dont le symbole est St, *du nom du physicien irlandais Sir George Gabriel Stokes, 1819-1903 ;* 1 St = 1 cm²/s = 10^{-4}m²/s ; *un sous-multiple du stokes est encore utilisé, le centistokes ;* 1 cSt = 1 mm²/s ; *dans le système cohérent anglo-saxon, l'unité est le pied carré par seconde, symbole* sq.ft./sec, *qui vaut 0,0929* m²/s ; *la viscosité cinématique se mesure habituellement à l'aide du viscosimètre Ubelhode ou Cannon-Fenske ; cf. ASTM D 445, AFNOR T 60 – 100*).

kingpin or **swivel pin** : axe *m.* de pivotement, axe de fusée, pivot *m.* principal, pivot central.

Kingsbury thrust bearing : palier *m.* de butée Kingsbury (*à axe vertical ; semblable au palier de butée du type Michell ; voir Michell thrust bearing*).

kinking : enroulement *m.*, vrillage *m.*, tortillement *m.* (*d'un câble*).

kit for used oil : ensemble *m.* d'appareils de mesure contenus dans une mallette et servant à l'analyse des huiles en service.

knee : genouillère *f.*, genou *m.*, coude *m.*, articulation *f.*

knitted metal mesh : tricot *m.* métallique (*utilisé, en plusieurs couches, pour arrêter les entraînements de vésicules liquides dans un gaz ou dans une vapeur*). Voir *mist extractor, demister* 2/.

knitting machine oil : huile *f.* pour tricoteuse mécanique.

knob : 1/ bouton *m.* (*de réglage, de mise en marche, etc.*) ; 2/ morceau *m.* (*de charbon*) ; 3/ bosse *f.* (*de terrain*), protubérance *f.* ; 4/ pomme *f.*, pommeau *m.*

knock : 1/ cliquetis *m.*, cognement *m.*, choc *m.* ; 2/ détonation *f.* ; voir *knocking.*

knockdown : 1/ démontable, démonté ; 2/ démontage.

knocking or **knock** or **pinking** or **detonation** : détonation *f.* (*du mélange air-carburant dans la chambre de combustion d'un moteur ; accompagné d'un bruit métallique, ou cognement, caractéristique*).

knockmeter : indicateur *m.* de cliquetis (*appareil standardisé servant à repérer l'instant de la détonation au cours de la mesure de l'indice d'octane sur le moteur CFR*).

knockout drum or **KO drum** or **knockout pot** : ballon *m.* tampon (*séparateur pourvu souvent de cloisons transversales servant à dissocier les phases liquides des phases gazeuses*).

knock rating : mesure *f.* de la détonation, mesure de l'intensité du cliquetis, valeur *f.* antidétonante, mesure de l'indice d'octane.

knock value : valeur *f.* antidétonante, pouvoir *m.* antidétonant. Voir *Motor method, Research method, Aviation method, Supercharge method.*

knot : 1/ nœud *m.* ; 2/ nœud (*unité de vitesse de translation égale à un mille marin (1 852 m) à l'heure* ; 3/ obstruction *f.* (*dans un sondage*).

knothole mixer : dispositif *m.* assurant le mélange sous pression de deux liquides (*utilisé dans le Doctor treatment pour mêler intimement la solution au plombite de soude au produit à raffiner*).

know-how : savoir faire *m.*, recette *f.*, expérience *f.*, connaissance *f.* pratique, habileté *f.* (*acquise par expérience*).

Knox cracking process : procédé *m.* de craquage thermique en phase vapeur (*à haute température, 560 ºC, et faible pression, dont le rendement en oléfines et en aromatiques est élevé*).

knuckle : articulation *f.*, jointure *f.*, rotule *f.*

knuckle joint or **universal joint** : genouillère *f.*, joint *m.* universel, joint à rotule (*joint articulé, employé en forage, et dont il existe plusieurs types suivant qu'il s'agit d'une opération de repêchage d'un outil ou de la déviation d'un forage*).

knurled : moleté, à molette, godronné.

KO drum : abréviation de *knockout drum.* Voir ce terme.

KV : abréviation de *kinematic viscosity.* Voir ce terme.

L

Labeco engine test or **CRC L-38 engine test** : essai *m.* d'une huile au moteur Labeco (*d'après les normes du Coordinating Research Council, CRC L-38, sur le moteur monocylindre à essence mis au point par le Coordinating Lubricant and Equipment Research Committee, et construit par Laboratory Equipment Corporation ou Labeco ; l'essai consiste à déterminer le degré d'oxydation et de corrosion des coussinets en Bimétal cuivre-plomb du moteur lubrifié avec l'huile essayée*).

labeled or **labelled** or **tagged** : étiqueté, marqué (*en particulier au moyen d'un traceur organique, minéral, radioactif, etc.*).

labyrinth seal : joint *m.* à labyrinthe.

lacquer : 1/ vernis *m.*, laque *f.* ; 2/ laque (*dépôt solide dû à l'oxydation et à la polymérisation des carburants et des lubrifiants soumis à des températures élevées*).

lacmus paper : voir *litmus paper*.

ladder : 1/ échelle *f.* ; 2/ élinde *f.* (*de drague*).

lag : décalage *m.*, délai *m.*, retard *m.* (*de la réponse d'un régulateur au signal qui le commande*).

lagging : 1/ retard *m.*, ralentissement *m.*, déphasage *m.* ; 3/ revêtement *m.*, calorifugeage *m.*, garnissage *m.*, coffrage *m.*, boisage *m.*, bacula *f.* (*lattis enrobé de brai destiné à protéger le revêtement normal d'une canalisation lors de la traversée d'un cours d'eau*).

lagoon : lagon *m.* (*dans le traitement des eaux usées, désigne le plan d'eau, le plus souvent artificiel et peu profond, où a lieu l'action purificatrice du soleil, de l'air et des bactéries*).

lag time : temps *m.* de remontée des déblais de forage (*intervalle de temps séparant l'instant où les déblais sont arrachés par l'outil de forage au fond du puits et le moment où ceux-ci arrivent en surface ; ce temps dépend du débit des pompes, du diamètre et de la profondeur du forage*).

lamina : plaque *f.* mince, feuille *f.*, intercalation *f.* fine, lame *f.*, lamelle *f.*, lamine *f.* ou lamina *f.* (*fine lame, souvent ondulée, selon laquelle peuvent se disposer les éléments détritiques d'une roche*).

laminae : pluriel de *lamina*. Voir ce terme.

laminar : laminaire, lamellaire.

lampblack : noir *m.* de fumée, noir de carbone, noir de lampe.

lamp method : essai *m.* par brûlage à la lampe (*pour déterminer la teneur en soufre d'une essence ou d'un pétrole lampant ; cf. ASTM D 1266, AFNOR, M 07 – 031*).

lamp oil : voir *kerosene*.

landing nipple : manchon *m.* récepteur de dispositifs de mesure ou de production (*incorporé à la base du tube de production au-dessus du packer*).

lap : 1/ recouvrement *m.*, chevauchement *m.*, plissement *m.* ; 2/ repliure *f.* (*défaut de surface qui se forme sur une pièce métallique brute de coulée, par une excroissance plane enrobant souvent une masse sableuse détachée du moule*) ; 3/ rodoir *m.*, alésoir *m.*, polissoir *m.*

lap joint : joint *m.* à recouvrement, assemblage *m.* à clin.

lapping : rodage *m.* (*effectué au moyen d'une huile ou d'une pâte contenant un abrasif en suspension et appelée pâte à roder*).

lapping compound : pâte *f.* à roder.

lapse (to) : s'écouler, se périmer, être périmé, échoir, expirer.

lap weld : soudure par recouvrement.

larded oil : huile *f.* composite, contenant de l'huile de lard (*huile de coupe utilisée pour le travail des métaux*).

lard oil or **grease oil** : huile *f.* de lard de porc (*non siccative, utilisée dans la fabrication des huiles composites pour le travail des métaux, le graissage des cylindres de machines à vapeur et des machines textiles*).

large-scale integrated circuit or **LSIC** : circuit *m.* à forte intégration. Voir *microprocessor*.

lash : 1/ jeu *m.* (*mécanique*) ; 2/ choc *m.*, entrechoc *m.* (*dû à un jeu mécanique excessif*).

last in – first out or **LIFO** : dernier entré – premier sorti (*méthode de comptabilisation des stocks, retenue généralement par les sociétés américaines, qui consiste à évaluer les marchandises aux prix de revient prévalant lors de l'entrée en stocks qui peut être très ancienne*).

last runnings : queues *f.* de distillation.

latch : verrou *m.*, loquet *m.*, clenche *f.* (*pièce principale du loquet d'une porte et qui la tient fermée*).

125

Laterolog : latérolog *m.* (*outil de mesure en continu de la résistivité des formations traversées par un sondage, dans lequel un système de plusieurs électrodes contrôle le courant émis pour améliorer la qualité du signal reçu ; l'appellation de Latérolog est celle des sociétés Schlumberger et Dresser Atlas ; synonymes :* Guard log, *chez* Welex-Halliburton, Focus log, *etc.).*

latex : latex *m.* (*liquide laiteux circulant à l'intérieur de canaux, dits laticifères, de certains végétaux, en particulier de l'*Hevea brasiliensis *d'où est extrait le caoutchouc naturel, ou émulsion aqueuse d'un polymère synthétique).*

lathe : tour *m.* (*machine-outil).*

lather : mousse *f.* de savon.

lather oil : huile *f.* mousseuse.

lath-shaped : lamellaire.

launching : lancement *m.*, mise *f.* à l'eau (*d'un navire).*

launching grease : graisse *f.* pour lancement (*employée pour lubrifier les glissières de rampes de lancement de navires).*

launder : rigole *f.*, caniveau *m.*, auge *f.*

Lauson engine test : essai *m.* sur le moteur Lauson (*présélection d'une huile sur le moteur à combustion interne Lauson H-2, monocylindre, à quatre temps et à refroidissement par eau ; cet essai précède les essais de la série L du Coordinating Research Council ;* voir engine test L-1, engine test L-3, engine test L-4, engine test L-5, Caterpillar 1-D supercharged engine test, Caterpillar 1-G high-speed supercharged engine test, Caterpillar 1-H supercharged engine test).

lay : voir *layer.*

lay-barge or **pipelaying barge** : barge *f.* (*spécialement conçue pour la pose de pipe-lines sous-marins).*

lay days or **lay hours** or **lay time** : starie *f.*, estarie *f.*, jours *m.* ou heures *f.* de starie, temps *m.* d'escale, jours ou heures de planche (*temps accordé au chargeur ou au réceptionnaire pour effectuer le chargement ou le déchargement d'un navire).*

laydown or **laying down** : 1/ pose *f.* (*d'une canalisation, d'un câble, etc.*) ; 2/ mise *f.* en chantier, mise sur cale (*d'un navire*) ; 3/ dévissage *m.* du train de sonde, casse *f.* de la garniture de forage, dégerbage *m.*

layer or **lay** or **stratum** : couche *f.*, niveau *m.*, horizon *m.* géologique, lit *m.*, marqueur *m.* (*sismique).*

layered : stratifié, en couche, lité.

lay hours : voir *lay days.*

laying : voir *laydown* 1/.

laying cat : voir *side-boom tractor.*

laying down : voir *laydown* 3/.

laying on : installation *f.*, application *f.*

laying out : voir *laydown* 3/.

layout : voir *flowchart* 2/.

lay a pipeline (to) : poser une pipe-line.

lay time : voir *lay days.*

lb.-sec./sq.ft. : symbole de *pound-second per square foot* ; voir ce terme. Voir aussi *absolute viscosity.*

LC 50 : abréviation de *lethal concentration for 50 % mortality.* Voir ce terme.

LDC : abréviation de *lower dead center.* Voir ce terme.

LDO : abréviation de *long-distance oil.* Voir ce terme.

LD polyethylene : abréviation de *low-density polyethylene.* Voir ce terme.

leaching : lessivage *m.*, filtration *f.*, percolation *f.*, lixiviation *f.* (*opération qui consiste à faire passer lentement un solvant à travers un produit convenablement pulvérisé et déposé en couche épaisse, pour en extraire un ou plusieurs constituants solubles).*

leachy soil : sol *m.* perméable.

lead : 1/ plomb *m.* (*désigne aussi, en abrégé, les additifs antidétonants ajoutés aux essences ;* voir *tetraethyl lead, tetramethyl lead*) ; 2/ avance *f.* (*à l'allumage*), calage *m.* ; 3/ circuit *m.*, câble *m.* conducteur ; 4/ conduite *f.*, canal *m.* d'amenée ou de déviation ; 5/ chenal *m.* navigable.

lead alkyl : voir *tetraethyl lead, tetramethyl lead.*

lead-base babbitt : régule *f.* au plomb (*alliage antifriction à base de plomb servant à garnir les coussinets).* Voir aussi *lead-bronze.*

lead-base grease : graisse *f.* à base de savon de plomb.

lead-bronze : alliage *m.* antifriction à base de plomb et d'antimoine (*utilisé comme garniture de coussinets).*

leaded gasoline : voir *ethyl gasoline.*

leaded gear oil : huile *f.* pour engrenages (*contenant du naphténate de plomb, additif conférant aux huiles des propriétés extrême-pression modérées).*

lead encased : sous gaine de plomb, gainé de plomb.

lead-free gasoline : voir *clear gasoline.*

leading plug : bougie *f.* d'allumage décalée du côté avance (*dans un moteur rotatif équipé de deux bougies par rotor*). Voir aussi *trailing plug.*

lead joint : joint *m.* en plomb, joint au plomb.

leadless gasoline : voir *clear gasoline.*

lead line : ligne *f.* ou conduite *f.* d'amenée.

lead naphthenate : napthténate *m.* de plomb (*additif qui confère des propriétés extrême-pression aux lubrifiants pour engrenages*).

lead paint or **lead sludge** or **grey paint** or **gray paint** : boue *f.* à teneur élevée en plomb tétraéthyle (*formant un dépôt dans le carter d'un moteur*).

leads : plombs *m.*, scellés *m.* (*de garantie*).

lead scavenger : balayeur *m.* de plomb (*produit rendant les sels de plombs plus volatils, comme les dibromure et dichlorure d'éthyle, et qui, incorporé au plomb tétraéthyle ou tétraméthyle, assure la volatilisation de 97 à 98 % du plomb contenu dans une essence lors de sa combustion*).

lead screw : vis-mère *f.* (*d'un tour à fileter*).

lead sludge : voir *lead paint.*

lead susceptibility : susceptibilité *f.* au plomb (*sensibilité d'une essence à la variation de l'indice d'octane résultant de l'addition de plomb tétraéthyle ou tétraméthyle*).

leaf spring : ressort *m.* à lames.

leak or **leakage** or **leaking** or **loss** : perte *f.*, fuite *f.*, suintement *m.*, écoulement *m.*, coulage *m.*

leakage detector : détecteur *m.* de fuites.

leak-free : étanche.

leaking : voir *leak.*

leak-off : fuite *f.* de trop plein.

leak sealer or **radiator sealing compound** : substance *f.* colmatante (*que l'on introduit dans le liquide circulant dans un radiateur de refroidissement offrant une fuite accidentelle*).

lean gas : gaz *m.* pauvre.

lean mixture or **poor mixture** or **rare mixture** or **weak mixture** : mélange *m.* pauvre.

lean oil : huile *f.* pauvre (*produit absorbant, ou solvant, utilisé pour récupérer les fractions les moins volatiles d'un gaz humide*). Voir aussi *absorber oil, fat oil.*

lease : bail *m.*, contrat *m.* d'établissement (*d'une concession d'exploration ou d'exploitation pétrolière ; ce terme désigne aussi, par extension, le périmètre d'exploration ou d'exploitation lui-même*).

leased land or **leased territory** : terrain *m.* concédé.

leasehold : 1/ tenue *f.* à bail ; 2/ tenu à bail, par bail (*se dit en particulier d'une concession minière*).

leasing : crédit-bail *m.*, leasing *m.* (*système de location dans lequel le locataire fait acheter par la société de leasing les biens mobiliers ou immobiliers nécessaires à son exploitation ; le locataire les utilise par un contrat de leasing à l'issue duquel il peut reconduire le contrat de prêt ou rendre le matériel, ou encore l'acquérir à la valeur résiduelle ; le locataire évite ainsi des investissements initiaux lourds*).

leather oil or **tanner oil** : huile *f.* pour cuir, huile de fleur (*utilisée en tannerie*).

ledge : 1/ rebord *m.*, saillie *f.* ; 2/ filon *m.* métallifère, couche *f.*, banc *m.* de rochers ou de récifs.

left-hand thread : filetage *m.* à gauche.

leg : 1/ voir *derrick leg* ; 2/ pied *m.* ou jambe *f.* (*d'une plate-forme pour forages en mer*) ; 3/ tube *m.* disposé à la partie inférieure d'un cyclone ou d'un condenseur barométrique (*assurant la descente des produits*) ; 4/ route *f.* parcourue par un navire, (*en particulier un navire de recherches scientifiques*) entre deux ports d'escale.

legal tender : cours *m.* légal, cours officiel (*d'une monnaie*).

lens : lentille *f.*, objectif *m.*

lensing : stratification *f.* lenticulaire.

lessee : locataire *m.* à bail, amodiataire *m.*, concessionnaire *m.*, détenteur *m.* de concession (*pétrolière ou minière*).

lessening : diminution *f.*, amoindrissement *m.*

lessor : bailleur *m.*, amodiateur *m.* concédant (*propriétaire du terrain objet d'une concession pétrolière ou minière*).

let down (to) : baisser un mât (*de forage*).

lethal concentration for 50 % mortality or **LC 50** : concentration *f.* mortelle pour 50 % d'individus (*concentration en substances toxiques d'une eau usée occasionnant la mort de 50% de la population animale qui y est exposée pendant une durée déterminée, 24 h par exemple pour les daphnies ; le terme français est équitox*).

let rip (to) : donner un coup d'accélérateur, mettre tous les gaz (*jargon des pilotes de courses automobiles*).

level : 1/ niveau *m.*, étage *m.*, surface *f.* ; 2/teneur *f.*

level rod or **levelling rod** or **levelling pole** : mire *f.* de nivellement, jalon *m.* d'arpentage.

leverage : 1/ force *f.* ou puissance de levier, abattage *m.* (*de la manivelle d'un treuil*) ; 2/ système *m.* de leviers.

leverage of a force : bras *m.* de levier d'une force, rapport *m.* des bras de leviers.

LFO : abréviation de *light fuel oil.* Voir ce terme.

LHV : abréviation de *low heating value.* Voir ce terme.

licencee : voir *licensee.*

licencer : voir *licensor.*

licensee or **licencee** : patenté *m.*, concessionnaire *m.*, détenteur *m.* (*d'un permis de recherche ou d'une licence*).

licensor or **licencer** : bailleur *m.* de licence, de permis.

lid : 1/ couvercle *m.*, clapet *m.* ; 2/ cale *m.* de bois.

lifetime fill or **fill-for-life** : remplissage *m.* à vie (*d'un circuit de graissage ; ne nécessitant ni vidanges ni appoints en service*).

lifetime lubricated : graissé à vie, graissé une fois pour toutes, à lubrification permanente.

life-size : en vraie grandeur.

LIFO : abréviation de *last in – first out.* Voir ce terme.

lift : 1/ levée *f.*, élévation *f.*, hauteur *f.* d'élévation, hauteur de dépression ; 2/ ascenseur *m.*, monte-charge *m.*

lift-and-force pump : pompe *f.* aspirante et foulante.

lifter-roof tank : réservoir *m.* à toit respirant.

lifting tackle : voir *hoisting tackle.*

lift pipe : tuyau *m.* d'ascension (*du catalyseur ; placé, dans une unité de craquage catalytique TCC, entre le pot d'élévation et le séparateur ; le mouvement ascensionnel du catalyseur est obtenu par courant d'air surpressé*).

lift pot : pot *m.* d'élévation (*du catalyseur régénéré dans une unité de craquage catalytique TCC*).

light amber petrolatum : voir *golden amber petrolatum.*

light ends : fractions *f.* légères (*d'un mélange d'hydrocarbures*).

lightening or **lighterage** : allègement *m.*, acconage *m.* (*opération de déchargement partiel d'un navire au large à l'aide d'allèges ou d'accons*).

lighter : péniche *f.*, chaland *m.*, allège *f.*, navire *m.* allégeur, accon *m.*

lighterage : 1/ voir *lightening* ; 2/ droits *m.* ou frais *m.* de chalands, d'allège.

lighter fluid : essence *f.* à briquet.

lighter gas : gaz *m.* pour briquet (*butane normal ou isobutane spécialement traité et conditionné*).

light fuel oil or **LFO** : fuel-oil *m.* léger.

lighting : allumage *m.*, éclairage *m.*

lightning : foudre *f.*, éclair *m.*

lightning conductor or **lightning rod** : paratonnerre *m.*

light oil : 1/ brut *m.* léger, huile *f.* légère (*pétrole brut dont la densité est comprise entre 0,76 et 0,80, soit 55 à 45 ° API*) ; 2/ huile légère (*terme désignant tout produit retiré du pétrole brut et dont la volatilité est inférieure à celle du premier distillat destiné à la fabrication des lubrifiants*).

light virgin naphtha or **LVN** : essence *f.* de première distillation (*distillant au-dessous de 90 °C*).

ligroin or **petroleum benzine** : ligroïne *f.*, benzine *f.* de pétrole (*nom donné à la fraction de l'éther de pétrole distillant entre 20 et 135 °C*).

limb : 1/ limbe *m.* (*cercle de métal ou de verre sur lequel est reportée la graduation angulaire d'un instrument de mesure*) ; 2/ flanc *m.* (*d'un anticlinal*) ; 3/ lèvre *f.* (*d'une faille*).

lime : 1/ chaux *f.* ; 2/ glu *f.*

lime-base grease or **calcium-base grease** : graisse *f.* à base de savon de calcium (*de texture lisse, insoluble dans l'eau, son point de goutte est compris entre 60 et 120 °C*).

limestone : calcaire *m.* (*roche sédimentaire essentiellement constituée de carbonate de calcium*).

lime water : eau *f.* de chaux, lait *m.* de chaux.

limited aquifer : voir *closed aquifer.*

limited slip differential or **LSD** or **controlled slip differential** or **no-spin differential** : différentiel *m.* à glissement limité, pont *m.* autobloquant.

limited slip differential oil or **LSD oil** : huile *f.* pour différentiels à glissement limité ou ponts autobloquants.

limnology : limnologie *f.* (*science qui traite de toutes les questions relatives aux lacs, qu'elles soient physiques ou biologiques*).

line : 1/ ligne *f.*, trait *m.* ; 2/ conduite *f.*, ligne *f.* (*d'amenée*), canalisation *f.*

linear polymer : polymère *m.* linéaire.

line blinding : pose *f.* de joints pleins (*pour isoler une conduite*).

line drive : balayage *m.* en ligne (*système d'injection d'eau dans un gisement chassant le pétrole dans les parties hautes*).

liner : 1/ chemise *f.* (*de cylindre*), manchon *m.*, garniture *f.*, revêtement *m.* ; 2/ colonne *f.* perdue, crépine *f.*, liner *m.* (*tube crépiné placé entre le sabot de la dernière colonne de tubage et la base du réservoir et destiné à arrêter le sable ou les débris de roche entraînés par le pétrole ainsi qu'à isoler entre eux les niveaux productifs et les niveaux aquifères*) ; 3/ colonne *f.* de tubage d'un puits qui ne remonte pas à la surface ; 4/ revêtement *m.* de forme conique, en verre, en métal ou en plastique, garnissant les charges creuses parfois mises à feu dans un forage.

lining : garniture *f.*, fourrure *f.*, revêtement *m.* intérieur, chemise *f.*, chemisage *m.*, garnissage *m.*, doublure *f.*

lining brick : brique *f.* de revêtement.

link : 1/ maille *f.*, chaînon *m.*, lien *m.*, liaison *f.*, liaison chimique (voir aussi *bond*) ; 2/ articulation *f.*, maillon *m.* (*d'une chaîne*) ; 3/ tringle *f.*, biellette *f.*, étrier *m.* de levage, bras *m.* d'élévateur ; 4/ coulisse *f.* (*de distribution*).

linkage : 1/ liaison *f.* (*chimique*) ; 2/ tringlerie *f.*, timonerie *f.*

linking : liaison *f.*, enchaînement *m.*, assemblage *m.*

linseed oil or **flaxseed oil** : huile *f.* de lin (*huile siccative, extraite des graines de lin et utilisée comme solvant des résines entrant dans la fabrication des vernis et peintures*).

linseed oil paint : peinture *f.* à l'huile de lin.

lint : charpie *f.*

lip : lèvre *f.*, rebord *m.* (*d'un vase*), bec *m.*

lipid or **lipide** or **lipin** : lipide *m.* (*substances, usuellement appelées graisses, insolubles dans l'eau, solubles dans le benzène et l'éther, et formées d'acides gras unis à d'autres corps*).

lipophilic : lipophile (*présentant une affinité marquée pour l'huile ; se dit, en chimie, d'un groupement moléculaire au niveau duquel s'exercent particulièrement les attractions ou affinités vis-à-vis des molécules d'un milieu organique à caractère hydrophobe prédominant*).

liposoluble : liposoluble (*se dit des corps solubles dans les huiles et les graisses et en particulier des vitamines A, D et E, contrairement aux vitamines B, C et F qui sont hydrosolubles*).

lipotropic : lipotrope (*se dit des substances chimiques qui se fixent électivement sur les substances grasses des cellules et des tissus ou qui en facilitent le métabolisme*).

lip seal : joint *m.* d'étanchéité à lèvre.

liquation : liquation *f.* (*séparation d'un solide à partir d'un mélange liquéfié dont il n'est qu'un des constituants*).

liquefaction : liquéfaction *f.* (*transformation d'un gaz en liquide*).

liquefied methane gas or **LMG** : méthane *m.* liquéfié.

liquefied natural gas or **LNG** : gaz *m.* naturel liquéfié.

liquefied natural gas carrier or **LNGC** : navire *m.* spécialement construit pour le transport du gaz naturel liquéfié.

liquefied petroleum gas or **LPG** : gaz *m.* de pétrole liquéfié, G.P.L. *m.* (*propane et/ou butane liquide*).

liquefied refinery gas or **LRG** : gaz *m.* de raffinerie liquéfié.

liquid grease : graisse *f.* fluide (*constituée d'huile épaissie par des savons de calcium ou des huiles grasses*).

liquid methane carrier : méthanier *m.* (*navire spécialement construit pour le transport du méthane liquéfié*).

liquid oxygen or **LOX** : oxygène *m.* liquide.

liquid-phase cracking : craquage *m.* en phase liquide.

liquid seal : 1/ garde *f.* liquide (*notamment sur les plateaux d'une tour de distillation*) ; 2/ siphon *m.* de fermeture hydraulique, joint *m.* hydraulique.

liquid tire chain : voir *traction improver*.

liquor : solution *f.*, liqueur *f.*, lessive *f.*, liquide *m.*

L-iron : fer *m.* profilé en forme de L, cornière *f.* en L.

listing : liste *f.*, listage *m.*, établissement *m.* d'une liste.

litharge : litharge *f.* (*oxyde de plomb qui, combiné à la soude, donne le plombite de soude utilisé dans le Doctor treatment ; voir ce terme*).

lithergol : voir *hybrid propellant*.

lithium-base grease : graisse *f.* à base de savons de lithium (*dite aussi à usages multiples; insoluble dans l'eau, son point de goutte est compris entre 180 et 200 °C*).

litmus paper or **lacmus paper** : papier *m.* tournesol (*rouge en milieu acide, bleu en milieu basique*).

little inch : expression désignant tout pipe-line de diamètre inférieur à 16 pouces (40,64 cm).

liveliness : vivacité *f.* (*d'une réaction chimique*).

live oil or **wild oil** : huile *f.* brute (*contenant en solution ses gaz originels, par opposition à* dead oil, *huile qui ne les contient plus*).

liver : couche *f.* intermédiaire de couleur très foncée (*dans un raffinage à l'acide sulfurique*).

livered oil : huile *f.* pour traitements thermiques (*usée et épaissie par évaporation et décomposition*).

livering : épaississement *m.* et décomposition *f.* (*d'une huile pour traitements thermiques*).

live steam : vapeur *f.* vive (*à la sortie de la chaudière*).

liveware : personnel *m.* informaticien.

Lloyd's : la plus ancienne et la plus importante institution *f.* mondiale dans le domaine de l'assurance, maritime en particulier (*créée à Londres vers 1686, elle fut officialisée en 1871*).

LMA brake fluid : abréviation de *low-moisture avidity brake fluid.* Voir ce terme.

LMG : abréviation de *liquefied methane gas.* Voir ce terme.

LNG : abréviation de *liquefied natural gas.* Voir ce terme.

LNGC : abréviation de *liquefied natural gas carrier.* Voir ce terme.

load-carrying capacity : capacité *f.* de charge.

load-carrying capacity improver : voir *film strength improver.*

load cell : dispositif *m.* convertissant une force en un signal (*pneumatique, hydraulique ou électrique, en vue d'une mesure*).

load change : voir *disturbance.*

loader : 1/ chargeur *m.* ; 2/ pelle *f.* chargeuse, pelleteuse-chargeuse *f.*

load error : voir *droop.*

loading arm : bras *m.* de chargement.

loading berth : voir *berth.*

loading dock : poste *m.* de chargement (*d'un navire*).

loading facilities : moyens *m.* de chargement (*de camions, wagons et navires*).

loading rack : rampe *f.* de chargement (*structure métallique supportant les bras de chargement des camions-citernes ou des wagons-citernes*).

loading table : voir *tank table.*

load-on-top : chargement *m.* sur résidus (*mode de chargement d'un pétrolier; les eaux de ballastage et de lessivage des citernes sont décantées afin de ne rejeter à la mer que des eaux propres; l'huile récupérée, environ 0,4 % de la cargaison totale, est placée dans une citerne particulière, appelée* slop tank, – voir *ce terme* –, *qui est remplie comme les autres lors du chargement*).

load step or **load stage** : palier *m.* dans l'accroissement de la charge (*lors d'essais tribologiques des huiles et des graisses*).

loam : terreau *m.*, lehm *m.*, limon *m.*, terre *f.* glaise, vase *f.*

location : établissement *m.* (*dans un lieu*), situation *f.*, localisation *f.*, emplacement *m.*

lock : 1/ arrêtoir *m.*, verrou *m.*, serrure *f.*, blocage *m.*, ancrage *m.*, attache *f.* ; 2/ écluse *f.* ; 3/ voir *gauging hatch.*

locking : 1/ verrouillage *m.*, enrayage *m.*, blocage *m.*, fermeture *f.*, immobilisation *f.* ; 2/ asservissement *m.* (*électrique, hydraulique ou pneumatique*) ; synonyme : *interlocking.*

locknut : contre-écrou *m.*, écrou *m.* indesserrable.

lockup device : dispositif *m.* de blocage.

lock washer : rondelle *f.* d'arrêt, rondelle de blocage, arrêtoir *m.*

log : 1/ log *m.* (a/ diagramme, coupe géologique; b/ diagraphie enregistrée en continu dans un sondage; voir *logging*) ; 2/ loch *m.* (*appareil servant à mesurer la vitesse apparente d'un navire*) ; 3/ grosse bûche *f.*, tronçon *m.* de bois.

logged : marécageux, stagnant, imbibé d'eau.

logger : voir *data logger, logging machine.*

logging : diagraphie *f.* (*méthode de mesure de certains paramètres physiques des formations traversées par un sondage; enregistrement en continu de ces mesures*).

logging crew : équipe *f.* de spécialistes chargés de l'enregistrement des diagraphies et de leur interprétation.

logging machine or **logger** or **skidder** : engin *m.* automobile utilisé dans les exploitations forestières, tracteur *m.* forestier.

Lomax process : procédé *m.* d'hydrocraquage catalytique à lit fixe (*convertissant les distillats légers en essences et les distillats moyens en distillats de qualité supérieure ou en essences. – Universal Oil Products Co*).

London Market Nominal Freight Scale or **London Scale** : voir *Scale rate*.

long-distance oil or **LDO** or **super motor oil** or **superpremium motor oil** : huile *f.* moteur répondant aux exigences du service MS de l'API, même dans le cas de vidanges très espacées les unes des autres.

long-drain oil : huile *f.* n'imposant que de rares vidanges.

long residue or **long residuum** : huile *f.* résiduaire (*de distillation sous vide peu poussé*).

long-time burning oil : kérosène *m.* pour lampes de signalisation (*température finale de distillation : 315 °C ; ne carbonisant pas la mèche ; cf. ASTM D 219*).

long ton or **gross ton** : tonne *f.* forte, tonne anglaise (*valant 20 cwt, soit 2 240 livres ou 1 016,047 kg*).

look box or **rundown box** : regard *m.* (*raccord transparent monté sur une conduite pour visualiser l'écoulement d'un liquide*).

loom oil : huile *f.* pour métiers à tisser.

loop : 1/ maille *f.*, œil *m.*, boucle *f.* (*de dilatation, d'un cordage, etc.*) ; 2/ tour *f.*, spire *f.* ; 3/ ceinture *f.*, ligne *f.* de contournement ; 4/ doublement *m.* (*d'une conduite, d'un pipeline*).

looping : doublement *m.*, dédoublement *m.* (*d'une conduite, pour augmenter le débit*).

loop line : circuit *m.* doublé.

loop scavenging : balayage *m.* tourbillonnaire (*dans un moteur diesel à deux temps*).

lorry : 1/ camion *m.*, véhicule *m.* utilitaire ; 2/ wagonnet *m.* plat (*pour le transport du matériel de construction*), fardier *m.*

lose a hole (to) : voir *abandon a borehole (to)*.

lose returns (to) : perdre la circulation (*expression employée lorsque la boue de forage ne retourne plus en surface, à la suite de pertes dans des formations perméables, généralement fissurées, traversées par le forage*).

loss : voir *leak*.

loss of circulation : perte *f.* de circulation. Voir *lose returns (to)*.

loss of pressure : perte *f.* de pression.

loss of weight : perte *f.* de poids (*constatée au crochet, en forage, lors d'une rupture du train de tiges*).

loss on heating test : essai *m.* de perte au chauffage (*essai de volatilité des bitumes et asphaltes chauffés pendant 5 h à 163 °C ; cf. ASTM D 6, AFNOR T 66 – 011*).

loss tangent : tangente *f.* de perte (*perte de puissance due à la présence d'un diélectrique, telle qu'une huile isolante, dans un appareillage électrique*).

lost circulation : circulation *f.* perdue. Voir *lose returns (to)*.

lost oil : huile *f.* perdue, non récupérable.

lot : 1/ lot *m.* de fabrication, quantité *f.*, série *f.* ; 2/ lot de terrain, parcelle *f.*

Lovibond colorimeter or **Lovibond tintometer** : colorimètre *m.* de Lovibond (*servant à déterminer la couleur des produits pétroliers à l'exclusion des résidus ; cf. Standard Method IP 17*).

low-ash motor oil : huile *f.* moteur détergente à basse teneur en cendres.

low-density polyethylene or **LD polyethylene** : polyéthylène *m.* à basse densité (*inférieure à 0,940 g/cm³ à 25 °C ; semi-rigide*).

lower dead center or **LDC** : point *m.* mort bas, point mort inférieur.

lower kelly valve : vanne *f.* de sécurité à clapet antiretour (*placée soit à la partie inférieure de la tige carrée, soit dans le train de tiges*).

lower toxic limit : limite *f.* inférieure de toxicité (*teneur de l'air en vapeurs d'hydrocarbures au-dessus de laquelle il est dangereux de s'exposer*). Voir aussi *maximum allowable concentration*.

low heating value or **LHV** or **net heating value** or **net calorific value** : pouvoir *m.* calorifique inférieur (*cf. ASTM D 240, AFNOR M 07 – 030*).

low-moisture avidity brake fluid or **LMA brake fluid** : liquide *m.* synthétique pour circuit de freinage hydraulique doté d'une faible tendance à absorber l'humidité.

low pressure : basse pression *f.*

low-temperature polymer or **LTP** : voir *cold rubber*.

low-velocity friction apparatus or **LVFA** : machine *f.* d'essai de frottement à basse vitesse (*pour évaluer les caractéristiques de frottement d'un fluide pour boîtes de vitesses automatiques*).

LOX : abréviation de *liquid oxygen*. Voir ce terme.

loxing : ravitaillement *m.* en oxygène liquide (*d'une fusée*).

LPG : abréviation de *liquefied petroleum gas.* Voir ce terme.

LRG : abréviation de *liquefied refinery gas.* Voir ce terme.

LSD : abréviation de *limited slip differential.* Voir ce terme.

LSD oil : abréviation de *limited slip differential oil.* Voir ce terme.

LSIC : abréviation de *large-scale integrated circuit.* Voir ce terme.

LTP : abréviation de *low-temperature polymer.* Voir ce terme.

lube or **lube oil** or **lubricant** or **lubricating oil** : huile *f.* de graissage, lubrifiant *m.*

lube stock : voir *lubricating-oil distillate.*

lubex : voir *aromatic extract.*

lubricant : voir *lube.*

lubricant recommendations wall chart : tableau *m.* de graissage (*pour affichage au mur d'un garage, d'une station-service, etc.*).

lubricated gasoline : mélange *m.* carburant pour moteur deux temps (*essence additionnée d'huile lubrifiante en pourcentage variable, généralement de l'ordre de 2 à 5 %*).

lubricating oil : voir *lube.*

lubricating-oil crude : brut *m.* à huile (*pétrole brut d'une qualité permettant d'en extraire des huiles lubrifiantes*).

lubricating-oil distillate or **lubricating-oil feedstock** or **lube stock** : fraction *f.* de la distillation du brut dont sont tirées les huiles lubrifiantes.

lubricating oil wedge or **oil wedge** or **wedge** : coin *m.* d'huile (*dans la lubrification hydrodynamique, établissement d'un gradient de pression dû à un fluide s'écoulant à travers un canal à parois convergentes*).

lubrication bay or **lubritorium** : baie *f.* de graissage (*des véhicules dans une station-service*).

lubrication schedule : voir *lubrication sheet.*

lubrication sheet or **lubrication schedule** : tableau *m.* de graissage.

lubrication survey : plan *m.* de graissage.

lubricator : graisseur *m.* mécanique.

lubricator cap : chapeau *m.* graisseur.

lubricity : voir *oiliness.*

lubricity agent : voir *oiliness carrier.*

lubritorium : voir *lubrication bay.*

lug : 1/ oreille *f.*, patte *f.*, crosse *f.*, lobe *m.*, ergot *m.*, bossage *m.* ; 2/ traction *f.* violente, action *f.* de tirer.

lug (to) : tirer le maximum (*d'un couple moteur*).

lugging ability : aptitude *f.* (*d'un moteur*) à absorber une surcharge.

luminometer number or **luminometer index** : indice *m.* de luminométrie (*permettant d'apprécier les qualités combustibles d'un carburéacteur par comparaison avec un mélange de tétraline, d'indice égal à 0, et d'isooctane d'indice égal à 100 ; cf. ASTM D 1740*).

lump : grumeau *m.*, masse *f.*, gravelle *f.*, morceau *m.*, motte *f.*

lumpsum : somme *f.* forfaitaire.

lump-sum charter : contrat *m.* d'affrètement pétrolier au forfait (*pour un voyage ou pour la capacité de transport indépendamment de la cargaison effectivement chargée, lorsque l'affréteur ne peut effectuer une cargaison complète, par exemple dans le cas de petits fonds*).

lumpy : en morceaux, grumeleux.

lusec : lusec *m.* (*unité britannique de débit égale à 10^{-6} l/s = 10^{-3} cm^3/s*).

lustre or **luster** : éclat *m.*, intensité *f.* de la lumière réfléchie (*par une graisse, un vernis, etc.*).

LVFA : abréviation de *low-velocity friction apparatus.* Voir ce terme.

LVN : abréviation de *light virgin naphtha.* Voir ce terme.

lye : lessive *f.*

lye sludge : dépôt *m.* alcalin, boue *f.* alcaline.

lye treating : traitement *m.* à la soude caustique, traitement alcalin (*traitement de désulfuration des fractions pétrolières assurant simultanément l'élimination des acides naphténiques*).

M

M : 1/ symbole de *mega* ; voir ce terme ; 2/ symbole, non conforme au Système international d'unités, qui, placé devant une unité anglo-saxonne, la multiplie tantôt par 10^3, tantôt par 10^6. *Noter la confusion possible.*

m : symbole de *mètre* et de *milli*. Voir ces termes.

MAC : abréviation de *maximum allowable concentration*. Voir ce terme.

macadam : 1/ macadam *m.* (*procédé de recouvrement des chaussées avec de la pierre concassée et du sable que l'on agglomère au moyen de rouleaux compresseurs*) ; 2/ synonyme de *asphalt macadam*. Voir ce terme.

MacAfee cracking process : très ancien .procédé *m.*, aujourd'hui abandonné, de craquage en présence de trichlorure d'aluminium (*ancêtre du craquage catalytique*).

machinability : usinabilité *f.* (*aptitude des métaux à se laisser plus ou moins bien usiner sur les machines-outils*).

machine oil or **machinery oil** : huile *f.* pour machines, huile mouvements.

machine tool : machine-outil *f.*

machining : usinage *m.*

MacMichael viscometer : viscosimètre *m.* de MacMichael (*type de viscosimètre à torsion ; la viscosité du liquide soumis à la mesure est proportionnelle à l'effort de torsion exercé sur un disque ou un cylindre suspendu à un fil et immergé dans le liquide qui est lui-même contenu dans un récipient animé d'un mouvement de rotation entraînant l'échantillon*).

MACP : abréviation de *mean absolute column pressure*. Voir ce terme.

Magnaforming : procédé *m.* de reformage catalytique (*utilisant un catalyseur soit au platine, soit bimétallique et dont la disposition des réacteurs permet une opération continue. – Engelhard Industries*).

magnet or **magnetic fishing tool** : aimant *m.* (*outil de repêchage à action magnétique servant à extraire les débris métalliques au fond d'un puits*).

magnetic chip detector : détecteur *m.* magnétique (*dispositif aimanté retenant les particules métalliques en suspension dans le fluide d'un circuit de graissage ou hydraulique*).

magnetic disturbance : voir *magnetic storm*.

magnetic equator : voir *aclinic line*.

magnetic field : champ *m.* magnétique.

magnetic field strength or **magnetic intensity** : intensité *f.* d'un champ magnétique (*du champ magnétique terrestre en particulier*).

magnetic fishing tool : voir *magnet*.

magnetic head : tête *f.* magnétique (*tête de lecture, d'enregistrement ou d'effacement d'un enregistreur sur bande magnétique*).

magnetic intensity : voir *magnetic field strength*.

magnetic pole : pôle *m.* magnétique (*lieu du globe terrestre où l'inclinaison d'une aiguille aimantée est de 90°*).

magnetic quench test : voir *nickel ball test*.

magnetic storm or **magnetic disturbance** : orage *m.* magnétique (*perturbation transitoire du champ magnétique terrestre due à l'activité solaire*).

magnetic susceptibility : susceptibilité *f.* magnétique (*propriété que possède un corps, certaines roches en particulier, placé dans un champ magnétique d'acquérir une certaine aimantation*).

magnetic tape or **tape** : bande *f.* magnétique (*ruban en matière plastique recouvert d'oxyde magnétique servant de support pour l'enregistrement des sons sur un magnétophone ou pour l'entrée et la sortie des données dans les calculateurs électroniques*).

magnetic tape recorder : magnétophone *m.*, appareil *m.* enregistreur sur bande magnétique (*par aimantation rémanente de celle-ci ; voir magnetic tape*).

magnetization : aimantation *f.*, magnétisation *f.* (*action, manière de magnétiser, d'aimanter ; résultat de cette action*).

magneto-hydrodynamic lubrication or **MHD lubrication** : lubrification *f.* magnéto-hydrodynamique (*graissage hydrodynamique dans lequel une contribution significative de la force résulte d'une interaction électromagnétique*).

magnetometer : magnétomètre *m.* (*appareil de prospection géophysique servant à mesurer systématiquement, en des points de station régulièrement répartis sur la zone à étudier ou par une* *couverture aérienne, dite aéromagnétométrie, la composante verticale du champ magnétique terrestre ; l'aéromagnétométrie mesure ordinairement l'intensité totale du champ magnétique terrestre).*

magnetostriction : magnétostriction *f.* (*changement de dimensions d'un corps ferromagnétique sous l'influence de son aimantation).*

magneto-telluric method : méthode *f.* magnéto-tellurique, magnéto-tellurisme *m.* (*méthode de prospection géophysique fondée sur l'interprétation des variations simultanées des intensités du champ magnétique terrestre et des courants telluriques).*

magnification : amplification *f.*, agrandissement *m.*, grossissement *m.*

magnitude : grandeur *f.*, magnitude *f.*

mahogany acids : voir *brown acids.*

main : 1/ principal, primaire ; 2/ conduite *f.*, canalisation *f.* ou câble *m.* de distribution.

main bearing : palier *m.* principal.

main drive shaft : arbre *m.* principal du treuil de forage (*couplé par chaîne au groupe moteur).* Voir *draw works.*

main line : voir *trunk line.*

maintainability : facilité *f.* d'entretien.

maintenance : entretien *m.*, conservation *f.*, maintenance *f.* (*maintien en état).*

maintenance trolley : voir *mobile lubricating unit.*

maize oil : huile *f.* de maïs.

majority : majorité *f.* (*des parts dans une société).*

majors : nom collectif désignant les sept plus grandes compagnies pétrolières mondiales (*Standard Oil of New Jersey ou Exxon, Royal Dutch-Shell, British Petroleum, Gulf Oil, Texaco, Standard Oil of California et Socony-Mobil).*

make a round trip (to) : voir *make a trip (to).*

make a tender (to) : voir *bid (to).*

make a trip (to) or **make a round trip (to)** : exécuter la remontée et la descente du train complet des tiges de forage dans un puits.

make up (to) : réunir par vissage, bloquer (*les tiges de forage ou les joints de tubage).*

makeup : voir *making up.*

makeup or **topup** or **topping up** : appoint *m.* (*pour faire le plein).*

makeup emulsion : émulsion *f.* d'appoint.

makeup hydrogen : hydrogène *m.* d'appoint (*dans un procédé d'hydrocraquage, de désulfuration ou d'hydrotraitement).*

makeup line : conduite *f.* de gavage ou de réalimentation (*circuit fournissant le volume de fluide nécessaire à compenser les pertes).*

make up water : 1/ eau *f.* d'appoint ; 2/ eau de renivellement (*en topographie).*

making over : cession *f.*, transmission *f.*, transfert *m.* (*des parts d'une société).*

making up or **makeup** : vissage *m.*, bloquage *m.* (*des éléments d'un train de sonde ou d'une colonne de tubage).*

male connection : raccord *m.* mâle (*dont le filetage est extérieur).*

malfunction : défaillance *f.*, mauvais fonctionnement *m.*, défaut *m.* de fonctionnement.

malthenes : voir *petrolenes.*

management : management *m.*, direction *f.*, administration *f.*, gestion *f.*, gérance *f.*

mandate : 1/ mandat *m.* ; 2/ ordre *m.* ; 3/ commandement *m.* judiciaire.

mandatory : obligatoire, impératif.

mandrel or **mandril** : mandrin *m.*, porte-outil *m.* (*de repêchage).*

manhole or **manhead** or **manway** : trou *m.* d'homme, trou de visite, regard *m.* de visite.

manhole cover : tape *f.* de trou d'homme.

manifest : manifeste *m.*, déclaration *f.* d'expédition maritime (*liste complète et détaillée de tous les colis et marchandises formant la cargaison d'un navire).*

manifold : manifold *m.*, collecteur *m.*, distributeur *m.*, claviature *f.*, clarinette *f.* (*jeu de raccordements et de vannes permettant diverses combinaisons ou branchements de tuyauteries).*

manipulated variable : variable *f.* active (*quantité ou condition sur laquelle agit un régulateur dans le but d'agir sur la variable à régler).*

manjack : manjack *m.* (*variété noire de bitume naturel, à éclat brillant et cassure conchoïdale, soluble dans le sulfure de carbone et que l'on trouve à La Barbade).*

manufacturing : fabrication *f.*

manway : voir *manhole.*

Marcusson fire tester : appareil *m.* de Marcusson (*à vase ouvert ; utilisé en Europe pour déterminer le point d'éclair et le point de feu des huiles).*

marine diesel or **MD** : combustible *m.* pour moteurs diesel marins (*mélange de gazole et de bunker C défini par sa viscosité Redwood I à 100 °F ou 37,7 °C, par exemple* MD 100, MD 200, MD 400, MD 600, MD 1000, MD 1500, MD 2200).

marker or **marker bed** or **marker horizon** : marqueur *m.*, horizon *m.* marqueur (*se dit en sismique d'une couche ou d'un ensemble de couches géologiques donnant naissance à des réflexions ou des réfractions caractéristiques*).

marketing : mercatique *f.*, marketing *m.* (*ensemble des techniques coordonnées qui concourent au développement des ventes d'un produit ou d'un service*).

marking price : prix *m.* marqué (*non négociable ; s'oppose à* offering price ; voir ce terme).

marl : marne *f.* (*roche argileuse contenant une forte proportion, – 20 à 80 % –, de calcaire*).

marquenching : voir *martempering.*

marquenching oil : voir *martempering oil.*

marsh buggy : véhicule *m.* à quatre roues motrices à grande surface de contact avec le sol, spécialement mis au point pour se déplacer dans les marécages.

marsh gas : gaz *m.* des marais, formène *m.*, méthane *m.*

martempering or **marquenching** : trempe *f.* martensitique.

martempering oil or **marquenching oil** : huile *f.* de trempe pour acier du type martensitique.

Martin Decker : voir *weight indicator.*

mashing : mélange *m.* ou réduction *f.* en pâte, en purée.

mass spectrometer : spectromètre *m.* de masse (*appareil fondé sur l'émission de particules qui sont ensuite séparées suivant leur masse au moyen de champs déflecteurs ; il permet de détecter ces particules, de les isoler et de déterminer leurs proportions respectives*).

mast : mât *m.* (*de forage, d'un palan, etc.*).

master batch : mélange-maître *m.* (*mélange de caoutchoucs naturels ou synthétiques, généralement étendus à l'huile, et de noir de carbone*).

master brake cylinder : maître-cylindre *m.* (*d'un système de freinage hydraulique*).

master meter : compteur *m.* principal, compteur général.

master solution : voir *stock solution.*

master station : station *f.* principale, station maîtresse (*station émettrice d'un réseau de radiopositionnement sur laquelle les autres stations du réseau, dites stations asservies ou* slave stations, *se calent*).

master switch : interrupteur *m.* principal, interrupteur général.

masut : voir *mazout.*

matched : 1/ apparié, assorti ; 2/ en prise.

mating rig : banc *m.* d'accostage.

mattock : hoyau *m.*, pioche *f.*, pioche-hache *f.*

matrass or **matress** : matras (*vase en verre à long col utilisé dans les laboratoires de chimie*).

maverick station : désigne populairement une station-service *f.* pratiquant des rabais sur les prix affichés et dont les débits à la vente sont très élevés (*signifie littéralement* : cheval sauvage qui refuse de rester dans la harde).

maximum allowable concentration or **MAC** or **threshold limit value** : concentration *f.* maximale des vapeurs de solvant dans l'atmosphère (*qu'un homme peut respirer sans danger pendant cinq jours de huit heures de travail : 25 ppm de benzène, 200 ppm de solvants aromatiques, 500 ppm de solvants aliphatiques*). Voir aussi *lower toxic limit.*

maximum economic recovery or **MER** : taux *m.* de récupération maximal (*rythme maximal de production d'un gisement qui ne diminue pas la récupération finale des hydrocarbures en place dans le réservoir*).

mazout or **mazut** or **masut** : mazout *m.*, résidu *m.* de distillation, fuel *m.* de chauffe.

MB/D : abréviation de : 1/ *thousand barrels per day*, millier *m.* de barils par jour (*soit environ 159 m³/d*) ; 2/ *million barrels per day*, million *m.* de barils par jour (*soit environ 159 000 m³/d*). – *Noter la confusion possible.*

Mcal : symbole de *megacalorie* ; voir ce terme.

MC cutback : abréviation de *medium-curing cutback.* Voir ce terme.

MCF or **Mcf** : abréviation de : 1/ *thousand cubic feet*, millier *m.* de pieds cubes (*soit 28,32 m³*) ; 2/ *million cubic feet*, million *m.* de pieds cubes (*soit environ 28 300 m³*). – *Noter la confusion possible.*

McKee apparatus : voir *strip test.*

MD : abréviation de *marine diesel.* Voir ce terme.

mean absolute column pressure or **MACP** : pression *f.* absolue moyenne dans une colonne sous vide.

mean effective pressure or **MEP** : pression *f.* moyenne effective, p.m.e. *f.*

mean error : erreur *f.* moyenne.

mean Hertz load : charge *f.* moyenne d'Hertz (*mesurée sur la machine à quatre billes Shell ; pour une huile minérale pure elle peut varier de 7 à 25 kg, pour une huile extrême-pression modérée de 30 à 45 kg et pour une huile extrême-pression de 50 à 70 kg*). Voir *four ball test.*

measurement ton : tonne *f.* d'arrimage, tonne d'encombrement.

measuring rod or **measuring stick** : jauge *f.* graduée, pige *f.*

mechanical crossflow tower : tour *f.* de réfrigération d'eau fonctionnant avec un courant d'air horizontal à tirage forcé ou induit.

mechanical design : étude *f.* de matériel, conception *f.* mécanique d'un ensemble.

mechanical diagram : schéma *m.* technologique.

mechanical hands : voir *remote handling device.*

mechanical seal : presse-étoupe *m.* mécanique (*système d'étanchéité mécanique utilisé en particulier sur les sorties d'arbres des pompes et compresseurs centrifuges*).

medicinal oil or **pharmaceutical oil** : huile *f.* médicinale, huile codex, huile pharmaceutique.

medium-breaking emulsion : voir *medium-setting emulsion.*

medium-curing cutback or **MC cutback** : cut-back *m.* ou bitume *m.* fluidifié à prise rapide (*obtenu par mélange avec des fractions du type kérosène dont le point de distillation est compris entre 200 et 300 °C*).

medium-duty motor oil : voir *premium grade motor oil.*

medium oil : pétrole *m.* brut de densité moyenne (*comprise entre 0,81 et 0,87, soit 44 à 30 ° API*).

medium-setting emulsion or **medium-breaking emulsion** : émulsion *f.* de bitume dans l'eau à prise semi-rapide (*pour revêtement routier ; contient des agents émulsifiants en excès de manière à retarder la rupture de l'émulsion au contact des gravillons*).

mega : méga (*symbole :* M ; *préfixe qui, placé devant le nom d'une unité, la multiplie par un million ou 10⁶*).

megacalorie or **Mcal** : mégacalorie *f.*, Mcal, thermie *f.*, th (= 10^6 cal = 4186 kJ = 1,163 kWh = 3 968 BTU).

megawatt or **MW** : mégawatt *m.* (*10⁶ W*).

MEK dewaxing : abréviation de *Methyl-ethyl-ketone dewaxing.* Voir ce terme.

melted : fondu, liquéfié.

melting point or **MP** or **fusing point** : point *m.* de fusion (*des paraffines, cf. ASTM D 87, AFNOR T 60-114 ; des cires et vaselines, cf. ASTM D 127, AFNOR 60 – 121*).

melting pot : creuset *m.*

membership : qualité *f.* de membre ou d'associé.

memorandum : mémorandum *m.* (*clause d'un contrat d'assurance limitant la responsabilité de l'assureur*).

memory : mémoire *f.* (*d'un ordinateur en particulier*).

menhaden oil or **pogy oil** : huile *f.* de menhaden (*huile de poisson extraite d'une espèce de hareng des côtes américaines et que l'on utilise en tannerie ainsi que comme huile de trempe*).

MEP : abréviation de *mean effective pressure.* Voir ce terme.

MER : abréviation de *maximum economic recovery.* Voir ce terme.

Mercapsol process : procédé *m.* de désulfuration des essences (*à l'aide d'une solution de soude additionnée de crésol. – Pure Oil Co.*).

mercaptan : mercaptan *m.* (*nom générique des composés organiques sulfurés, de formule générale* R – S – H, *où R est un radical d'hydrocarbure, et dont la présence dans les essences leur confère une mauvaise odeur et une agressivité envers certains métaux ; synonymes :* thioalcool, thiol).

mercaptan sulfur test : dosage *m.* du soufre présent à plus de 0,001 % sous forme de mercaptans dans les essences et les distillats légers (*les mercaptans sont transformés en mercaptides d'argent par réaction avec du nitrate d'argent* $AgNO_3$; *l'excès d'argent est titré avec du thiocyanate d'ammonium* NH_4CNS ; *cf. ASTM D 1219, AFNOR M 07 – 022*).

merchandising : merchandissage *m.*, merchandising *m.* (*technique englobée dans le marketing, visant à assurer un meilleur écoulement des produits au niveau des points de vente*).

merchantable oil : huile *f.* commercialisable.

mercury corrosion test : essai *m.* au mercure (*essai décelant la présence d'hydrogène sulfuré dans les essences spéciales ou dans les diluants pour vernis ; on agite 10 cm³ de l'échantillon additionné de 1 cm³ de mercure ; après 15 min de repos, si le produit est pur, la couleur du mercure ne doit présenter aucune trace d'altération ; cf. ASTM D 268*).

mercury freezing test : voir *freezing test.*

merger or **merging** : fusion *f.*, amalgamation *f.* (*de plusieurs sociétés en une seule*).

Merox process : procédé *m.* catalytique d'adoucissement des produits légers (*dans lequel le catalyseur, constitué par du chélate de cobalt ; est en dissolution dans une solution aqueuse de soude caustique. – Compagnie Française de Raffinage et Universal Oil Products Co. ; cette dernière compagnie assure la commercialisation du procédé*).

mesh : 1/ maille *f.*, trémie *f.*, trame *f.* ; 2/ engrenage *m.* engrènement *m.*, prise *f.*

mesh analysis : analyse *f.* granulométrique, analyse au tamis.

meshing : engagement *m.*, engrènement *m.*, enclenchement *m.*

Mesozoic or **Secondary** : Mésozoïque *m.*, Secondaire *m.* (*ère géologique comprise entre le Paléozoïque, ou Primaire, et le Cénozoïque, ou Tertiaire, et qui a duré 165 millions d'années, de – 230 à – 65 millions d'années ; elle se subdivise en trois grandes périodes : Trias, Jurassique et Crétacé*).

metal clad : cuirassé, blindé, recouvert de métal. Voir aussi *clad steel.*

metal deactivator or **deactivator** : passiveur *m.*, inhibiteur *m.* de métaux (*composé organique complexe contenant du soufre et du phosphore et qui forme un film neutre de sulfures et de phosphures à l'interface métal-huile, empêchant ou retardant ainsi l'effet catalytique des métaux sur l'oxydation*).

metal fuzz or **smear metal** : couche *f.* superficielle de métal amorphe décarburé (*résultant de l'action de l'outil lors de l'usinage et que la superfinition fait disparaître*).

metal petal basket : voir *cement basket.*

metal preservative : protecteur *m.*, préservateur *m.* antirouille (*pour métaux*).

metalworking lubricant : lubrifiant *m.* pour le travail des métaux (*huiles de coupe, d'emboutissage, de laminage, de tréfilage, de trempe, de revenu, etc.*).

meter : 1/ mesureur *m.*, peseur *m.*, arpenteur *m.* ; 2/ compteur *m.*, jaugeur *m.*. Voir aussi *metre.*

metering head : tête *f.* de mesure (*disposée sur un compteur*).

metering pump : pompe *f.* doseuse, pompe volumétrique.

methanation or **methanization** : méthanisation *f.* (*réaction produisant du méthane, comme celle de l'hydrogène sur le monoxyde de carbone :* $CO + 3H_2 \rightarrow CH_4 + H_2O$).

methane tanker : méthanier *m.* (*navire spécialement conçu pour le transport du méthane liquéfié*).

methanization : voir *methanation.*

methmix or **methanol mixture** : mélange *m.* de méthanol, d'eau et d'inhibiteur de corrosion (*dans les proportions, par exemple, de 45/55/0 ou 50/50/1 ; injecté dans la chambre de combustion d'un turboréacteur d'aviation, ce mélange permet d'accroître le rapport combustible-air au décollage*). Voir aussi *boost fluid.*

methylated spirit : alcool *m.* méthylique dénaturé, alcool à brûler.

Methyl-ethyl-ketone dewaxing or **MEK dewaxing** : procédé *m.* de déparaffinage des distillats huileux (*à l'aide de méthyléthylcétone,* $CH_3 – CO – C_2H_5$, *en mélange avec un solvant aromatique du type benzène ou toluène ; le mélange est effectué à raison de une à quatre parties de solvant pour une du distillat traité. – Texaco Development Corporation*).

methyl-tertiary butyl-ether or **MTBE** : éther *m.* méthyl-tertiobutylique (*résultant de la combinaison du méthanol avec l'isobutène et utilisable comme constituant de carburants à indice d'octane très élevé*).

metre or **meter** or **m** : mètre *m.* (*unité de longueur du Système International*).

metrication : conversion *f.* ou passage *m.* au système métrique.

metric ton : tonne *f.* métrique (*= 1 000 kg*).

mGal : mGal (*symbole de milligal*). Voir *gal 2/.*

MHD lubrication : voir *magneto-hydrodynamic lubrication.*

micelle : micelle *f.* (*agglomération de molécules constituant l'une des phases des colloïdes*).

Michell trust bearing : palier *m.* de butée du type Michell (*pour turbines ou générateurs à axe vertical ; il est constitué par un disque tournant au-dessus d'une série de patins disposés circulairement sur un support fixe ; chaque patin est monté sur un pivot sur lequel il peut osciller librement*).

micro : micro (*symbole :* μ ; *préfixe qui, placé devant le nom d'une unité, la multiplie par* 10^{-6}).

microballoons : microbilles *f.*, microsphères *f.* (*de résines phénoliques ; disposées à la surface des liquides stockés dans des réservoirs afin de limiter les pertes par évaporation*).

microcrystalline wax or **microwax** : cire *f.*, paraffine *f.* microcristalline (*cire opaque extraite des résidus de distillation sous vide*).

microfog lubricator or **aerosol lubricator** : graisseur *m.* par pulvérisation d'huile ou par brouillard d'huile (*permettant le transport de l'huile dans la conduite d'alimentation d'un outil pneumatique sous forme de particules de 2μm de diamètre*).

Microlog : microlog *m.* (*dénomination commerciale donnée par Schlumberger à une diagraphie de résistivité appliquée à la formation proche de la paroi du trou de sonde, qui, quand elle est poreuse, est envahie par le filtrat de la boue de forage ; synonymes chez d'autres contracteurs :* Contact log, Minilog*).*

micrometer : micromètre *m.* (*appareil optique permettant la mesure avec une très grande précision des très petites longueurs*). Voir aussi *micrometre.*

micrometre or **micrometer** or **micron** : micromètre *m.*, micron *m.* (*millionième partie du mètre, ou encore millième de millimètre ; symbole :* μm).

microprocessor : microprocesseur *m.* (*circuit à forte intégration constitué par une plaquette de silicium de quelques millimètres de côté, doté d'une logique programmable et associé à des circuits de mémoire ; il se comporte comme un ordinateur miniature ; recevant des signaux d'entrée il effectue des calculs en combinant plusieurs programmes pour délivrer en sortie des ordres de commande*).

microsecond or **μs** : microseconde *f.*, μs (10⁻⁶s).

microwax : voir *microcrystalline wax.*

mid-boiling point : point *m.* d'ébullition moyen (*température à laquelle 50 % d'un produit ont distillé*).

middle distillate : distillat *m.* moyen (*distillat obtenu avant ceux servant à la fabrication des lubrifiants*).

mild alkaline oil : huile *f.* à moyenne alcalinité, H.M.A. *f.* (*huile dont l'indice de basicité est compris entre 10 et 15, utilisée dans les moteurs diesel alimentés avec un combustible à forte teneur en soufre*).

mild extreme pressure oil or **mild EP oil** : huile *f.* aux propriétés extrême-pression modérées (*pour engrenages*).

mile : voir *nautical mile, statute mile.*

mile per gallon or **mpg** : mile *m.* par gallon (*expression anglo-saxonne définissant la consommation en carburant d'un véhicule à moteur ; c'est le nombre de miles que permet de couvrir un gallon de carburant*) ; 10 mpg = 23,54 litres aux 100 km (*aux États-Unis*) ou 28,28 litres aux 100 km (*en Grande-Bretagne*).

mileage sticker : voir *oil change sticker.*

Military Specification MIL-L-2104 A oil or **MIL-0-2104-type motor oil** : huile *f.* détergente pour moteurs diesel répondant aux essais *engine test L-1* et *engine test L-4* du *Coordinating Research Council* (*l'essai engine test L-1 doit être effectué avec un gazole à teneur moyenne en soufre*).

Military Specification MIL-L-2104 B oil : huile *f.* détergente pour moteurs diesel répondant aux essais *Caterpillar 1-H supercharged engine test* et *Labeco engine test.* Voir ces termes.

Military Specification MIL-L-2104 C oil : huile *f.* détergente pour moteurs à essence et diesel répondant aux essais *Caterpillar 1-D* et *1-G, Labeco engine test* ainsi qu'aux séquences IIb et Vc ; voir *engine test sequences for API service MS* (*cette spécification remplace les spécifications* MIL-L-2104 B *et* MIL-L-45199 B).

Military Specification MIL-L-45199 oil : voir *superior lubricants (Series 3).*

Military Specification MIL-L-46152 oil : huile *f.* pour moteurs à essence et diesel équipant les véhicules de transport public ou militaire.

milkiness : trouble *m.*, aspect *m.* laiteux, opalescence *f.*

milky : laiteux, opalescent.

mill : 1/ moulin *m.*, usine *f.* ; 2/ aciérie *f.* ; 3/ broyeur *m.*, fraise *f.*

milli : milli (*symbole :* m ; *préfixe qui, placé devant le nom d'une unité la divise par 10³*).

milligal or **mGal** : milligal *m.* (*symbole :* mGal) ; voir *gal 2/.*

millinewton-second per square meter or **mN-s/m²** : millinewton-seconde par mètre carré (*unité de viscosité absolue égale au millipascal-seconde ; voir* absolute viscosity).

milling : fraisage *m.*, broyage *m.*, laminage *m.*

milling tool : fraise *f.*, fraise de meulage (*outil spécial utilisé en forage lors d'une instrumentation pour réduire un poisson ou encore pour percer un cuvelage dans le but d'amorcer une déviation*).

million barrals per day or **MB/D** : million *m.* de barils par jour. Voir *MB/D.*

million cubic feet or **MCF** or **Mcf** : million *m.* de pieds cubes. Voir *MCF.*

million cubic feet per day or **MMCF/D** : million *m.* de pieds cubes par jour (*environ 28 300 m³/d*).

million long tons per year or **MMT/Y** : million *m.* de tonnes fortes par an (*= 1,016 million de tonnes métriques par an*).

million pounds per year or **MMLB/Y** : million *m.* de livres par an (*environ 453 600 kg par an*).

million standard cubic feet per day or **MMSCF/D** : million *m.* de pieds cubes normaux par jour (*environ 28 300 m³/d, dans les conditions normales*).

millipascal-second ou **mPa.s** : millipascal-seconde *m..* Voir *absolute viscosity*.

millisecond or **ms** : milliseconde *f.*, ms (10⁻⁶s).

mill scale : calamine *f.*, battitures *f.* (*parcelles d'oxyde de fer qui jaillissent au cours du forgeage de ce métal*).

millstone : meule *f.*

millwright : monteur *m.*

millwright work : petit outillage *m.*

MIL-0-2104-type motor oil : voir *Military Specification MIL-L-2104 oil*.

min : abréviation de *minim*. Voir ce terme.

mineral colza oil : voir *mineral seal oil*.

mineral fat : 1/ synonyme de *petrolatum* ; voir ce terme ; 2/ synonyme d'*ozocerite* ; voir ce terme.

mineralized methylated spirit : alcool *m.* méthylique dénaturé, alcool à brûler (*additionné de naphte*).

mineral pitch or **natural asphalt** : asphalte *m.*, bitume *m.* solide.

mineral rubber : 1/ terme désignant des asphaltites *f.* comme la *gilsonite f.* ou la *grahamite f.* ; voir ces termes ; 2/ bitume *m.* soufflé ; voir *blown asphalt*.

mineral seal oil or **mineral colza oil** or **mineral sperm oil** : distillat *m.* utilisé comme huile d'éclairage (*dans les lampes de mineurs du type Davy ou dans les lampes de signalisation*) ou comme absorbant pour désessencier les gaz ou encore comme support d'insecticides (*son point d'ébullition est compris entre 250 et 350 ºC*).

mineral spirit or **petroleum spirit** : essence *f.* minérale, white spirit *m.* (*solvant constitué par des coupes dont les points d'ébullition sont compris entre 177 ºC et 210 ºC ; improprement dénommé* turpentine substitute *; voir ce terme ; cf. ASTM D 235*).

mineral wax : voir *ozocerite*.

mineral wool : voir *rock wool*.

mingling : mélange *m.*

Minilog : voir *Microlog*.

minim or **min** : mesure *f.* de capacité anglo-saxonne égale à 1,3021 × 10⁻⁵ gallon impérial (*soit 0,059 194 cm³*) ou à 1,6276 × 10⁻⁵ gallon américain (*soit 0,061 612 cm³*).

mining rights holder : détenteur *m.* de droits miniers.

Ministry of Transport rates or **MOT rates** : barème *m.* en shillings par tonne anglaise (*1016,65 kg*), établi pendant la Seconde Guerre mondiale par le Ministry of Transport britannique pour réglementer les affrètements pétroliers (*il est donné pour une zone de chargement à destination d'une autre zone de déchargement et non pas de port à port ; sa correspondance avec le barème USMC est la suivante : USMC flat = MOT + 67,95 % : voir United States Maritime Commission rate*).

Miocene : Miocène *m.* (*période de l'ère tertiaire comprise entre l'Oligocène et le Pliocène et ayant duré de − 23 à − 6 millions d'années*).

MIRA engine test : abréviation de *Motor Industry Research Association engine test*. Voir ce terme.

mirbane or **oil of mirbane** : essence *f.* de mirbane (*nom donné en parfumerie au nitrobenzène dont l'odeur rappelle celle de l'essence d'amandes amères et qui sert à aromatiser les savons*).

misalignment : défaut *m.* d'alignement, désalignement *m.*

misapplication : mauvais usage *m.* (*d'un instrument, d'un appareil, etc., à la suite duquel, en cas de sinistre, l'assurance ne joue pas*).

miscalculation : erreur *f.* de calcul, calcul *m.* erroné.

miscible drive or **miscible flooding** or **miscible phase displacement** or **solvent flooding** : déplacement *m.* par phase miscible, déplacement miscible (*procédé de récupération secondaire de l'huile en place dans un gisement par élimination des pressions capillaires au moyen d'injection de fluides qui lui sont miscibles en toutes proportions*).

misfire : voir *misfiring*.

misfire shot : tir *m.* raté (*en prospection sismique*).

misfiring or **misfire** : allumage *m.* raté, raté *m.* (*légère détonation à l'échappement d'un moteur à explosion, lorsque l'allumage du mélange carburé se produit à contretemps, et qui peut être due soit au perlage des bougies formant un pont entre les électrodes, soit à des dépôts de sel sur l'isolant créant un court-circuit, soit encore à une usure excessive des électrodes*).

mishandling : fausse manœuvre *f.*

mishap : panne *f.*, incident *m.*

mismachined : mal usiné, offrant un défaut d'usinage (*constaté dans un bref délai, un tel défaut ouvre le droit à la garantie du vendeur ou du fabricant*).

misreading : erreur *f.* de lecture, erreur *f.* d'interprétation.

mist : buée *f.*, brume *f.*, brouillard *m.*, embrun *m.*

mist extractor : coalesceur *m.*, séparateur *m.* de brouillard. Voir *demister* 2/.

misting : entraînement *m.* (*de l'huile d'absorption vers le sommet d'une colonne d'absorption*).

mist lubrication : voir *fog lubrication*.

miter gearing or **miter gears** : engrenage *m.* à onglet, engrenage d'équerre, couple *m.* conique, renvoi *m.* d'angle.

MIU in fat : abréviation de *moisture, impurities and unsaponifiable matter in fat*. Voir cette expression.

mix : mélange *m.*, mixture *f.*

mix drum : ballon *m.* de mélange, ballon mélangeur (*assurant l'homogénéité d'un gaz provenant de sources diverses et destiné à alimenter les fours, chaudières et autres foyers d'une raffinerie*).

mixed aniline point : voir *aniline point*.

mixed-base crude oil or **intermediate-base crude oil** : brut *m.* à base mixte (*paraffinique-naphtènique, du type Mid-Continent*).

mixed-base grease or **mixed soap grease** : graisse *f.* à base mixte (*par exemple au calcium-sodium ou au sodium-aluminium, etc.*).

mixed fleet oil : huile *f.* pour utilisation dans une flotte mixte de véhicules à moteurs à essence et diesel.

mixed in place or **mix in place** or **road mixed** or **road mix** : mélange *m.* à même la route (*terme désignant la préparation d'un mélange bitumineux pour revêtement routier effectué sur la route même au moyen de niveleuses et d'épandeuses*).

mixed-phase cracking : ancien procédé *m.* de craquage thermique à moyenne pression.

mixed polymerization : polymérisation *f.* mixte (*d'oléfines différentes*) ou copolymérisation.

mixed soap grease : voir *mixed-base grease*.

mixed solvent extraction : extraction *f.* au double solvant (*par exemple déparaffinage à la méthyléthylcétone et au toluène*). Voir aussi *Duosol treatment*.

mixer : mélangeur *m.*, malaxeur *m.*, malaxeuse *f.*

mixing : 1/ mélange *m.*, préparation *f.* d'un composé ; 2/ brassage *m.*, malaxage *m.* ; 3/ mixage *m.*, composition *f.* (*action de mélanger la réponse d'un sismographe à un pourcentage donné de la réponse des sismographes voisins*) ; 4/ mixage *m.* sonore (*enregistrement de plusieurs signaux sonores sur une même piste*).

mixing kettle : chaudière *f.* de mélange.

mix in place : voir *mixed in place*.

mix in plant or **plant mix** : préparation *f.* dans une centrale fixe d'un mélange bitumineux (*pour revêtement routier*).

mixture : mélange *m.*, mixtion *f.*

ML service : voir *API service designations for motor oils*.

MM : 1/ symbole, non conforme au Système international d'unités, qui, placé devant une unité anglo-saxonne, la multiplie par 10^6 ; 2/ abréviation de *Motor method* ; voir ce terme.

MMCF/D : abréviation, non conforme au Système international d'unités, de *million cubic feet per day*. Voir ce terme.

MMLB/Y : abréviation, non conforme au Système international d'unités, de *million pounds per year*. Voir ce terme.

mm²/s : symbole de *square millimeter per second*. Voir ce terme.

MMSCF/D : abréviation, non conforme au Système international d'unités, de *million standard cubic feet per day*. Voir ce terme.

MM service : voir *API service designations for motor oils*.

MMT/Y : abréviation, non conforme au Système international d'unités, de *million long tons per year*. Voir ce terme.

mN-s/m² : symbole de *millinewton second per square meter*. Voir ce terme.

Mobil catalytic desulfurization process : procédé *m.* de désulfuration catalytique (*prétraitement de charges de reformage catalytique et de désulfuration de produits lourds, connu également sous le nom de Sovafining. – Mobil Oil Corp.*).

mobile lubricating unit or **maintenance trolley** : station *f.* de graissage mobile, chariot *m.* d'entretien (*muni d'appareils de distribution d'huiles et de graisses, d'un ou de plusieurs dispositifs de récupération des huiles usées, etc.*).

moderator : modérateur *m.* (*substance comme le graphite, l'eau lourde ou le béryllium ralentissant la vitesse des neutrons dans un réacteur nucléaire*).

modified Staeger oxidation test : voir *Staeger oxidation test.*

modulator : modulateur *m.* (*circuit radioélectrique de modulation d'une onde hertzienne*).

mogas : abréviation de *motor gasoline.* Voir ce terme.

Moho or **Mohorovičič discontinuity** : Moho *m.*, discontinuité *f.* de Mohorovičič (*changement dans les propriétés des roches de l'écorce terrestre se situant à environ 35 km sous les continents et 10 km sous les fonds océaniques et qui correspond à la limite croûte-manteau*).

moist : humide, mouillé.

moisture : voir *dampness.*

moisture, impurities and unsaponifiable matter in fat or **MIU in fat** : eau *f.*, impuretés *f.* et matières *f.* insaponifiables dans les corps gras.

molding : voir *moulding.*

molding sand or **moulding sand** : voir *foundry sand.*

mold oil or **mould oil** : voir *form oil.*

mole : 1/ digue *f.*, môle *m.* ; 2/ môle (*tectonique*) ; 3/ mole *f.* (*quantité de matière correspondant à une molécule gramme*) ; 4/ taupe *f.* (*engin servant à creuser les tunnels*).

molecular sieve : tamis *m.* moléculaire (*composé solide, poreux, comme les silico-aluminates cristallisés, dont l'ouverture des pores, constante, est de l'ordre de grandeur des molécules légères, d'où sa propriété d'adsorber certaines de ces molécules dans son réseau cristallin, permettant ainsi des séparations*).

molecular weight : poids *m.* moléculaire.

Molex process : procédé *m.* permettant de séparer les hydrocarbures paraffiniques normaux des isoparaffines et des composés cycliques à partir d'essence ou de kérosène. – *Universal Oil Products Co.*

molten metal test : essai *m.* d'inflammabilité sur métal en fusion (*pour les fluides résistants au feu ; on emplit un creuset avec du métal fondu et on chauffe à la température de 800 à 1 200 °F [427 à 649 °C] selon la nature du métal ; le fluide à essayer est répandu à la surface du métal en fusion et l'on observe la tendance à la propagation de la flamme*).

moly : abréviation de *molybdenum disulfide.* Voir ce terme.

molybdenite : voir *molybdenum disulfide.*

molybdenized lubricants : huiles *f.* ou graisses *f.* additionnées de bisulfure de molybdène en poudre (*employées dans le cas de lubrification*

extrême-pression ou lorsque des phénomènes d'usure excessive sont à craindre ; voir fretting, scoring, scuffing 2/, galling, freezing 3/, stick slip, seize).

molybdenum disulfide or **molysulfide** or **molysulphide** or **moly** or **molybdenite** : molybdénite *f.*, bisulfure *m.* naturel de molybdène, MoS$_2$ (*conforme à la spécification américaine NIL-L-7866 et utilisé, en raison de son faible coefficient de frottement, dû à la structure lamellaire de ses cristaux, comme lubrifiant solide en suspension dans les huiles, les graisses, l'eau, les savons, les solvants, les silicones, les diesters, etc.*).

Monirex : voir *octane monitor Monirex.*

monitor : 1/ appareil *m.* de surveillance, de contrôle, indicateur *m.* ; 2/ monitor *m.* (*se dit en prospection sismique du contrôle effectué en rejouant un enregistrement magnétique sur le terrain pour vérifier sa qualité*) ; 3/ lance *f.* hydraulique (*orientable, fixée au sol ou sur estacade, pour lutte contre l'incendie*).

monitoring : contrôle *m.*, écoute *f.*, surveillance *f.*, régulation *f.*

monitor record : enregistrement *m.* de contrôle.

monkey : voir *derrick man.*

monkey board or **racking board** : plate-forme *f.* d'accrochage (*située à la partie supérieure d'une tour ou d'un mât de forage et servant à l'accrochage des tiges de forage*).

monkey boy : voir *derrick man.*

monkey payment : monnaie *f.* de singe (*belles paroles et vaines promesses en lieu et place de paiement*).

monkey spanner or **monkey wrench** : clé *f.* anglaise, clé universelle, clé à molette.

monoclinal structure or **monocline** : structure *f.* monoclinale, monoclinal *m.* (*structure géologique où toutes les couches appartiennent à un seul et même flanc de pli*).

monomer : monomère *m.* (*substance composée de molécules pouvant réagir avec d'autres molécules semblables pour former des polymères*).

monophase oil or **single-phase oil** : huile *f.* alcaline à phase unique (*pour cylindres de gros moteurs diesel utilisant un combustible lourd à haute teneur en soufre ; les additifs basiques n'y sont pas sous forme d'émulsion, mais en solution dans l'huile*). Voir aussi : *alkaline oil, dispersion-type cylinder lubricant, emulsion-type cylinder lubricant.*

monopropellant : monergol *m.* (*agent propulsif pour moteur de fusée, composé d'un seul liquide, et qui assure la propulsion par décomposition exothermique*).

mooring : amarrage *m.*, ancrage *m.*

mooring buoy : bouée *f.* d'amarrage, bouée d'ancrage.

mooring cable : câble *m.* d'amarrage, câble d'ancrage.

mooring dolphin or **mooring post** or **pile dolphin** or **dolphin** : duc d'Albe *m.* (*faisceau de pieux placé dans un bassin portuaire et auquel viennent s'amarrer les bateaux*).

mordant : mordant, corrosif, caustique.

morrhua oil : voir *cod-liver oil.*

mortar : mortier *m.* (*vase de laboratoire servant à porphyriser, à réduire en poudre*).

mother formation or **mother rock** : formation-mère *f.*, roche-mère *f.* (*formation géologique ou roche, dont les éléments constitutifs, libérés par désagrégation érosive, donnent naissance à une autre roche, différente de la première*).

mother liquor water : eau-mère *f.* (*résidu d'une solution après cristallisation des substances qui y étaient dissoutes*).

mother rock : voir *mother formation.*

motor gasoline or **mogas** : carburant *m.* pour moteur.

motor grader : niveleuse *f.* automotrice.

motor hoe : motobineuse *f.*

Motor Industry Research Association engine test or **MIRA engine test** : essai *m.* MIRA de présélection des huiles (*évaluation de la qualité d'une huile sur un moteur anglais et selon les normes de la Motor Industry Research Association, Watling street, Nuneaton, Warwickshire, England*).

Motor method or **MM** or **CRC method F-2** or **F-2 method CRC** or **octane F-2 method** : méthode *f.* Motor, méthode F-2 (*méthode établie par le Coordinating Research Council pour déterminer l'indice d'octane d'une essence automobile ; l'essai se fait sur moteur ASTM-CFR, fonctionnant dans les conditions suivantes : régime, 900 ± 9 tours/min ; température de l'air aspiré, 24 à 51ºC ; température du mélange, 148 ºC ; avance à l'allumage : 19 à 26 º ; température de l'eau de refroidissement : 100 ºC ; taux de compression variable ; détection de la détonation par aiguille sauteuse). Cf. ASTM D 357, AFNOR M 07 − 026.*

motor operator : dispositif *m.* moteur (*d'un ensemble de régulation agissant directement sur l'élément à commander*).

motor scraper : décapeuse *f.* automotrice, scraper *m.* (*engin de terrassement utilisé pour l'excavation, le transport et le déversement des matériaux*).

motor spirit : essence *f.*, carburant *m.* auto.

motor vessel or **M/V** : navire *m.* propulsé par moteur.

MOT rates : abréviation de *Ministry of Transport rates.* Voir ce terme.

moulding or **molding** : 1/ moulage *m.*, moulure *f.*, pressage *m.* ; 2/ moulure, baguette *f.*, jonc *m.*

moulding sand : voir *foundry sand.*

mould oil : voir *form oil.*

mound : 1/ colline *f.*, bosse *f.*, levée *f.* de terre, monticule *m.*, butte *f.* ; 2/ cône *m.* de déjection.

mounded tank : réservoir *m.* non complètement enterré (*couvert de terre, de sable ou d'autres matériaux formant une butte*).

mousehole : trou *m.* de souris, trou de manœuvre (*trou auxiliaire situé sur l'axe principal du plancher de la tour de forage et du côté de la table de rotation opposé au treuil ; il comporte, au niveau du plancher, un fourreau tubulaire destiné à recevoir une tige de forage en attente de connexion*).

mousetrap : souricière *f.* à clapet (*outil de repêchage*).

moving-bed catalytic cracking : craquage *m.* catalytique à lit mobile.

MP : abréviation de *melting point.* Voir ce terme.

mPa.s : symbole de *millipascal.second.* Voir *absolute viscosity.*

mpg : abréviation de *mile per gallon.* Voir ce terme.

ms : ms (*symbole de milliseconde ou 10⁻⁶s*).

MS service : voir *API service designations for motor oils, engine test sequences for API service MS.*

MTBE : abréviation de *methyl-tertiary butyl-ether.* Voir ce terme.

MT/D : abréviation de *thousands of long tons per day.* Voir ce terme.

mucilage : 1/ mucilage *m.* ; 2/ colle *f.* de poisson ; 3/ colle de bureau, gomme *f.* arabique.

mud or **slush** : boue *f.* (*en particulier de forage*), vase *f.*, limon *m.*, gadoue *f.*

mud auger : cuiller *f.* à boue.

mud cake or **wall cake** : cake *m.*, gâteau *m.* de boue (*dépôt laissé par la boue de forage sur les parois du sondage*). Voir aussi *filter cake* 2/.

mud circulation : circulation *f.* de la boue (*de forage*).

mud circulation rate : débit *m.* de la boue de forage en circulation.

mudding : envasement *m.*, embourbement *m.*

mudding off : invasion *f.* des formations perméables par la boue de forage.

muddy : boueux, fangeux, vaseux.

mud flowmeter : appareil *m.* enregistreur des variations du volume de la boue de forage dans les bassins.

mudguard : garde-boue *m.*

mud gun : mitrailleuse *f.* à boue, mélangeur *m.* à boue (*servant à homogénéiser la boue de forage lors de sa fabrication*).

mud hog : pompe *f.* à boue (*expression argotique*).

mud hose : voir *gooseneck pipe*.

mud mixer : mélangeur *m.* de boue.

mud off (to) : embouer (*obturer une venue de liquide au moyen de boue*).

mud pit : bourbier *m.*, bassin *m.* à boue (*bassin creusé dans le sol destiné à recevoir soit les boues usées et les déblais de forage, soit une réserve de boue neuve*).

mud pit level indicator : indicateur *m.* du niveau de boue dans les bassins.

mud shield : abri *m.* de chantier où sont stockés les produits destinés à la fabrication des boues de forage.

mudstone : 1/ schiste *m.* argileux, pélite *f.* (*roche détritique argileuse à grain très fin*) ; 2/ mudstone *m.* (*terme désignant dans la classification de R. L. Dunham, 1961, une roche carbonatée à texture sédimentaire reconnaissable, dont les composants organiques n'ont pas été liés entre eux durant le dépôt, présentant plus de 10 % de particules fines ou de boue et dont les grains ne sont pas jointifs*).

mud tank : bac *m.* à boue (*bassin métallique de 25 à 40 m³ contenant la boue de circulation d'un forage ; généralement de forme parallélépipédique, la boue de réserve est cependant stockée dans des réservoirs souvent cylindriques*).

mud-weight recorder : appareil *m.* enregistrant en continu la densité de la boue de forage.

muffle furnace : four *m.* à moufle.

muffler : pot *m.* d'échappement, silencieux *m.*

mulch : paillis *m.* (*couche de protection du sol constituée de paille ou de feuillages recouverts ou non de résidus pétroliers, d'émulsions de résine ou de bitume, de polyoléfines, etc., qui, en agriculture, limite l'évaporation du sol et le protège contre les intempéries et les gelées*).

mulehead : voir *horsehead*.

multiball flexjoint connector : voir *flexjoint connector*.

multibuoy mooring system : système *m.* d'amarrage à bouées multiples.

multifuel engine : moteur *m.* polycarburant.

multigrade oil or **multiviscosity oil** : huile *f.* multigrade (*contenant un additif, généralement un haut polymère, et dont la fourchette de viscosité couvre deux ou plusieurs grades SAE*).

multilateral agreement : contrat *m.* multilatéral (*liant plus de deux parties*).

multiluber : graisseur *m.* unique alimentant plusieurs points de graissage.

multipay field : champ *m.* de pétrole ou de gaz à horizons producteurs multiples.

multiple : réflexion *f.* multiple (*résultant de plusieurs réflexions de l'énergie sismique et qui n'est donc pas réelle*).

multiple pump or **multiplex pump** : pompe *f.* à plusieurs cylindres, pompe multiplex.

multiplex or **multiplexing** : multiplexage *m.* (*lors d'un enregistrement numérique, en particulier en sismique réflexion, procédé qui permet d'utiliser un seul canal pour l'enregistrement d'informations relatives à plusieurs voies ; l'opération inverse est appelée démultiplexage* ; voir *demultiplex*).

multiplexer : multiplexeur *m.* (*dans l'enregistrement numérique, organe qui relie chaque canal à l'échantillonneur-bloqueur* ; voir *multiplex*, *demultiplex*).

multiplexing : voir *multiplex*.

multiplex pump : voir *multiple pump*.

multiported : à plusieurs orifices *m.*, à plusieurs lumières *f.*

multipurpose grease or **all-purpose grease** : graisse *f.* à usages multiples, graisse multifonctionnelle (*généralement à base de savons au lithium et dont le point de goutte est compris entre 180 et 200 ºC*).

multiviscosity oil : voir *multigrade oil*.

murky : fuligineux.

mushy : détrempé, boueux.

muskmallow oil or **musk-seed oil** : voir *ambrette-seed oil.*

mute (to) : rendre muet (*supprimer certaines arrivées en sismique*).

muting : effacement *m.* (*d'une portion d'enregistrement sismique*).

M/V : abréviation de *motor vessel.* Voir ce terme.

MW : symbole de *megawatt.* Voir ce terme.

N

n : symbole de *nano.* Voir ce terme.

N : symbole de *newton.* Voir ce terme.

naked light or **naked flame** : flamme *f.* nue (*expression désignant tout type de feu, flamme, matériel incandescent, arc électrique, etc., susceptible de donner des étincelles*).

name plate : plaque *f.* de constructeur.

name plate figure : performance *f.* que peut atteindre une machine, une unité, une industrie.

nano : nano (*symbole* : n ; *préfixe qui, placé devant le nom d'une unité, la divise par* 10^9).

nanosecond or **ns** : nanoseconde *f.*, ns (10^{-9}s).

napalm : napalm *m.* (*essence gélifiée au moyen de palmitate de sodium ou d'aluminium et utilisée pour charger certains types de bombes incendiaires, dites au napalm*).

naphtha : 1/ naphta *m.* (*produit pétrolier distillant entre 100 et 250 ºC, intermédiaire entre l'essence et le kérosène et utilisé comme carburéacteur, comme matière première pour le reformage ou la pétrochimie ou comme solvant*) ; 2/ naphte *m.* (*ancien nom du pétrole brut ou raffiné*).

naphtha scrubber : laveur *m.* de gaz au naphta (*tour d'adsorption utilisant du naphta pour désessencier un gaz*).

naphthene base crude or **asphalt base crude** or **naphthenic crude** : pétrole *m.* brut naphténique, à base asphaltique (*Coastal ou Western*).

naphthenes : voir *naphthenic hydrocarbons.*

naphthenic acids : acides *m.* naphténiques (*terme désignant l'ensemble des acides organiques contenus dans le pétrole brut dans des proportions comprises entre 0,1 et 1 % ; liquides huileux, foncés, bouillant entre 200 et 300 ºC, généralement de structure monocyclique et dont les propriétés sont voisines de celles des acides gras*).

naphthenic crude : voir *naphthene base crude.*

naphthenic hydrocarbons or **naphthenes** : naphtènes *m.* (*hydrocarbures saturés cycliques, de formule générale* C_nH_{2n}*, donnant des essences de qualité et des huiles à faible indice de viscosité*).

narrow cut or **short cut** : coupe *f.* étroite (*de raffinage*).

National Formulary or **NF** : recueil *m.* des spécialités pharmaceutiques américaines (*publié par l'American Pharmaceutical Association, c'est l'équivalent du Codex français*).

National Lubricating Grease Institute or **NLGI** : institution américaine étudiant et normalisant les graisses (*4635 Wyandotte Street, Kansas City, Missouri, 64112*).

National Lubricating Grease Institute grade or **NLGI grade** or **NLGI number** : voir *worked penetration.*

National Petroleum Association or **NPA** : institution américaine ayant fusionné avec la *National Petroleum Refiners Association.* Voir ce terme.

National Petroleum Association color numbers or **NPA color numbers** : couleurs *f.* de référence établies par la *National Petroleum Association* (*analogues aux ASTM Union color numbers* ; voir *Union colorimeter, ASTM Color scale*).

National Petroleum Refiners Association or **NPRA** : association américaine regroupant les raffineurs (*Suite 1899, L. Street, North-West, Washington DC 2036*).

native paraffin : voir *ozocerite.*

natural asphalt : voir *mineral pitch.*

naturel draft cooling tower : tour *f.* de refroidissement à tirage naturel (*souvent en forme de venturi pour améliorer la circulation de l'air*).

natural gas or **casinghead gas** : gaz *m.* naturel (*gaz associé ou non au pétrole brut, constitué le plus souvent de 90 à 99 % de méhane, d'un peu d'azote [1 à 3 %] et, éventuellement, d'éthane, de gaz carbonique, d'hydrogène sulfuré et d'hélium*). Voir aussi *wet natural gas.*

natural gasoline : essence *f.* naturelle, gazoline *f.*, condensat *m.* Voir *condensate.*

Natural Gasoline Association of America or **NGAA** : association américaine étudiant et normalisant le gaz naturel, l'essence de gaz naturel, le propane et le butane commerciaux, etc. (*422 Kennedy Building, Tulsa, Oklahoma*).

natural gasoline plant : unité *f.* de dégazolinage (*du gaz naturel*).

natural oil : 1/ huile *f.* naturelle (*végétale ou animale, entrant dans la fabrication des lubrifiants et des graisses*) ; 2/ pétrole *m.* brut.

nautical mile : mille *m*. marin (*unité de mesure internationale pour les distances en navigation aérienne ou maritime et correspondant à la distance moyenne de deux points de la surface de la terre qui ont même longitude et dont les latitudes diffèrent d'un angle de une minute ; le mille a une valeur fixée conventionnellement à 1 852 m qui a été adoptée par la plupart des nations maritimes ; la Grande-Bretagne et les pays du Commonwealth utilisent une valeur du mille marin égale à 1 853,182 4 m et les États-Unis une valeur égale à 1 853,248 7 m).*

Navy work factor machine : machine *f.* d'essai mise au point par l'US Navy pour évaluer la stabilité d'un lubrifiant (*coussinet en alliage zinc-cuivre-étain ; pression appliquée : 150 livres par pouce carré [10,34 bar] ; régime : 2 000 tours/min ; durée de l'essai : 100 h ; circulation d'huile partielle).* Voir aussi *viscosity work factor.*

near traffic : petit cabotage *m.*. Voir aussi *far traffic, ocean traffic.*

neat : net, pur, non dilué.

neat cutting oil : huile *f.* de coupe entière.

neat fluid : fluide *m.* exempt d'eau.

neat's foot oil or **neatsfoot oil** or **hoof oil** : huile *f.* de pied de bœuf (*huile non siccative servant au graissage des horloges, des instruments de précision, des machines textiles, etc. et qui est également utilisée pour le tannage des peaux).*

necessaries : ensemble *m.* du matériel nécessaire au service d'un navire ou d'un chantier de construction.

neck : 1/ goulot *m.*, col *m.*, collet *m.*, tourillon *m.*, bec *m.* (*d'un convertisseur*) ; 2/ isthme *m.*, détroit *m.* ; 3/ neck *m.* (*roches dures correspondant à une cheminée volcanique, mises en relief par l'érosion*), filon *m.* columnaire.

necking : striction *f.*, rétrécissement *m.*

needle bearing or **quill-type bearing** : roulement *m.* ou palier *m.* à aiguilles.

needle coke : coke *m.* de pétrole (*de structure quasi cristalline et ne contenant que peu d'impuretés ; utilisé pour la fabrication d'électrodes électrométallurgiques).*

needle lubricator : graisseur *m.* à aiguille.

needle oil : voir *nonspotting oil.*

needle-shaped : voir *acicular.*

needle valve : robinet-aiguille *m.*, soupape *f.* à aiguille, vanne *f.* à pointeau (*d'un carburateur*), robinet *m.* à pointeau.

negative catalyst or **depressor** or **anticatalyst** : catalyseur *m.* négatif (*retardant ou inhibant une réaction).*

negative feedback : rétroaction *f.* négative (*créant une diminution de l'amplification d'un signal).*

negligence or **neglect** : 1/ manque *m.* d'entretien (*d'une machine, etc.*) ; 2/ négligence *f.* Voir aussi *gross negligence.*

negotiable instrument : effet *m.* de commerce (*permettant, en particulier l'achat ou la vente de la cargaison d'un navire, notamment d'un pétrolier).* Voir aussi *warrant 3/.*

nematicide : voir *soil fumigant.*

nephelometer : néphélomètre *m.* (*dispositif servant à déterminer la quantité de matières en suspension dans une solution ou dans une émulsion par comparaison des quantités de lumière absorbée ou dispersée par celles-ci et par une suspension de référence).*

net calorific value : voir *low heating value.*

net gasoline : voir *clear gasoline.*

net heating value : voir *low heating value.*

net income : bénéfice *m.* net.

net pay : zone *f.* productrice nette (*ne comprenant que les horizons contribuant effectivement à la production d'huile et non leurs épontes).*

net positive suction head or **NPSH** : hauteur *f.* manométrique réelle d'aspiration d'une pompe (*la hauteur manométrique disponible, ou* available NPSH, *dépend des conditions de l'aspiration, c'est-à-dire de la densité, de la tension de vapeur et de la viscosité du liquide à la température de pompage, de la pression exercée à sa surface, etc., et doit être supérieure à la hauteur manométrique exigée, ou* required NPSH, *qui ne dépend que des caractéristiques de la pompe elle-même).*

net register ton : tonne *f.* de jauge nette.

net ton : voir *short ton.*

net tonnage : jauge *f.* nette (*sur un navire, volume disponible pour la cargaison).*

network-like : réticulaire (*structure*).

neutral or **neutral oil** : huile *f.* neutre (1/ huile ni acide ni basique ; 2/ huile de mise au point utilisée pour ajuster par mélange la viscosité des huiles de graissage).

neutral zone : voir *dead zone.*

neutralization number or **total acid number** or **TAN** or **acid number** or **acid value** or **total acid value** or **strong acid number** or **SAN** : indice *m.* de neutralisation, indice d'acide total, indice d'acidité (*poids de potasse, KOH, en milligrammes, nécessaire pour neutraliser 1 g d'un produit pétrolier quelconque ; pour les huiles raffinées, l'indice est inférieur à 0,05 ;*

les huiles contenant certains additifs peuvent présenter un indice négatif correspondant à une très légère acidité ; lorsqu'il s'agit de neutraliser des composés à réaction basique, l'indice de neutralisation est l'indice de basicité, total base number *ou* TBN, strong base number *ou* SBN, *ou encore* alkali neutralization number). Voir total acid number by color indicator titration, *ou* TAN-C (*pour sa détermination par titrage en présence d'indicateurs colorés d'après la méthode ASTM D 974, AFNOR T 60 – 112) et* total acid number by electrometric titration, *ou* TAN-E (*détermination de l'indice par titrage potentiométrique selon la norme ASTM D 664).*

neutron activation analysis or **activation analysis** : analyse *f.* d'activation par les neutrons (*l'échantillon de la substance à analyser est irradié par des neutrons ; les différents éléments présents à l'état de traces sont identifiés et dosés par l'analyse des rayons gamma qu'ils émettent).*

Neutron log : log *m.* neutron, diagraphie *f.* de neutrons (*diagraphie basée sur le ralentissement des neutrons émis par une source radioactive lors de leur collision avec des noyaux d'hydrogène et qui permet d'apprécier* in situ *la porosité d'une formation traversée par un sondage).*

new oil : huile *f.* neuve, non usagée.

newt : unité *f.* anglo-saxonne de viscosité absolue égale à 10^{-6} reynolds ; voir *reynolds* (1 newt = 6,895 mPa.s). *A ne pas confondre avec le newton, symbole N, unité de force du Système International.*

newton : newton *m.* (*symbole :* N ; *unité de force du Système International).*

newton.second per square meter or **N.s/m²** : newton.seconde par mètre carré *m.* (*unité de viscosité absolue égale au pascal.seconde ; voir* absolute viscosity).

newtonian fluid : fluide *m.* newtonien (*dont la viscosité est conforme à la loi de Newton, c'est-à-dire dont la vitesse ou le taux de cisaillement, ou* rate of shear, *et l'effort de cisaillement, ou* shearing stress, *sont proportionnels).*

NF : abréviation de *National Formulary.* Voir ce terme.

NGAA : abréviation de *Natural Gasoline Association of America.* Voir ce terme.

nibbling machine or **nibbler** : machine *f.* à découper les tôles.

nick : encoche *f.*, entaille *f.*, gorge *f.*, rayure *f.*, saignée *f.*

nickel ball test or **magnetic quench test** : essai *m.* à la bille de nickel (*mesure de la vitesse de refroidissement d'une huile de trempe ; le principe de l'essai est fondé sur le fait qu'un métal ou alliage métallique perd ses propriétés magnétiques*

lorsqu'il est porté à une certaine température, dite point de Curie, et qu'il les retrouve au cours de son refroidissement ; une bille de nickel est chauffée à 850 °C puis refroidie dans un bain de trempe ; on mesure le temps nécessaire pour atteindre le point de Curie du nickel qui est de 354 °C).

nickel-plated : nickelé.

nip : 1/ étreinte *f.*, serrement *m.* (*d'un filon*) ; 2/ tassement *m.* ; 3/ dépassement *m.* de la circonférence extérieure des demi-coussinets par rapport à la circonférence intérieure du corps d'un palier (synonymes : *bearing pinch, free spread, crush*).

nippers : tenailles *f.*, pinces *f.*. Voir aussi *cutting pincers.*

nipple : 1/ raccord *m.* droit, raccord double mâle de même dimension aux deux extrémités ; 3/ ajutage *m.*, allonge *f.*, manchon *m.* ; 4/ éjecteur *m.* (*d'un brûleur*).

nippling up : 1/ montage *m.* des blocs d'obturation (*sur la tête de puits*) ; 2/ emboîtage *m.*, raccordement *m.*

nitration : nitration *f.* (*opération de la chimie organique par laquelle on introduit dans une molécule le radical azotyle* NO_2).

nitration-grade benzene, toluene or **xylene** : benzène *m.*, toluène *m.* ou xylène *m.* pour nitration.

nitriding : nitruration *f.* (*traitement thermochimique de durcissement superficiel d'alliages ferreux par l'azote au moyen d'un chauffage prolongé vers 510 °C en atmosphère d'ammoniac).*

nitrile rubber : caoutchouc *m.* nitrile. Voir *Government Rubber-Acrylonitrile.*

nitrobenzene : nitrobenzène *m.*, $C_6H_5NO_2$, ou essence *f.* de mirbane (*utilisé en parfumerie pour aromatiser les savons ; voir* mirbane ; *c'est aussi un solvant sélectif ; voir* nitrobenzene extraction).

nitrobenzene extraction : extraction *f.* au nitrobenzène (*procédé de raffinage au solvant utilisant le nitrobenzène pour éliminer les hydrocarbures aromatiques des lubrifiants. – Atlantic Refining Co.*).

nitrogen : azote *m.*

nitrogen oxides : oxydes *m.* d'azote (*formés par réaction de l'azote et de l'oxygène atmosphériques lors d'une combustion ; ce sont des polluants*).

nitroglycerine or **blaster oil** or **soup** : nitroglycérine *f.* (*explosif liquide à effet brisant, utilisé parfois pour souffler un puits de pétrole en feu*).

nitronaphthalene treatment : traitement *m.* au nitronaphtalène (*permettant l'obtention d'huile sans reflet, dite* bloomless oil).

NLGI : abréviation de *National Lubricating Grease Institute*. Voir ce terme.

NLGI grade or **NLGI number** : grade *m.* NLGI. Voir *worked penetration*.

no-dope : sans dope, sans additif, non dopé.

noise : bruit *m..* Voir aussi *background noise*.

noisy : bruyant.

no-load : à vide, sans charge (*se dit des conditions de fonctionnement d'un moteur, d'une machine, etc.*).

nominee : personne *f.* morale ou physique (*désignée dans un contrat ou un acte*).

nonasphaltic road oil : distillats *m.* ou résidus *m.* ne durcissant pas et employés pour rabattre les poussières sur les routes.

nonchatter test or **squawk test** : essai *m.* antibroutage (*d'une huile pour transmissions automatiques, préconisé par General Motors*). Voir aussi *Automatic Transmission Fluid, antisquawking agent*.

noncompletion : non accomplissement *m.*, non exécution *f.* (*d'un contrat*).

noncompliance : refus *m.* d'exécution (*d'une obligation contractuelle*).

noncondensable gas : gaz *m.* incondensable (*utilisé comme combustible dans une raffinerie*).

noncreep oil : voir *nondrip oil*.

nondelivery : non livraison *f.* (*d'une commande sur un chantier par exemple*).

nondrip oil or **nondripping oil** or **noncreep oil** or **dripless oil** or **nonsplatter oil** or **nonsplattering oil** : lubrifiant *m.* à haute adhésivité (*pour graissage des machines des industries textile, alimentaire ou pharmaceutique ; dopé avec des agents filants, comme les savons d'aluminium, à raison de 2 à 5 %, ou les polymères d'isobutylène à poids moléculaire élevé*).

nondrying oil : huile *f.* grasse non siccative (*offrant une faible tendance à la formation de gommes par oxydation*).

nonfluid oil : huile *f.* non fluide (*huile dont la viscosité diminue lorsque le taux de cisaillement augmente et qui se comporte comme une graisse*). Voir *rate of shear*.

nonfoaming oil : huile *f.* non moussante.

nonfulfilment : non exécution *f.* (*d'une clause contractuelle, d'une obligation*). Voir aussi *noncompliance, noncompletion*.

nonionic emulsion of bitumen : émulsion *f.* non ionique de bitume (*à rupture lente*).

nonlinearity : non linéarité *f.* (*d'une fonction de régulation*).

nonlube compressor or **nonlubricated compressor** or **oilfree compressor** : compresseur *m.* sans huile (*muni de segments de compression en carbone ou en téflon imprégné de carbone et ne nécessitant pas de graissage ; compresseur alternatif délivrant de l'air comprimé exempt de toute trace d'huile*).

non-Newtonian fluid : liquide *m.* non newtonien (*dont la viscosité n'est pas constante dans des conditions données, la vitesse ou taux de cisaillement, ou* rate of shear, *et l'effort de cisaillement, ou* shearing stress, *n'étant pas proportionnels ; telles sont les huiles dopées à l'aide d'améliorants d'indice de viscosité*).

nonpermanent type antifreeze solution : mélange *m.* antigel non permanent (*contenant de l'alcool, dont l'évaporation est rapide*).

nonreturnable drum : fût *m.* perdu.

nonreturn valve or **one-way valve** : clapet *m.* de retenue.

non self-mixing oil : huile *f.* pour moteur deux temps non prédiluée dans un solvant (*utilisée dans les mélangeurs automatiques d'un réseau de distribution*).

nonskid material : voir *antiskid material*.

nonsoap grease : graisse *f.* sans savons (*substance de même aspect et de même consistance qu'une graisse, mais dont le constituant gélifiant est de nature minérale – gel de silice, noir de fumée, etc.*).

nonsparking metal : métal *m.* ou alliage *m.* ne pouvant émettre d'étincelles.

nonsplatter oil or **nonsplattering oil** : voir *nondrip oil*.

nonspotting oil or **nonstaining oil** or **stainless oil** or **needle oil** : huile *f.* détachable (*non tachante ou non maculante ; huile spindle mélangée à 50 % d'huile grasse, servant au graissage des machines textiles et spécialement des aiguilles et des platines des métiers Cotton pour bas en nylon*).

nonstaining rubber : caoutchouc *m.* étendu avec une huile claire, non tachante.

nonstereospecific polymer : voir *atactic polymer*.

nonsudsing detergent : détersif *m.* non moussant.

nonthroated worm gear : voir *cylindrical worm gear*.

nonthrow oil : huile *f.* dopée avec des agents filants (*utilisée pour le graissage de machines textiles*).

nonthrust side of a piston : face *f.* d'un piston opposée à la poussée.

no reflection events or **NR** : absence *f.* de réflexions (*indication portée sur les cartes et les sections sismiques pour signaler l'absence de réflexions en certains points*).

Norma-Hoffman test : essai *m.* Norma-Hoffman (*détermination de la stabilité à l'oxydation d'une graisse ; l'échantillon est placé dans une bombe emplie d'oxygène à la pression de 7 bar ; la bombe est portée à la température de 100 °C, la pression de l'oxygène étant contrôlée et ramenée à sa valeur initiale ; la quantité d'oxygène absorbée pendant une période de 100 ou 200 h est enregistrée ; cf. ASTM D 942*).

normalization : voir *standardization 1/.*

normalizing : recuit *m.*, trempe *f.* à l'air (*refroidissement lent de l'acier qui en affine le grain et en réduit les tensions*).

normalizing gas or **span gas** : gaz *m.* servant au tarage des appareils de mesure ou d'analyse.

normal pentane minus benzene insolubles : voir *intrinsic insolubles.*

normal wear and tear : usure *f.* et fatigue *f.* normales (*non couvertes par la garantie*).

nose : 1/ nez *m.* ; 2/saillant *m.* anticlinal, périclinal *m.* (*type de piège structural à fermeture incomplète*).

no-spin differential : voir *limited slip differential.*

not shot or **NS** : non tiré (*qualifie un point de tir sismique, prévu, mais non réalisé*).

noxious : nocif, dangereux, toxique, nuisible.

nozzle : tuyère *f.*, jet *m.*, injecteur *m.*, éjecteur *m.*, gicleur *m.*, ajutage *m.*, tubulure *m.*, buse *f.* (*de passage de la boue dans les outils de forage à jet*).

nozzle holder : porte-injecteur *m.*.

NPA : sigle de *National Petroleum Association.* Voir ce terme.

NPA color numbers : voir *National Petroleum Association color numbers.*

n-pentane insolubles : voir *total insolubles.*

NPRA : sigle de *National Petroleum Refiners Association.* Voir ce terme.

NPSH : abréviation de *net positive suction head.* Voir ce terme.

NR : abréviation de *no reflection events.* Voir ce terme.

ns : ns (*symbole de nanoseconde ou* 10^{-9}s).

NS : abréviation de *not shot.* Voir ce terme.

N-s/m² : symbole de *newton-second per square meter.* Voir ce terme.

nuclear precession magnetometer : magnétomètre *m.* à précession nucléaire (*magnétomètre utilisant la résonance nucléaire ; la fréquence de résonance est proportionnelle à l'intensité absolue du champ magnétique ; voir aussi proton resonance magnetometer*).

nucleonics : nucléaire *m.* (*science et technologie de l'énergie atomique*).

null balance : équilibre *m.* (*lors d'une mesure où sont comparées deux grandeurs, l'une connue, l'autre inconnue*). Voir aussi *balance.*

nut : écrou *m.*

nutrient : 1/ élément *m.* nutritif, substance *f.* nutritive ; 2/ nutriant *m.* (*produit chimique à base de phosphore ajouté aux eaux usées au cours de leur traitement biologique*).

oakum : filasse *f.*, étoupe *f. (fibres de chanvre servant à garnir les joints et presse-étoupe).*

objective variable : variable *f.* objective *(quantité ou condition dont le réglage dépend de sa relation avec la variable réglée alors que sa mesure n'est pas prise en considération).*

oblige (to) : obliger, astreindre.

OBO carrier : abréviation de *oil-bulk-ore carrier* : Voir ce terme.

observer : observateur *m. (technicien chargé de la surveillance de l'enregistrement des données sismiques).*

obsolescence : obsolescence *f. (déclassement technologique du matériel industriel, entraîné par l'apparition d'un matériel plus moderne, mieux adapté).*

obsolete : dépassé, périmé, qui n'est plus en usage, désuet, obsolète.

ocean ton : tonne *f.* d'encombrement *(mesure de capacité égale à 40 pieds cubiques, soit environ 1,130 m³).*

ocean traffic : navigation *f.* au long cours. Voir aussi *near traffic, far traffic.*

octane analyser or **GR & DC octane analyser** : analyseur *m.* d'octane de Gulf Research and Development Co. *(permettant la mesure des indices d'octane en ligne et à des intervalles de temps rapprochés sans utiliser un moteur CFR ; l'appareil est constitué d'un petit réacteur sphérique maintenu à température constante ; selon cette température, l'étalonnage se fait en indice Research ou Motor ; une faible injection d'air purifié est faite en continu alors qu'une minime quantité du carburant en essai est introduite de 5 en 5 min ; l'élévation de température, due à la combustion est enregistrée ; le point maximum, ou pic, de cette élévation est en bonne corrélation avec l'indice d'octane).*

octane comparator or **comparator** : comparateur *m.* d'octane *(appareil mis au point par Dupont de Nemours et permettant la mesure des indices d'octane en ligne et en continu ; il comporte un moteur CFR alimenté alternativement, grâce à un dispositif automatique, en carburant de référence et en carburant à essayer ; les résultats sont interprétés par un calculateur en termes de différence d'indice ; le comparateur peut fonctionner en régulateur).*

octane F-1 method : voir *Research method.*

octane F-2 method : voir *Motor method.*

octane F-3 method : voir *Aviation method.*

octane F-4 method : voir *Supercharge method.*

octane monitor Monirex or **Monirex** : analyseur *m.* d'octane Monirex *(appareil mis au point par Universal Oil Products Co., permettant de mesurer l'indice d'octane en ligne et en continu par un procédé éliminant le moteur CFR ; l'appareil consiste en un petit réacteur cylindrique maintenu à température constante ; suivant cette température, l'étalonnage se fait en indice Research ou Motor ; de minimes quantités d'air purifié et de carburant sont injectées à la base du réacteur ; la hauteur du front de flamme est maintenue constante par un dispositif thermométrique agissant sur la pression régnant dans le réacteur ; les variations de cette pression sont en corrélation avec celles de l'indice d'octane ; l'analyseur peut fonctionner en régulateur).*

octane number or **antiknock value** : indice *m.* d'octane *(indice mesurant la valeur antidétonante d'un carburant, c'est-à-dire la compression maximale que peut supporter avant l'allumage le mélange air-carburant, sans donner lieu au phénomène de cognement dans le moteur ; l'indice d'octane est défini par le pourcentage en volume d'isooctane et d'heptane normal qui aurait les mêmes propriétés antidétonantes que l'échantillon à analyser ; l'isooctane, très antidétonant, a l'indice 100 ; l'heptane normal, très détonant, a l'indice 0 ; l'essai se fait dans un moteur monocylindrique CFR spécial, à compression variable et selon plusieurs méthodes normalisées ; voir Aviation method, Motor Method, Research method, Supercharge method ; lorsque l'indice dépasse 100, on utilise un indice de performance fondé sur la quantité de plomb tétraéthyle ajouté à l'isooctane).*

octane requirement : exigence *f.* en octane *(d'un moteur, pour éviter son cliquetis).*

OD : abréviation de *outside diameter.* Voir ce terme.

odometer : 1/ voir *hodometer* ; 2/ compteur *m.* kilométrique.

odorant or **gas odorant** or **odorizer** or **skunk oil** : substance *f.* odorante, huile *f.* de dépistage *(éthylmercaptan, amylmercaptan et autres composés sulfurés, ajoutés aux gaz liquéfiés et en particulier au méthane ; l'odeur désagréable propre à ces composés permet de détecter les fuites de gaz).*

odorless : voir *odourless.*

odor panel : panel *m.* de nez (*étude sensorielle des odeurs de produits pétroliers ou de polluants*).

odourless or **odorless** : inodore.

off-centre or **off-center** : désaxé, excentré, excentrique, décalé, déporté.

off-color : adjectif qualifiant, en cours de fabrication, un produit pétrolier plus sombre que la normale.

offeree : celui à qui est faite l'offre (*celui qui a donc lancé l'appel d'offres*).

offering price : prix *m.* offert en réponse à un appel d'offres (*négociable*).

off-gas : gaz *m.* d'échappement, gaz de tête, gaz résiduel, gaz de dégagement.

office copy : copie *f.* légalisée.

offlap : régression *f.*, retrait *m.*

offlet : rigole *f.* de déchargement.

offloading : déchargement *m.*

off-peak time : heures *f.* creuses (*période de faible consommation*).

off-road trailer : remorque *f.* tout-terrain.

offset : 1/ déport *m.* horizontal, offset *m.* (*désigne en sismique la distance entre le barycentre du point de tir et le barycentre du point de réception*) ; 2/ dédommagement *m.*, compensation *f.* ; 3/ offset *m.*, décalage *m.* (*des axes des cônes d'un outil de forage par rapport à l'axe de l'outil*), désaxage *m.*, saillie *f.*, décentrement *m.*, coude *m.* de renvoi ; 4/ déporté, placé sur le côté ; 5/ raccord *m.* en S (*pour tubes*) ; 6/ voir *droop* (*régulation*).

offset oil : huile *f.* pour machines d'imprimerie offset.

offset well : puits *m.* de limite (*d'un gisement*).

offshore : au-delà du rivage, au large, en mer, marin.

offshore well : puits *m.* en mer, au large des côtes.

offsites or **offsite facilities** : installations *f.* extérieures ou annexes (*situées en dehors de la zone productive d'une usine ou d'une installation*).

offstream : hors circuit (*se dit d'une installation ou d'une unité qui n'est pas en service*).

oil : 1/ pétrole *m.*, huile *f.* (*au sens de pétrole brut*) ; 2/ huile (*lubrifiant*) ; 3/ huile (*combustible*).

oil baffle : déflecteur *m.* d'huile.

oil bank or **oil front** : front *m.* de propagation du brut à travers les couches productives (*dans l'exploitation d'un gisement par les techniques de récupération secondaire, par injection d'eau, de gaz ou d'air par exemple*).

oil barge : péniche *f.*, chaland-citerne *m.*, chaland *m.* pétrolier (*bateau fluvial équipé de citernes et servant au transport des produits pétroliers*).

oil basin : bassin *m.* pétrolier, bassin pétrolifère (*bassin sédimentaire recelant un ou plusieurs gisements d'hydrocarbures*).

oil bath filter or **oil bath-type air cleaner** : filtre *m.* d'air à bain d'huile (*éliminant les particules solides en suspension dans l'air alimentant un moteur ou un compresseur*).

oil bath lubrication : voir *bath lubrication.*

oil bath-type air cleaner : voir *oil bath filter.*

oil-bearing : pétrolifère, contenant du pétrole.

oil boom : 1/ barrière *f.* de confinement (voir *boom* 2/) ; 2/ période *f.* de forte activité et de prospérité de l'industrie pétrolière (voir *boom* 3/).

oil brush : balai *m.* graisseur.

oil-bulk-ore carrier or **OBO carrier** : pétrolier-minéralier *m.*

oil-burning lamp : lampe *f.* à huile.

oil cake : tourteau *m.* (*résidu solide du traitement des graines ou des fruits oléagineux après que l'huile qu'ils contiennent en a été exprimée*).

oilcan : bidon *m.* d'huile, burette *f.*

oil catcher : voir *oil scoop.*

oil changer, checker and flusher : appareil *m.* à vidanger l'huile d'un moteur d'automobile (*l'huile usagée est aspirée par l'orifice de jauge ; on juge ainsi de l'état du lubrifiant et l'on décide ou non la vidange et le rinçage du moteur*).

oil change sticker or **oil change reminder** or **mileage sticker** : étiquette *f.* autoadhésive portant indication de la date et du kilométrage auxquels a été effectuée la vidange d'un moteur d'automobile ainsi que de la qualité de l'huile utilisée et du kilométrage auquel doit normalement se faire la vidange suivante.

oil channel : patte *f.* d'araignée, rainure *f.* de graissage (*d'un coussinet*). Voir aussi *oil tackle.*

oil cleaner : épurateur *m.* d'huile, filtre *m.* à huile.

oil control ring : segment *m.* racleur (*d'un piston de moteur thermique*).

oil-cum-gas engine : voir *dual-fuel engine.*

oil cup : godet *m.* graisseur.

Oildag or **Dag** : dénomination *f.* commerciale d'une huile minérale (*contenant 10 % de graphite en dispersion colloïdale ; utilisée comme lubrifiant ainsi que pour le travail des métaux*). Voir aussi *Castordag*.

oil-dehydrating plant : installation *f.* de déshydratation des huiles (*par chauffage, par procédé électrolytique ou par traitement chimique*).

oil dipper : voir *dip oiler*.

oil dish : coupelle *f.* (*destinée à recueillir les gouttes d'huile*).

oil drain interval : périodicité *f.* de vidange de l'huile d'un moteur (*nombre d'heures de fonctionnement ou de kilomètres séparant deux vidanges consécutives*).

oil duct : canalisation *f.* d'huile.

oiler : 1/ graisseur *m.* (*agent chargé de la lubrification, du graissage*) ; 2/ graisseur (*terme générique désignant l'ensemble des dispositifs de lubrification manuels, semi- ou totalement automatiques*) ; 3/ puits *m.* productif d'huile ; 4/ navire *m.* chauffé au mazout, pétrolier *m.* ; 5/ huile *f.* de flottation (*servant à la séparation de solides de densités différentes*).

oil fabric : toile *f.* huilée.

oil feeder : voir *oiler 2/*.

oil field : champ *m.* pétrolier, champ de pétrole (*ensemble de gisements reliés à une seule entité géologique structurale et stratigraphique ; un champ peut être constitué par un seul gisement ou plusieurs gisements voisins*). Voir *pool 1/*.

oil field emulsion : émulsion *f.* d'eau dans l'huile (*résultant du mélange d'eau de formation et d'huile brute dans un puits producteur*).

oilfielder : pétrolier *m.*

oil filler pipe : tubulure *f.* de remplissage d'huile.

oil film : film *m.* d'huile.

oil flask : burette *f.*, canette *f.*

oil fog lubrication : voir *fog lubrication*.

oilfree compressor : voir *nonlube compressor*.

oil front : voir *oil bank*.

oil fume : vapeur *f.*, fumée *f.* d'huile.

oil gas : gaz *m.* de pétrole (*obtenu par craquage ou reformage*).

oil groove : voir *groove*.

oil-immersed : immergé dans l'huile, baignant dans l'huile, à bain d'huile.

oiliness or **lubricity** : onctuosité *f.*, pouvoir *m.* lubrifiant (*aptitude d'un lubrifiant à diminuer le coefficient de frottement entre deux surfaces en mouvement relatif ; cette propriété est différente de la viscosité*).

oiliness carrier or **lubricity agent** : additif *m.* augmentant l'onctuosité d'une huile (*acides gras, alcools gras, amines, diesters, etc.*).

oil-in-water emulsion or **O/W emulsion** : émulsion *f.* d'huile dans l'eau.

oil lease : concession *f.* pétrolière.

oil level check : contrôle *m.*, vérification *f.* du niveau d'huile (*d'un moteur*).

oil level gauge or **oil level gage** : jauge *f.* d'huile, indicateur *m.* de niveau d'huile.

oilman : pétrolier *m.*, graisseur *m.* (*de machines*), droguiste *m.*

oil mist lubrication : voir *fog lubrication*.

oil moistened : imprégné d'huile.

oil of mirbane : voir *mirbane*.

oil pan : cuve *f.* à huile, carter *m.* à huile.

oil patch : petit champ *m.* de pétrole.

oil pipeline : oléoduc *m.*, pipe-line *m.*

oil pocket : poche *f.* à huile (*dépression retenant l'huile sur une surface de glissement*).

oil pool : voir *pool 1/*.

oil pressure gauge or **oil pressure gage** : manomètre *m.* indiquant la pression de l'huile en circulation.

oil-quenched : trempé, refroidi brusquement à l'huile.

oil rectifier : purificateur *m.* d'huile.

oil remover : séparateur *m.* d'huile, déshuileur *m.*

oil retainer : pare-huile *m.*

oil retention boom : voir *oil boom 1/*, *boom 2/*.

oil return baffle : déflecteur *m.* pare-huile.

oil rights : droits *m.* d'extraction du pétrole.

oil ring : 1/ zone *f.* translucide annulaire (*dans l'essai à la tache d'une huile détergente ; elle est imprégnée d'huile exempte de dépôts charbonneux et traduit le degré d'oxydation d'une huile usagée ; voir spot test*) ; 2/ bague *f.* de graissage, anneau *m.* graisseur ; 3/ voir *scraper ring*.

oil ring clogged : voir *scraper ring clogged.*

oil ring slot : fente *f.* du segment racleur (*d'un piston*).

oil sampler : canette *f.* (*pour échantillonnage d'huile*).

oil scoop or **oil catcher** : écope *f.*, cuiller *f.* ou récupérateur *m.* d'huile.

oil scraper : segment *m.* racleur (*d'un piston*).

oil seal : garniture *f.* d'étanchéité à l'huile.

oil sealing washer : rondelle *f.* pare-goutte (*généralement en caoutchouc synthétique*).

oil seeker : chercheur *m.* de pétrole, explorateur *m.*

oil seepage : voir *seepage.*

oil separator : déshuileur *m.*, séparateur *m.* d'huile (*réservoir recueillant les huiles perdues – égouttures, vidanges, etc. – et les décantant*).

oil shale or **bituminous shale** : schiste *m.* bitumineux (*roche sédimentaire argileuse et, ou, carbonatée dont la teneur en kérogène dépasse 5 % ; c'est donc une roche-mère de pétrole à fort potentiel dont la pyrolyse vers 500 °C produit de l'huile, dite de schiste, et du gaz combustible*).

oil show : venue *f.*, indice *m.* trace *f.* d'huile (*au cours d'un forage*).

oilsink : agent *m.* de coulage (*matériau absorbant destiné à faire couler les nappes de pétrole épandues par accident à la surface de l'eau*).

oil slick : nappe *f.* de brut ou d'huile épandue sur l'eau.

oil-soaked : imbibé d'huile, trempé d'huile.

oil spill : 1/ déversement *m.* (*généralement accidentel*) d'huile ou de pétrole brut ; 2/ terrain *m.* ou plan *m.* d'eau souillé de pétrole.

oil strainer : filtre *m.* métallique à huile.

oil streamline : conduite *f.* ou canalisation *f.* d'un circuit oléodynamique.

oil string : colonne *f.* de production.

oil sump : carter *m.* d'huile. Voir *dry sump, wet sump.*

oil tackle or **oil track** : patte *f.* d'araignée (*rainure hélicoïdale pratiquée sur la surface intérieure d'un coussinet ou dans une glissière pour faciliter la répartition du lubrifiant sur l'ensemble de la surface frottante*).

oil tanning : tannage *m.* à l'huile.

oil thickening or **thickening** : épaississement *m.* d'une huile (*en service*).

oil thrower or **thrower** or **oil throw ring** : bague *f.* pare-goutte d'huile (*empêchant les fuites d'huile à l'extrémité d'un arbre à la sortie de son palier*).

oil track : voir *oil tackle.*

oil trap : 1/ déshuileur *m.* ; 2/ piège *m.* pétrolifère (*permettant l'accumulation de pétrole ; voir trap 3/*).

oil varnish : vernis *m.* à l'huile (*de lin*).

oil visor : regard *m.* de graissage.

oil water : eau *f.* de gisement (*eau salée associée à l'huile brute*).

oil wedge : voir *lubricating oil wedge.*

oil well : puits *m.* de pétrole.

oil-wetted : imprégné, trempé, mouillé d'huile ; voir aussi *oil-soaked.*

oil whip or **whip** or **oil whipping** or **oil whirl** or **whirl** : fouettement *m.* du film d'huile (*en régime de graissage hydrodynamique, formation de tourbillons dans le film d'huile, entraînant la vibration d'un arbre dans son palier ; on remédie à cet inconvénient en augmentant la pression ou en réduisant la viscosité de l'huile*).

oil wick : mèche *f.* à l'huile.

oily steam condensate : condensat *m.* d'eau huileuse.

ointment : onguent *m.*, pommade *f.*

oiticica oil : huile *f.* d'oiticica (*huile grasse siccative que l'on extrait par pression des graines de l'oiticica, Licania rigida, arbre du Brésil ; utilisée dans la fabrication des vernis*).

OK-load : charge *f.* maximale (*qui, appliquée à l'extrémité du levier de charge de la machine Timken EP, permet un fonctionnement sans grippage ; voir Timken EP wear tester*).

old oil : huile *f.* ancienne, huile usagée (*par opposition à* fresh oil, *huile neuve*).

oleaginous : oléagineux, onctueux, huileux (*offrant les propriétés de l'huile*).

olefiant : oléfiant (*qui produit de l'huile*).

olefiant gas : gaz *m.* oléfiant (*nom donné autrefois à l'éthylène en raison de sa propriété de se combiner au chlore pour donner un composé d'apparence huileuse*).

olefin : oléfine *f.*, alcène *m.* (*nom générique des hydrocarbures monoéthyléniques de la série grasse, caractérisés par une double liaison et dont la formule générale est C_nH_{2n}*).

oleo oil : voir *tallow oil.*

oleophilic : oléophile (*qui absorbe facilement l'huile*).

oleum or **fuming sulfuric acid** : oléum *m.*, acide *m.* sulfurique fumant (*utilisé pour le raffinage des huiles blanches*).

Oliensis spot test : essai *m.* d'homogénéité d'un bitume (*on dissout 2 cm³ de bitume dans 10,2 cm³ de white spirit et on laisse tomber une goutte du mélange sur un papier filtre ; si la goutte forme une tache foncée uniforme le résultat est négatif, c'est-à-dire que le bitume essayé est homogène ; si au contraire la tache comporte une partie centrale plus sombre, le résultat est positif et le bitume essayé est alors hétérogène*).

Oligocene : Oligocène *m.* (*période géologique de l'ère tertiaire comprise entre l'Éocène et le Miocène, allant de –37 à –23 millions d'années*).

oligomer : oligomère *m.* (*polymère constitué de deux, trois ou quatre monomères*).

olive oil : huile *f.* d'olive (*huile non siccative qui, sous un climat sec, pourrait être utilisée comme huile lubrifiante de moteurs, en produisant toutefois des dépôts charbonneux importants*).

on-call maintenance : entretien *m.* sur appel, sur demande.

once-run : voir *once-through.*

once-run distillate or **ORD** : coupe *f.* de distillation atmosphérique ou distillat *m.* de distillation directe.

once-through or **once-thru** or **once-run** : direct, sans recyclage (*se dit d'un procédé en continu sans aucun recyclage*).

once-through lubrication : voir *total loss lubrication.*

once-through operation : marche *f.* sans recyclage, marche en continu.

once-thru : voir *once-through.*

one-shot lubrication : voir *push-button lubrication.*

one-way time : temps *m.* simple (*demi-temps de parcours corrigé d'une réflexion sismique, mesuré généralement en millisecondes et qui, multiplié par la vitesse moyenne de propagation des ondes sismiques dans le terrain considéré, donne la profondeur du réflecteur ; voir aussi* two-way time).

one-way valve : voir *nonreturn valve.*

onlap : débordement *m.*, transgression *f.* (*extension d'un dépôt géologique au-delà des limites du dépôt sous-jacent*).

on-line analyser : voir *stream analyser.*

on-line mixing : mélange *m.* en ligne (*de deux ou plusieurs liquides en continu*).

on/off burner or **intermittent flame burner** : brûleur *m.* automatique par tout ou rien (*l'installation fonctionne selon un régime préétabli ou s'arrête*).

on/off control : régulation *f.* par tout ou rien (*dans laquelle il n'existe que la position ouverte et la position fermée, suivant que la variable est inférieure ou supérieure au point de consigne*).

onset : démarrage *m.*, départ *m.*

onshore well : puits *m.* à terre (*par opposition à* offshore well, *puits en mer*).

onsite facilities : installations *f.* à pied d'œuvre (*situées à l'intérieur des limites géographiques usuelles d'une unité opérationnelle, par opposition à* offsites ; *voir ce terme*).

onstream : en marche *f.*, en service *m.*, en fonctionnement *m.*

onstream time : période *f.* de marche effective (*d'une unité, d'une installation, etc.*).

ooze : 1/ vase *f.*, limon *m.*, bourbe *f.*, boue *f.*, sédiment *m.* vaseux ; 2/ suintement *m.*, infiltration *f.*, dégouttement *m.*

oozy : 1/ fangeux, limoneux, boueux, bourbeux ; 2/ humide, fluant, suintant.

opacitymeter : opacimètre *m.* (*appareil de photométrie permettant de mesurer l'opacité de certaines substances, en particulier des fumées industrielles ; on utilise généralement une cellule photo-électrique*).

opalescence : opalescence *f.* (*reflet d'une huile lubrifiante renfermant de la paraffine visible à l'œil nu*).

opal glass : verre *m.* opalin.

open aquifer : zone *f.* aquifère d'un gisement non couverte par un tubage.

open-cup tester or **open-cup flash and fire tester** : appareil *m.* d'essai à vase ouvert (*du type Cleveland ou Marcusson, servant à déterminer les points d'éclair et de feu d'un produit pétrolier*).

open-end : extrémité *f.* de tube non filetée.

open-flow test : mesure *f.* du débit maximum de production d'un puits, mesure à sondage ouvert (*se dit d'une mesure de débit toutes vannes ouvertes*).

open gears oil : huile *f.* pour engrenages nus (*non protégés par un carter*).

open hole : découvert *m.*, trou *m.* en découvert (*partie non tubée d'un puits*).

open hole production : production *f.* en découvert (*provenant de la partie non tubée d'un puits*).

opening : 1/ orifice *m.*, ouverture *f.*, espace *m.* vide ; 2/ fouille *f.*, travail *m.* préparatoire.

open loop : circuit *m.* ouvert, chaîne *f.* ouverte, boucle *f.* ouverte.

open loop control : régulation *f.* en boucle ouverte (*sans rétroaction du procédé sur la régulation*).

open sand : sable *m.* ouvert, sable poreux et perméable (*par opposition à* close sand, *sable à grain fin, peu perméable et de faible porosité*).

operated : actionné, commandé.

operating agreement or **operating contract** : accord *m.* ou contrat *m.* d'opération (*fixant les obligations et les conditions dans lesquelles l'opérateur doit conduire les travaux dans le cadre d'un contrat principal entre associés*).

operating temperature : température *f.* normale, température de service.

operation : exploitation *f.* (*opération d'exploitation*).

operator : 1/ opérateur *m.* (*celui des associés à qui incombent contractuellement la charge et la responsabilité de l'exécution des travaux*) ; 2/ opérateur (*agent responsable de la conduite d'une unité de traitement*) ; 3/ exploitant *m.* (*transporteur qui, armateur ou non, effectue des transports pour le compte d'un chargeur ou pour celui d'un affréteur*).

operator's handbook or **operator's manual** : guide *m.*, manuel *m.* d'utilisation, notice *f.* d'emploi, carnet *m.* de conduite et d'entretien (*d'un véhicule, d'une machine, d'un appareil, etc.*).

optimize (to) : optimiser (*créer les conditions optimales pour l'exécution d'un programme ou d'une opération*).

optional : facultatif.

orchard spray oil : huile *f.* pesticide (*utilisée en pulvérisation pour l'entretien des vergers*).

ORD : abréviation de *once-run distillate*. Voir ce terme.

Ordovician : Ordovicien *m.* (*seconde période géologique de l'ère primaire, comprise entre le Cambrien et le Silurien et ayant duré de −500 à −435 millions d'années ; le terme désigne aussi, chez certains auteurs anciens, la partie inférieure du Silurien*).

ore : minerai *m.*

organic acidity : acidité *f.* organique.

organic filler : charge *f.* organique (*laine, coton, chanvre, crin, sciure de bois, etc., ajoutés à certaines graisses*).

orifice meter : débitmètre *m.* à diaphragme, débitmètre à plaque percée.

O-ring : joint *m.* torique, joint annulaire (*en métal ou en élastomère*).

Orsat analyser or **Orsat apparatus** : appareil *m.* d'Orsat (*appareil de laboratoire servant à l'analyse des gaz de combustion d'un moteur*).

Orthoflow cracking process : procédé *m.* de craquage catalytique fluide (*dans lequel réacteur et régénérateur sont superposés ; selon les modèles le réacteur est tantôt en haut, tantôt en bas. – M. W. Kellog Co.*).

Orthoforming : procédé *m.* de reformage catalytique fluide (*utilisant un catalyseur du type molybdène-alumine à régénération en continu, avec recyclage d'hydrogène. – M. W. Kellog Co.*).

O/S or **O & S** : abréviation de *over and short*. Voir ce terme.

osmoscope : osmoscope *m.*, odorimètre *m.* (*appareil portatif servant à mesurer dans un espace clos la teneur en propane ou en butane provenant d'une fuite ; la méthode consiste à mesurer la teneur en odorants – mercaptans – incorporés au gaz par le changement de couleur de papiers sensibles*).

Ostwald viscometer : viscosimètre *m.* d'Ostwald (*viscosimètre du type capillaire servant à la mesure de la viscosité cinématique d'un fluide*).

ounce or **oz** : once *f.* (*mesure de poids anglo-saxonne ; 1 oz. avoirdupois = 28,35 g ; 1 oz. troy, ou apothecary = 31,1035 g*).

ounce (fluid) or **fl. oz.** : once *f.* fluide (*mesure de volume anglo-saxonne égale à la 1 600e partie du gallon impérial soit 28,41 cm^3, ou à la 1 280e partie du gallon américain, soit 29,57 cm^3*).

outage : 1/ volume *m.* libre prévu dans un réservoir (*destiné à permettre l'expansion du liquide contenu par suite de dilatations thermiques*) ; 2/ différence *f.* entre le volume occupé par un liquide à 15,6 °C (60 °F) et le volume occupé par le même liquide à une température inférieure ; voir aussi *overage* ; 3/ coupure *f.*, interruption *f.* ; 4/ voir *shell outage*.

outbid (to) : enchérir, surenchérir.

outcrop : affleurement *m.* (*partie d'une couche géologique présente à la surface du sol*).

outdoor : en plein air, extérieur, au dehors, au grand air, externe.

outer diameter : voir *outside diameter*.

outer tip diameter : cercle *m.* de tête (*d'un engrenage*).

outer-tone modifier : voir *bloom improver.*

outfit : 1/ appareil *m.*, équipement *m.*, outillage *m.*, trousse *f.* d'outils ; 2/ armement *m.* (*d'un navire*) ; 3/ équipe *f.* (*d'ouvriers*).

outflow : 1/ écoulement *m.*, flux *m.*, décharge *f.*, déversement *m.* ; 2/ coulée *f.* (*de lave*).

outflowing : effluent *m.*, courant *m.* de sortie.

outgoings or **outlay** or **outlayings** : dépenses *f.*, débours *m.*, sortie *f.* de fonds.

outlet : débouché *m.*, sortie *f.*, embouchure *f.*, refoulement *m.*, décharge *f.*, échappement *m.*, orifice *m.* (*d'écoulement, de sortie*).

outlier : massif *m.* détaché, lambeau *m.* de recouvrement, témoin *m.*, butte-témoin *f.*

out-of-balance : déséquilibré.

out-of-mesh : débrayé, dégagé.

out-of-phase : déphasé.

out-of-round : 1/ ovalisé ; 2/ ovalisation *f.*, faux-rond *m.*

outpost extension well : sondage *m.* d'extension. Voir *step-out well.*

output : 1/ production *f.*, extraction *f.*, débit *m.*, énergie *f.*, rendement *m.* ; 2/ signal *m.* de sortie (*d'un appareil de mesure ou de contrôle, d'un récepteur radioélectrique, etc.*).

outside brocker : courtier *m.* libre.

outside diameter or **outer diameter** or **OD** : diamètre *m.* extérieur (*d'un élément tubulaire*).

outstepping : perforation *f.* du tubage d'un puits (*pour évaluation ou mise en production d'une zone productrice supplémentaire*).

outstep well : voir *step-out well.*

outwash : eaux *f.* de fusion (*d'un glacier*).

oven : four *m.*, fourneau *m.*

oven conveyor lubricant : huile *f.* graphitée (*utilisée pour lubrifier les galets des convoyeurs d'une grille mécanique de foyer*).

oven test : essai *m.* au four (*pour déterminer la stabilité thermique d'un produit*).

over : quantité *f.* de distillat passé au-dessus d'une certaine température.

overage or **innage** : 1/ surplus *m.* ; 2/ différence *f.* entre le volume occupé par un liquide à

15,6 °C (60 °F) et le volume occupé par le même liquide à une température supérieure ; voir aussi *outage* 2/.

overall : 1/ global, total, hors-tout ; 2/ combinaison *f.* de travail, bleu *m.* de mécanicien, bleu de chauffe.

overall plate efficiency : efficacité *f.* des plateaux (*dans une tour de fractionnement, rapport entre le nombre réel de plateaux et celui des plateaux théoriques*).

over and short or **O/S** or **O & S** : différence *f.* entre les stocks d'huile calculés et les quantités effectivement disponibles (*résultant des effets de dilatation ou contraction thermique, des pertes, des erreurs de mesure, etc.*).

overbasing : superbasicité *f.* (*d'un lubrifiant*).

overburden : couverture *f.*, morts-terrains *m.*, terrains *m.* de couverture.

overdrive : surmultiplicateur *m.*, surmultiplication *f.*

overdue : arriéré, échu, impayé.

overdue bill : facture *f.* impayée, facture en souffrance.

overflash : excès *m.* de vapeurs (*dans la charge à l'entrée dans une tour de fractionnement*).

overflow : trop-plein *m.*, déversoir *m.*, débordement *m.*

overflow pipe : 1/ tuyau *m.* de débordement (*permettant au liquide de descendre dans les plateaux inférieurs d'une colonne de fractionnement à plateaux de barbotage*) ; 2/ tuyau de trop-plein.

overflow well : trop-plein *m.* (*par lequel le catalyseur est soutiré du régénérateur ou du réacteur d'un craqueur*).

overfueling : enrichissement *m.* (*de l'alimentation en combustible d'un moteur diesel*).

overhaul : vérification *f.*, révision *f.*, remise *f.* en état (*d'un moteur, d'une machine, etc.*).

overhead : 1/ produits *m.* de tête (*d'une colonne de distillation*), distillat *m.* de tête ; 2/ frais *m.* généraux ; 3/ aérien.

overhead camshaft : arbre *m.* à cames en tête.

overhead pump : pompe *f.* de reflux.

overhead valve : soupape *f.* en tête.

overheating or **superheating** : 1/ surchauffe *f.*, surchauffage *m.* ; 2/ échauffement *m.* anormal, coup *m.* de feu (*d'une chaudière*).

overlap : 1/ chevauchement *m.*, débordement *m.* (*de couches géologiques*) ; 2/ recouvrement *m.* (*des courbes de distillation de produits successifs, dû à la mauvaise qualité du fractionnement initial ; voir* gap 2/) ; 3/ croisement *m.* (*de soupapes*) ; 4/ bavure *f.* (*de soudage*).

overlaying : 1/ recouvrement *m.*, incrustation *f.* ; 2/ aciérage *m.* (*traitement conférant à un métal une dureté identique à celle de l'acier*).

overlay-plated bearing : coussinet *m.* à placage rapporté.

overlift : tonnage *m.* de brut enlevé en dépassement du total de ses droits (*dans le cadre d'un accord de participation*).

overload : surcharge *f.*

overload breakage : rupture *f.* par surcharge.

overlying rock : roche *f.* sous-jacente.

overpack : sur-emballage *m.* (*protection supplémentaire, généralement en bois mince, apportée à l'emballage de carton contenant des produits conditionnés en bidons, en vue d'un transport par voie maritime*).

over point : voir *initial boiling point.*

overrefined or **superrefined** : surraffiné.

overriding clause : clause *f.* dérogatoire (*d'un contrat*).

overriding royalty : redevance *f.* dérogatoire, redevance complémentaire (*fraction du revenu brut revenant au titulaire du droit minier dès qu'il y a production ; elle est fixée, dans un contrat, par une clause particulière*).

overrun : 1/ régime *m.* d'un moteur entraîné par le véhicule qu'il propulse ; 2/ dépassement *m.*

overshot : 1/ cloche *f.* de repêchage à coins, souricière *f.* à tige (*outil de repêchage des tiges ou des masses-tiges laissées accidentellement dans un forage*) ; 2/ dépassement *m.*, course *f.* (*d'un indicateur ou d'un régulateur au-delà de son déplacement normal lorsque survient une variation brusque de la grandeur mesurée*).

overspeed : survitesse *f.*

oversquare engine : moteur *m.* supercarré (*dont les cylindres ont un alésage supérieur à la course du piston*).

overstrain : effort *m.* excessif, tension *f.* excessive, surmenage *m.*

overthrust fault : plan *m.* de charriage.

overtime : heures *f.* supplémentaires.

O/W emulsion : abréviation de *oil-in-water emulsion.* Voir ce terme.

owner : propriétaire *m.* (*en particulier d'un droit minier, d'un brevet, d'un procédé, etc.*).

ownership : droit *m.* de propriété, possession *f.*

oxidation inhibitor or **antioxidant** : inhibiteur *m.* d'oxydation, antioxydant *m.* (*additif ajouté aux lubrifiants en très faible proportion, – 0,001 à 0,1 % –, constitué de composés aliphatiques et aromatiques contenant du soufre et du phosphore sous une forme facilement combinable à l'oxygène, ou d'amines organiques ou encore de dérivés du phénol, et comprenant souvent des métaux, comme le zinc, le baryum ou l'étain*).

oxidation-reduction or **redox** : oxydo-réduction *f.* (*réaction chimique au cours de laquelle il y a oxydation d'un réducteur et réduction d'un oxydant*).

oxidation stability of gasoline : stabilité *f.* d'une essence à l'oxydation. Voir *induction period method, potential gum method.*

oxidation stability of lubricating grease : stabilité *f.* d'une graisse à l'oxydation. Voir *Norma-Hoffman test.*

oxidation test for lubricating oil : essai *m.* d'oxydation d'une huile de graissage (*l'échantillon est soumis à une température de 200 ºC, avec barbotage de 15 l d'air par heure, en deux périodes de 6 h chacune ; le résidu de carbone Ramsbottom et la viscosité de l'échantillon sont mesurés avant et après l'essai et comparés ; cf. Standard Method IP 48*).

oxidation test for steam-turbine oil : essai *m.* d'oxydation d'une huile pour turbines à vapeur (*l'essai consiste à déterminer le temps nécessaire pour obtenir un indice de neutralisation de 2 mg de potasse par gramme de l'huile soumise à une température de 95 ºC en présence d'eau, d'oxygène et d'un catalyseur fer-cuivre ; selon le cahier des charges de la General Electric Co., Schenectady, N.Y., l'essai peut durer 1 000 h ; cf. ASTM D 943*).

oxidized asphalt : voir *blown asphalt.*

oxidized oil : voir *blown oil.*

oxidized wax : paraffine *f.* oxydée (*paraffine microcristalline, traitée par soufflage ; succédané de la cire de carnauba ; voir carnauba wax*).

oxidizing flame : flamme *f.* oxydante (*brûlant avec un excès d'oxygène*).

Oxo process : procédé *m.* de production d'alcools et d'aldéhydes (*par réaction de gaz de synthèse, CO et H_2, sur un hydrocarbure oléfinique ; voir aussi hydroformylation*).

oz. : abréviation de *ounce.* Voir ce terme.

ozocerite or **ozokerite** or **earth wax** or **mineral fat** or **mineral wax** or **native paraffin** : ozocérite *f.*, ozokérite *f.*, paraffine *f.* naturelle (*carbure d'hydrogène naturel, classé avec les cires fossiles*).

ozonization : ozonation *f.*, ozonisation *f.* (*procédé appliqué à l'épuration des eaux usées de raffinerie pour les débarrasser totalement de leurs saveur et odeur*).

P

p : symbole de *pico*. Voir ce terme.

P : symbole de *poise* (*unité de mesure de viscosité dynamique*). Voir *absolute viscosity*.

Pa : symbole de *pascal*. Voir ce terme.

package : emballage *m.*, empaquetage *m.*

packaged additive or **package-type additive** : additif *m.* multifonctionnel, mélange *m.* de plusieurs additifs.

package deal : ensemble *m.* d'offres ou de propositions formant un tout.

packaged oil : formule *f.* originale d'un lubrifiant commercialisé par un fabricant pour une utilisation spécifique.

package-type additive : voir *packaged additive*.

package unit : ensemble *m.* tout monté (*installation construite en usine et livrée en un ou plusieurs lots*).

packaging : 1/ conditionnement *m.*, emballage *m.*, présentation *f.* ; 2/ ensemble *m.* de plans et documents (*permettant la construction sous licence d'une unité ou d'une usine suivant un procédé donné*).

packaging machine : machine *f.* d'emplissage en bidons avec mise en cartons automatique.

packaging plant : chaîne *f.* de conditionnement, bidonnerie *f.*

packed-for-life : lubrifié à vie, lubrifié une fois pour toutes (*se dit, par exemple, à propos d'un coussinet, d'un roulement, etc.*).

packed oil : huile *f.* conditionnée (*en bidons, en fûts, etc.*).

packed tower or **filled-type column** or **filled-type tower** : tour *f.*, colonne *f.* à garnissage, tour garnie.

packer : 1/ presse-étoupe *m.*, garniture *f.* d'étanchéité, dispositif *m.* d'étanchéité ; 2/ packer *m.* (*garniture cylindrique en caoutchouc, de diamètre légèrement inférieur à celui du puits, et qui, comprimée, assure à l'intérieur de celui-ci l'étanchéité entre deux zones que l'on veut isoler*).

packer's oil : huile *f.* de paraffine (*dont on enrobe, pour les conserver, les œufs ou les fruits*).

packing : 1/ garniture *f.*, bourrage *m.* ; 2/ emballage *m.* ; 3/ compaction *f.*, tassement *m.* ; 4/ anneau *m.* de remplissage, garnissage *m.* (*d'une colonne de fractionnement au moyen de matériaux de nature diverse, de forme variable et de petite taille ; voir Raschig ring*).

packstone : packstone *m.* (*terme désignant dans la classification de R. L. Dunham, 1961, une roche carbonatée à texture sédimentaire reconnaissable, présentant des particules fines, dont les composants organiques n'ont pas été liés entre eux pendant le dépôt mais dont les grains sont cependant jointifs*).

pad : 1/ tampon *m.*, coussinet *m.*, patin *m.* ; 2/ plaquette *f.* (*d'un frein à disque*) ; 3/ cale *f.* de support.

pad bearing : palier *m.* à segments.

paddle : ailette *f.*, aubage *m.*, palette *f.*

paddle agitator : agitateur *m.* à palettes.

pad oiler or **pad lubricator** or **absorbent oiler** or **felt roll oiler** : dispositif *m.* de graissage par tampon, tampon *m.* graisseur (*généralement utilisé pour lubrifier un essieu*).

paid-up royalty : redevance *f.* (*somme globale payée comptant au détenteur d'une licence, généralement en fonction de la capacité installée*).

pail : seau *m.*

painters' naphtha : voir *varnish makers' and painters' solvents*.

paint oil : huile *f.* (*de lin*) pour peintures et vernis.

paint thinner : diluant *m.* pour peintures et vernis.

pale oil : huile *f.* pâle, de couleur claire (*huile de base, de faible viscosité, entrant dans la formule d'un lubrifiant*).

paleomagnetism : paléomagnétisme *m.* (*étude de l'aimantation rémanente naturelle des roches qui permet de déterminer l'intensité et la direction du champ magnétisme terrestre à l'époque de leur aimantation*).

Paleozoic or **Primary** : Paléozoïque *m.*, Primaire *m.* (*ère géologique ayant débuté il y a 600 millions d'années et qui en a duré 375 ; elle comprend le Cambrien, l'Ordovicien, le Silurien, le Dévonien, le Carbonifère et le Permien qui ont duré respectivement 100, 65, 40, 50, 65 et 55 millions d'années*).

161

pallet : palette *f.* (*de manutention ; plateau de chargement constitué par deux planchers reliés entre eux par des entretoises, ou par un plancher reposant sur des dés ou sur des supports et conçu essentiellement pour permettre les manutentions par chariots élévateurs à fourches*).

palm-nut oil : huile *f.* de palmiste (*huile extraite du noyau du fruit du palmier à huile ; voir palm oil*).

palm oil : huile *f.* de palme (*huile non siccative extraite de la pulpe du fruit du palmier à huile, Elaeis guineensis, et utilisée dans la fabrication des graisses ainsi que comme fluide de refroidissement au cours du laminage à froid des tôles en fer blanc*).

pan : 1/ butée *f.*, pan *m.* ; 2/ cuve *f.*, cuvette *f.*, carter *m.*, bassin *m.* ; 3/ horizon *m.* durci (*pédologie*) ; 4/ petite cuve (*servant au contrôle des produits finis avant leur stockage*) ; 5/ auge *f.* annulaire ou en forme de segment (*permettant le soutirage complet du liquide refluant dans une tour*) ; 6/ plateau *m.* de balance.

pancake coil : serpentin *m.* plat.

pancake engine : moteur *m.* plat (*dont les cylindres sont disposés horizontalement*).

panel : 1/ panneau *m.*, tableau *m.* (*de contrôle en particulier*) ; 2/ groupe *m.* de travail, commission *f.*, jury *m.*

panel heating : voir *radiant heating*.

pan-type floating roof : toit *m.* flottant en forme de cuvette (*d'un réservoir*).

paper chromatography : chromatographie *f.* sur papier.

papermill drier bearing lubricant : huile *f.* pour coussinet des cylindres sécheurs de machines à fabriquer le papier.

paper profits : bénéfices *m.* fictifs.

paraffin-base crude oil : pétrole *m.* brut à base paraffinique (*du type Pennsylvanie par exemple*).

paraffin distillate : distillat *m.* paraffineux, distillat paraffinique (*contenant de la paraffine éliminable par déparaffinage*).

paraffin engine : voir *kerosene engine*.

paraffin hydrocarbon : hydrocarbure *m.* paraffinique (*hydrocarbure saturé de formule générale* C_nH_{2n+2}).

paraffin oil : 1/ huile *f.* de paraffine (*huile fluide de couleur claire*) ; 2/ pétrole *m.* lampant, kérosène *m.*

Paraffins Olefins Naphthenes Aromatics test method or **PONA test method** or **PONA**

analysis : analyse *f.* PONA (*méthode d'analyse des hydrocarbures permettant de déterminer les pourcentages des différents constituants présents dans les fractions légères suivant UOP Method 273 – Universal Oil Products ; plusieurs méthodes d'analyses peuvent généralement être appliquées : 1/ ASTM D 1319, AFNOR M 07 – 024, pour déterminer les hydrocarbures saturés, – paraffiniques et naphténiques –, oléfiniques et aromatiques ; 2/ ASTM D 2002, pour séparer les hydrocarbures saturés des oléfines et des aromatiques ; 3/ ASTM D 2159, pour déterminer les hydrocarbures naphténiques obtenus par la méthode précédente*).

paraffin press : presse *f.* à paraffine.

paraffin scale : paraffine *f.* écaille (*paraffine brute*), écaille *f.* de paraffine.

paraffinum liquidum : 1/ paraffine *f.* liquide, huile *f.* de paraffine (*utilisée en pharmacie, en cosmétologie et comme lubrifiant dans l'industrie alimentaire*) ; 2/ autre désignation des cires *f.* de petrolatum et de l'huile *f.* blanche ; voir *white oil*.

paraffin wax : paraffine *f.*, cire *f.* de pétrole (*à structure cristalline*).

paraffin wax melting point : point *m.* de fusion des paraffines (*température à laquelle la paraffine fondue mise à refroidir commence à se solidifier ; cf. ASTM D 87, AFNOR T 60 – 114*).

parallel plates interceptor : séparateur *m.* à lames parallèles (*dispositif continu de décantation des eaux huileuses comportant deux empilages de plaques inclinées parallèlement au sens du courant, favorisant ainsi la séparation de l'huile entraînée*).

parcel of a concession : partie *f.* d'une concession.

parcel of permit : partie *f.* d'un permis de recherche.

parent rock : roche-mère *f.* (*roche à partir de laquelle se sont formées d'autres roches*). Voir aussi *mother formation*.

parking brake : frein *m.* à main, frein de stationnement.

parking light : feu *m.* de stationnement.

part : 1/ partie *f.* ; 2/ l'un des exemplaires *m.* originaux d'un contrat.

partial loss : perte *f.* partielle (*de la boue dans un forage, de la cargaison d'un navire, etc.*).

participation crude : voir *buy-back crude*.

particular average : avarie *f.* simple.

particular lien : privilège *m.* spécial (*liant par exemple une compagnie pétrolière à ses propres navires pétroliers*).

particulars of sale : cahier *m.* des charges.

partition chromatography : chromatographie *f.* par séparation. Voir *chromatography.*

partner : associé *m.*, partenaire *m.*

partnership : 1/ association *f.* ; 2/ société *f.* en nom collectif.

part-owner : 1/ propriétaire *m.* pour une part ; 2/ co-armateur *m.* d'un navire.

parts per billion or **ppb** : parties *f.* par milliard (*utilisé également, avec le même sens, dans les pays où billion signifie mille milliards ou* 10^{12}). Voir *billion.*

parts per million or **ppm** : parties *f.* par million.

party : équipe *f.* (*en particulier équipe sismique*).

pascal or **Pa** : pascal *m.* (*symbole* : Pa ; *unité de pression du Système International*).

pass-fail test or **passing-failing test** : essai *m.* de laboratoire dont les résultats sont exprimés dans les termes « passe » ou « ne passe pas ».

passivation or **passivating treatment** : passivation *f.* (*traitement complémentaire, avant mise en peinture, des surfaces de métaux et d'alliages ferreux, convenablement décalaminées et dé-rouillées*).

pasting : 1/ empâtage *m.* (*pour hydrogénation d'un composé à l'état solide*) ; 2/ collage *m.*, encollage *m.*

pasty : pâteux, empâté.

patch : 1/ pièce *f.*, pièce rapportée, emplâtre *m.*, rustine *f.* ; 2/ morceau *m.*, coin *m.*, lopin *m.* de terre ; 3/ tache *f.* ; 4/ banc *m.* de glace dérivante (*dont la plus grande dimension est inférieure à environ 10 km*) ; 5/ groupe de géophones reliés à un seul canal d'enregistre-ment en sismique réflexion.

patch of oil : voir *stain of oil.*

patent : brevet *m.* d'invention.

patentability : qualité *f.* de ce qui est susceptible d'être breveté.

patentable : brevetable, susceptible d'être breveté.

patent claim : revendication *f.* propre à un brevet (*faisant l'objet d'un examen de la part de l'office des brevets*).

patented : breveté (*en France, sans garantie du gouvernement ou SGDG*).

patent lawyer : conseil *m.* en brevets, agent *m.* de brevets.

patent office : office *m.* des brevets (*en France, Institut national de la propriété industrielle, 26 bis, rue de Léningrad, 75009 Paris*).

patent specifications : spécifications *f.* techniques précisant l'objet d'un brevet.

path : course *f.*, trajectoire *f.*, chemin *m.*, parcours *m.*, trajet *m.*

pathway : passerelle *f.*

pattern : modèle *m.*, échantillon *m.*, gabarit *m.*, patron *m.*, configuration *f.*, calibre *m.*, structure *f.*, texture *f.*, diagramme *m.*, schéma *m.*, maillage *m.*

patternator : appareil *m.* de laboratoire (*servant à vérifier l'uniformité du jet du gicleur d'un brûleur en recueillant le liquide pulvérisé dans un récipient taré et divisé en plusieurs secteurs circulaires*).

paving : 1/ pavage *m.* ; 2/ chaussée *f.* pavée.

pawl : cliquet *m.* d'arrêt, griffe *f.* d'arrêt, linguet *m.*, rochet *m.*

pay : 1/ paye *f.* ; 2/ gisement *m.*

pay on delivery or **POD** : paiement *m.* à la livraison.

payout time : durée *f.* de remboursement, durée d'amortissement (*période nécessaire pour ré-cupérer la valeur de l'investissement, plus l'amortissement*).

pay sand : sable *m.* productif (*produisant une quantité payante d'huile brute*).

pay streak : partie *f.* riche, payante (*d'une veine ou d'un filon métallique*).

pay zone : couche *f.* rentable, couche payante, zone *f.* productrice ; voir *net pay, pay sand.*

pck : abréviation de *peck.* Voir ce terme.

PCV : abréviation de *positive crankcase ventilation.* Voir ce terme.

PE : abréviation de *population equivalent.* Voir ce terme.

peak : pic *m.*, cime *f.*, sommet *m.*, pointe *f.* (*de production, de charge*), crête *f.*, valeur *f.* maximale (*sur un diagramme, une courbe, etc.*).

peak load : charge *f.* de pointe, charge maximale.

peak rate : capacité *f.* maximale (*de production d'une installation*), débit *m.* maximal (*d'un pipe-line*).

peak shaving : stockage *m.* de gaz de ville (*au cours des périodes de faible consommation pour faire face aux demandes de pointe*).

peak-shaving plant : installation *f.* destinée à faire face à une demande de pointe (*écrétement*), centrale *f.* de pointe.

peak time : heure *f.* de pointe.

peak-to-valley average or **PVA** : évidement *m.* (*différence entre la moyenne d'une dizaine de pics les plus élevés et la moyenne d'une dizaine de vallées les plus profondes du même profil d'une surface*). Voir *center line average.*

peanut oil or **earthnut oil** or **groundnut oil** or **arachis oil** : huile *f.* d'arachide (*non siccative*).

pear-shaped centrifuge tube : tube *m.* à centrifuger piriforme.

peat : tourbe *f.*

peaty soil : sol *m.* tourbeux.

pebble : 1/ caillou *m.*, galet *m.*, galet de moulin ; 2/ bille *f.* non catalytique utilisée pour le transfert de la chaleur dans le procédé *Thermofor pyrolytic cracking.* Voir ce terme.

pebble stone : caillou *m.* roulé, galet *m.*

pebbly : caillouteux.

peck : peck *m.* (*abréviation* : pck ; *mesure de capacité pour les matières sèches, équivalente en Grande-Bretagne à deux gallons impériaux, soit 9,01 l, et, aux États-Unis, à 2 gallons de Winchester, soit 8,73 l*).

peddler : 1/ colporteur *m.* ; 2/ revendeur *m.* de produits pétroliers (*assurant la livraison à domicile*).

peeling : écaillage *m.*, desquamation *f.*, pelage *m.*, épluchage *m.*

peening : matage *m.*, criblage *m.*, martelage *m.*, grenaillage *m.* (*usure par chocs répétés*).

peephole : regard *m.*

peg : cheville *f.*, fiche *f.*, clavette *f.*, jalon *m.*, piquet *m.*, dent *f.*

pelleted catalyst : voir *pellets.*

pelletizer : pellétisateur *m.* (*machine à agglomérer et à former*). Voir *pellets.*

pelletizing : agglomération *f.*, pellétisation *f.*, bouletage *m.*, pastillage *m.*

pellets or **pelleted catalyst** : catalyseur *m.* (*façonné en petits blocs pouvant avoir la forme de bâtonnets, d'anneaux, de tubes ou de billes, utilisé dans des procédés de craquage, de reformage ou d'hydrogénation, et constitué de mélanges de silice et d'alumine, de terres activées, d'alumine-magnésie, de silicates d'aluminium, d'oxydes de molybdène, de chrome, de*

cobalt, de nickel et de tungstène ainsi que de platine). Voir aussi *faecal pellet.*

pell-mell or **pellmell** : pêle-mêle, en désordre.

pellucid : transparent, translucide, pellucide.

pending : en cours, en attente, en instance, pendant.

penetrant : mouillant, pénétrant, imprégnant.

penetrating oil : huile *f.* pénétrante (*pour lubrifier les lames de ressort*), huile antirossignol (*que l'on pulvérise sur le châssis et le dessous de caisse des véhicules automobiles*).

penetration : voir 1/ *penetration rate* ; 2/ *penetration test.*

penetration index or **PI** : indice *m.* de pénétration (*permettant d'évaluer la susceptibilité thermique d'un bitume* ; *d'après Pfeiffer et van Doormal, il est donné par la formule* :

$$PI = \frac{30}{1 + 90 \, PTS} - 10$$

dans laquelle PTS *est la* penetration-temperature susceptibility ; *voir ce terme*).

penetration number : voir *worked penetration.*

penetration rate or **penetration** : avancement *m.*, pénétration *f.* (*vitesse de pénétration d'un outil de forage à travers les terrains* ; *elle s'exprime en unités de longueur forées par unité de temps ou en unités de temps nécessaires pour forer une unité de longueur*).

penetration-temperature susceptibility or **PTS** : sensibilité *f.* de la pénétration d'un bitume à la température (*elle est donnée par la formule* :

$$PTS = \frac{\log 800 - \log penetration}{R \, \& \, B - 77}$$

dans laquelle R & B *est le point de ramollissement exprimé en degrés Fahrenheit* ; *voir softening point test*).

penetration test : essai *m.* de pénétrabilité *f.* (*détermination de la dureté ou de la consistance d'un bitume, d'une paraffine, d'une graisse, d'une vaseline, etc.* ; *l'essai se fait en mesurant la longueur, exprimée en dixièmes de millimètre, dont une aiguille normalisée, chargée d'une masse de 100 g, ou un cône normalisé, pénètre en 5 s dans l'échantillon maintenu à la température de 25 ºC*). Voir *penetrometer.*

penetrometer or **penetration tester** : pénétromètre *m.* (*appareil de mesure de la dureté ou de la consistance des bitumes et des paraffines, à l'aide d'une aiguille normalisée* [*cf. ASTM D 5, AFNOR T 66 – 004 ; ASTM 1321, AFNOR T 60 – 123*], *ainsi que des graisses et des produits paraffineux, comme la vaseline, à l'aide d'un cône normalisé* [*cf. ASTM D 217, AFNOR T 60*

– 132 ; ASTM D 1403, AFNOR T 60 – 140 ; ASTM D 937, AFNOR T 60 – 119] ; voir *penetration test*).

Penex process : procédé *m.* d'isomérisation des pentane et hexane normal (*en présence d'hydrogène avec catalyseur non régénérable à base de platine. – Universal Oil Products Co.*).

Pennsylvania crude : brut *m.* de Pennsylvanie (*type de pétrole brut contenant un pourcentage élevé de bases paraffiniques*).

Pennsylvania system of drilling : voir *cable system of drilling*.

Pensky-Martens tester or **closed-cup tester** or **flash closed-cup tester** or **Pensky-Martens closed-cup** or **PMCC** : appareil *m.* de Pensky-Martens (*appareil à creuset fermé servant à déterminer le point d'éclair des dérivés du pétrole lorsqu'il est supérieur à 50 °C ; cf. ASTM D 93, AFNOR M 07 – 019*).

penstock : conduite *f.* forcée, canal *m.* de dérivation, canal d'amenée, vanne *f.* hydraulique.

Pentafining : dénomination d'un procédé d'isomérisation du pentane normal (*en présence d'hydrogène avec catalyseur régénérable à base de platine. – Engelhard Industries Inc.*).

pentane insolubles test : détermination *f.* de la quantité de matières insolubles dans le pentane normal contenues dans un lubrifiant usagé (*cf. ASTM D 893*).

pepper : poivre *m.* (*fines particules de boue produites au cours du traitement à l'acide sulfurique et restant souvent en suspension dans les huiles lubrifiantes ; voir aussi sludge*).

peptization : peptisation *f.* (*1/ dispersion d'une substance colloïdale dans un liquide ; 2/ dégradation d'un protide en peptones*).

peptizing : capacité *f.* de dispersion des additifs détergents (*signifie littéralement : digestion des produits d'altération*).

PERA viscosity classification : abréviation de *Production Engineering Research Association viscosity classification*. Voir ce terme.

percentage conversion : voir *conversion*.

percentage depletion : déduction *f.* de 22 %, autorisée, dans la limite de 50 % du bénéfice imposable, par la législation américaine (*pour permettre aux producteurs de pétrole la reconstitution des gisements*). Voir aussi *cost depletion, depletion allowance*.

Perco HF alkylation process : procédé d'alkylation de l'isobutane avec des oléfines, (*en présence d'acide fluorhydrique, permettant d'obtenir des bases à fort indice d'octane pour carburants. – Phillips Petroleum Co.*).

percolation : 1/ percolation *f.* (*raffinage des huiles et des paraffines par filtration sur terre ; le produit circule à une température comprise entre 25 et 90 °C dans une haute tour remplie de terre adsorbante*) ; 2/ phénomène *m.* d'entraînement d'essence liquide dans le mélange gazeux d'un carburateur (*se produisant lorsque, par suite d'une température élevée, le carburant entre en ébullition*).

percussion system of drilling : voir *cable system of drilling*.

perforated plate : plateau *m.* perforé (*équipant une tour de fractionnement ou d'absorption*).

performance factors : facteurs *m.* de performance (*pour une unité de craquage catalytique ces facteurs sont : le rendement en essence, l'indice d'octane du produit obtenu et le pourcentage de coke déposé*).

performance number : indice *m.* de performance (*d'un carburant ; c'est le pourcentage de puissance, supérieur ou inférieur à 100 %, que développe, sans cliquetis, un moteur alimenté par un carburant donné, par rapport à la puissance développée par le même moteur alimenté en carburant d'indice d'octane égal à 100 ; l'indice de performance est utilisé pour caractériser les carburants dont l'indice d'octane est supérieur à 100*).

perilla seed oil : huile *f.* de perilla (*huile grasse, demi siccative, extraite des graines d'une labiacée de Chine, de Corée et du Japon,* Perilla nankinensis *ou* P. ocimoides, *et qui est utilisée dans la fabrication des vernis et des papiers transparents*).

permafrost : permagel *m.*, pergelisol *m.*, permafrost *m.* (*sol gelé permanent des régions arctiques*).

Permalloy : dénomination commerciale d'un alliage de nickel (*78 %*) et de fer (*22 %*) utilisé pour ses propriétés magnétiques.

permanent structure guide : structure-guide *f.* permanente (*cadre entretoisé muni de tubes de 100 mm de diamètre environ et de 2 à 3 m de hauteur, soudés verticalement aux quatre sommets du cadre, auxquels viennent se raccorder les câbles reliant le fond de la mer à l'engin de forage et qui servent de guide pour la descente du stack* [voir ce terme] ; *ce cadre est fixé sur le dernier tube du premier tubage et repose sur la plaque de base provisoire* [voir *temporary guide base*] ; *le stack est muni de tubes femelles dans lesquels coulissent les câbles et qui viennent se loger dans les tubes verticaux, centrant ainsi automatiquement l'ensemble*).

permanent type antifreeze solution : mélange *m.* antigel permanent (*pour radiateurs ; constitué par du glycol, liquide non volatil*).

permeability : perméabilité *f.* (*propriété physique présentée par certaines roches de laisser filtrer au travers d'elles les liquides ou les gaz; de la perméabilité d'une roche-réservoir dépend le drainage du pétrole ou du gaz vers les puits, donc la productivité du gisement; l'unité de perméabilité est le* darcy *qui correspond à la perméabilité d'un échantillon de 1 cm de long, qui, sous une pression de 1 bar, laisse passer par centimètre carré de surface un débit de 1 cm³/s d'un liquide ayant une viscosité de 1 cP; le millidarcy est seul pratiquement utilisé*).

Permian : Permien *m.* (*dernière période géologique de l'ère primaire qui a duré de −280 à −230 millions d'années*).

permitman : permitman *m.* (*membre d'une équipe géophysique chargé des relations et des négociations avec les propriétaires du sol et les autorités officielles en vue d'obtenir les autorisations de passage nécessaires à la réalisation des travaux*).

pervious : perméable.

pesticide : pesticide *m.* (*produit destiné à lutter contre les parasites animaux et végétaux des cultures*).

pestle : pilon *m.* (*de mortier*).

petcock : voir *drain cock.*

Petreco desalting process : procédé *m.* éliminant les impuretés solubles du pétrole brut (*par lavage et séparation de l'eau au moyen d'un champ électrique. − Petrolite Corp.*).

petrifaction or **petrification** : pétrification *f.*

petrochemical : pétrochimique.

petrochemicals : produits *m.* pétrochimiques.

petrochemistry : pétrochimie *f.*, pétroléochimie *f.*

petroil lubrication : lubrification *f.* (*d'un moteur à deux temps*) par mélange d'huile dans l'essence (*acception anglaise du terme*).

petrol : essence *f.* (*acception anglaise du terme*). Voir aussi *gasoline.*

petrolatum : 1/ pétrolatum *m.* (*solide mou, de densité voisine de 1, de couleur foncée, obtenu lors du déparaffinage par centrifugation des huiles de pétrole lourdes, et constitué par des paraffines et des cires; en le purifiant on obtient les corps commercialement appelés vaselines*); 2/ vaseline *f.*; 3/ paraffine *f.* amorphe; 4/ produits *m.* ou résidus *m.* paraffineux; voir *wax tailings.*

petrolatum melting point : point *m.* de fusion d'un pétrolatum, d'une vaseline ou d'une cire (*défini par la norme ASTM D 127, AFNOR T 60 − 121*). Voir *drop point* 2/.

petrolatum stock : pétrolatum *m.* de base (*d'où sont tirées des paraffines amorphes*).

Petrolene : dénomination commerciale d'un solvant pétrolier obtenu par distillation directe.

petrolenes or **malthenes** : malthènes *m.* (*fraction de bitume soluble dans le pentane normal*).

petroleum : pétrole *m.*, brut *m.*

petroleum benzin : benzine *f.* de pétrole (*fraction légère de distillation appelée plus couramment ligroïne; voir* ligroin).

petroleum ceresin : voir *ceresin wax.*

petroleum coke or **coke** : coke *m.* de pétrole (*résidu solide à forte teneur en carbone résultant de la décomposition à haute température du pétrole et utilisé principalement pour la fabrication d'électrodes et de balais en charbon*). Voir aussi *needle coke.*

petroleum ether : éther *m.* de pétrole (*nom donné autrefois à l'essence spéciale G distillant entre 30 et 75 °C, composée de pentanes et d'hexanes et utilisée en parfumerie pour l'extraction à basse température des huiles végétales essentielles ainsi qu'en pharmacie pour la fabrication d'onguents à séchage rapide*).

petroleum jelly : 1/ vaseline *f.*; 2/ résidu *m.* paraffineux à cristallisation réticulaire.

petroleum naphtha : voir *naphtha* 1/.

petroleum pitch : brai *m.* de pétrole. Voir *petroleum tar.*

petroleum spirit : voir *mineral spirit.*

petroleum tar or **petroleum pitch** : goudron *m.*, brai *m.* de pétrole (*substance visqueuse de couleur très foncée ou noire, constituant un résidu de la distillation sous vide du pétrole*).

petrol-lighter : briquet *m.* à essence.

Petter engine test : essai *m.* sur moteur Petter (*essai sur les moteurs monocylindriques diesel AV-1 et à essence W-1 destiné à contrôler la stabilité, la détergence et l'aptitude à la formation de gommes des huiles pour moteur*).

pewter : potin *m.* (*alliage d'étain − 73 à 95 % −, d'antimoine − 5 à 15 % −, de cuivre − 0 à 3 % − et de plomb − 0 à 15 % −, utilisé pour confectionner des coussinets*).

pH : voir *hydrogen-ion concentration.*

phantom or **phantom horizon** : horizon *m.* fantôme, fantôme *m.* (*ligne tracée sur une section sismique parallèlement à un réflecteur voisin de l'horizon principal lorsque l'on ne peut pas suivre ce dernier sans interruption*).

pharmaceutical oil : voir *medicinal oil.*

phase-in oil or **phase-in crude** : brut *m.* de reprise (*pétrole brut revenant au gouvernement mais que les compagnies s'engagent à racheter, si le gouvernement le leur demande, à un prix proche du prix du marché*).

phenols : phénols *m.* (*substances aromatiques qui, même à faible concentration, communiquent mauvais goût et mauvaise odeur aux eaux et qui sont toxiques pour la faune et la flore aquatique ; ils sont éliminables par traitement biologique des eaux*).

phenol extraction : extraction *f.* au phénol (*procédé d'extraction sélective des distillats huileux utilisant le phénol, C$_6$H$_5$–OH, comme solvant*).

phial or **vial** : fiole *f.*, ampoule *f.*, flacon *m.*

Phillips catalytic isomerization : procédé *m.* catalytique d'isomérisation du butane en isobutane (*utilisant comme catalyseur du trichlorure d'aluminium en présence d'acide chlorhydrique. – Phillips Petroleum Co.*).

Phillips HF alkylation : procédé *m.* Phillips d'alcoylation de l'isobutane avec des oléfines à trois, quatre et cinq atomes de carbone en présence d'acide fluorhydrique. – *Phillips Petroleum Co.*

Phosphate desulfurization : désulfurisation *f.* au phosphate (*procédé d'extraction de l'hydrogène sulfuré contenu dans les gaz par absorption au moyen d'une solution de triphosphate de potasse qui n'absorbe pas le gaz carbonique éventuellement présent. – Shell Development Co.*).

phosphoric acid polymerization : procédé *m.* de polymérisation du propène et des butènes en essence ou en intermédiaires pétrochimiques (*en présence d'un catalyseur à base d'acide phosphorique imprégnant un support*).

photochemical smog : smog *m.* photochimique (*smog du type Los Angeles, résultant principalement de réactions de photosynthèse ou photochimiques, c'est-à-dire favorisées par la lumière, des oxydes d'azote sur certains hydrocarbures, les oléfines en particulier, en présence d'ozone atmosphérique*).

photosensing : lecture *f.* photo-électrique.

phytotoxicant : phytotoxique (*se dit d'un produit ayant un effet toxique sur les végétaux*).

PI : abréviation de *penetration index* et de *productivity index.* Voir ces termes.

pick (to) : pointer (*une section sismique, c'est-à-dire choisir les marqueurs et les suivre en les soulignant le long de la section*).

picking point of paraffin wax or **wax picking point** : température *f.* à laquelle apparaît la première rupture de la couche de paraffine dans un papier paraffiné soumis à l'essai d'évaluation du point de collage de deux feuilles entre elles. Voir *blocking point of paraffin wax.*

pickling : décapage *m.*

pickup : 1/ qualité *f.* d'accélération, reprise *f.* ; 2/ capteur *m.*, prise *f.* ; 3/ crochet *m.*, pince *f.* ; 4/ bras *m.* mobile (*d'un instrument de mesure ou d'un enregistreur*), pick-up *m.* ; 5/ voir *recycling* ; 6/ voir *pickup truck.*

pickup oil : brut *m.* de récupération (*échappé d'un puits ou d'un réservoir de stockage et récupéré*).

pickup truck or **pick-up** : pickup *m.* (*type de véhicule automobile utilitaire, sorte de camionnette à plateau nu, non bâché*).

picnometer or **piknometer** or **pycnometer** or **pyknometer** or **areo-picnometer** : pycnomètre *m.* (*flacon de verre ou de quartz servant à déterminer la densité des solides ou des liquides.*

pico : pico (*symbole* : p ; *préfixe qui, placé devant le nom d'une unité, la divise par un billion, soit par* 10^{12}).

pier or **jetty** : jetée *f.*, môle *m.*

pierage : droits *m.* de jetée.

piercing : poinçonnage *m.*, perçage *m.*, percement *m.*, ouverture *f.*

pig : voir *go-devil* 1/.

pigging : raclage *m.*, nettoyage *m.*, ramonage *m.* (*d'une conduite ou d'un pipe-line à l'aide d'un piston ou d'une sphère*).

pig iron : fonte *f.* brute, fonte en saumons, fonte en gueuses.

pig lead : plomb *m.* en saumons.

pig shooter : appareil *m.* de lancement d'un piston racleur. Voir *go-devil* 1/, *pigging.*

pig station : voir *scraper trap.*

pigtail : queue *f.* de cochon (*se dit d'un serpentin, d'un raccord flexible, d'un câble d'arrivée, etc. ayant cette forme*).

pig trap : voir *scraper trap.*

piknometer : voir *picnometer.*

pilchard oil : huile *f.* de pilchard (*huile siccative, extraite du poisson du même nom, qui, raffinée dans une tour d'extraction au propane, donne plusieurs fractions utilisées dans la fabrication des savons ; les fractions à indice d'iode élevé sont employées pour la fabrication des vernis, en remplacement partiel de l'huile de lin*).

pile : 1/ pilotis *m.*, pieu *m.* ; 2/ pile *f.*, tas *m.*, amas *m.*, paquet *m.*

pile dolphin : voir *mooring dolphin*.

pile driver : sonnette *f.* de battage.

piling : 1/ voir *stacking* 1/ ; 2/ pilotis *m.*, pile *f.* (*d'ancrage*).

pillar : pilier *m.*, colonne *f.*, poteau *m.*

pillow block bearing : palier *m.* ordinaire, support *m.*

pilot fuel : 1/ gazole *m.* injecté pour l'allumage d'un moteur du type polycarburant ; voir *dual-fuel engine* ; 2/ combustible *m.* alimentant la veilleuse d'un foyer.

pilot-operated : piloté, asservi (*se dit d'un dispositif dans lequel le signal de mesure capté dans le procédé est remplacé ou amplifié grâce à une source extérieure d'énergie*).

pilot plant : unité *f.*, usine *f.* pilote (*destinée à réaliser une production semi industrielle avant passage à la fabrication industrielle à grande échelle*).

pin : 1/ tourillon *m.*, broche *f.*, goupille *f.*, épingle *f.*, axe *m.*, cheville *f.*, boulon *m.* ; 2/ extrémité *f.* mâle (*d'un joint de tige de forage*).

pin-and-disk type tribotesting machine : machine *f.* du type aiguille et disque pour essai mécanique d'usure en présence d'huile (*elle comporte un disque entraîné à vitesse constante et une aiguille, frottant sur le disque, sur laquelle sont appliquées des charges ; la valeur du frottement est mesurée par des jauges de contrainte ;* voir *strain gauge*).

pincers or **pinchers** : tenailles *f.*, pinces *f.*

pinch : voir *crush*.

pinch (to) or **pinch back (to)** : voir *bean back (to)*.

pinchcock or **pinch-clamp cock** : pince *f.* de Mohr (*pince utilisée dans les laboratoires de chimie et servant à arrêter le débit dans un tube en caoutchouc par écrasement de ce dernier*).

pinched ring or **cold-stuck ring** : segment *m.* pincé ou gommé à froid (*il ne se laisse pas déplacer dans sa gorge par simple pression des doigts et présente une surface latérale sans dépôts sur l'ensemble de la circonférence, ce qui prouve que le segment était libre pendant le fonctionnement du moteur*).

pinchers : voir *pincers*.

pine oil : huile *f.* de pin (*huile essentielle extraite des racines de pin*).

pine tar : goudron *m.* de pin.

ping : cognement *m.*, détonation *f.* (*du mélange air-carburant dans un moteur à combustion interne*).

pinger or **ultrasonic beacon** : balise *f.* acoustique, balise à ultrasons, pinger *m.* (*balise sous-marine émettrice d'impulsions ultrasonores permettant un repérage de la profondeur d'immersion des instruments de mesure auxquels elle est généralement accouplée*).

pinking : voir *knocking*.

pint : pinte *f.* (*mesure de capacité anglo-saxonne, dont le symbole est pt, égale à la huitième partie du gallon, soit 0,568 l pour la pinte anglaise ou imperial pint, et 0,473 l pour la pinte américaine ; au Canada la pinte est égale au quart du gallon impérial, soit 1,136 l*).

pin tap : taraud *m.* conique court (*outil de repêchage*).

pintle : pivot *m.*, rivure *f.*, broche *f.* (*d'une serrure*), goujon (*d'une charnière*).

pintle injector : injecteur *m.* à jet annulaire.

Pintsch gas : gaz *m.* Pintsch (*gaz obtenu par craquage de gazole*).

pioneer well : sondage *m.* d'exploration.

pipage : 1/ transport *m.* par canalisation ; 2/ pose *f.* d'une canalisation ; 3/ canalisation *f.*, conduite *f.*

pipe-bending machine : machine *f.* à cintrer les tubes, cintreuse *f.*

pipe coil : serpentin *m.*

pipe cutter : 1/ coupe-tige *m.* (*outil à couteaux utilisé dans les opérations de repêchage pour couper les tiges de forage*) ; 2/ coupe-tube *m.*

pipe dog : clef *f.* à tubes (*servant à faire tourner un tube sur lui-même*).

pipe fitting : pose *f.* d'une conduite, d'une canalisation, etc.

pipe fittings : voir *fittings* 3/.

pipe lagging : revêtement *m.* calorifuge d'un tube.

pipelayer : voir *side-boom tractor*.

pipelaying : pose *f.* de pipe-lines.

pipelaying barge : voir *lay-barge*.

pipeline : pipe-line *m.*, conduite *f.*, canalisation *f.*, tuyauterie *f.*, oléoduc *m.*, gazoduc *m.*

pipeline cleaner or **pipeline scraper** : voir *go-devil* 1/.

pipeliner : 1/ pipelinier *m.* (*transporteur par pipe-line ou agent du transporteur*) ; 2/ voir *side-boom tractor*.

pipe rack : 1/ parc *m.* à tiges, râtelier *m.* à tubes, installation *f.* de gerbage (*des tiges de forage*) ; 2/ nappe *f.* aérienne (*de tuyauteries*).

pipe ram : mâchoire *f.* d'obturateur (*sur une tête de puits*).

pipe ram cutter : mâchoire *f.* de cisaillement des tiges de forage (*sur une tête de puits sous-marine*).

pipe still or tube still : four *m.* ou alambic *m.* tubulaire.

pipet or pipette : pipette *f.*, compte-gouttes *m.*

pipe thread : filetage *m.* d'un tube.

pipe thread lubricant : voir *thread lubricant.*

pipe tongs : pince *f.* à tubes, clés *f.* à tiges (*servant à bloquer ou débloquer les tiges de forage*).

pipe trench : nappe *f.* en tranchée (*réseau de tuyauteries ou de conduites disposées en tranchée ouverte*).

pipette : voir *pipet.*

pipeway : 1/ râtelier *m.* à tiges ; 2/ nappe *f.* au sol (*réseau de tuyauteries ou de conduites disposées au sol, non enterrées*).

pipe wiper : essuie-tige *m.* (*collerette en caoutchouc obturant l'espace annulaire lors de la remontée du train de tiges et destiné à essuyer les tiges ainsi qu'à prévenir la chute accidentelle d'objets dans le trou*).

pipe wrapping : enrobage *m.* des canalisations (*réalisé à l'aide de machines spéciales, dites enrobeuses*).

piping : 1/ canalisation *f.*, tuyau *m.*, conduite *f.*, tuyauterie *f.* ; 2/ retassure *f.* (*terme désignant, en métallurgie, un défaut constitué par une cavité se formant dans la partie massive d'une pièce coulée, et qui est due à la contraction du métal lors de sa solidification*).

piston crown or piston top land : couronne *f.*, tête *f.* de piston (*partie supérieure du piston d'un moteur thermique située au-dessus de la gorge du segment coup de feu*).

piston displacement : déplacement *m.* du piston (*d'un moteur thermique*), cylindrée *f.*

piston land : cordon *m.* (*surface du piston d'un moteur thermique comprise entre les gorges des segments*).

piston pin : voir *wrist pin.*

piston ring or ring : segment *m.* d'étanchéité ou de compression (*d'un piston*).

piston-ring scraper : segment *m.* racleur d'huile (*équipant les pistons d'un moteur thermique*).

piston rod : bielle *f.*, tige *f.* de piston (*d'un moteur thermique, d'une pompe, etc.*).

piston skirt : jupe *f.* d'un piston (*d'un moteur thermique*).

piston slap or slap : claquement *m.* d'un piston (*d'un moteur thermique*).

piston top land : voir *piston crown.*

piston top land cutting : voir *crown cutting.*

piston-type gas cap drive : voir *gas cap drive.*

piston undercrown : 1/ fond *m.* de piston ; 2/ calotte *f.* de piston.

pit : 1/ fosse *f.* de rétention, bac *m.*, fosse de coulée, bassin *m.*, fosse de réparation, puits *m.*, puisard *m.* ; voir aussi *mud pit* ; 2/ carrière *f.* ; 3/ piqûre *f.* (*de corrosion*) ; 4/ empreinte *f.* (*défaut d'un matériel tubulaire*).

pitch : 1/ brai *m.*, poix *f.* (*résidu de la distillation du bois ou du goudron*) ; 2/ pas *m.* (*d'une vis*) ; 3/ écartement *m.* (*des dents d'un pignon*) ; 4/ inclinaison *f.*, pente *f.*, tangage *m.*

pitch circle or pitch line : cercle *m.* primitif (*d'un engrenage*).

pitcher : voir *jug 1/.*

pitch line : voir *pitch circle.*

pitch-type bitumen : bitume *m.* (*résultant d'une opération de craquage ; très sensible aux variations de température, son indice de pénétration est négatif*). Voir *penetration index.*

pitchy : 1/ poisseux, poissé ; 2/ noir (*comme de la poix*).

pit cock : robinet *m.* de purge.

pithole : trou *m.* provoqué sur une surface métallique par la corrosion ou la rouille.

pitman : bielle *f.*, pièce *f.* reliant la manivelle au balancier (*d'une installation de forage à percussion*).

Pitot tube : tube *m.* de Pitot (*appareil simple servant à déterminer la vitesse d'écoulement d'un fluide*).

Pitot-Venturi tube : venturi *m.* muni d'un tube de Pitot (voir *venturi*).

pitted valve : soupape *f.* piquée, corrodée.

pitting : piquage *m.* (*d'un métal*), piqûre *f.* (*se produisant à la surface des dents d'un engrenage sous la forme de petites crevasses le long du cercle primitif et résultant d'une finition imparfaite ; on peut la limiter en augmentant la viscosité du fluide lubrifiant ; voir aussi incipient pitting*).

pivot : pivot *m.* (*d'articulation*), axe *m.* de rotation.

pivot bearing : crapaudine *f.*

plain bearing or **plain-type bearing** : voir *sleeve bearing*.

planer or **planing machine** : raboteuse *f.*, planeuse *f.*, dégauchisseuse *f.*

plane table : planchette *f.* (*tablette sur trépied, munie d'une alidade, servant au lever des plans*).

planetary gear reducer : réducteur *m.* à engrenages planétaires.

planet gear : engrenage *m.* planétaire, satellite *m.*

planing : rabotage *m.*, aplanissage *m.*

planing machine : voir *planer*.

planning : 1/ tracé *m.* (*d'un plan*) ; 2/ programme *m.*, plan *m.* (*de travail*), planning *m.*

plant : installation *f.*, unité *f.*, usine *f.*, établissement *m.*

plant mix : voir *mix in plant*.

plant spray oil : huile *f.* phytosanitaire ou phyto-pharmaceutique (*utilisée comme support d'insecticides ou de pesticides en agriculture ; elle peut être employée aussi telle quelle dans le traitement contre le Cercospora musae du bananier*).

plasma : plasma *m.* (*nom donné aux gaz ionisés obtenus aux très hautes températures et dont les concentrations électronique et ionique sont sensiblement égales, d'où résulte une charge spatiale presque nulle*).

plaster : plâtre *m.*, emplâtre *m.*

plastering : plâtrage *m.*, emplâtrage *m.*, enduction *f.*

plasticizer : plastifiant *m.*

plate : 1/ plateau *m.* (*d'une colonne de fractionnement*) ; 2/ plaque *f.*, lame *f.*, tôle *f.*

plated : garni de plaques, plaqué, doublé, blindé, bordé.

platform : voir *drilling platform*.

platformate : platformat *m.* (*essence de reformage obtenue par le procédé* Platforming ; voir ce terme).

Platforming : procédé *m.* de reformage catalytique des essences (*utilisant un catalyseur à base de platine ; dans le procédé dit* continuous Platforming, *ou* Platforming continu, *le catalyseur circule lentement par gravité d'un réacteur à l'autre, puis est soutiré, régénéré et recyclé ; les relavages sont assurés par injection de gaz. –* Universal Oil Products Co.).

platform scale : pont-bascule *m.*

plating : 1/ placage *m.* métallique, revêtement *m.* en tôle, blindage *m.* ; 2/ galvanisation *f.*

platinum black : noir *m.* de platine (*mousse de platine catalytique*).

Platreating : procédé *m.* catalytique de reformage à l'hydrogène (*qui, associé au procédé* Udex – voir ce terme – *permet d'obtenir du benzène et du toluène purs. –* Universal Oil Products Co.).

Platt's Oilgram price : prix *m.* officiel de référence du brut et des dérivés du pétrole publié chaque jour par le *Platt's Oilgram Price Service* (McGraw Hill Publ. Co., 330 West 42nd Street, New York).

play : jeu *m.*

playback : rejeu *m.*, playback *m.* (*action de faire repasser tout ou partie de l'information géophysique enregistrée sous forme analogique ou numérique, avec ou sans traitement ; résultat de ce rejeu*).

Pleistocene : Pléistocène *m.* (*première période de l'ère quaternaire, appelée aussi Quaternaire ancien, et s'étendant de –2 millions d'années à environ –100 000 ans*).

plenum chamber : chambre *f.* sous pression.

pliers : pinces *f.*, tenailles *f.*

Pliocene : Pliocène *m.* (*dernière période de l'ère tertiaire, s'étendant de –6 à –2 millions d'années*).

plot : 1/ plan *m.*, tracé *m.*, restitution *f.*, plot *m.*, repère *m.* (*sur un graphique*), croquis *m.* à l'échelle ; 2/ parcelle *f.* de terrain.

plot plan : plan *m.* d'implantation, plan de masse.

plotter : appareil *m.* de restitution, enregistreur *m.* graphique, traceur *m.* de courbes.

plotting : lever *m.* planimétrique, tracé *m.*, relevé *m.*, restitution *f.*, planimétrage *m.*, présentation *f.* graphique.

plotting paper : papier *m.* quadrillé, papier millimétré, papier millimétrique.

ploughing or **plowing** : labourage *m.*, enfoncement *m.* par déformation plastique.

plug : 1/ bougie *f.* (*d'un moteur à explosion*) ; 2/ bouchon *m.* ; 3/ dispositif *m.*, le plus souvent reforable, placé intentionnellement à une certaine profondeur pour occlure un forage ; voir *cement plug, bridge plug*.

plug a well (to) or **plug back a well (to)** : reboucher un puits.

plug bridging : perlage *m.* des électrodes d'une bougie d'allumage (*d'un moteur à explosion*).

plug cock : robinet *m.* à clef, robinet à boisseau.

plug container : type de tête *f.* de cimentation, (*vissée au sommet d'un tubage prêt à être cimenté, et dans laquelle sont introduits les bouchons de cimentation qui seront chassés dans le tubage avant et après l'injection du laitier de ciment*).

plug effect : effet-bouchon *m.* (*phénomène de déplacement en bloc de la zone centrale, où le cisaillement est nul, d'une substance plastique s'écoulant dans un tube ; cette partie se déplace alors comme un solide à une vitesse maximale à l'intérieur du tube*).

plugged : bouché, cimenté, colmaté.

plugging : bouchage *m.*, comblement *m.*, obturation *f.*, colmatage *m.* (*obturation à l'aide de produits dits colmatants, des fissures de terrain rencontrées au cours d'un forage*).

plugging agent : produit *m.* colmatant (*produits divers, comme la cellophane en lanières, les coquilles de noix concassées, etc., injectés dans un sondage avec la boue de forage et destinés à colmater les zones fissurées à pertes de circulation*).

plugging chart : schéma *m.* de connexion (*électrique*).

plug valve : robinet *m.* à boisseau, vanne *f.* à opercule.

plumber : plombier *m.*

plumbing : 1/ plomberie *f.*, plombage *m.* ; 2/ tuyauterie *f.*, tuyau *m.*

plume : panache *m.* (*de fumée d'une cheminée*).

plummer block or **plummer box** : 1/ palier *m.*, support *m.* ; 2/ empoise *f.* (*boîte en fonte sur laquelle reposent les coussinets d'un laminoir*).

plunger : piston *m.*, piston-plongeur *m.*, ventouse *f.*

plunger gauge or **plunger gage** : jauge *f.* (*du niveau d'huile dans un carter*).

plunger pump : pompe *f.* à plongeur (*en général pompe à haute pression utilisée pour les fracturations de formation*).

PMCC : abréviation de *Pensky-Martens closed cup.* Voir *Pensky-Martens tester.*

PNA : abréviation de *polynuclear aromatics.* Voir ce terme.

pneumatics : pneumatique *f.* (*science ayant pour objet l'étude de la mécanique des gaz*).

pneumatic control : régulation *f.* pneumatique, commande *f.* pneumatique (*dans laquelle l'agent moteur est un gaz, généralement de l'air, sous pression*).

pneumatic ram : bélier *m.*, marteau-pilon *m.* à air comprimé ou pneumatique.

pneumatic tool oil : huile *f.* pour outils ou machines pneumatiques (*généralement à bas point de congélation, de qualité extrême-pression ou compoundée*).

pneumerator or **pneumoractor** : jauge *f.* pneumatique (*appareil servant à mesurer le niveau d'un liquide dans un réservoir par l'intermédiaire d'un gaz que l'on comprime de manière à ce que sa pression soit égale à la pression hydrostatique du liquide dont on cherche à mesurer le niveau*).

pocket oil dispenser or **pocket spot oiler** : graisseur *m.* compte-gouttes de poche.

POD : abréviation de *pay on delivery.* Voir ce terme.

Podbielniak apparatus : appareil *m.* de Podbielniak (*appareil de laboratoire servant à distiller et à rectifier avec enregistrement de la température*).

pogy oil : voir *menhaden oil.*

Pohl congealing point : voir *congealing point for petroleum wax.*

pointer : aiguille *f.*, indicateur *m.*, repère *m.*, index *m.* (*d'un instrument de mesure, d'une balance, etc.*).

poise : poise *m.* (*symbole : P ; unité de mesure de la viscosité dynamique ou absolue*). Voir *absolute viscosity.*

poison : 1/ poison *m.* ; 2/ substance *f.* (*soufre, oxygène, azote, etc.*) provoquant l'empoisonnement d'un catalyseur (*c'est-à-dire réduisant son activité*) ; voir *catalyst poisoning.*

poisoning : intoxication *f.*, empoisonnement *m.*. Voir aussi *catalyst poisoning.*

poisoning gas : gaz *m.* toxique.

policeman : spatule *f.* en verre garnie de caoutchouc utilisée en laboratoire.

polish : 1/ poli *m.*, lustre *m.*, brillant *m.* ; 2/ liquide *m.* ou pâte *f.* à polir, produit *m.* lustrant.

polishing : polissage *m.*, astiquage *m.*, lissage *m.*, cirage *m.*, encaustiquage *m.*, brunissage *m.*

polishing paste : pâte *f.* à polir.

pollutant : polluant *m.*

polluted water : eau *f.* polluée.

polyethylene grease : graisse *f.* au polyéthylène (*graisse contenant 4 à 7 % de polyéthylène haute densité, utilisée en particulier pour prévenir certaines formes de corrosion due aux trépidations ou aux frottements ; voir fretting corrosion*).

Polyforming and Gas Reversion : procédé *m.* de reformage et de craquage thermiques à haute pression (*jusqu'à 100 bar ; avec injection ou recyclage d'hydrocarbures à trois et quatre atomes de carbone, afin d'augmenter le rendement en essence et d'améliorer l'indice d'octane de cette dernière. – Gulf Oil Co. et Phillips Petroleum Co.*).

poly-gasoline : voir *polymer gasoline.*

polymer : polymère *m.* (*corps dont la molécule est constituée par l'association de plusieurs molécules d'un autre corps appelé monomère*).

polymer gasoline or **polymerized gas** or **poly-gasoline** : essence *f.* de polymérisation (*obtenue par polymérisation de gaz de raffinerie*).

polymerization : polymérisation *f.* (*formation de molécules complexes par union entre deux ou plusieurs molécules, comportant au moins une double liaison, – oléfines –, appelées monomères, identiques ou différentes, sous l'action de la chaleur, de la pression et souvent en présence d'un catalyseur ; la copolymérisation se rapporte à l'union de molécules différentes ; la polymérisation permet d'obtenir des carburants à indice d'octane élevé ainsi que des lubrifiants synthétiques, des plastifiants, des matières plastiques, etc.*).

polymerized gas : voir *polymer gasoline.*

polynuclear aromatics or **PNA** : molécules *f.* aromatiques contenant plusieurs noyaux liés entre eux (*dont certaines sont cancérigènes*).

polytetrafluoroethylene or **PTFE** or **teflon** : polytétrafluoroéthylène *m.*, téflon *m.*, (*matière plastique remarquablement résistante aux agents chimiques, à la température, à la corrosion, et dont on fait des joints et des garnitures*).

PONA test method or **PONA analysis** : abréviation de *Paraffins Olefins Naphthenes Aromatics test method* or *analysis*. Voir ce terme.

pontoon : 1/ ponton *m.* ; 2/ partie *f.* mobile d'un réservoir à toit flottant.

pool : 1/ gisement *m.* (*accumulation commerciale d'huile ou de gaz occupant un réservoir indépendant et se trouvant sous un régime de pression unique*) ; synonymes : *oil pool, accumulation* ; voir aussi *oil field ; 2/ communauté f.*, groupement *m.*, fonds *m.* commun ; 3/ équipes *f.* supplémentaires ou permanentes (*chargées, dans une raffinerie, de la surveillance entre les périodes de relèves*) ; 4/ flaque *f.*, petite surface *f.* d'eau libre.

pooling : mise *f.* en commun, concentration *f.*, regroupement *m.* (*se dit en particulier au Canada et aux États-Unis de la réunion de petites parcelles de terrain en vue de l'obtention d'un permis de recherche*). Voir aussi *unitization.*

poor mixture : voir *lean mixture.*

pop : voir *vent.*

pop back : retour *m.* de flamme (*au carburateur*).

poppethead : 1/ poupée *f.* (*de tour*) ; 2/ chevalement *m.* (*d'un puits de mine*).

poppet valve : soupape *f.* à clapet, soupape à tige, soupape champignon.

popping : voir *flaring.*

poppy-seed oil : huile *f.* de graines de pavot (*siccative*), huile d'œillette (ou de pavot noir).

population equivalent or **PE** : mesure *f.* de la pollution de l'eau (*quantité en grammes de l'oxygène nécessaire à l'oxydation biologique de la pollution aquatique produite par habitant et par jour, quantité variant avec les pays et les époques ; elle était en moyenne en 1979, de 54 g pour l'Europe de l'Ouest*).

pop valve : soupape *f.* de décharge, soupape de surpression.

porosity : porosité (*rapport du volume total des pores d'une roche à son volume total, généralement exprimé en pourcentage*).

porphyrin : porphyrine *f.* (*composé organo-métallique complexe présent dans le pétrole brut*).

porpoise oil : huile *f.* de marsouin ou de cochon de mer (*huile siccative utilisée pour le graissage des horloges*).

port : 1/ port *m.* ; 2/ bâbord *m.* ; 3/ lumière *f.*, ouverture *f.*, orifice *m.* (*désigne en particulier les ouvertures pratiquées dans certains appareils, moteurs ou machines pour permettre l'échappement des gaz ou vapeurs*).

port blocking or **port plugging** : obstruction *f.* des lumières d'échappement (*dans un moteur deux temps par exemple*).

porterage : prix *m.* de transport par porteur, factage *m.*

port plugging : voir *port blocking.*

positioner or **valve positioner** : positionneur *m.* (*relais recevant le signal du régulateur et agissant sur le fluide moteur d'une vanne de réglage*).

positioning action : action *f.* résultant d'une relation entre la valeur de la variable réglée et la position de l'élément final de régulation.

positive crankcase ventilation or **PCV** : recyclage *m.* des gaz du carter (*d'un moteur thermique*).

positive displacement meter : compteur *m.* volumétrique (*mesurant les volumes par une suite enregistrée de remplissages et de vidanges de capacité de contenance connue*).

positive feedback : rétroaction *f.* positive (*augmentant l'amplification d'un signal*).

posted price : prix *m.* affiché (*improprement appelé prix posté ; prix officiel du brut franco à bord d'un navire et figurant sur les cotations publiées*). Voir *posting.*

post-ignition : post-allumage *m.*

posting : affichage *m.* (*publication, qui se faisait autrefois aux États-Unis par affichage, des prix du pétrole brut et des produits finis sur les marchés spécifiques du pétrole*).

pot : voir *boiler.*

pot burner : voir *vaporizing burner.*

potential gum method : détermination *f.* de la teneur en gommes potentielles (*évaluation de la stabilité à l'oxydation des essences ; la méthode consiste à déterminer le résidu en milligrammes par 100 cm³ obtenu en évaporant à 160 °C dans un courant d'air l'échantillon oxydé dans l'appareil prévu par l'*induction period method *d'après la norme ASTM D 525, AFNOR M 07 – 012 ; cf. ASTM D 873, AFNOR M 07 – 013*).

potential hydrogen : voir *hydrogen-ion concentration.*

potentiometer : 1/ potentiomètre *m.* (*appareil servant à mesurer une différence de potentiel électrique en opposant celle-ci, jusqu'à équilibre, à une différence de potentiel étalonnée* ; 2/ potentiomètre (*résistance réglable servant de diviseur de tension*).

pounding : voir *rumble.*

pound-second per square foot or **lb.sec/sq. ft.** : livre *f.* seconde par pied carré (*unité de viscosité absolue dans le système cohérent anglo-saxon*). Voir *absolute viscosity.*

pounds per square inch or **psi** : livres *f.* par pouce carré (*mesure anglo-saxonne de pression ; 1 psi = 0,6804 atm = 0,6895 bar*).

pounds per square inch absolute or **psia** : livres *f.* par pouce carré absolues (*mesure anglo-saxonne de la pression absolue*).

pounds per square inch gauge or **psig** : livres *f.* par pouce carré effectives (*mesure anglo-saxonne de la pression effective ou manométrique*).

pourer : 1/ couleur *m.* (*de fonderie*) ; 2/ entonnoir *m.*

pourer spout : voir *pouring lip.*

pouring lip or **pourer spout** : bec *m.* verseur (*sur le bord d'un récipient ou d'un vase pour faciliter le versement du liquide qu'il contient*).

pour inhibitor : voir *pour-point depressant.*

pour point or **PP** : point *m.* d'écoulement (*température minimale à laquelle une huile ou un fuel-oil coulent encore lorsqu'ils sont refroidis sans agitation dans des conditions normalisées*).

pour-point depressant or **depressant** or **pour-point depressor** or **pour inhibitor** : additif *m.* abaissant le point d'écoulement d'une huile (*produits de condensation à longues chaînes paraffiniques comportant des noyaux aromatiques, des hydrocarbures halogénés, des savons métalliques, etc.*).

pour-point reversion : inversion *f.* du point d'écoulement d'une huile (*la valeur du point d'écoulement, obtenue après traitement de stabilisation à 40-50 °C, diminue après un chauffage à 100 °C*).

pour stability : stabilité *f.* du point d'écoulement (*aptitude d'un lubrifiant à conserver son point d'écoulement initial dans des conditions de basse température*).

pour test : essai *m.* d'écoulement (*détermination du point d'écoulement d'un dérivé du pétrole selon les normes ASTM D 97, AFNOR T 60 – 105*). Voir aussi *cold test, setting point test.*

powder : 1/ poudre *f.* ; 2/ explosif *m.* (*terme employé familièrement en prospection sismique*).

powdered asphalt : bitume *m.* en poudre, bitume pulvérisé.

powder monkey : artificier *m.*, boutefeu *m.*

power brake : servo-frein *m.*, frein *m.* assisté.

power cylinder : maître-cylindre *m.* (*d'un système de servo-frein à dépression*).

power factor : facteur *m.* de puissance (*d'un circuit électrique en courant alternatif*).

Powerforming : procédé *m.* de reformage catalytique à lit fixe (*avec recyclage d'hydrogène, utilisant un catalyseur au platine régénérable et comportant des réacteurs permutables alternativement en opération ou en régénération ; pour des charges peu réfractaires, le Powerforming utilise des réacteurs non permutables et la régénération nécessite alors leur arrêt. – Esso Research and Eng. Co.*).

powerhouse or **power station** : centrale *f.* électrique, station *f.* génératrice d'énergie électrique.

powering-up : mise *f.* sous tension.

power kerosene : voir *vaporizing oil.*

power lead : câble *m.* d'alimentation (*électrique*).

power loss : perte *f.* de puissance.

power lubricator : graisseur *m.* mécanique.

power of attorney : procuration *f.*, mandat *m.*, pouvoirs *m.* (*délégation légale de pouvoirs donnés à un mandataire en vue de faire ou d'exécuter certaines obligations ou encore de représenter le mandant*).

power paraffin : voir *vaporizing oil.*

power rectifier : redresseur *m.* (*appareil transformant un courant alternatif en courant unidirectionnel*).

power shift : passage *m.* instantané d'une vitesse à une autre (*à pleine charge et sans arrêt*).

power slips : coins *m.* de retenue automatique (*à commande pneumatique ou hydropneumatique, servant à retenir le train de tiges dans la table de rotation au cours des manœuvres*).

power station : voir *powerhouse.*

power steering : direction *f.* assistée (*d'un véhicule*).

power takeoff or **PTO** or **takeoff power** : prise *f.* de force, prise de mouvement.

PP : abréviation de *pour point.* Voir ce terme.

PPA : abréviation de *precipitated propane asphalt.* Voir ce terme.

ppb : abréviation de *parts per billion.* Voir ce terme.

ppm : abréviation de *parts per million.* Voir ce terme.

Precambrian or **Eozoic** or **Proterozoic** : Précambrien *m.* (*ère géologique antérieure au Cambrien et constituant la plus ancienne formation géologique ; elle a duré extrêmement longtemps, au moins 4 milliards d'années*).

precipitated propane asphalt or **PPA** : brai *m.* de pétrole (*extrait obtenu dans le raffinage au propane, des résidus sous vide en vue d'obtenir des huiles de graissage très visqueuses*).

precipitation or **drop-out** : précipitation *f.*

precipitation number : indice *m.* de précipitation (*des huiles de graissage ; fonction de la teneur en asphaltènes, il est égal au nombre de centimètres cubes de précipité formé lorsque 10 cm³ d'huile sont mélangés à 90 cm³ d'essence et que le mélange est soumis à centrifugation ; cf. ASTM D 91*).

precoat filter : filtre *m.* à précouche (*filtre rotatif dont la surface du tambour est recouverte d'un adjuvant pour faciliter la filtration ; voir filter aid*).

precleaner : préfiltre *m.*

predistilling tower or **prefractionator** : colonne *f.* de prédistillation, préfractionnateur *m.*

preflashing : prévaporisation *f.* (*vaporisation partielle se produisant dans la partie inférieure d'une tour et précédant la distillation*).

prefractionator : voir *predistilling tower.*

preheater : préchauffeur *m.*, réchauffeur *m.*

preignition knock : cliquetis *m.* par préallumage (*dû à des dépôts incandescents à l'intérieur des cylindres*).

preignition preventer : additif *m.* destiné à éviter le préallumage.

premium or **premium gasoline** or **premium-grade gasoline** : supercarburant *m.*, super *m.*

premium-grade motor oil or **medium-duty motor oil** : huile *f.* pour le graissage des moteurs à combustion interne (*contenant des additifs antioxydants et anticorrosifs, conformément aux normes établies par le SAE Fuel and Lubricants Technical Committee*).

preplot : préplot *m.*, précalculs *m.* (*désigne en prospection sismique le plan précis situant les points de tir ou la route du navire sismique, plan établi avant l'exécution des travaux*).

preservative : voir *rust preventer.*

pressed : pressé, comprimé, estampé, embouti, calandré.

pressed distillate : huile *f.* de presse (*recueillie lors de la séparation de la paraffine par filtre-presse*).

pressure cooker : autoclave *m.*, autocuiseur *m.*

pressure distillate : distillat *m.* de craquage thermique.

pressure drop in packed tower : perte *f.* de charge dans une colonne à garnissage.

pressure gage : voir *pressure gauge.*

pressure gaging lock or **pressure gauging lock** : dispositif *m.* installé sur le toit d'un réservoir sous pression (*permettant de prélever des échantillons ou de mesurer le niveau du liquide contenu*).

pressure gauge or **pressure gage** : manomètre *m.*

pressure gauging lock : voir *pressure gaging lock.*

pressure grease gun : graisseur *m.* pour graissage forcé, pistolet *m.* graisseur.

pressure lubrication : voir *forced feed lubrication*.

pressure maintenance : recompression *f.*, maintien *m.* de pression (*injection de gaz dans la partie supérieure d'un gisement pour en maintenir la pression et l'exploitation par expansion du gaz libre*).

pressure oiler : servo-graisseur *m.*

pressure-reducing valve : mano-détendeur *m.*

pressure relief valve : voir *relief valve*.

pressurestat : pressostat *m.* (*appareil à fonctionnement automatique, qui, branché sur un générateur, un réservoir ou une conduite renfermant un fluide comprimé, sert à maintenir constante la pression de ce dernier*).

pressure storage vessel : réservoir *m.* sous pression (*pour le stockage à l'état liquide des hydrocarbures volatils*).

pressure-wear index or **PWI** : index *m.* pression-usure (*mesuré à la machine à quatre billes et défini par la formule* :

$$PWI = \frac{L_2 - L_1}{D_2^2 - D_1^2}$$

dans laquelle L_1 *et* L_2 *sont les charges en kilogrammes correspondant au début du grippage et au début du frottement en régime d'extrême-pression, et* D_1 *et* D_2 *les diamètres en millimètres des empreintes correspondant aux charges* L_1 *et* L_2 *prises sur la courbe donnant les empreintes d'usure sur les billes en fonction des charges appliquées*). Voir *four ball test*.

prestressed concrete : béton *m.* précontraint.

pretreating : prétraitement *m.*

preventer : 1/ empêchement *m.*, obstacle *m.* ; 2/ voir *blowout preventer*.

PRF : abréviation de *primary reference fuel*. Voir ce terme.

prill : pépite *f.*, échantillon *m.*, bille *f.* sphéroïde, pilule *f.*

prilling : granulation *f.* (*agglomération en granules*).

primage : primage *m.* (*entraînement de gouttelettes d'eau parfois chargées de sels, par la vapeur à la sortie d'une chaudière*).

Primary : voir *Paleozoic*.

primary commodity or **basic commodity** : produit *m.* de base.

primary element : élément *m.* primaire (*dispositif captant une information en utilisant ou en*

transformant l'énergie du milieu à régler et donnant une action qui est fonction des modifications de la valeur de la variable réglée).

primary recovery or **primary operation** or **primary production** : récupération *f.* primaire (*première phase d'exploitation d'un gisement de pétrole par drainage naturel du réservoir sous l'effet de la différence de pression au sein du gisement et au fond des puits de production, l'écoulement pouvant être naturel, par puits éruptifs, ou obtenu par pompage mécanique*).

primary reference fuel or **PRF** : carburant *m.* ou combustible *m.* primaire de référence (*utilisé dans les moteurs ASTM-CFR appropriés pour mesurer l'indice d'octane d'un carburant ou l'indice de cétane d'un gazole ; pour la mesure de l'indice d'octane, le carburant de référence est un mélange d'heptane normal, d'indice 0, et d'isooctane [2-2-4 triméthylpentane], d'indice 100 ; celui utilisé pour la mesure de l'indice de cétane est un mélange d'alphaméthylnaphtalène, d'indice 0, et de cétane [hexadécane normal], d'indice 100*).

primary reflexion : réflexion *f.* réelle (*se dit en prospection sismique de l'énergie sismique objet d'une seule et unique réflexion par opposition à celle qui subit plusieurs réflexions et qui est dite multiple ; voir* multiple).

primary right : droit *m.* primitif (*découlant directement d'un contrat, avant avenants ou modifications postérieurs à la date du contrat initial*).

primary texture : rugosité *f.* d'une surface métallique après usinage.

prime (to) : amorcer (*une charge explosive, une pompe, etc.*).

prime mover : 1/ générateur *m.* de force motrice, appareil *m.* moteur ; 2/ tracteur *m.* d'un camion semi-remorque.

primer : 1/ enduit *m.*, couche *f.* primaire d'accrochage, couche *f.* d'impression (*étalée avant l'application de la couche de protection définitive ; voir aussi* asphalt primer) ; 2/ cartouche-amorce *f.* ; 3/ manuel *m.*, livre *m.* élémentaire.

primer pump : pompe *f.* à amorçage automatique.

prime steam : vapeur *f.* humide (*dont la teneur en eau est supérieure à 3 %*).

priming : 1/ voir *primer* 1/ ; 2/ amorçage *m.* (*d'une pompe*) ; 3/ moussage *m.*, écumage *m.* (*de l'eau dans une chaudière*) ; 4/ voir *primage* ; 5/ enrichissement *m.* du mélange combustible, injection *f.* directe de carburant dans les cylindres d'un moteur (*pour en faciliter le démarrage*).

printer : imprimante *f.* (*d'ordinateur*), tireuse *f.* (*photographique*).

printing ink oil or **ink oil** : huile *f.* servant à la fabrication des encres d'imprimerie.

probe : sonde *f.*

process : traitement *m.*, procédé *m.*, processus *m.*, opération *f.*, méthode *f.*, action *f.*, transformation *f.*

process control : utilisation *f.* d'un ordinateur pour contrôler la marche d'une unité.

process design : étude *f.*, conception *f.* de procédé (*calcul fondamental d'une installation*).

process diagram : schéma *m.* de procédé.

processibility : possibilité *f.* de transformation.

processing : 1/ traitement *m.* (*de l'information, des données sismiques, etc.*) ; 2/ ensemble *m.* des opérations que l'on fait subir dans l'industrie du pétrole aux matières premières ; 3/ façonnage *m.* (*traitement à façon de brut dans une raffinerie pour le compte d'un tiers à qui reviennent les produits finis*).

processing capacity or **throughput capacity** : capacité *f.* de traitement ou de production (*d'une unité ou d'une usine*).

processing fee : coût *m.* d'un traitement à façon.

process oil : huile *f.* de procédé (*huile utilisée comme agent chimique ou milieu réactionnel dans un procédé de fabrication, ou qui entre dans certaines fabrications comme constituant*).

processor : processeur *m.*, organe *m.* de traitement, analyseur *m.*

process products : produits *m.* issus de différentes opérations de raffinage.

process stock : fraction *f.* pétrolière destinée à être transformée.

process stream analyser : analyseur *m.* automatique à marche continue (*disposé dans une unité*).

process water : eau *f.* de traitement (*ayant été utilisée dans les traitements et devant être traitée très soigneusement avant rejet*).

producer or **producing well** : puits *m.* productif, puits producteur.

producer gas : gaz *m.* de gazogène, gaz pauvre de gazogène (*obtenu en insufflant un mélange d'air et de vapeur d'eau à travers une couche de charbon ou de coke portée à l'incandescence*).

producing well : voir *producer.*

Production Engineering Research Association viscosity classification or **PERA viscosity classification** : classification *f.* des huiles industrielles selon leur viscosité (*établie par l'organisme anglais Production Engineering Research Association, ou PERA, Melton Mowbray, Leices-*

tershire, et comprenant onze classes correspondant à des valeurs de viscosité échelonnées de 35 à 1 000 s Redwood, à la température de 140 °F, ou 60 °C).

productivity index or **PI** : indice *m.* de productivité (*volume d'huile brute produite par un puits, en barils par livre par pouce carré de baisse de pression de fond*).

products line or **products pipeline** : pipe-line *m.* pour le transport de produits finis.

profitability : rentabilité *f.*

profit oil : bénéfice *m.* en huile (*dans le cadre du contrat de partage de production, part de l'huile produite qui revient à l'opérateur et à ses associés au titre de leur rémunération*). Voir *cost oil.*

progradation : progradation *f.* (*progression du rivage vers le large consécutive à l'apport de sédiments par les fleuves côtiers*).

programming : 1/ programmation *f.* ; 2/ établissement *m.* d'un programme (*de fabrication, d'études, etc.*).

project engineer : ingénieur *m.* de projet de bureau d'étude (*assurant la réalisation d'un projet depuis la conception jusqu'à la fabrication ou la mise en route*).

promoter : activateur *m.*, promoteur *m.*, activeur *m.* (*agent améliorant l'activité d'un catalyseur*).

proof pressure : pression *f.* d'essai, pression d'épreuve.

prop : 1/ agent *m.* de soutènement ; voir aussi *propping agent* 1/ ; 2/ étai *m.*, étançon *m.*, support *m.*, butte *f.*, poteau *m.*, console *f.*

Propane deasphalting : désasphaltage *m.* au propane (*précipitation des asphaltes par traitement d'un résidu avec du propane sous pression et à 90 °C ; l'asphalte se sépare et l'huile, propre à la fabrication de lubrifiants, reste en solution dans le propane liquide. – M. W. Kellogg Co.*).

Propane decarbonizing : décarbonisation *f.* au propane (*procédé, analogue au propane deasphalting – voir ce terme, permettant d'obtenir à partir de résidus des charges soumises ensuite au craquage catalytique. – M. W. Kellogg Co.*).

Propane dewaxing : déparaffinage *m.* au propane (*procédé d'extraction de la paraffine des distillats à l'aide de propane liquide utilisé comme agent de réfrigération et de précipitation des paraffines. – M. W. Kellogg Co.*).

propellant or **rocket fuel** or **exotic fuel** : ergol *m.*, propergol *m.* (*combustible pour fusées et moteurs à réaction*).

propeller : propulseur *m.*, hélice *f.*

propeller shaft : arbre *m.* de transmission (*d'un navire*).

property or **property interest** : intérêts *m.* miniers (*tout droit afférent à une concession minière*).

proportional action : action *f.* proportionnelle (*action d'un régulateur délivrant un signal proportionnel à la variation de valeur de la variable à régler*).

proportional band : bande *f.* proportionnelle (*amplitude des variations de la variable mesurée pour laquelle la réponse de l'élément final de régulation est maximum ; elle est généralement exprimée en pourcentage de l'échelle de mesure*).

proportional-reset action : action *f.* proportionnelle et intégrale (*s'applique à un régulateur combinant ces deux actions*). Voir *proportional action, integral action.*

proportional-reset-rate action : action *f.* proportionnelle, intégrale et dérivée (*s'applique à un régulateur combinant ces trois actions*). Voir *proportional action, integral action, derivative action.*

proportioner : proportionneur *m.* (*appareil de régulation assurant le réglage d'un ou de plusieurs débits de façon à ce qu'ils s'établissent en proportions voulues en vue de réaliser en continu des mélanges ou des alimentations*).

proportioning pump : pompe *f.* doseuse.

proportioning valve : vanne *f.* de dosage.

propping agent or **proppant** : 1/ agent *m.* de soutènement (*sable ou billes de verre calibrés, utilisés lors d'une fracturation hydraulique pour maintenir ouvertes les fractures de la formation après relâchement de la pression d'injection*) ; 2/ agent d'activation.

proration : proration *f.* (*réduction, aux États-Unis, de la production d'un champ pétrolier afin de retarder la diminution de pression et de prolonger la vie du gisement*).

prospecting : prospection *f.*, exploration *f.*

protective coating : revêtement *m.* protecteur (*contre la corrosion par exemple*).

Proterozoic : Protérozoïque *m.* (1/ ère la plus récente du Précambrien ayant duré de −1,7 à −0,6 million d'années ; 2/ pour certains auteurs, américains en particulier, synonyme de Précambrien).

proton resonance magnetometer : magnétomètre *m.* à résonance protonique (*magnétomètre à précession nucléaire utilisant la résonance protonique*). Voir aussi *nuclear precession magnetometer.*

proven reserves : réserves *f.* prouvées (*quantités d'hydrocarbures que l'on estime pouvoir récupé-* rer avec une quasi-certitude à partir de gisements connus et dans les conditions techniques et économiques actuelles).

prover or **tester** : appareil *m.* d'essai, de vérification ou de contrôle.

psi : abréviation de *pounds per square inch.* Voir ce terme.

psia : abréviation de *pounds per square inch absolute.* Voir ce terme.

psig : abréviation de *pounds per square inch gauge.* Voir ce terme.

psychrometer : psychromètre *m.* (*appareil servant à déterminer l'état hygrométrique de l'air en comparant les données du thermomètre sec à celles du thermomètre humide*).

pt : symbole de *pint.* Voir ce terme.

PTFE : abréviation de *polytetrafluoroethylene.* Voir ce terme.

PTO : abréviation de *power takeoff.* Voir ce terme.

PTS : abréviation de *penetration-temperature susceptibility.* Voir ce terme.

puffing : 1/ souffle *m.* (*d'une machine à vapeur, d'une locomotive, etc.*), émission *f.* (*de vapeur, de fumée, etc.*) par bouffées ; 2/ gonflement *m.*, boursouflure *f.*, enflure *f.*, bouffissure *f.*

pug : 1/ glaise *f.*, argile *f.* malaxée ; 2/ salbande *f.* (*petite épaisseur d'argile onctueuse existant parfois au contact des épontes d'un filon ou d'une faille*).

pug mill : broyeur *m.*, malaxeur *m.*, pétrin *m.* (*utilisé dans les briqueteries pour malaxer l'argile*).

puking : entraînement *m.* liquide (*dans les vapeurs de distillation*), débordement *m.* (*d'une tour de distillation, entraînant généralement le mélange de la charge brute et des produits fraîchement distillés*).

pull a well (to) : abandonner un puits (*en récupérant le tubage et l'équipement de pompage*).

puller : arracheur *m.*, tireur *m.*, extracteur *m.*

pulley block : moufle *f.*, palan *m.*, poulie *f.* mouflée.

pulling-out time : temps *m.* de remontée des tiges de forages.

pulling tool : outil *m.* de repêchage (*permettant en particulier de remonter en surface à l'aide d'un câble, ou wireline – voir ce terme, les instruments de mesure ou de contrôle disposés* *dans un raccord spécial, ou* landing nipple – *voir ce terme, intercalé dans la colonne de production d'un puits).* Voir aussi *running tool.*

pulling well : puits *m.* en cours d'entretien.

pull-out : 1/ remontée *f.* du train de tiges de forage ; 2/ rupture *f.* de joint (*sur un pipe-line, sous l'effet d'un écart de température par exemple).*

pull rod : bielle *f.*, tige *f.* d'entraînement, tringle *f.* de traction, tige de jonction ou d'attelage (*des chevalets de pompage de plusieurs puits avec la station motrice).*

pulsation dampener : amortisseur *m.* de pulsations.

pulse : 1/ signe *m.*, impulsion *f.*, signal *m.* (*électronique*) ; 2/ onde *f.* sismique.

pumpability : voir *feedability.*

pumpability test : essai *m.* de pompabilité (*détermination de la température minimum à laquelle un fuel-oil est pompable ; cf. ASTM D 1659).*

pump around : dispositif *m.* de soutirage et de réinjection (*servant à accélérer, par recyclage, la condensation des vapeurs entre les plateaux d'une tour de distillation* ; voir *circulating reflux*).

pump back : voir *reflux.*

pump barrel : voir *pump shell.*

pumper : voir *pumping well.*

pumping : 1/ pompage *m.* ; 2/ régime *m.* de marche oscillatoire (*d'une machine, d'une régulation, etc.).*

pumping jack : voir *pump jack.*

pumping out : voir *unwatering.*

pumping rod : tige *f.* de pompage.

pumping well or **pumper** : puits *m.* pompé (*exploité par pompage*).

pump island : terre-plein *m.*, îlot *m.* (*où sont installées les pompes de distribution d'une station-service*).

pump jack or **pumping jack** : chevalet *m.* de pompage.

pumpman : pompiste *m.* (*sur un navire pétrolier*).

pump-out : 1/ évacuation *f.*, épuisement *m.*, assèchement *m.* ; 2/ dispositif *m.* de purgeage.

pump room : pomperie *f.*, chambre *f.* des pompes (*local des pompes de chargement dans un navire pétrolier*).

pump shell or **pump barrel** : corps *m.* de pompe, cylindre *m.* de pompe.

pump slip : voir *slip 5/.*

punch : 1/ poinçon *m.*, bouterolle *f.*, pointeau *m.*, étampe *f.*, perçoir *m.*, broche *f.*, emporte-pièces *m.* ; 2/ poinçonnage *m.*

punched card : carte *f.* perforée.

pup-joint : 1/ raccord *m.* ou courte jonction *f.* de tuyauterie ; 2/ masse-tige *f.* courte.

purchase oil : quantité *f.* de brut débattue d'année en année et que reconnaît un état producteur à une compagnie à un prix inférieur au prix affiché (*usité seulement en Abu Dhabi et en Oman*).

pure grade hydrocarbon : hydrocarbure *m.* très pur (*à 99 % en moyenne, pour analyse et usage scientifique*).

purge gas : gaz *m.* purgé, gaz de purge.

purifier : purificateur *m.*, épurateur *m.*

push-button oiler : burette *f.* à pression (*pour graissage manuel*).

push-button lubrication or **one-shot lubrication** : système *m.* de graissage sous pression (*assurant le graissage simultané de plusieurs points*). Voir aussi *multiluber.*

push-button operation : fonctionnement *m.* automatique.

pushrod : bielle *f.* de balancier, tige *f.* poussoir, bielle de poussée.

put on stream (to) : mettre en service, mettre en marche (*une usine, une unité de raffinage, etc.*).

putty : mastic *m.*, enduit *m.*

PVA : abréviation de *peak-to-valley average.* Voir ce terme.

PWI : abréviation de *pressure-wear index.* Voir ce terme.

pycnometer or **pyknometer** : voir *picnometer.*

pyrolysis : pyrolyse *f.*, (*décomposition chimique par chauffage*). Voir aussi *cracking.*

pyrolytic cracking : voir *Thermofor pyrolytic cracking.*

pyrometer : pyromètre *m.* (*appareil servant à mesurer les hautes températures*).

pyrostat : pyrostat *m.* (1/ *appareil de sécurité destiné à déceler une élévation anormale de la température dans un foyer et à commander les manœuvres nécessaires à l'arrêt de l'appareil protégé* ; 2/ *instrument servant au réglage des températures*).

Q

quad : 1/ voir *fourble* ; 2/ abréviation de *quadrillion BTU* (= 10^{15} BTU). Voir *British Thermal Unit.*

quad-engined : entraîné par un groupe de quatre moteurs.

quadrant : 1/ quart *m.* de cercle, quadrant *m.* ; 2/ secteur *m.* denté.

quadricone : trépan *m.* à quatre molettes tronconiques.

quadrillion : quadrillion *m.*, quatrillion *m.* (= 10^{24}, *en tous pays, sauf Etats-Unis* ; = 10^{15}, *aux États-Unis*).

quadrillion BTU : voir *quad* 2/.

quarry : carrière *f.*

quart (fluid) or **fl. qt.** : quart *m.* (*unité de volume anglo-saxonne égale au quart du gallon, soit 0,946 l aux États-Unis et 1,136 l au Canada et en Grande-Bretagne*).

quarterboat : navire *m.* ou barge *f.* servant de quartier d'habitation (*ou de base opérationnelle*).

quasi-tort : acte *m.* engageant indirectement la responsabilité (*par exemple d'un chef d'entreprise en matière de sécurité, d'accident, etc.*).

Quaternary : Quaternaire *m.* (*ère géologique la plus récente et la plus courte de l'histoire de la Terre qui a débuté il y a moins de trois millions d'années ; elle est divisée en deux périodes : Pléistocène ou Quaternaire ancien, et Holocène ou Quaternaire récent*).

quayage : droit *m.* de quai.

quebracho : quebracho *m.* (*arbre sud-américain dont on tire un extrait riche en tanin, appelé du même nom, utilisé pour réduire la viscosité des boues de forage*).

quench or **quenching** : 1/ refroidissement *m.* rapide (*des produits de craquage ou de reformage par injection d'huile à température appropriée dans la ligne de transfert afin d'arrêter la réaction*) ; 2/ trempe *f.* ; 3/ coupage *m.*, coincement *m.* de la flamme (*extinction par des éléments de confinement*).

quench hardening : trempe *f.* brusque.

quenching : voir *quench.*

quenching crack : crique *f.* de trempe, tapure *f.* de trempe, fissure *f.* de trempe (*défaut d'une pièce métallique constitué par une fissure débouchant à la surface de la pièce ou restant au sein de celle-ci et résultant de contraintes anormales*).

quenching oil : huile *f.* pour la trempe des aciers.

quench oil : 1/ huile *f.* de trempe ; 2/ huile de refroidissement (*circulant dans une unité de craquage ou de reformage* ; voir *quench* 1/).

quenchometer : appareil *m.* permettant de mesurer la vitesse de refroidissement d'une huile de trempe.

quench test : voir *nickel ball test, silver ball test.*

quench tower : tour *f.* de trempe (*dans une unité de craquage ou de reformage*).

quick-acting catalyst : catalyseur *m.* à action rapide.

quick-breaking emulsion or **quick-setting emulsion** or **rapid-setting emulsion** : émulsion *f.* à rupture rapide (*désigne en particulier une émulsion de bitume dans l'eau, utilisée pour les revêtements routiers*).

quick-closing valve : voir *fast shut-off valve.*

quick-drying oil : huile *f.* siccative (*pour vernis et peintures*).

quickline : chaux *f.* vive.

quick-opening : à ouverture *f.* rapide.

quick-release coupling : raccord *m.* à déclenchement rapide.

quick-release valve : soupape *f.* ou vanne *f.* à ouverture rapide (*équipant par exemple un circuit pneumatique de freins ou d'embrayage*).

quick-setting emulsion : voir *quick-breaking emulsion.*

quick test : essai *m.* rapide (*destiné à rendre compte instantanément de la nature d'un jaillissement de pétrole, de la qualité d'un produit, etc.*).

quill : voir *atomizer quill.*

quill-type bearing : voir *needle bearing.*

quoining : coinçage *m.*, calage *m.*

quota : quote-part *f.*, quota *m.*, contingent *m.*

R

ºR : symbole du degré de température de l'échelle Rankine (*correspondant à l'échelle Kelvin et qui a pour origine le zéro de l'échelle Fahrenheit absolue ; 0 ºR = – 459,70 ºF*).

rabbit : 1/ furet *m.* (*instrument servant à déboucher ou à nettoyer l'intérieur d'une tuyauterie*) ; 2/ cartouche *f.* (*poussée par l'air comprimé dans une conduite pneumatique*).

rabbling : brassage *m.*

race : voir *ball bearing race.*

race the engine (to) or **run away (to)** : emballer le moteur (*à vide*).

raceway : chemin *m.* de roulement (*des billes, dans un roulement à billes*).

racing : 1/ courses *f.* (*d'automobiles*) ; 2/ allure rapide *f.*, emballement *m.* (*d'un moteur*).

racing oil or **competition oil** : huile *f.* pour compétition.

rack : crémaillère *f.*, râtelier *m.*, support *m.* (*de tuyauterie*), grille *f.*, claie *f.*, plateau *m.* (*de rangement*). Voir aussi *loading rack.*

racking : 1/ décantation *f.*, soutirage *m.*, transvasement *m.* ; 2/ rangement *m.* (*de matériel tubulaire sur un support métallique*) ; 3/ gerbage *m.* (*stockage des rames dans la tour de forage, mise des rames en gerbes ; voir string 1/*).

racking board : voir *monkey board.*

racking fingers : 1/ grille *f.* de stockage ; 2/ doigts *m.* d'accrochage (*des rames dans la tour de forage*).

rack pricing : fixation *f.* des prix franco raffinerie aux revendeurs.

radiant heating or **panel heating** : chauffage *m.* par rayonnement, par panneaux rayonnants.

radiating gill : ailette *f.* de refroidissement.

radiation pyrometer : pyromètre *m.* à radiation, pyromètre optique (*instrument servant à mesurer les températures à l'intérieur d'un four*).

radiation-resistant lubricant : lubrifiant *m.* résistant aux radiations nucléaires.

radiation section : section *f.* de rayonnement, de radiation (*partie d'un four dans laquelle les tubes sont chauffés par rayonnement de la flamme des brûleurs et reradiation des parois*).

radiator cell : élément *m.* de radiateur.

radiator rodding out : débouchage *m.* d'un radiateur à l'aide d'une tige.

radiator sealing compound : voir *leak sealer.*

radiator shutter : dispositif *m.* d'occultation d'un radiateur.

radioactive decay : désintégration *f.* radioactive.

radioactive half-life or **half-life period** : période *f.* d'un élément radioactif (*temps nécessaire pour que la moitié des noyaux de l'élément considéré se soit désintégrée*).

radioactive ring wear test : essai *m.* au segment radioactif (*essai sur moteur diesel monocylindrique pour évaluer le pouvoir antiusure d'un lubrifiant et l'influence du soufre contenu dans le combustible ; on utilise un segment préalablement irradié ; la radioactivité d'un échantillon d'huile du carter est ensuite mesurée à l'aide d'un compteur Geiger-Müller ; elle donne la perte en poids, par usure, du segment en mg/h. – Atlantic Oil Refining Company*).

radioactive tracer or **radiotracer** or **isotopic tracer** or **radioactive snooper** or **snooper** : traceur *m.*, indicateur *m.* radioactif (*isotope radioactif utilisé pour suivre l'évolution d'un processus chimique, physique ou biologique*).

radioactivity log : carottage *m.* radioactif. Voir *Gamma ray log, Neutron log.*

radiolysis : radiolyse *f.* (*décomposition de substances chimiques sous l'action de radiations ionisantes*).

radiotracer : voir *radioactive tracer.*

raffinate : raffinat *m.* (*produit pétrolier raffiné ; désigne en particulier le produit obtenu après extraction, à l'aide d'un solvant, des aromatiques contenus dans une huile*).

rag : chiffon *m.*, lambeau *m.*

railage : prix *m.* de transport par rail, par chemin de fer.

railing : main *f.* courante, parapet *m.*, garde-fou *m.*

railroad crossing : passage *m.* à niveau.

railroad spur : aiguillage *m.*, embranchement *m.* ferroviaire.

railroad valve oil : huile *f.* pour cylindres de locomotives à vapeur.

rail tank or **tank wagon** : wagon-citerne *m.*

rainbow : arc-en-ciel *m.* (*traces irisées de pétrole à la surface de l'eau*).

rain trap : protecteur *m.* d'un tuyau d'échappement (*contre la pluie*).

raising : extraction *f.*, montage *m.*, relevage *m.*, remontage *m.*

rake : 1/ râteau *m.*, croc *m.* à feu, crochet *m.* ; 2/ inclinaison *f.*, pendage *m.*, plongement *m.* (*d'une couche géologique*).

rake angle : angle *m.* de dépouille (*d'un outil pour le travail des métaux*), obliquité *f.* de l'arête (*d'un outil de forage*), angle de dégagement.

ram : 1/ bélier *m.*, marteau-pilon *m.*, piston *m.* plongeur, mâchoire *f.* ; 2/ voir *water hammer*.

ramjet : statoréacteur *m.* (*propulseur à réaction sans organe mobile, constitué par une tuyère thermopropulsive*).

rammer : pilon *m.*, mouton *m.*, sonnette *f.* de battage, bélier *m.*, fouloir *m.*, batte *f.*, dame *f.*

ramming : tassage *m.*, foulage *m.*, pilonnage *m.*, damage *m.*, battage *m.*, tassement *m.*, compression *f.* (*du sol*), foulement *m.* (*du sable*), bourrage *m.*

ram plunger : piston *m.* plongeur.

ram pump : pompe *f.* refoulante, pompe à plongeur.

Ramsbottom test or **Ramsbottom coking method** : essai *m.* Ramsbottom (*essai pour déterminer le résidu de carbone d'un lubrifiant ou d'un distillat, analogue à l'essai Conradson ; cf. ASTM D 524, AFNOR T 60 – 117* ; voir *Conradson carbon residue test*).

R & B test : abréviation de *ring-and-ball test ;* Voir ce terme et aussi *softening point test*.

R & D : abréviation de *Research and Development*. Voir ce terme.

random sampling : échantillonnage *m.* au hasard.

R & O oil : abréviation de *rust and oxidation-resistant oil*. Voir ce terme.

range : 1/ série *f.*, amplitude *f.*, portée *f.*, intervalle *f.*, échelle *f.*, gamme *f.*, rangée *f.*, direction *f.*, étendue *f.*, alignement *m.* ; 2/ fourneau *m.* domestique, cuisinière *f.* (*fonctionnant au pétrole ou au gaz*).

rangeability : étendue *f.* de réglage (*rapport du débit maximum au débit minimum que permet,* *dans de bonnes conditions, un robinet ou une vanne de réglage*).

range oil : qualité *f.* de kérosène utilisé dans les lampes à pétrole, les fourneaux, les cuisinières et les poêles domestiques.

Rankine scale : échelle *f.* Rankine, échelle *f.* Fahrenheit absolue. Voir *ºR*.

rape oil or **rapeseed oil** or **colza oil** or **ravison oil** : huile *f.* de colza, huile de navette (*huile semi siccative, extraite des graines de colza et de navette, utilisée pour l'éclairage, ou, mélangée à des huiles compoundées, comme huile de coupage ou pour le travail des métaux*).

rapid-curing cutback or **RC cutback** : bitume *m.* fluidifié à prise rapide (*obtenu par mélange avec des fractions légères distillant entre 130 ºC et 200 ºC*).

rapid-setting emulsion : voir *quick-breaking emulsion*.

rare mixture : voir *lean mixture*.

RAS : abréviation de *Redwood Admiralty Seconds*. Voir *Redwood viscometer*.

Raschig rings : anneaux *m.* de Raschig (*servant au garnissage d'une colonne ;* voir *packing*).

rat : voir *rathole*.

ratch or **ratchet** : secteur *m.* denté, rochet *m.*, cliquet *m.*.

rate : régime *m.*, rapport *m.*, intensité *f.*, débit *m.*, taux *m.*, vitesse *f.*, allure *f.*

rate action : voir *derivative action*.

rate load : charge *f.* indiquée, charge nominale.

rate of flow : voir *flow rate*.

rate of shear or **shear rate** : taux *m.* de cisaillement, gradient *m.* de vitesse (*rapport entre la vitesse et l'épaisseur d'un film élémentaire de lubrifiant séparant une surface mobile d'une surface fixe dans des conditions de lubrification hydrodynamique*).

rathole or **rat** : trou *m.* de rat (1/ *avant-trou de diamètre plus petit que le forage en cours ; 2/ trou pilote dans la phase initiale d'une déviation ou d'un forage dirigé, que l'on pratique à l'aide d'un sifflet déviateur ; 3/ trou légèrement incliné, situé dans un angle du plancher d'une tour de forage, dans lequel est introduit un fourreau tubulaire dont l'extrémité supérieure se trouve à environ 1 m au-dessus du plancher ; ce dispositif est destiné à recevoir la tige carrée surmontée de la tête d'injection pendant les opérations où elle n'intervient pas*).

ratholing : forage *m.* d'un trou de rat. Voir *rathole*.

rating : 1/ évaluation *f.*, estimation *f.*, classement *m.* (*par ordre de valeur*) ; 2/ régime *m.*, puissance *f.*, taux *m.*, vitesse *f.*, intensité *f.*, capacité *f.*, coefficient *m.*, valeur *f.*, nombre *m.*, contrôle *m.*, rendement *m.*, allure *f.* de marche.

ratio : teneur *m.*, rapport *m.*, taux *m.*

ratio control : réglage *m.* de rapport (*système de régulation utilisant la mesure d'une variable pour ajuster le point de réglage d'une seconde variable ; souvent utilisé pour proportionner deux débits*).

rattle : bruit *m.* de ferraille, ferraillement *m.* (*d'une machine*), claquement *m.*, broutage *m.*

ravison oil : voir *rape oil*.

raw : non traité, non fractionné, non raffiné, brut, cru.

raw distillate : distillat *m.* brut.

raw feed : voir *raw stock*.

raw gas : gaz *m.* brut ; voir *wet gas*.

raw gasoline : 1/ essence *f.* brute (*obtenue par traitement du gaz naturel humide*) ; 2/ essence de distillation (*avant tout refractionnement et/ou finissage*).

raw materials : voir *raw stock*.

raw natural gas : gaz *m.* naturel brut ; voir *wet gas*.

raw oil : huile *f.* brute.

raw stock or **raw feed** or **raw materials** : matière *f.* première brute.

raw water : eau *f.* brute, eau non traitée.

raw water-white : coupe *f.* de distillation légère, extra-claire, non raffinée (*offrant une densité de 30 à 46° API*).

RC cutback : abréviation de *rapid-curing cutback*. Voir ce terme.

reaction chamber : voir *soaking chamber*.

reactivator : régénérateur *m.*

reactor : 1/ réacteur *m.* (*appareil dans lequel se produit une réaction chimique en présence ou non d'un catalyseur*) ; 2/ bobine *f.* de réactance (*dans un poste de soudure à l'arc électrique*) ; 3/ réacteur (*propulseur à réaction*).

read in (to) : mémoriser, mettre en mémoire (*dans un ordinateur*).

reading : lecture *f.*, indication *f.* (*d'un instrument de mesure*).

read-out : indication *f.*, enregistrement *m.* (*d'une variable*).

read out (to) : extraire de la mémoire (*d'un ordinateur*).

reagent : réactif *m.*

reamer or **rimer** : 1/ aléseur *m.*, alésoir *m.*, trépan *m.* aléseur (*outil de forage muni de lames ou de rouleaux, que l'on utilise généralement pour régulariser et calibrer les parois d'un puits avant son tubage*) ; 2/ dispositif *m.* pour nettoyer les prises reliant aux appareils de mesure les capteurs installés sur des réservoirs.

reaming : alésage *m.*, reforage *m.* (*d'un trou de sonde*).

rebated oil : produit *m.* pétrolier détaxé (*mis à la consommation avec des droits de douane et des taxes fiscales réduites ; par exemple essence, pétrole ou gazole pour usages agricoles ou chauffage domestique*).

reblend : utilisation *f.* de la formulation établie par un tiers pour la fabrication d'un produit déterminé vendu sous une autre marque.

reboiler : rebouilleur *m.* (*appareil constitué le plus souvent par un échangeur de chaleur alimenté par des effluents chauds provenant d'une autre partie de l'installation ou par de la vapeur d'eau ; il est parfois constitué par un four tubulaire*). Voir *reboiling*, *reboiler heater*.

reboiler coil : serpentin *m.* de rebouillage (*parfois installé dans le bas d'une colonne*).

reboiler heater : four *m.* de rebouillage. Voir *reboiler*, *reboiling*.

reboiling : rebouillage *m.* (*apport de chaleur au bas d'une colonne pour assurer un fractionnement par vaporisation partielle*). Voir *reboiler*, *reboiler heater*.

rebored cylinder : cylindre *m.* réalésé.

rebrand : utilisation *f.* d'un produit de marque sous une autre marque (*après accord préalable*).

receiver : 1/ bac *m.* de recette, récepteur *m.*, collecteur *m.* ; 2/ récepteur (*partie d'une chaîne de régulation recevant un signal émis par un transmetteur et assurant une fonction d'indicateur, d'enregistreur et/ou de régulateur*) ; 3/ récepteur (*de radio-transmission*).

receiving house or **tail house** : salle *f.* de recette (*dans certaines raffineries, lieu où les produits sont contrôlés avant expédition ou remis à d'autres unités*).

Recent : voir *Holocene*.

reception test : essai *m.* de réception.

recessing : création *f.* d'alvéoles (*sur une surface de glissement pour retenir le lubrifiant*).

reciprocating : alternatif (*mouvement*).

reciprocating compressor : compresseur *m.* alternatif.

reciprocating pump : pompe *f.* alternative.

reclaimed lubricating oil or **recovered oil** or **re-refined oil** : huile *f.* régénérée, huile de récupération.

reclaiming : récupération *f.*, revalorisation *f.*, régénération *f.* (*des huiles usagées par centrifugation, filtration, décantation, suivies ou non d'un traitement chimique et/ou physique*).

reclamation : récupération *f.*, régénération *f.*, épuration *f.*, assèchement *m.* (*d'un marais*).

recon crude : abréviation de *reconstituted crude.* Voir ce terme.

reconditioning : régénération *f.*, remise *f.* en état, réparation *f.*, rénovation *f.*

reconnection operation : manœuvre *f.* de reconnexion.

reconstituted crude : brut *m.* reconstitué (*mélange de bruts de diverses qualités destiné à satisfaire les spécifications exigées par l'acquéreur*).

record : 1/ enregistrement *m.* ; 2/ note *f.*, mention *f.* ; 3/ document *m.*, marque *f.*, souvenir *m.* ; 4/ disque *m.* (*enregistrement phonographique*).

recorder : enregistreur *m.*, appareil *m.* enregistreur, compteur *m.*

recording pyrometer or **RP** : pyromètre *m.* enregistreur.

recording truck : camion *m.* laboratoire, camion labo, camion d'enregistrement (*camion équipé d'une unité d'enregistrement, utilisé pour l'enregistrement des diagraphies électriques dans un forage ainsi qu'en prospection géophysique*).

records : archives *f.*, registres *m.*

recovered oil : voir *reclaimed lubricating oil.*

recovery : 1/ récupération *f.*, rendement *m.* ; 2/ recouvrement *m.* financier.

rectification : voir *fractionation.*

Rectiflow extraction process : procédé *m.* de raffinage au solvant (*des huiles de graissage, utilisant une batterie de mélangeurs ou de séparateurs ; chaque séparateur donne un extrait ou un raffinat de plus en plus pur*).

rectifying : voir *fractionation.*

recycle ratio : taux *m.* de recyclage, taux de recirculation (*rapport du volume de produits recyclés au volume de charge fraîche*).

recycle stock : voir *cycle stock.*

recycling : recyclage *m.* (*procédé remettant dans le circuit d'une unité le prélèvement d'un des effluents afin d'améliorer le rendement de l'opération*).

recycling or **pickup** : procédé *m.* de recyclage maintenant la pression d'origine dans un gisement de gaz humide (*le gaz extrait est dégazoliné avant d'être injecté dans le gisement, le volume de gaz sec devant être égal à celui produit par les puits*).

red engine oil : huile *f.* pour mouvements (*de couleur rouge foncé*).

redevance : voir *royalty.*

redistillation : redistillation *f.*

red lead or **catsup** or **stabbing salve** or **goo** : 1/ minium *m.* de plomb ; 2/ enduit *m.* (*à base de minium utilisé pour prévenir les fuites au niveau des raccords de tuyauteries*).

red oil : 1/ huile *f.* rouge ; 2/ dénomination *f.* commerciale de l'acide oléique (*appelé improprement oléine*).

redox : contraction de *reduction-oxidation.* Voir *oxidation-reduction.*

reduced crude oil or **topped crude** or **topped** : brut *m.* réduit, brut étêté (*résidu de distillation atmosphérique*).

reducer : 1/ réducteur *m.* ; 2/ manchon *m.* de réduction, cône *m.* de réduction.

reducing : réduction *f.* (*séparation des fractions légères d'un pétrole brut par distillation*).

reducing flame : flamme *f.* réductrice (*flamme dans laquelle, par manque d'oxygène, la combustion est incomplète et qui contient du carbone libre*).

reducing still : four *m.* de réduction.

reducing tee : raccord *m.* de réduction en forme de T, té *m.* de réduction.

Redwood viscometer : viscosimètre *m.* de Redwood (*viscosimètre empirique avec lequel la viscosité est exprimée soit en Redwood Standard Seconds, ou RSS, successivement à 70 °F [21 °C], 100 °F [37,8 °C] 140 °F [60 °C] et 200 °F [93,3 °C] – essai Redwood I pour les huiles fluides –, soit en Redwood Admiralty Seconds, ou RAS, à 77 °F [25 °C] et 86 °F [30 °C] – essai Redwood II pour les huiles épaisses ; cf. Standard Method IP 70*). Voir *conventional viscosity.*

reef : récif *m.* (1/ rocher à fleur d'eau, écueil ; 2/ récif corallien : masse de calcaire construit, à fleur d'eau, prospérant à partir de hauts-fonds dans les mers intertropicales et qui est essentiellement constituée de coraux et autres organismes *animaux ou végétaux vivant en étroite associa-tion ; certains récifs coralliens fossiles sont d'excellents réservoirs pétroliers et constituent de ce fait un objectif important de l'exploration).*

reel : bobine *f.*, tambour *m.*, dérouleuse *f.*, dévidoir *m. (de manche à incendie par exemple).*

reeling : 1/ bobinage *m.*, dévidage *m.* ; 2/ émou-lage *m.*, aiguisage *m.*

re-entry : rentrée *f. (opération consistant à réintro-duire le train de sonde dans la tête d'un puits sous-marin après interruption du forage et suppression des liaisons entre fond et surface ; voir aussi acoustic re-entry).*

reeving : mouflage *m. (disposition d'un câble ou d'une chaîne sur une moufle ; ensemble de poulies mouflées).*

reference fuel : carburant *m.* ou combustible *m.* de référence *(pour essais sur moteurs ; constitué par des hydrocarbures ayant des caractéristiques bien déterminées ; voir primary reference fuel, secondary reference fuel).*

refill (to) : refaire le plein *m.*, recharger, remplir, regarnir.

refinery or **refining plant** : raffinerie *f.*

refinery gas : gaz *m.* de raffinerie.

refinery sludge : boue *f.* huileuse de raffinerie.

refining : raffinage *m.*

refining plant : voir *refinery.*

refit or **refitting** : réparation *f.*, remontage *m.*, radoub *m.*, rajustement *m.*

reflux or **backflow** or **circulating reflux** or **pump back** : reflux *m. (en distillation fractionnée, partie d'un condensat renvoyée dans la tour pour y créer les conditions d'une séparation efficaces).*

reflux condenser : condenseur *m.* de reflux *(retour-nant directement une partie du condensat dans la tour de distillation).*

reflux ratio : taux *m.* de reflux *(rapport de la quantité de reflux renvoyé dans la colonne à la quantité de distillat extrait).*

reformate : reformat *m. (produit issu d'une unité de reformage).*

reformed gasoline : essence *f.* de reformage *(à indice d'octane amélioré).*

reformer or **reforming plant** : reformeur *m.*, unité *f.* de reformage.

reforming : reformage *m. (procédé de raffinage modifiant la structure moléculaire des essences lourdes en vue de l'amélioration de leur indice*

d'octane ; l'opération, qui peut être simplement thermique, est généralement conduite en pré-sence d'un catalyseur, contenant le plus souvent du platine ; elle fait appel à des réactions de craquage, de cyclisation, de déshydrogénation et d'isomérisation ; elle est productrice d'hydrogène utilisé notamment dans les unités d'hydrodé-sulfuration).

reforming plant : voir *reformer.*

refraction : réfraction *f. (1/ changement de direc-tion que subit la lumière en passant d'un milieu transparent dans un autre ; 2/ changement de direction de la transmission d'une onde élastique, dû à la variation de la vitesse de propagation de cette onde dans un milieu anisotrope ou à la surface de séparation de deux milieux différents ; 3/ voir seismic refraction method).*

refractive index : indice *m.* de réfraction *(optique).*

refractivity intercept : constante *f.* permettant de déterminer la teneur en différents hydrocarbures *(aromatiques, paraffiniques et naphténiques)* d'une fraction *(elle est donnée par l'indice de réfraction diminué de la moitié de la densité).* Voir également *specific refraction.*

refractometer : réfractomètre *m. (appareil de mesure des indices de réfraction dont l'emploi permet d'apprécier la qualité d'un produit pétrolier en raison des corrélations étroites existant entre l'indice de réfraction et certains autres paramètres physiques, notamment l'indice de viscosité).*

refractory brick : brique *f.* réfractaire.

refractory lining : revêtement *m.* réfractaire.

refrigeration : réfrigération *f. (traitement des gaz par refroidissement et condensation éliminant les fractions les moins volatiles).*

refrigeration oil or **refrigerator oil** or **ice machine oil** : huile *f.* pour machines frigorifiques.

refuelling : ravitaillement *m.* en combustible, en carburant *(d'un véhicule, d'un aéroplane, d'un navire)*, avitaillement *m.*, mazoutage *m. (ravi-taillement d'un navire en combustible liquide).*

regeneration : régénération *f. (dans les procédés catalytiques, réactivation du catalyseur par combustion des dépôts de coke ou de polymères dans des conditions très précises de température et de teneur en oxygène du courant gazeux).*

regenerator : régénérateur *m. (enceinte où s'effec-tue la régénération d'un catalyseur lorsqu'elle n'est pas pratiquée dans le réacteur lui-même ; c'est le cas, en particulier, dans les unités de craquage catalytique).*

register ton : tonneau *m.* de jauge international *(égal à 100 pieds cubes, soit 2,832 m³).*

registered tonnage : jauge *f.* (*volume des espaces clos d'un navire*).

regular or **regular gasoline** : essence *f.* ordinaire.

regular grade oil or **regular-type motor oil** or **untreated base oil** : huile *f.* minérale pure, ordinaire, pour moteurs (*non inhibée et non détergente, sans additifs*).

regulation : 1/ instructions *f.*, mode *m.* d'emploi ; 2/ règle *f.*, règlement *m.* ; 3/ réglage *m.*, régulation *f.*

regulator : 1/ régulateur *m.* (*appareil mesurant une variable et la maintenant à une valeur de consigne*) ; 2/ régulateur, détendeur *m.*, modulateur *m.* de puissance.

reguline or **regulus** : régule *m.*, alliage *m.* régulin, métal *m.* blanc (*alliage antifriction à base de plomb ou d'étain, utilisé pour garnir les coussinets*).

reheater : réchauffeur *m.*, chambre *f.* de combustion intermédiaire.

Reid vapor pressure or **RVP** : tension *f.* de vapeur Reid, T.V.R. *f.* (*tension de vapeur des dérivés volatils du pétrole exprimée en millibars à 37,8 °C ou en livres par pouce carré à 100 °F ; cf. ASTM D 323, AFNOR M 07 – 007*).

reinforced concrete or **armoured concrete** or **armored concrete** : béton *m.* armé.

reinjection : réinjection *f.*

reject : rebut *m.*, refus *m.*

rejection : rebut *m.*, rejet *m.*, réjection *f.*, refus *m.*

rejuvenation : rajeunissement *m.*, réjuvénation *f.*

rejuvenation of crystals : recristallisation *f.*

relationship : rapport *m.*, connexité *f.*, lien *m.*, parenté *m.* (*entre deux choses*).

relative humidity or **RH** : humidité *f.* relative (*pourcentage de vapeur d'eau dans l'air ou dans un gaz*).

relative viscosity : voir *specific viscosity.*

relay : 1/ relais *m.*, relève *f.* ; 2/ relais contacteur (*électrique*) ; 3/ action *f.* de relayer.

release : dégagement *m.*, mécanisme *m.* de détente, émission *f.*, libération *f.*, mise *f.* en liberté, déclenchement *m.*

release agent : voir *concrete form oil.*

release valve : soupape *f.* de décharge, soupape de sécurité (*contre les surpressions*).

releasing spears : arrache-tube *m.* décrochable (*outil servant au repêchage d'éléments tubulaires ou à la pose d'une colonne perdue dans un puits*).

relegs : renforts *m.* (*pièces renforçant les pieds d'une tour de forage*).

reliability : régularité *f.* de marche, sécurité *f.* de fonctionnement, fiabilité *f.* (*probabilité de fonctionnement sans défaillance d'un dispositif dans des conditions déterminées et pour une période de temps définie*).

relief cock : robinet *m.* ou vanne *f.* de décompression.

relief valve or **pressure relief valve** : vanne *f.* de détente, soupape *f.* de sûreté, vanne de sécurité, soupape de décompression, soupape de décharge, soupape de trop-plein.

relief well : puits *m.* de secours, puits d'intervention (*forage dirigé vers la partie inférieure d'un sondage en éruption incontrôlée, pour essayer de maîtriser cette dernière par l'injection de boue lourde ou de laitier de ciment épais*).

remote control : télécommande *f.*, asservissement *m.* à distance, commande *f.* à distance.

remote handling device or **mechanical hands** : dispositif *m.* de manipulation à distance à l'aide de bras mécaniques (*employé surtout pour la manipulation des substances radioactives*).

remote sensing : télédétection *f.*, détection *f.* à distance (*ensemble des techniques mises en œuvre à partir d'aéronefs ou de satellites pour étudier la surface de la terre ou l'atmosphère, à l'aide d'ondes électromagnétiques émises, réfléchies ou diffractées par les différents corps observés*).

removal : enlèvement *m.*, évacuation *f.*, élimination *f.* (*d'un produit indésirable*), extraction *f.* (*d'un produit recherché*).

remover : extracteur *m.*

rental : loyer *m.* (*en particulier celui versé au propriétaire d'une concession pétrolière*).

renting : location *f.*, louage *m.*

repacking : 1/ remballage *m.* ; 2/ regarnissage *m.* (*d'un presse-étoupe, d'un piston, etc.*).

repeatability : répétabilité *f.* (*expression de la fidélité d'une mesure ou d'une méthode d'essai d'après l'écart maximal entre les résultats de deux essais identiques exécutés par le même opérateur avec le même appareil ; comparer à reproducibility*).

replenish (to) : refaire le plein, avitailler, rétablir le niveau (*d'huile, de carburant, d'eau, etc.*).

replenishment : remplissage *m.*, avitaillement *m.*, mise *f.* à niveau (*d'huile, etc.*), réapprovisionnement *m.*

replica : voir *thin-film replica.*

repressuring : 1/ addition *f.* de fractions volatiles à l'essence (*afin d'en augmenter la tension de vapeur*) ; 2/ recompression *f.*, remise *f.* en pression (*d'un gisement par injection de gaz*), reconstitution *f.* du gradient de pression.

reprocessing : 1/ régénération *f.* (*d'une huile, d'un solvant, d'un catalyseur, etc.*) ; 2/ nouveau traitement *m.*, re-traitement *m.* (*de l'information, en particulier sismique*).

reproducibility : reproductibilité *f.* (*expression de la fidélité d'une mesure ou d'une méthode d'après l'écart maximal entre les résultats de deux essais identiques effectués par deux laboratoires différents, les méthodes, appareils et conditions d'expérimentation étant identiques ; comparer à* repeatability).

repulping : mélange *m.* d'une phase semi-solide avec un diluant (*afin d'obtenir une phase plus fluide*).

repulping of wax : repulpage *m.* (*opération ayant pour but de déshuiler la paraffine par dissolution, cristallisation et filtration*).

required NPSH : voir *net positive suction head.*

re-refined oil : voir *reclaimed lubricating oil.*

re-refining : régénération *f.* (*d'une huile usagée*).

rerun : recyclage *m.*, redistillation *f.*

rerun oil : huile *f.* redistillée, huile recyclée, huile de recyclage.

rerun tower : tour *f.*, colonne *f.* de redistillation.

resampling : échantillonnage *m.* répété, renouvelé, ré-échantillonnage *m.*

rescue : délivrance *f.*, sauvetage *m.*, secours *m.*

Research and Development or **R & D** : recherche *f.* et développement *m.* (*terme désignant dans l'industrie américaine, et les compagnies pétrolières en particulier, les activités de recherche appliquées jusqu'au stade de la commercialisation, d'une technologie ou d'un produit nouveaux par exemple*).

research grade hydrocarbon : hydrocarbure *m.* très pur (*à 99,9 % en moyenne, pour analyse*).

Research method or **RM** or **CRC method F-1** or **F-1 method CRC** or **octane F-1 method** : méthode *f.* Research, méthode F-1 (*méthode établie par le Coordinating Research Council pour déterminer l'indice d'octane d'une essence automobile ; l'essai se fait sur moteur ASTM-CFR fonctionnant dans les conditions suivantes : régime du moteur, 600 ± 6 tours/min ; température de l'air aspiré, 51,5 °C ; mélange non préchauffé ; avance à l'allumage, 13°, fixe ; température de l'eau de refroidissement, 100 °C ;*

taux de compression variable ; détection de la détonation par aiguille sauteuse ; cf. ASTM D 908 ou D 1656, AFNOR M 07 – 026). Voir aussi *distribution octane number.*

research vessel or **R/V** : navire *m.* de recherche scientifique, navire océanographique.

reseat (to) : roder (*une soupape*).

reseller : revendeur *m.*

reservoir : réservoir *m.*, roche – réservoir *f.*, roche magasin *f.*, horizon *m.* réservoir (*d'un gisement*). Voir *reservoir rock.*

reservoir depletion : épuisement *m.* d'un réservoir, d'un gisement pétrolier (*que l'on peut retarder par la mise en œuvre de méthodes, dites de récupération secondaire ou tertiaire, utilisant des forces d'expansion extérieures au gisement*).

reservoir rock : roche – réservoir *f.*, roche – magasin *f.* (*roche poreuse et perméable dans laquelle les hydrocarbures peuvent se loger et se déplacer*).

reset (to) : refaire le réglage, remettre en position.

reset action : voir *integral action.*

resex : résidu *m.* de distillation de la fraction dénommée *kerex.* Voir ce terme.

residence time : temps *m.* de séjour (*durée de contact d'une charge avec un catalyseur, un solvant ou un réactif*).

residual : voir *residue.*

residual oil : voir *black oil, short residue.*

residue or **residual** : résidu *m.*, reste *m.*

residuum : voir *long residue, short residue.*

Residuum hydroconversion : procédé *m.* d'hydrocraquage de résidus lourds (*en présence d'un catalyseur au molybdate de cobalt, régénérable. – Humble Oil Co.*).

resin : résine *f.* (*matière asphaltique contenue dans les huiles minérales, insoluble dans les acides et dans les bases, entièrement soluble dans le pentane, mais adsorbée par l'alumine anhydre ;* voir aussi *petrolenes, synthetic resin*).

resin-like : résineux, ressemblant à la résine.

resin oil : huile *f.* obtenue par distillation de résines naturelles.

resins : voir *intrinsic insolubles.*

resistance : résistance *f.* (*force s'opposant à une autre*).

resistance thermometer : thermomètre *m.* à résistance (*dont le principe repose sur la variation* de la résistance électrique de certains métaux ou alliages en fonction de la température).

resistor or **electrical resistor** : résistance *f.* (*appareil électrique, composant électronique*).

response : réponse *f.* (*expression quantitative reliant le résultat de la sortie d'un système à la donnée d'entrée*).

restored acid : acide *m.* sulfurique re-concentré (*après avoir été récupéré dans les boues de traitement à l'acide*).

restrictor : restricteur *m.*, limiteur *m.* de débit.

restrictor rings : anneaux *m.* ou bagues *f.* d'étanchéité (*limitant les fuites d'huile à l'extrémité d'un coussinet*).

retainer : 1/ cage *f.* (*d'un roulement à billes*) ; 2/ dispositif *m.* ou pièce *f.* de retenue, arrêt *m.* Voir aussi *cement retainer*.

retaining wall : mur *m.* de rétention, mur de retenue, mur de soutènement.

retort : alambic *m.*, cornue *f.*, chaudière *f.* de distillation.

retorting : 1/ distillation *f.* à la cornue ; 2/ pyrogénation *f.* (*réaction chimique obtenue en soumettant un corps à une forte élévation de température*).

retread : 1/ procédé *m.* de rénovation de vieilles chaussées (*par scarification, puis épandage à même la route d'agrégats minéraux et de bitumes routiers*) ; 2/ rechapage *m.* (*d'un pneumatique*).

retrievable : amovible.

retrieval : recouvrement *m.*, récupération *f.*, rétablissement *m.*, réparation *f.* (*d'une perte, d'une erreur, etc.*).

retrograde condensation : condensation *f.* rétrograde (*condensation des hydrocarbures gazeux au sein même du réservoir consécutivement à un abaissement de la pression du gisement*).

retting : rouissage *m.* (*du lin*).

return : 1/ retour *m.*, renvoi *m.* ; 2/ relevé *m.*, statistiques *f.* ; 3/ rendement *m.*, rapport *m.* ; 4/ recettes *f.*, rentrées *f.*

return bend : boîte *f.* de retour, coude *m.* double (*raccord de tuyauterie coudé à 180 °*).

returns : retour *m.* (*en surface de la boue de forage en circulation*).

revamping : transformation *f.*, modernisation *f.*, réfection *f.*, remodelage *m.*

reverberation or **ringing** or **singing** : échos *m.* multiples, réverbération *f.*, pédalage *f.* (*phénomène*

acoustique affectant parfois certains enregistrements de sismique réflexion dont il complique gravement le dépouillement et l'interprétation*).

reversal of dip : changement *m.*, renversement *m.*, inversion *f.* du pendage.

reverse circulation : circulation *f.* inverse (*de la boue de forage circulant dans ce cas de l'annulaire vers la surface par l'intérieur du train de tiges de forage*).

reverse emulsion : émulsion *f.* inverse. Voir *water-in-oil emulsion*.

reversing gear : pignon *m.* d'inversion.

revivification : régénération *f.* (*d'un catalyseur, d'une matière utilisée en raffinage, etc.*).

revolution counter : compte-tours *m.* Voir *tachometer*.

revolutions per minute or **RPM** : tours *m.* par minute.

revolving oil dip ring : bague *f.* de lubrification (*d'un coussinet*).

rev up (to) an engine : augmenter le régime d'un moteur, emballer un moteur.

Rexforming : procédé *m.* de reformage des essences (*combinant une unité Platforming avec une unité d'extraction sélective et permettant d'obtenir un indice d'octane Research égal à 98 ou 100. – Universal Oil Products Co.*).

reynolds or **reyn** : reynolds *m.* (*unité de viscosité absolue du système anglo-saxon pouce-livre-seconde, ainsi nommée en mémoire du physicien anglais Osborne Reynolds, 1842-1912 ; 1 reyn = 6,895 × 10³ Pa·s*). Voir aussi *newt*.

Reynolds number : nombre *m.* de Reynolds (*coefficient sans dimension défini par la formule :*

$$R = \frac{VL}{\nu}$$

dans laquelle V est la vitesse moyenne de l'écoulement, $\nu = \mu/\rho$ le coefficient de viscosité cinématique du fluide [μ = coefficient de viscosité dynamique, ρ = masse spécifique] et L une dimension linéaire de référence du corps immergé dans le fluide ; le nombre de Reynolds, qui représente le rapport des forces d'inertie aux forces de viscosité, définit, en mécanique des fluides, les conditions de similitude d'écoulement sans surface libre dont les limites sont géométriquement semblables ; les coefficients sans dimensions qui caractérisent un écoulement – coefficient de résistance ou de portance d'un corps, par exemple – ne dépendent, dans ces conditions, que du nombre de Reynolds, tant que la compressibilité du fluide peut être négligée).

RH : abréviation de *relative humidity*. Voir ce terme.

Rheniforming : procédé *m*. de reformage catalytique (*utilisant un catalyseur bimétallique rhénium-platine régénérable ; la pression est de l'ordre de 15 bar. – Chevron Research Co.*).

rheodynamic lubrication : lubrification *f.* rhéodynamique (*expression utilisée spécialement pour les graisses et correspondant à un régime où prédominent les propriétés rhéologiques non newtoniennes du produit*).

rheology : rhéologie *f.* (*science physique qui étudie la viscosité, la plasticité, l'élasticité et l'écoulement de la matière en général*).

rheopectic grease : graisse *f.* rhéopectique (*dont la consistance augmente de façon permanente avec le cisaillement*).

rheostatic lubrication : lubrification *f.* rhéostatique (*expression utilisée spécialement pour les graisses et correspondant à un régime où prédominent les propriétés rhéostatiques non newtoniennes du produit*).

rib : ailette *f.*, nervure *f.*, renfort *m.*, entretoise *f.*, pilier *m.*, membrure *f.*, support *m.*

ribbed : à ailettes, nervuré, cannelé, strié.

ribbed smoked sheet or **smoked sheet** or **RSS** : feuille *f.* de caoutchouc naturel brut, cannelée, fumée et pressée.

Ricardo engine test : essai *m.* sur le moteur monocylindrique Ricardo E. 35 à taux de compression variable (*ce moteur a été construit entre 1920 et 1922 par Sir Harry Ricardo, premier ingénieur à s'attaquer au problème de l'évaluation des propriétés antidétonantes des essences*). Voir *highest useful compression ratio*.

rich gas : gaz *m.* humide, gaz riche (*en hydrocarbures supérieurs*).

rich mixture : mélange *m.* riche (*alimentant un moteur à explosion*).

rich oil : voir *fat oil*.

ricinus oil : voir *castor oil*.

riddle : crible *m.*, tamis *m.*

ridge : crête *f.*, arête *f.*, ride *f.*, chaîne *f.*, cordon *m.*, dorsale *f.* (*surélévation plus longue que large, avec de fortes pentes*), croupe *f.*

ridging : usure *f.* en sillons ou en rayons, usure ondulée, striage *m.* (*formation de stries, courtes et parallèles, traversant les dents des engrenages dans la direction du glissement*).

rift : 1/ crevasse *f.*, fissure *f.* ; 2/ joint *m.*, fil *m.*, clivage *m.* ; 3/ fracture *f.* profonde (*au centre de la crête formée par une dorsale océanique et à la faveur de laquelle se renouvelle la lithosphère océanique par épanchement continu de basalte*).

rift valley : vallée *f.* faillée, fossé *m.* d'effondrement, dépression *f.* longitudinale limitée par des failles.

rig : voir *drilling rig*.

rig down (to) : démonter une installation (*de forage, en particulier*).

rig floor : voir *derrick floor*.

rigging box : boîte *f.* à outils.

rigging up : montage *m.*, gréement *m.* (*d'une installation de forage, de pompage, etc.*).

right-of-way : 1/ droit *m.* de passage ; 2/ piste *f.*, tracé *m.* d'un pipe-line.

rig-tested : essayé au banc.

rig up (to) : monter (*une installation de forage ou de pompage, une tour, une charpente, etc.*).

rillmark : trace *f.* de ruissellement (*sur la roche*), trace, rigole *f.* laissée sur le sable d'une plage (*par les vagues*).

rim : 1/ bord *m.*, rebord *m.*, lèvre *f.*, bourrelet *m.* ; 2/ jante *f.* (*d'une roue, d'une poulie, etc.*).

rimer : voir *reamer*.

ring : 1/ bague *f.*, anneau *m.*, cercle *m.*, rond *m.* ; 2/ voir *piston ring* ; 3/ cycle *m.*, noyau *m.* (*des hydrocarbures à chaîne fermée et de leurs dérivés*).

ring analysis : évaluation *f.* de la teneur en atomes de carbone paraffiniques, naphténiques et aromatiques (*d'un brut ou d'un produit pétrolier*).

ring-and-ball test or **R & B test** : voir *softening point test*.

ringed : muni, garni d'un anneau, d'un cercle de renforcement (*se dit, entre autres, d'un fût*).

ring-fence : clause *f.* contractuelle (*imposée à l'opérateur par certaines compagnies nationales ou un état propriétaire d'un droit minier, interdisant d'amortir sur les puits productifs les frais généraux occasionnés par les puits secs exécutés dans le même permis*).

ring gap increase : augmentation *f.* du jeu à la coupe d'un segment de piston (*mesuré entre les deux extrémités du segment monté sur le piston ou sur un gabarit ayant le diamètre de l'alésage du cylindre*).

ring groove : gorge *f.* de segment (*rainure à la périphérie d'un piston, destinée à recevoir le segment*).

ringing : voir *reverberation*.

ring lubrication : voir *ring oiling*.

ring method : voir *surface tension test*.

ring-oiled bearing : coussinet *m.* graissé par bague.

ring oiling or **ring lubrication** : graissage *m.* par bague (*des coussinets à axe horizontal*).

ring-shaped hydrocarbons : hydrocarbures *m.* cycliques. Voir *aromatic hydrocarbons, naphthenic hydrocarbons.*

ring side clearance : jeu *m.* en hauteur d'un segment de compression d'un piston (*mesuré entre le segment et sa gorge*).

ring stand : support *m.* annulaire (*de laboratoire*).

ring sticking : gommage *m.* des segments (*de compression d'un moteur thermique, par formation de dépôts charbonneux*).

ring sticking rating : degré *m.* de liberté des segments (*d'un piston de moteur thermique*).

ring-type joint : joint *m.* torique, joint annulaire.

rinsing oil : voir *cleaning oil.*

ripper : scarificateur *m.*, défonçeuse *f.* portée.

ripple tray : plateau *m.* ondulé, plateau à ondulations (*plateau de fractionnement constitué par une plaque ondulée dont le haut et le bas des ondes sont perforées ; les vapeurs montent par les ouvertures des ondes supérieures et le liquide descend par celles des ondes inférieures*).

rippling : usure *f.* ondulée, ride *f.* (*déformation plastique des dentures d'un engrenage, due à des efforts de cisaillement superficiels, dont on peut diminuer l'importance par l'emploi d'un lubrifiant à plus bas coefficient de frottement*).

riprap : 1/ enrochement *m.*, assise *f.* en blocs de pierre ; 2/ pétarade *f.*

riser : 1/ tube *m.* ascenseur, riser *m.* (*reliant le fond de la mer à la surface dans un forage sous-marin*), tube-guide *m.* ; 2/ colonne *f.* montante ; 3/ dispositif *m.* d'admission du catalyseur dans le régénérateur ou le réacteur (*dans une unité de craquage catalytique*).

riser foot manifold : manifold *m.* de pied de riser.

riveting : rivetage *m.*

riveting hammer : rivoir *m.*, matoir *m.*, marteau-riveur *m.*

RM : abréviation de *Research method.* Voir ce terme.

road and rail loading facilities : ensemble *m.* des points de chargement des camions-citernes et des wagons-citernes dans une raffinerie.

road binder or **binder** : couche *f.* inférieure de base, ou de liaison, d'une chaussée (*constituée par deux lits d'enrobés*).

road grader or **grader** : profileuse *f.*, niveleuse *f.* (*pour travaux routiers*).

road haulage : transport *m.* routier, transport par la route.

road mix or **road mixed** : voir *mixed in place.*

road octane number or **RON** : indice *m.* d'octane route (*qualifiant le comportement d'un carburant utilisé dans un moteur d'automobile en circulation et soumis à des charges et à des vitesses variables, comportement différent de celui relevé avec le moteur CFR*). Voir *borderline method, Uniontown method.*

road oil : bitume *m.* fluidifié. Voir *medium* et *slow-curing cutback.*

road spreading : épandage *m.* de bitume (*sur une chaussée*).

road tank car or **tank car** or **tank truck** : camion-citerne *m.*

road test : essai *m.* sur route (*d'un moteur*).

roarer : puits *m.* de gaz en éruption (*siège de grondements intenses*).

roaster : four *m.* à calciner, four rotatif (*permettant de régénérer les terres décolorantes employées pour le traitement des lubrifiants*).

roasting : calcination *f.*, grillage *m.*, frittage *m.*

rock asphalt : asphalte *m.* naturel, roche *f.* asphaltique.

rock bit or **roller bit** : trépan *m.* à molettes (*tricône, quadricône*).

rock drill oil : huile *f.* pour marteaux, marteaux-piqueurs et perforatrices pneumatiques.

rocker : 1/ crible-laveur *m.* ; 2/ berceau *m.*, balancier *m.*, culbuteur *m.* (*de soupape, par exemple*).

rocker arm cover : couvercle *m.* de culbuteur, cache-culbuteur *m.*

rocket fuel : voir *propellant.*

rocket motor : moteur *m.* de fusée.

rock oil : pétrole *m.*, huile *f.* de roche (*terme désuet*).

rock salt : sel *m.* gemme, halite *f.* (*chlorure de sodium, NaCl, naturel*).

rock wool or **mineral wool** or **slag wool** : laine *f.* minérale, laine de scorie, laine de laitier.

rod : 1/ perche *f.* (*unité de longueur anglo-saxonne égale à 5,5 yards ou 5,0292 m*) ; 2/ tringle *f.*, tige *f.* pleine, baguette *f.*, biellette *f.*

roddage fee : droit *m.* afférent au passage d'un pipe-line (*proportionnel à sa longueur mesurée en perches, ou* rods).

rodenticide : dératisant *m.* (*pesticide spécifique des rongeurs*).

rods : tringlerie *f.*, tringlage *m.* (*ensemble des tiges de commande*).

rod thief : sonde *f.*, pipette *f.* (*pour la prise d'échantillon dans un réservoir*).

roiled : trouble, troublé (*eau, etc.*).

roily oil : brut *m.* émulsionné d'eau.

rolled : laminé, cylindré.

roller bearing : roulement *m.* à rouleaux, palier *m.* à rouleaux.

roller bit : voir *rock bit.*

roller tappet : poussoir *m.* à galet.

rolling friction : frottement *m.* de roulement.

rolling mill : laminoir *m.*, train *m.* de laminage, aciérie *f.*

rolling oil or **roll oil** : huile *f.* de laminage.

roll neck : tourillon *m.* de cylindre (*de laminoir*).

roll oil : voir *rolling oil.*

RON : abréviation de *road octane number.* Voir ce terme.

roofing felt : feutre *m.* bitumé, carton *m.* goudronné (*pour assurer l'étanchéité des toitures*).

roof rock : roche-couverture *f.* Voir *cap rock 2/ et 3/, cover 2/.*

rooter : défonceuse *f.*, défricheuse *f.* (*machine utilisée pour arracher les souches d'arbres et les racines*).

root run : passe *f.* de fond, racine *f.* (*dans une opération de soudure*).

Roots blower : compresseur *m.* Roots (*compresseur rotatif à lobes*).

rope : corde *f.*, câble *m.*

rope drilling : voir *cable system of drilling.*

rope grab or **rope spear** : harpon *m.*, grappin *m.* à câble (*servant au repêchage d'un câble d'extraction tombé par accident au fond d'un puits*).

rope socket : douille *f.* de câble (*douille tronconique recevant la patte d'un câble dont les brins sont repliés et noyés ensuite dans du métal fondu*).

rope spear : voir *rope grab.*

rose pipe or **suction rose** : crépine *f.*, tube *m.* d'aspiration crépiné.

Rose's metal : métal *m.* de Rose, alliage *m.* de Rose (1/ *alliage, fusible au-dessous de 100 °C, composé de 50 % de bismuth, 25 % de plomb et 25 % d'étain ; 2/ alliage formé de 70 % de cuivre, 25 % de plomb et 5 % d'étain, et servant à la confection de garnitures antifriction pour coussinets* ; voir aussi *lead bronze*).

rosin or **colophony** : résine *f.*, arkanson *m.*, colophane *f.* (*résine jaune, solide et transparente, résidu de la distillation de la térébenthine*).

rosin oil or **cod oil** : huile *f.* de résine (*huile semi siccative obtenue par distillation de la gemme ou résine du pin ; elle est utilisée dans la fabrication des huiles solubles ainsi que dans l'élaboration à froid de certaines graisses*).

rot : pourriture *f.*, putréfaction *f.*

rotameter or **variable area flowmeter** : rotamètre *m.*, débitmètre *m.* à section variable (*permettant la mesure d'un débit par le déplacement d'un flotteur dans un tube vertical s'évasant vers le haut et parcouru par le courant ascendant du fluide dont on cherche à mesurer le débit*).

rotary : rotatif. Voir *rotary drilling.*

rotary burner or **rotating-cup burner** : brûleur *m.* rotatif (*dans lequel le combustible, centrifugé, est pulvérisé par une coupelle rotative à la sortie de laquelle se fait le mélange combustible*).

rotary compressor : compresseur *m.* rotatif.

rotary countershaft : arbre *m.* de renvoi (*couplé directement à la table de rotation* ; voir *draw works*).

rotary drilling : forage *m.* rotary (*système de forage dans lequel le trépan est entraîné par un mouvement de rotation transmis depuis la surface par un arbre constitué de tiges creuses vissées bout à bout dans lesquelles circule le fluide de forage, le plus souvent de la boue ; utilisé pour la première fois en 1901 sur le Spindletop Field, Beaumont, Texas*).

rotary drilling rig or **rotary drilling outfit** : installation *f.* de forage rotary.

rotary filter : filtre *m.* rotatif (*utilisé notamment pour le déparaffinage des huiles*).

rotary hose : flexible *m.* d'injection (*dans le système de forage rotary, manche flexible en néoprène, avec armature métallique, constituant l'organe de liaison entre la tête d'injection installée sur le train de tiges et la conduite fixe venant des pompes à boue*).

rotary kiln : four *m.* rotatif (*pour la régénération des terres filtrantes*).

rotary pump : pompe *f.* rotative, pompe volumétrique.

rotary table : table *f.* de rotation (*transmettant le mouvement de rotation au train de tiges de forage*).

rotating-cup burner : voir *rotary burner*.

rotator or **rotocap** : voir *valve rotator*.

rotor seal : joint *m.* rotatif, raccord *m.* tournant.

rotproof : imputrescible, résistant à la putréfaction.

rough : brut, rugueux, irrégulier, non nivelé, non aplani.

roughneck : ouvrier *m.* foreur, manœuvre *m.* de sonde.

roughness : rugosité *f.* (*état d'une surface rugueuse*).

rounded bottom tappet : poussoir *m.* à sabot.

round robin test : essai *m.* de corrélation pour définir la procédure, la répétabilité et la reproductibilité d'une même méthode dans des laboratoires différents.

round-the-clock operation : fonctionnement *m.* continu (*24 h sur 24*).

round trip : voir *trip* 3/.

roustabout : manœuvre *m.* sans spécialité (*en particulier sur un chantier de forage ou de production*).

royalty or **redevance** : redevance *f.* (*dans l'industrie minière, contribution imposée au titulaire d'un titre d'exploitation et payable en nature ou en espèces ; la redevance pétrolière est en général une obligation fixée par le cahier des charges de la concession, payable en espèces ou en nature, et qui a pour assiette la production ; la redevance est également la contribution imposée à l'utilisateur d'un procédé*). Voir aussi *running royalty*.

RP : abréviation de *recording pyrometer*. Voir ce terme.

RPM : abréviation de *revolutions per minute*. Voir ce terme.

RSS : abréviation de *Redwood Standard Seconds* – voir *Redwood viscometer* – et de *ribbed smoked sheet* (voir ce terme).

rubber swell : gonflement *m.* du caoutchouc (*en présence d'huile*).

rubbing : 1/ frottement *m.*, friction *f.*, polissage *m.* ; 2/ broyage *m.* de minerai.

rubbing bearing : voir *dry bearing*.

rubbing oil : huile *f.* fluide utilisée pour le polissage.

rubbing speed : voir *sliding speed*.

rubbish : détritus *m.*, gravats *m.*, déblai *m.*, déchet *m.*, remblai *m.*, roche *f.* stérile, gangue *f.*, éboulis *m.*, décombres *m.*

rudder : 1/ diffuseur *m.* (*du stator d'un compresseur ou d'une pompe centrifuge*) ; 2/ gouvernail *m.*, ailette *f.* d'orientation (*d'un anémomètre par exemple*).

rudder bar : barre *f.* de gouvernail, palonnier *m.*

rugged catalyst : catalyseur *m.* puissant, particulièrement actif.

rumble or **thud** or **pounding** : grondement *m.*, tambourinage m., bruit *m.* sourd (*accompagnant la marche irrégulière d'un moteur à explosion et provoqué par les vibrations du vilebrequin à la suite d'allumage irrégulier, de pré-allumage, de variations importantes du rapport air-carburant alimentant les différents cylindres, etc.*).

run : 1/ marche *f.*, essai *m.* ; 2/ cycle *m.* de marche ; 3/ opération *f.*, phase *f.*, passe *f.*, fonctionnement *m.*, cours *m.*, roulement *m.*, déroulement *m.* (*d'une action, etc.*) ; 4/ durée *f.*, course *f.*, cadence *f.* ; 5/ campagne *f.* ; 6/ quantité *f.* de produits traitée en un temps donné ; 7/ trajet *m.*, distance *f.* de transport ou de parcours ; 8/ tronçon *m.*, section *f.* (*de tube*) ; 9/ direction *f.* (*d'un filon*) ; 10/ coulée *f.*, éboulement *m.* ; 11/ série *f.*, catégorie *f.*, classe *f.*

runaround : 1/ plate-forme *f.* d'accrochage (*dans une tour de forage*) ; 2/ balcon *m.* (*d'une plate-forme en général*).

run away (to) : voir *race the engine (to)*.

runaway speed : vitesse *f.* d'emballement.

rundown box : voir *look box*.

rundown line : conduite *f.* reliant une unité de production au réservoir de recette.

rundown tank or **rundown storage** : réservoir *m.* de recette (*recevant l'effluent d'une installation avant son expédition vers des capacités de stockage plus importantes*).

run-in : voir *breack-in*.

run in (to) : 1/ roder (*un moteur*) ; 2/ descendre le train de tiges de forage dans le puits.

runner : 1/ curseur *m.*, glissoire *m.* ; 2/ trou *m.* ou chenal *m.* de coulée, jet *m.* ; 3/ chariot *m.* de roulement ; 4/ rotor *m.*, couronne *f.* mobile (*d'une turbine, d'une pompe centrifuge, d'un convertisseur de couple, etc.*).

running : 1/ marche *f.*, allure *f.*, fonctionnement *m.* (*d'un appareil, d'une machine, etc.*) ; 2/ fraction *f.* de distillation ; 3/ écoulement *m.*

running costs : frais *m*. d'exploitation.

running in : 1/ rodage *m*. (*d'un moteur*) ; 2/ descente *f*. du train de tiges de forage dans le puits.

running in oil : voir *breaking in oil*.

running on or **run-on** or **afterrun** : voir *afterrunning* 1/.

running royalty : redevance *f*. courante (*somme, généralement calculée en fonction de la production réelle d'une unité, payée au détenteur d'un procédé par annuités sur la durée de l'amortissement des installations ou sur la durée de validité des brevets*).

running time : période *f*. de marche effective, temps *m*. machine, temps d'utilisation.

running tool : outil *m*. de pose (*destiné à placer à l'aide d'un câble, ou* wireline – *voir ce terme* – *des dispositifs de mesure ou de contrôle dans un raccord spécial, ou* landing nipple – *voir ce terme* – *intercalé dans la colonne de production d'un puits*). Voir aussi *pulling tool*.

run-on : voir *afterrunning* 1/.

runoff water : eau *f*. de ruissellement.

run ticket : enregistrement *m*. des quantités de brut produites par un puits.

run wild (to) : emballer (*un moteur*).

rust : rouille *f*.

rust and oxidation-resistant oil or **R & O oil** : huile *f*. contenant des additifs antirouille et antioxydation (*employée pour la lubrification des turbines*).

rusting inhibitor : additif *m*. antirouille (*pour huiles de graissage ; constitué de sels métalliques d'acides sulfoniques et, en général, de composés organométalliques à réaction basique*).

rust penetrant : dégrippant *m*. (*souvent conditionné en bombe aérosol et utilisé pour dégripper boulons, vis et écrous bloqués par oxydation*).

rust preventer or **rust preventative** or **rust preventive** or **rust preservative** : antirouille *m*. (*produit de protection contre la rouille*).

rust prevention test : essai *m*. antirouille (*essai d'huiles pour turbine à vapeur destiné à évaluer leur qualité antirouille ; on mélange dans un récipient 300 cm³ de l'huile soumise à l'essai avec 30 cm³ d'eau distillée ou d'eau de mer synthétique, selon les conditions de l'essai ; le mélange est agité pendant 24 h à la température de 140 °F [60 °C], en présence d'une tige de fer ; à la fin de l'essai on mesure la quantité de rouille formée ; cf. ASTM D 665*).

rustproof oil : huile *f*. antirouille.

rust remover : dérouillant *m*. (*produit enlevant la rouille*).

rut : 1/ griffure *f*. (*d'un palier*) ; 2/ ornière *f*. (*trace creusée dans le sol par les roues d'un véhicule*).

rutting resistance : résistance *f*. d'un enrobé bitumineux à la formation d'ornières.

R/V : abréviation de *research vessel*. Voir ce terme.

RVP : abréviation de *Reid vapor pressure*. Voir ce terme.

Ryder gear test : essai *m*. Ryder (*essai pour évaluer la capacité de charge d'une huile pour engrenages type aviation ; cf. ASTM D 1947*).

S

saddle : 1/ étrier *m.*, selle *f.* , berceau *m.* (*structure supportant, par exemple, un réservoir*) ; 2/ ensellement *m.* (*d'un pli anticlinal*), voûte *f.* (*d'un pli, d'une structure géologique*) ; 3/ bride *f.*, étrier (*pour obturer une fuite*), collier *m.* de prise, départ *m.* latéral (*sur une conduite en place*).

SAE : abréviation de *Society of Automotive Engineers.* Voir ce terme.

SAE classification : voir *SAE numbers.*

SAE EP lubricant testing machine : machine *f.* mise au point par l'*EP Lubricant Research Committee* de la *Society of Automotive Engineers* pour essayer les huiles extrême-pression destinées aux ponts arrière des véhicules (*elle est constituée de deux cylindres immergés dans un bain d'huile, qui tournent en sens inverse sous des charges variables ; la charge, en livres, est inférieure à 125 dans le cas d'une huile minérale pure, et comprise entre 125 et 550 dans le cas d'une huile extrême-pression*).

SAE numbers or **SAE classification** : classification *f.* SAE (*classification, d'après leur viscosité, des huiles pour moteurs, boîtes de vitesse et ponts arrières de véhicules, établie par la* Society of Automotive Engineers).

safe : 1/ sans danger, sûr, en sûreté, à l'abri ; 2/ coffre-fort *m.*, armoire *f.* blindée.

safeguard : mesure *f.* de sécurité, dispositif *m.* de sécurité ou de protection, mesure de précaution.

safely anchored : bien ancré, bien arrimé (*en parlant d'un chargement, d'une cargaison, etc.*).

safety : sûreté *f.*, sécurité *f.*

safety area : zone *f.* ou périmètre *m.* de sécurité (*à l'intérieur duquel tout feu nu est interdit*).

safety board : plate-forme *f.* de sécurité, plate-forme d'accrochage (*d'une tour de forage*).

safety factor or **factor of security** : coefficient *m.* de sécurité (*s'appliquant, en particulier, aux appareils sous pression*).

safety goggles : lunettes *f.* protectrices, lunettes de sécurité.

safety joint : joint *m.* de sécurité (*incorporé dans la garniture de forage et dont il permet le dévissage intentionel*).

safety shower or **emergency shower** : douche *f.* de secours (*en cas de feu prenant aux vêtements*).

safety valve : soupape *f.* de sécurité.

safety vent : orifice *m.* de sécurité (*pour décharge de gaz dans l'atmosphère ou, dans le cas de gaz combustibles, dans un réseau relié à une torchère*).

safflower oil or **carthamus oil** : huile *f.* de carthame (*huile végétale, siccative, extraite du carthame ou safran bâtard, Carthamus tinctorius*).

sag : point *m.* bas, affaissement *m.*, flèche *f.*, flexion *f.*, fléchissement *m.*, flambage *m.*, mou *m.* ou ventre *m.* (*d'un câble*).

sags : 1/ pot *m.*, siphon *m.* de décantation (*points bas à l'intérieur d'un gazoduc où peuvent être collectés les dépôts liquides*) ; 2/ incurvations *f.* (*d'une couche géologique*).

sale : vente *f.*

sales : chiffre d'affaires *m.*

salt : 1/ sel *m.*, chlorure *m.* de sodium (*NaCl*) ; 2/ salé, salin.

salt dome : dôme *m.* de sel, diapir *m.* (*structure en forme de dôme résultant du mouvement ascensionnel du sel, à laquelle sont assez souvent associés des pièges favorables à l'accumulation d'huile ou de gaz*).

salt spray test : 1/ essai *m.* de l'efficacité d'une huile lubrifiante anticorrosive en présence d'eau de mer ; 2/ essai de l'efficacité d'un produit anticorrosion en présence d'un brouillard salin.

salt water : eau *f.* salée.

salvage : 1/ indemnité *f.*, droit *m.* ou prime *f.* de sauvetage, indemnité de remorquage ; 2/ sauvetage *m.* (*d'un vaisseau, etc.*), assistance *f.* maritime ; 3/ objets *m.* sauvés (*d'un naufrage, d'un incendie, etc.*).

salvage dues : droits *m.* ou indemnités *f.* de sauvetage.

salve : baume *m.*, onguent *m.*, pommade *f.* (*corps onctueux semi solide, assez souvent à base de pétrolatum*).

sample : échantillon *m.*, éprouvette *f.* (*échantillon prélevé dans une fourniture et soumis à essai*).

sampleman : échantillonneur *m.* (*agent chargé de l'échantillonnage*).

sampling : échantillonnage *m.*, prise *f.* ou prélèvement *m.* d'échantillons.

sampling methods for petroleum products : méthodes *f.* normalisées d'échantillonnage des produits pétroliers (*cf. ASTM D 270, AFNOR M 07-001 et ASTM T 140, AFNOR T 66-010 pour les bitumes*).

sampling thief : voir *thief.*

samson or **samson post** : support *m.* de balancier, support de levier de battage (*dans le système de forage par percussion*).

SAN : abréviation de *strong acid number.* Voir *neutralization number.*

sand : sable *m.*

sandblasting : sablage *m.*, nettoyage *m.*, décapage *m.* au jet de sable.

sand bucket : voir *bailer.*

sanded up : ensablé, colmaté ou obstrué par le sable.

sand hog : poche *f.* à sable (*séparateur huile-sable placé à la sortie d'un puits*).

sand line : voir *bailing rope.*

sand reel : treuil *m.* de curage, tambour *m.* de curage. Voir *draw works.*

sandstone : grès *m.*

sandy : sableux, sablonneux, arénacé.

saponification number : indice *m.* de saponification (*d'une huile grasse ou compoundée ; indice exprimé par le nombre de milligrammes de potasse, KOH, nécessaire pour neutraliser les acides libres contenus dans un gramme d'huile et pour en saponifier les esters ; cet indice permet de déterminer le pourcentage d'huile grasse d'une huile minérale ; cf. ASTM D 94, AFNOR T 60-110, méthode colorimétrique, et ASTM D 939, méthode électrométrique*).

saponifying agent : agent *m.* de saponification, agent saponifiant.

sapropel : sapropel *m.*, sapropèle *m.* (*vase ou boue putride, riche en matière organique, constituant le sédiment d'origine du pétrole naturel*).

sardine oil : huile *f.* de sardine (*huile siccative, utilisée dans les applications habituelles des huiles de poisson*).

SA service : voir *API designations for motor oils.*

sassafras oil : essence *f.* de sassafras, safrol *m.* (*huile essentielle extraite des racines du sassafras et utilisée en parfumerie ou pour dissimuler l'odeur rance de certaines graisses*).

saturant : produit *m.* d'imprégnation, produit imprégnant (*substance servant à saturer une autre substance ou à la neutraliser*).

saturated core : carotte *f.* imprégnée (*d'huile ou de gaz naturel*).

saturated hydrocarbon : hydrocarbure *m.* saturé.

saturated steam : vapeur *f.* d'eau saturée (*à la limite de la condensation*).

sawdust : sciure *f.* de bois (*ajoutée parfois comme agent colmatant dans une boue de forage ; également introduite dans des boîtes de vitesses ou des ponts très usagés par des garagistes sans scrupules lors de la vente d'une voiture d'occasion*).

sawing : sciage *m.* (*action de scier*).

Saybolt chromometer : chromatomètre *m.*, chromomètre *m.* ou colorimètre *m.* de Saybolt (*appareil servant à classer les huiles d'après l'intensité de leur couleur, selon une échelle allant de + 30 à - 16, par comparaison avec des teintes étalons ; cf. ASTM D 156, AFNOR M 07-003*).

Saybolt Furol Seconds or **SFS** : voir *Furol viscosity.*

Saybolt Furol viscosity : voir *Furol viscosity.*

Saybolt Universal Seconds or **SUS** : voir *Saybolt Universal viscosity.*

Saybolt Universal viscosity : viscosité *f.* Saybolt Universal (*viscosité mesurée à l'aide du viscosimètre Saybolt Universal ; elle s'exprime par le nombre de secondes requises pour qu'un échantillon de 60 cm³ du fluide essayé s'écoule en totalité à travers l'orifice calibré Universal ; la mesure est généralement faite à 70 ºF [21,1 ºC], 100 ºF [37,8 ºC], 130 ºF [54,4 ºC] et 210 ºF [98,9 ºC] ; cf. ASTM D 88*). Voir *conventional viscosity.*

SBK catalytic reforming : abréviation de *Sinclair-Baker-Kellog catalytic reforming.* Voir ce terme.

SBM system : abréviation de *single-buoy mooring system.* Voir ce terme.

SBN : abréviation de *strong base number.* Voir *neutralization number.*

SBP spirits : abréviation de *special boiling point spirits.* Voir ce terme.

SBR : abréviation de *Styrene-Butadiene Rubber.* Voir *Government Rubber-Styrene.*

SB service : voir *API service designations for motor oils.*

scabbing : usure *f.* par écaillage.

scaffolding : échafaudage *m.* (*pour l'entretien ou le montage d'une installation*).

scale : 1/ incrustation *f.*, dépôt *m.* (*calcaire*), scorie *f.*, écaille *f.*, tartre *m.*, calamine *f.*, battitures *f.* (*parcelles métalliques d'oxyde de fer incandescentes jaillissant sous le marteau du forgeron*), couche *f.* oxydée (*à la surface d'un métal*) ; 2/ échelle *f.* (*d'une carte, d'un appareil de mesure ou de régulation, etc.*), règle *f.* graduée, série *f.*, suite *f.*, graduation *f.*, étendue *f.*, tarif *m.*, gamme *f.*, barème *m.* ; 3/ plateau *m.* de balance – voir *scales*.

Scale : abréviation de *London Market Nominal Freight Scale*. Voir *Scale rate*.

scaler : nettoyeur *m.*, batteur *m.* de chaudières.

Scale rate or **London Scale** or **Tanker Nominal Freight Scale** or **London Market Nominal Freight Scale** or **Scale** : barème *m.* de frêt établi en 1952 par le *London Tanker Brokers Panel* pour remplacer le barème MOT – *Ministry of Transport rates*, voir ce terme – et qui ne prend plus en compte les frais inhérents au passage du canal de Suez.

scale remover : détartrant *m.* (*pour radiateurs*).

scales : balance *f.*, bascule *f.*

scales beam : fléau *m.* de balance.

scales man : peseur *m.*

scale wax : paraffine *f.* écaille (*incomplètement purifiée*).

scaling : 1/ écaillage *m.*, détartrage *m.*, piquage *m.*, exfoliation *f.*, desquamation *f.*, entartrage *m.* ; 2/ compteur *m.* électronique de pulsations.

scaling circuit : 1/ circuit *m.* de comptage ; 2/ circuit démultiplicateur.

scalping : précriblage *m.*

scaly : en écailles, écailleux (*en forme d'écailles*).

scanner : capteur *m.* électronique.

scanning : 1/ scrutation *f.*, examen *m.* minutieux ; 2/ balayage *m.* électronique, exploration *f.* (*par radio ou télédétection*).

scantling : équarissage *m.* (*augmentation des dimensions d'un trou*).

scar : empreinte *f.* d'usure (*sur la bille d'un roulement à billes*).

scarcement : ressaut *m.*, saillie *f.*, réduction *f.* de section.

scarf : 1/ assemblage *m.* à mi-bois, enture *f.* ; 2/ chanfrein *m.* de soudure.

scarf-welded : soudé par recouvrement, soudé en écharpe.

scarifier : scarificateur *m.*

scatter : dispersion *f.* (*des points sur un diagramme*), éparpillement *m.*

scattered light : lumière *f.* diffuse.

scattering : 1/ dispersant *m.* ; 2/ dispersion *f.*, diffusion *f.*, diffraction *f.*

scavenge port or **scavenging air port** : lumière *f.*, orifice *m.* de balayage (*d'un moteur deux temps*).

scavenge pump or **scavenging pump** : pompe *f.* de balayage, pompe à résidus.

scavenger : 1/ agent *m.* de balayage (*dans un moteur diesel*), balayeur *m.*, agent d'épuration ; 2/ modificateur *m.*, épurateur *m.* (voir *lead scavenger*).

scavenging : balayage *m.*, entraînement *m.*, évacuation *f.* (*en particulier des gaz d'échappement par les cylindres d'un moteur thermique* ; voir *crossflow scavenging, loop scavenging, uniflow scavenging*).

scavenging air port : voir *scavenge port*.

scavenging pump : voir *scavenge pump*.

SC cutback : abréviation de *slow-curing cutback*. Voir ce terme.

scented grease : graisse *f.* parfumée (*graisse constituée de graisses animales rances et qui ont été parfumées pour en masquer la mauvaise odeur*).

scentless : inodore, sans odeur.

SCF : abréviation de *standard cubic foot*. Voir ce terme.

SCFD : abréviation de *standard cubic feet per day*. Voir ce terme.

schedule : 1/ programme *m.*, planning *m.*, calendrier *m.*, prévision *f.* (*d'exécution d'un projet, d'une installation, de construction d'une unité, de livraison, etc.*) ; 2/ norme *f.* (*de tuyauterie*).

scheduling : planification *f.*, établissement *m.* d'un programme (*de marche, de fabrication, de livraison, etc.*), ordonnancement *m.*

SCL lubricant : abréviation de *sulfur-chlorine-lead lubricant*. Voir ce terme.

sclerometer or **durometer** : scléromètre *m.* (*instrument servant à mesurer la dureté des corps, en particulier des métaux, par l'effort nécessaire pour les rayer à l'aide d'une pointe*).

scoop : 1/ pelle *f.* (*à main*), main *f.* ; 2/ écope *f.*, épuisette *f.* ; 3/ godet *m.* (*de drague*) ; 4/ cuillère *f.* (*de graissage*), cuillère d'huile (*de tête de bielle*), mentonnet *m.* lubrificateur ; 5/ seau *m.* à charbon.

scoop dredger : drague *f.* à godets, excavateur *m.* à godets.

scoop feeding : alimentation *f.* à godets.

scooping : dragage *m.*, excavation *f.* (*action d'excaver*).

scoring : éraillage *m.* ou grippage *m.* (*d'un piston, d'engrenages ou de deux surfaces de glissement en général, dû au contact métal sur métal avec glissement de matière*).

scourability : propriété *f.* d'une huile autodétachante (*servant pour la lubrification des machines textiles*).

scoured : dégraissé, délavé.

scouring : 1/ affouillement *m.*, érosion *f.* ; 2/ dégraissage *m.* (*de la laine*) ; 3/ balayage *m.* (*du cuir*) ; 4/ nettoyage *m.*, curage *m.*, décapage *m.*

scout : enquêteur *m.*, investigateur *m.* (*agent d'une compagnie pétrolière, le plus souvent un géologue, chargé de recueillir toutes les informations sur les possibilités pétrolières d'une région, sur les tendances de l'exploration, sur les sondages en cours, sur les transactions de droits miniers, etc.*).

scouting : 1/ reconnaissance *f.*, exploration *f.* ; 2/ recherche *f.* d'informations (*dans le domaine de l'exploration et de la production pétrolières des concurrents* ; voir *scout*).

scram or **emergency shutdown** : arrêt *m.* d'urgence d'une unité.

scrap : 1/ déchets *m.*, débris *m.*, ferraille *f.*, rebut *m.*, chutes *f.*, pertes *f.*, riblons *m.* ; 2/ poudre *f.* de coke.

scraper : 1/ racleur *m.*, curette *f.*, gratteur *m.*, grattoir *m.* ; 2/ décapeuse *f.*, benne *f.* racleuse, scraper *m.* (*engin de terrassement utilisé pour l'excavation, le transport et le déversement des matériaux*) ; 3/ voir aussi *casing scraper, go-devil 1/*.

scraper ring or **oil ring** : segment *m.* racleur (*d'un piston de moteur thermique*).

scraper ring clogged or **oil ring clogged** : segment *m.* racleur dont les lumières sont obstruées par des dépôts.

scraper trap or **pig trap** or **pig station** : gare *f.* de piston racleur (*courte section de tube placée à l'extrémité d'un tronçon de pipe-line pour permettre d'extraire le piston racleur* ; voir *go-devil 1/*).

scratcher : grattoir *m.*, gratteur *m.*, hérisson *m.*, racleur *m.* (*de parois*), collier *m.* gratteur (*fixé à l'extérieur d'un tubage et destiné à débarrasser la paroi d'un puits du cake de boue afin d'assurer une bonne adhérence du ciment lors de la cimentation du tubage*).

scratching : 1/ rayure *f.* (*sur la surface des cylindres, des pistons ou des segments, caractérisée par une bande de lignes de largeur appréciable*) ; 2/ éraflures *f.*, griffures *f.* (*sur les dentures d'engrenages, à partir du sommet de la denture jusqu'à son pied ; elles sont souvent provoquées par la présence dans l'huile de corps étrangers*).

screen : filtre *m.*, tamis *m.*, crible *m.*, crépine *f.*, écran *m.*

screenings : déchets *m.* de criblage, refus *m.* de tamisage.

screening test : essai *m.* éliminatoire, essai de présélection (*d'une huile, sur moteur, pour évaluer le niveau de sa qualité ; elle est ensuite soumise aux essais d'homologation*).

screen pipe : tube *m.* filtre (*placé dans un puits en face d'une couche productrice pour empêcher la venue de sédiments meubles en même temps que l'huile*).

screen separator : tamis *m.* vibrant. Voir *shaker screen*.

screw : vis *f.*, hélice *f.*

screw conveyor : transporteur *m.* à vis, transporteur hélicoïdal, vis *f.* transporteuse.

screwdown-type grease cup : voir *grease cup*.

screwdriver : tournevis *m.*

screwing : vissage *m.*, serrage *m.* (*d'un écrou*).

screw pump : pompe *f.* à vis.

scriber or **scribe** : pointe *f.* à tracer.

scrubber : décanteur *m.*, épurateur *m.*, purificateur *m.*, laveur *m.* (*appareil servant à éliminer les solides et les liquides contenus dans un gaz*).

scrubber tower : tour *f.* de lavage, tour de ruissellement (*tour cylindrique, emplie d'éléments de garnissage sur lesquels l'eau, ou tout autre liquide de lavage, est pulvérisée pendant que le gaz à laver parcourt la tour en sens opposé*).

scrubbing : nettoyage *m.*, épuration *f.*, lavage *m.*, purification *f.* (*d'un gaz ou d'un liquide par lavage dans une tour ou un agitateur*).

SC service : voir *API service designations for motor oils*.

scuffed bearing : palier *m.* ou coussinet *m.* usé par frottement ou par grippage.

scuffing : 1/ tendance *f.* des huiles à se séparer de l'eau (*dans le graissage des machines à* *vapeur*) ; 2/ éraillure *f.*, détérioration *f.* de la surface (*usure, ni graduelle, ni uniforme, caractérisée par des gorges profondes, des rugosités sur les engrenages, la surface d'un piston ou la chemise d'un cylindre*).

scuffing test of gear oil : essai *m.* de la qualité anti-usure d'une huile pour engrenages. Voir *IAE gear lubricant testing machine*.

scum : écume *f.*, mousse *f.*, scorie *f.*, crasse *f.*

scumming : écumage *m.*, efflorescence *f.*

scummings : scories *f.*, crasses *f.*

scurf : 1/ incrustation *f.*, tartre *m.* (*d'une chaudière*) ; 2/ charbon *m.* de cornue, graphite *m.*

scurfer : nettoyeur *m.*, piqueur *m.* (*de chaudières*).

scurfing : 1/détartrage *m.*, nettoyage *m.* (*d'une chaudière*) ; 2/ dégraphitage *m.* (*d'une cornue*).

SD service : voir *API service designations for motor oils*.

seal : 1/ joint *m.*, rondelle *f.* (*d'étanchéité*) ; 2/ étanchéité *f.* ; 3/ obturateur *m.*, scellement *m.*, obturation *f.*, barrage *m.* ; 4/ phoque *m.* ; voir *seal oil*).

sealant : voir *sealing compound*.

sealed : 1/ étanche ; 2/ plombé, sous scellés, sous cachets, cacheté.

sealed cooling system fluid : liquide *m.* de refroidissement pour circuit scellé.

sealed for life : fermé, scellé, rendu étanche, plombé une fois pour toutes, à vie.

sealer : 1/ vérificateur *m.* d'appareils de mesure ; 2/ pince *f.* à plomber, pince à sceller.

sea level : niveau *m.* de la mer.

seal fluid : fluide *m.* ou liquide *m.* d'étanchéité, fluide ou liquide obturateur (*pour la protection des appareils de mesure ; constitué d'eau additionnée de 50 % de glycérine*).

sea line : ligne *f.* à la mer, ligne en mer, conduite *f.* marine (*conduite installée à partir du rivage pour permettre le déchargement ou le chargement des pétroliers en rade, sans qu'ils aient à accoster*).

sealing compound or **sealant** or **jointing compound** : mastic *m.* ou composé *m.* d'étanchéité, agent *m.* d'étanchéité, pâte *f.* à joints.

sealing rock or **sealing formation** : roche-couverture *f.*, couverture *f.*, (*formation imperméable recouvrant un gisement d'hydrocarbure*).

sealing strength : pouvoir *m.* d'obturation, pouvoir adhésif (*d'une paraffine ou d'une cire*).

sealing strength test : essai *m.* d'adhésivité (*d'une paraffine déposée entre deux bandes de papier ; cf. ASTM D 2005*).

sealing wax : cire *f.* à cacheter, cire d'Espagne (*mélange à base de gomme laque ou de résine végétale et d'essence de térébenthine, de suif et de pigments appropriés, dont on se sert pour cacheter les lettres et les bouteilles*).

seal oil : huile *f.* de phoque (*semblable à l'huile de baleine*). Voir *sperm oil, whale oil*.

seal pot : pot *m.* d'évacuation, pot de garde (*récipient étanche interposé entre les tuyauteries d'une unité et un appareil de mesure et contenant un liquide d'étanchéité*).

seal ring : bague *f.* d'étanchéité.

seals : scellés *m.*, plombs *m.*, cachets *m.* (*utilisés en particulier pour prévenir les prélèvements illicites de produits dans les réservoirs*).

seal-strip can or **zip-top can** : boîte *f.* métallique à ouverture facile (*munie d'un anneau ou d'une languette d'amorce*).

seam : 1/ couche *f.*, veine *f.*, filon *m.* ; 2/ fissure *f.*, soudure *f.*, suture *f.*, ligne *f.* de jonction, ligne ou cordon *m.* de soudure, d'assemblage ; 3/ paille *f.* (*défaut d'un matériel tubulaire*).

seamless pipe : tube *m.* sans soudure.

sea streamer : voir *streamer*.

seat : 1/ siège *m.* (*de clapet, de vanne, de soupape, etc.*) ; 2/ lieu *m.*, place *f.* ; 3/ siège, banc *m.*, chaise *f.*

seating : voir *seat 1/, 3/*.

seat insert or **inserted valve seat** : siège *m.* de soupape rapporté.

Secondary : voir *Mesozoic*.

secondary recovery or **secondary operation** or **secondary production** : récupération *f.* secondaire (*exploitation d'un gisement, entré dans sa phase de déplétion, par la mise en œuvre de forces qui lui sont extérieures, généralement par injection de gaz, d'eau ou d'air ; voir gas lift, water flooding, air drive*). Voir aussi *primary recovery, tertiary recovery*.

secondary reference fuels or **SRF** : carburants *m.* de référence secondaire (*série d'essences commerciales ayant des indices d'octane différents et régulièrement espacés, étalonnées par rapport à des mélanges d'heptane et d'isooctane, utilisées pour la détermination courante des indices d'octane*).

sectional view : voir *cutaway view*.

section gauge or **caliper log** : diamétreur *m.* (*instrument permettant d'enregistrer en continu les variations de diamètre d'un forage, d'un tubage, etc.*).

section gauge survey or **caliper logging** : diamétrage *m.* (*d'un puits, d'un tubage, etc.* ; voir *section gauge*).

secunda oil : huile *f.* obtenue par traitement des schistes bitumineux.

sedan : berline *f.* (*voiture automobile à conduite intérieure*).

sedimentation : 1/ sédimentation *f.* (*dépôt, mode de formation d'un sédiment*) ; 2/ dépôt *m.* de particules et de paraffine (*au fond d'un réservoir*).

sediment and water : voir *bottom sediments and water.*

seed coke : grain *m.* de coke (*particules de coke chargées de dépôts et sortant du réacteur d'un procédé de cokéfaction fluide ; elles doivent être broyées afin de les réduire aux dimensions normalisées pour rentrer dans le cycle*).

seed oil : huile *f.* de graines.

seeker : voir *oil seeker.*

seepage or **oil seepage** or **seeps** : suintement *m.,* indice *m.* (*terme désignant en particulier l'huile ou le bitume observés à l'affleurement ou à l'occasion de travaux miniers ou de génie civil et qui remplissent des fissures naturelles*).

seep water : eau *f.* d'infiltration.

segregated oil : voir *solvent-extracted oil.*

segregated system of transportation : voir *dedicated system of transportation.*

segregation : voir *solvent extraction.*

seismic cable : voir *streamer.*

seismic crew : équipe *f.* sismique (*chargée de l'exécution sur le terrain d'une campagne sismique*).

seismic log : sismogramme *m.,* log sismique *m.,* carottage *m.* sismique (*procédé d'étude du sous-sol basé sur la variabilité de la vitesse du son dans les roches [de 1 530 à 8 000 m/s] ; des géophones, placés successivement à des profondeurs différentes dans un sondage, permettent de mesurer le temps de parcours d'ondes engendrées à la surface du sol ou à un niveau déterminé ; la « carotte » ainsi obtenue est la courbe représentant les variations de ces temps de parcours en fonction de la profondeur*).

seismic prospecting : prospection *f.* sismique (*permettant de déterminer les formes géométriques du sous-sol*).

seismic reflexion method : méthode *f.* de sismique réflexion (*fondée sur les lois physiques de la réflexion des ondes élastiques*).

seismic refraction method : méthode *f.* de sismique réfraction (*fondée sur les lois physiques de la réfraction des ondes élastiques* ; voir *refraction 2/*).

seismic survey : campagne *f.,* étude *f.* sismique.

seismic thumper : 1/ procédé *m.* de sismique réflexion par chute de poids (*une masse de plusieurs tonnes, montée sur un camion spécial, tombe en chute libre sur le sol, créant ainsi une onde élastique dont on enregistre les réflexions sur les couches profondes du sous-sol*) ; 2/ camion spécialement équipé pour la sismique réflexion par chute de poids.

seismometer : sismomètre *m.,* sismographe *m.,* géophone *m.,* hydrophone *m.*

seize or **seizure** or **seizing** : grippure *f.,* grippage *m.*

seized : grippé, gommé, coincé.

seizing : 1/ amarrage *m.* (*d'un navire*) ; 2/ voir *seize.*

seizure : voir *seize.*

seizure load : charge *f.* de grippage (*mesurée à l'aide de la machine à quatre billes Shell*). Voir *four ball test.*

selective polymerization : polymérisation *f.* sélective (*d'un seul des types d'oléfines contenues dans un mélange*).

selective solvent : solvant *m.* sélectif (*solvant capable de dissoudre certains constituants ou impuretés d'un mélange sans affecter les propriétés du produit traité ; le raffinage des huiles de graissage s'effectue à l'aide de solvants sélectifs comme le phénol, le furfurol, le propane, etc.*).

selecto : sélecto *m.* (*mélange de phénol, 35 %, et de crésol, 65 % utilisé dans le procédé Duosol de raffinage des lubrifiants* ; voir *Duosol treatment*).

self-aligning roller bearing : roulement *m.* à rouleaux autocentreurs, roulement à rotule.

self-cleaning filter or **autoclean strainer** : filtre *m.* autonettoyant.

self-elevating drilling platform : plate-forme *f.* de forage auto-élévatrice (*utilisée en mer par des profondeurs d'eau inférieures à 100 m*).

self-extinguishing : auto-extinguible.

self-lubricated bearing : voir *self-oiling bearing.*

self-lubricating material : matériau *m.* autolubrifiant (*substance à bas coefficient de frottement, comme le graphite, le bisulfure de molybdène, le téflon, etc., utilisée comme lubrifiant solide*).

self-mixing oil : huile *f.* pour moteurs deux temps (*légèrement prédiluée avec un solvant approprié afin de faciliter son mélange à l'essence par l'utilisateur*).

self-oiler : graisseur *m.* automatique.

self-oiling bearing or **self-lubricated bearing** : coussinet *m.* autolubrifiant (*constitué d'un métal très poreux imprégné d'huile jusqu'à 30 % en volume*).

self-priming pump : pompe *f.* à amorçage automatique.

self-propelled : automoteur, autopropulsé (*se dit par exemple d'une moissonneuse-batteuse, d'une plate-forme pour forages en mer, etc.*).

self-regulation : autorégulation *f.* (*caractéristique d'un procédé ou d'une machine qui se stabilise par soi-même*).

self-scouring oil : huile *f.* autodétachante (*pour le graissage des machines textiles*).

self-service station : station *f.* d'essence libre-service.

self-tapping screw : vis *f.* autofileteuse, vis-taraud *f.*

semibulk system of distribution : distribution *f.* de carburants ou de gaz liquéfiés par camions-citernes (*avec ravitaillement périodique des réservoirs disposés chez les utilisateurs*).

semidiesel engine : moteur *m.* à tête chaude, moteur semi-diesel.

semidrying oil : huile *f.* grasse semi-siccative.

semisubmersible drilling platform : plate-forme *f.* de forage semi-submersible (*ancrée ou à positionnement dynamique*).

semitrailer : semi-remorque *f.*

semiwater gas : gaz *m.* mixte de gazogène (*mélange de gaz à l'eau et de gaz pauvre*).

SEN test : abréviation de *steam emulsion number test.* Voir ce terme.

sensing unit : voir *sensor.*

sensitivity : 1/ sensibilité *f.* (*la plus petite variation d'une grandeur qui puisse agir sur un appareil de mesure ou de régulation*) ; 2/ voir *fuel sensitivity, gasoline sensitivity.*

sensitizer : sensibilisateur *m.* (*substance qui facilite une action catalytique*).

sensor or **sensing unit** : détecteur *m.*, unité *f.* de détection, capteur *m.*, palpeur *m.*

separator : séparateur *m.*, épurateur *m.*, purgeur *m.*, centrifugeuse *f.*

Separator-Nobel dewaxing : déparaffinage *m.* Nobel (*procédé utilisant le trichloréthylène comme solvant sélectif ; la séparation de la paraffine est obtenue par centrifugation*).

separator oil : huile *f.* pour centrifugeuse.

separator slops : huiles *f.* sales, rejets *m.*, rebuts *m.* (*provenant d'un séparateur*).

septa : pluriel de *septum.* Voir ce terme.

septum : cloison *f.*, septum *m.*

sequence : 1/ séquence *f.* ; 2/ essai *m.* sur moteurs ; voir *engine test sequences for API service MS*).

sequencer : dispositif *m.* mécanique, électrique ou électronique qui commande une suite programmée d'opérations.

sequestering agent : voir *chelating agent.*

serrated : cranté, cannelé, denté, strié.

service DG, DM, DS, ML, MM, MS, CA, CB, CC, CD, SA, SB, SC, SD, SE, SF : voir *API service designations for motor oils.*

service facilities : installations *f.* annexes (*ateliers, bureaux, cantine, magasins, vestiaires, etc.*).

service fill oil : lubrifiant *m.* à utiliser en service normal.

service GL-1, GL-2, GL-3, GL-4, GL-5, GL-6 : voir *API service designations for automotive manual transmissions and axles.*

servicer : avitailleur *m.*, oléoserveur *m.* (*petit véhicule de service pourvu d'un système de pompage, de filtrage et de mesure, assurant la liaison entre un oléoréseau et un avion à ravitailler*) ; voir *hydrant refuelling system*).

service station : station-service *f.*

servicing : 1/ entretien *m.*, dépannage *m.* et réparation *f.* ; 2/ matériel *m.* de service.

sesame oil or **til seed oil** : huile *f.* de sésame (*semi-siccative*).

set : 1/ groupe *m.*, ensemble *m.*, série *f.*, jeu *m.*, assortiment *m.* ; 2/ déformation *f.*

set-back counter : compteur *m.* avec remise à zéro.

set bolt or **set pin** : boulon *m.* prisonnier.

set pin : voir *set bolt.*

set point : voir *control point.*

set screw : vis *f.* de réglage.

set grease : voir *cold-set grease.*

setting : 1/ orientation *f.*, mise *f.* en place (*d'un outil pour forage en déviation par exemple*) ; 2/ montage *m.*, installation *f.* ; 3/ dépôt *m.*, prise *f.* en masse, solidification *f.* (*du ciment, etc.*) ; 4/ tassement *m.* ; 5/ réglage *m.*

setting point test : détermination *f.* de la température de congélation d'un produit pétrolier (*généralement considérée comme inférieure de 5 °F à son point d'écoulement*). Voir *pour test.*

setting time : 1/temps *m.* de montage ; 2/ temps de prise (*du ciment*).

setting tool : outil *m.* de pose (*d'un* packer, *d'un* bridge plug ; *voir ces termes*).

setting to zero : mise *f.* à zéro (*d'un compteur*).

setting up : voir *setup.*

settled production : production *f.* stabilisée (*d'un puits*), production établie.

settler or **settling tank** : décanteur *m.*, séparateur *m.*

settling : 1/ dépôt *m.*, décantation *f.*, séparation *f.*, clarification *f.* ; 2/ sédimentation *f.*, sédiment *m.* ; 3/ affaissement *m.* (*par compaction*).

settling pit : fosse *f.* de décantation.

settling tank : voir *settler.*

settling vat or **settling trough** : bac *m.* de décantation.

setup or **setting up** : 1/ montage *m.*, mise *f.* au point ; 2/ composition *f.* de la garniture de forage.

severance tax : taxe *f.* à la production.

severity or **severity factor** : sévérité *f.* (*mesure de la transformation subie par une charge dans un traitement de raffinage*).

sewage : eaux *f.* de décharge, eaux résiduaires, eaux usées.

sewage gas : gaz *m.* d'eaux résiduaires, gaz de gadoues, gaz d'égout, miasmes *m.*

sewer : égout *m.*. Voir aussi *drain.*

sewer box : regard *m.* d'égout.

SFS : abréviation de *Saybolt Furol seconds.* Voir *Furol viscosity.*

SG : abréviation de *specific gravity.* Voir ce terme.

shackle : anneau *m.* (*de fixation*), manille *f.* (*d'attelage, de jonction, d'assemblage*), boucle *f.* (*de la chaîne d'ancrage*).

shaded storage : stockage *m.* à l'ombre, à l'abri du soleil.

shaft : 1/ arbre *m.*, axe *m.* (*d'une machine*) ; 2/ puits *m.* de mine, descenderie *f.*

shaft key : clavette *f.*, cale *f.* d'arbre.

shaft seal : presse-étoupe *m.*

shake-out : échantillon *m.* d'huile prélevé dans une centrifugeuse (*pour en déterminer la teneur en eau et en sédiments*).

shaker : agitateur *m.*, secoueur *m.*, crible *m.* ou tamis *m.* à secousse.

shaker screen or **shale shaker** : tamis *m.* vibrant (*pour éliminer les déblais amenés en surface par la boue à la sortie d'un puits en cours de forage*).

shale : schiste *m.* argileux, schiste, argile *f.* litée (*roche argileuse à texture feuilletée ; le terme argile litée s'utilise surtout en pétrographie*).

shale oil : huile *f.* de schiste (*huile produite par pyrolyse des schistes bitumineux ; elle diffère sensiblement des pétroles bruts, notamment par la présence d'hydrocarbures insaturés, ou oléfines*).

shale shaker : voir *shaker screen.*

shale wax : paraffine *f.* de schiste.

shallow : peu profond.

shallows : haut-fond *m.*, bas-fond *m.*, banc *m.* de sable.

shallow water : eau *f.* peu profonde.

shallow water well : puits *m.* en eau peu profonde.

shallow well : puits *m.* peu profond.

shaly : schisteux, argileux.

shank : 1/ flanc *m.* d'un pli ; 2/ jambe *f.*, tige *f.*, embout *m.* fileté.

shaped : façonné, taillé, profilé, embouti.

shaped charge : charge *f.* creuse (*projectile explosif dont la charge est disposée de telle façon que ses effets soient dirigés en avant et dans l'axe du projectile ; utilisée pour le dynamitage d'un puits ainsi que pour perforer un tubage*).

shaper or **shaping machine** : étau-limeur *m.*, limeuse *f.*, machine *f.* à profiler, fraise *f.*, toupie *f.*, emboutissoir *m.*

shaping : modelage *m.*, mise *f.* en forme, façonnage.

shaping machine : voir *shaper.*

shark oil : huile *f.* de foie de requin.

sharp bit : trépan *m.*

sharp-edged : à arête *f.* vive.

sharpening : affûtage *m.*, aiguisage *m.*, repassage *m.*

sharp ring : segment *m.* d'étanchéité à arête vive.

shatter : fragment *m.*, morceau *m.*

shaven thread : filetage *m.* usé.

shaving : 1/ copeau *m.* ; 2/ rectification *f.* (*parachèvement, finition à la meule d'une surface usinée*).

shear : 1/ déplacement *m.* (*d'un film élémentaire d'huile par rapport au film voisin dans des conditions de lubrification hydrodynamique*) ; 2/ cisaillement *m.*

shear force or **shear value** : force *f.* de cisaillement. Voir *shearing stress*.

shearing stress : effort *m.* de cisaillement (*auquel un film élémentaire d'huile séparant une surface fixe d'une surface mobile est soumis dans des conditions de lubrification hydrodynamique*).

shearometer : appareil *m.* servant à déterminer la valeur du gel d'une boue de forage ; voir *gel strength*).

shear rate : voir *rate of shear*.

shear relief valve : soupape *f.* de sécurité à cisaillement (*disposée sur le manifold de refoulement des pompes à boue et réglée pour céder sous une pression déterminée, inférieure à la pression maximum admise dans l'installation*) ; voir aussi *working pressure*.

shears : ciseaux *m.*, cisailles *f.*

shear stability : stabilité *f.* au cisaillement (*d'une graisse dont la consistance se maintient en service*).

shear stability test : voir *sonic shear stability test*.

shear value : voir *shear force*.

sheath : gaine *f.*, fourreau *m.*, manchon *m.* protecteur.

sheave or **grooved pulley** : poulie *f.* à gorge.

shed : 1/hangar *m.*, appentis *m.*, abri *m.* ; 2/ toiture *f.* à redents (*en dents de scie*) ; 3/ ligne *f.* de faîte, ligne de partage des eaux.

shed section : section *f.* la plus basse d'une colonne de fractionnement (*où sont recueillis les dépôts*).

sheep's foot oil : huile *f.* de pied de mouton.

sheet : feuille *f.*, plaque *f.*, lame *f.*, tôle *f.*, nappe *f.*

sheet asphalt : béton *m.* bitumineux de faible épaisseur (*mélange de sable et de bitume additionné d'une charge*).

sheeted : stratifié.

shelf : 1/ rayonnage *m.*, étagère *f.*, tablette *f.* ; 2/ voir *continental shelf.*

shelf corrosion : corrosion *f.* en cours de stockage.

shell : 1/ calandre *f.* ; 2/ enveloppe *f.*, carapace *f.*, chemise *f.*, coquille *f.* (*d'un coussinet, d'un mollusque, etc.*) ; 3/ obus *m.*, torpille *f.* ; 4/ corps *m.* (*d'un réservoir*), cuve *f.*, coque *f.* (*de chaudière*) ; 5/ orbite *f.* (*d'un électron dans un atome*).

shellac or **gum lac** : gomme *f.* laque.

shell-and-tube exchanger : échangeur *m.* de chaleur à calandre (*constitué par un ensemble de tubes contenu dans un corps cylindrique*).

Shell fluid catalytic cracking : procédé *m.* de craquage catalytique fluide (*comportant deux étages de réaction disposés en cascade et un régénérateur. – Shell Dev. Co.*).

Shell four ball tester : voir *four ball test*.

Shell gasification process : procédé *m.* de fabrication de gaz riche en hydrogène (*par oxydation ménagée à 1 100-1 500 ºC de produits pétroliers. – Shell Dev. Co.*).

shelling : écaillage *m.* sévère d'un engrenage. Voir aussi *spalling*.

shell innage or **innage** : jaugeage *m.* par le plein (*mesure de la hauteur d'un liquide à partir du fond d'un réservoir*).

shell moulding : moulage *m.* en coquille.

shell outage or **outage** : jaugeage *m.* par le creux (*mesure de la distance comprise entre la surface du liquide dans un réservoir et le point de jaugeage en haut du réservoir*).

shell still : chaudière *f.* de distillation.

sheltered storage : stockage *m.* à l'abri, stockage abrité (*à l'intérieur d'un local couvert*).

shield : écran *m.* protecteur, blindage *m.*, bouclier *m.*, plaque *f.* de garde.

shift : 1/ poste *m.* de travail, équipe *f.* ; 2/ changement *m.*, changement de vitesse ; 3/ rejet *m.* horizontal, faille *f.* (*de dislocation*), rejet ; 4/ décalage *m.*, transposition *f.*, migration *f.* (*en chimie organique*).

shift conversion : conversion *f.* à la vapeur (*transformation catalytique, en présence de vapeur d'eau, de l'oxyde de carbone en bioxyde de carbone et en hydrogène*).

shift down (to) : rétrograder (*une vitesse*).

shifter : dispositif *m.* ou levier *m.* de changement de vitesse.

shift feel : perception *f.* du passage d'une vitesse à une autre (*dans une boîte de vitesses automatique*).

shim : cale *f.* d'épaisseur, cale de support, pièce *f.* d'épaisseur, cale.

shimmer : reflet *m.*, lueur *f.*, miroitement *m.*

shimmy : 1/ vibration *f.* anormale de la table de rotation d'une installation de forage rotary ; 2/ shimmy *m.* (*ensemble de mouvements complexes des roues directrices d'un véhicule automobile, se traduisant par un flottement n'apparaissant que pour une valeur déterminée de la vitesse du véhicule et que l'on suppose dû en grande partie au mauvais équilibrage dynamique des roues*).

ship broker : courtier *m.* maritime.

ship chandler : fournisseur *m.*, approvisionneur *m.* de navires, entrepreneur *m.* de marine.

shipment : embarquement *m.*, chargement *m.*, expédition *f.*, envoi *m.*

shipowner : armateur *m.* (*généralement le propriétaire d'un navire*). Voir aussi *disponent shipowner*.

shipper : chargeur *m.*, fournisseur *m.* (*d'huile brute*).

shock absorber : 1/ amortisseur *m.* (*d'une voiture*) ; 2/ amortisseur de chocs (*bloc de caoutchouc placé au-dessus de l'outil lors du forage de terrains durs*).

shock drum : chambre *f.* de réaction.

shocks alleviator : amortisseur *m.* de coups de bélier hydraulique (*dans une conduite, une canalisation, etc.*).

shock tube : tube *m.* à choc thermique (*dans un four de reformage*).

shock wave : onde *f.* de choc (1/ *surface de discontinuité des vitesses, liée à certaines caractéristiques physiques de l'air, qui se crée dans les régions de l'espace où la vitesse d'écoulement dépasse celle du son ; l'onde de choc est consécutive à un ébranlement de grande énergie – explosif – ou créée par un mobile se déplaçant à une vitesse supersonique ; elle est à l'origine du bang sonique produit par les avions supersoniques ; 2/ pulsations de pression se propageant dans un liquide à la vitesse du son*).

shoe : patin *m.*, semelle *f.*, sabot *m.*, glissière *f.*

shoestring sand : littéralement « dépôt *m.* sableux en forme de lacet de chaussure » (*expression désignant un corps sédimentaire sableux ou gréseux, en forme de cordon généralement rectiligne, de très grande longueur et relativement étroit et dont l'épaisseur n'excède par cinq fois la largeur ; un dépôt de ce type est le plus souvent enfoui au milieu d'argiles et peut constituer un réservoir pétrolier*).

shoot : 1/ plan *m.* incliné, glissière *f.*, gouttière *f.* ; 2/ voir *shooting*.

shooter : boutefeu *m.* (*spécialiste affecté à la mise à feu des charges explosives dans une équipe de prospection sismique*).

shooting or **shoot** : 1/ torpillage *m.* (*opération consistant à faire exploser une charge de dynamite au droit d'une couche productrice pour augmenter la productivité d'un puits*) ; 2/ tir *m.* (*sismique*).

shop : magasin *m.*, atelier *m.*

shoreline : côte *f.*, ligne *f.* de rivage.

shortage : pénurie *f.*, manque *m.*

short cut : voir *narrow cut*.

short-fiber grease : graisse *f.* à fibres courtes.

shorting : court-circuit *m.*

short residue or **short residuum** : résidu *m.* de distillation poussée (*sous vide*), résidu court.

shorts and overs : déficits *m.* et excédents *m.*, pertes *f.* et profits *m.*

shortstop or **shortstopper** : inhibiteur *m.* de polymérisation.

short takeoff and landing aircraft or **STOL aircraft** : avion *m.* à décollage et atterrissage courts, A.D.A.C. *m.*

short ton or **net ton** : tonne *f.* courte, tonne américaine (= 2 000 livres = 907,184 kg).

shot : 1/ coup *m.*, tir *m.*, explosion *f.* ; 2/ grenaille *f.* (*d'acier, de plomb, etc.*).

shot-drilling : voir *adamantine shot drilling*.

shot hole : trou *m.* de tir (*en prospection sismique*).

shot-hole rig : installation *f.* de forage (*destinée à forer les trous de tir sismique*).

shot-in-the-arm treatment : décalaminage *m.* (*des soupapes et des chambres de combustion des moteurs à essence ou diesel avec un lubrifiant spécial pour haut de cylindre*). Voir *upper motor lubricant*.

shot point : point *m.* de tir (*en prospection sismique*).

shoulder : épaulement *m.*, accotement *m.*, saillie *f.*, collerette *f.*, embase *f.*

shovel : pelle *f.*, pelle mécanique, excavatrice *f.*, excavateur *m.*

show : indication *f.*, venue *f.*, indice *m.*, trace *f.* (*d'huile ou de gaz au cours d'un forage*).

shower : douche *f.*

shower decks : plateaux *m.* perforés (*utilisés souvent dans les colonnes de fractionnement à la place des calottes de barbotage*).

showings : traces *f.*, indices *m.* (*d'huile ou de gaz en cours de forage*).

shrinkage : 1/ rétrécissement *m.*, retrait *m.* ; 2/ contraction *f.* (*du volume d'un gisement d'hydrocarbures liquides due au dégagement du gaz dissous ou une baisse de température ; elle est évaluée en pourcentage des réserves de brut ;* voir *formation volume factor*).

shrinkage factor : facteur *m.* de contraction (*inverse du facteur volumétrique de fond* ; voir *formation volume factor*).

shrink fitting : emmanchement *m.* par retrait.

shrinking : retrait *m.* (*du métal, du bois, etc.*) rétrécissement *m.*, contraction *f.*

shroud : 1/ bouclier *m.* (*de protection*) déflecteur *m.*, recouvrement *m.*, enveloppe *f.*, blindage *m.* ; 2/ emboîtement *m.* ; 3/ joue *f.* (*de pignon*) ; 4/ hauban *m.*

Shukoff melting point : point *m.* de fusion Shukoff (*de la paraffine*).

shunt : 1/ dérivation *f.*, conduit *m.* collecteur de fumée ou de ventilation ; 2/ shunt *m.* (*dérivation prise sur un circuit électrique de façon à ne laisser passer dans ce circuit qu'une fraction du courant*).

shunter : locomotive *f.*, machine *f.* de manœuvre.

shunt filter : voir *bypass-type filter*.

shunting tractor : tracteur *m.* de manœuvre.

shutdown : 1/ mise *f.* hors de service, arrêt *m.*, interruption *f.* (*de travail*) ; 2/ fermeture *f.*, chômage *m.* (*d'une usine*).

shut in a well (to) : fermer un puits (*à l'aide des obturateurs*). Voir aussi *close in a well (to), kill a well (to)*.

shutoff valve : soupape *f.* de sécurité, soupape d'arrêt.

shutter : obturateur *m.*, volet *m.* (*d'un radiateur*), vanne *f.*

shuttering : coffrage *m.* (*pour le béton armé*).

shuttering oil : huile *f.* de décoffrage (*du béton armé*).

shuttle movement : mouvement *m.* alternatif.

side-boom tractor or **pipelayer** or **laying cat** or **pipeliner** : grue *f.* latérale (*tracteur à chenilles, équipé d'une flèche latérale, et utilisé à la manière d'une grue pour mettre en place les éléments d'une conduite de pétrole ou de gaz*).

side chain : chaîne *f.* latérale (*d'un composé hydrocarboné*).

side cut : voir *side stream*.

side-door elevator : élévateur *m.* à charnière ou à porte latérale et taquets de sécurité (*dispositif solidaire du crochet servant à manipuler les tiges de forage ou les éléments de tubage pendant les manœuvres de descente ou de remontée*).

sidehill bit : trépan *m.* en forme de queue de poisson (*dont la lame est coupée en biais, et utilisé dans un forage en déviation*).

side letter : document *m.* occulte ne faisant pas partie intégrante d'un contrat.

side seal : segment *m.* de flanc (*du rotor d'un moteur rotatif du type Wankel*).

side-seal sticking : gommage *m.* (*des segments de flanc d'un moteur rotatif du type Wankel*).

side stream or **side cut** : coupe *f.* latérale, soutirage *m.* latéral (*au cours d'une distillation*).

side stripper : petite colonne *f.* reliée au plateau de soutirage d'une colonne de distillation (*dans laquelle les composants les plus légers du liquide recueilli dans le plateau sont évaporés et introduits dans la colonne principale à un niveau supérieur*).

sidetrack : voie *f.* de garage, voie de service, voie secondaire (*de chemin de fer*).

sidetracking : 1/ garage *m.*, aiguillage *m.* (*d'un train sur une voie de garage*) ; 2/ déviation *f.* (*d'un forage*).

sidewalk : 1/ passerelle *f.* ; 2/ trottoir *m.*, contre-allée *f.* ; 3/ pied-droit *m.*, paroi *f.* latérale.

sidewall coring : carottage *m.* latéral (*opération consistant à prélever des échantillons de terrain dans la paroi d'un sondage soit à l'aide d'un dispositif mécanique, soit par commande électrique d'un appareil électro-mécanique ou d'un système explosif à balles*).

sieve : tamis *m.*, grille *f.*, crible *m.*. Voir aussi *molecular sieve*.

sieve tray : plateau *m.* perforé.

sifter : crible *m.*, tamis *m.*, blutoir *m.*

sifting : criblage *m.*, tamisage *m.*, blutage *m.*

sight-feed grease cup : graisseur *m.* à débit visible (*du type Stauffer*). Voir *grease cup*.

sight-feed oiler or **drop sight-feed oiler** : graisseur *m.* à compte-gouttes, à débit visible (*comportant un tube de verre empli d'eau additionnée de 10 % de glycérine pour prévenir une éventuelle congélation ; la goutte d'huile introduite à sa base le traverse de bas en haut le long d'un fil métallique central qui empêche la goutte de toucher les parois du graisseur et d'entraîner avec elle de l'eau ; l'huile se rassemble à la sortie supérieure du tube avant d'être envoyée au point à graisser*).

sight flow indicator : voyant *m.* d'écoulement, contrôleur *m.* de débit visible, regard *m.* d'écoulement (*à moulinet*).

sightglass : niveau *m.* visible, niveau à glace (*en verre épais*).

sight glass fluid : fluide *m.* rendant visible le débit d'un graisseur à compte-gouttes (*eau distillée additionnée de 5 à 10 % de glycérine pour prévenir une éventuelle congélation*).

signal : signal *m.*, information *f.* (*donné par un détecteur à un appareil de contrôle, à un calculateur, etc.*).

signal oil : huile *f.* d'éclairage (*de phares, de signaux ferroviaires, etc. ; fabriquée avec des huiles grasses et de l'huile du type* mineral seal oil *; voir ce dernier terme*).

silencer : silencieux *m.*, pot *m.* d'échappement (*dispositif qui, sur un moteur à explosion, diesel ou à réaction, amortit le niveau du bruit consécutif à l'échappement des gaz brûlés*).

silentbloc : silentbloc *m.* (*marque déposée désignant un bloc élastique en caoutchouc spécial, comprimé et interposé entre des pièces ne pouvant avoir entre elles que des mouvements de très faible amplitude, pour absorber les vibrations et les bruits, et que l'on utilise pour la fixation souple d'un moteur, d'une machine, etc.*).

silica or **silicon dioxide** : silice *f.*, bioxyde *m.* de silicium (*SiO_2*).

silica gel : gel *m.* de silice (*dont les propriétés adsorbantes sont appliquées à la récupération des solvants volatils, au débenzolage des gaz de fours à coke, à la désulfuration des pétroles, au support de catalyseurs, à l'adsorption en chromatographie, etc.*).

silica gel adsorption : adsorption *f.* par gel de silice. Voir *chromatography*.

siliceous sinter : travertin *m.* siliceux, opale *f.* incrustante, fiorite *f.*, geysérite *f.* (*dépôt siliceux à l'aspect d'opale formé par les sources chaudes, en particulier par les geysers, et se présentant souvent en forme de chou-fleur*).

silicon : silicium *m.*

silicon dioxide : voir *silica*.

silicone : silicone *m.* (*nom générique de composés synthétiques siliciés, à chaînes hydrocarbonées plus ou moins longues et plus ou moins reliées entre elles par des ponts d'atomes d'oxygène et d'atomes de silicium*).

silicone fluids : huiles *f.* de silicones (*huiles synthétiques formées de chaînes courtes, constituant d'excellentes huiles de graissage dont la viscosité varie très peu avec la température*).

silicone rubber : caoutchouc *m.* de silicones (*caoutchouc synthétique obtenu par réaction de la silice sur un chlorure d'alkyle*).

sill : 1/ longeron *m.* ; 2/ seuil *m.* (*séparant deux bassins sédimentaires l'un de l'autre*) ; 3/ filon-couche *m.*, sill *m.* (*lentille de roche éruptive interstratifiée*).

silt : limon *m.*, dépôt *m.* vaseux, silt *m.* (*sédiment détritique dont les éléments ont des caractéristiques granulométriques comprises entre 0,05 et 0,002 mm*).

silting : colmatage *m.*, envasement *m.*, embouage *m.*, ensablement *m.*, limonage *m.*

Silurian : Silurien *m.* (*période géologique de l'ère primaire ou paléozoïque comprise entre l'Ordovicien et le Dévonien et ayant duré de – 435 à – 395 millions d'années*).

silver ball test or **quench test** : essai *m.* à la bille d'argent (*pour évaluer la vitesse de refroidissement d'une huile de trempe ; une bille d'argent de 1 pouce [25,4 mm] de diamètre est chauffée à 700 °C puis plongée dans un bain de trempe maintenu à la température de 200 °C ; la courbe de refroidissement de la bille est enregistrée grâce à un thermocouple fixé en son centre*).

silver pacifier : additif *m.* anticorrosion (*ajouté aux huiles destinées au graissage des moteurs diesel ferroviaires équipés de coussinets dont les garnitures sont constituées d'un alliage à base d'argent*).

simmering : ébullition *f.* à petit feu, mijotement *m.*, bouillottement *m.*

simplex pump : pompe *f.* monocylindrique.

simulation : simulation *f.*, représentation *f.* (*du fonctionnement d'un système quelconque, champ de pétrole en production, unité de traitement, etc., par un ordinateur*).

Sinclair-Baker-Kellog catalytic reforming or **SBK catalytic reforming** : procédé *m.* de reformage (*en présence d'un catalyseur au platine, dont la régénération n'exige que de courts arrêts de l'unité. – Sinclair-Baker-Kellog*).

Sinclair hydrotreating : procédé *m.* d'hydrodésulfuration de charges diverses (*sur un catalyseur régénérable au cobalt et au molybdène. – Sinclair Research Laboratories*).

singing : voir *reverberation*.

single : 1/ unique, simple ; 2/ simple *m*. (*élément de tige de forage*).

single-acting steam engine : machine *f*. à vapeur à simple effet.

single-buoy mooring system or **SBM system** : système *m*. d'amarrage d'un navire à bouée unique.

single-enveloping worm gear or **single-throated worm gear** : vis *f*. sans fin tangente (*comprenant une roue creuse à denture intérieure*).

single-graded motor oil : huile *f*. monograde pour moteurs (*dont la fourchette de viscosité couvre un seul grade SAE*).

single-phase oil : voir *monophase oil*.

single-row ball bearing : roulement *m*. à une seule rangée de billes.

single-shot directional survey instrument : inclinomètre *m*. à orientation (*appareil de mesure de l'inclinaison et de l'azimuth d'un forage, manipulé au câble et utilisé lors de la conduite d'un forage dirigé*).

single-stage crude pipe still : unité *f*. de distillation atmosphérique d'huile brute.

single-throated worm gear : voir *single-enveloping worm gear*.

sink : 1/ évier *m*. ; 2/ doline *f*. (*petite cuvette circulaire à fond plat, caractéristique de la topographie karstique*).

sink a well (to) : forer, foncer un puits.

sinker or **sinker bar** : maîtresse-tige *f*., barre *f*. de surcharge (*élément du système de forage par percussion semblable à la masse-tige ou* drill collar *utilisé dans le système rotary*).

sinkhole : 1/ effondrement *m*., entonnoir *m*., doline *f*. ; 2/ puisard *m*.

sinking : fonçage *m*., affaissement *m*., creusage *m*., enfoncement *m*., coulage *m*.

sinter : tuf *m*., travertin *m*., dépôt *m*. cristallin (*dépôt d'origine chimique précipité par les sources minérales chaudes ou froides*).

sintered or **fritted** : fritté, aggloméré, agglutiné.

sintered metal powder bearing : coussinet *m*. en métal fritté.

sintering or **fritting** : frittage *m*., agglomération *f*. (*de granulés, sans fusion, sous l'action de la température et de la pression*).

siphon oiler or **siphon lubricator** : graisseur *m*. à siphon.

SIT : abréviation de *spontaneous ignition temperature*. Voir ce terme.

size oil : voir *throwing oil*.

sizing : 1/ apprêt *m*., encollage *m*. ; 2/ classement *m*. granulométrique ou volumétrique, calibrage *m*., criblage *m*. ; 3/ vérification *f*. des dimensions.

sketch : schéma *m*., croquis *m*., plan *m*.

skew gear : roue *f*. ou engrenage *m*. hyperboloïde.

skewing : déplacement *m*. oblique, glissade *f*.

skewness : asymétrie *f*.

SKF Emcor test or **Emcor test** : abréviation de *SKF emulsion and corrosion test* ; essai *m*. SKF (*pour évaluer les propriétés anticorrosion d'une huile ou d'une graisse pour roulements à billes en présence d'eau*).

SKF grease testing machine R2F : machine *f*. d'essai SKF R2F (*pour déterminer l'endurance d'une graisse pour roulements dans les conditions suivantes ; durée de l'essai, 20 à 40 jours ; charge radiale de 850 kg appliquée sur chacun des deux roulements d'essai, à double rouleaux ; examen codifié de la graisse et des roulements en fin d'essai*).

SKF vibrating grease testing rig V2F : machine *f*. d'essai SKF V2F (*pour la sélection des graisses pour roulements de boîtes d'essieux de matériel ferroviaire ; l'essai se fait dans les conditions suivantes : deux roulements à rouleaux sont soumis à des vibrations ; durée de l'essai : 72 h à 500 tours/min et 72 h à 1 000 tours/min ; mesure de la quantité de graisse qui s'est écoulée en fin d'essai, de sa température maximale et de sa modification de consistance*).

skid : cale *f*., patin *m*., traîneau *m*., support *m*., madrier *m*., béquille *f*.

skidder : voir *logging machine*.

skidding : 1/ déplacement *m*. rapide d'une installation de forage, ripage *m*. de l'appareil de forage d'un site à un autre (*avec démontage partiel de l'installation*) ; 2/ patinage *m*., dérapage *m*.

skid-mounted : à glissières *f*., sur patins *m*., sur cale *f*.

skidproof : antidérapant.

skid rig : tour *f*. de forage mobile (*montée sur rouleaux ou sur patins, qui peut être ripée d'un site de forage à un autre rapidement*).

skid tank : réservoir *m*. transportable (*pour gaz liquéfié ou pour carburant, d'une capacité de 1 à 10 m³, et qui peut être aussi utilisé à poste fixe*).

skilled worker : ouvrier *m.* qualifié, ouvrier spécialisé.

skim or **skimming** : 1/ écume *f.* ; 2/ voir *skimming 2/.*

skimmer : 1/ écumoire *f.*, écrémeuse *f.*, écrémeur *m.* ; 2/ pelle *f.* de retenue ; 3/ godet *m.* niveleur.

skimming : 1/ écrémage *m.*, écumage *m.*, décrassage *m.* ; 2/ élimination *f.* par distillation (*des fractions les plus légères jusqu'au gazole*).

skimming pit : fosse *f.* de décantation, fosse de pompage (*dans laquelle l'eau est éliminée par le fond et l'huile brute écumée en surface*).

skimming plant : raffinerie *f.* (*dans laquelle ne sont retirés du pétrole brut que les produits légers, lampant compris ; le résidu, très long, constitue un fuel-oil*).

skin effect : effet *m.* de peau, effet pelliculaire, effet pariétal.

skinning : coagulation *f.*

skin the coke (to) : éliminer le coke de pétrole (*d'un thermocouple*).

skip hoist : monte-charge *m.* ou élévateur *m.* à godets.

skirt : jupe *f.*, socle *m.* cylindrique (*qui supporte la base d'une colonne*).

skunk oil : voir *odorant.*

slab : 1/ plaque *f.*, pain *m.* (*de paraffine*) ; 2/ dalle *f.*, tranche *f.* (*de pierre*) ; 3/ table *f.* (*d'ardoise*) ; 4/ brame *f.* (*lingot aplati servant à la fabrication de la tôle*).

slabbing : 1/ laminage *m.* des brames ; 2/ rupture *f.* en plaques ; 3/ découpage *m.* en tranches, tranchage *m.*

slack : 1/ charbonnaille *f.*, poussier *m.* ; 2/ lâche, mou, détendu, mal tendu, sans tension, dégonflé, desserré.

slack barrel : fût *m.* en tôle mince (*servant à l'emballage de la paraffine, du bitume, etc.*).

slack cable : câble *m.* détendu, câble mou.

slackened back : desserré (*se dit d'un écrou*).

slackening : freinage *m.*, ralentissement *m.*

slack lime : voir *hydrated lime.*

slack loop : boucle *f.* de dilatation (*sur une conduite*).

slack wax : voir *gatsch.*

slack wax deoiling : déshuilage *m.* de la paraffine molle ou *gatsch.*

slag : 1/ scorie *f.*, mâchefer *m.*, crasse *f.*, laitier *m.* ; 2/ inclusion *f.*

slagging : 1/ entartrage *m.* (*des tubes d'un four, d'une chaudière ou des ailettes d'une turbine à gaz, dû aux impuretés du combustible*) ; 2/ coulée *f.* de laitier, scorification *f.*

slag wool : voir *rock wool.*

slaked lime : voir *hydrated lime.*

slaking : extinction *f.*

slant drilling : forage *m.* oblique. Voir *directional drilling.*

slap : voir *piston slap.*

slave station : station *f.* asservie (*d'un réseau de radiopositionnement* ; voir *master station*).

sleeping partner : partenaire *m.* inactif (*se dit d'un gouvernement ou d'une société nationale associée à une compagnie pétrolière dans un accord de recherche qui prévoit un versement uniquement en cas de production, paiement en brut par exemple ; en cas d'échec le coût de la recherche reste à la charge de la compagnie*).

sleeve : chemise *f.*, manchon *m.*, douille *f.*, fourreau *m.*, manchette *f.*

sleeve bearing or **plain bearing** or **plain-type bearing** : palier *m.* lisse, palier à douille (*protégeant une tige rotative*).

slewing gear : couronne *f.* de rotation (*d'un excavateur*).

slick : 1/ nappe *f.* d'huile ou de mazout sur l'eau ; 2/ lissoir *m.*, polissoir *m.* ; 3/ schlich *m.* (*minerai broyé*).

slicked filter : filtre *m.* colmaté.

slide : 1/ glissière *f.*, coulisse *f.*, curseur *m.* ; 2/ éboulement *m.* ; 3/ cliché *m.* de projection, diapositive *f.*

slide caliper : voir *caliper square.*

slide rule : règle *f.* à calcul.

slide valve : 1/ vanne *f.* à tiroir ; 2/ vanne de réglage (*de la circulation du catalyseur dans une unité de craquage catalytique fluide*).

slideway lubricant : voir *way lubricant.*

sliding : glissement *m.*, éboulement *m.*, ripage *m.*

sliding caliper : voir *caliper square.*

sliding friction : frottement *m.* de glissement.

sliding speed or **slipping speed** or **rubbing speed** : vitesse *f.* de glissement.

slime : 1/ limon *m.*, vase *f.*, glaise *f.*, boue *f.* ; 2/ poussier *m.* de minerai, schlamm *m.*

slim hole : filiforage *m.*, forage *m.* réduit, forage en diamètre réduit, forage en petit diamètre (*dont l'espace annulaire est très faible*).

slimy : visqueux, gluant, glissant, boueux.

sling : élingue *f.*, cravate *f.*, boucle *f.*

slinger or **flinger** : pare-huile *m.*, bague *f.* d'étanchéité (*fixée à l'extrémité d'un arbre ou d'un tourillon pour éviter l'entrée de tout corps étranger dans le palier*).

slip : 1/ glissement *m.*, éboulement *m.*, rejet *m.* (*d'une faille*) ; 2/ fiche *f.*, feuille *f.* (*de papier*) ; 3/ grain *m.*, fil *m.*, crin *m.*, limet *m.* (*plan de pseudoclivage du charbon*) ; 4/ coin *m.* de retenue (voir *slips 2/*) ; 5/ fuite *f.* (*de gaz ou d'huile par les soupapes d'une pompe de production*).

slip-and-seal assembly or **casing hanger** : ensemble *m.* des coins de retenue du tubage et du joint d'étanchéité contenu dans le *casing spool* (voir ce terme).

slip out : éboulement *m.*, glissement *m.*

slippage : 1/glissement *m.*, patinage *m.*, ripage *m.* ; 2/ décalage *m.*, glissement (*de fréquence par exemple*) ; 3/ quantité *f.* d'huile perdue (*par glissement entre le piston et le corps de pompe*) ; 4/ glissement relatif de l'huile par rapport au gaz (*dans une colonne de production équipant un puits*) ; 5/ déperdition *f.*, perte *f.*, fuite *f.* (*dans un circuit hydraulique*) ; 6/ retard *m.* (*durée pendant laquelle un appareil de mesure accuse une valeur inférieure à la valeur réelle ; 7/ fuite de gaz (*dans un gisement*).

slippery : glissant, instable, incertain.

slipping speed : voir *sliding speed.*

slips : 1/ surface *f.* de glissement, miroir *m.* de glissement (*terme géologique*) ; 2/ coins *m.* de retenue, cales *f.* (*destinées à maintenir le train de sonde suspendu à la table de rotation pendant l'ajout d'une tige*).

slip stick : 1/ règle *f.* à calcul ; 2/ tige *f.* polie.

slit : entaille *f.*, fente *f.*, recoupe *f.*

slitting : fendage *m.*, fente *f.*, fissure *f.*, fissuration *f.*

sloam : couche *f.* d'argile.

slop or **slop oil** or **slops** : rejets *m.* de fabrication (*produits pétroliers non conformes aux normes de fabrication et généralement retraités ; on les nomme familièrement, en français, horspecs*).

slope : pente *f.*, inclinaison *f.*, pendage *m.*, talus *m.*

slop oil or **slops** : voir *slop.*

slop tank : bac *m.* de décharge (*recevant les rejets de fabrication*), citerne *f.* (*de décantation* ; voir *load-on-top*), réservoir *m.* poubelle.

slop wax : résidu *m.* paraffineux.

slot : rainure *f.*, fente *f.*, havage *m.*, coulisse *f.*, mortaise *f.*, gorge *f.*, encoche *f.*, saignée *f.*

slot cut : fraction *f.* intermédiaire (*entre huile et paraffine*).

slots : fentes *f.* (*pratiquées dans certains plateaux de fractionnement par où montent les vapeurs et rétrograde le liquide*).

slotted nut : écrou *m.* crénelé, écrou fendu.

slotted pipe : tube *m.* perforé, tube crépiné, tube rainuré.

slotter or **slotting machine** : mortaiseuse *f.*, machine *f.* à mortaiser, étau *m.* mortaiseur.

slow-breaking emulsion : voir *slow-setting emulsion.*

slow-curing cutback or **SC cutback** or **slow-curing road oil** : bitume *m.* fluidifié à prise lente (*obtenu par mélange avec des huiles combustibles moyennes et lourdes et dont le point de distillation est compris entre 250 °C et 350 °C*).

slowdown or **slowing down** : marche *f.* au ralenti, ralentissement *m.*

slow-setting emulsion or **slow-breaking emulsion** : émulsion *f.* de bitume à rupture lente.

sludge : boues *f.*, cambouis *m.* (*désigne dans les huiles de graissage un amas généralement pâteux, résultant d'une altération physique ou chimique*).

slug : bouchon *m.* (*déplacement miscible*).

sluggish ring : segment *m.* (*de compression*) paresseux (*qui se déplace difficilement lorsque le piston est disposé horizontalement*).

sluggishness : lenteur *f.* (*de réaction*), mollesse *f.* (*d'un moteur*).

slugs : particules *f.* de combustible imbrûlé (*qui provoquent le passage des gaz de combustion dans le carter d'un moteur thermique*).

slug the pipe (to) : injecter dans le train de tiges de forage un bouchon de boue très lourde (*pour faire baisser le niveau du fluide de circulation et éviter les projections lors du dévissage des tiges*).

slump : 1/ glissement *m.*, éboulement *m.*, affaissement *m.* ; 2/ crise *f.* économique.

slurry : 1/ boue *f.*, bouillie *f.*, fange *f.*, coulis *m.*, suspension *f.* épaisse (*de particules solides dans* *un liquide pouvant s'écouler naturellement et pompable*) ; 2/ barbotine *f.*, suspension *f.* (*de terre décolorante dans une huile*) ; 3/ suspension de catalyseur (*dans un résidu de craquage catalytique et, par extension, le résidu lui-même*) ; 4/ lait *m.* (*de ciment*).

slurry pipeline : pipe-line *m.* servant au transport de produits pulvérulents. Voir aussi *coal pipeline*.

slurry seal : coulis *m.* bitumineux (*utilisé pour réimperméabiliser un revêtement routier*).

slush : 1/ neige *f.* à demi fondue, fange *f.*, bourbe *f.*, gadoue *f.* ; 2/ voir *mud* ; 3/ graisse *f.* (*pour lubrification sommaire*).

slush bucket : voir *bailer*.

slushing compounds : produits *m.* de protection antirouille (*mélange d'huile spindle ou de white spirit et de résidus paraffineux*).

slushing grease : graisse *f.* ou paraffine *f.* molle (*à usage d'antirouille*).

slushing oil : huile *f.* antirouille (*utilisée en particulier pour la protection des ponts de navires*).

slushpit or **ambar** : bac *m.*, bassin *m.* à boue (*désigne sur un chantier de forage le réservoir dans lequel se déverse la boue sortant du sondage et où, après décantation, elle est reprise par la pompe d'injection*).

small hole or **uncased borehole** : partie *f.* du sondage au-dessous du dernier tubage.

smear (to) : enduire.

smearing : placage *m.*, usure *f.* d'un roulement (*caractérisée par le dépôt du métal de la cage sur les rouleaux ou les billes*).

smear metal : voir *metal fuzz*.

smeary : onctueux, gras, graisseux.

smell : 1/ odeur *f.*, senteur *f.* ; 2/ odorat *m.*

smelter : fondeur *m.*, fonderie *f.*

smelting : fusion *f.*, fonte *f.*

smith : forgeron *m.*

smithy : forge *f.*

smog : smog *m.*, brouillard *m.* et fumée *f.* (*contraction américaine de* smoke, *fumée, et* fog, *brouillard ; importante nuisance, le smog ne se rencontre que dans certaines localisations et dans certaines circonstances ; voir aussi* photochemical smog).

smoke : fumée *f.*

smoke arch : arche *f.* antifumée (en briques réfractaires ; *disposée au-dessus des grilles d'un foyer, qui, chauffée au rouge incandescent, brûle les produits volatils en donnant une combustion sans fumée*).

smoked sheet : voir *ribbed smoked sheet*.

smokemeter : opacimètre *m.* (*appareil de photométrie permettant d'observer et de mesurer le degré d'opacité de certaines surfaces vues en transparence, utilisant une cellule photo-électrique ; voir* Bacharach scale, Hartridge smokemeter).

smoke point : point *m.* de fumée (*du pétrole lampant ou du kérosène aviation ; c'est la hauteur en millimètres de la flamme obtenue dans une lampe normalisée au moment où l'on commence à observer l'apparition de fumée ; cf. Standard Method IP 57 et ASTM D 1322, AFNOR M 07-028 pour les jet fuels*).

smoke suppressant or **smoke suppressor** : additif *m.* antifumée (*réduisant la fumée dans les gaz d'échappement des moteurs diesel*).

smooth : voir *bald-headed*.

smooth grease : graisse *f.* à texture lisse ou butyreuse.

smoothing : polissage *m.*, lissage *m.*, ajustement *m.*

smooth-mouthed : voir *bald-headed*.

smooth-running : à marche douce, régulière.

smooth stone : caillou *m.*, galet *m.* à surface et bords polis, arrondis.

smouldering : combustion *f.* lente.

smudge oil : huile *f.* lourde (*pour chauffage des vergers*).

snap : rupture *f.* soudaine, cassure *f.* ou coup *m.* sec instantané.

snatch block : 1/ poulie *f.* à chape ouvrante, poulie coupée, galoche *f.* ; 2/ douille *f.* ; 3/ outil *m.* de repêchage à coins.

SNG : abréviation de *substitute natural gas* et de *synthetic natural gas*. Voir ces termes.

sniffer : renifleur *m.* (*agent chargé de la détection des odeurs dans l'atmosphère d'une raffinerie ou dans les paraffines*).

snifting valve : reniflard *m.*

snips : pince *f.* à couper, cisailles *f.* (*pour découper les tôles*).

snooper : voir *radioactive tracer*.

snow cat : snow-cat *m.*, chat *m.* des neiges (*véhicule automobile à chenilles – chenillard –*

utilisé en prospection géophysique dans les terres polaires).

snowmobile : luge *f.* automotrice. Voir aussi *snow cat.*

snowplough or **snowplow** : chasse-neige *m.*

snow-white petrolatum : vaseline *f.* blanche.

snubber : 1/ collecteur *m.* (*utilisé comme réservoir tampon à l'aspiration de plusieurs compresseurs*) ; 2/ amortisseur *m.* ; 3/ dispositif *m.* (*utilisé pour introduire le train de tiges de forage ou remonter un tubing dans un puits sous pression ; il comprend généralement un obturateur hydraulique installé sur la table de rotation).*

snubbing equipment : équipement *m.* spécial d'un appareil de forage permettant d'intervenir dans un puits sous pression. Voir *snubber* 3/.

snubbing unit : appareil *m.* de forage équipé pour permettre une intervention dans un puits sous pression. Voir *snubber* 3/.

snuff : mouchure *f.* de bougie, flammèche *f.*, fumeron *m.*

snuffer fluid : voir *hydrolube.*

snuffer line : conduite *f.* d'extinction.

snug : sans jeu ni serrage.

Snyder life test : essai *m.* d'oxydabilité de Snyder (*essai pour déterminer la tendance d'une huile pour transformateurs à la formation de dépôts ; cf. ASTM D 670, AFNOR, C-27-220).*

soak : trempe *f.*, imbibition *f.*, bain *m.*

soaker : voir *soaker tubes* et *soaking chamber.*

soaker tubes or **soaker** : tubes *m.* de maturation (*d'un four de craqueur ou de reformeur thermique).*

soaking : 1/ trempage *m.*, imbibition *f.* ; 2/ maturation *f.*, poursuite *f.* de la réaction (*dans un craqueur ou un reformeur thermique ; voir soaker tubes* et *soaking chamber).*

soaking chamber or **soaking drum** or **soaker** or **reaction chamber** or **digester** : chambre *f.* de maturation, maturateur *m.*, réacteur *m.* (*dans un craquage thermique, chambre ou tour chargée de maintenir la charge à la température de craquage pendant un certain temps, de façon à assurer la poursuite des réactions).*

soapsuds : eau *f.* de savon, lessive *f.*, mousse *f.* de savon.

Society of Automotive Engineers or **SAE** : association américaine étudiant et normalisant les lubrifiants automobiles (485 Lexington Avenue, New York, 17, N. Y.).

socket : 1/ douille *f.*, manchon *m.*, prise *f.* de courant, partie *f.* femelle d'un emboîtement, emboîture *f.* ; 2/ cloche *f.* de repêchage (*outil de forage).*

socketed : encastré, emboîté.

socket outlet or **sockolet** : orifice *m.* à emmanchement (*fixé sur un collecteur ou sur un récipient et auquel on soude un tuyau).*

socket welding : soudure *f.* à emboîtement.

socket wrench : clé *f.* à tube, clé à douille.

sockolet : voir *socket outlet.*

SOC oil content : voir *SOD oil content.*

soda-base grease or **sodium-base grease** : graisse *f.* à base sodique (*s'émulsionnant facilement avec l'eau et dont le point de goutte est compris entre 130 oC et 210 oC).*

sodium plumbite : plombite *m.* de soude (*réactif de formule Na₂Pb0₂, obtenu à partir de la litharge en solution dans la soude caustique, et que l'on utilise dans l'un des plus anciens procédés d'adoucissement des essences ; l'oxydation des mercaptans en disulfures est obtenue en même temps qu'une précipitation de sulfure de plomb par addition d'une petite quantité de soufre ; la solution de plombite est régénérée par soufflage à l'air ; voir Doctor test, Doctor treatment).*

sod oil : sod oil *m.* (*variété de dégras, composition grasse employée pour le corroyage des cuirs).* Voir *degras.*

SOD oil content or **SOC oil content** : méthode *f.* Socony Oil Development (ou Socony Oil Co.) pour déterminer la teneur en huile des paraffines et des produits paraffineux.

soft detergent : voir *biodegradable detergent.*

softener : plastifiant *m.* pour élastomères et matières plastiques.

softening : 1/ purification *f.*, adoucissement *m.* ; 2/ amollissement *m.*, ramollissement *m.*

softening point test or **ring-and-ball test** or **R & B test** : détermination *f.* du point de ramollissement d'un bitume par la méthode de la bille et de l'anneau (*cf. Standard Method IP 58 et ASTM D 36, AFNOR T 66 – 008 ; la méthode s'applique aussi aux graisses et à certains produits paraffineux).*

software : logiciel *m.*, software *m.*, programmerie *f.* (*ensemble de programmes venant compléter les matériels électroniques et électromécaniques d'un ordinateur ou d'un système informatique, afin d'en permettre l'emploi commode et efficace ; s'oppose à* hardware ; voir ce dernier terme).

soft water : eau *f.* douce, eau de dureté faible.

soggy : détrempé, saturé d'eau, humide.

soil fumigant or **fumigant** or **nematicide** : fumigène *m.* du sol, nématocide *m.* (*pesticide fumigant spécifique des nématodes, constitué par des hydrocarbures chlorés en C_3, tels le dichloropropane et le dichloropropène, qui, injecté dans le sol, détruit œufs, larves et kystes*).

solar oil : voir *gas oil.*

solder : soudure *f.*, brasure *f.* (*alliage servant à souder, à braser*).

soldering : soudage *m.*, brasage *m.*

solenoid valve : électrovanne *f.*

sole risk clause : clause *f.* contractuelle permettant à un ou plusieurs associés d'entreprendre des travaux d'exploration à leurs seuls risques et périls.

solid map : carte *f.* géologique dressée en supposant enlevées toutes les formations superficielles (*glaciaires, fluvio-glaciaires, alluvionnaires, etc.*) ; voir *drift 4/.*

solid-state circuitry : câblage *m.* à circuits imprimés.

soluble oil or **water-soluble oil** or **soluble cutting emulsion** or **emulsifiable oil** : huile *f.* soluble, huile émulsionnable (*pour le travail des métaux et l'ensimage des textiles*).

solute : soluté *m.* (*solution obtenue par le mélange d'une substance entièrement soluble, – sel, corps organique, essence, etc. –, dans un liquide ou solvant approprié, – alcool, huile, eau distillée*).

solution gas : voir *dissolved gas.*

solution gas drive : voir *dissolved gas drive.*

solutizer : solubilisant *m.*, solutizer *m.* (*substance dont la présence augmente la capacité d'un produit à en dissoudre un autre ; la soude caustique, par exemple, est capable d'adoucir les essences en dissolvant les produits sulfurés grâce à l'addition de solubilisants*).

Solutizer process or **Solutizer sweetening** : procédé *m.* d'adoucissement (*adoucissement des essences à l'aide de soude caustique additionnée de solubilisants comme l'isobutyrate potassique ou certains alcoylphénols ; la solution est régénérée, soit par injection de vapeur pour en chasser les mercaptans, soit par oxydation à l'air en présence ou non de tanin pour transformer les mercaptans en disulfures ; les essences ainsi traitées ont un pouvoir antidétonant accru, une meilleure susceptibilité et une plus faible teneur en soufre total. – Shell Development Co.*). Voir *solutizer.*

solvation : solvatation *f.*, solvatisation *f.* (*phénomène de combinaison ou d'association molé-*

culaire d'un corps dissous avec son solvant, ou de certaines parties de ce solvant s'il est de nature complexe).

solvency : 1/ solvabilité *f.* (*d'un commerçant*) ; 2/ solubilité *f.* (*d'un sel*).

solvent deasphalting : désasphaltage *m.* au solvant. Voir *propane deasphalting.*

solvent decarbonizing : décarbonisation *f.* au solvant. Voir *propane decarbonizing.*

solvent dewaxing : déparaffinage *m.* au solvant (*par dissolution, puis cristallisation de la paraffine par refroidissement, suivi de sa séparation par filtration ou par centrifugation*).

solvent-extracted oil or **solvent-refined oil** or **segregated oil** : huile *f.* raffinée au solvant.

solvent extraction or **segregation** : extraction *f.* au solvant (*procédé de séparation de substances de nature différente par extraction sélective, utilisé notamment pour éliminer des lubrifiants les produits à mauvais indice de viscosité ; le solvant peut être à double constituant ; voir* mixed solvent extraction).

solvent flooding : voir *miscible drive.*

solvent naphtha : solvant *m.* naphta (*à haute teneur en aromatiques*).

solvent recovery : récupération *f.* du solvant (*pour le recycler dans l'unité*).

solvent-refined oil : voir *solvent-extracted oil.*

solvent tar : voir *aromatic extract.*

Sommerfeld number : nombre *m.* de Sommerfeld (*nombre sans dimensions caractérisant les conditions hydrodynamiques du fonctionnement d'un palier lisse et défini par l'expression suivante :*

$$S = \frac{ZN}{P} \times \frac{r}{c}$$

dans laquelle Z = *viscosité absolue de l'huile,* N = *vitesse de l'arbre,* P = *charge,* r = *rayon de l'arbre et* c = *jeu entre l'arbre et les coussinets*).

Sonic log : log *m.* sonique, log *m.* acoustique (*diagraphie de la vitesse de propagation du son dans les terrains traversés par un sondage et dont l'interprétation permet, entre autres, d'estimer la porosité des formations ; c'est également un très bon outil de corrélation géologique*).

sonic shear stability test or **shear stability test** : essai *m.* de laboratoire pour évaluer la stabilité au cisaillement d'une huile contenant des additifs améliorant son indice de viscosité (*l'essai met en œuvre un générateur d'ultrasons ; cf. ASTM D 2603*).

soot : suie *f.*

soot remover or **antisooting agent** : additif *m.* favorisant l'élimination des dépôts de suie dans un four.

sooty : fuligineux, couvert de suie, qui contient de la suie.

sorber : déshydrateur *m.* pour gaz naturel (*éliminant l'eau à la sortie du puits par un procédé d'absorption ou d'adsorption*).

sorption : voir *adsorption.*

sound-damping or **sound-deadening** : insonore, anti-acoustique, insonorisant.

sound-deadener : voir *deadener.*

sound-deadening : voir *sound-damping.*

sounding : 1/ sondage *m.*, sonde *f.* (*détermination de la profondeur de l'eau et de la nature du fond*) ; 2/ sonde (*résultat de cette détermination*).

sounding line : ligne *f.* de sonde. Voir *sounding.*

soundproofing : isolation *f.* acoustique, isolation sonore, isolation phonique, insonorisation *f.*

soup : nitroglycérine *f.* (*argot des boutefeux*). Voir *nitroglycerin.*

sour : aigre, acide, corrosif (*contenant des composés sulfurés*).

source rock : roche-mère *f.* (*roche sédimentaire susceptible par son contenu originel en matière organique, ou kérogène, d'avoir donné naissance à des hydrocarbures*).

sour crude : brut *m.* sulfureux, corrosif, acide (*brut contenant du soufre ou des composés sulfurés en quantité élevée*).

sour gas : gaz *m.* sulfureux, gaz acide (*à teneur élevée en hydrogène sulfuré ou autres composés sulfurés volatils ; s'applique aussi à un gaz contenant du bioxyde de carbone ou gaz carbonique*).

sour gasoline : essence *f.* sulfureuse, corrosive (*à teneur élevée en mercaptans*).

sour oil : huile *f.* acide, huile corrosive (*dans le traitement à l'acide sulfurique, désigne l'huile séparée des boues acides à la sortie de la centrifugeuse, avant lavage à la soude caustique et à l'eau, et avant filtration*).

Sovafining : procédé *m.* d'hydrodésulfuration catalytique (*des charges de reform. ε et de produits lourds. – Socony-Mobil O ' Co.*). Voir aussi *Mobil catalytic desulfurization process.*

Sovaforming : procédé *m.* de reformage (*à plusieurs réacteurs, utilisant un catalyseur au platine. – Socony-Mobil Oil Co.*).

soya bean oil or **soybean oil** : huile *f.* de soja, ou de soya (*huile siccative extraite des graines d'une légumineuse d'origine asiatique, utilisée en alimentation ainsi que dans la fabrication de vernis, de savons, etc.*).

spacer : rondelle *f.*, cale *f.* d'épaisseur, bague *f.* ou pièce *f.* d'écartement, entretoise *f.*

space velocity or **V/V/H** : vitesse *f.* spatiale, VVh *f.* (*1/ rapport du volume liquide d'hydrocarbures, exprimé dans des conditions normales, passant dans la zone de réaction pendant l'unité de temps, au volume de cette zone de réaction ; 2/ rapport du poids de charge traité par unité de temps, au poids de catalyseur nécessaire au traitement de cette charge*).

spacing : 1/ intervalle *m.*, espacement *m.*, écartement *m.* ; 2/ voir *well spacing.*

spacing bushing : bague *f.*, douille *f.* d'écartement.

spalling or **flaking** : écaillage *m.* (*d'un engrenage ; usure par refoulement de métal, occasionnée par des charges excessives*).

span gas : voir *normalizing gas.*

spanner : clef *f.* de serrage, clef anglaise, clef à molette.

spanner nut : écrou *m.* à créneaux.

spare part : pièce *f.* de rechange.

spares and service : pièces *f.* de rechange et service *m.* après vente.

spare engine : machine *f.* de réserve, moteur *m.* de secours.

spare tank : nourrice *f.* de réserve, bidon *m.* de réserve, réservoir *m.* de secours.

spark advance : avance *f.* à l'allumage (*d'un moteur*).

spark arrester or **spark catcher** : pare-étincelles *m.* (*d'une cheminée, d'un pot d'échappement, etc.*).

spark erosion fluid : fluide *m.* utilisé en électro-érosion.

spark meter or **spinterometer** : spinthéromètre *m.*, spinthermètre *m.*, spintèremètre *m.*, spintermètre *m.* (*éclateur de mesure spécialement destiné à la détermination de la rigidité diélectrique d'une huile isolante*). Voir *dielectric strength.*

spark plug : bougie *f.* d'allumage.

spark plug fouling : encrassement *m.* des bougies d'allumage.

sparse lubrication : graissage *m.* insuffisant, graissage défectueux.

spattering : projection *f.*, éclaboussure *f.*, jaillissement *m.*

spear : harpon *m.* de repêchage, arrache-tube *m.* (*outil de repêchage à coins extensibles, utilisé pour l'extraction des tubages, tiges ou masses-tiges coincées dans un puits*).

special boiling point spirits or **SBP spirits** : essences *f.* spéciales (*essences obtenues par redistillation ou rectification d'une coupe d'essence directe, suivie d'une désulfuration et, éventuellement, d'une désaromatisation ; certains solvants aromatiques, à forte teneur en benzène ou en toluène, sont extraits des essences de reformage catalytique. – En France les essences spéciales sont classées de A à H selon leurs caractéristiques de distillation. L'essence A, distillant entre 40 ºC et 100 ºC, est utilisée en teinturerie, pour le dégraissage, pour la fabrication de colles à base de caoutchouc ; l'essence B, distillant entre 60 ºC et 80 ºC, très riche en hexane normal, est utilisée dans les huileries pour l'extraction des corps gras et des suifs ; l'essence C, distillant entre 70 ºC et 100 ºC, sert dans l'industrie du caoutchouc, comme combustible dans les poêles à catalyse et comme essence à briquet ; l'essence D, distillant entre 95 ºC et 103 ºC est utilisée pour déshydrater les alcools ; l'essence E, distillant entre 100 ºC et 130 ºC, est employée dans les industries du caoutchouc, de la teinturerie et du dégraissage ; l'essence F, distillant entre 100 ºC et 160 ºC a des usages semblables à ceux de l'essence E ; l'essence G distille entre 30 ºC et 75 ºC ; composée de pentanes et d'hexanes elle sert en parfumerie pour les extractions à basse température ; l'essence H a les mêmes caractéristiques de distillation que l'essence ordinaire pour auto, mais elle doit être incolore et ne pas contenir de plomb tétraéthyle ; elle sert de combustible pour les lampes à souder et, surtout, de carburant pour les moteurs à deux temps après addition d'une petite quantité d'huile de graissage*).

specific gravity or **SG** : densité *f.* (*rapport entre le poids d'un certain volume d'une substance à une certaine température et le poids d'un égal volume d'eau distillée à cette même température*).

specific refraction : réfraction *f.* spécifique (*constante utilisée pour la détermination de la teneur en différentes classes d'hydrocarbures d'une fraction ; elle est donnée par la formule :*

$$\frac{n^2 - 1}{n^2 + 1} \times \frac{1}{d}$$

dans laquelle n *est l'indice de réfraction de la fraction soumise à l'essai et* d *sa densité* ; voir également *refractivity intercept*).

specific viscosity or **relative viscosity** : viscosité *f.* spécifique (*mesurée, pour les fuel-oils, gazoles et lubrifiants, à l'aide du viscosimètre Engler, en degrés Engler ; elle correspond au rapport entre le temps d'écoulement, en secondes, d'un échantillon de 200 cm³ et le temps d'écoulement, également en secondes, d'un volume égal d'eau distillée à 20 ºC*).

specimen : échantillon *m.*, spécimen *m.*

spectro-grade hydrocarbon : hydrocarbure *m.* pur pour spectrophotométrie.

spectrophotometer : spectrophotomètre *m.* (*appareil permettant de connaître le facteur de transmission, de réflexion d'un corps en fonction de la nature de la lumière utilisée ; la spectrophotométrie s'étend dans l'ultra-violet, le visible et l'infrarouge ; l'étude de l'absorption des liquides organiques en fonction de la longueur d'onde dans le proche infrarouge fournit de précieux renseignements sur la structure des molécules et permet l'analyse chimique, en particulier celle des hydrocarbures*).

speed of response : vitesse *f.* de réponse, temps *m.* de réponse (*temps nécessaire à un appareil de mesure pour réagir à la modification de la variable*).

speedometer : tachymètre *m.*, indicateur *m.* de vitesse, compteur *m.* de vitesse.

spelter : zinc *m.* (*du commerce*).

spending time : temps *m.* de neutralisation (*de l'acide au cours de l'acidification d'une formation calcaire dans un sondage*).

spent : usé, épuisé, dépensé.

spent clay : terre *f.* de filtration usée (*terre perdue ou dépensée*).

spermaceti or **spermwax** or **cetaceum** : spermaceti *m.* (*nom scientifique du blanc de baleine, partie concrète d'une huile qui se trouve dans les sinus crâniens de certains cétacés, en particulier du cachalot, et qui est constituée par du palmytate de cétyle ; utilisé autrefois pour la confection de cosmétiques et de cold-creams*).

sperm oil : huile *f.* de baleine, huile de spermaceti (*huile non siccative, extraite du blanc de baleine, employée jadis pour le graissage des broches de filatures ; on utilise aujourd'hui certains succédanés*). Voir aussi *train oil, whale oil*.

spermwax : voir *spermaceti*.

sphere : sphère *f.*, réservoir *m.* sphérique (*pour gaz liquéfiés*).

spider : 1/ collier *m.* à coins (*dispositif de retenue à coins servant à manipuler les éléments de tubage lors de leur descente dans un puits*) ; 2/ araignée *f.* (*outil de repêchage employé pour récupérer des pièces de petite et moyenne dimension, cassées ou tombées au fond d'un puits, et dont la forme rappelle les pattes d'une araignée*) ; 3/ croisillon *m.*, étoile *f.*

spider pinion : pignon *m.* satellite (*du différentiel d'un pont arrière de véhicule automobile*).

spigot : 1/ fausset *m.*, robinet *m.*, cannelle *f.* (*d'un tonneau*) ; 2/ ergot *m.*, saillie *f.* ; 3/ extrémité *f.* ou bout *m.* mâle d'un tube ; 4/ clef *f.*, carotte *f.* (*d'un robinet, d'une vanne*).

spigot joint : joint *m.* à emboîtement.

spike : 1/ pointe *f.*, piquant *m.*, broche *f.* ; 2/ produit *m.* fini (*gazole par exemple*) expédié dans un pipe-line entre deux envois de pétrole brut ou d'autres produits finis.

spiked crude : brut *m.* enrichi (*avec des fractions légères ou éventuellement lourdes*).

spill : fuite *f.*, perte *f.*, coulage *m.*, déversement *m.*

spillage : 1/ débordement *m.*, déversement *m.* ; 2/ matériau *m.* perdu en cours de manutention.

spill pipe : tuyau *m.* de décharge. Voir *tail pipe* 1/.

spill port : lumière *f.* de décharge, orifice *m.* de décharge.

spillway : canal *m.* de trop plein, déversoir *m.*

spin : 1/ tournoiement *m.*, rotation *f.* rapide, vrille *f.* ; 2/ spin *m.* moléculaire ; 3/ spin électronique.

spindle : fusée *f.*, broche *f.*, axe *m.*, pivot *m.*. Voir aussi *valve stem*.

spindle oil : huile *f.* à broches, spindle *m.*, huile spindle (*huile de pétrole lubrifiante, de faible viscosité, environ 2° Engler à 50 °C, primitivement utilisée pour le graissage des broches de filatures*).

spinner or **drillpipe spinner** : spinner *m.* (*treuil annexe utilisé pour le blocage à la chaîne des tiges de forage*). Voir aussi *spinning line*.

spinner survey : diagraphie *f.* de détermination de la capacité d'injection ou de production des couches dans un puits (*réalisée à l'aide d'un appareil à hélice, dit spinner, descendu à l'extrémité d'un câble dans le puits ; constitue l'une des variantes du débitmètre à hélice*).

spinning : 1/ tournoiement *m.*, mouvement *m.* de rotation, affolement *m.* (*de l'aiguille magnétique*) ; 2/ filature *f.*, filage *m.* (*au rouet*) ; 3/ centrifugation *f.*

spinning line : câble *m.* ou chaîne *f.* de vissage (*pour le vissage rapide des tiges de forage*).

spinning oil : huile *f.* antistatique (*utilisée en filature pour éviter les phénomènes d'électricité statique*).

spinning wrench : clé *f.* automatique de serrage des tiges ou tubes de forage.

spin-on filter : cartouche *f.* filtrante vissée.

spinterometer : voir *spark meter*.

spiral bevel gear : engrenage *m.* conique à denture hélicoïdale.

spiral grapple : spirale *f.* agrippante (*système de prise utilisé sur une cloche de repêchage ; voir overshot* 1/).

spiral gear : engrenage *m.* à denture hélicoïdale.

spirit : essence *f.*, alcool *m.*

splash guard : pare-goutte *m.*, garde-boue *m.*

splashing : barbotage *m.*, éclaboussement *m.*, éclaboussure *f.*, projection *f.*

splash oiling : graissage *m.* par barbotage, par projection.

splice : épissure *f.*, éclisse *f.*

spline : ergot *m.*, tenon *m.*, cannelure *f.*, languette *f.*, clavette *f.*

spline shaft : arbre *m.* cannelé.

splinter : fragment *m.*, écharde *f.*, éclat *m.*

split : 1/ fendu ; 2/ fissure *f.*, séparation *f.*, division *f.*, rupture *f.*, scission *f.*

split collar or **split sleeve** : manchon *m.* en deux pièces.

split pin : goupille *f.* fendue.

split range : division *f.* de gamme (*disposition d'une régulation qui, suivant la grandeur du signal émis, agit tantôt sur un élément final, tantôt sur un autre*).

split sleeve : voir *split collar*.

splitter : 1/ tour *f.* de fractionnement, tour de séparation (*ne donnant qu'un distillat de tête et un produit de fond ; souvent utilisée pour séparer l'essence légère de l'essence lourde*) ; 2/ incise-tube *m.* ; voir *casing ripper*).

splitting : séparation *f.*, partage *m.*, dédoublement *m.* (*d'une couche géologique*), ramification *f.*, fendage *m.*, fission *f.*, désintégration *f.*, délitement *m.* (*de la pierre*), rupture *f.* (*d'une émulsion*).

spoilage : déchets *m.*, rebuts *m.*

spoil earth : déblais *m.*, décombres *m.*, rejets *m.*

sponge grease : graisse *f.* spongieuse (*à base sodique*).

sponge oil : voir *absorber oil*.

spontaneous ignition temperature or **SIT** : température *f.* d'auto-allumage, d'auto-inflammation.

spool : 1/ manchette *f.* à brides, bride *f.* d'ancrage ; voir aussi *casing spool ;* 2/ bobine *f.*, tambour *m.*, dévidoir *m.* ; 3/ tiroir *m.* (*de distribution d'un système hydraulique*).

spool valve : distributeur *m.* à tiroir.

spoon : cuiller *f.*, cuillère *f.* (*de puisage au câble ;* voir *bailer*), curette *f.*

spot : 1/ endroit *m.*, point *m.*, lieu *m.*, place *f.* ; 2/ tache *f.*

spot chartering : voir *voyage charter.*

spotlight : projecteur *m.* lumineux, projecteur ou phare *m.* auxiliaire orientable (*sur un véhicule*), spot *m.*

spot price : prix *m.* en disponible, prix spot, prix au jour le jour (*portant sur un tonnage réduit de produits pétroliers et donnant lieu à un contrat de durée limitée dont les conditions sont le reflet d'une situation instantanée de l'offre et de la demande*).

spot rate : taux *m.* d'affrètement pétrolier au voyage (*le navire est affrété pour effectuer un voyage déterminé ; l'armateur supporte tous les frais du voyage et l'affréteur paye, par tonne transportée sur la relation envisagée, un taux convenu exprimé dans un des barèmes en usage, affecté d'une majoration ou d'une minoration suivant les conditions du marché ; pour certains trafics spéciaux, le taux de fret est parfois fixé à une somme globale forfaitaire ;* voir *lump sum charter*).

spot test : 1/ essai *m.* à la tache (*essai permettant de déterminer rapidement l'activité résiduelle des additifs dans une huile détergente usagée ; on trempe une baguette de verre de 5 mm de diamètre dans l'huile portée à la température de 50 °-60 °C ; on laisse tomber la quatrième goutte sur un papier filtre ; après 10 h, la zone éventuelle de diffusion qui entoure la tache caractérise le pouvoir dispersif de l'additif ;* voir *detergency wall, diffusion ring, oil ring, Oliensis spot test ;* synonymes : *blotted test, blotter-spot test*) ; 2/ essai ponctuel, essai sur des échantillons prélevés sur un ensemble.

spot welding : soudure *f.* par points.

spot welding machine : machine *f.* à souder par points.

spout : bec *m.*, ajutage *m.*, tuyau *m.* de sortie, tuyau de décharge, goulotte *f.*, chenal *m.* de coulée, déversoir *m.*

spout can : burette *f.* à bec verseur.

spouter : voir *flowing well.*

spouting : jaillissement *m.* (*d'un puits, d'une source, etc.*).

spragging : voir *judder.*

spray : 1/ embrun *m.* ; 2/ vaporisation *f.*, pulvérisation f., atomisation *f.* ; 3/ jet *m.* pulvérisé ; 4/ liquide *m.* pour vaporisation.

spray can or **sprayer** : vaporisateur *m.*, atomiseur *m.*, pulvérisateur *m.*

spray gun : pistolet *m.* pulvérisateur, pistolet à peinture, pistolet *m.* pneumatique.

spraying of the fuel : pulvérisation *f.* de combustible (*par un brûleur*).

spray flammability test : essai *m.* d'inflammabilité sous vaporisation (*des fluides résistants au feu ; le fluide est vaporisé sous pression dans un bac contenant des déchets de coton imbibés d'huile en combustion ; on observe au photomètre l'augmentation ou la diminution de l'intensité de la flamme*).

spray lubrication : graissage *m.* par pulvérisation, graissage par brouillard d'huile.

spray nozzle : buse *f.* de pulvérisation, gicleur *m.*, injecteur *m.*

spray oil : huile *f.* pour pulvérisation (*huile insecticide ou fongicide utilisée en agriculture*).

spray painting : peinture *f.* au pistolet.

spray pipe : tube *m.* perforé (*distribuant le liquide de reflux dans une colonne de distillation*).

spreader : 1/ agent *m.* mouillant (*produit liquide possédant la propriété de s'étendre sur la surface des corps avec lesquels il entre en contact*) ; 2/ gorge *f.* secondaire de graissage (*d'un palier ou d'un coussinet*) ; 3/ épandeuse f. (*machine étalant sur les routes des gravillons enrobés ou non*).

spreader pocket : poche *f.* à l'huile (*sur une surface de glissement, pour répartir uniformément le lubrifiant*).

spreading : 1/ déploiement *m.*, développement *m.* ; 2/ propagation *f.*, dissémination *f.*, diffusion *f.* ; 3/ étendage *m.*, répandage *m.*, enduisage *m.*, enduction *f. ;* 4/ extension *f.*, dispersion *f.*, expansion *f.*

spring : ressort *m.* (*utilisé notamment pour supporter les conduites aériennes et compenser les efforts de dilatation*).

spring shackle : jumelle *f.* de ressort.

sprinkler : pulvérisateur *m.*, arroseuse *f.*, tourniquet *m.* arroseur.

sprocket : 1/ dent *f.* de pignon ; 2/ roue *f.* dentée, pignon *m.* ; 3/ barbotin *m.* (a/ *poulie solidaire du moteur qui entraîne le train de roulement d'un véhicule à chenilles ;* b/ *couronne en fer* à empreintes dans lesquelles viennent s'engager les mailles de la chaîne d'un appareil de levage ou de traction).

spud : 1/ injecteur *m.* de fuel-oil (*d'un brûleur*) ; 2/ spatule *f.* de dégagement (*outil de forage*).

spud (to) : 1/ forer par battage au câble ; 2/ commencer, démarrer (*un forage*).

spudding : 1/ battage *m.* au câble ; 2/ début *m.*, commencement *m.* d'un forage.

spudding bit : trépan *m.* de battage, trépan d'attaque, trépan-bêche *m.*

spudding shoe : sabot *m.* de battage, sabot d'attaque (*dans le forage au câble*).

spud-in : forage *m.* du premier mètre d'un puits, démarrage *m.*, début *m.* d'un forage.

spud in (to) : commencer (*un forage*).

spur gear : roue *f.* dentée à denture droite, engrenage *m.* droit.

spur line : tuyauterie *f.* de raccordement.

sputtering : crépitement *m.*, pétillement *m.*, grésillement *m.*

sq. ft./sec : symbole de *square foot/second.* Voir ce terme.

square foot/second : pied *m.* carré par seconde (*unité de viscosité cinématique dans le système cohérent anglo-saxon*). Voir *kinematic viscosity.*

square millimeter per second or **mm²/s** : millimètre *m.* carré par seconde (*équivalent du centistokes dans le Système International*). Voir *kinematic viscosity.*

squawking or **chattering** : broutage *m.*, crissement *m.* (*dans une boîte de vitesses automatique ; on peut l'éliminer en incorporant des dopes d'onctuosité au fluide de transmission ; voir anti-squawking agent*).

squawk test : voir *nonchatter test.*

squeak : crissement *m.*, grincement *m.* (*d'organes mal lubrifiés*).

squealer : amplificateur *m.* de bruit (*installé par les fanatiques du volant sur le tuyau d'échappement de leur véhicule*).

squealing : crissement *m.* (*dû au frottement sec entre solides*).

squeeze (to) : esquicher, squeezer, presser. Voir *squeeze 1/, squeezing 1/.*

squeeze : 1/ esquiche *f.*, squeeze *m.* (*injection forcée de liquides ou de laitier de ciment sous*

pression dans un sondage* ; voir aussi *squeezing 1/*) ; 2/ compression *f.*, coup *m.* de ventouse (*plongée*).

squeeze job : esquichage *m.*, squeeze *m.*

squeezer : 1/ essoreuse *f.* (*pour peau de chamois, dans une baie de lavage d'une station-service*) ; 2/ presse *f.* à cingler, cingleur *m.* (*machine utilisée en métallurgie pour faire disparaître par compression ou par chocs les pores existant dans les loupes de fer sortant des fours à puddler tout en expulsant les scories*) ; 3/ pince-tube *m.* hydraulique, écrase-tube *m.*

squeezing : 1/ esquichage *m.*, cimentation *f.* sous pression, squeeze *m.* (*opération de cimentation au cours de laquelle le laitier est injecté sous pression, soit dans une formation, soit derrière une colonne de tubage*) ; 2/ compression *f.*

squib : charge *f.* d'amorçage, torpille *f.*, petite charge d'explosif.

squibbing : élargissement *m.* du fond d'un trou de mine (*par mise à feu d'une charge explosive*).

squirrel-cage motor : moteur *m.* électrique à cage d'écureuil.

squirt : seringue *f.*

squirt-can lubrication or **squirting** : graissage *m.* à la seringue, à la burette.

squirt gun : pistolet *m.* à graisse, pistolet graisseur.

squirting : voir *squirt-can lubrication.*

SR cylinder stock : abréviation de *steam-refined cylinder stock.* Voir ce terme.

SRF : abréviation de *secondary reference fuels.* Voir ce terme.

SR gasoline : abréviation de *straight-run gasoline.* Voir ce terme.

S/S : abréviation de *steamship.* Voir ce terme.

St : symbole de *stokes*, unité C.G.S. de mesure de la viscosité cinématique. Voir *kinematic viscosity.*

stab (to) : guider (*une tige de forage dans le raccord d'une autre tige lors du vissage de l'une à l'autre*).

stabbing board : plate-forme *f.* mobile, provisoire (*installée dans la tour de forage à environ 9 m au-dessus du plancher, permettant à l'accrocheur de guider les éléments de tubage pendant leur assemblage et leur descente dans le puits*).

stabbing salve : voir *red lead.*

stability : stabilité *f.* (*en particulier d'une régulation, lorsque, après perturbation, la variable réglée reprend, sans variations intempestives, la valeur désirée*).

stabilization : stabilisation *f.*. Voir *gaz freeing* 3/.

stabilizer : stabilisateur *m.*, appareil *m.* de stabilisation (*colonne assurant la séparation des composants volatils de l'essence pour ajuster sa tension de vapeur aux spécifications*).

stabilizing : stabilisation *f.* (*séparation des composants volatils des essences*).

stabilizing time : temps *m.* de stabilisation (*temps nécessaire à un régulateur pour ramener, après perturbation, la variable réglée à la valeur désirée*).

stab pipe (to) : ajouter, par vissage, une nouvelle longueur de tige de forage. Voir *stab (to)*.

stack : 1/ pile *f.*, tas *m.*, empilage *m.*, gerbage *m.* ; 2/ cheminée *f.* (*d'usine*) ; synonyme : *chimney* ; 3/ pilier *m.*, pinacle *m.*, aiguille *f.* (*terme de géomorphologie*) ; 4/ stack *m.* (*ensemble amovible constitué par l'empilage des différents obturateurs de sécurité d'une tête de puits sous-marine*).

stackability : aptitude *f.* au gerbage, à l'empilage.

stack draft : tirage *m.* d'une cheminée (*d'usine*).

stacked derrick : installation *f.* de forage démontée et entreposée (*dans l'attente d'un nouvel emploi*).

stack effect : effet *m.* de cheminée (*mouvement ascendant des fumées dans l'atmosphère*).

stacker truck : chariot *m.* empileur, chariot gerbeur.

stacking : 1/ empilage *m.*, empilement *m.*, entassement *m.*, gerbage *m.* ; synonyme : *piling* ; 2/ sommation *f.*, méthode *f.* de sommation, méthode de couverture (*sismique*).

stack solids : suie *f.* ou particules *f.* charbonneuses (*dans les fumées d'une installation de chauffage à combustible liquide*).

Staeger oxidation test : essai *m.* de Staeger (*essai d'oxydation des huiles dopées pour turbines à vapeur, établi par Hans Staeger, – Brown Boweri, Suisse –; l'huile est chauffée pendant 72 h à 110 °C en présence d'un catalyseur en cuivre; on détermine l'altération de l'indice de neutralisation et le dépôt; d'après la modification apportée par Esso Laboratories Research Division, on peut aussi déterminer le nombre d'heures nécessaires pour obtenir une augmentation de 0,2 de l'indice de neutralisation initial*).

staff : 1/ personnel *m.*, état-major *m.* ; 2/ mire *f.* de précision ; 3/ tige *f.* polie (*d'une pompe*).

stage : 1/ phase *f.*, étape *f.*, étage *m.* (*d'un procédé, d'un convertisseur de couple, d'une pompe, etc.*), palier *m.*, stade *m.*, degré *m.* ; 2/ étage géologique.

staggered : décalé, en quinconce.

staging : échafaudage *m.*, appontement *m.* (*d'un quai*).

staining rubber : caoutchouc *m.* étendu avec une huile salissante.

stainless oil : voir *nonspotting oil*.

stainless steel : acier *m.* inoxydable.

stain of oil or **patch of oil** : tache *f.* d'huile.

stake : piquet *m.*, jalon *m.*

stalking : mise *f.* à bout (*de deux tubes*).

stalling : 1/ givrage *m.* (*dans le diffuseur d'un carburateur, causé par la condensation de l'humidité atmosphérique et par la basse température due à une évaporation rapide de l'essence*) ; 2/ blocage *m.*, calage *m.*, arrêt *m.* (*d'un moteur*).

stamper : estampeur *m.*, emboutisseur *m.*, pilon *m.*, bocard *m.*

stamping : emboutissage *m.*, estampage *m.*, timbrage *m.*, estampillage *m.*

stand : 1/ support *m.*, pied *m.*, socle *m.*, statif *m.* ; 2/ position *f.*, situation *f.*, lieu *m.* ; 3/ longueur *f.* de tiges (*ensemble de plusieurs tiges de forage vissées bout à bout et que l'on manœuvre d'un seul bloc au cours des montées et descentes de l'outil de forage*).

standard conditions : conditions *f.* normalisées (*par exemple 60 °F et 14,696 psia, soit 15,6 °C et 760 mm de mercure, ou 1 013 mbar, pour un gaz*).

standard cubic feet per day or **SCFD** : pieds *m.* cubes standard par jour (*c'est-à-dire dans des conditions normalisées*; voir *standard conditions*).

standard cubic foot or **SCF** : pied *m.* cube standard (*c'est-à-dire dans les conditions normalisées*; voir *standard conditions*).

standardization : 1/ normalisation *f.*, standardisation *f.* (synonyme : *normalization*) ; 2/ titrage *m.* (*en chimie*).

Standard Tar Viscometer or **STV** : viscosimètre *m.* Redwood modifié pour mesurer la viscosité des bitumes fluidifiés à 25 °C et 40 °C (*la viscosité est exprimée en secondes et est égale au temps d'écoulement de 50 cm³ du bitume essayé à travers un orifice de 10 mm de diamètre*). Voir aussi *British Road Tar Association Viscosity*.

standby : 1/ en réserve *f.*, à l'arrêt *m.*, en attente *f.*, à l'état de veille *f.*, de secours *m.* ; 2/ attente ; 3/ somme *f.* versée à un entrepreneur de forage en cas d'interruption des opérations.

stand oil : huile *f.* cuite (*huile végétale oxydée par cuisson*).

standpipe : tuyau *m.* de refoulement, colonne *f.* montante (1/ *dans une installation de forage, partie terminale de la conduite principale de refoulement du circuit de boue ;* 2/ *sur une unité de craquage catalytique, tube vertical permettant, grâce à des injections d'air ou de vapeur d'eau, d'introduire le catalyseur dans le réacteur ou dans le régénérateur*).

standstill or **stillstand** : équilibre *m.*, repos *m.*, arrêt *m.*, fin *f.* d'une réaction.

staple : agrafe *f.*, crampon *m.*, coin *m.*

stapler : agrafeuse *f.*, machine *f.* à agrafer.

starch : amidon *m.*

star rating : classification *f.* des essences automobiles en usage en Angleterre (*établie d'après l'indice d'octane Research method ;* 5-*star* = 100 ; 4-*star* = 97 ; 3-*star* = 94 ; 2-*star* = 90).

startability : aptitude *f.* au démarrage (*d'un moteur*).

start-and-stop service : voir *stop-and-go service.*

starter or **starting motor** : démarreur *m.*, moteur *m.* de démarrage (*électrique*).

starting engine : moteur *m.* de lancement.

starting fluid : fluide *m.* de démarrage (*facilitant la mise en route d'un moteur par temps froid et que l'on pulvérise au niveau de l'aspiration d'air*).

starting motor : voir *starter.*

start-up : démarrage *m.*, mise *f.* en marche (*d'une unité, d'une production, etc.*).

start-up time : temps *m.* de mise en route.

starvation : 1/ réglage *m.* pauvre (*de l'alimentation d'un moteur à régime élevé*) ; 2/ manque *m.* de lubrifiant (*dans un système à circulation par suite de température trop basse*).

starved lubrication : graissage *m.* insuffisant.

starving : alimentation *f.* insuffisante (*d'un moteur*).

statement : déclaration *f.*, affirmation *f.*

statement of account : relevé *m.* de compte.

static catalytic cracking : voir *fixed-bed catalytic cracking.*

static chain : chaîne *f.* de mise à la terre des charges électriques statiques (*des wagons et camions-citernes*).

static dissipator additive : voir *antistatic additive.*

static electricity : électricité *f.* statique (*développée par l'écoulement des produits pétroliers en pluie dans un réservoir ou dans une citerne ou au contact des parois d'une conduite*).

static error : erreur *f.* statique (*différence entre la lecture d'une information et sa valeur réelle*).

static pressure : pression *f.* statique (*pression exercée par un fluide au repos*). Voir aussi *dynamic pressure.*

stationary head : tête *f.* fixe (*d'un échangeur de température*). Voir aussi *floating head*).

statute mile : mille *m.*, mille terrestre (*mesure de longueur anglo-saxonne valant 1 609,345 m*).

Stauffer : voir *grease cup.*

staying : ancrage *m.* (*d'une tuyauterie*), étayage *m.*, haubanage *m.*

stay-in-grade polymer : additif *m.* améliorant l'indice de viscosité d'une huile de graissage (*particulièrement résistant au cisaillement*).

stay-put agent : voir *tackiness agent.*

steamage or **steam-out** : chasse *f.*, nettoyage *m.* à la vapeur.

steam-air decoking : décokage *m.* des tubes d'un four (*par combustion ménagée au moyen d'air et de vapeur d'eau*).

steam-and-fire distillation : voir *steam distillation.*

steam boiler : chaudière *f.* à vapeur.

steam cleaner : appareil *m.* de nettoyage à la vapeur.

steam coil : serpentin *m.* de chauffage à vapeur.

steam cracker : vapocraqueur *m.*. Voir *steam cracking.*

steam cracking : vapocraquage *m.*, craquage *m.* à la vapeur d'eau (*procédé de craquage thermique d'une charge mélangée à de la vapeur d'eau donnant un rendement élevé en oléfines légères et en aromatiques destinés à la pétrochimie ; la réaction se produit dans les tubes de fours, sous faible pression et à une température d'environ 800 °C*).

steam cylinder oil : huile *f.* pour cylindres de machines à vapeur.

steam distillation or **steam-and-fire distillation** : distillation *f.* à la vapeur d'eau, distillation à feu et à la vapeur d'eau (*procédé de distillation dans lequel la vaporisation des constituants est accrue par dilution de la charge par de la vapeur d'eau*).

steam drive : mode *m.* de production des pétroles bruts à viscosité élevée (*consistant à injecter de la vapeur à haute température au niveau des couches productrices*).

steam dryer : sécheur *m.* de vapeur (*éliminant l'eau entraînée*).

steamed out : vaporisé.

steam emulsion number test or **SEN test** : détermination *f.* de l'indice de désémulsion à la vapeur (*essai de désémulsion d'une huile, consistant à mesurer le nombre de secondes au bout desquelles l'huile se sépare d'une émulsion préparée en faisant barboter de la vapeur à travers l'huile ; cf. ASTM D 157, Standard Method IP 19 ; cet essai a été remplacé en 1956 par l'essai ASTM D 1401*). Voir aussi *emulsion test for steam turbine oil.*

steam engine oil : huile *f.* pour machines à vapeur.

steamer : voir *steamship.*

steaming : injection *f.* de vapeur, entraînement *m.* à la vapeur, traitement *m.* à la vapeur.

steam jacket : enveloppe *f.*, chemise *f.*, manchon *m.* de vapeur.

steam jet : éjecteur *m.* à vapeur (*d'un condenseur barométrique ou pour purge d'air d'une installation*).

steam line or **steam way** : conduite *f.* de vapeur.

steam nozzle : tuyère *f.* à vapeur, injecteur *m.* de vapeur.

steam-out : voir *steamage.*

steam-refined cylinder stock or **SR cylinder stock** : huile *f.* de graissage pour cylindres raffinée à la vapeur (*huile résiduelle provenant d'une distillation sous vide, traitée à la vapeur pour en extraire les fractions les plus légères non traitées*). Voir aussi *dark cylinder oil, filtered cylinder stock*).

steam reforming : reformage *m.* à la vapeur, vaporeformage *m.* (*procédé de reformage catalytique d'une charge mélangée de la vapeur d'eau donnant du gaz de synthèse – oxyde de carbone et hydrogène ; la réaction se produit dans les tubes de fours contenant le catalyseur, à base de nickel, sous une pression de l'ordre de 30 bar et à une température d'environ 950 ºC*).

steamship or **S/S** or **steamer** : navire *m.* à vapeur, vapeur *m.*

steam still : chaudière *f.* à vapeur (*produisant de la vapeur*).

steam stripping : rectification *f.*, extraction *f.*, desessençage *m.* à la vapeur. Voir *stripping 1/.*

steam tracer : traceur *m.* à vapeur. Voir *tracer 1/.*

steam trap : 1/ séparateur *m.* d'eau de condensation ; 2/ purgeur *m.* automatique.

steam turbine oil : huile *f.* pour turbine à vapeur.

steam up (to) : pousser les feux, mettre la vapeur.

steam way : voir *steam line.*

steel-backed bearing : coussinet *m.* avec coquille en acier.

steel-hardening oil : huile *f.* pour la trempe de l'acier.

steel mill : aciérie *f.*

steering clutch : embrayage *m.* de direction (*sur un véhicule à chenilles*).

steering gear lubricant : huile *f.* pour boîtes de direction.

steering wheel : volant *m.* de direction (*d'un véhicule automobile*).

stem : 1/ tige *f.*, queue *f.* (*de soupape*) ; 2/ masse-tige *f.*, maîtresse tige *f.* (voir aussi *drill stem*).

stench : mauvaise odeur *f.*, puanteur *f.*

step bearing : crapaudine *f.* (*palier de base d'un arbre vertical, servant de guide pour le mouvement de rotation et de butée pour les efforts verticaux*).

step fault : faille *f.* en gradins, en escalier.

stepless : sans discontinuité.

step-out well or **outstep well** : puits *m.* d'extension (*puits foré non loin d'un puits productif, mais sur une zone non prouvée, en vue de vérifier l'extension et les limites d'une formation productive*).

stepped bearing or **stepped pad bearing** : palier *m.* de butée à segments.

step-up gear : engrenage *m.* multiplicateur.

stereospecific polymer : polymère *m.* stéréospécifique (*dont les chaînes moléculaires sont disposées selon un arrangement spatial régulier et obtenu grâce à certains catalyseurs dits eux-mêmes stéréospécifiques ; on distingue les cinq classes suivantes : isotactique, syndiotactique, tritactique, cis et trans*).

stern-drive or **Z-drive** : moteur *m.* inboard-outboard, moteur de bord à transmission hors-bord.

stern tube lubricant : huile *f.* ou graisse *f.* pour le graissage et l'étanchéité du tube d'étambot d'un navire.

stickiness : adhésivité *f.*, ténacité *f.*, viscosité *f.*, nature *f.* gluante, collage *m.*, gommage *m.*

sticking : 1/ coincement *m.*, calage *m.*, grippage *m.*, gommage *m.*, blocage *m.* (*d'un segment, d'une soupape, etc.*) ; 2/ collant, adhésif, tenace.

stick slip : frottement *m.* saccadé (*entre deux surfaces en contact*), broutage *m.*

sticktion : voir *stiction.*

stick-type control lever : levier *m.* de contrôle du type manche à balai.

sticky : collant, gluant, poisseux.

stiction or **sticktion** : adhésion *f.*, adhérence *f.*

stiffen (to) : renforcer, raidir, rigidifier.

stiffener : renfort *m.*, contrefort *m.*, raidisseur *m.*, entretoise *f.*

stiffness : raideur *f.*, rigidité *f.*, dureté *f.*, consistance *f.* (*d'une pâte, du sol, etc.*), ténacité *f.*

still : 1/ chaudière *f.* (*à vapeur*) ; voir *steam still* ; 2/ appareil *m.* de distillation, alambic *m.*, cornue *f.*, chaudière de distillation.

still batch : voir *batch still.*

stillingia seed oil : huile *f.* de stillingia (*huile végétale grasse, semi-siccative, extraite des graines de* Stillingia sebifera *ou* Sapium sebiferum, *arbrisseau d'Amérique et d'Océanie, vulgairement appelé arbre à suif*).

still pipe or **tail pipe** : tube *m.* de queue (*d'un condenseur barométrique*).

stillstand : voir *standstill.*

stimulation : stimulation *f.* (*ensemble de différentes techniques visant à améliorer la productivité d'un puits*). Voir *acidizing, fracturation, shooting* 1/).

stinger : 1/ élinde *f.* flottante, rampe *f.* de pose, rampe *f.* d'immersion (*support flottant et ballastable connecté à l'arrière d'une barge de pose de pipe-lines*) ; 2/ tube *m.* calibré, usiné, (*formant le pied de la colonne de production et qui pénètre dans le presse-étoupe, ou stuffing box, du packer de production*).

stinker or **teaser** : puits *m.* faiblement producteur d'huile (*ne justifiant pas une mise en exploitation commerciale*).

stink oil : huile *f.* nauséabonde (1/ *déchet liquide de la régénération d'une terre absorbante* ; 2/ *fraction légère entraînée avec l'hydrogène sulfuré provenant d'une unité d'hydrotraitement*).

stirrer : agitateur *m.*.

stirring rod or **stirring device** : dispositif *m.* d'agitation, agitateur *m.*

stirrup : étrier *m.*, bride *f.*, collier *m.*

stitching oil : huile *f.* compoundée pour machines à coudre le cuir, huile de cordonnerie.

stock : 1/ matière *f.* première ; 2/ huile *f.* de base ; 3/ stock *m.*, amas *m.* (*de minerai, par exemple*) ; 4/ provision *f.* ; 5/ billot *m.*, tronc *m.* ; 6/ cale *f.* (*de construction navale*) ; 7/ charge *f.* (*métallurgie*) ; 8/ action *f.* (*en bourse*).

stockout : rupture *f.* de stock.

stock solution or **master solution** : solution-mère *f.*

Stoddard solvent or **Stoddard's dry-cleaning naphtha** : solvant *m.* Stoddard (*solvant pour nettoyage à sec constitué par une fraction ayant un intervalle d'ébullition compris entre 150 °C et 205 °C ; cf. ASTM D 484*).

stoichiometry : stœchiométrie *f.* (*partie de la chimie qui recherche les proportions suivant lesquelles les corps réagissent*).

stoker : 1/ chauffeur *m.*, chargeur *m.* (*ouvrier chargeant ou alimentant un four*) ; 2/ chargeur automatique (*d'un foyer au charbon*).

stoking : charge *f.*, alimentation *f.* (*d'un four*).

stokes : stokes *m.* (*symbole* St ; *unité de viscosité cinématique du système C.G.S.*). Voir *kinematic viscosity.*

STOL aircraft : abréviation de *short takeoff and landing aircraft.* Voir ce terme.

stone-filled sheet asphalt : béton *m.* bitumineux contenant 10 à 35 % d'agrégats minéraux.

stop-and-go service or **start-and-go-service** or **door-to-door delivery service** : condition *f.* particulière de fonctionnement d'un moteur thermique équipant un véhicule soumis à des arrêts répétés à brefs intervalles (*autobus en service de ville, camion de livraison de porte à porte, etc.*).

stopcock : robinet *m.* d'arrêt.

stopcocking : fermeture *f.* périodique (*d'un puits, pour en établir et contrôler la courbe de remontée de pression*).

stopper : bouchon *m.*, obturateur *m.*

storage : stockage *m.*, emmagasinage *m.*, accumulation *f.*

storage in open : stockage *m.* en plein air (*non abrité*).

storage oil : huile *f.* de stockage (*huile assurant la protection interne des machines et des organes de transmission pendant leur stockage en magasin*).

store : 1/ magasin *m.* ; 2/ provision *f.* ; 3/ mémoire *f.* (*d'un ordinateur*).

storekeeper : magasinier *m.*

stormchoke : 1/ duse *f.* de fond (*pièce statique, non réglable, placée dans l'axe de la colonne de production au fond d'un puits productif, servant à ajuster le débit de ce puits entraînant la plus grande économie de gaz de gisement*) ; 2/ clapet *m.* de sécurité (*intégré dans la colonne de production d'un puits et fermant automatiquement le puits en cas d'incident sur la tête de production*).

Stormer viscometer : viscosimètre *m.* de Stormer (*viscosimètre à torsion, constitué par un cylindre tournant, immergé dans un récipient fixe contenant l'échantillon ; le temps nécessaire pour réaliser cent révolutions du cylindre est proportionnel à la viscosité absolue du liquide essayé*).

stove : fourneau *m.*, four *m.*, étuve *f.*, séchoir *m.*, poêle *m.*

stove gasoline : essence *f.*, sans additifs au plomb, (*pour appareils de chauffage*).

stove oil : huile *f.* à fourneau (*distillat ayant un intervalle d'ébullition compris entre 260 ºC et 370 ºC, utilisé dans les brûleurs à vaporisation*).

stowage : 1/ magasinage *m.* ; 2/ arrimage *m.*

stowing : 1/ rangement *m.*, mise *f.* en place ; 2/ arrimage *m.*, installation *f.* ; 3/ remblayage *m.*

stowing machine or **gob stower** or **gobbing machine** : remblayeuse *f.* mécanique.

straddle packer : packer *m.* d'intervalle (*packer composé de deux éléments, isolant la zone à essayer du reste du forage, réunis par un raccord perforé ; une conduite met en communication les parties du trou situées au-dessus du packer supérieur et au-dessous du packer inférieur*). Voir *straddle test*.

straddle test : essai *m.* de couche sélectif (*pour cette opération le train de test est équipé de deux packers qui isolent le niveau à essayer*). Voir *straddle packer*.

straight-chain hydrocarbons : hydrocarbures *m.* à chaîne droite.

straight-cut : voir *straight-run product*.

straight-cut gasoline : voir *straight-run gasoline*.

straight cutting oil : huile *f.* de coupe entière (*non soluble*).

straightening : redressement *m.*, redressage *m.*, rectification *f.*

straightening vanes : aubes *f.* directrices (*disposées dans une conduite pour améliorer les conditions de mesure du débit*).

straight gear lubricant : huile *f.* minérale pure pour engrenages (*pouvant toutefois contenir 5 à 10 ppm de dope antimousse*).

straight-run gasoline or **straight-run** or **SR gasoline** or **straight-cut gasoline** : essence *f.* de distillation directe, essence de première distillation (*obtenue directement par distillation fractionnée du pétrole brut*).

straight-run product or **straight-cut** or **virgin** : produit *m.* de distillation directe, produit de première distillation.

straight well : puits *m.* vertical, puits rectiligne.

strain : tension *f.*, contrainte *f.*, déformation *f.*, fatigue *f.*, effort *m.*

strainer : 1/ filtre *m.*, tamis *m.*, crépine *f.*, tube *m.* crépiné ; 2/ tube d'ancrage perforé.

strain gauge or **strain gage** : jauge *f.* de déformation, jauge de contrainte, extensomètre *m.* (*appareil permettant de suivre les déformations des matériaux soumis à des contraintes, au moyen des variations de résistance d'un conducteur électrique*).

straining : 1/ tension *f.*, surtension *f.* ; 2/ filtrage *m.*, filtration *f.*

strake : voir *course*.

strand : 1/ toron *m.*, fibre *f.*, cordon *m.*, brin *m.*, fil *m.* ; 2/ rivage *m.*, côte *f.*

stranded-wire cable : câble *m.* à brins multiples.

stranding machine : toronneuse *f.* (*machine à tordre les torons d'un câble*).

strangler : volet *m.* d'air, étrangleur *m.*

strap : 1/ courroie *f.*, bande *f.* ; 2/ ruban *m.* métallique (*utilisé pour mesurer les dimensions d'un réservoir et en déterminer ainsi la capacité*).

strapper or **tank strapper** : agent *m.* chargé de mesurer la capacité des réservoirs ; voir *strap* 2/.

strapping or **tank strapping** : barémage *m.* (*mesure et calcul de la capacité d'un réservoir et établissement d'une table de jaugeage ou barème*).

strata : pluriel de *stratum*. Voir *layer*.

stratified charge engine : moteur *m.* à charge stratifiée (*dont la richesse du mélange air-carburant varie au cours de l'admission dans le cylindre ; ce système a pour effet d'améliorer la combustion et de réduire la pollution à l'échappement*).

stratum : voir *layer*.

straw oil : distillat *m.* léger (*utilisé comme fuel domestique*).

stream : 1/ circuit *m.* ; 2/ produit *m.* en circulation ; 3/ cours *m.* d'eau, rivière *f.*, fleuve *m.* ; 4/ courant *m.* (*d'un cours d'eau, d'un fluide en circulation, etc.*) ; 5/ coulée *f.*, jet *m.*

stream analyser or **continuous analyser** or **on-line analyser** : analyseur *m.* automatique en continu (*disposé dans une unité*).

stream day : jour *m.* de fonctionnement effectif (*d'une raffinerie ; s'oppose à* calendar day, *jour de calendrier*).

streamer or **sea streamer** or **seismic cable** : flûte *f.*, flûte marine (*ensemble des câbles de connexion qui, dans la prospection sismique marine, relient le laboratoire d'enregistrement aux sismographes ou hydrophones*).

streaming : écoulement *m.* rapide.

streamlined : aérodynamique, fuselé, caréné, profilé.

streamline flow : écoulement *m.* laminaire (*sans turbulence*).

street elbow : raccord *m.* coudé.

street tee : raccord *m.* de tuyauterie avec filetage extérieur à une extrémité et filetage intérieur à l'autre.

strength : 1/ force *f.*, résistance *f.*, solidité *f.*, rigidité *f.* ; 2/ intensité *f.*, tension *f.* ; 3/ titre *m.*, concentration *f.*

stress : effort *m.*, tension *f.*, effort *m.* élastique, force *f.*, vecteur *m.* de contrainte.

stress corrosion : corrosion *f.* sous tension.

strike : 1/ direction *f.*, orientation *f.* (*d'une couche, d'une faille, etc.*) ; 2/ découverte *f.* (*d'un gisement*) ; 3/ grève *f.* (*du personnel*).

strike of the beds : direction *f.* des couches.

string : 1/ rame *f.* (*assemblage de deux, trois ou quatre tiges de forage* ; voir *double, thribble, fourble*), colonne *f.*, train *m.* de tiges de forage ; 2/ petit filon *m.*, filet *m.*, filonnet *m.*, veinule *f.* (*mince couche géologique*) ; 3/ corde *f.*, ficelle *f.*

stringer : 1/ chef *m.* de chantier (*de pose de pipe-line*) ; 2/ filet *m.*, filon *m.* (*de minerai*) ; 3/ lisse *f.*, serre *f.*, longeron *m.* ; 4/ ensemble *m.* des accessoires de production disposés au-dessus du packer de production.

stringiness : nature *f.* filandreuse (*d'une graisse*).

stringing-up : mouflage *m.* (*opération consistant à enfiler le câble de forage dans les poulies à gorge des moufles mobile et fixe ; le brin actif est fixé au tambour du treuil de levage et le brin mort ancré sous le plancher de la plate-forme de forage*).

string of casing or **casing string** : colonne *f.* de tubage, colonne de cuvelage.

string of tubing or **tubing string** : colonne *f.* de production, tubing *m.*

stringy : fibreux.

stringy grease : graisse *f.* filandreuse, graisse fibreuse.

strip (to) : 1/ extraire, épuiser, démonter, chasser, décaper, démouler (*métallurgie*) ; 2/ dépiler, enlever, découvrir, exploiter (*mines*) ; 3/ distiller les fractions légères du pétrole (*jusqu'aux huiles lubrifiantes*) ; 4/ rectifier (*les produits pétroliers*).

strip chart recorder : enregistreur *m.* à bandes.

strip or **stripe** : bande *f.* (*de tôle, etc.*), feuillard *m.*, ruban *m.*

strippable preservative or **strippable protective** : produit *m.* de protection antirouille (*appliqué sous forme d'une pellicule aisément détachable*).

stripped engine : moteur *m.* nu (*sans accessoires, sans auxiliaires*).

stripped gas : gaz *m.* rectifié, désessencié.

stripper : 1/ garniture *f.* d'étanchéité (*pour la manœuvre d'un tubing sous pression*) ; 2/ puits *m.* marginal (*voir stripper well*) ; 3/ déboiseur *m.* (*mines*), excavateur *m.*, pelle *f.* mécanique (*de découverte*) ; 4/ rectificateur *m.*, deflegmateur *m.* (*voir dephlegmator*), purgeur *m.*, épuiseur *m.*, dégazolineur *m.*, colonne *f.* de fractionnement (*généralement en liaison avec un procédé d'adsorption* ; voir *stripping tower*), revaporiseur *m.* (*appareil dans lequel on débarrasse un mélange complexe des constituants légers dont la présence est indésirable* ; voir aussi *stripping tower*).

stripper well or **stripper** : puits *m.* marginal (*dont la production est inférieure à 500 t par an et dont le débit est libre de toute limitation aux États-Unis*).

stripping : 1/ rectification *f.*, extraction *f.* (*revaporisation, généralement à la vapeur d'eau, des fractions pétrolières pour en réduire la teneur en produits trop volatils et ajuster leur point* *d'inflammabilité*; voir *stripper* 4/), lavage *m.*; 2/ enlèvement *m.*, entraînement *m.*, épuisement *m.*, dépouillement *m.*; 3/ démoulage *m.* (*métallurgie*); 4/ découverture *f.* (*enlèvement des terrains de couverture*), dépilage *m.* (*mines*).

stripping tower or **stripper** : tour *f.* de rectification, rectificateur *m.* Voir aussi *side stripper.*

strip test : essai *m.* de stabilité des huiles minérales pures ou détergentes pour moteurs (*effectué au moyen de l'appareil de McKee; 150 g de l'échantillon à essayer circulent pendant 12 h sur une lame d'acier inclinée de 15° et chauffée à 250 °C, dans un courant d'air; à la fin de l'essai on examine l'état de propreté de la lame et l'on détermine la viscosité, le résidu Conradson, les cendres, l'acidité, etc. de l'échantillon*).

strobelight : lumière *f.* stroboscopique.

stroke : coup *m.*, amplitude *f.*, course *f.* (*d'un piston, etc.*).

strokes per minute : nombre *m.* de coups de piston par minute (*pompes alternatives et moteurs à piston*).

strong acid number or **SAN** : voir *neutralization number.*

strong base number or **SBN** : voir *neutralization rumber.*

strontium-base grease : graisse *f.* au strontium (*à base de savon de strontium; graisse combinant les qualités des graisses à la chaux et à la soude et résistant aux changements de température et à l'eau*).

structure : 1/ structure *f.* (*désigne en particulier un piège pétrolier quelconque résultant de la déformation des couches géologiques*); 2/ superstructure *f.* (*ensemble de charpentes, d'escaliers, de plate-formes, etc. donnant accès aux divers niveaux d'une installation*).

strum : crépine *f.* (*de pompe, etc.*).

strut : contre-fiche *f.*, jambe de force *f.*, pilier *m.*, étrésillon *m.*, entretoise *f.*

stub : tronçon *m.*, ergot *m.*

stubbed : émoussé, tronqué, ayant la pointe usée.

stubbing : raboutage *m.* (*opération de rénovation des masses-tiges usées que l'on remet aux dimensions normalisées par coupe des extrémités et apport d'embouts neufs*).

stub line : piquage *m.* (*conduite auxiliaire branchée sur une conduite préexistante*).

stuck drill pipe : tige *f.* de forage coincée, bloquée (*dont, par suite d'incident, la descente, la remontée ou la rotation sont impossibles*).

stuck ring or **hot-stuck ring** : segment *m.* complètement gommé (*sur un piston*).

stud : goujon *m.* fileté, picot *m.*, plot *m.* (*de contact*), poteau *m.*, montant *m.*, tenon *m.*, tourillon *m.*, entretoise *f.*, boulon *m.*

stud bolt : goujon *m.* prisonnier, boulon *m.* à tige entièrement filetée.

studded : 1/ clouté, garni de clous (*se dit, par exemple, des pneumatiques d'une automobile*); 2/ goujonné (*assemblé à l'aide de goujons*).

stud tube : tube *m.* à picots (*tube de four hérissé de picots disposés régulièrement en vue d'augmenter la surface d'échange de chaleur*).

stud wheel : roue *f.* intermédiaire.

stuff : 1/ substance *f.*, matière *f.*, matériel *m.*; 2/ gangue *f.*; 3/ pâte *f.* à papier; 4/ redevance *f.*

stuffing box : 1/ presse-étoupe *m.*, boîte *f.* à étoupe, boîte à bourrage; 2/ support *m.* de la tige polie constituant le pied de la colonne de production (voir *stinger* 2/).

Styrene-Butadiene Rubber or **SBR** : voir *Government Rubber-Styrene.*

STV : abréviation de *Standard Tar Viscometer.* Voir ce terme.

subarea : zone *f.* d'exploration, comprise à l'intérieur d'un permis de recherches (*protégée par des dispositions contractuelles relatives à la clause de sole risk*). Voir *sole risk clause.*

submerged pump or **submersible pump** : pompe *f.* submersible, pompe noyée, pompe immergée.

submersible drilling plateform : plate-forme *f.* de forage submersible (*reposant sur le fond quand elle est en opération*).

submersible pump : voir *submerged pump.*

subsea hose bundle : tuyaux *m.* et câbles *m.* de commande des obturateurs et du connecteur (*d'une tête de puits sous-marine, rassemblés en faisceau dans une même gaine flexible*).

subsidence : subsidence *f.* (*affaissement lent et continu d'un bassin sédimentaire, s'accompagnant d'une accumulation progressive de dépôts*).

substitute : 1/ succédané *m.*, produit *m.* de remplacement, produit de substitution, ersatz *m.*; 2/ remplaçant *m.*

substitute natural gas or **SNG** : gaz *m.* naturel de substitution (*obtenu par gazéification du charbon ou d'hydrocarbures ou encore par transformation de la biomasse*). Voir *biomass.*

substructure : infrastructure *f.* (*notamment celle sur laquelle sont installés la tour de forage, les moteurs et le treuil*).

subsurface pump : pompe *f.* de fond.

subzero engine oil : huile *f.* moteur dont le point d'écoulement est de – 65 °F, soit – 54 °C (*pour moteurs d'avions*).

subzero gear oil : huile *f.* pour engrenage dont le point d'écoulement est – 65 °F, soit – 54 °C (*utilisée en aviation*).

succinimide : succinimide *f.* (*additif dispersif sans cendres pour huiles moteurs, mis au point par Oronite et Lubrizol en 1958*).

sucker rod : tige *f.* de pompage (*actionnant une pompe de fond*).

sucker rod elevator : élévateur *m.* de tiges de pompage.

suction : aspiration *f.*, succion *f.*

suction flask : fiole *f.* à faire le vide (*verrerie de laboratoire*).

suction head or **suction height** or **suction lift** : hauteur *f.* d'aspiration. Voir *net positive suction head*.

suction pump : pompe *f.* aspirante, pompe à vide.

suction rose : voir *rose pipe*.

suds : 1/ mousse *f.* ; 2/ émulsion *f.* (*d'une huile soluble ou d'une pâte de tréfilage dans l'eau*) ; 3/ solution *f.* savonneuse, lessive *f.* (*moussante*).

suet oil : voir *tallow oil*.

suint oil : voir *degras*.

suitcase rock : roche *f.* stérile (*qui marque la fin du forage ; argot des foreurs américains désignant un forage sec à la fin duquel il n'y a plus qu'à « faire la valise » et changer d'emplacement*).

sulfated residue : résidu *m.* sulfaté (*déterminé sur les lubrifiants dopés ou sur les concentrés d'additifs, selon la norme ASTM D 874, ou sur les huiles pour moteurs non dopées, selon la norme ASTM D 810*).

Sulfinol process : procédé *m.* éliminant des gaz le bioxyde de carbone et l'hydrogène sulfuré (*par absorption au moyen d'une solution aqueuse d'amine de sulfolane. – Shell Dev. Co.*).

sulfochlorinated oils : huiles *f.* sulfochlorées (*pour le travail des métaux*).

sulfolane : sulfolane *m.* ou tétraméthylène sulfone *m.*, (CH₂)₄SO₂ (*produit dérivé du butadiène et utilisé comme solvant en raffinage et en pétrochimie*).

Sulfolane extraction process : procédé *m.* d'extraction au sulfolane (*permettant la séparation des benzène, toluène et xylènes des reformats*

catalytiques et des produits de vapocraquage. – Shell Dev. Co.*).

sulfonated castor oil : huile *f.* de ricin sulfonée.

sulfonic acid : acide *m.* sulfonique (*contenant le groupe SO₂OH ; obtenu par le traitement acide des huiles ; voir brown acids, green acids*).

sulfur-asphalt pavement : revêtement *m.* routier composé de bitume et de soufre (*30 à 50 %*).

sulfur-chlorine-lead lubricant or **SCL lubricant** : huile *f.* contenant du soufre, du phosphore, du chlore et du naphténate de plomb (*utilisée pour le graissage d'engrenages*).

sulfur dioxide solvent extraction or **sulfur dioxide refining process** : voir *Edeleanu process*.

sulfuretted hydrogen : voir *hydrogen sulfide*.

sulfuric acid alkylation : alcoylation *f.* à l'acide sulfurique (*combinant les oléfines à trois, quatre et cinq atomes de carbone à l'isobutane en vue d'obtenir des hydrocarbures liquides à indice d'octane élevé*).

sulfuric acid treating : voir *acid refining*.

sulfurized oils or **sulfurized cutting oils** : huiles *f.* minérales soufrées (*huiles de coupe contenant 0,1 à 2 % de soufre*).

sulfurized sperm oil : huile *f.* de spermaceti soufrée.

sulfur oxides : oxydes *m.* de soufre (*anhydre sulfureux, SO₂, et anhydride sulfurique, SO₃, provenant de la combustion de la houille et des produits du pétrole et constituant les principaux agents de pollution atmosphérique*).

sulfur test : essai *m.* de détermination de la teneur en soufre des produits pétroliers (*l'essai se fait généralement par combustion et selon différentes méthodes : 1/ méthode rapide au four à induction, d'après les normes ASTM D 1522, AFNOR M 07-025 ; 2/ méthode à la lampe, selon les normes ASTM D 1266, AFNOR M 07-031 et, pour les gaz liquéfiés, ASTM D 1266, AFNOR M 41-001 ; 3/ méthode au tube de quartz, pour les produits peu volatils, d'après les normes Standard Method IP 63 et AFNOR T 60-108 ; 4/ méthode à la bombe, selon les normes ASTM D 129, AFNOR T 60-109*).

summer grade gasoline : essence *f.* pour utilisation en été.

summer grade LP gas : gaz *m.* de pétrole liquéfié, contenant un pourcentage élevé de butane, (*pour utilisation en été*).

sump : 1/ siphon *m.*, puisard *m.* ; 2/ bassin *m.* à boue ; 3/ fond *m.* de carter, bac *m.* de vidange, collecteur *m.* de purges, fosse *f.*

sump pump : pompe *f.* submergée, pompe d'assèchement.

sump tank : réservoir *m.* de vidange, réservoir de dépôt.

sunbleached oil : huile *f.* blanchie au soleil.

sun checking : oxydation *f.* superficielle (*d'un vulcanisat*) par exposition au soleil.

sunflower-seed oil : huile *f.* de graines de tournesol (*huile végétale, demi-siccative*).

sun gear : solaire *m.*, pignon *m.* principal (*d'un train différentiel*).

sun test : essai *m.* de stabilité de la couleur d'une huile exposée au soleil.

supercharged motor : moteur *m.* à combustion interne suralimenté (*à l'aide d'un compresseur centrifuge ou rotatif couplé généralement à une turbine actionnée par les gaz d'échappement*).

Supercharge method or **CRC method F-4** or **For-4 method CRC** or **octane F-4 method** : méthode *f.* Supercharge, méthode F-4 (*méthode établie par le Coordinating Research Council pour déterminer l'indice d'octane des essences aviation supérieur à 85 ; l'essai se fait sur moteur ASTM-CFR fonctionnant dans les conditions suivantes : régime, 1800 ± 45 tours/min ; alimentation par injection ; température de l'air aspiré, 107 °C ; avance à l'allumage, 45 ° ; température du liquide de refroidissement, 190 °C ; taux de compression, 7 ; détection acoustique de la détonation ; refroidissement par glycol éthylénique ; cf. ASTM D 909*).

superfinishing : superfinition *f.* (*opération qui consiste, sur une surface métallique usinée jusqu'au fini, à faire disparaître la couche superficielle de métal amorphe décarburé résultant de l'action de l'outil*).

superheated steam : vapeur *f.* surchauffée.

superheater : surchauffeur *m.*, purgeur *m.* (*pour vapeur surchauffée*).

superheating : voir *overheating.*

superior lubricants (Series 2) : huiles *f.* détergentes pour moteurs diesel (*préconisées par Caterpillar Tractor Co.*) ; voir *Supplement 2 grade treatment.*

superior lubricants (Series 3) : huiles *f.* détergentes pour moteur diesel (*répondant à l'essai Caterpillar 1-G high speed supercharged engine test ; les huiles homologuées Series 3 répondent aux spécifications MIL-L-45199 A ou B*).

super motor oil : voir *long-distance oil.*

superpremium grade gasoline : supercarburant *m.*

superpremium motor oil : voir *long-distance oil.*

superrefined : voir *overrefined.*

supertanker : pétrolier *m.* géant, superpétrolier *m.*

Supplement 1 grade treatment : dopage *m.* d'une huile pour moteur satisfaisant à la Supplementary List No. 1 de la spécification US Army 2-104 B, aujourd'hui périmée (*les huiles destinées à un usage sévère doivent répondre à l'essai engine test L-1 modifié, avec utilisation de gazole dont la teneur en soufre est de 1 ± 0,05 % en poids*).

Supplement 2 grade treatment : dopage *m.* d'une huile pour moteur satisfaisant à la Supplementary List n° 2 de la spécification US Army 2-104 B, aujourd'hui périmée (*ces huiles, destinées à un usage sévère, sont classées parmi les Caterpillar superior lubricants (Series 2) et elles doivent répondre à l'essai Caterpillar 1-D supercharged engine test*).

supply : fourniture *f.*, alimentation *f.* (*en énergie, en électricité, en eau, etc.*), approvisionnement *m.*

supply boat : voir *supply vessel.*

supplying : avitaillement *m.* (*d'un navire*).

supply pressure : pression *f.* d'alimentation.

supply vessel or **supply boat** or **supply ship** : ravitailleur *m.*, navire *m.* ou bateau *m.* de service, de soutien, de ravitaillement (*ravitaillant, par exemple, les plates-formes de forage en mer*).

surface active agent : voir *surfactant.*

surface contour : courbe *f.* hypsométrique, courbe de niveau.

surface course or **asphalt surface course** : couche *f.* supérieure d'une chaussée (*constituée par deux applications successives de produits bitumineux et d'agrégats*).

surface ignition : auto-allumage *m.* par points chauds (*dû à un ou plusieurs points incandescents dans la chambre de combustion d'un moteur à explosion*).

surface tension test or **ring method** : essai *m.* de tension superficielle (*essai d'oxydation des huiles pour turbines ou pour transformateurs réalisé avec le tensiomètre Cenco-du Nouy, appareil constitué par un anneau de fil de platine qui est déplacé à travers la surface de séparation eau-huile : la tension du fil, mesurée en dyn/cm, est notée au moment où ce fil se détache de l'interface ; voir interfacial tension*).

surfactant or **surface active agent** : surfactif *m.* (*tout composé qui, dissout dans l'eau, réduit les tensions superficielle et interfaciale. Il en existe 3 catégories : les détergents, les agents de mouillage et les émulsifiants. Les savons sont des surfactifs de plus en plus remplacés par des dérivés de produits pétroliers*).

surge : 1/ surtension *f.*, saute *f.* de pression, d'intensité, courant *m.* transitoire anormal, coup *m.* de fouet, coup de bélier (*dans une conduite*), à-coup *m.*, galopage *m.* (*d'un moteur*) ; 2/ houle *f.*, cavalement *m.*, débattement *m.* aux vagues, débattement *m.* longitudinal.

surge damper : amortisseur *m.* de surpression, régulateur *m.* (*de pression*).

surge drum or **surge tank** : réservoir *m.* tampon, réservoir de charge, vase *m.* ou réservoir d'expansion, réservoir amortisseur, réservoir intermédiaire.

surging : voir *head flow*.

survey : 1/ levé *m.* topographique ; 2/ étude *f.*, campagne *f.* (*sismique, par exemple*) ; 3/ expertise *f.*, inspection *f.*, visite *f.*, revue *f.*

survey stake or **surveyor's stake** : jalon *m.* de topographe (*tige métallique ou de bois peinte de bandes alternativement blanches et rouges et servant à prendre des alignements*).

SUS : abréviation de *Saybolt Universal Seconds.* Voir *conventional viscosity, Saybolt Universal viscosity.*

Suspensoid catalytic cracking : procédé *m.* de craquage intermédiaire entre le craquage thermique et le craquage catalytique (*le catalyseur, constitué par une terre décolorante usée provenant du traitement des lubrifiants, est mélangé à la charge à raison de 6 à 30 kg par tonne, avant passage dans les tubes d'un four où se produisent les réactions ; il est séparé par filtration du résidu du fractionnement des produits et n'est pas réutilisé. − Imperial Oil Co.*).

SUV : abréviation de *Saybolt Universal Viscosity.* Voir ce terme.

swab : 1/ piston *m.* (*pour pistonnage dans un puits* ; voir *swabbing*) ; 2/ brosse *f.* métallique, hérisson *m.* (*pour nettoyer l'intérieur d'une conduite, d'un tube, etc.*).

swabbing : pistonnage *m.* (*opération consistant à alléger par des moyens mécaniques − pistons − la pression dans un tubage ou une colonne de production*).

swage or **swedge** : étampe *f.* (*servant en particulier à réduire le diamètre d'un tube à son extrémité*).

swage nipple or **swedge nipple** : raccord *m.* double mâle (*de dimensions différentes à ses deux extrémités*).

swaging or **swedging** : étampage *m.*, emboutissage *m.*

swamp : marais *m.*, marécage *m.*, terrain *m.* vaseux.

swarf : 1/ boue *f.* de meule, boue d'émoulage ; 2/ limaille *f.*, copeaux *m.*, riblons *m.* (*déchets d'acier ou de fer au cours du travail ou de l'usinage*).

sway brace : cornière *f.* de renforcement, entretoise *f.* de contreventement.

sweated wax : paraffine *f.* ressuée, paraffine déshuilée.

sweater : bac *m.* pour le ressuage et le déshuilage de la paraffine.

sweating : 1/ ressuage *m.*, déshuilage *m.* (*de la paraffine*) ; 2/ formation *f.* d'une rosée de condensation de vapeur d'eau (*sur les parois internes d'un réservoir*) ; 3/ liquidation *f.* (*séparation d'un solide à partir d'un mélange liquéfié dont il n'est que l'un des constituants ; ce terme s'emploie, en particulier, à propos de la solidification des roches magmatiques*).

sweat oil : huile *f.* obtenue par ressuage de la paraffine.

swedge : voir *swage.*

swedge nipple : voir *swage nipple.*

swedging : voir *swaging.*

sweep : balayage *m.*, déplacement *m.* du brut (*vers les puits de production par injection d'eau dans le gisement*).

sweeping : 1/ déchet *m.*, crasse *f.*, balayure *f.*, balayage *m.* ; 2/ ramonage *m.* (*d'une cheminée*) ; 3/ déplacement *m.* des méandres (*d'un cours d'eau*).

sweet : doux (*exempt de composés soufrés*), non grisouteux.

sweet crude : pétrole *m.* brut peu sulfuré, non corrosif.

sweet gas : gaz *m.* peu corrosif (*sans odeur sulfurée*).

sweet gasoline : essence *f.* douce, essence adoucie (*exempte de mercaptans* ; voir *sweetening*).

sweeting or **sweeting treatment** : traitement *m.* adoucissant (*raffinage des essences consistant à en éliminer les composés sulfurés, ou mercaptans, indésirables par leur odeur ou leur corrosivité ; quatre méthodes ont été successivement mises au point : 1/ oxydation des mercaptans en disulfures organiques peu nocifs, grâce à un réactif comme l'hypochlorite ou le plombite de soude, le chlorure de cuivre, etc. ; 2/ extraction des mercaptans par la soude caustique additionnée d'un solutizer − voir ce terme −, comme le tanin, les phénols, les crésols ;*

3/ *oxydation catalytique en présence d'air* – *voir* Merox process ; 4/ *hydrodésulfuration catalytique en phase vapeur*).

sweet oil : 1/ huile *f.* à basse teneur en soufre ; 2/ huile d'olive, de colza ou de navette.

sweet running : fonctionnement *m.* régulier, sans à-coup (*d'une machine*).

swelling : gonflement *m.*, renflement *m.*

swelling shale : argile *f.* gonflante (*au contact d'une boue de forage à forte teneur en eau libre, provoquant des montées de pression au cours de la circulation, d'où coincement des tiges ou perte de la circulation*).

swill (to) : laver à grande eau, rincer.

swilling tank : réservoir *m.* de lavage.

swing : 1/ balancement *m.*, rotation *f.*, orientation *f.*, oscillation *f.*, va-et-vient *m.* (*d'un pendule par exemple*) ; 2/ amplitude *f.* (*d'une oscillation*) ; 3/ renvoi *m.* de tige.

swing joint : genouillère *f.* (1/ *joint articulé placé sur le train de sonde pour permettre la déviation d'un forage ; 2/ joint articulé disposé sur la pipe intérieure d'aspiration d'un réservoir et permettant le prélèvement à différents niveaux*).

swing reactor : réacteur *m.* de réserve (*dans certaines unités catalytiques à lit fixe ; la régénération est conduite sans arrêt de l'unité en permutant les divers réacteurs dont l'un est en régénération ou en attente de service*).

swirl : brassage *m.* (*par tourbillonnage*), turbulence *f.*, tourbillon m.

switch : interrupteur *m.*, commutateur *m.*, contacteur *m.*, disjoncteur *m.*

switchboard : tableau *m.* de distribution, panneau *m.* de commande, standard *m.* téléphonique.

switch off (to) : ouvrir un circuit électrique, couper le courant.

switch oil : huile *f.* isolante pour commutateurs électriques.

switch on (to) : fermer un circuit électrique, brancher, mettre en circuit, mettre le contact, enclencher.

swivel : 1/ rotule *f.*, pivot *m.*, émerillon *m.* ; 2/ tête *f.* d'injection (*suspendue au crochet, vissée au sommet de la tige carrée, le train de tiges lui est suspendu ; elle permet le mouvement de rotation des tiges de forage en même temps que l'injection de la boue dans le puits*).

swivel hook : crochet *m.* tournant (*servant à suspendre la tête d'injection au crochet de levage*). Voir *swivel.*

swivel pin : voir *kingpin.*

synchromesh : synchroniseur *m.* (*dispositif de certaines boîtes de vitesses facilitant l'accouplement des engrenages animés de vitesses différentes*).

synchromesh transmission : boîte *f.* de vitesses synchronisée.

syncline : synclinal *m.* (*partie déprimée d'un pli simple, encadrée de part et d'autre par un anticlinal*). Voir aussi *anticline.*

syncrude : contraction de *synthetic crude.* Voir ce terme.

syndet : contraction de *synthetic detergent.* Voir ce terme.

syndiotactic polymer : polymère *f.* syndiotactique (*dans lequel les radicaux caractéristiques du monomère et extérieurs à la chaîne principale sont disposés alternativement de part et d'autre du plan de cette chaîne*) ; voir aussi *stereospecific polymer.*

syneresis : synérèse *f.*, exsudation *f.* d'huile (*séparation de l'huile d'une graisse en cours de stockage*).

synergia or **synergy** : synergie *f.* (*action combinée de plusieurs substances dont l'effet total est supérieur à la somme des actions individuelles ; c'est le cas, par exemple, des additifs, des polluants, etc.*).

synergist : additif *m.* à action synergique (*dope utilisé en quantité minime et associé à d'autres dont il augmente les effets*).

synergy : voir *synergia.*

syngas : contraction de *synthetic gas.* Voir ce terme.

synlube : contraction de *synthetic lubricant.* Voir ce terme.

syntactic foam : mousse *f.* syntactique.

synthetic crude or **syncrude** : pétrole *m.* de synthèse, pétrole synthétique.

synthetic detergent or **syndet** : détergent *m.* de synthèse, détergent synthétique.

synthetic gas or **syngas** : gaz *m.* de synthèse (*obtenu par transformation de produits pétroliers ou du charbon*).

synthetic lubricant or **synlube** : lubrifiant *m.* de synthèse (*spécialement mis au point pour l'emploi dans des conditions extrêmes de température ; ce sont des polybutènes, diesters, polyglycols, hydrocarbures chlorés, chlorofluorocarbures, esters phosphoriques, disiloxanes, silicones, etc.*).

synthetic natural gas or **SNG** : gaz *m.* naturel de synthèse. Voir *substitute natural gas.*

synthetic resin : résine *f.* synthétique (*terme général s'appliquant à de très nombreux produits pétrochimiques, principalement utilisés pour le moulage d'objets divers ; cette dénomination s'applique également aux résines échangeuses d'ions, utilisées comme agents d'épuration et de déminéralisation des eaux*).

syringe : seringue *f.*

T

T : symbole de *téra*. Voir ce terme.

T 2 : type *m.* de navire pétrolier construit en grande série pendant la Seconde Guerre mondiale (*port en lourd : 16 000 t ; vitesse : 14,5 nœuds*).

T 2 equivalent : unité *f.* de capacité de transport maritime équivalent à un port en lourd de 16 000 t.

tacheometer : 1/ tachéomètre *m.* (*instrument de topométrie destiné au levé des plans par la méthode du cheminement décliné et aux mesures des altitudes*) ; 2/ tachymètre *m. ;* voir *tachometer.*

tachometer or **revolution counter** : compte-tours *m.*, indicateur *m.* de vitesse, tachymètre *m.* (*appareil indiquant en permanence la vitesse, généralement en nombre de tours par minute, de la machine sur laquelle il est monté*).

tachymeter : 1/ tachéomètre *m.* (voir *tacheometer* 1/) ; 2/ tachymètre *m.* (voir *tachometer*).

tacit : tacit, implicite, présumé.

tacit mortgage : hypothèque *f.* légale.

tack : 1/ petit clou *m.*, semence *f.* ; 2/ attache *f.*, boucle *f.*, fermoir *m.* ; 3/ point *m.* de soudure ; 4/ aptitude *f.* à l'adhésivité.

tackiness agent or **stay-put agent** : additif *m.* d'adhésivité (*polymère d'hydrocarbure saturé, à poids moléculaire élevé, ajouté à l'huile dans des pourcentages de 1 à 5 % en poids pour combattre les égouttures*).

tackle : palan *m.*, moufle *f.*, treuil *m.*, poulie *f.*

tack weld : soudure *f.* de pointage.

tack welding : soudage *m.* par points de pointage.

tacky grease : graisse *f.* adhésive, graisse filante.

TAF : abréviation de *transaxle fluid.* Voir ce terme.

tag : étiquette *f.*, bout *m.*, attache *f.*, marque *f.* (*aux isotopes radioactifs*), étiquette *f.* (*autocollante ou métallique appliquée sur une machine et en préconisant les lubrifiants*).

tag (to) : marquer (*par radio-éléments*).

Tag CC method : abréviation de *Tagliabue closed-cup method.* Voir ce terme.

tagged : voir *labeled.*

tagging : marquage *m.* (*d'une production pétrolière*).

Tagliabue closed-cup method or **Tag CC method** or **Tagliabue closed-flash tester method** : méthode *f.* de détermination du point éclair des liquides inférieur à 175 ºF (79 ºC), à l'aide de l'appareil en vase clos de Tagliabue (*cf. ASTM D 56*).

Tagliabue open-cup method or **Tag OC method** or **Tag open-cup tester method** : méthode *f.* de détermination du point éclair des liquides inférieur à 175 ºF (79 ºC), à l'aide de l'appareil à vase ouvert de Tagliabue (*cf. ASTM D 1310*).

Tag-Robinson colorimeter : colorimètre *m.* Tag-Robinson (*servant jadis à déterminer la couleur des lubrifiants par comparaison avec une échelle de couleurs étalons*).

Tag-Union ASTM-NPA colorimeter : voir *Union colorimeter* et *National Petroleum Association color numbers.*

tail : 1/ limitation *f.*, restriction *f.* ; 2/ voir *end product.*

tail (to) : limiter, restreindre (*en particulier la production*).

tail gas : 1/ gaz *m.* résiduaires de raffinerie (*méthane, éthane, éthylène, etc.*), gaz de queue ; 2/ gaz d'échappement.

tailgate : porte *f.* à rabattement arrière (*d'un véhicule utilitaire*).

tail house : voir *receiving house.*

tailing-in work : finissage *m.* d'un puits (*derniers préparatifs en vue de la mise en production*).

tailing : produits *m.* de queue, résidus *m.*, produits de fond.

tail out rods (to) : équeuter les tiges de pompage (*enlever les extrémités de ces tiges lors du démontage d'une pompe*).

tail pipe : 1/ tuyau *m.* d'échappement, tuyau de décharge ; 2/ tube-queue *m.* (*élément tubulaire servant de béquille d'appui dans un train d'essai de couches en trou nu*) ; 3/ premiers éléments *m.* d'un train de tubing au fond d'un puits productif ; 4/ tube *m.* de queue (*d'un condenseur barométrique*) ; voir aussi *still pipe.*

tail product : voir *end product.*

tail rod : tige *f.* de piston prolongée, contre-tige *f.* (*faisant saillie au-dessus de la culasse et servant de guide au piston sur les gros moteurs*).

tainted with : entaché (*d'un défaut, d'une erreur, etc.*).

take back (to) : 1/ reprendre, retirer ; 2/ révoquer.

take-down : démontage *m.*

take down (to) : 1/ démonter ; 2/ consigner par écrit.

takeoff connection : raccord *m.* de prélèvement, réseau *m.* d'échantillonnage.

takeoff power : voir *power takeoff.*

take-or-pay clause : clause *f.* par laquelle l'acheteur s'engage à payer, qu'il se fasse livrer ou non, la somme correspondant à la livraison d'une quantité minimale de gaz spécifiée dans le contrat.

take over (to) : 1/ reprendre, prendre la suite, prendre en charge ; 2/ réceptionner.

tall oil : tall-oil *f.* (*extrait de résine de pin scandinave utilisé comme agent saponifiant ou émulsifiant dans la préparation d'émulsions bitumineuses et dans la fabrication de certaines boues de forage*).

tallow oil or **suet oil** or **oleo oil** : huile *f.* de suif (*huile animale, non siccative, extraite des ovins et des bovins, utilisée en mélange avec des huiles minérales pour le graissage des cylindres de machines à vapeur*).

tally clerk : pointeur *m.*, contrôleur *m.* (*en particulier lors de la réception d'une livraison*).

tallying : pointage *m.*, contrôle *m.*, étiquetage *m.*, comptage *m.* (*de marchandises*).

talus : talus *m.*, pente *f.* d'éboulis. Voir aussi *slope.*

tamper : 1/ bourroir *m.* (*mine*), fouloir *m.*, dame *f.*, refouloir *m.* ; 2/ retardateur *m.*, réflecteur *m.*

tampering : altération *f.*, falsification *f.*, spoliation *f.*

TAN : abréviation de *total acid number.* Voir *neutralization number.*

TAN-C : abréviation de *total acid number by color indicator titration.* Voir *neutralization number.*

T & TP : abréviation de *Tube and Tank Process.* Voir ce terme.

TAN-E : abréviation de *total acid number by electrometric titration.* Voir *neutralization number.*

tangible assets : valeurs *f.* matérielles.

tangible costs : investissements *m.* récupérables (*se rapporte aux biens corporels utilisés à l'occasion du forage d'un puits et de sa complétion et qui conservent une valeur de récupération*).

tangible property : biens *m.* corporels.

tank : réservoir *m.*, citerne *f.*, récipient *m.*, cuve *f.* Voir aussi *container* 1/.

tankage : 1/ mise *f.* en réservoir, opération *f.* de stockage en réservoir ; 2/ contenance *f.* (*d'un réservoir*) ; 3/ frais *m.* de stockage (*en réservoir*).

tank battery : batterie *f.* de réservoirs.

tank bottom : fond *m.*, partie *f.* inférieure d'un réservoir.

tank bottoms : résidus *m.* de stockage (*rassemblés au fond d'un réservoir et mélangés avec de l'eau, de la paraffine et des sédiments variés*).

tank car : voir *road tank car.*

tank dome : dôme *m.* d'un réservoir (*sommet d'un réservoir par où se font les opérations de jaugeage et, dans le cas de camions-citernes et de wagons-citernes, le remplissage*).

tanker : 1/ pétrolier *m.*, navire *m.* pétrolier, navire-citerne *m.* ; 2/ camion-citerne *m.* (*emploi rare*).

Tanker Nominal Freight Scale : voir *Scale rate.*

tank farm : parc *m.* de stockage, parc à réservoirs, dépôts *m.* d'hydrocarbures.

tankful : plein réservoir *m.*

tank strapper : voir *strapper.*

tank strapping : voir *strapping.*

tank sump : vidange *f.* de réservoir (*cuvette ménagée au fond d'un réservoir pour en faciliter la vidange*).

tank table or **gage table** or **gauge table** or **loading table** : barème *m.*, table *f.* de jaugeage, table d'épalement (*permettant de connaître le volume du liquide contenu dans un réservoir d'après son niveau*).

tank truck : camion-citerne *m.*

tank wagon : wagon-citerne *m.*

tanner oil : voir *leather oil.*

Tannin solutizer : procédé *m.* de raffinage des essences (*éliminant les mercaptans à l'aide d'une solution de soude caustique renforcée avec des acides gras, propionique et butyrique, et des* alkylphénols ; les mercaptans extraits sont oxydés catalytiquement en présence de tannin et déposés par sédimentation). Voir Solutizer.

tanning : tannage m. (des cuirs et peaux).

tantamount to : équivalent à.

tap : 1/ robinet m. ; 2/ branchement m., piquage m., dérivation f., prise f. intermédiaire ; 3/ taraud m.

tape : 1/ ruban m., bande f. ; 2/ voir magnetic tape.

tapeline or **tapemeasure** : mètre m. à ruban.

taper : conicité f., rétrécissement m., cône m., conique m.

tapered : conique, effilé, restreint.

tapered roller bearing : voir taper roller bearing.

tapered string of drill pipe : garniture f. composite (train de tiges de forage de plusieurs diamètres).

tapered thread : filetage m. conique.

tapering system : système m. de prêt à taux dégressif.

taper roller bearing or **tapered roller bearing** : roulement m. à galets coniques.

taper tap : taraud m. de repêchage (des tiges ou masses-tiges dans un puits en instrumentation).

tap funnel : entonnoir m. à robinet.

tappet : poussoir m., came f., taquet m.

tapping : 1/ tirage m., soutirage m. ; 2/ taraudage m.

tap (to) : 1/ tirer, soutirer ; 2/ tarauder.

tap water : eau f. courante, eau f. du robinet.

tar : goudron m., brai m. (résidu pâteux de la distillation de la houille ou du pétrole).

tar acids or **dip oils** : huiles f. de goudron acides.

tar board : voir tarred board.

tariff : tarif m.

tariff law : loi f. tarifaire (barème fiscal par exemple).

tariff wall : barrière f. douanière.

tarmac or **tarmacadam** : 1/ tarmacadam m. (matériau destiné au revêtement de chaussées et composé de pierre cassée enrobée dans une émulsion de goudron) ; 2/ piste f. d'envol, aire f. d'embarquement ou de parking (revêtue de tarmacadam).

tarnish : ternissage m., ternissement m. (réduction du brillant d'un film de peinture ou de vernis).

tar oil : huile f. de goudron.

tarpaulin or **tarp** : toile f. cirée, prélart m., bâche f.

tarred board or **tar board** : carton m. goudronné, carton bitumé.

tar remover : dégoudronneur m. (produit dissolvant les taches de goudron sur la carrosserie d'un véhicule).

tarring : goudronnage m.

tarry : goudronneux, poisseux.

tarry-smelling : odeur f. de goudron, odeur empyreumatique.

tar sand : sable m. asphaltique, sable bitumineux (par exemple, gisements de l'Athabasca, au Canada, de l'Orénoque, au Venezuela).

tar sprayer or **tar-spraying car** or **tar sprinkler** : véhicule m. épandeur de goudron, goudronneuse f.

taskmaster : surveillant m. de travaux.

tasteless : sans saveur, sans goût, insipide.

tattletale : voir holiday detector.

taut wire inclinometer : inclinomètre m. à fil tendu.

taxation by origin : taxation f. douanière selon l'origine de la marchandise (s'appliquant en particulier aux hydrocarbures).

tax paid cost : coût m. de production taxes comprises.

TBA : abréviation de tertiary butyl alcohol. Voir ce terme.

TBA shop : abréviation de tires, batteries and accessories shop. Voir ce terme.

TBN : abréviation de total base number. Voir ce terme ; voir aussi neutralization number.

TBP : abréviation de true boiling point. Voir ce terme.

Tcal : symbole de teracalorie. Voir ce terme.

TCC : abréviation de Thermofor catalytic cracking. Voir ce terme.

TCP : abréviation de tricresyl phosphate. Voir ce terme.

TCR : abréviation de Thermofor catalytic reforming. Voir ce terme.

TD : abréviation de *total depth.* Voir ce terme.

TDC : abréviation de *top dead center.* Voir ce terme.

tear : 1/ déchirement *m.*, déchirure *f.*, rupture *f.* ; voir aussi *normal wear and tear* ; 2/ grand train *m.*, grande allure *f.*

tearaway test : essai *m.* sur moteur avec accélération maximale répétée.

tearing down or **tear-down** : démontage *m.* (*d'une installation de forage, d'un moteur, etc.*), démolition *f.*

teaser : voir *stinker.*

Tecalemit : técalémit *m.* (*dénomination commerciale d'un dispositif de graissage sous pression des articulations d'une machine ou d'un véhicule, comportant un graisseur, vissé sur l'articulation, sur lequel on adapte une pompe à graisse*).

technical grade hydrocarbon : hydrocarbure *m.* techniquement pur (*95% en moyenne*).

technical grade white oil : huile *f.* blanche technique.

tectonics : tectonique *f.* (*partie des sciences géologiques étudiant la structuration et les déformations des terrains sous l'effet des forces internes, postérieurement à leur mise en place*).

tee : té *m.*, raccord *m.* en T (*pour tuyauterie*).

teflon : voir *polytetrafluoroethylene.*

TEL : abréviation de *tetraethyl lead.* Voir ce terme.

telemetering : télémesure *f.* (*procédé permettant, par la transmission de signaux électriques, de connaître à distance l'indication d'un appareil de mesure*).

telemotor : télémoteur *m.* (*appareil hydraulique de commande à distance du servo-moteur et du gouvernail d'un navire*).

TELMEL : contraction de TEL (*tetraethyl lead*) et TML (*tetramethyl lead*) ; antidétonant pour essences (*mélange de plomb tétraéthyle et de plomb tétraméthyle*).

telltale : indicateur *m.*, jauge *f.*, contrôleur *m.* de niveau, compteur *m.*

telluric currents : courants *m.* telluriques (*courants électriques qui circulent en permanence à la surface du sol ou à faible profondeur sous l'influence de champs électriques d'origine externe*).

telluric method : méthode *f.* tellurique (*méthode de prospection géophysique consistant à mesurer à la surface du sol la résistivité des terrains sédimentaires superficiels en utilisant les courants telluriques qui les parcourent*).

tellurometer : telluromètre *m.* (*appareil radioélectrique de mesure des distances entre points visibles, fondé sur la mesure du temps qu'il faut à une onde électrique pour parcourir une distance*).

temperature compensation : compensation *f.* de température (*afin d'annuler en régulation, les variations de température du milieu extérieur sur le dispositif de mesure*).

temper embrittlement : fragilité *f.* de temps, fragilité *f.* de revenu, maladie *f.* de Krupp (*d'un acier*).

tempering : 1/ trempe *f.* ; 2/ revenu *m.* (*d'un acier ; traitement thermique consistant à chauffer uniformément, à une température inférieure à la température de transformation, une pièce métallique qui a subi antérieurement une trempe et à la laisser refroidir, en vue de détruire l'état de faux équilibre dû à la trempe*) ; 3/ durcissement *m.*

tempering oil : huile *f.* de trempe, huile de revenu.

temper screw : vis *f.* de rallonge, vis d'avancement (*dans le système de forage au câble ou à percussion, dispositif de suspension du câble de forage au balancier, permettant de filer le câble au fur et à mesure de l'approfondissement du trou*).

template or **templet** : 1/ gabarit *m.*, modèle *m.*, calibre *m.* ; 2/ plaque *f.* de triangulation ; 3/ allure *f.* moyenne (*caractéristique des miroirs sur un film sismique, les déformations étant dues aux anomalies de la zone altérée et aux altitudes différentes des sismographes*) ; 4/ plaque *f.* de base, châssis *m.* de guidage ; voir *temporary guide base, permanent structure guide.*

temporary guide base : plaque *f.* de base provisoire (*descendue avec un tube de grand diamètre et posée au fond de la mer dès le début d'un forage en mer ; c'est sur cette plaque que viendra ultérieurement se fixer la structure-guide permanente ; voir permanent structure guide*).

temporizer : temporisateur *m.*, dispositif *m.* de temporisation (*appareil introduisant intentionnellement un intervalle de temps entre le début et la fin du fonctionnement d'un système d'accélération, d'arrêt, de décélération, de démarrage ou de protection*).

tender : 1/ appel *m.* d'offre ; 2/ offre *f.*, soumission *f.* (*en particulier de transport d'une cargaison de pétrole*) ; voir aussi *bid, bid (to)* ; 3/ tender *m.*, annexe *f.* (*ponton annexe utilisé pour le transport et le stockage d'équipement et de matériel dans les forages en mer*).

tender allowance : tolérance *f.* de pertes par transport.

tensile strength : résistance *f.* à la traction, charge *f.* de rupture.

tensile strength of paraffin wax test : détermination *f.* de la résistance à la traction des paraffines et des cires de pétrole (*elle est égale à la contrainte qui conduit à la rupture de l'échantillon ; cf. ASTM D 1320, AFNOR T 60-127*).

tension : 1/ tension *f.* ; 2/ force *f.* électromotrice, voltage *m.* ; 3/ traction *f.*

tensioner : tendeur *m.*, raidisseur *m.*

tension leg platform or **TLP** : plate-forme *f.* à câbles tendus.

tentatively : expérimentalement, à titre d'essai, non définitif.

tentative offer : 1/ offre *f.* faite pour entamer une négociation ; 2/ mise *f.* à prix.

tentative standard : méthode *f.* d'analyse normalisée provisoire, norme *f.* provisoire.

tera : téra (*symbole* : T) ; préfixe qui, placé devant une unité de mesure, la multiplie par un billion, soit 10^{12}.

teracalorie or **Tcal** : téracalorie *f.*, Tcal (= 10^{12} cal = 4 186 MJ = 1 163 MWh = 3 968 MBTU).

term : 1/ terme *m.*, fin *f.*, borne *f.*, limite *f.* ; 2/ échéance *f.* ; 3/ période *f.* ou durée *f.* limitée.

terms : clauses *f.*, conditions *f.* (*d'un contrat par exemple*).

terminable contract : contrat *m.* à durée déterminée, contrat résiliable.

terminal : 1/ terminal *m.* (*point d'aboutissement de conduites pétrolières et, par extension, appontements, postes de chargement, entrepôts et installations contiguës ; dispositif, grâce auquel on peut converser avec un ordinateur*) ; 2/ borne *f.*

terminate (to) or **cancel (to)** : mettre fin, dénoncer, résilier (*un contrat*).

termination clause or **cancellation clause** or **cancelling clause** or **canceling clause** : clause *f.* de résiliation (*d'un contrat*).

terrier : registre *m.* foncier (*sur lequel sont, en particulier, portés les permis de recherches ou les concessions d'exploitation*).

territorial waters : eaux *f.* territoriales (*zone maritime bordant la côte d'un état à une distance de trois mille nautiques et sur laquelle cet état exerce sa pleine souveraineté*).

Tertiary : Tertiaire *m.* ou Cénozoïque *m.* (*ère géologique qui s'est écoulée de – 65 à – 2 millions*

d'années, comprise entre les ères secondaire et quaternaire ; elle comprend les périodes géologiques suivantes : Paléocène, Eocène, Oligocène, Miocène et Pliocène ; la moitié de la production mondiale de pétrole provient de terrains d'âge tertiaire*).

tertiary butyl alcohol or **TBA** : alcool butylique tertiaire (*co-produit pétrochimique convenant à la constitution de carburants à indice d'octane très élevé*).

tertiary recovery or **tertiary operation** or **tertiary production** : récupération *f.* tertiaire (*troisième phase d'exploitation d'un gisement soit par une méthode thermique comme l'injection de vapeur ou la combustion in situ, soit par injection de gaz carbonique, soit encore par procédé chimique comme l'injection alternée de tensio-actifs et de polymères pour provoquer le déplacement de l'huile encore en place*). Voir aussi *primary recovery, secondary recovery*.

test : 1/ essai *m.*, épreuve *f.*, test *m.* ; 2/ examen *m.* ; 3/ têt *m.*, test (*de coupellation*), coupelle *f.* ; 4/ test (*d'un oursin, d'un mollusque, etc.*).

test (to) : 1/ éprouver, mettre à l'épreuve, mettre à l'essai, essayer, expérimenter, analyser, tester ; 2/ coupeller (*l'or*), passer à la coupelle ; 3/ déterminer la nature d'un corps au moyen de réactifs chimiques ; 4/ viser (*un document*).

test bench or **testing bench** or **testing stand** : banc *m.* d'essai.

test case : cas *m.* dont la solution fait jurisprudence.

test coupon : voir *coupon.*

tester : 1/ contrôleur *m.*, vérificateur *m.*, examinateur *m.* ; 2/ voir *prover* ; 3/ voir *formation tester.*

testimonium clause : clause *f.* finale (*d'un contrat, portant la date et les signatures*).

testing bench or **testing stand** : voir *test bench.*

test jar : fiole *f.* d'essai.

test rig : appareillage *m.* d'essai, machine *f.* d'essai.

test run : marche *f.* d'essai, marche témoin (*d'une unité*).

test track : piste *f.* d'essai.

test tube : éprouvette *f.*, tube *m.* à essai.

tetraethyl lead or **TEL** or **lead alkyl** : plomb *m.* tétraéthyle (*Pb* (C_2H_5)$_4$; *antidétonant pour essences découvert en 1922 par Midgley*). Voir *ethyl fluid.*

tetralin : tétraline *f.* ; nom commercial du tétrahydronaphtalène *m.* ($C_{10}H_{12}$; *solvant utilisé dans les industries textiles, en savonnerie, etc.*).

tetramer : tétramère *m.* (*corps résultant de la polymérisation de quatre molécules oléfiniques identiques*).

tetramethyl lead or **TML** : plomb *m.* tétraméthyle (*Pb (CH₃)₄ ; antidétonant pour essences utilisé en solution dans du dichlorure et du dibromure d'éthyle dans les proportions suivantes : Pb (CH₃)₄, 50,8 % ; (CH₂Cl)₂, 17,9 % ; (CH₂Br)₂, 18,8 %, avec en plus un diluant et un colorant ; il est souvent associé au plomb tétraéthyle*). Voir *ethyl fluid.*

Texaco synthesis gas generation process : procédé *m.* de fabrication de gaz de synthèse (*par combustion ménagée de produits pétroliers divers en présence de vapeur d'eau et sous une pression supérieure à 100 bar*).

textile fiber lubricant : huile *f.* pour ensimage des fibres textiles.

textile oil : huile *f.* pour le graissage des machines textiles.

texture : texture *f.*, structure *f.* (*d'une graisse, d'une roche, etc.*).

thaw : dégel *m.*, décongélation *f.*

thawing point : point *m.* de dégel, point de décongélation.

theodolite : théodolite *m.* (*instrument de géodésie servant à mesurer les angles réduits à l'horizon, les distances zénithales et les azimuths*).

theoretical perfect plate : plateau *m.* théorique parfait (*qui, dans un fractionnement, assurerait l'équilibre parfait entre les vapeurs ascendantes et le liquide rétrogradant*).

therm : therm *m.* (*unité calorifique équivalent à 100 000 BTU, soit 25,2 Mcal*).

thermal black or **thermatomic black** : noir *m.* de carbone (*obtenu par pyrolyse de gaz naturel sur des empilages réfractaires avec formation concomitante d'hydrogène*). Voir *carbon black.*

thermal insulation : calorifugeage *m.*, isolation *f.* thermique, protection *f.* calorifique.

thermal oxidation stability test or **turbine oil stability test** or **TOST** : essai *m.* d'oxydation des huiles inhibées pour turbines (*l'échantillon est soumis à une température de 95 ℃ en présence d'eau, d'oxygène et d'un catalyseur fer-cuivre ; on détermine l'indice de neutralisation avant, pendant et après l'essai ; cf. Standard Method IP 157 ; la méthode correspond à la norme ASTM D 943*). Voir *oxidation test for steam-turbine oil.*

thermal pollution : pollution *f.* thermique (*créée par les rejets d'eau chaude dans les cours d'eau*).

thermal process : procédé *m.* thermique (*ne faisant appel qu'à la chaleur et à la pression, sans

intervention de catalyseur, tels certains procédés de craquage, d'isomérisation, de polymérisation ou de reformage*).

thermal recovery : récupération *f.* thermique (*récupération secondaire du pétrole par chauffage ; voir in situ combustion*).

thermatomic black : voir *thermal black.*

thermionic : thermo-électronique, thermo-ionique, thermoïonique (*désigne en électronique une émission d'électrons par un corps sous l'effet de la chaleur*).

thermistor : thermistance *f.*, thermistor *m.* (*résistance électrique à coefficient de température élevé utilisée en thermométrie*).

thermocouple : thermocouple *m.*, couple *m.* thermo-électrique (*ensemble de deux métaux capable de transformer directement la chaleur en courant électrique, utilisé en thermométrie*).

thermofor : fluide *m.* de circulation pour installation de chauffage à fluide intermédiaire (*oxyde de diphényle, mélanges de nitrates de sodium et de potassium ou produits pétroliers*). Voir *heat-carrying fluid.*

Thermofor catalytic cracking or **TCC** : procédé *m.* de craquage catalytique à lit mobile (*il utilise un catalyseur, sous forme de billes, à régénération continue, circulant entre réacteur et régénérateur grâce à un système pneumatique ; la température de réaction est comprise entre 450 ℃ et 500 ℃ et la pression est voisine de 0,7 bar. – Socony Mobil Oil Co.*).

Thermofor catalytic reforming or **TCR** : procédé *m.* de reformage catalytique à lit mobile (*il utilise des perles en chrome-alumine comme catalyseur à régénération en continu, circulant entre réacteur et régénérateur ; la température de réaction est comprise entre 510 ℃ et 540 ℃ et la pression entre 15 et 30 bar. – Socony Mobil Oil Co.*).

Thermofor continuous process : procédé *m.* continu de traitement à la terre des lubrifiants et de la paraffine par percolation (*la terre usée sortant du percolateur est lavée avec un solvant, puis calcinée, avant d'être recyclée. – Socony Mobil Oil Co.*).

Thermofor kiln : 1/ régénérateur *m.* à chauffage par fluide intermédiaire (*dans lequel s'effectue la combustion de la matière colorante et goudronneuse absorbée par la terre décolorante épuisée*) ; 2/ régénérateur du catalyseur (*dans un procédé catalytique à lit mobile, four où s'effectue la combustion du coke déposé sur le catalyseur*).

Thermofor pyrolytic cracking or **TPC** : procédé *m.* de craquage pour convertir des hydrocarbures saturés, à partir d'une charge très variée allant de l'éthane au brut, en oléfines et en aromatiques (*ce procédé utilise des billes siliceuses non catalytiques, surchauffées à 800 ou 900 °C, qui descendent à contre courant des vapeurs à traiter ; il est aussi employé pour la production de gaz de ville. – Socony Mobil Oil Co.).

thermopile : thermopile *f.*, pile *f.* thermo-électrique (*système constitué par un ou plusieurs couples thermo-électriques et disposé de façon à donner une force électromotrice fonction de l'intensité du rayonnement calorifique auquel il est soumis ; utilisé pour la mesure des faibles températures*).

thermos bottle : voir *vacuum flask*.

thermosetting resin or **kickover resin** : résine *f.* thermodurcissable.

thermowell : gaine *f.* thermométrique, puits *m.* thermométrique (*dans un récipient, une chaudière, un réservoir de stockage, sur une conduite, etc. recevant un capteur de température*).

thickened oil : huile *f.* minérale épaissie (*à l'aide de savons d'aluminium, par exemple*).

thickener or **thickening agent** : agent *m.* épaississant, épaississeur *m.*

thickening : voir *oil thickening*.

thickening agent : voir *thickener*.

thickening up with cold : épaississement *m.* (*d'une huile*) sous l'action du froid.

thick-film lubrication : graissage *m.* par film épais.

thick grease : graisse *consistante*.

thick oil : huile *f.* épaisse, huile épaissie. Voir aussi *thickened oil*.

thick-walled : à paroi épaisse.

thick well : puits *m.* foré à l'aplomb d'un horizon productif épais.

thief or **sampling thief** : échantillonneur *m.*, pipette *f.* d'échantillonnage, sonde *f.* (*instrument servant au dosage de l'eau dans le pétrole avant son expédition par pipe-line*).

thief a drum (to) : échantillonner un réservoir à différents niveaux.

thief hatch : trou *m.* d'échantillonnage (*sur un réservoir de stockage*).

thiefing or **thieving** : prise *f.* d'échantillon (*de pétrole à différents niveaux d'un réservoir*), jaugeage *m.* de l'eau (*au fond d'un réservoir*).

thief rod : tige *f.* voleuse, pipette *f.* de prise d'échantillon (*dans un réservoir*).

thimble : bride *f.*, cosse *f.*, bague *f.*

thin-film lubrication : graissage *m.* par film mince (*réalisé lorsque l'épaisseur du film lubrifiant est telle que le frottement entre les surfaces en mouvement est fonction des propriétés superficielles et de l'onctuosité du lubrifiant*).

thin-film replica or **replica** : réplique *f.*, calque *m.* sur film mince (*reproduction pelliculaire d'une surface métallique pour examen au microscope électronique*).

thinner : 1/ diluant *m.*, amincissant *m.* (*pour peintures et vernis, provenant de coupes essence ou kérosène*) ; 2/ fluidifiant *m.* (*pour boue de forage*).

thinning : 1/ dilution *f.*, fluidification *f.* ; 2/ amincissement *m.*, diminution *f.* d'épaisseur (*d'une couche géologique*).

thinning out with heat : abaissement *m.* de la viscosité d'une huile sous l'action de la chaleur.

thin oil : huile *f.* fluide.

thin-walled : à paroi mince.

thixotropy : thixotropie *m.* (*phénomène physique suivant lequel certains mélanges passent de l'état de gel à celui de liquide par agitation ; l'état liquide atteint, il suffit de laisser la masse en repos pour qu'elle se transforme à nouveau en gel ; ce phénomène s'observe sur les boues de forage, ainsi que sur certaines variétés de graisses*).

thousand barrels per day or **MB/D** : millier *m.* de barils par jour. Voir *MBD/D*.

thousand cubic feet or **MCF** or **Mcf** : millier *m.* de pieds cubes. Voir *MCF*.

thousands of long tons per day or **MT/D** : milliers *m.* de tonnes fortes, ou tonnes anglaises, par jour (*1 016 t par jour*).

thread : 1/ filet *m.*, filetage *m.*, pas *m.* ; 2/ veinule *f.*, filet *m.* ; 3/ fil *m.*

threaded connection : raccord *m.* fileté.

threading : filière *f.*, filetage *m.* (*d'une vis*).

thread lubricant or **pipe thread lubricant** or **antiseize thread sealing compound** : graisse *f.* pour la protection des filetages de vis (*utilisée comme antigrippant pour faciliter le déblocage ; constituée généralement d'une base calcique et de plomb, de zinc, de cuivre ou de minium en poudre*).

thread outlet or **threadolet** : orifice *m.* fileté (*disposé sur un collecteur ou sur un récipient et destiné à recevoir un tuyau*).

thread-protecting cap or **thread protector** : embout *m.* protecteur de filetage, protecteur *m.* (*forage*).

three-pole derrick : tour *f.* de forage à trois pieds, derrick *m.* triangulaire, tour de forage tripode.

three-way valve : vanne *f.*, robinet *m.* à trois voies.

threshold; limite *f.* inférieure, seuil *m.*, pas *m.*

threshold limit value : voir *maximum allowable concentration.*

thribble or **triple** : triple *m.* (*rame de trois tiges de forage ou ensemble de trois longueurs de tubage, vissées et manœuvrées en même temps*). Voir *string.*

thribble board or **triple board** : plate-forme *f.* d'accrochage (*située à la hauteur d'un triple* ; voir *thribble*).

thrift grade oil : voir *fighting grade oil.*

throttle : 1/ obturateur *m.*, régulateur *m.*, diaphragme *m.* ; 2/ soupape *f.* d'admission, papillon *m.* des gaz ; 3/ pédale *f.* d'accélération, champignon *m.*, accélérateur *m.*

throttle control : 1/ commande *f.* d'accélération, commande des gaz ; 2/ commande par étranglement.

throttling : 1/ étranglement *m.*, obturation *f.* ; 2/ ralenti *m.*

throughput : 1/ capacité *f.*, consommation *f.*, capacité *f.* en matières premières (*charge en tonnes par unité de temps*) ; 2/ débit *m.*, quantité *f.* passée.

throughput capacity : 1/ capacité *f.* totale d'aspiration (*d'une pompe centrifuge*) ; 2/ voir *processing capacity.*

thrower : voir *oil thrower.*

throwing oil or **size oil** : huile *f.* textile de moulinage (*facilitant la consolidation de la soie grège lors de la réunion et de la torsion de plusieurs fils élémentaires*).

throw into gear (to) : embrayer, mettre en marche, en mouvement.

throw out of gear (to) : dégager une vitesse, débrayer.

throw out the clutch (to) : débrayer.

thrust : 1/ poussée *f.*, butée *f.* ; 2/ faille *f.* inverse, faille anormale.

thrust bearing or **axial load bearing** : palier *m.* de butée, palier juste, roulement *m.* de butée, coussinet *m.* juste, butée *f.* tournante. Voir *Gibbs thrust bearing, Kingsbury thrust bearing, Michell thrust bearing.*

thruster : propulseur *m.*, pousseur *m.* (*hélice transversale à pas variable, placée dans un tunnel*

et qui permet en particulier, de maintenir un navire de forage à la verticale d'un point donné). Voir *dynamic positioning.*

thrust fault : chevauchement *m.* (*géologique*).

thrust pad : patin *f.* de butée.

thrust side : côté *m.* poussée (*d'un piston*), côté réaction (*de bielle*).

thrust washer : rondelle *f.* de butée.

thud : voir *rumble.*

thumb nut : écrou *m.* à oreilles.

thumb screw : vis *f.* papillon, vis à oreilles.

thumper : voir *seismic thumper.*

thumping : voir *weight dropping.*

thyristor : thyristor *m.* (*élément électronique à conduction unidirectionnelle comportant trois jonctions semi-conductrices et une électrode de commande permettant de déclencher le passage du courant ; utilisé comme redresseur*).

tide : marée *f.*

tidelands : 1/ terres *f.* inondables ; 2/ région *f.*, zone *f.* située entre la côte et la limite des eaux territoriales.

tie-in : 1/ liaison *f.*, jonction *f.*, connexion *f.* (*de deux tronçons d'une canalisation*) ; 2/ adjonction *f.* (*d'une nouvelle section de tube à une ligne en construction*) ; 3/ montage *m.* (*d'un nouvel élément sur un ensemble*).

tie rod : tirant *m.*, barre *f.* d'accouplement, barre de liaison, tige *f.* d'ancrage.

tightener : tendeur *m.*

tightening : serrage *m.*, raidissement *m.*, blocage *m.*

tightness : imperméabilité *f.*, herméticité *f.*, étanchéité *f.*

tightness joint : joint *m.* d'étanchéité.

tight sand : sable *m.* peu perméable, sable compact, sable colmaté.

till : argile *f.* à blocaux (*d'origine glaciaire*), argile morainique, moraine *f.* de fond.

til seed oil : voir *sesame oil.*

tiltdozer : boutoir *m.* inclinable, boutoir à dévers (*tracteur équipé d'une lame perpendiculaire au sens de la marche, mais dont l'arête inférieure peut être inclinée à volonté sur l'horizontale ; sert à creuser des fossés de faible profondeur*).

tilted-plates separator : voir *corrugated-plates interceptor.*

tilting pad bearing : palier *m.* à segments oscillants.

timber : bois *m.* de construction, bois de charpente.

timber preservative : produit *m.* pour la conservation du bois de construction.

time break : instant *m.* zéro, instant d'explosion (*instant d'émission de l'onde sismique enregistré automatiquement par rupture d'un circuit électrique*).

time charter : affrètement *m.* de longue durée (*contrat d'affrètement d'un navire pétrolier pour une période déterminée moyennant un loyer mensuel calculé suivant un taux convenu par tonne en lourd, indépendamment du nombre de voyages, l'armateur supportant tous les frais d'exploitation, sauf les soutes et les frais de port*).

timer : 1/ minuterie *f.*, compteur *m.* de temps, dateur *m.*, chronomètre *m.*, chronoscope *m.* ; 2/ commutateur *m.* d'allumage, rupteur *m.*

time-sharing service : service *m.* à temps partagé (*d'un ordinateur, d'un centre de calcul, etc.*).

time sheet : feuille *f.* de temps, feuille d'emploi du temps.

timing : 1/ marquage *m.*, inscription *f.* (*d'une date*), chronométrage *m.* ; 2/ réglage *m.*, calage *m.* (*de l'avance à l'allumage d'un moteur*).

timing device : 1/ dispositif *m.* de repérage ou de réglage des temps ; 2/ minuterie *f.* ; synonyme : *timer* 1/.

timing gear cover : couvercle de la distribution d'un moteur.

timing light : lampe *f.* stroboscopique (*pour le contrôle de l'avance à l'allumage d'un moteur*).

timing mark : repère *m.* de calage (*de l'avance à l'allumage*).

Timken EP wear tester : machine *f.* mise au point par *Timken Roller Bearing Co.* pour évaluer la résistance du film d'une huile ou d'une graisse pour roulements ou pour engrenages hypoïdes, (*l'essai se fait dans les conditions suivantes : durée, 10 min ; graissage par circulation d'huile ; poids de 33 livres appliqué au levier qui exerce une pression de 20 000 livres par pouce carré sur le roulement ; ce dernier ne doit présenter aucune empreinte d'usure à la fin de l'essai ; cf. ASTM D 2782 pour les huiles et ASTM D 2509 pour les graisses*).

tin : 1/ étain *m.*, fer *m.* blanc ; 2/ bidon *m.*, boîte *f.* en fer blanc.

tin-base babbitt or **Babbitt** : régule *m.*, métal *m.* ou alliage *m.* antifriction (*constitué essentiellement d'étain, avec 7 à 8 % d'antimoine et 3 % de cuivre, mis au point par Isaac Babbitt en 1839*).

tin hat : casque *m.* de protection, casque de sécurité.

tinned : 1/ étamé ; 2/ conditionné en bidon ou boîte en fer blanc ; on dit aussi *canned.*

tinning : étamage *m.*

tin plate : 1/ fer *m.* blanc ; 2/ plaque *f.* d'étain, étain *m.* en plaques.

tintometer : voir *colorimeter.*

tip : 1/ bout *m.*, pointe *f.*, extrémité *f.*, sommité *f.* ; 2/ bout rapporté, pastille *f.* (*rapportée par exemple sur un outil de forage*) ; 3/ convergence *f.* (*photogrammétrie*).

tipping oil : huile *f.* pour circuits hydrauliques équipant les camions à benne basculante.

tire or **tyre** : pneumatique *m.*, pneu *m.* (*pour véhicules*).

tires, batteries and accessories shop or **TBA shop** : boutique *f.* d'accessoires automobiles (*pneumatiques, batteries, etc.*), annexe d'une station-service.

titer or **title** : voir *titre.*

titration : dosage *m.*, titrage *m.*, analyse *f.* volumétrique.

titrator or **titrimeter** : appareil *m.* permettant d'effectuer le titrage (*d'une solution*).

titre or **titer** or **title** : titre *m.* (*d'une solution, de l'or, etc.*).

titrimeter : voir *titrator.*

titrimetry : titrimétrie *f.* (*mesure du titre d'une solution*).

TLP : abréviation de *tension leg platform.* Voir ces termes.

TML : abréviation de *tetramethyl lead.* Voir ce terme.

to-and-fro movement : mouvement *m.* de va-et-vient.

tobacco seed oil : huile *f.* de graines de tabac (*huile végétale, demi-siccative*).

toe-in : convergence *f.*, pincement *m.* (*des roues avant d'une automobile*).

toe-out : divergence *f.* (*des roues avant d'une automobile*).

toggle : genouillère *f.*, rotule *f.*, articulation *f.*

toggle joint : joint *m.* à genou, rotule *f.*, genouillère *f.*

tommy bar : broche *f.* à vis, manivelle *f.* pour actionner un cric à vis.

ton : tonne *f.* Voir *measurement ton, net register ton, metric ton, long ton, short ton.*

tongs : tenailles *f.*, pinces *f.*, clés *f.* à tiges (*pour visser les tubes de fort diamètre*).

tongue : langue *f.*, languette *f.*, coulisseau *m.*

tonnage : tonnage *m.* Voir aussi *gross tonnage, net tonnage.*

tool : outil *m.*, instrument *m.*

tool dresser or **toolie** : outilleur *m.* (*ouvrier employé dans le forage au câble*).

tool-joint : raccord *m.* de tige, joint *m.* conique de tige (*de forage*), accouplement *m.* d'outils de forage.

tool kit : boîte *f.* à outils, trousse *f.* à outils.

tool pusher : maître-sondeur *m.*, chef *m.* de chantier de forage, tool pusher *m.*

tool rack : râtelier *m.* à outils.

top : 1/ sommet *m.*, haut *m.*, cîme *f.*, point *m.* le plus haut ; 2/ niveau *m.* le plus élevé (*auquel remonte le ciment dans l'espace annulaire entre le tubage et la paroi d'un puits*).

top a tank (to) : remplir un réservoir.

top cementing plug : bouchon *m.* supérieur de cimentation (*bouchon envoyé dans le tubage d'un puits à la fin de l'injection du laitier de ciment ; poussé par l'injection suivante de boue, il chasse devant lui le laitier jusqu'à son arrivée sur le bouchon de cimentation inférieur – voir bottom cementing plug –, ce qui provoque une brutale montée en pression marquant la fin du pompage et indiquant que la totalité du laitier de ciment est passé derrière le tubage ; après prise du ciment ce bouchon est reforé*).

top dead center or **TDC** or **upper dead center** : point *m.* mort haut (*d'un moteur thermique*).

top lube or **top oil** : voir *tune-up oil.*

topped or **topped crude** : voir *reduced crude oil.*

topping : 1/ décantation *m.*, étêtage *m.* (*prélèvement dans un mélange de produits pétroliers de la fraction légère*) ; 2/ distillation *f.* atmosphérique, distillation primaire, séparation *f.* (*des produits de tête*).

toppings or **tops** : fractions *f.* légères, produits *m.* de tête (*obtenus lors de la distillation du brut*).

topping up or **top-up** or **makeup** : appoint *m.* (*par exemple d'huile neuve dans le carter d'un moteur pour rétablir le niveau*).

tops : voir *toppings.*

top-up : voir *topping up.*

top up (to) : faire l'appoint, rétablir le niveau (*d'huile, d'eau, d'hydrogène, etc., dans un moteur, un réservoir, une unité d'hydro-traitement, etc.*).

top water : voir *upper water.*

torch : 1/ torche *f.*, chalumeau *m.*, lampe *f.* à souder ; 2/ torchère *f.* ; voir aussi *flare stacktip.*

torch oil : 1/ huile *f.* pour torche ; 2/ combustible *m.* (*injecté dans le régénérateur d'un craqueur catalytique pour en accroître la température*).

torpedo : torpille *f.*

torque converter : convertisseur *m.* de couple.

torque indicator : 1/ indicateur *m.* de couple de serrage (*raccordé à une clé de vissage des tubes en cours de descente dans un puits*) ; voir *torque wrench* ; 2/ indicateur *m.* de couple de torsion (*installé sur la chaîne d'entraînement de la table rotation et indiquant le couple de torsion appliqué au train de tiges de forage*).

torque wrench : clé *f.* dynamométrique.

torsion balance : 1/ voir *Eötvös balance* ; 2/ balance *f.* de torsion, balance de Coulomb (*appareil construit par Coulomb en vue d'estimer les forces d'origine magnétique créées par des aimants, ainsi que les forces électrostatiques ; il est fondé sur la torsion des fils de cuivre ou d'argent, c'est-à-dire sur l'effort que fait, pour revenir sur lui-même, un fil tendu verticalement par un poids que l'on fait tourner horizontalement*).

tort : acte *m.* dommageable, dommage *m.*, préjudice *m.* Voir aussi *quasi-tort.*

TOST : abréviation de *thermal oxidation stability test.* Voir ce terme.

total acid number or **TAN** : indice *m.* d'acidité. Voir *neutralization number.*

total acid number by color indicator titration or **TAN-C** : détermination *f.* de l'indice d'acidité par titrage en présence d'indicateurs colorés. Voir *neutralization number.*

total acid number by electrometric titration or **TAN-E** : détermination *f.* de l'indice d'acidité par titrage potentiométrique. Voir *neutralization number.*

total acid value : voir *neutralization number.*

total base number or **TBN** : indice *m.* de basicité. Voir *neutralization number.*

total depth or **TD** : profondeur *f.* totale, profondeur finale (*profondeur maximale atteinte par un forage*).

total insolubles or **n-pentane insolubles** or **extrinsic plus intrinsic insolubles** : résidu *m.* insoluble dans le pentane normal (*d'une huile moteur usagée, après centrifugation*).

total intensity : voir *total magnetic intensity*.

total loss : perte *f.* complète, perte corps et biens.

total loss lubrication or **once-through lubrication** : lubrification *f.*, graissage *m.* à l'huile perdue.

total magnetic intensity or **total intensity** : intensité *f.* totale du champ magnétique terrestre (*par opposition à celle de ses composantes dans les directions verticale et horizontale*).

total recovery : récupération *f.* totale (*quantité totale de pétrole extraite d'un puits*).

total solids : résidus *m.* solides, teneur *f.* totale en solides (*après évaporation ou épuisement*).

tough : dur, tenace, résistant.

toughness : dureté *f.*, ténacité *f.*, résistance *f.* au choc, résilience *f.*

tow barge : chaland *m.*, péniche *f.*

towboat : remorqueur *m.*

tower : voir *column*.

tower bottoms : voir *bottoms 2/*.

towing winch : treuil *m.* de halage.

town gas or **city gas** : gaz *m.* de ville (*produit de distillation de la houille ou de craquage de distillats de pétrole ou de gaz naturel*).

TPC : abréviation de *Thermofor pyrolytic cracking*. Voir ce terme.

trace : trace *f.* (1/ *très faible quantité de matière ou d'énergie* ; 2/ *terme désignant en sismique le signal enregistré par un canal de l'amplificateur*).

tracer : 1/ traceur *m.* (*dispositif de maintien en température d'une conduite de produits chauds, en lui accolant soit un petit tube alimenté en vapeur, soit un câble électrique chauffant*) ; 2/ voir *radioactive tracer*.

track : 1/ voie *f.* ferrée, piste *f.*, chemin *m.* de roulement ; 2/ chenilles *f.* ; 3/ guidage *m.* ; 4/ parcours *m.*, trajectoire *f.*, orbite *f.* ; 5/ piste (*d'une bande magnétique*).

tracked : à chenilles, monté sur chenilles.

track roller grease : graisse *f.* pour galets de chenilles (*de tracteur*).

track test : essai *m.* sur piste.

traction improver or **liquide tire chain** : antidérapant *m.*, bombe *f.* antiverglas (*aérosol améliorant l'adhérence des pneumatiques sur route enneigée ou verglacée*).

tractor fuel : carburant *m.* pour machines agricoles.

tractor vaporizing oil or **TVO** : voir *vaporizing oil*.

trade : 1/ état *m.*, emploi *m.* ; 2/ métier *m.*, profession *f.* ; 3/ commerce *m.*, négoce *m.*, trafic *m.*, affaires *f.*

trade expenses : frais *m.* de bureau, dépenses *f.* d'administration. Voir aussi *overhead*.

trademark : marque *f.* de fabrique, marque de fabrication, marque de commerce, estampille *f.*

trade name : nom *m.* commercial (*d'un produit, etc.*).

trader : 1/ négociant *m.*, commerçant *m.*, marchand *m.*, intermédiaire *m.* ; 2/ navire *m.* marchand, navire de commerce.

traffic : 1/ trafic *m.*, négoce *m.*, commerce *m.* ; 2/ mouvement *m.*, circulation *f.*, navigation *f.* Voir aussi *near traffic, far traffic, ocean traffic*.

trail : 1/ voie *f.*, piste *f.*, trace *f.*, traînée *f.* (*de feu, de fumée, de condensation, etc.*) ; 2/ sillon *m.* (*creusé par une roue en terrain meuble*).

trailer : remorque *f.*, roulotte *f.*

trailer rig : installation *f.* de forage mobile (*installée sur remorque*).

trailing plug : bougie *f.* décalée du côté retard (*dans un moteur rotatif équipé de deux bougies par rotor*). Voir aussi *leading plug*.

train oil : huile *f.* de baleine (*ou, plus généralement, de cétacés*). Voir *sperm oil, whale oil*.

trainy : huileux, gras.

tram : berline *f.*, benne *f.*

tram grease : voir *tub grease*.

tramp : navire *m.*, cargo *m.* n'assurant pas une ligne régulière.

tramp oil : huile *f.* qui reste dans un circuit après vidange (*bien que cette dernière ait été effectuée avec soin*).

transaxle fluid or **TAF** : huile *f.* pour boîte de vitesses et pont arrière combinés.

transducer or **transductor** : transducteur *m.* (*dispositif transformant une forme d'énergie en une autre, par exemple pneumatique ou thermique en électrique*).

transfer : 1/ transfert *m.*, migration *f.*, translation *f.*, transmission *f.* ; 2/ report *m.*, décalque *m.* ; 3/ voir *transfer line*.

transfer of shares : transmission *f.* d'actions ou de parts.

transfer line or **transfer** : conduites *f.*, canaux *m.* auxiliaires, conduites de transfert, ligne *f.* de transfert (*ensemble de conduites reliant la sortie d'un four de raffinerie à l'unité de réaction ou de traitement*).

transfer pump : pompe *f.* de transfert.

transformer oil : huile *f.* isolante pour transformateurs électriques.

tranship (to) : transborder (*des marchandises, des voyageurs*).

transhipment terminal : terminal *m.* de transbordement (*d'un VLCC – very large crude carrier – ou d'un ULCC – ultra large crude carrier – voir ces termes – à un navire de plus faible tonnage*).

transit or **transit compass** or **transit theodolite** : instrument *m.* de géodésie semblable au théodolite mais moins précis. Voir *theodolite*.

transmission lever : voir *gearbox lever*.

transmission oil : huile *f.* pour transmission (*boîte de vitesses, différentiel, pont arrière, etc., de véhicules ou de tracteurs*).

transmitter : 1/ transmetteur *m.* (*dispositif modulant une énergie en fonction d'un signal reçu et qui émet un nouveau signal transmis à distance*) ; 2/ émetteur *m.* (*radio-électrique*) ; 3/ microphone *m.* ; 4/ transmetteur *m.* d'ordres (*sur la passerelle d'un navire*).

transom shaft : arbre *m.* intermédiaire.

transponder : répondeur *m.*, transpondeur *m.* (*émetteur-récepteur électronique qui transmet des signaux après avoir été interrogé de façon appropriée*).

transport agent : voir *forwarding agent*.

transportation delay : voir *dead time*.

trap : 1/ collecteur *m.*, filtre *m.*, séparateur *m.*, récepteur *m.*, purgeur *m.*, siphon *m.*, piège *m.* (*à air, etc.*) ; 2/ trappe *f.*, porte *f.* rabattante, clapet *m.*, porte *f.* d'aérage ; 3/ piège (*accident géologique de nature structurale ou stratigraphique à la faveur duquel peut s'être constituée une accumulation d'hydrocarbures*).

trap of oil : voir *trap 3/*.

trash : déchet *m.*, rebut *m.*, détritus *m.*, ordures *f.*

travel of the oil : migration *f.* du pétrole (*déplacement des hydrocarbures de la roche-mère où ils ont pris naissance à la roche-réservoir, ou roche-magasin, où ils peuvent constituer une accumulation exploitable*).

travel of the piston : course *f.* du piston.

traveling block or **travelling block** : moufle *f.* mobile (*ensemble de poulies situées au-dessus et solidaires du crochet de levage auquel est suspendu le train de tiges dans le système de forage rotary*).

traveling lift or **travelling lift** : chariot *m.* élévateur mobile.

travelling block : voir *traveling block*.

travelling lift : voir *traveling lift*.

travel time : temps *m.* de propagation, temps de parcours (*d'une onde sismique, entre l'instant de son émission et celui de sa réception*).

tray : 1/ plateau *m.* d'une colonne de fractionnement ou d'absorption ; 2/ tiroir *m.*, bac *m.*, cuvette *f.*, auge *f.*, batée *f.*, cuve *f.* (*à développement*).

tray downspout or **tray downcomer** or **downcomer** : goulotte *f.* de descente, trop-plein *m.*, déversoir *m.* (*dispositif permettant la descente du liquide d'un plateau à l'autre dans une colonne de fractionnement ou d'absorption*).

trayed column : voir *bubble tower*.

tray ring : cornière *f.* de plateau (*d'une colonne*).

tray riser : cheminée *f.* de montée (*fixée sur un plateau, dans une colonne, et assurant le passage des vapeurs ; elle est surmontée d'un chapeau*).

tray weir : déversoir *m.* de plateau (*d'une colonne*).

treater : épurateur *m.*, purificateur *m.* (*appareil servant à l'élimination des mercaptans, de l'hydrogène sulfuré, de l'eau, du sel et autres substances indésirables contenues dans le gaz ou le pétrole*).

treating cost : coût *m.* de traitement, coût de dopage.

treating tower : tour *f.* de contact (*dans une unité d'extraction au solvant*).

trench : 1/ tranchée *f.*, fossé *m.*, fouille *m.* ; 2/ fosse *f.* océanique (*dépression longue et étroite aux bords relativement abrupts*).

trencher or **trench digger** : excavateur *m.* de tranchée, trancheuse *f.*, excavatrice *f.*

trenching : creusement *m.*, excavation *f.* de tranchées, défoncement *m.*, terrassement *m.*

trepan : trépan *m.* (*outil de forage à lames ou à molettes*).

trepanning : poinçonnage *m.*

trestle : tréteau *m.*, chevalet *m.*, treillis *m.*, support *m.*, portique *m.*, socle *m.*, cadre *m.* (*d'un puits de mine*).

trial : 1/ essai *m.*, épreuve *f.*, expérimentation *f.*, expérience *f.* ; 2/ procès *m.*, jugement *m.*

trial trip : 1/ parcours *m.* de garantie (*d'un véhicule*) ; 2/ voyage *m.* d'essai (*d'un navire*).

triangular oil groove : patte *f.* d'araignée triangulaire. Voir *groove, oil tackle.*

Trias or **Triassic** : Trias *m.* (*première période géologique de l'ère secondaire, ayant duré 30 millions d'années, de – 225 à – 195 millions d'années*).

tribology : tribologie *f.* (*science et technologie du frottement et de l'usure des surfaces en contact et en mouvement l'une par rapport à l'autre*).

trickle (to) : couler goutte à goutte, suinter, ruisseler.

Trickle Hydrodesulfurization : procédé *m.* d'hydrodésulfuration catalytique (*des distillats moyens sous une pression pouvant atteindre 100 bar et une température de 320 °C à 410 °C. – Shell Development Co.*).

trickling : écoulement *m.* goutte à goutte, ruissellement.

trickling filter : filtre *m.* bactérien (*constitué par un lit de gravier, de coke, de morceaux de céramique ou de matières plastiques, sur lequel se développent des bactéries et que l'on utilise pour la purification des eaux usées*).

trickling water : eau *f.* d'exsudation, eau suintante, eau de suintement.

tricone bit : trépan *m.* à trois cônes, tricône *m.* (*outil de forage à trois molettes*).

tricresyl phosphate or **TCP** : phosphate *m.* de tricrésyle (*additif prévenant le pré-allumage des essences*).

tri-fuel engine : moteur *m.* qui peut fonctionner avec trois types de carburants (*gaz, essence et gazole*).

trigger : détente *f.*, crochet *m.*, poussoir *m.* à ressort.

trigger action or **triggering** : déclenchement *m.*

trigger valve : vanne *f.* de réglage.

trilling : cristal *m.* triple.

trillion : trillion *m.* (10^{18}) ; aux États-Unis, billion *m.* (10^{12}).

trim : 1/ équilibrage *m.*, compensation *f.*, assiette *f.* ; 2/ garniture *f.* (*du siège d'une vanne, d'un robinet*).

trimer : trimère *m.* (*polymère obtenu par union de trois molécules identiques d'oléfines*).

trimetal bearing : coussinet *m.* constitué de trois métaux ou alliages (*généralement en bronze avec un revêtement en métal blanc sur un support d'acier*).

trimming : 1/ arrangement *m.*, garnissage *m.* ; 2/ ébardage *m.* (*enlèvement sur une pièce brute de fonderie des excroissances ou barbes formées lors de la coulée*) ; 3/ correction *f.* en vol du centre de gravité d'un avion supersonique (*au moment du passage du vol subsonique au vol supersonique, et inversement, par transfert de carburant entre différents réservoirs d'équilibre*).

trimmings : voir *trims.*

trimming tank : voir *trim tank.*

trims or **trimmings** : 1/ garnitures *f.*, accessoires *m.* ; 2/ robinetterie *f.*

trim tank or **trimming tank** : réservoir *m.* d'équilibrage. Voir *trimming 3/.*

trim the tanks (to) : équilibrer les réservoirs (*d'eau et de pétrole sur un navire de façon à en faciliter la manœuvre ou en augmenter la vitesse*).

Trinidad asphalt : asphalte *m.* naturel de l'île de la Trinité dans les Caraïbes.

trip : 1/ voyage *m.* ; 2/ dispositif *m.* de déclenchement ; 3/ manœuvre *f.* de forage, remontée *f.* et redescente *f.* (*de l'outil dans le trou*), aller *m.* et retour *m.* (synonyme : *round trip*).

tripartite indenture : 1/ contrat *m.* trilatéral ; 2/ contrat en trois exemplaires.

trip casing spear : voir *casing spear.*

trip gas : gaz *m.* libéré lors d'une manœuvre aller-retour du train de tiges de forage.

triple : voir *thribble.*

triple board : voir *thribble board.*

triple-purpose oil : voir *tri-purpose oil.*

triplex pump : pompe *f.* alternative à trois cylindres.

trip spear : voir *casing spear.*

trip time : temps *m.* de manœuvre (*temps nécessaire à la remontée et à la descente du train de tiges de forage*).

tri-purpose oil or **triple-purpose oil** : huile *f.* à triple usage (*par exemple pour le travail des métaux, pour circuits hydrauliques et pour glissières de machines-outils*).

tritactic polymer : polymère *m.* tritactique (*polymère isotactique ou syndiotactique présentant des* *doubles liaisons cis ou trans*) ; voir aussi *stereospecific polymer*).

trommel : crible *m.* rotatif, tambour *m.* cribleur, trommel *m.* (*crible cylindrique ou conique, légèrement incliné sur l'horizontale, tournant autour de son axe, garni sur la périphérie de tôles ou de toiles métalliques perforées dont la dimension des perforations conditionne celles des matériaux criblés*).

trouble : 1/ panne *f.*, incident *m.*, dérangement *m.* ; 2/ dislocation *f.*, faille *f.*

troubled : trouble, non limpide, non transparent.

trouble hunter or **trouble man** or **troubleshooter** : dépanneur *m.*

troubleshooting : recherche *f.* de la cause d'une panne, dépannage *m.*

trough : 1/ bac *m.*, gouttière *f.*, cuve *f.*, auge *f.* ; 2/ pli *m.* synclinal, dépression *f.*, fosse *f.*, fossé *m.* (*tectonique*).

truck : voir *lorry* 1/.

truck stop : station-service *f.* pour poids lourds (*ouverte 24 h sur 24 et en mesure de fournir carburants et pièces de rechange et d'assurer dépannages et réparations*).

truck tractor : tracteur *m.* pour semi-remorque.

true boiling point or **TBP** : point *m.* réel d'ébullition (*d'un mélange de deux ou plusieurs composants ayant des points d'ébullition différents*).

true-bore : calibré.

truncation : arasement *m.*, troncature *f.*

True vapor-phase process : dénomination *f.* d'un ancien procédé de craquage thermique en phase vapeur sous faible pression.

trunk line or **main line** : conduite *f.* principale (*à laquelle viennent se raccorder d'autres conduites*).

trunk piston : piston *m.* fourreau.

trunnion : pivot *m.*, tourillon *m.*

trustee : 1/ dépositaire *m.*, administrateur *m.* ; 2/ curateur *m.*

try : essai *m.*, tentative *f.*, expérience *f.*

try (to) : 1/ essayer, tenter, expérimenter ; 2/ juger (*par-devant tribunal*).

try cock : robinet *m.* de jauge.

Tube and Tank Process or **T & TP** : dénomination *f.* d'un ancien procédé de craquage thermique en phase liquide. – *Standard Oil Co. of New Jersey.*

tube brush or **flue brush** : 1/ brosse *f.* à tubes, écouvillon *m.* (*pour le nettoyage des tubes*) ; 2/ hérisson *m.* (*pour le ramonage des cheminées*).

tube bundle : voir *bundle.*

tube head or **tube plate** : plaque *f.* tubulaire (*d'un échangeur de chaleur*).

tube stand : porte-éprouvettes *m.*, porte-tubes à essai *m.* (*de laboratoire*).

tube still : voir *pipe still.*

tube turn : tube *m.* coudé, coude *m.* de canalisation.

tub grease or **corf grease** or **tram grease** : graisse *f.* pour wagonnets ou chariots de mine (*à base de savons de calcium, de colophane et fuel*).

tubing : 1/ canalisation *f.*, tuyauterie *f.*, tube *m.* ; 2/ colonne *f.* ou tube de production, tubing *m.* (*tube d'acier utilisé pour l'équipement d'un puits producteur et servant à acheminer les fluides exploités – gaz ou pétrole – depuis la formation géologique jusqu'à la tête du puits* ; synonymes : *tubing of extraction, flowstring*).

tubing anchor : dispositif *m.* d'ancrage de la colonne de production (*sur la paroi interne du tubage, au-dessus de la zone productrice*).

tubing hanger : olive *f.* de suspension de la colonne de production.

tubing head : tête *f.* de colonne de production. Voir *tubing* 2/, *tubing head spool.*

tubing head spool : double bride *f.* de suspension de la colonne de production sur laquelle repose l'olive de suspension ; voir *tubing hanger.*

tubing of extraction : voir *tubing* 2/.

tubing string : voir *string of tubing.*

tubular goods or **tubulars** : matériel *m.* tubulaire (*pour sondage, tubage, canalisation, etc.*).

tubular reactor : réacteur *m.* à tubes (*comportant un faisceau de tubes placé à l'intérieur d'une enceinte contenant de l'eau ; le catalyseur est contenu dans les tubes ; cette disposition permet d'absorber la chaleur dégagée par une réaction en produisant de la vapeur d'eau*).

tubulars : voir *tubular goods.*

tugboat or **hauler** or **haulier** : remorqueur *m.*, haleur *m.*

tune up (to) : régler, mettre au point (*un moteur*).

tune-up oil or **top oil** or **top lube** : mélange *m.* huile-solvant (*injecté dans la chambre de combustion d'un moteur pour le décalaminer*).

tung oil or **China wood oil** or **Chinese wood oil** : huile *f.* de Canton, huile de bois de Chine, huile de tung (*huile végétale, siccative, vénéneuse, extraite des graines d'Aleurites cordata, euphorbiacée de Chine, et qui est utilisée dans la fabrication des vernis, des produits hydrofuges pour le bois et des imperméabilisants pour tissus ; brûlée elle donne un noir de fumée qui sert à fabriquer l'encre de Chine*).

tungsten carbide insert : pastille *f.* ou dent *f.* de carbure de tungstène (*sertie sur les molettes de certains outils ou trépans de forage*).

tuning : accord *m.*, réglage *m.*, syntonisation *f.*, mise *f.* au point.

tunnel bearing grease : graisse *f.* noire (*servant au graissage de l'arbre principal et du tube d'étambot d'un navire* ; voir aussi *stern tube lubricant*).

turbid : trouble, épais, dense, bourbeux.

turbidite : turbidite *f.* (*tout dépôt sédimentaire détritique produit par un courant de turbidité* ; voir *turbidity currents*).

turbidity : turbidité *f.*, opacité *f.*, impuretés *f.* (*rendant l'eau trouble*).

turbidity currents : courants *m.* de turbidité (*courants dus à la forte densité d'eaux boueuses glissant sur le fond dans une nappe d'eau ; de tels courants se forment notamment lors des séismes, sur le fond des océans, par éboulement de masses instables de vase qui se mélangent aussitôt à l'eau ; on leur attribue certaines ruptures de câbles téléphoniques*).

turbine fuel : voir *turbofuel*.

turbine meter : compteur *m.* à turbine (*appareil servant à mesurer un écoulement fluide au moyen d'une turbine dont les tours sont comptés par un dispositif électro-magnétique*).

turbine oil stability test or **TOST** : voir *thermal oxidation stability test*.

turbining : nettoyage *m.* à l'aide d'un racleur à turbine.

turbocharger : 1/ turbocompresseur *m.* (*compresseur rotatif centrifuge à haute pression, constitué par une ou plusieurs roues à aubes montées en série sur le même arbre et destiné à l'alimentation d'un réseau ou d'une machine*) ; 2/ turbosoufflante *f.* (*soufflante à grande vitesse de rotation, conduite par turbine à vapeur, moteur électrique ou turbine à gaz*).

turbodrill or **Capelushnikov drilling** : turboforage *m.* (*procédé de forage dans lequel le trépan est entraîné par une turbine placée au-dessus de lui et actionnée par la circulation de la boue ; inventé et mis au point en U.R.S.S., ce procédé offre le très grand avantage de supprimer l'usure des tiges de forage qui désormais ne tournent plus ;*

il permet en outre de communiquer au trépan une vitesse de rotation cinq à dix fois supérieure à celle obtenue par le procédé rotary, ce qui augmente considérablement la vitesse de pénétration et les performances de forage).

turbofan engine : turboréacteur *m.* à double flux ou à ventilateur auxiliaire (*réacteur d'avion équipé d'un compresseur d'air qui envoie de l'air à la sortie de la turbine afin d'augmenter la poussée et réduire le bruit*).

turbofuel or **turbine fuel** : turbocombustible *m.*, carburéacteur *m.* (*combustible pour turbines à gaz*).

turbogrid play : plateau *m.* de fractionnement (*couvrant toute la section de la tour et constitué par une plaque percée de fentes parallèles que vapeurs et liquides traversent*).

turbojet or **turbojet engine** : turboréacteur *m.*

turboprop engine or **turbopropeller engine** : turbopropulseur *m.* (*propulseur composé d'une turbine à gaz qui entraîne une ou plusieurs hélices par l'intermédiaire d'un réducteur*).

turf : 1/ tourbe *f.* ; 2/ gazon *m.*, pelouse *f.*

Turkey red oil or **alizarin oil** : huile *f.* de ricin sulfonée (*obtenue par traitement à l'acide sulfurique de l'huile de ricin, suivi d'une neutralisation et d'un lavage ; elle est utilisée dans l'industrie textile et en tannerie ; son nom provient de sa première utilisation comme mordant pour la teinture rouge turc ou rouge d'Andrinople*).

turnaround : 1/ navette *f.* (*rotation de camions effectuant un aller et retour continu d'un point à un autre*) ; 2/ révision *f.* générale (*d'une installation*).

turnbuckle : tendeur *m.*, tendeur à vis pour haubans, ridoir *m.* (*dispositif permettant de tendre un cordage, un câble, une chaîne, etc.*).

turndown : débit *m.* moyen (*rapport entre le débit maximum et le débit minimum autorisés par un robinet de régulation*).

turning : travail *m.* au tour, tournage *m.*

turning radius : rayon *m.* de braquage (*d'un véhicule automobile*).

turnkey plant : usine *f.* ou installation *f.* livrée clé en main (*construction entièrement réalisée par un contracteur pour un prix déterminé et assortie de garantie de bon fonctionnement mécanique et souvent de procédé*).

turn-out : production *f.*

turn out (to) : 1/ produire, fabriquer ; 2/ se mettre en grève.

turnover : 1/ chiffre *m.* d'affaires ; 2/ rotation *f.*, renouvellement *m.* (*d'un stock*) ; 3/ renversement *m.*, culbute *f.*

turpentine oil or **turps** : essence *f.* de térébenthine.

turpentine substitute : diluant *m.*, solvant *m.* (*pour peinture*), succédané *m.* de l'essence de térébenthine, white spirit *m.* ; voir aussi *mineral spirit.*

turps : voir *turpentine oil.*

turret lathe : voir *capstan lathe.*

TVO : abréviation de *tractor vaporizing oil.* Voir *vaporizing oil.*

tweezers : pinces *f.* brucelles.

twin-cam engine : moteur *m.* à deux arbres à cames.

twin carburettor : carburateur *m.* à double corps.

twine : 1/ ficelle *f.*, corde *f.* ; 2/ tournant *m.*, sinuosité *f.*, méandre *m.*

twin engine : moteur *m.* à deux cylindres.

twin-engined : entraîné par deux moteurs, bimoteur.

twine oil : huile *f.* pour fabrication de la ficelle.

twister ring grease or **twisting ring grease** : graisse *f.* pour anneau de torsion (*machines textiles*).

twisting moment : couple *m.* de torsion.

twisting ring grease : voir *twister ring grease.*

twist-off : cassure *f.*, rupture *f.* (*d'une tige de forage par excès de torsion en cours de forage*).

two-cycle engine oil : voir *two-stroke oil.*

two-position action : action *f.* régulatrice (*dans laquelle l'élément final de réglage ne peut occuper que deux positions*).

two-stage crude pipe still : unité *f.* de distillation de brut à deux étages (*combinant la distillation atmosphérique et la distillation sous vide*).

two-stroke oil or **two-cycle engine oil** : huile *f.* pour moteur à deux temps.

two-way time or **TWT** : temps *m.* double, T.D. *m.* (*expression désignant le délai, mesuré en secondes, entre l'instant de l'émission d'une onde sismique et celui de sa réception par un géophone, après réflexion sur un horizon géologique*).

Type C-1 hydraulic fluid or **Allison fluid Type C-1** : huile *f.* de type C-1 pour transmissions hydrauliques (*homologuée à partir de 1955 par General Motors – Allison Division, et employée dans les convertisseurs de couple de véhicules utilitaires ainsi que pour les transmissions automatiques de tracteurs*).

Type C-2 hydraulic fluid or **Allison Type C-2** : huile *f.* de type C-2 pour transmissions hydrauliques (*homologuée à partir de 1968 par General Motors – Allison Division ; comparée à l'huile de type C-1, elle possède de meilleures propriétés antimousse, antirouille et antiusure ; en 1977 une qualité améliorée, le type C-3, est apparue*).

tyre : voir *tire.*

U

Ubbelohde tester : appareil *m.* d'Ubbelohde (*servant à déterminer le point de goutte d'une graisse ; cf. ASTM D 566, AFNOR T 60 – 102*).

Ubbelohde viscometer : viscosimètre *m.* d'Ubbelhode (*viscosimètre capillaire employé pour déterminer la viscosité cinématique d'une huile ; cf. ASTM D 445, AFNOR T 60 – 100*).

UCL : abréviation de *upper cylinder lubricant.* Voir *upper motor lubricant.*

Udex : procédé *m.* Udex (*procédé d'extraction des aromatiques – benzène, toluène et xylènes –, à l'aide d'un mélange d'éthylène-glycol et d'eau. – Universal Oil Products Co.*).

uintahite or **uintaite** : uintahite *f.* (*autre nom de la* gilsonite ; voir ce terme).

ULCC : abréviation de *ultra large crude carrier.* Voir ce terme.

ullage : 1/ creux *m.* (*d'un réservoir, c'est-à-dire volume non occupé par le liquide*) ; 2/ espace *m.* vide (*au-dessus de la cargaison d'un pétrolier*) ; 3/ coulage *m.* (*perte ou déperdition par gaspillage*).

ullage hole : trou *m.* de jaugeage (*ouverture pratiquée sur le toit d'un réservoir pour en permettre le jaugeage*).

ultimate production or **ultimate oil yield** : production *f.* finale, production totale, production totalisée d'huile (*d'un gisement*).

ultimate tensile strength or **UTS** : charge *f.* de rupture à la traction.

Ultrafining : procédé *m.* d'hydrodésulfuration catalytique des distillats moyens (*utilisant un catalyseur du type cobalt-molybdène sur alumine à régénération périodique. – Standard Oil Co. of Indiana*).

ultraformer : unité *f.* d'*Ultraforming.* Voir ce terme.

Ultraforming : procédé *m.* de reformage catalytique sur lit fixe utilisant un catalyseur au platine (*l'unité comporte des réacteurs permutables dont un en régénération. – Standard Oil Co. of Indiana*).

ultra large crude carrier or **ULCC** : ultra gros transporteur *m.* de brut (*navire pétrolier ayant plus de 320 000 t de port en lourd*).

ultrared : infrarouge *m.*

ultrasonic beacon : voir *pinger.*

ultraviolet analyser : analyseur *m.* à rayons ultraviolets (*permettant de déterminer la composition des produits pétroliers par spectrophotomètrie*).

umpirage : 1/ arbitrage *m.* ; 2/ honoraires *m.* de l'arbitre.

umpire : 1/ arbitre *m.*, juge *m.* ; 2/ sur-arbitre *m.*, tiers-arbitre *m.*

unbranded distributor : distributeur *m.* de carburants sans marque.

unbreakable : incassable.

uncased borehole : trou *m.* ou forage *m.* non tubé. Voir aussi *small hole.*

uncharted : 1/ non porté sur une carte (*île par exemple*) ; 2/ inexploré.

unclaimed : non revendiqué (*brevet par exemple*).

unconditional guarantee or **unconditional guaranty** : garantie *f.* sans réserve.

unconformable : discordant (*se dit d'une couche géologique reposant en discordance sur une autre ; voir unconformity*).

unconformity : discordance *f.* (*disposition d'une série de couches géologiques reposant sur des couches plus anciennes qui ne leur sont pas parallèles ; on dit aussi qu'il y a discordance lorsque, dans le cas où deux couches présentent un parallélisme approximatif, la couche inférieure a été érodée avant le dépôt de la couche supérieure*).

uncoupling : désaccouplement *m.*, désassemblage *m.*, débrayage *m.*

unctuous : oncteux, gras.

uncured compound : compound *m.* de caoutchouc non vulcanisé. Voir *compound* 2/.

underage : quantité *f.* de liquide manquant dans un réservoir pour qu'il soit plein.

underbid (to) : offrir à de nouvelles conditions de prix et/ou de délais (*plus avantageuses que celles de l'offre initiale ou des concurrents*).

undercoat : 1/ sous-couche *f.*, couche *f.* de fond, couche d'apprêt (*de peinture*) ; 2/ couche de protection antirouille (*appliquée par pulvérisation sur les parties inférieures de la carrosserie et sur le châssis d'un véhicule*).

undercut : 1/ dépouille *f.* (*d'un outil, d'une pièce, etc.*) ; 2/ caniveau *m.* (*défaut de soudure*).

underdosing : sous-dosage *m.*

underground storage : stockage *m.* souterrain (*stockage de gaz ou de pétrole brut à l'intérieur de cavités souterraines naturelles ou artificielles, ou dans des couches profondes poreuses et perméables*).

underground tank : réservoir *m.* enterré, réservoir souterrain.

underlay or **hade** : inclinaison *f.* (*d'une couche géologique, d'un plan de faille, etc., par rapport à la verticale*).

underreamer : élargisseur *m.* (*outil de forage servant à agrandir le diamètre de la partie non tubée d'un sondage*).

underside of a piston : fond *m.* d'un piston.

understanding : 1/ compréhension *f.* ; 2/ accord *m.* des parties (*sur les termes d'un contrat non encore revêtu de ses formes légales*).

understatement of the reserves : minoration *f.* ou diminution *f.* des réserves (*d'un gisement d'huile ou de gaz*).

undertake drilling (to) : commencer à forer, entreprendre un forage.

underwrite (to) : 1/ signer, souscrire, garantir ; 2/ assurer (*un navire*).

underwriter : assureur *m.* maritime.

underwriters : groupement *m.* d'assurances maritimes (*Lloyd's par exemple*).

underwriting agreement : police *f.* d'assurance (*toutes branches*).

underwriting share : police *f.* d'assurance maritime.

undiluted : non dilué, pur.

undisclosed principal : mandant *m.* dont le nom n'apparaît pas dans un contrat (*et dont l'existence donne souvent lieu à l'établissement d'une side letter ; voir ce dernier terme*).

unenforced claims : 1/ droits *m.* non revendiqués ; 2/ droits miniers abandonnés.

unexpired term : durée *f.* de validité (*d'un droit minier*) restant à courir.

unextended rubber : caoutchouc *m.* non dilué, caoutchouc non étendu à l'huile.

unfiltered cylinder oil or **unfiltered stock** : voir *dark cylinder oil.*

unfired vessel : récipient *m.* non soumis à l'action du feu.

Unicracking : procédé *m.* d'hydrocraquage (*à double réacteur avec lit fixe de catalyseur traitant les charges les plus diverses sous une pression de 70 à 100 bar. – Union Oil Co. of California et Esso Research and Engineering Co.*).

Unifining : procédé *m.* de désulfuration catalytique éliminant d'un distillat le soufre, l'azote et l'oxygène (*il est utilisé pour le prétraitement de la charge d'un Platforming dont l'excès d'hydrogène alimente les unités de désulfuration. – Universal Oil Products Co. et Union Oil Co. of California*).

uniflex tray : plateau *m.* de barbotage (*comportant, à la place des cloches de barbotage, une série de pièces métalliques en forme de S*).

uniflow scavenging : balayage *m.* équicourant (*dans un moteur diesel à deux temps*).

uniflow steam engine : machine *f.* à vapeur à équicourant (*machine dans laquelle l'admission se fait aux extrémités du cylindre et l'échappement au milieu de celui-ci par des lumières spéciales, en sorte que la vapeur va toujours dans le même sens au lieu de revenir s'échapper par la même lumière que celle qui a servi à l'admission, comme dans la machine ordinaire ; étant donné la différence de température entre les extrémités et la partie centrale du cylindre, la lubrification de ce dernier nécessite des huiles spécialement raffinées*).

Union colorimeter : colorimètre *m.* Union (*appareil servant à déterminer la couleur d'une huile ou d'un produit paraffineux par comparaison avec une série de huit verres colorés étalons ; l'appareil n'est plus utilisé et la détermination de la couleur se fait aujourd'hui selon la méthode ASTM D 1500, AFNOR T 60 – 104 ; voir ASTM color scale*).

Uniontown method : méthode *f.* Uniontown (*méthode CRC de détermination de l'indice d'octane route des essences*). Voir *road octane number.*

Unisol process : procédé *m.* de raffinage des essences à teneur élevée en mercaptans (*par extraction de ceux-ci à contrecourant à l'aide d'une solution aqueuse d'alcool méthylique et de soude caustique. – Universal Oil Products Co.*).

unit : 1/ unité *f.* (*de fabrication, de production, etc.*), installation *f.* ; 2/ appareil *m.*, élément *m.* ; 3/ unité de mesure.

Unitary Thermal Polymerization process : procédé *m.* de polymérisation thermique (*des oléfines à trois ou quatre atomes de carbone, donnant des constituants pour carburants. – Polymerization Process Corp.*).

United States Maritime Commission rate or **USMC rate** : barème *m*. USMC (*barème en dollars par tonne anglaise, 1 016,047 kg, établi par l'Administration maritime américaine pendant la Seconde Guerre mondiale pour éviter un mouvement inflationniste des affrètements pétroliers ; il est établi pour une zone de chargement à destination d'une zone de déchargement, et non de port à port, et couvre toutes les dépenses de fonctionnement normal d'un pétrolier moyen*).

United States Pharmacopoeia or **USP** : organisme *m*. américain chargé de la normalisation des produits pharmaceutiques (*entre autres des huiles blanches Codex, et des spécifications de pureté des produits utilisés en médecine*).

unitization : exploitation *f*. concertée, exploitation en commun (*terme souvent employé au sens de pooling – voir ce terme –, mais signifiant en réalité l'exploitation en commun, ratifiée ou imposée par voie légale – compulsory unitization – de tout ou partie d'un gisement de pétrole parfois déjà sous régime du pooling, et s'appliquant aussi à un groupe de concessions de plus grande taille, en vue d'entreprendre des opérations de recompression ou de récupération secondaire rentables*).

universal joint : voir *knuckle joint*.

unleaded gasoline : voir *clear gasoline*.

unlined : sans revêtement, sans garnissage, non doublé, nu.

unliquidated damages : dommages *m*. non évalués.

unloading facilities : moyens *m*. de déchargement (*d'un navire, d'un wagon, etc.*).

unloading valve : soupape *f*. de décharge.

unlocking : déverrouillage *m*.

unpacked tower : colonne *f*. sans garnissage.

unplated liner : chemise *f*. non chromée (*d'un cylindre*).

unpriming : désamorçage *m*. (*d'une pompe*).

unrebated oil : produit *m*. pétrolier non détaxé.

unsaturated hydrocarbon : hydrocarbure *m*. non saturé (*dont au moins deux atomes de carbone voisins sont reliés par une double ou une triple liaison*).

unstenched gas : gaz *m*. auquel aucune odeur n'a été donnée.

unsulfonated residue or **UR** : résidu *m*. non sulfonable (*pourcentage d'une huile non attaqué par l'acide sulfurique*).

untreated base oil : voir *regular grade oil*.

unwatering or **pumping out** : exhaure *f*., dénoyage *m*., assèchement *m*. (*de travaux miniers envahis par l'eau*). Voir aussi *dewatering 2/*.

unweathered : non altéré, inaltéré, non évolué (*désigne en géologie, une formation, une couche ou une roche qui n'a pas été soumise aux actions chimiques de l'air ou de l'eau ou encore de certaines plantes ou bactéries, ni aux changements de température, toutes actions qui tendent à l'altérer*).

unworked penetration : pénétration *f*. sans malaxage, pénétrabilité d'une graisse non malaxée (*mesure de la pénétration d'une graisse consistante, sans malaxage préalable, à l'aide d'un pénétromètre normalisé, à la température de 25 ºC ; cf. ASTM D 217, AFNOR T 60 – 132 ; voir aussi penetrometer*).

UOP alkylation : procédé *m*. d'alcoylation de l'isobutane par des oléfines légères (*à contre-courant, en présence d'acide fluorhydrique. – Universal Oil Products Co.*).

UOP dehydrogenation : procédé *m*. catalytique de déshydrogénation des éthane, propane et butane en oléfines correspondantes (*le catalyseur au chrome est contenu dans deux réacteurs, l'un en service, l'autre en régénération. – Universal Oil Products Co.*).

UOP fluid catalytic cracking : procédé *m*. de craquage catalytique (*utilisant un ensemble combiné où le réacteur surmonte le régénérateur. – Universal Oil Products Co.*).

UOP polymerization : procédé *m*. de polymérisation des oléfines à trois et quatre atomes de carbone en constituants à indice d'octane élevé (*le catalyseur, de l'acide phosphorique imprégnant des pastilles de kieselguhr, est disposé dans un réacteur à tubes. – Universal Oil Products Co.*).

upburst : éruption *f*.

upcast : 1/ rejet *m*. (*vers le haut*), relèvement *m*. (*d'un filon*) ; voir aussi *upthrow 1/*; 2/ voir *ventilating shaft*.

upflow : courant *m*. ascendant.

upgrading : amélioration *f*., valorisation *f*., augmentation *f*. (*de qualité, etc.*).

uphole shooting : tir *m*. sismique en zone altérée, tir WZ (voir *weathering zone*).

upholstery cleaner : produit *m*. de nettoyage des garnitures en tissu des voitures automobiles.

upkeep : entretien *m*.

uplift : élévation *f*., soulèvement *m*., redressement *m*., surrection *f*., exhaussement *m*. (*d'une couche, d'un massif, etc.*).

upper cylinder lubricant or **UCL** : voir *upper motor lubricant.*

upper dead center : voir *top dead center.*

upper motor lubricant or **upper cylinder lubricant** or **UCL** : lubrifiant *m.* pour hauts de cylindres (*additif à mélanger à raison de 0,5 à 0,8 % en volume aux essences automobiles, et de 0,2 à 0,5 % en volume aux essences aviation, et qui a pour effet d'éliminer les dépôts adhésifs formés pendant la combustion dans les parties hautes des cylindres des moteurs à explosion ; il s'agit généralement de composés organiques oxygénés non volatils*). Voir aussi *shot-in-the-arm treatment*).

upper water or **top water** : eau *f.* sus-jacente, eau du toit, eau supérieure (*eau provenant de niveaux situés au-dessus d'une couche productrice de pétrole ou de gaz*).

upset : 1/ refoulement *m.*, renflement *m.* (*permettant, en particulier, l'emboîtement de tiges creuses*) ; 2/ bourrelet *m.* ; 3/ bouleversement *m.*, perturbation *f.* ; 4/ voir *disturbance* ; 5/ diamètre *m.* maximum (*du renflement ou du manchon d'une tige de forage ou d'un tube*).

up shift (to) : passer une vitesse supérieure.

upstream : amont *m.* (*d'un courant, d'une vallée*).

upstroke : course *f.* montante (*d'un piston*).

uptake pipe : tuyau *m.* ascendant, colonne *f.* montante.

upthrow : 1/ côté *m.* relevé, lèvre *f.* relevée, lèvre soulevée, rejet *m.* (*d'une faille*) ; 2/ masse *f.* chevauchée.

upthrow fault : faille *f.* inverse, chevauchement *m.*

upthrust : poussée *f.* de bas en haut, soulèvement *m.*

UR : abréviation de *unsulfonated residue.* Voir ce terme.

uranate : voir *yellow cake.*

urea dewaxing : déparaffinage *m.* à l'urée (*procédé complétant le déparaffinage classique des huiles afin d'obtenir des lubrifiants à très bas point d'écoulement, jusqu'à –55 ºC*).

used oil : huile *f.* usagée.

used oil test kit : coffret *m.*, trousse *f.* contenant l'appareillage nécessaire à l'analyse des huiles en service.

user specification : spécification *f.* imposée par l'utilisateur.

US gallon : voir *gallon.*

USMC rate : abréviation de *United States Maritime Commission rate.* Voir ce terme.

USP : abréviation de *United States Pharmacopoeia.* Voir ce terme.

US pint : voir *pint.*

usual standard : pratique *f.* courante.

utensil : ustensile *m.*, outil *m.*, instrument *m.*

utilities or **utility installations** : utilités *f.*, commodités *f.*, services *m.* généraux (*terme désignant dans une raffinerie ou dans une usine l'ensemble des moyens permettant de fournir et de distribuer l'énergie électrique, la vapeur d'eau, le gaz, l'air comprimé, l'eau, etc. là où ils sont nécessaires*).

UTS : abréviation de *ultimate tensile strength.* Voir ce terme.

V

VA : abréviation de *variable area*. Voir ce terme.

vacuum bottle : voir *vacuum flask*.

vacuum distillation : distillation *f.* sous vide (*pratiquée à la pression de 0,04 à 0,13 bar pour séparer les fractions lourdes du pétrole brut en diminuant leur température d'ébullition et en réduisant ainsi les effets de la décomposition thermique*).

vacuum flask or **vacuum bottle** or **thermos bottle** : bouteille *f.* thermos, bouteille isolante (*récipient constitué par une bouteille de verre à deux parois entre lesquelles on a fait le vide et que l'on place dans une enveloppe métallique renfermant elle-même une matière isolante, liège, feutre, etc. ; tout liquide froid ou chaud introduit dans la bouteille de verre conserve pendant de longues heures une température égale*).

vacuum gas oil or **VGO** : gazole *m.* sous vide (*obtenu lors de la distillation sous vide du brut réduit*).

vacuum gauge or **vacuum gage** : vacuomètre *m.*, indicateur *m.* de dépression, dépressiomètre *m.*, indicateur de vide.

vacuum jet : éjecteur *m.* (*d'un condenseur baromé-trique dans une unité de distillation sous vide*).

vacuum residue or **VR** : résidu *m.* sous vide.

vacuum tank : tonne *f.* à vide, réservoir *m.* à dépression.

vacuum tower : tour *f.* sous vide.

valence or **valency** : valence *f.* (*chimique*).

valve : 1/ valve *f.*, clapet *m.*, soupape *f.* ; 2/ robinet *m.*, vanne *f.* (*dans l'industrie pétrolière le terme* valve *a généralement le sens de vanne qui est ordinairement traduit par le mot anglais* gate valve ; *voir ce terme*).

valve actuator : commande *f.* de robinet, de vanne, de soupape, etc. (*dispositif électrique, hydrauli-que ou pneumatique permettant la commande à distance d'une vanne, d'un robinet, etc.*).

valve clap : voir *clapper valve*.

valve collar or **valve tulip** : collet *m.*, tulipe *f.* de soupape.

valve lifter : voir *hydraulic lifter*.

valve positioner : voir *positioner*.

valve rod : tige *f.* de manœuvre, queue *f.* de soupape, tige, queue de robinet, de clapet, bielle *f.* de tiroir.

valve rotator or **rotator** or **rotocap** : rotateur *m.* de soupape (*dispositif assurant la rotation des soupapes d'un moteur thermique pour empêcher les coups de chalumeau* ; voir *guttering*).

valve seat : siège *m.* de soupape, portée *f.* de soupape.

valve stem or **spindle** : tige *f.* de clapet, tige de soupape, queue *f.* de soupape (voir aussi *stem* 1/, *valve rod*).

valve tip : extrémité *f.* de la queue d'une soupape.

valve tulip : voir *valve collar*.

vanadium : vanadium *m.* (*métal qui, comme le nickel, est présent dans le pétrole brut et se retrouve concentré dans les résidus jusqu'à plus de 200 ppm pour certains bruts ; il cause la détérioration des foyers : on détermine la teneur en vanadium des combustibles grâce à la norme ASTM D 1548, AFNOR M 07 – 027*).

vane : ailette *f.*, aube *f.* (*d'une turbine, d'une pompe ou d'un compresseur*).

vane pump : pompe *f.* à palettes, pompe *f.* à ailettes.

vapor barrier : barrière *f.* de vapeur, écran *m.* pare-vapeur, écran *m.* d'étanchéité à la vapeur (*revêtement étanche, partie du calorifugeage, des appareils fonctionnant au-dessous de 0 °C, empêchant la formation de glace due à la pénétration de vapeur d'eau*).

vapor corrosion inhibitor : voir *vapor pressure inhibitor*.

vapor density or **VD** : densité *f.* de vapeur.

vapor dome tank : réservoir *m.* à calotte gonflable (*réservoir à toit fixe, surmonté d'un dôme dans lequel une membrane souple permet l'expansion des vapeurs et réduit ainsi les pertes de produits par évaporation*).

vaporizer : vaporisateur *m.*, vaporiseur *m.*, atomi-seur *m.*, pulvérisateur *m.*

vaporizing burner or **pot burner** : brûleur *m.* à vaporisation (*faisant passer le combustible direc-tement de l'état liquide à l'état vapeur*).

vaporizing oil or **tractor vaporizing oil** or **TVO** or **power kerosene** or **power paraffin** : terme *m.* anglais désignant le pétrole utilisé dans les moteurs thermiques.

vapor line : 1/ conduite *f.* de tête (*d'une tour de distillation*) ; 2/ conduite de vapeurs.

vapor/liquid ratio or **VL ratio** : rapport *m.* vapeur/liquide.

vapor lock or **gas lock** : bouchon *m.* de vapeur, tampon *m.* de vapeur (*accumulation excessive de vapeur dans le circuit d'alimentation en carburant d'un moteur, perturbant le fonctionnement de la pompe à essence ou du carburateur*).

vapor-phase cracking : craquage *m.* en phase vapeur.

Vapor-Phase Hydrodesulfurization : hydrodésulfuration *f.* en phase vapeur (*des produits distillants jusqu'à 250 °C, accompagnée de la saturation des oléfines ; le catalyseur, au tungstène-nickel, est régénérable. – Shell Oil Co.*).

vapor pressure : tension *f.* de vapeur (*pression créée par les molécules qui s'échappent d'un liquide pour engendrer de la vapeur ; elle dépend de la température ; le liquide entre en ébullition quand la tension de vapeur atteint la pression totale régnant au-dessus de sa surface*). Voir *Reid vapor pressure.*

vapor pressure inhibitor or **VPI** or **vapor corrosion inhibitor** : inhibiteur *m.*, en phase gazeuse, de corrosion.

vapor recovery unit : unité *f.* de traitement préliminaire d'une charge mixte de gaz et d'essence, en vue de la récupération de la phase gazeuse (*propane et butane compris*).

vapor return hose : tube *m.* de récupération des vapeurs (*du dispositif de remplissage d'une citerne à un poste de chargement*).

variable area or **VA** : aire *f.* variable (*se dit d'un mode de présentation d'une section sismique dans lequel la largeur des aires noircies est grossièrement proportionnelle à l'amplitude du signal sismique*).

variable area flowmeter : voir *rotameter.*

variable density or **VD** : densité *f.* variable (*se dit d'un mode de présentation d'une section sismique dans lequel l'opacité, ou densité, photographique du film est proportionnelle à l'amplitude du signal sismique*).

variable displacement pump : pompe *f.* à débit variable (*à pistons radiaux ou coaxiaux dont on fait varier la course*).

varnish : vernis *m.*, laque *f.* (*désigne les produits de l'oxydation et de la polymérisation des carburants et des lubrifiants résultant de leur emploi*).

varnish makers' and painters' solvents or **VM & P solvents** or **VM & P naphtha** : solvants *m.* des fabricants de vernis et des peintres (*solvants constitués de fractions dont le point d'ébullition est compris entre 87 °C et 164 °C et que l'on utilise pour diluer les vernis et les peintures*).

vaseline or **vaselin** : vaseline *f.* (*produit semi-solide et onctueux, pâle, constitué par des produits paraffineux comme le pétrolatum, auxquels on a fait subir des traitements plus ou moins poussés*).

vat : cuve *f.*, bac *m.* (*pour mélanges ou traitements*).

V-belt : courroie *f.* trapézoïdale, courroie en V.

VD : abréviation de *vapor density* et de *variable density.* Voir ces termes.

vegetable jelly : gelée *f.* végétale, pectine *f.*

velocity : vitesse *f.* (*en particulier, vitesse de propagation d'une onde sismique dans le sol*).

velocity analysis : analyse *f.* des vitesses (*de propagation d'une onde sismique à travers diverses formations géologiques*).

velocity curve : courbe *f.* de vitesse, diagramme *m.* des vitesses (*de propagation d'une onde sismique*).

velocity depth function : loi *f.* de vitesse en fonction de la profondeur (*sismique*).

velocity determination : calcul *m.* de la vitesse (*de propagation d'une onde sismique dans le sol*).

velocity function : loi *f.* de vitesse (*sismique*).

velocity log : diagraphie *f.* de vitesse (*enregistrement de la vitesse de propagation d'une onde sismique à travers les formations traversées par un forage*).

velocity survey : sismo-sondage *m.*, carottage *m.* sismique (*série de mesures faites dans un forage pour déterminer la vitesse moyenne de propagation de l'onde sismique en fonction de la profondeur*).

vent or **pop** : 1/ évent *m.*, orifice *m.*, dégagement *m.*, prise *f.* d'air, ouverture *f.*, ventilation *f.*, orifice *m.* de ventilation, torchère *f.* ; 2/ cheminée (*d'un volcan*).

ventilating shaft or **upcast** : puits *m.* d'aérage, puits d'aération (*d'une mine*).

venting system : circuit *m.* de ventilation, circuit d'aération.

vent pipe : tube *m.* d'aération, tuyauterie *m.* de ventilation, tuyauterie de mise à l'air libre (*d'une citerne, d'un réservoir, etc.*).

venturi : tube *m.* de Venturi, venturi *m.* (*tube comportant un rétrécissement et que l'on utilise pour la mesure des débits fluides ; la différence de pression entre la section normale et la section rétrécie est proportionnelle au carré du débit*).

venturi-type cooling tower : voir *natural draft cooling tower*.

vent valve : soupape *f.* de respiration (*d'un réservoir*).

vernier : vernier *m.* (*dispositif simple permettant d'augmenter la précision d'une échelle de mesure rectiligne ou circulaire ; du nom du mathématicien bourguignon Pierre Vernier, 1580-1637*).

vernier caliper : voir *caliper square*.

versus : par opposition à, contre.

vertex : sommet *m.* d'une courbe.

vertical takeoff and landing or **VTOL** : décollage *m.* et atterrissage *m.* verticaux.

very large crude carrier or **VLCC** : très grand transporteur *m.* de brut, très gros porteur (*pétrolier dont le port en lourd est compris entre 160 000 et 320 000 t*).

vessel : 1/ récipient *m.*, vase *m.*, capacité *f.* de toute nature (*accumulateur, réacteur, réservoir, séparateur, chaudière, etc.*) ; 2/ vaisseau *m.*, navire *m.*, bateau *m.*

VGC : abréviation de *viscosity-gravity constant*. Voir ce terme.

VGO : abréviation de *vacuum gas oil*. Voir ce terme.

VI : abréviation de *viscosity index*. Voir ce terme.

vial : voir *phial*.

Vibroseis : méthode *f.* de prospection sismique (*utilisant comme source d'énergie un ou plusieurs vibrateurs hydrauliques synchronisés engendrant un train d'ondes de fréquences données. – Continental Oil Company*).

vice : voir *vise*.

vicidity : viscosité *f.* élevée.

VI$_E$: abréviation de *viscosity index extension*. Voir ce terme.

VI improver : abréviation de *viscosity index improver*. Voir ce terme.

virgin : 1/ distillat *m.* simple, non traité ultérieurement ; voir *straight-run*) ; 2/ vierge, natif, pur.

virgin naphtha : naphta *m.* de première distillation.

virgin stock : huile *f.* de distillation directe (*constituant une charge pour une unité de craquage*).

visbreaker : 1/ viscoréducteur *m.* (*installation de viscoréduction* ; voir *visbreaking*) ; 2/ réducteur *m.* de viscosité.

visbreaking or **viscosity breaking** : viscoréduction *f.* (*procédé de craquage thermique partiel d'un résidu lourd de distillation produisant du gazole et du fuel-oil*).

viscometer or **viscosimeter** : viscosimètre *m.* Voir *Brookfield synchro-electric viscometer, British Road Tar Association viscosity, Cannon-Fenske viscometer, Doolittle viscometer, Engler viscosity, Fitz viscometer, Furol viscosity, MacMichael viscometer, Ostwald viscometer, Redwood viscometer, Saybolt Universal viscosity, Standard Tar viscometer, Ubbelohde viscometer, Visgage viscosity comparator, Vogel-Ossag viscometer, Zahn viscometer.*

viscosity : viscosité *f.* (*résistance d'un fluide à l'écoulement uniforme sans turbulence, due au frottement intérieur qui se produit lors de l'écoulement ; variant considérablement avec la température, la viscosité est une importante caractéristique des produits pétroliers, notamment des lubrifiants, et des boues de forage ; voir absolute viscosity, apparent viscosity, conventional viscosity, kinematic viscosity*).

viscosity blending chart : diagramme *m.* viscosimétrique, table *f.* de calcul de la viscosité des mélanges (*la viscosité des huiles lubrifiantes n'étant pas une propriété additive, la viscosité des mélanges se détermine au moyen d'un diagramme ; cf. ASTM D 341*).

viscosity breaking : voir *visbreaking*.

viscosity classification : voir *AGMA lubricant number, International Standards of viscosity classification, Production Engineering Research Association viscosity classification, SAE numbers.*

viscosity conversion table : table *f.* de conversion des viscosités (*permettant de comparer les viscosités mesurées à l'aide d'appareils différents ; cf. ASTM D 666 et ASTM Special Technical Publication 43B*).

viscosity-gravity constant or **VGC** : constante *f.* viscosité-densité d'une huile (*s'exprimant par la relation suivante* :

$$VGC = \frac{10\,G - 1{,}0752\,\log\,(V - 38)}{10 - \log\,(V - 38)}$$

dans laquelle G est le poids spécifique à 60 °F/ 60 °F et V la viscosité Saybolt à 100 °F [37,8 °C] ; elle dépend de la teneur en hydrocarbures aromatiques, paraffiniques et naphténiques et est d'autant plus faible que l'huile est de nature plus paraffinique).

viscosity index or **VI** : indice *m.* de viscosité (*donné par l'inclinaison de la courbe de viscosité en fonction de la température, établie selon les normes de Dean et Davis, en se référant à deux diagrammes température-viscosité tracés pour *deux séries d'huiles, Penna – VI = 100 – et Coastal – VI = 0 –, ayant la même viscosité à 210 °F; cf. ASTM D 2270, method A, AFNOR T 60 – 136 ; pour les huiles dont l'indice est compris entre 0 et 100, la formule est la suivante :*

$$VI = \frac{L.U}{L.H} \times 100$$

dans laquelle U est la viscosité à 100 °F de l'huile à examiner, L la viscosité à 100 °F d'une huile de référence d'indice de viscosité 0 et ayant la même viscosité à 210 °F que l'échantillon, et H la viscosité à 100 °F d'une huile de référence d'indice de viscosité 100 et ayant la même viscosité à 210 °F que l'échantillon ; les viscosités sont cinématiques et exprimées en centistokes ; 100 °F = 37,8 °C ; 210 °F = 98,9 °C).

viscosity index extension or **VI$_E$** : indice *m.* de viscosité, calculé selon la norme ASTM D 2270, method B, AFNOR T 60 – 136, des huiles ayant un indice de viscosité supérieur à 100 (*la formule est la suivante :*

$$VI_E = \frac{antilog\ N - 1}{0,0075} + 100$$

dans laquelle $N = \dfrac{\log H - \log U}{\log \gamma}$, H *et* U étant les valeurs indiquées précédemment – voir viscosity index – et γ la viscosité cinématique à 210 °F [98,9 °C] de l'huile dont on veut calculer l'indice de viscosité).*

viscosity index improver or **VI improver** : additif *m.* améliorant l'indice de viscosité d'une huile (*produit de polymérisation ayant des molécules très grandes et un poids moléculaire très élevé, avec de longues chaînes paraffiniques ; les deux polymères les plus utilisés sont les polyméthacrylates et les polyisobutylènes*).

viscosity loss : perte *f.* de viscosité (*d'un lubrifiant en service*).

viscosity pour point : point *m.* d'écoulement d'une huile très visqueuse (*résultant de sa viscosité propre plutôt que de la cristallisation de la paraffine qu'elle contient*).

viscosity temperature chart : abaque *m.* viscosité-température (*permettant, connaissant la viscosité à deux températures, de déterminer les viscosités à des températures intermédiaires ; cf. ASTM D 341 et ASTM chart F*).

viscosity work factor : facteur *m.* égal à l'expression suivante :

$$\frac{V_f - V_i}{V_i \times C}$$

(*dans laquelle* V_f *et* V_i *désignent respectivement la viscosité du produit à la fin et au début de l'essai et C un coefficient compris entre 4 et 5 qui dépend du lubrifiant considéré ; ce facteur donne une indication sur les qualités de stabilité du lubrifiant essayé*). Voir aussi *Navy work factor machine*.

vise or **vice** : étau *m.*

Visgage viscosity comparator : viscosimètre *m.* portatif du type à bille, donnant directement la viscosité des huiles en secondes Saybolt à 100 °F (37,8 °C) (*il comprend un tube témoin contenant une huile de référence et un tube à essai formant seringue pour échantillonner l'huile soumise à mesure*).

visor : voir *oil visor.*

visual display unit or **display terminal** : unité *f.* de visualisation, terminal *m.* à écran de visualisation.

VL ratio : abréviation de *vapor/liquid ratio.* Voir ce terme.

VLCC : abréviation de *very large crude carrier.* Voir ce terme.

VM & P naphtha or **VM & P solvents** : voir *varnish makers' and painters' solvents.*

Vogel-Ossag viscometer : viscosimètre *m.* de Vogel-Ossag (*viscosimètre capillaire utilisé pour la détermination de la viscosité cinématique des lubrifiants ; ne figure plus dans les spécifications ASTM*).

void : 1/ vide *m.*, interstice *m.*, bulle *f.*, pore *m.* ; 2/ vide, nul.

void (to) : résoudre, résilier, annuler (*un contrat, etc.*).

voidage : 1/ porosité *f.* ; voir *porosity* ; 2/ désaturation *f.*

voidance : annulation *f.*, résiliation *f.* (*d'un contrat*).

volatility : volatilité *f.* (*déterminée pour les essences par un essai de distillation et pour les gaz liquéfiés par évaporation ; cf. ASTM D 86, AFNOR M 07-002 et ASTM D 1837, AFNOR M 41-012*).

Voltolization : voir *Elektrionization.*

Voltol oil : voir *Elektrion oil.*

volume tank : capacité *f.* cylindrique (*disposée sur un champ pétrolier, en dérivation d'une conduite de gaz brut, pour séparer les entraînements liquides et régulariser l'alimentation d'un moteur thermique*).

volumetric flask : fiole *f.* jaugée.

volumetric gager or **volumetric gauger** : jauge *f.* volumétrique.

voog : voir *druse.*

vortex : tourbillon *m.*, vortex *m.*

vough : voir *druse.*

voyage charter or **spot chartering** : contrat *m.* d'affrètement pétrolier au voyage (*le navire est affrété pour effectuer un voyage déterminé d'un port à un autre, à un taux de location fixé d'après les barèmes en usage ou forfaitaire* ; voir *spot rate*).

VPI : abréviation de *vapor pressure inhibitor.* Voir ce terme.

VR : abréviation de *vacuum residue.* Voir ce terme.

VTOL : abréviation de *vertical takeoff and landing.* Voir ce terme.

vug : voir *druse.*

vuggy or **vugular** : vacuolaire.

vulcan oil : huile *f.* traitée à l'acide sulfurique, lavée et mélangée avec de l'huile de colza (*à usage de lubrifiant sommaire*).

V/V/H : abréviation de *volume/volume per hour.* Voir *space velocity.*

W

W : symbole de *watt*. Voir ce terme.

WAC : abréviation de *Wright Aeronautical Corporation*.

WAC bearing test : machine *f.* d'essai de la Wright Aeronautical Corporation (*servant à déterminer la solidité du film des huiles pour moteurs d'aviation*).

wackestone : wackestone *m.* (*terme désignant, dans la classification de R.L. Dunham, 1961, une roche carbonatée à texture sédimentaire reconnaissable, dont les composants organiques n'ont pas été liés entre eux durant le dépôt, présentant moins de 10 % de particules fines ou de boue et dont les grains ne sont pas jointifs*).

WAC oxidation test : essai *m.* de résistance à l'oxydation des huiles pour moteurs d'aviation mis au point par la Wright Aeronautical Corporation.

wagon : wagon *m.*, chariot *m.*, fourgon *m.*, caisson *m.*, tombereau *m.* (*attelé à un tracteur pour le transport de matériaux en vrac*).

waif : épave *f.* (*terme juridique*).

waiting on cement or **WOC** : attente *f.* après cimentation (*pour assurer une bonne prise du ciment avant reprise du forage*).

waive (to) : abandonner, renoncer (*à un droit*), déroger (*à un principe*).

waive of recourse : abandon *m.* de recours (*en matière d'assurance*).

walking beam or **beam** or **wiggle stick** or **wobbling log** : balancier *m.*, levier *m.* de battage (*poutre pivotante qui, dans le forage au câble ou à percussion, communique aux outils de forage leur mouvement alternatif*).

walking beam pump : pompe *f.* à balancier.

walking tractor or **cultivator** : motoculteur *m.*

walkway or **gangway** : passage *m.*, passerelle *f.* (*sur un réservoir de stockage, une tour, une installation de forage, etc.*).

wall cake : voir *mud cake, filter cake* 2/.

wall of the hole : paroi *f.* du puits.

walnut oil : huile *f.* de noix (*utilisée dans la fabrication des vernis*).

warehouse : magasin *m.*, entrepôt *m.*

warm-up : montée *f.* en température, mise *f.* en température (*d'un moteur, d'une unité de raffinage, etc.*).

warning light : lampe *f.* témoin, voyant *m.* lumineux, lampe de signalisation, répétiteur *m.* lumineux.

warrant : 1/ garantie *f.* ; 2/ mandat *m.* ; 3/ warrant *m.* pétrolier (*titre à ordre constatant la mise en gage de ses stocks de pétrole par un importateur débiteur qui en conserve la garde dans ses dépôts*).

warranted : légalement autorisé, légitime.

warranty : 1/ attestation *f.* de titre (*en droit pétrolier*) ; 2/ garantie *f.* (*engagement pris par un constructeur d'assurer la charge totale des frais de réparation de la chose vendue – pièces et main d'œuvre – rendue nécessaire par des défauts de fabrication ou des vices cachés*).

warp : 1/ amarre *f.*, haussière *f.* ; 2/ dépôt *m.* alluvionnaire ; 3/ gauchissement *m.*, voilement *m.* (*d'une surface, d'une roue, etc.*).

wash : 1/ lavage *m.*, purification *f.* (*des liquides, des gaz*) ; 2/ badigeonnage *m.* ; 3/ limon *m.*, alluvions *f.* grossières ; 4/ ressac *m.*, remous *m.*

washability : lavabilité *f.*

wash bottle or **washing flask** : flacon *m.* laveur, pissette *f.*

washer : 1/ rondelle *f.* 2/ bague *f.* de fond (*d'un presse-étoupe*) ; 3/ décanteur *m.*, laveur *m.*, installation *f.* de lavage.

washing : liquide *f.* de lavage (*d'un produit pétrolier par exemple*).

washing flask : voir *wash bottle*.

washing gun : pistolet *m.* de lavage, lance *f.* de lavage (*pour lavage sous pression des voitures dans une station-service*).

wash oil : huile *f.* d'absorption, huile de rinçage (*d'un moteur*).

washout resistance test or **water washout test** : essai *m.* de résistance d'une graisse pour roulements à billes au lavage sous pression (*cf. ASTM D 1264*).

washover : surforage *m.* (*opération consistant à nettoyer l'espace annulaire compris entre la paroi d'un puits et des tiges de forage coincées ; on emploie pour cela des tubes spéciaux munis à leur partie inférieure d'une fraise annulaire dentée ou garnie de diamant ou de carbure de tungstène*).

washover pipe or **wash pipe** : tube *m.* de surforage. Voir *washover.*

washover shoe : couronne *f.*, fraise *f.* de surforage, sabot *m.* de fraisage. Voir *washover.*

wash pipe : 1/ tube *m.* d'usure (*de la tête d'injection d'une installation de forage rotary*) ; 2/ voir *washover pipe.*

wash pipe packing : joint *m.* en V inversé (*qui, associé au tube d'usure de la tête d'injection, assure la liaison étanche entre le flexible d'injection et la partie tournante de la tête d'injection sous le col de cygne*).

wash tank : bac *m.* de lavage, réservoir *m.* de lavage, réservoir *m.* de dessalage (*du pétrole brut*).

wash water : eau *f.* de lavage.

wastage : 1/ déperdition *f.*, perte *f.*, gaspillage *m.* (*de chaleur, d'énergie, etc.*) ; 2/ déchets *m.*, rebuts *m.*

waste : 1/ déchets *m.*, résidu *m.* ; 2/ étoupe *f.* (*utilisé dans le graissage capillaire* ; voir *yarn, waste-pack lubrication*) ; 3/ remblai *m.*, vieux travaux *m.* (*de mine*) ; 4/ purge *f.*, vidange *f.*

waste cock : robinet *m.* de purge, robinet de vidange.

waste disposal : 1/ évacuation *f.*, élimination *f.* des déchets ; 2/ dépotoir *m.*, dépôt *m.* d'ordures, décharge *f.* ; 3/ utilisation *f.*, récupération *f.* des déchets.

waste-pack lubrication or **bottom-feed waste oiling** : graissage *m.* par packing (*procédé de graissage par capillarité, utilisant un bourrage de fibres de laine, de coton, de crin végétal ou d'étoupe*).

waste-pack oil cup or **waste-pack oiler** : graisseur *f.* du type Stauffer bourré d'étoupe.

waste system : système *m.* de collecte et de traitement des eaux usées.

waste water : eau *f.* résiduelle, eau usée, eau d'égout.

watchman : gardien *m.*

water : eau *f.* (*pour sa détermination dans les produits pétroliers, cf. ASTM D 95, AFNOR T 60 - 113*).

water and sediments : eau *m.* et sédiments *m.* (*pour leur détermination dans les produits pétroliers cf. ASTM D 1796, AFNOR M 07-020*).

water bath : bain-marie *m.*

water-bearing : aquifère (*se dit d'une couche géologique ne contenant que de l'eau*).

water-bearing stratum : voir *water-table* 1/.

water conditioner : unité *f.* de traitement d'eau, adoucisseur *m.* d'eau.

water-coning : formation *f.* d'un cône d'eau (*soulèvement, en forme de cône, au niveau de l'extrémité inférieure d'un puits, de la nappe sous-jacente à un gisement de gaz ou d'huile, provoqué par une extraction trop rapide du gaz ou de l'huile*).

water detector : voir *water finder.*

water displacer or **water dispersant** : liquide *m.* antihumidité (*contenu dans une bombe aérosol et que l'on vaporise dans le distributeur d'allumage et sur les câbles d'alimentation des bougies d'un moteur à explosion*).

water drive : déplacement *m.* par poussée d'eau (*mécanisme, naturel ou artificiel, de drainage du pétrole brut vers les puits d'exploitation, dû à la poussée de l'eau*).

water finder or **water detector** : détecteur *m.* d'eau (*jauge graduée sur laquelle on applique une pâte réactive qui se décolore au contact de l'eau présente au fond d'un réservoir*).

water-finding paste or **water indicator paste** : pâte *f.* se décolorant au contact de l'eau. Voir *water finder.*

water flooding : injection *f.* d'eau (*procédé de récupération secondaire de l'huile d'un gisement par injection forcée d'eau dans la formation productive par des puits forés à cet effet*).

water gas : gaz *m.* à l'eau (*gaz résultant de la décomposition de la vapeur d'eau par du coke porté à température élevée – 1 000 °C à 1 200 °C –, selon la réaction chimique endothermique $C + H_2O \rightleftarrows CO + H_2$; en pratique le gaz à l'eau est formé de 50 % d'hydrogène, 40 % d'oxyde de carbone, 5 % de gaz carbonique et 5 % d'azote ; il est utilisé comme combustible et peut être enrichi à l'aide d'autres gaz pour donner le gaz de ville ; voir aussi carburetted water gas, blue water gas*).

water glass : indicateur *m.* de niveau d'eau visible.

water-glycol lubricant : lubrifiant *m.* ininflammable (*constitué par un mélange d'eau et de polyglycols*).

water hammer or **water ram** or **fluid hammer** or **hydraulic ram** : coup *m.* de bélier, bélier *m.* hydraulique.

water haze : trouble *m.* par présence d'eau.

water indicator paste : voir *water-finding paste.*

water-in-oil emulsion or **reverse emulsion** or **invert emulsion** or **W/O emulsion** : émulsion *f.* d'eau dans l'huile, émulsion inverse. Voir aussi *oil field emulsion.*

water jacket : chemise *f.* d'eau (*d'un moteur, d'un réacteur, etc.*).

waterlogged : imbibé d'eau, envahi par l'eau, plein d'eau.

water of adhesion : voir *connate water.*

water/oil ratio or **WOR** : rapport *m.* eau/pétrole brut, W.O.R.

water pocket : poche *f.* d'eau (*dans une formation géologique*).

waterproof : imperméable, étanche à l'eau, hydrofuge.

waterproofing : imperméabilisation *f.*

water ram : voir *water hammer.*

water-repellent grease : graisse *f.* hydrofuge (*généralement à base calcique*).

water-scooping machine : pompe *f.* d'assèchement.

water seal : joint *m.* hydraulique, fermeture *f.* à eau, siphon *m.* isolateur.

water separometer index modified test or **WSIM test** : essai *m.* d'évaluation de l'aptitude d'un carburéacteur pour turbines à gaz d'aviation à décanter l'eau émulsionnée (*l'essai est réalisé sur le séparateur d'eau ASTM-CRC par lecture directe sur une échelle graduée de 0 à 100 ; cf. ASTM D 2550*).

water-shedding ability : aptitude *f.* d'un produit à se séparer de l'eau à laquelle il n'est pas miscible.

water softener : adoucisseur *m.* d'eau (*éliminant les ions calcium et magnésium des eaux alimentant une chaudière*).

water-soluble oil : voir *soluble oil.*

water system : système *m.* d'alimentation et de distribution de l'eau.

water table : 1/ nappe *f.* phréatique, nappe libre (synonyme : *water-bearing stratum*) ; 2/ niveau *m.* hydrostatique de l'eau dans un sondage.

watertight bulkhead : cloison *f.* étanche (*d'un navire*).

water tolerance test : mesure *f.* de la quantité d'additifs, tel l'alcool, ajoutés aux essences aviation pour fixer l'eau (*par agitation avec une quantité d'eau déterminée et mesure de l'augmentation de volume ; cf. ASTM D 1094*).

water trap : sécheur *m.* de vapeur.

water washoff : délavage *m.*, élimination *f.* par lavage.

water washout test : voir *washout resistance test.*

water-white oil or **WW oil** : huile *f.* extra-blanche.

watery : aqueux.

watt or **W** : watt *m.* (*symbole* : W ; *unité de puissance mécanique, thermique et électrique du Système International correspondant à* 1 J/s ; *on utilise normalement le kilowatt, kW, et le mégawatt, MW*).

watt-hour or **Wh** : wattheure *m.* (*symbole* : Wh ; *unité de travail et de quantité de chaleur ;* 1 Wh = 3 600 J = 860 cal = 3,413 BTU ; *on utilise normalement le kilowattheure, kWh valant* 10^3 *Wh, le mégawattheure, MWh, valant* 10^6 *Wh, le gigawattheure, GWh, valant* 10^9 *Wh et même le térawattheure, TWH, valant* 10^{12} *Wh*).

wave : onde *f.*, vague *f.*

wax : paraffine *f.*, cire *f.* de pétrole, cire *f.* minérale.

wax-bearing oil : huile *f.* contenant de la paraffine.

wax blocking point : voir *blocking point of paraffin wax.*

wax cake : gâteau *m.* de paraffine.

wax distillate : distillat *m.* paraffineux.

waxes oil content : teneur *f.* en huile des paraffines (*se mesurant par dissolution dans la méthyléthylcétone et séparation à – 34 °C ; cf. ASTM D 721, AFNOR 60 - 120*).

wax fractionation : fractionnement *m.* de la paraffine (*procédé permettant d'obtenir des paraffines à point de fusion bien défini, par redissolution, recristallisation et refiltration*).

wax-free oil : huile *f.* sans paraffine.

wax mold : plaque *f.*, pain *m.* ou bloc *m.* de paraffine.

wax moulding or **wax molding** : moulage *m.* de la paraffine en pains.

wax paper : papier *m.* paraffiné.

wax picking point : voir *picking point of paraffin wax.*

wax sealing strength : résistance *f.* à la séparation de deux feuilles de papier ou d'une feuille de papier et d'une feuille d'aluminium – voir *butter paper* – collées entre elles avec de la paraffine. Voir *blocking point of paraffin wax.*

wax tailings or **petrolatum** : résidu *m*. paraffineux.

wax tensile strength test : mesure *f.* de la résistance à la traction des paraffines. Voir *tensile strength of paraffin wax test*.

wax distillate : distillat *m*. paraffineux.

waxy oil : huile *f.* paraffineuse (*provenant du déshuilage au solvant de la paraffine*). Voir *gatsch*.

way hydraulic oil : huile *f.* à double usage (*pour glissières et pour systèmes hydrauliques de machines-outils*).

way lubricant or **slideway lubricant** : huile *f.* pour glissières de machines-outils (*contenant des dopes antibroutage*).

WC : abréviation de *wildcat*. Voir ce terme.

weak acid : acide *m*. faible.

weak mixture : voir *lean mixture*.

weak solution : solution *f.* étendue.

wear : usure *f.*, détérioration *f.*, dégradation *f.*, fatigue *f.* Voir aussi *normal wear and tear*.

wearing in : voir *break-in*.

wear ring at travel top : barriquage *m*. (*usure de la chemise d'un cylindre au niveau du point mort haut*).

weathered crude : brut *m*. altéré, brut *m*. éventé (*qui en raison de ses conditions de stockage ou de transport a perdu une partie appréciable de ses fractions volatiles*).

weathering : 1/ modification *f.*, altération *f.* par exposition à l'air (*d'un produit pétrolier dont les fractions les plus volatiles sont ainsi perdues* ; voir *weathered crude*) ; 2/ altération *f.* superficielle, désagrégation *f.* (*d'une roche soumise aux agents atmosphériques*).

weathering test : 1/ essai *m*. de résistance aux intempéries ; 2/ détermination *f.* de la nature et du pourcentage des hydrocarbures supérieurs contenus dans le gaz butane commercial (*selon les normes LPG de la Natural Gasoline Association of America* ; synonyme : *boil away test ;* voir aussi *freezing test*).

weathering zone or **WZ** : zone *f.* altérée, zone d'altération (voir *weathering 2/*)

weatherometer : appareil *m*. permettant de reproduire les conditions atmosphériques, au moyen de rayons ultraviolets et de jets d'eau salée (*utilisé pour simuler une exposition accélérée à l'air des films de protection contre la corrosion des métaux*).

web : 1/ tissu *m*., toile *f.* ; 2/ nervure *f.*, âme *f.* (*d'une poutre, d'un rail, etc.*).

wedge : coin *m*. voir *lubricating oil wedge*.

weedkiller : voir *herbicidal oil*.

weep hole : trou *m*. d'écoulement (*percé dans les plateaux de fractionnement pour assurer leur drainage lors des arrêts de fonctionnement de l'unité*).

weeping : perte *f.*, fuite *f.* (*d'un joint, d'un tube, etc.*).

weeping core : carotte *f.* suintante (*d'où le pétrole suinte*).

weighbridge : pont *m*. à bascule.

weighing : pesée *f.*, pesage *m*.

weigh tank : réservoir *m*. sur balance à bascule.

weight dropping or **thumping** : chute *f.* de poids (*méthode de prospection sismique*). Voir *seismic thumper*.

weighted : pondéré, lesté, taré.

weighted bottle : bouteille *f.* tarée.

weight-filling machine : remplisseur *m*. automatique sur bascule.

weight indicator or **drillometer** : indicateur *m*. de charge, indicateur de poids (*appareil indiquant le poids suspendu au crochet du mouflage d'un appareil de forage ; appelé couramment* Martin Decker, *nom du fabricant américain*).

weir : déversoir *m*., barrage *m*.

weir box : tiroir *m*. de soutirage, boîte *f.* de soutirage (*dans une tour de distillation*).

weld : soudure *f.*

welding : soudage *m*.

welding fittings : raccords *m*. à souder (*pour tuyauterie*).

welding goggles : lunettes *f.* de soudeur (*de protection*).

welding hood : masque *m*. de soudeur (*de protection*).

welding neck flange : bride *f.* à souder (*pour soudure en bout*).

welding outlet or **weldolet** or **welding saddle** : orifice *m*. d'un collecteur ou d'un récipient auquel on soude un tuyau.

welding rod : baguette *f.* d'apport de soudure.

welding saddle : voir *welding outlet*.

welding seam : cordon *m*. de soudure.

welding set : machine *f.* à souder.

welding torch : chalumeau *m.* à souder.

weldless : sans soudure.

weld load : charge *f.* de soudure (*charge à partir de laquelle il y a soudure des billes au cours de l'essai à la machine Shell à quatre billes*). Voir *four ball test.*

weldolet : voir *welding outlet.*

well or **hole** or **borehole** : puits *m.*, forage *m.*, sondage *m.*, trou *m.* (*le premier forage pétrolier fut exécuté le 27 août 1859 par Edwin L. Drake, à Titusville en Pennsylvanie à la profondeur de 69,5 pieds, soit 21 m ; mais dès 1745 des puits étaient exécutés à la main pour exploiter le pétrole de Pechelbronn, Bas-Rhin*).

wellhead : tête *f.* de puits (*équipement de l'entrée d'un puits, soit en cours de forage, soit en cours de production ; plus spécialement pièce cylindrique fixée sur le premier tubage et destiné à recevoir les tubages suivants*).

wellhead cluster : têtes *f.* de puits groupées, groupe *m.* de têtes de puits.

well pulling : entretien *m.* d'un puits producteur (*à l'aide essentiellement d'outils ou d'appareils manœuvrés par câble à l'intérieur du puits dont la production est momentanément arrêtée*).

well shooting : voir *shooting* 1/.

well spacing or **spacing** : espacement *m.* des puits (*les uns par rapport aux autres, de façon à obtenir la meilleure exploitation possible d'un gisement d'hydrocarbures*).

wet or **wetted** : humide, mouillé, imbibé d'eau.

wet-brake oil : huile *f.* pour transmission de tracteurs (*équipés d'une boîte unique renfermant le système de freinage à disques*).

wet brakes : système *m.* de freinage à disques (*immergés dans l'huile de la boîte de transmission de tracteurs agricoles*).

wet filter : filtre *m.* à air à bain d'huile.

wet gas or **fat gas** or **raw gas** : gaz *m.* humide, gaz riche (*contenant des produits condensables*).

wet gasser : puits *m.* qui produit du gaz humide, puits à condensat.

wet moor : tourbière *f.*

wet natural gas : gaz *m.* naturel humide, gaz naturel à condensat (*riche en hydrocarbures supérieurs condensables*).

wetness : humidité *f.*

wet oil or **cut oil** : brut *m.* à teneur élevée en eau (*non commercialisable sans déshydratation préalable*).

wet steam : vapeur *f.* humide.

wet sump : carter *m.* humide, carter à bain d'huile (*désigne le carter d'un moteur qui est en même temps le réservoir d'huile*).

wettability : mouillabilité *f.* (*propriété d'une huile de s'étaler sur une surface*).

wetted : voir *wet.*

wetting agent : agent *m.* mouillant, imprégnant.

wet washer : décanteur *m.* d'eau (*servant à purifier un courant de gaz*).

W grades of motor oil : voir *winter grades of motor oil.*

Wh : symbole de *watt-hour.* Voir ce terme.

whale oil or **blubber oil** or **body oil** : huile *f.* de baleine (*huile animale, semi-siccative, utilisée dans le travail des cuirs et pour l'éclairage ; les huiles de baleine foncées peuvent être employées pour la trempe des aciers*). Voir aussi *train oil, sperm oil.*

wharf : quai *m.*, appontement *m.*

wharfage : 1/ débarquement *m.*, embarquement *m.* ; 2/ droits *m.* de quai ; 3/ quais *m.* et appontements *m.*

wheat oil : huile *f.* de blé.

wheel bearing grease : graisse *f.* pour roulements de fusée (*des moyeux d'un véhicule automobile*).

wheel hub : moyeu *m.* de roue.

wheel loader : chargeur *m.* hydraulique sur pneumatiques.

wheel wobble : flottement *m.* des roues, voilage *m.* des roues (*d'un véhicule*).

whip : voir *oil whip.*

whipstock : sifflet *m.* déviateur (*outil de forage constitué par un cylindre d'acier biseauté, et servant à amorcer la déviation intentionnelle d'un forage*).

whirl : tourbillon *m.*, voir *oil whip.*

whirler : centrifugeuse *f.*, tournette *f.* d'essorage.

whisker or **whiskering** : pontage *m.* (*dépôt filiforme entre les électrodes d'une bougie encrassée et les court-circuitant*).

white : blanc, propre, pur.

white cargo : voir *clean cargo.*

white chalk : craie *f.* blanche (*désigne en particulier une formation géologique du Crétacé supérieur*).

white gasoline : voir *clear gasoline*.

white metal or **antifriction metal** : métal *m.* blanc, métal antifriction.

white oil or **paraffinum liquidum** : huile *f.* blanche (*complètement décolorée par l'acide sulfurique fumant ou par hydrogénation très poussée*).

white products : produits *m.* blancs (*fractions légères des pétroles, de couleur claire, comme l'essence, le kérosène ou le gazole*).

white spirit : white spirit *m.* (*produit pétrolier intermédiaire entre l'essence et le pétrole lampant, distillant entre 150 °C et 200 °C, utilisé comme solvant de dégraissage ou comme diluant de peinture en remplacement de l'essence de térébenthine*).

white wash : lait *m.* de chaux, chaulage *m.*, badigeon *m.* à la chaux, échaudage *m.*

whizzer : séparateur *m.* centrifuge, centrifugeuse *f.*

wholesaler : grossiste *m.*

wick : mèche *f.* (*d'une bougie, d'une lampe, etc.*).

wick char test : essai *m.* de combustion à la lampe (*pour évaluer l'aptitude à la combustion d'un pétrole lampant d'après le poids de mèche carbonisée dans des conditions normalisées ; cf. ASTM D 187 et D 219*).

wick-feed oiler or **wick lubricator** : graisseur *m.* à mèche.

wick-felt oiler : graisseur *m.* à mèche et feutre.

wick lubricator : voir *wick-feed oiler*.

wide cut : fraction *f.* à coupe large.

wiggle stick : voir *walking beam*.

wildcat or **WC** : forage *m.* de recherche, forage de reconnaissance, wildcat *m.* (*premier forage effectué sur une structure ou dans une région inexplorée*).

wildcatter : foreur *m.* d'exploration.

wild flowing : éruption *f.* non contrôlée (*d'un sondage*).

wild gasoline : essence *f.* de tête, essence non stabilisée (*très volatile*).

wild oil : voir *live oil*.

wild ping : claquement *m.*, cliquetis *m.* (*par préallumage en présence de points chauds dans la chambre de combustion d'un moteur à explosion*).

wild well : puits *m.* fou (*sondage dont l'éruption est incontrôlée*).

wilful damage : bris *m.*, dommage *m.* délibéré, sabotage *m.*

wilful injury : préjudice *m.* causé intentionnellement.

wilful mistake : faute *f.* volontaire ou intentionnelle, erreur *f.* commise de propos délibéré.

winch : treuil *m.*, cabestan *m.*

windage : jeu *m.*, espace *m.* libre (*en mécanique*).

winding cable : câble *m.* d'extraction.

winding up : 1/ bandage *m.* (*d'un ressort*), remontage *m.* (*d'une machine, d'une horloge, etc. mue par un ressort*) ; 2/ clôture *f.* (*d'un compte*).

windlass : palan *m.*, cabestan *m.*, grue *f.*, guindeau *m.* (*petit cabestan de marine à axe horizontal*).

wind-loading rating : capacité *f.* de résistance au vent (*d'une tour de forage, d'une colonne de fractionnement, d'une cheminée, etc.*).

windscreen cleaner or **windshield cleaner** : voir *windshield wiper*.

windscreen de-icer : voir *windshield de-icer*.

windscreen demister : voir *antimisting fluid, demister* 1/.

windscreen smear remover : voir *antismear solvent*.

windshield de-icer or **windscreen de-icer** : dégivrant *m.* de pare-brise.

windshield washer or **windscreen washer** : lave-glace *m.*, lave-pare-brise *m.* (*d'un véhicule automobile*).

windshield wiper or **windshield cleaner** or **windscreen cleaner** : essuie-glace *m.*

winestone oil : voir *grapeseed oil.*

winter gasoline : carburant *m.* d'hiver (*de volatilité plus élevée*).

winter grade LP gas : gaz *m.* de pétrole liquéfiés (*à pourcentage élevé en propane pour utilisation en hiver*).

winter grades of motor oil or **W grades of motor oil** : huiles *f.* moteurs pour service en hiver (*classification SAE*).

winterization : préparation *f.* de l'équipement et du matériel pour fonctionnement en conditions hivernales (*basses températures, neige, glace, gel et vents violents*).

winterized : traité par le froid.

wiper lubrication : graissage *m*. par frotteur.

wiper ring : segment *m*. racleur (*du piston d'un moteur à explosion*).

wiping : 1/ séchage *m*., essuyage *m*. ; 2/ glissement *m*. (*par fusion, de la couche superficielle du métal antifriction garnissant un coussinet*).

wiredrawing : 1/ tréfilerie *f*., tréfilage *m*., étirage *m*. ; 2/ étranglement *m*., laminage *m*. (*de la vapeur*) ; 3/ voir *guttering*.

wireline : câble *m*. métallique, câble de forage ; par extension, travail *m*. au câble. Voir aussi *bailing rope, drilling line*.

wireline anchor : dispositif *m*. de fixation du brin mort du câble de forage (*comprenant également la prise de tension du câble suivant le poids suspendu au crochet, tension transmise à l'indicateur de poids*). Voir *weight indicator*.

wire mesh : tricot *m*. métallique (*empilé en matelas et servant à retenir les entraînements liquides dans une colonne*).

wire rope grease or **cable grease** : graisse *f*. pour câbles métalliques (*dont l'application se fait généralement à chaud*).

wire strand : 1/ toron *m*. à fils métalliques ; 2/ câble *m*. de hauban.

wiring : câblage *m*., montage *m*., connexions *f*., pose *f*. de fils électriques.

wiring diagram or **connexion diagram** or **connection diagram** : schéma *m*. ou plan *m*. de câblage, schéma des connexions électriques.

withdrawal : soutirage *m*., extraction *f*., retrait *m*.

withdrawal plate : plateau *m*. collecteur (*dans une tour de fractionnement*).

withdrawal tube : tube *m*. d'extraction (*chimie*).

withholding tax : retenue *f*. à la source (*impôt perçu par un état lors de la distribution du dividende, du versement de l'intérêt ou de toute autre rémunération versée par une entité située dans cet état*).

wobble : 1/ flottement *m*., tremblement *m*. ; 2/ mouvement *m*. irrégulier (*d'un train de tiges de forage déséquilibré*) ; 3/ voir *wheel wobble*.

wobbling log : voir *walking beam*.

WOC : abréviation de *waiting on cement*. Voir ce terme.

W/O emulsion : abréviation de *water-in-oil emulsion*. Voir ce terme.

wood naphta : alcool *m*. méthylique, méthanol *m*.

wood oil : huile *f*. de bois de Chine. Voir *tung oil*.

wood tar : goudron *m*. de bois.

wool degreasing : dégraissage *m*. de la laine.

wool fat : graisse *f*. de suint, suintine *f*.

wool grease : 1/ graisse *f*. de laine, lanoline *f*. (*excellent émulsifiant ayant des propriétés anti-rouille*) ; 2/ dégras *m*.

wool oil : 1/ huile *f*. pour l'ensimage de la laine (*avant filature*) ; 2/ suint *m*.

wool wad : tampon *m*. d'ouate de laine.

wool yarn grease or **wool waste grease** : graisse *f*. dans laquelle ont été incorporées des fibres textiles (*dont le rôle est de donner plus de consistance à la graisse en fusion*).

WOR : abréviation de *water/oil ratio*. Voir ce terme.

workbench : établi *m*.

workboat : navire *m*. atelier (*pour travaux en mer*).

worked penetration or **WP** : pénétrabilité *f*. d'une graisse après malaxage (*elle se détermine selon les normes du National Lubricating Grease Institute – NLGI – après 60 coups de malaxeur et à la température de 77 °F, soit 25 °C ; la classification comprend les neuf grades suivants* :

Grade NLGI	Pénétrabilité à 25 °C
000	445 - 475
00	400 - 430
0	355 - 385
1	310 - 340
2	265 - 295
3	220 - 250
4	175 - 205
5	130 - 160
6	85 -115

cf. ASTM D 217, AFNOR T 60 - 132.

worker : 1/ travailleur *m*., ouvrier *m*. ; 2/ malaxeur *m*. (*pour graisses soumises à l'essai de pénétrabilité après malaxage*).

work factor : voir *Navy work factor machine*.

working barrel : 1/ cylindre *m*., corps *m*. de pompe de fond ; 2/ tube *m*. extérieur d'un carottier.

working expenses : frais *m*. ou charges *f*. d'exploitation.

working injury : accident *m*. du travail.

working interest : participation *f*. du concessionnaire, intérêt *m*. économique direct (*le contrat de concession prévoit le versement d'une re-*

devance aux concédants et autres ayants droit avant prélèvement des frais de production ; la part restante des recettes représente la part du revenu, ou working interest, *du concessionnaire sur laquelle seront prélevées les dépenses d'exploitation, les redevances dérogatoires et tous autres paiements*).

working pressure : pression *f.* de marche, pression de service, pression de régime, pression d'exploitation (*pression maximale admise dans une installation, en particulier de forage, suivant le grade de l'acier des conduites, la qualité des flexibles, la puissance des pompes, etc.*)

work loose (to) : prendre du jeu (*en mécanique*).

workover or **workover job** or **workovers** : reconditionnement *m.*, travaux *m.* de reconditionnement (*toute opération pratiquée sur un puits après son achèvement pour en améliorer ou rétablir la production*).

work schedule : liste *f.* programmée des travaux à exécuter lors de l'arrêt d'une unité.

Worldscale : contraction de *Worldwide Tanker Nominal Freight Scale* (*barème en dollars ou livres sterling des taux de fret applicables aux navires pétroliers pour les voyages de port à port, établi à partir du 15 septembre 1969 par l'International Tanker Nominal Freight Scale Association Ltd de Londres, ex Intascale, et l'Association of Ship Brokers and Agents de New York, ex ATRS rate ; ce barème est calculé d'après un navire type de 19 500 t de port en lourd, d'un tirant d'eau de 30 pieds 6 pouces, naviguant à la vitesse moyenne de 14 nœuds, consommant 28 t/j de fuel en mer et 5 t/j au port et dont le temps de chargement est de 3 à 5 jours suivant le trajet*).

worm : vis *f.* sans fin, serpentin *m.*, filet *m.* de vis.

worm gear : engrenage *m.* à vis sans fin. Voir aussi *cylindrical worm gear, single-enveloping worm gear, double-enveloping worm gear.*

worn down or **worn out** : complétement usé, hors service.

wow : pleurage *m.* (*effet parasite produit, lors de la lecture d'un signal enregistré, par les fluctuations de la vitesse de défilement du support, au cours soit de l'enregistrement, soit de la lecture*).

WP : abréviation de *worked penetration.* Voir ce terme.

wrapped bush bearing : palier *m.* dont la douille est garnie de régule (*ou de tout autre alliage antifriction*).

wrapping machine : enrobeuse *f.* (*machine à revêtir les tubes ou canalisations*).

wreckage : 1/ naufrage *m.* ; 2/ groupe *m.* d'épaves.

wrecker or **wrecking truck** or **wrecking lorry** : dépanneuse *f.*, camion *m.* de dépannage.

wrench : clé *f.* (*outil*), clé à écrou, clé de serrage pour tubes.

wrinkling : plissement *m.*, gauchissement *m.*

wrist pin or **piston pin** : axe *m.* de pied de bielle, axe de piston.

wrought steel : acier *m.* forgé.

WSIM test : abréviation de *water separometer index modified test.* Voir ce terme.

WW oil : abréviation de *water-white oil.* Voir ce terme.

wye or **wye fitting** : raccord *m.* en Y (*pour tuyauteries*).

WZ : abréviation de *weathering zone.* Voir ce terme.

X

X-lab : abréviation de experimental laboraty ;
laboratoire *m.* expérimental.

Xmas tree : abréviation de *Christmas tree.* Voir
ce terme.

X-Y plotter : traceur *m.* de courbes.

Y

yard : 1/ yard *m.* (*unité de mesure de longueur
anglo-saxonne égale à 3 pieds et valant 0,914 m*) ;
2/ cour *f.*, dépôt *m.*, entrepôt *m.*, chantier *m.*

yardage : 1/ métrage *m.*, cubage *m.*, superficie *f.* ;
2/ frais *m.* de dépôt, d'entrepôt.

yarn or waste : fil *m.*, fibre *f.* textile, déchets *m.*
de tissus, étoupe *f.* (*incorporée dans une graisse
pour en accroître la consistance ; voir* wool yarn
grease, yarn grease).

yarn grease : graisse *f.* contenant des fils de coton,
de la fibre de laine, de l'étoupe (*voir* yarn, wool
yarn grease).

yellow amber : ambre *m.* jaune, succin *m.* (*résine
fossile de conifères*).

yellow cake or uranate : concentré *m.* de minerai
d'uranium.

yield : 1/ production *f.*, rendement *m.*, débit *m.*,
produit *m.* ; 2/ fléchissement *m.*, limite *f.*
élastique.

yield curves : courbes *f.* propriétés-rende-
ments utilisées dans l'analyse des pétroles
bruts.

yield pattern : rendement *m.* type (*d'une opération
de raffinage ; fonction de la charge et des
opérations pratiquées*).

yield value or yield point : 1/ limite *f.* élastique
d'un métal ; 2/ charge *f.* ou seuil *m.* de
déformation (*s'exprime en dynes/cm² ou en
newtons/m² et correspond à l'effort minimum
d'arrachage nécessaire pour obtenir la déformation permanente d'une graisse ; s'applique aussi
aux boues de forage*).

yoke : collier *m.* de raccordement, bras *m.*
horizontal, étrier *m.*, carcasse, bâti *m.*, culasse
f., joug *m.*, fourche *f.*, fourchette *f.*, palonnier
m.

yolk : suint *m.*, lanoline *f.*

Z

Zahn viscometer : viscosimètre *m.* de Zahn (*appareil fabriqué par General Electric Co. pour mesurer la viscosité des peintures*).

Z-drive : voir *stern-drive*.

ZDTP : abréviation de *zinc dithiophosphate*. Voir ce terme.

zeolites : zéolites *f.* (*aluminosilicates cristallisés, naturels ou artificiels, utilisés pour l'adoucissement des eaux, comme catalyseur de craquage ou encore comme adsorbants* ; voir *molecular sieves*).

zerk grease fitting : agrafe *f.* taraudée, técalémit *m.* (*pour graisseur à pistolet*).

zero adjustment : réglage *m.* à zéro.

zero gas : gaz *m.* à la pression atmosphérique.

zeroize (to) or **zero reset (to)** : mettre à zéro (*un compteur, un appareil de mesure, etc.*).

zero lap : chevauchement *m.* nul des soupapes (*d'un moteur thermique*).

zero-lash hydraulic lifter : voir *hydraulic lifter*.

zero oil : huile *f.* dont le point de congélation est de 0 ºF (-17,8 ºC).

zero reset (to) : voir *zeroize (to)*.

zero setting : mise *f.* à zéro (*d'un compteur, d'un appareil de mesure, etc.*).

zinc-clad or **zinc-coated** : voir *zinc-plated*.

zinc dithiophosphate or **ZDTP** : dithiophosphate *m.* de zinc (*additif antiusure pour huiles moteurs et huiles hydrauliques*).

zincing or **zincking** : zingage *m.*, zincage *m.*, galvanisation *f.* (*recouvrement d'une pièce métallique par une couche de zinc, soit à chaud, par immersion dans un bain de zinc en fusion, soit à froid par dépôt électrolytique*).

zinc-plated or **zinc-clad** or **zinc-coated** : zingué, revêtu de zinc.

zip-top can : voir *seal-strip can*.

zwitter ion or **zwitterion** : zwitterion *m.*, ion *m.* hybride, ion bipolaire, ion ampholyte, ion amphotérique (*ion organique portant deux charges de signes contraires*).

zymosis : fermentation *f.*

NOTES

NOTES

NOTES

Dunod technique

AÉROSPATIALE. **Dictionnaire des techniques aéronautiques et spatiales**
J.-G. BELLE-ISLE. **Dictionnaire technique général anglais/français**
A. MINK. **Dictionnaire technique français/espagnol**

Mathématiques appliquées

A. KAUFMANN, G. DESBAZEILLE. **La méthode du chemin critique**
G.A.M.N.I. **Méthodes numériques dans les sciences de l'ingénieur**
G. PARREINS. **Techniques statistiques. Moyens rationnels de choix et de décision.**

Electronique, Electrotechnique

G. BOUDOURIS, P. CHENEVIER. **Circuits pour ondes guidées**
B. GRABOWSKI. **Les fonctions de l'électronique**
Tome 1 : Diodes et dipôles
Tome 2 : Tripôles actifs
M. JOUGUET. **Ondes électromagnétiques**
Tome 1 : Propagation libre
Tome 2 : Propagation guidée
M. MATHIEU. **Télécommunications par faisceau hertzien**
T. MAURIN, M. ROBIN. **Les systèmes microprogrammés : automates, mini et microprocesseurs**
G. MICHEL, C. LAURGEAU, B. ESPIAU. **Les automates programmables industriels**
M. ROBIN, T. MAURIN. **Interfaçage des microprocesseurs**
G. SEGUIER. **L'électronique de puissance**
C. VERBEEK. **Les composants actifs en commutation**
C. VERBEEK. **Les fonctions essentielles en commutation**

Mécanique, Hydraulique

J. FAISANDIER. **Mécanismes hydrauliques**
J. FAISANDIER. **Hydraulique et électro-hydraulique**
G. HENRIOT. **Traité théorique et pratique des engrenages**
Tome 1 : Théorie et technologie
Tome 2 : Etude complète du matériel
J. MARTIN. **Les mécanismes à mouvements intermittents**
E. MAYER. **Garnitures mécaniques d'étanchéité**

Achevé d'imprimer
le 10 décembre 1981
par Maury-Imprimeur S.A.
45330 Malesherbes
Dépôt légal : 4e trimestre 1981
Imprimé en France